普通高等教育“十四五”规划教材
普通高等学校动物医学类专业系列教材

实验动物学

郑振宇　主编

中国农业大学出版社
·北京·

内 容 简 介

本书共十三章，包括绪论；实验动物遗传学及质量控制；实验动物的微生物学与寄生虫学控制；实验动物环境及设施控制；实验动物营养与饲料的质量控制；实验动物的生物学特性及饲养管理；在动物科学和动物医学研究中，实验动物的选择与应用；人类疾病的动物模型；实验动物规范化管理与技术规范；实验动物福利与伦理；动物生物安全实验室设计与管理；动物实验基本技术；动物科学和动物医学中的动物实验方法等内容，每章都有本章简介、思考题和参考文献，供读者参考。

本书内容丰富、系统性强，重点突出，资料新颖，可用作全国高等农林院校本科生和研究生的教材，也可作为实验动物和动物实验技术人员的培训教材以及实验动物科技人员和动物实验人员的实用参考书。

图书在版编目(CIP)数据

实验动物学 / 郑振宇主编. --北京：中国农业大学出版社，2025.2
ISBN 978-7-5655-2933-7

Ⅰ.①实… Ⅱ.①郑… Ⅲ.①实验动物学－高等学校－教材 Ⅳ.①Q95-33

中国国家版本馆 CIP 数据核字(2023)第 009804 号

书　　名 实验动物学
Shiyan Dongwuxue
作　　者 郑振宇 主编

策划编辑	张　程	**责任编辑**	石　华　张　程
封面设计	郑　川　李尘工作室		
出版发行	中国农业大学出版社		
社　　址	北京市海淀区圆明园西路 2 号	**邮政编码**	100193
电　　话	发行部 010-62733489，1190		读者服务部 010-62732336
	编辑部 010-62732617，2618		出　版　部 010-62733440
网　　址	http://www.caupress.cn	**E-mail**	cbsszs@cau.edu.cn
经　　销	新华书店		
印　　刷	天津鑫丰华印务有限公司		
版　　次	2025 年 2 月第 1 版　　2025 年 2 月第 1 次印刷		
规　　格	185 mm×260 mm　　16 开本　　26.25 印张　　654 千字		
定　　价	79.00 元		

图书如有质量问题本社发行部负责调换

编审人员

主　编　郑振宇(河南农业大学)

副主编　陈正礼(四川农业大学)

熊家军(华中农业大学)

赵生国(甘肃农业大学)

蒋钦杨(广西大学)

参　编　徐纯柱(东北农业大学)

卫恒习(华南农业大学)

高　明(河北农业大学)

万学瑞(甘肃农业大学)

李　桢(青岛农业大学)

罗启慧(四川农业大学)

林　峰(河南农业大学)

姚　红(河南农业大学)

吴力专(长江大学)

主　审　曲连东(中国农业科学院哈尔滨兽医研究所)

前 言

党的二十大明确提出加强基础学科、新兴学科、交叉学科建设，加快建设中国特色、世界一流的大学和优势学科。

实验动物是生命科学研究的基础和重要支撑条件，在生命科学研究领域中几乎每项重大科研成果都与实验动物有关。因此，实验动物的标准化程度直接影响生命科学领域中研究成果的确立、研究水平的高低和研究产品的质量，实验动物学已发展为一门独立的综合性基础学科，其发展水平成为衡量一个国家生命科学发展水平的重要标志，因而受到世界科学家和各国政府的重视。

历史经验表明，那些抓住科技革命机遇走向现代化的国家，都是科学基础雄厚的国家。要完善国家生物安全治理体系，加强战略性、前瞻性研究谋划，完善国家生物安全战略。要强化系统治理和全链条防控，坚持系统思维，科学施策，统筹谋划，抓好全链条治理。要加强对国内病原微生物实验室生物安全的管理，严格执行有关标准规范，严格管理实验样本、实验动物、实验活动废弃物。发展我国实验动物科学是关系我国技术革命发展的大事以及迎接世界新技术挑战的重要条件，加强开展实验动物科学研究是我国科学事业发展的长远战略。本书以实验动物和动物实验技术在畜牧兽医研究中的应用为主线，力求将实验动物与动物实验、实验动物与畜牧兽医相结合，以达到提高实验动物科学技术水平、加强实验动物管理、提高实验动物质量的目的。本书内容系统而新颖，既有系统的理论知识又有较详细的实践操作技术，同时关注实验动物学的学科发展趋势。

针对动物科学专业、动物医学专业、生命科学专业和食品科学专业本科生学习时间少、学时缩短、合适的教材难以寻找、课程内容与其他课程重叠而难以取舍等现状，本书遵从“重视基础、拓展眼界、联系实际”的原则，结合高等院校对学生知识的要求和培养性质与特点，结合畜牧兽医企业用人单位的需求，同时融合长期教学和科研的经验，对教学体系和内容进行了有机整合。

本书共分十三章，各章节具体分工：第一章由河南农业大学郑振宇编写；第二章由青岛农业大学李桢编写；第三章由甘肃农业大学万学瑞编写；第四章由华南农业大学卫恒习编写；第五章由广西大学蒋钦杨编写；第六章由河北农业大学高明编写；第七章由四川农业大学陈正礼和罗启慧编写；第八章由河南农业大学林峰编写；第九章由河南农业大学姚红编写；第十章由甘肃农业大学赵生国编写；第十一章由东北农业大学徐纯柱编写；第十二章由华中农业大学熊家军编写；第十三章由长江大学吴力专编写。

在编写过程中，本书得到全国高等农林院校、科研单位领导和老师们的大力支持和帮助。各位编委对本书的结构体系、内容取舍等提出十分宝贵的建议，中国农业科学院哈尔滨兽医研究所曲连东研究员对本书进行审稿，在此一并表示最诚挚的谢意！

本书既可作为全国高等农林院校本科生和研究生的教材，又可作为实验动物和动物实验从业人员的培训教材以及实验动物科技人员和动物实验人员的实用参考书。

由于知识和水平有限，书中难免存在不妥和欠缺之处，恳切希望各位读者不吝赐教。

编者

2023 年 10 月

目　录

第一章　绪论 …… 1

第一节　实验动物科学 …… 2

第二节　实验动物科学发展简史 …… 4

第三节　实验动物在畜牧兽医科学研究中的应用现状 …… 9

第四节　实验动物在人类社会发展中的地位和作用 …… 14

第五节　实验动物科学发展趋势 …… 16

第六节　我国实验动物科学的发展目标 …… 18

第七节　发展实验动物科学的主要措施 …… 19

第八节　优秀实验动物站点集锦 …… 20

思考题 …… 23

参考文献 …… 23

第二章　实验动物遗传学及质量控制 …… 25

第一节　实验动物遗传学发展历史 …… 25

第二节　实验动物遗传学分类 …… 27

第三节　近交系动物 …… 28

第四节　封闭群动物 …… 34

第五节　杂交一代动物 …… 37

第六节　实验动物的命名 …… 40

第七节　实验动物遗传监测(质量控制) …… 43

思考题 …… 46

参考文献 …… 47

第三章　实验动物的微生物学与寄生虫学控制 …… 48

第一节　实验动物的微生物学与寄生虫学等级 …… 48

第二节　普通动物 …… 49

第三节　无特定病原体动物 …… 50

第四节　无菌动物 …… 51

第五节　悉生动物 …… 55

第六节　实验动物微生物学与寄生虫学质量监测 …… 56

思考题 …… 64

参考文献 …… 64

第四章　实验动物环境及设施控制 …… 65
第一节　环境因素对实验动物和动物实验的影响 …… 65
第二节　实验动物设施 …… 76
第三节　实验动物环境控制及设施的管理 …… 90
第四节　实验动物环境及设施的检测及维护 …… 96
第五节　放(辐)射污染动物实验设施 …… 99
思考题 …… 100
参考文献 …… 101
第五章　实验动物营养与饲料的质量控制 …… 102
第一节　实验动物饲料的分类及其营养特性 …… 102
第二节　实验动物营养需要 …… 107
第三节　实验动物配合饲料的设计 …… 110
第四节　饲料的加工、消毒和贮存 …… 114
第五节　实验动物饲料的营养监测 …… 117
思考题 …… 123
参考文献 …… 123
第六章　实验动物的生物学特性及饲养管理 …… 124
第一节　小鼠的生物学特性及饲养管理 …… 124
第二节　大鼠的生物学特性及饲养管理 …… 130
第三节　豚鼠的生物学特性及饲养管理 …… 135
第四节　金黄地鼠的生物学特性及饲养管理 …… 141
第五节　兔的生物学特性及饲养管理 …… 145
第六节　犬的生物学特性及饲养管理 …… 149
第七节　猫的生物学特性及饲养管理 …… 154
第八节　非人灵长类动物的生物学特性及饲养管理 …… 158
第九节　鸡的生物学特性及饲养管理 …… 163
第十节　小型猪的生物学特性及饲养管理 …… 165
第十一节　斑马鱼的生物学特性及饲养管理 …… 171
第十二节　野生动物资源的开发 …… 174
思考题 …… 177
参考文献 …… 178
第七章　在动物科学和动物医学研究中，实验动物的选择与应用 …… 179
第一节　在药理学研究中,实验动物的选择与应用 …… 180
第二节　在药物临床前安全评价中,实验动物的选择与应用 …… 190
第三节　在免疫学研究中,实验动物的选择与应用 …… 192
第四节　在病毒学研究中,实验动物的选择与应用 …… 201

第五节 在肿瘤学研究中,实验动物的选择与应用 …… 204
第六节 在遗传学研究中,实验动物的选择与应用 …… 206
第七节 在皮肤病学研究中,实验动物的选择与应用 …… 207
思考题 …… 209
参考文献 …… 209
第八章 人类疾病的动物模型 …… 210
第一节 人类疾病动物模型的概述 …… 210
第二节 动物模型在人类疾病研究中的应用 …… 214
第三节 免疫缺陷动物 …… 234
思考题 …… 238
参考文献 …… 238
第九章 实验动物规范化管理与技术规范 …… 240
第一节 选择实验动物的依据和内容 …… 240
第二节 动物实验的质量管理 …… 242
第三节 动物实验设计和实施 …… 245
第四节 实验动物许可证验收的基本内容 …… 249
第五节 良好实验室的质量管理规范 …… 254
第六节 实验动物因素对动物实验的影响 …… 261
第七节 营养因素对动物实验结果的影响 …… 264
第八节 病原微生物感染对动物实验的影响 …… 265
第九节 实验动物传染病的危害 …… 269
第十节 技术因素对动物实验的影响 …… 270
思考题 …… 274
参考文献 …… 274
第十章 实验动物福利与伦理 …… 275
第一节 动物保护与福利的概念 …… 275
第二节 动物保护与福利的历史与现状 …… 279
第三节 “3R”原则在生命科学中的应用 …… 283
第四节 安乐死中的福利问题与改善 …… 289
第五节 实验动物伦理审查及动物实验福利伦理审查 …… 293
第六节 动物福利立法及实验动物法规简介 …… 297
第七节 实验动物从业人员培训与教育 …… 302
思考题 …… 304
参考文献 …… 305
第十一章 动物生物安全实验室设计与管理 …… 306
第一节 动物生物安全实验室分级 …… 306

第二节　动物生物安全实验室设计要求 …… 308
第三节　动物生物安全实验室管理要求 …… 311
思考题 …… 321
参考文献 …… 321
第十二章　动物实验基本技术 …… 322
第一节　动物实验前的准备 …… 322
第二节　实验动物的麻醉 …… 335
第三节　实验动物给药途径与方法 …… 340
第四节　实验动物的采血和体液的采集 …… 350
第五节　实验动物的处死方法 …… 362
第六节　动物实验手术基本操作技术 …… 364
第七节　实验动物尸体检查及病料采集 …… 368
第八节　实验动物废弃物的无害化处理 …… 374
思考题 …… 377
参考文献 …… 377
第十三章　动物科学和动物医学中的动物实验方法 …… 378
第一节　动物选择、配种及妊娠判别方法 …… 378
第二节　动物的去势及剖宫产技术 …… 385
第三节　主要药效学试验中的动物实验方法 …… 387
第四节　药物临床前安全性评价的意义和局限性 …… 393
第五节　急性毒性试验中的动物实验方法 …… 394
第六节　长期毒性试验中的动物实验方法 …… 396
第七节　免疫学研究中的动物实验方法 …… 399
第八节　微生物学研究中的动物实验方法 …… 405
思考题 …… 410
参考文献 …… 410

第一章

绪　论

本章简介

本章主要阐述实验动物的基本概念和实验动物科学的研究领域，探讨了实验动物的发展动力，即介绍了实验动物科学对生物医学、畜牧兽医的卓越贡献；实验动物在人类社会发展中的地位和作用；实验动物科学的发展趋势；我国实验动物科学的发展目标；发展实验动物科学的主要措施等，还介绍了优秀实验动物站点。

科学研究的发展是从单纯表面现象的观察，进而到实验研究。所谓实验研究就是在人为控制的条件下，向研究对象施加某种或某些因素处理，根据实验结果来分析阐明某个问题或检验某种假说。在生命科学研究的领域里，进行实验研究需要的基本要素可概括为 AEIR：A 为 animal，动物；E 为 equipment，设备；I 为 information，信息，R 为 reagent，试剂。这 4 种要素在实验研究中具有同等重要的地位，是生命科学研究必要的支撑条件。一切研究课题的确立、研究过程的科学性及成果的鉴定都取决于实验动物的质量。在符合标准的动物设施中，使用高质量的实验动物进行生命科学研究及药品、生物制品质量检测，有利于研究、检测结果的真实性、可靠性和准确性；反之，在不符合标准的动物设施中使用不合格的实验动物，一切科学实验就不能在时间、空间和研究者之间进行比较和验证，科研成果与检测结果就变得不能令人信服，甚至成为一堆废纸。在生命科学研究中，仪器、信息和试剂有很高的精密度，而实验动物却是低质量的，其获得的实验结果也是低水平的。在科技发达的今天，要获得高精密的仪器、高纯度的试剂以及及时准确的科技信息并不困难。人们在研究工作中往往把仪器、试剂和信息看得比较重要，然而对实验动物却不太重视，没有标准化的实验动物，随便在市场上买几只动物饲养进行实验，其所得的结果只会是低水平的，实验结果的重复性就差，得不到可信的结果，也难以得到国际公认。这主要是对实验动物在生命科学研究中的重要作用和意义认识不足，我们必须把与国际接轨的实验动物当作“活的仪器和试剂”“天平”“标样”。

随着时代的发展，实验动物的重要性越来越为人们所认识，现已成为一门新兴的学科——实验动物科学。实验动物科学是实验动物资源研究、质量控制和利用实验动物进行科学实验的一门综合性学科。现代意义上的实验动物科学诞生于 20 世纪 50 年代初期，融合了动物学、兽医学、医学和生物学等科学的理论体系和研究成果，发展为整个生命科学不可或缺的支撑学科。半个多世纪以来，实验动物科学以相关科学为基础，结合自身的目标和特点，从理论和实践两个方面不断丰富学科的内容，该学科逐渐形成了完整的理论体系。在生命科学领域里，几乎每项重大科研成果都与实验动物有关，尤其是无菌动物、无特殊病原体动物、近交系动物、突变系动物以及转基因动物、克隆动物的培育，都为生命科学的研究提供了标准化的实验动物和研究材料，从而促进了生命科学的发展。20 世纪 80 年代，Kohler 和 Millstein 之所以在生物医学领域取得了突出的成就，获得诺贝尔奖，就是因为他们在单克隆抗体研究中，使用了近交系 BAlB/c 小鼠产生杂交瘤，提供富含抗体的腹水。实验动物学科既为上述相关学科的基础研究提供了创新的资源和技术，又为相关学科的成果向应用转化提供评价工具，因此，实验动物学科是国家科技创新体系的支撑条件，也是国家科技成果转化和生物医药等行业发展的支撑条件，同时是生物安全、环境安全和食品安全等国家重大安全领域不可或缺的保障条件。21 世纪是生命科学的世纪，实验动物科学是一门不可缺少的重要学科。

第一节　实验动物科学

一、实验动物科学的定义

实验动物科学，又称实验动物学，是一门新兴交叉学科，集成了生物学、动物学、遗传学、微生物学、寄生虫学、畜牧学、兽医学、生物工程、医学、药学和生物医学工程等学科的理论和方法，以实验动物和动物实验技术为研究对象，利用实验动物资源、动物模型资源、动物实验技术、生物信息和动物实验设备等，为生命科学、医学、药学、食品、农业、环境、建筑、机械工程、生态、气象、航空航天和军事等相关学科发展提供系统性生物医学材料和相关技术，所以实验动物科学是一门综合科学。实验动物科学主要研究内容包括实验动物和动物实验两部分，实验动物是以实验动物为对象，专门研究它的生物学特性、驯养、遗传、育种、繁殖、饲养、管理、解剖、生理、微生物、寄生虫控制、营养、环境和动物各种疾病的表现与防治等，开发实验动物资源、实行质量控制以及对野生动物的开发和应用，为科学研究提供高质量的和品系丰富的实验动物。而动物实验则是应用实验动物进行生命科学的研究，包括各种实验方法、技术操作及人类疾病的动物模型复制等。

总体来说，实验动物科学是培育优质标准的实验动物和应用科学精确的实验方法，实验动物经过处理后能获得反应的一致性和重复性高的结果。随着实验动物科学的发展，实验动物科学与生命科学、医学、药学、医药工业、航空航天、环境保护、生物安全、食品安全、化学品安全、生态保护等许多学科和行业结合越来越密切，逐步起到举足轻重的支撑作用。实验动物科学已经融入许多前沿科学研究。例如，利用基因工程对动物进行功能基因组学研究；通过基因打靶发现新基因和已知基因的新功能；研究新药的靶基因、靶器官的作用机理和毒性作用；通过转基因技术研制现代医药工业的生物反应器等；通过病原微生物的感染动物模型，研究传播途径、传播规律，研究发病机制，研究预防、治疗措施、药物疫苗的创制与开发等。

实验动物是指经人工培育或人工改造，对其携带的微生物实行控制；遗传背景明确、来源清楚，用于科学实验、药品、生物制品的生产和检定及其他科学实验的动物。目前，常规的实验动物资源包括实验动物物种资源、遗传工程动物资源、人源化动物资源和人类疾病动物资源等四类。其中，实验动物物种资源包括常见实验动物：小鼠、大鼠、豚鼠、兔、犬、小型猪和猴等，也包括雪貂、旱獭、裸鼹鼠和树鼩等用于特定研究领域的特种动物。遗传工程动物资源是指用现代的基因修饰、遗传育种等技术研制或培育的新型遗传信息改造动物。人源化动物是指联合免疫缺陷、基因修饰、干细胞等技术，研制的带有人的功能性基因、细胞、组织甚至器官的动物。人类疾病动物模型是指在医药研究中，采用物理、化学、手术、生物等技术，建立的模拟人类疾病发生发展过程的动物模型。实验动物资源是实验动物学科的核心产物，也是实验动物学科为生命科学、医学等相关学科提供支撑的着力点。因此，实验动物资源是保障科学研究的战略科技资源之一。

过去认为凡用于实验的动物皆称为实验动物，这是不正确的。这类动物只能称为实验用动物，两者不能混淆，应明确区分。实验动物包括以下种类。

①野生动物：在自然界捕获到的动物，如两栖类、鱼类、鸟类、猿猴及猩猩等动物。这类动物没有用人工方法加以繁殖和培育。

②家畜：为人类社会生活需要而驯养、培育、繁殖、生产的动物，如猪、马、牛和羊等。

③观赏动物：为人们观赏的目的而驯养、培育、繁殖、生产的动物，如犬和猫等。

④实验动物：经人工定向培育，对其携带的微生物和寄生虫实行控制，其遗传背景明确，来源清楚，并在相应的环境设施内饲养，用于科学研究、教学、生产、检定以及其他科学实验的动物。如实验大小鼠中的近交系是按实验要求严格进行遗传学、微生物学和寄生虫学控制培育建立的各种品系，实验时具有较高的重复性、反应的一致性和可比性等特点。

野生动物、家畜和观赏动物可作为一般实验用动物，但作为重要的科学研究则不行。因为动物实验特别重视实验的可比性和重复性。而野生动物、家畜和观赏动物通常来源于自然环境，没有严格的遗传学控制，这些动物种群之间有较大的个体和群体差异，故实验的可比性和重复性差，也缺乏科学性。目前部分家畜和观赏动物已培育成为实验动物。

二、实验动物科学研究的内容

自 20 世纪 50 年代诞生以来，实验动物科学已经发展成为一门具有理论体系的独立学科。其主要内容包括实验动物饲养学、实验动物医学、比较医学、实验动物技术、实验动物疾病模型、动物实验替代方法学和实验动物福利等。

①实验动物饲养学：主要研究实验动物的生物学特性与解剖生理特点、饲育与管理、育种与繁殖、生长与发育、饲料与营养、环境与设施、生态与行为等内容以及实验动物标准化的各种技术、手段和措施。

②实验动物医学：研究实验动物各种疾病，包括传染性疾病、营养性代谢性疾病、遗传性疾病以及由劣质环境所致疾病的病因、症状、病理性特征、疾病的发生和发展规律、诊断和防治措施等；研究实验动物微生物学质量控制的等级标准、检测方法、控制措施以及微生物对动物试验的干扰；研究人兽共患病的预防、控制及治疗措施。

③比较医学：以实验动物为替身，对人类的健康与疾病进行类比研究，借以探讨和阐明人类疾病本质来研究人类、造福人类。通过建立人类疾病的动物模型，进行人与动物的类比研究，探讨人类疾病的病因、发生发展规律、预防控制措施，最终战胜人类疾病。比较医学又可分成比较解剖与组织学、比较生理学、比较病理学、比较外科学、比较药理学、比较毒理学、比较生物化学和比较基因组学等。

④实验动物技术：进行动物实验时的各种实验手段、技术、方法和标准化操作程序，例如主要药效学试验中的动物实验方法、急性毒性试验中的动物实验方法、长期毒性试验中的动物实

验方法、免疫学研究中的动物实验方法、微生物学研究中的动物实验方法等，在实验室内人为地改变环境条件时，观察并记录动物的反应与变化，以探讨生命科学中的疑难问题，获得新的认识，探索新的规律。

⑤实验动物疾病模型：主要用于实验生理学、实验病理学和实验治疗学（包括新药筛选）研究。人类疾病的发展十分复杂，以人本身作为实验对象来深入探讨疾病发生机制，推动医药学的发展来之缓慢，临床积累的经验不仅在时间和空间上都存在局限性，而且许多实验在道义上和方法上也受到限制。借助动物模型的间接研究，可以有意识地改变那些在自然条件下不可能或不易排除的因素，以便更准确地观察模型的实验结果并与人类疾病进行比较研究，有助于更方便、更有效地认识人类疾病的发生发展规律，研究防治措施。根据模型构建方式的不同，可分为转基因、普通敲除、条件敲除、基因组突变、基因敲入等类别。

⑥动物实验替代方法学：在满足人类科技活动最终目的的基础上，应用无知觉材料替代有知觉的脊椎动物进行实验；通过科学的设计，减少实验中的动物数量；在必须使用动物时，如何优化实验程序，以降低对实验动物造成的不良影响，这是动物实验替代方法学研究的主要内容。替代、减少和优化既彼此独立又相互联系，实用技术的优化、替代方法的采用客观上减少了动物使用量。反之，减少动物使用量的要求促进了实用技术的改良，也促进了替代方法的研究进程。

⑦实验动物福利：实验动物的福利是在实验动物整个生命过程中实施保护的具体体现，是在生产和使用中对实验动物的一种保护。实验动物保护是从动物的康乐角度出发，考虑动物感受的状态，而不是那种不宰不杀的极端“动物保护”。在兼顾科学探索和最大限度地满足动物维持生命与健康和提高舒适程度的需求，研究动物生活环境条件、动物“内心感受”、人道的实验技术等是科学的实验动物福利的主要研究内容。

第二节　实验动物科学发展简史

实验动物科学是随着生物学和医学的发展而兴起的，并且对生物学和医学的发展起了很大的推进作用。回顾生物医学的发展史，我们可以看到实验动物在这些学科发展中所处的重要地位。

古代已有科学家通过研究动物发展生命科学和医学的记载。例如，希波克拉底通过动物解剖创立了希波克拉底体液说。古希腊的亚里士多德研究动物形态和分类，将动物学体系分为形态描述、器官解剖和动物生殖。古罗马的盖伦以各种动物为模式，通过大量解剖知识形成了最早的生理学体系。英国皇家御医哈维通过对不同动物的活体解剖，了解了心脏跳动的实际情况。

古代医学发达的国家，如中国、埃及等，都用过动物进行实验研究。我国养兔已有几千年的历史，兔除做肉食外，还做药用，有活血和催生的作用。在埃及，为保存尸体，制作木乃伊，首先用昆虫、猫进行研究观察，后用于人。盖伦为了解人体结构，在猴和猪身上进行解剖。哈维在鱼、蛙和犬身上发现血液循环。1798 年英国医生詹纳发现挤奶者的手接触患牛痘奶牛的乳房后挤奶者可免于感染天花，提出用牛痘接种预防天花。法国化学家巴斯德用鸡进行细菌发病与免疫的研究，用羊和牛研究炭疽，用犬研究狂犬病，在 1879—1885 年先后发明了鸡霍乱、犬与人狂犬病疫苗。德国科学家科赫通过研究牛、羊的炭疽病，在兔和小鼠身上做试验，于

1876 年分离了炭疽杆菌，证实了细菌与疾病的关系，并提出了疾病的外因论。俄国生理学家巴甫洛夫以犬为研究对象，1891 年开始研究消化生理，建立了条件反射学说。实验医学之父——法国生理学家贝尔纳发明了很多研究动物的复杂方法，他评论："对每一类研究，我们应当选择适当的动物，生理学或病理学问题的解决常常依赖于所选择的动物。"

小鼠是最早出现的实验动物。1900 年，美国的一位退休教师莱斯罗普建立宠物鼠场，实验小鼠很多品系都是从这里选育而成的。1902 年，美国哈佛大学的卡斯特购买宠物鼠用于孟德尔遗传定律研究，培育出 C57BL 小鼠。1909 年，卡斯特的学生李特培育了第一只近交系小鼠——DBA。因此，20 世纪初是实验动物资源发展的起点，至今已有百余年历史。将实验动物作为一门正式的科学始于 20 世纪，特别是 20 世纪 50 年代以后，随着人类社会的发展与科学的进步，实验动物科学在发达国家迅速发展。美国的杰克逊实验室是世界最大的遗传保种和遗传研究中心，它是近交系小鼠的发源地。1996 年兽医彼得 · 杜赫提和罗夫 · 辛克纳吉在应用近交系和远交系小鼠研究病毒和免疫系统关系时，发现主要组织相容性抗原在免疫系统中具有自我信号识别的作用，这一研究成果对于探索自体免疫疾病和移植医学免疫识别具有积极作用，获得了 1996 年诺贝尔生理学或医学奖。1997 年生理学或医学奖授予斯坦利 · 普鲁西纳，他发现一种全新的蛋白质病原——朊粒蛋白，朊粒蛋白能引起绵羊、山羊神经萎缩性失调（痒病）、牛海绵状脑病（疯牛病）、鹿（慢性消耗性病）和人类（克亚氏病），此外，这些发现也有助于研究人的阿尔茨海默病。1998 年生理学或医学奖授予路易斯 · J. 伊格纳罗、罗伯特 · 弗奇哥特和费瑞德 · 穆拉德，以表彰他们在兔大动脉实验中偶然发现内皮生长因子是心血管系统信号分子，可引起血管扩张，同时参与炎症、细胞凋亡和神经传递活动。2000 年生理学或医学奖授予阿尔维德 · 卡尔森、保罗 · 格林加德和埃里克 · 坎德尔，他们利用海洋生物鼻涕虫做模型，发现了神经细胞间慢突触传递现象，阐明了学习和记忆神经通道。2001 年生理学或医学奖授予利兰 · 哈特韦尔，蒂莫西 · 亨特和保罗 · 纳斯，以表彰他们对细胞生物周期主要调节因子所做的研究工作。

20 世纪中叶之前是实验动物物种和品系资源的重点发展阶段。各种近交系、封闭群的大小鼠品系以及兔、比格犬等实验动物品种被相继培育出来。上述资源的产生和应用促使实验动物学科于 20 世纪 50 年代成立。20 世纪末期，基因工程技术的出现及其在实验动物领域的应用促进了实验动物资源的飞速发展。例如，转基因技术、同源重组依赖的基因敲除技术、人源化动物技术等，促进了小鼠全基因敲除等计划的实施，催生了数以万计的基因工程动物品系产生。21 世纪初，CRISRP 基因快速编辑技术的问世极大地加速了实验动物基因编辑的进程，原本极其困难的大动物基因敲除技术门槛被降低，促进了定点突变、组织和时空特异性敲除动物和基因修饰大动物资源的发展。

欧美发达国家鉴于实验动物学科对国家科技发展和产业发展的重要支撑作用，竞相将该学科作为战略支撑学科给予大量和稳定的资金资助。以 1929 年建立的美国杰克逊实验室为代表，欧美发达国家纷纷建立了代表性研究机构，例如桑格尔研究所、日本熊本大学等，集中进行实验动物资源研制、培育和共享。为了在国际实验动物资源竞争中占领优势，美国在 1962 年专门成立了国家研究资源中心（National Center for Research Resources，NCRR）。据统计，仅通过 NCRR 支持建立的国家级实验动物资源和技术服务机构涉及啮齿类动物、非人灵长类动物、水生动物、猪、无脊椎动物等。其中，啮齿类国家中心 12 个，现有啮齿类人类疾病动物模型 20 000 多种；非人灵长类研究和资源中心 15 个；大猩猩研究资源中心 3 个；遗传资源分析库

6个。NCRR于2011年并入美国国立卫生研究院(National Institute of Health,NIH),其50余年的发展历程对于推动美国实验动物资源发展及全球领先地位起到了不可或缺的作用。

除学科研究和资源建设外,由于实验动物应用于相关学科研究领域及其对国民经济发挥了重要作用,发达国家也意识到了实验动物的微生物质量和遗传质量对科学研究的重要性。因此,实验动物科学得到了世界各国的高度重视,许多国家都成立了相应的组织,以推进实验动物科学的发展。1950年,美国成立了实验动物管理小组,1961年,美国实验动物医学学会(ACLAM)成立且很有声望。1951年,日本成立了实验动物理事会。1953年法国、1956年德国先后成立了实验动物中心。1956年,联合国教科文组织与医学科学国际组织和生命科学会联合成立了国际实验动物科学理事会(The International Council for Laboratory Animals Science,ICLAS),负责国际实验动物科学事业发展指导协调与管理工作。世界各发达国家都颁布了相关的法规条例,将实验动物科学的发展纳入规范化、法制化和科学化的轨道。鉴于实验动物表型信息对于科学研究的重要意义,2006年成立了国际突变小鼠表型研究联盟(International Mouse Phenotyping Consortium,IMPC),目前成员有11个国家的19个研究机构,目标是建立同一背景品系下的2万个基因敲除小鼠品系,并通过标准表型分析技术完成所有小鼠表型的信息分析,将小鼠资源和表型信息全球共享。

我国在很早以前就有动物实验的记载,如利用动物鉴定食物的毒性、选择药材等,而开展小鼠类的实验动物工作可追溯至1918年,当时的中央防疫处齐长庆首次饲养繁殖小鼠做实验并从日本引进了豚鼠。1919年,北平协和医院从市场购买小鼠做实验。1919年,谢增恩靠捕捉野生地鼠做肺炎球菌的鉴定,这个鼠种即后称之为中国地鼠,被许多国家引种。1944年中国从印度Haffkine研究所引入英国出口的Swiss小鼠,并培育成在中国广泛使用的昆明小鼠。1948年,兰春霖教授从美国引进了金黄地鼠。随后一些单位小规模繁殖兔、豚鼠和大鼠应用于实验研究。新中国成立后,先后建立了北京、上海、长春、武汉、兰州等生物制品研究所,建立了较大规模的实验动物繁殖场,北京、上海等地的一些大学和研究机构也相继建立实验动物繁殖场,培训了一批科学技术人员,奠定了我国实验动物发展的基础,并自主培育了一些实验动物新品种品系,例如C1、TA1、TA2、615、AMS和SMMC等。20世纪50年代初,昆明小鼠从昆明引种到北京后输送到全国各地,是我国目前使用最多的小鼠品种。

我国实验动物科学从1978年第一次全国科技大会以后在中国真正起步和进入一个较快发展时期。1980年,确定国家科委为中国实验动物管理部门,并于1982年召开了第一次全国实验动物科技工作会议,确定了我国实验动物科学发展的方针和原则,代表中国实验动物学科和实验动物行业进入正规发展阶段。1987年,中国实验动物学会正式成立,并在同年申请加入了国际实验动物科学委员会,1988年被接受为国际实验动物科学委员会的成员国。1988年,我国颁布第一部关于实验动物的法规《实验动物管理条例》,在此基础上逐步建立了较为完善的组织机构管理体系、法规标准体系和质量保障体系。1988年北京市和上海市率先成立了医学实验动物管理委员会,实施实验动物质量、设施合格证和技术人员资格证认可制度。截至2023年3月,我国发布实验动物相关标准共257项,其中国家标准91项、行业标准8项、地方标准89项,还有计划中的国家标准50项。其中,强制性国家标准5项,即(GB 14923—2022)《实验动物 遗传质量控制》、(GB 14922—2022)《实验动物 微生物、寄生虫学等级及监测》、(GB 14925—2023)《实验动物 环境及设施》、(GB 14924.3—2010)《实验动物 配合饲料营养成分》、(GB 14922—2022)《实验动物 微生物、寄生虫学等级及监测》,推荐性国家标准81项;指导性技术文件国家标准1项，即(GB/Z 34792—2017)《实验动物 引种技术规程》。

实验动物资源是支撑国家科技创新与经济发展的基础性、公益性的战略资源，在服务、推进和引领生命科学基础研究、现代生物技术创新和生物医药产业发展中处于重要战略地位，并发挥着其他科技基础支撑条件不可取代的重要作用。20世纪80年代，中国医学科学院医学实验动物研究所通过与JAX实验室、马里兰州立大学等机构开展资源和学术交流，引进国内外实验动物种子，建立起包含50余个大小鼠品系的国家第一个实验动物资源种子库。1994年国家技术监督局发布实验动物标准，包括了实验动物环境及设施、实验动物质量等级、实验动物遗传质量控制、实验动物营养饲料四个方面共47项，后扩展到83项。“十五”期间，国家投入项目经费达1亿多元。通过“863”计划、科技资源支撑计划、科技重大专项等项目的资助，中国的实验动物资源不断增加。为全面提升我国实验动物科学整体水平，更好地服务于科技创新与发展，1998年国家通过科技项目形式和利用不同的融资渠道，建立了“国家啮齿类实验动物种子中心”，2001年启动了“国家遗传工程小鼠资源库”。2002年先后启动了“国家实验用小型猪种质资源基地”“国家实验兔种质资源基地”“国家实验用猕猴种源基地”“国家SPF禽类种质资源中心”“实验用Beagle犬种源基地”和“国家实验灵长类种质资源中心”等项目，集中开展实验动物种质资源的收集、整合和保存，并开展标准化研究。建立种质资源生态学特性数据库，推动和实现种质资源的共享。在专家评审和上述项目的支持下，截至2020年共建立8个国家级实验动物资源中心(表1-1)，包括：国家啮齿类实验动物种子中心北京中心(中国食品药品检定研究院)和上海分中心(中国科学院上海生命科学研究院)、国家遗传工程小鼠资源库(南京大学)、国家禽类实验动物种子中心(农业部哈尔滨兽医研究所)、国家兔类实验动物种子中心(中国科学院上海生命科学研究院)、国家犬类实验动物种子中心(广州医药研究总院有限公司)、国家非人灵长类实验动物种子中心苏州分中心(苏州西山中科实验动物有限公司)和国家实验动物数据资源中心(广东省实验动物监测所)，其主要职责是：引进、收集和保存实验动物品种品系，研究实验动物保种新技术，培育实验动物新品种品系，为国内外用户提供标准的实验动物种子。

为落实《科学数据管理办法》和《国家科技资源共享服务平台管理办法》的要求，规范管理国家科技资源共享服务平台(简称国家平台)，完善科技资源共享服务体系，推动科技资源向社会开放共享，科技部、财政部对原有国家平台开展了优化调整工作，通过部门推荐和专家咨询，经研究共形成“国家高能物理科学数据中心”等20个国家科学数据中心、“国家重要野生植物种质资源库”等30个国家生物种质与实验材料资源库。2019年6月5日，《科技部 财政部关于发布国家科技资源共享服务平台优化调整名单的通知》(国科发基〔2019〕194号)公布了国家科技资源共享服务平台名单，其中包括有6个国家实验动物资源库。

表1-1 8个国家实验动物资源库和种子中心

序号	国家实验动物资源库	国家实验动物种子中心	承担单位
1	国家啮齿类实验动物资源库	国家啮齿类实验动物种子中心北京中心	中国食品药品检定研究院
2	国家鼠和兔类实验动物资源库	国家啮齿类实验动物种子中心上海分中心	中国科学院上海生命科学研究院
3	国家非人灵长类实验动物资源库	国家非人灵长类实验动物种子中心苏州分中心	中国科学院昆明动物研究所

续表 1-1

序号	国家实验动物资源库	国家实验动物种子中心	承担单位
4	国家禽类实验动物资源库	国家禽类实验动物种子中心	中国农业科学院哈尔滨兽医研究所
5	国家犬类实验动物资源库	国家犬类实验动物种子中心	广州医药研究总院有限公司
6	国家遗传工程小鼠资源库	国家遗传工程小鼠资源库	南京大学
7	国家鼠和兔类实验动物资源库	国家兔类实验动物种子中心	中国科学院上海生命科学研究院
8	国家实验动物数据资源库	国家实验动物数据资源中心	广东省实验动物监测所

引自:国家啮齿类实验动物资源库。

实验动物资源库是国家将实验动物作为科技发展不可或缺的战略性生物资源,推动其持续发展的重大举措,对构建支撑我国科技创新的自然科技资源平台具有前瞻性和战略性意义。随着国家科技创新发展,需要进一步统筹规划,选择有基础、运行机制良好的实验动物繁育供应基地,逐步建立起包括小型猪、树鼩、裸鼹鼠、东方田鼠、长爪沙鼠、田鼠、大仓鼠、灰仓鼠、虾虎鱼、红鲫、果蝇、雪貂以及各种模式动物、家畜家禽等的实验动物资源库及功能独特的实验动物种源基地,共同形成国家实验动物遗传资源保存与共享服务体系。在此基础上,通过自主创新和国际合作等不同方式,不断扩大资源种类和数量,提升技术服务水平,发挥实验动物资源为国家科技创新发展提供资源保障和技术支撑的能力和水平。科技部在北京、上海、广东、黑龙江等地建立或以项目的方式支持建立了国家啮齿类实验动物种子中心和上海分中心、实验小型猪种质资源中心、国家实验兔、猴、犬、禽等种源基地。全国现有 300 多家实验动物生产单位,年产实验动物 1 900 多万只。我国常用实验动物有 30 余个品种 100 多个品系,主要供应科学研究,药物、食品、化妆品和保健品等的检定和生产以及生物医学教学等领域。目前已建立的 8 个国家实验动物资源库,将按照国家实验动物资源库建设运行方案,进一步明确实验动物资源库的战略定位、建设运行管理、考核和评估方案等,提出总体发展目标、重点任务和年度工作计划,以及管理运行保障机制等,建设好国家实验动物资源库,保护我国实验动物资源,不断提升资源库的自身能力和资源共享服务水平,满足国家战略层面的生命科学基础研究、生物技术研究与应用和生物医药产业发展的需求。

20 世纪末,中国的实验动物资源建设以大小鼠品系培育、质量控制和标准化建设为主。随着国际基因工程技术的发展,国内学者不断跟踪掌握先进的技术,并在实验动物领域拓展,尤其是近期的 CRISPR 技术在大鼠、猴等实验动物的应用方面,达到了国际领先水平,并完成了国际首批基因敲除小鼠、基因敲除大鼠、基因敲入大鼠、基因修饰猴和猪模型研制。这些技术的发展,标志着中国在实验动物资源培育和研制能力上,达到了国际先进水平。

实验动物从业人员培养方式:一是从业人员上岗前培训(上岗证);二是从业人员专业技术培训(继续教育);三是实验动物专业教育(学历教育)。岗前培训和专业技术培训已在国内全面展开,收效显著。全国有 73 所医学院、药学院,15 所兽医学院和生物技术学院开设了研究生层次课程,其中 13 所院校面向本科生开设了实验动物学课程,17 所实力较强的院校开展了动物学专业下实验动物方向的研究生教育,有 8 所院校开展了本、专科生层次专业教育。我国实验动物工作在法制化管理、质量控制、资源建设、人才教育与培训、比较医学研究等诸多方面初步形成了学科体系。通过建立实验动物管理体系和政策法规体系、实行实验动物标准化、建设实验动物技术平台、建立实验动物资源基地等，实验动物学在中国得到了迅猛发展。

国际实验动物科学发展迅速，成功构建了转基因动物和克隆动物，特别是转基因动物用于医药研究得到普及；实验动物种质资源保存，逐渐形成国际分工合作；生物学特性的数据化和数据库的建立，促进了实验动物资源与信息的共享；重视遗传工程模型动物研发与应用；功能基因组学知识产权的争夺日趋激烈；实验动物研究与产业化同步推进。最早的机构是中国医学科学院医学实验动物研究所，随后成立的代表性机构包括南京大学模式动物研究所、中国食品药品检定研究院实验动物资源研究所等。

上述机构对促进中国实验动物学科发展起到了重要作用，例如，中国医学科学院医学实验动物研究所建立了中国第一批实验动物种子资源库，成立了中国实验动物学会，并实施“中日实验动物人才培训”项目，成立了全国实验动物标准化技术委员会，开创了实验医学-比较医学学科，成为国家重大传染病防治专项的实验动物技术平台，并建立了中国最大的人类疾病动物模型资源库；南京大学模式动物研究所建立了中国最大的基因工程小鼠资源库，将中国基因工程小鼠资源总量提升至国际第 5 位，并加入了国际小鼠基因敲除计划；中国食品药品检定研究院实验动物资源研究所承担了国家啮齿类实验动物种子中心和国家实验动物质量检测中心的运行工作。在平台建设方面，拥有了一系列的基因工程动物模型、人类疾病动物模型研制平台以及系统的疾病动物模型表型分析平台，能够为生命科学和医学研究提供较为系统的动物模型资源研制、分析和评价技术服务。

第三节 实验动物在畜牧兽医科学研究中的应用现状

一、农业系统实验动物发展概况

1. 实验兔群

1941 年，华北农事试验场家畜防疫系从日本兽疫调查所引进日本大耳白种兔，经过几十年的精心培育，特别是 1986 年后，程水生等加大对日本大耳白兔的培育与研究力度。还从外界引种封闭繁殖了十几年，培育成大耳白兔中国兽医药品监察所封闭群、并建立了兔群的生物学特性、血液生理 16 项、生化 16 项指标及乙醇脱水酶(ADH)、碳酸脱水酶(CA)、过氧化氢酶(Ce-2)、酯酶(Es)、α-甘油磷酸脱氢酶(Gdc-1)、葡萄糖磷酸脱氢酶-1(Gpd-1)、异柠檬酸脱氢酶(Id-1)、乳酸脱氢酶调节体-1(Ldr-1)、甘露糖磷酸异构酶-1(Mpi-1)、核苷磷酸化酶-1(Np-1)和磷酸葡萄糖脱氢酶(Pgd)等 11 个遗传生化位点检测指标，该兔群较好地保持远交封闭群的遗传特性，在 ADH、CA、Ce-2、Ce-2、Mpi-1、Pgd 6 个位点具有同工酶多态性，在 Gpd-1、Gdc-1、Id-1、Ldr-1、Np-1 5 个位点为单型。另外，该品系具有特色，在 Gpd-1 位点为 a/a 单型，目前，新西兰、青紫蓝等品系在 Gpd-1 位点呈 a、b 多态性，是区分该品系与其他品系异同的一个标记。在质量方面，将兔舍的所有笼具用敌百虫喷洒和乙醇喷灯火焰灭菌，将所有种兔及仔兔同时注射伊维菌素后，种兔质量显著提高，使得该兔群成为北京市最好的实验兔群。该封闭群的建立，除供应中国兽医药品监察所监察、研究用之外，还出售给中国药品生物制品检定所、北京药检所、解放军 301 总医院等近百个单位进行药品检验和研究用；此外，还有广西生物药厂、郑州生物药厂、白求恩医科大学、解放军军事医学科学院等十几个实验动物中心引种繁殖。少则

1 次引种 10 多只，多则 1 次引种 300 多只，整个兔群由该封闭群替代。多个省、市兽医生物药品厂繁育的家兔就是这群兔的后代。北京维通利华实验动物技术有限公司繁育的大耳白兔群是中国兽医药品监察所封闭群的后代。兽用生物制品企业和一些兽医研究所都建立了自己的实验兔群。

2. SPF 鸡群

农业农村部兽医局自 2004 年 7 月 12 日成立以来对实验动物高度重视，特别对影响兽用疫苗质量的原材料——SPF 鸡胚的生产与质量尤为重视。随着 2005 年全国兽用生物制品企业 GMP 化，农业部将《生产检验用动物标准》收载于《中华人民共和国兽药典》(2005 年版)，正式纳入国家标准，明确规定，在用于兽用生物制品的菌、毒、虫种制备与鉴定，制品生产与检验的实验动物中，兔、豚鼠、仓鼠应符合国家普通级动物标准；大鼠、小鼠应符合国家清洁级动物标准；用于禽类制品菌、毒种的制备与鉴定，活病毒疫苗生产与检验，灭活疫苗的检验，所用鸡、鸡胚应符合国家无特定病原体(SPF 级)动物标准。《农业部关于加强兽用生物制品生产检验原料监督管理的通知》规定，2008 年 1 月 1 日起，农业部将对兽用生物制品 GMP 生产企业菌(毒)种制备与鉴定、活疫苗生产以及疫苗检验使用无特定病原体(SPF 级)鸡、鸡胚情况进行全面监督检查；对达不到标准要求的，将根据《兽药管理条例》的规定进行处理；自本通知发布之日起，用 SPF 鸡胚生产的活疫苗，经农业部批准，可在其标签、说明书上标注“SPF 鸡胚生产”等相关字样。

由于《农业部办公厅关于加强兽用生物制品生产检验原料监督管理的通知》的颁布，SPF 鸡、鸡胚的使用量急剧上升。各企业也积极筹建 SPF 鸡舍。2007 年，北京实验动物中心新建 1 栋年产约 200 万枚 SPF 种蛋的生产设施。据不完全统计，全国使用 SPF 鸡 2001 年为 28 348 只，2006 年约 73 000 只，2009 年仅中国农业科学院哈尔滨兽医研究所和中国兽医药品监察所 2 个单位检验、研究用 SPF 鸡数就达 60 000 只。正负压 SPF 鸡隔离器的数量也明显增多(2001 年为 175 台，2006 年为 1 232 台)，SPF 鸡蛋的生产和销售正向产业化、专业化迈进。据调查统计，2000 年全国 7 家 SPF 鸡生产企业共生产 SPF 鸡蛋 534.6 万枚，2005 年共生产 SPF 鸡蛋 625 万枚，2006 年共生产 SPF 鸡蛋约 1 000 万枚，2008 年全国 12 家 SPF 鸡生产企业共生产 SPF 鸡胚约 1 467 万枚。2009 年全国 16 家 SPF 鸡生产企业共生产 SPF 鸡胚约 2 396.6 万枚。2010 年按现有存栏鸡数量推测，全国 17 家 SPF 鸡生产企业共生产 SPF 鸡胚约 3 630 万枚。根据中国兽医药品监察所编制的 2008 年全国兽用生物制品质量统计资料，全国年生产禽用活疫苗的产量推算约需 SPF 鸡胚 4 000 万枚。2011 年基本达到供需平衡。

3. 小型猪群

中国农业科学院北京畜牧兽医研究所冯书堂研究员先后 3 次到海南岛实地考察五指山猪，通过几十年的研究，在北京异地保种、实验动物化培育、近交繁育、种质测定和分子遗传学研究以及在畜牧、兽医，尤其是人类比较医学、皮肤、心血管、口腔、去脂、异种器官移植、新药测定研究等方面，积累了大量的研究数据和资料，并成功培育中国五指山猪。目前，该所已建立一个拥有 2 000 m^2 使用面积、150 头基础母猪、年销售 1 000 多头普通级实验小型猪和一个 400 m^2 使用面积，20 多头基础母猪、年销售 200 多头清洁级实验小型猪生产基地。该所还将清洁级小型猪通过剖宫产手术成功培育的 SPF 级小型猪饲养在隔离器中，经检测无 15 种猪传染病病原及抗体。该所正在筹建 1 200 m^2 使用面积的 SPF 级小型养猪设施。中国五指山小型猪是一个较好的实验动物模型，可应用于胚胎工程、营养代谢、细菌及病毒敏感性实验、疫苗监测、烧伤皮肤移植、去脂、牙齿口腔疾病、心血管疾病以及新药研究等。此外，我国还培育了云南版纳微型猪、贵州香猪、广西巴马小型猪和西藏小型猪等实验动物品系。

4. SPF 猪群

我国的中型实验动物基地从整体上看还处于初级阶段，远不能适应现代科学发展的需要。高级别中型实验动物（如 SPF 实验猪）设施的缺乏已经成为制约我国动物疾病研究与疫苗、兽药生产的“瓶颈”。

SPF 猪是通过对妊娠末期母猪无菌子宫摘除术剖腹取仔，在无菌环境条件下，人工哺育仔猪成活，逐渐在屏障环境下育成的健康猪群。1951 年美国内布拉斯加大学 Young 等首先提出并成功进行了 SPF 猪的生产试验，随后，欧美发达国家很快开展了对 SPF 猪的研究工作。随着生命科学研究的飞速发展，SPF 猪在人体器官移植、疫苗研制、疫病模型等方面的作用日渐突出，已成为一种重要的实验动物材料。一些科学技术发达的国家已逐渐把这项技术应用于养猪育种和养猪生产。

我国 SPF 猪的建立、生产和推广经历了不同的阶段；从 20 世纪 70 年代初开始，先后对自然分娩/人工哺育、剖腹取胎、人工接产/人工哺乳、剖腹取胎/人工饲喂等方式进行了摸索。1982 年，北京农业大学、中国农业科学院畜牧研究所与北京市 SPF 猪育种管理中心合作，从妊娠末期的健康母猪通过子宫切开手术，在无菌环境下取出胎儿，并在无菌寄养隔离器内用超高温消毒牛奶饲喂，21 日龄转入环境适应间，使其产生对环境的适应能力，再转到无净化设施的特定猪场饲养，成功培育并建立了 SPF 猪群。该 SPF 猪群无猪支原体肺炎（猪喘气病）、猪萎缩性鼻炎、猪痢疾、猪伪狂犬病、猪传染性胃肠炎、虱和螨等 7 种病原。中国兽医药品监察所曾多次购买该 SPF 猪进行兽用生物制品研究和检验。这种形式建立的 SPF 猪群由于对疾病控制的种类较少，不能完全满足兽用生物制品的研究、生产及检验的需要。

2009 年，中国农业科学院哈尔滨兽医研究所 SPF 猪繁育基地建设项目申请纳入全国动物防疫体系建设规划（2009—2015 年）。该 SPF 猪群的建立或血缘补充的途径通过无菌剖宫产手术完成。率先大规模检测妊娠末期母猪，排除垂直传播病原，如猪瘟病毒、繁殖与呼吸综合征病毒、伪狂犬病病毒和细小病毒等，经过隔离观察，待妊娠 112 d 或 113 d 时实施剖宫产手术。无菌摘取胎儿，仔猪在百级净化隔离器（隔离器安放在 10 万级净化设施中）中人工饲喂超高温消毒牛奶，避免母源抗体，防止外界感染。在此期间，接种乳酸杆菌，增强消化功能。21 d 后转入万级净化屏障环境下断奶仔猪室，适应 4～6 周。经采样检测无猪瘟、繁殖与呼吸综合征、猪伪狂犬病、猪细小病毒、猪圆环病毒、猪传染性胃肠炎、猪流行性腹泻、猪链球菌、猪传染性胸膜肺炎、副猪嗜血杆菌、猪萎缩性鼻炎、猪肺疫、仔猪副伤寒、猪肺炎支原体、仔猪红痢等病原和抗体后，转入万级净化屏障环境下的育成室，获得初级 SPF 猪。初级 SPF 猪在万级净化屏障设施环境下进行正常配种、繁殖，获得次级 SPF 猪。初级和次级 SPF 猪统称为 SPF 猪。我国在“十二五”期间优先规划安排模式动物表型与遗传研究国家重大科技基础设施建设，其中猪的设施“天蓬工程”已于 2022 年 10 月试运行，这将推动猪作为模式动物的开发与应用，为动物育种、人类医疗、异种器官移植等方面提供平台支撑。

5. 水生实验动物

1987 年，农牧渔业部首次组织开展水生实验动物的开发与应用研究。中国水产科学研究院珠江水产研究所率先将剑尾鱼作为实验动物模型来研究。剑尾鱼由于体型小、繁殖周期短、繁殖率强和易于在实验室饲养，对多种农药、重金属等毒物较敏感，对某些鱼类的病原微生物也非常敏感，适合作为动物模型，从剑尾鱼近交培育、生物学基础，对遗传和遗传纯合度检测、水环境及人工生态、营养需求与人工饲料、疾病普查等方面进行了系统研究，已建立了三个不同体征剑尾鱼近交系。培育的环境设施和饲养管理基本上达到标准化、规范化，保证了实验反应的一致性和可重复性。实验证明，经过培育的剑尾鱼，可作为水环境监测、水产药物安全性评价、化学品毒性检测、遗传生物学研究和动物疾病检验的实验动物模型，具有良好的应用前景。剑尾鱼是我国第一个通过审定的鱼类实验动物，填补了国内无水生纯系实验动物的空白，剑尾鱼实验动物化的研究成功，为其他鱼类实验动物化研究提供了宝贵的经验。南京农业大学陆承平教授开展了剑尾鱼作为迟缓爱德华菌胞外产物的细胞毒性和动物致病性动物模型研究。南京农业大学、华南农业大学应用剑尾鱼进行了水产药物安全性评价中动物模型构建以及水产动物疾病研究。

6. 其他实验动物

2004 年年底，中国农业科学院哈尔滨兽医研究所实验动物中心曲连东采用检疫淘汰、灭活疫苗免疫、添加抗生素药物、百级净化隔离器饲养等净化手段，开展 SPF 鸭群建立的研究工作，到 2011 年已净化了禽流感、新城疫、[鸡]产蛋下降综合征、禽网状内皮组织增生综合征、鸭瘟、鸭病毒性肠炎、鸭疫里氏杆菌、沙门菌等疾病，初步建立了一个拥有 300 只鸭的 SPF 鸭群。并向兽药生产企业和兽医研究单位提供 SPF 鸭蛋。中国农业科学院上海兽医研究所林矫矫研究员 2003 年开展实验用家蚕及家蚕表达药物蛋白质的研究，建立实验用家蚕系统，确定用于生物反应器的实验用蚕品种，用家蚕系统来表达日本血吸虫病诊断抗原基因、丙型肝炎诊断抗原重组基因和导向性抗栓药物重组基因等。

此外，农业系统有关研究所及院校还开展了 SPF 兔、转基因动物模型的研究。这些开拓性的工作为我国的农业实验动物发展做出了贡献。有的研究引起国内外专家学者的关注。

二、农用实验动物管理与存在的问题

1. 农用实验动物管理

农牧渔业部于 1983 年召开农业系统实验动物工作座谈会。1984 年建立农牧渔业部实验动物研究所。1985 年北京农业大学设立了实验动物专业，为国家培养实验动物高级专业人才。聘请美籍华人徐兆光教授为实验动物科学顾问。农业农村部率先在全国举办实验动物学习班培养实验动物人才，现在大多数国内知名实验动物专家都参加过当时的实验动物学习班。1989 年，农业系统实验动物工作在全国发展形势的推动下全面开展起来，1992 年农业部颁发的《中华人民共和国兽用生物制品规程》收载了《实验动物暂行标准》，明确提出“兽用生物制品菌(毒)种的制备与鉴定、制品的制造与检验用的实验动物：小鼠为清洁级；大鼠、兔、豚鼠、地鼠为普通级；禽类制品毒种的制备、鉴定、活疫苗的制造和外源病毒检验所用实验动物(鸡和鸡胚)为 SPF 级”。为进一步加强实验动物的管理，《农业系统实验动物管理办法》明确提出，农业系统实验动物管理实施“实验动物合格证”制度，并提出了合格证申领办法，对农业系统实验动物质量实施检测，由农业部指定法定质量监测单位负责实施。种种原因导致禽用活疫苗的制造全部使用 SPF 鸡胚没有完全达到预期目标。随着 2005 年全国兽用生物制品企业的 GMP 化，《生产检验用动物标准》被 2005 年版的《中华人民共和国兽药典》收载，正式纳入国家标准。SPF 鸡和鸡胚的生产、使用量急剧上升。2010 年，国产禽用活疫苗的生产全部使用 SPF 鸡胚。

2. 农业系统实验动物存在的问题

SPF 鸡技术的开发研究是农业实验动物科学研究的重点。我国自 1986 年建立 SPF 鸡群至今，SPF 鸡和 SPF 鸡胚的生产与销售已实现产业化，这为禽用活疫苗的生产实现 SPF 化提供了坚强的保障，对我国兽用生物制品质量的提高起到了促进作用，提高了兽用疫苗研究结果的可信度，加快了试验研究进度，减少了实验动物的使用数量。但农业系统实验动物与国内、国外的卫生部门相比存在一定的差距，特别是大动物（大动物个体大、所占的空间大、饲料需求量大、动物尸体和粪便处理也困难）目前还未制定国家标准，北京市和上海市等个别省市制定了地方标准。差距主要表现在以下几个方面。

（1）管理机构不断变动，缺乏对无菌动物的理解、缺少实验动物管理经费　1988 年 11 月 14 日中华人民共和国国家科学技术委员会令 第 2 号《实验动物管理条例》规定，国家科学技术委员会主管全国实验动物工作，省、自治区、直辖市科学技术委员会主管本地区的实验动物工作。国务院有关部门负责管理本部门的实验动物工作。农业农村部实验动物管理机构早在 20 世纪 90 年代就制定了《农业系统实验动物管理办法》，明确提出农业系统实验动物管理实施“实验动物合格证”制度，并对农业系统实验动物质量进行定期监测。实验动物管理机构由农业农村部科技司、畜牧兽医司科技处、兽医局综合处到现在挂到科技部国家科技基础条件平台中心条件与创新支撑处。随着实验动物设施、设备的普及应用，我国实验动物质量明显提升，加之国际合作非常频繁，对无菌动物的需求越来越多，但无菌动物的重要性理解不足，设施投入经费和维护经费庞大，加上管理机构不断变动，影响实验动物专项经费及日常管理经费，这种情况下无法开展无菌实验动物相关工作，这在一定程度上制约了实验动物的发展。

（2）实验动物工作发展不平衡，影响实验动物整体质量水平　国家和农业农村部都颁布了有关的法规、法令。由于经费的限制和对实验动物的认识不足以及各地对实验动物工作重视程度不一，实验动物工作发展速度和整体水平不平衡，表现为东部、东北部地区优于西部、中部地区，部属单位优于地方单位。

实验动物各品种之间发展不平衡。小型动物（鸡、鼠、兔）优于大中型动物（牛、羊、猪）。我国至今没有制定出实验猪（上海、北京有小型猪地方标准）、实验牛（北京有实验羊地方标准）的行业标准或国家标准，没有专门的大中型实验动物繁育、生产厂，这些动物的使用以等外级动物为主，从而严重影响科技水平和生物制品的质量。由于口蹄疫和高致病性猪繁殖与呼吸综合征等疫病的暴发，猪、牛、羊用疫苗的应用前景凸显，各科研院所和兽用生物制品生产企业加大对该类疫苗的研发，大中型实验动物的使用量大幅度上升。

（3）应建立 SPF 鸡种蛋供种单位和法定质量监督检测机构　在 SPF 鸡种蛋方面，目前国内仅有 1 家 SPF 种蛋的供种单位，产蛋率稍低一些，还没有完全被 SPF 生产企业接受。一些 SPP 企业还从国外引种，引种时，各 SPF 鸡企业都是各自为政，从美国或其他发达国家进口种蛋。而因办理手续烦琐，有时种蛋到机场后又不能按时提货，这就严重影响了 SPF 鸡种蛋的质量，而且种蛋价格昂贵，每枚 13～20 美元。有些企业使用的种蛋都是传了好几代，微生物控制、产蛋率、受精率、孵化率、蛋的品质等均得不到保证。

在 SPF 鸡的质量检测方面，各 SPF 企业都是自检或委托检验。各家在检测过程中应用的试剂、方法、检测的频率、检测数量各不相同。有的企业检测不规范，如检测病原的种类少、检测样本少、检测频率低、检测结果不能真实反映产品的质量状况。《实验动物许可证管理办法》规定，实验动物许可证的发放由省级科技主管部门负责，报科技部备案。实验动物的质量检测委托有资质的检测机构完成，目前我国有资质的实验动物检测机构已经多达几十家，但能够对SPF鸡群进行检测的机构甚少，有的还自己生产SPF鸡蛋，有的与SPF鸡胚生产企业有经济利益关系，也未得到农业农村部SPF鸡质量检测的认可，检测的公正性存在异议。按照《实验动物管理条例》规定，科技部主管全国实验动物工作，国务院各有关部门负责管理本部门的实验动物工作，农业农村部应对农业实验动物特别是SPF鸡进行行业管理，根据国家《行政许可证》，质量监督检验可委托有资质的检测机构完成，并定期公布检测结果，才能保证农用实验动物的质量水平。

第四节　实验动物在人类社会发展中的地位和作用

21世纪是生命科学的世纪，实验动物科学既是生命科学的重要组成部分，又是生命科学发展的重要基础条件。回顾生物医学发展的历史不难发现，许多具有里程碑式的划时代研究成果往往与实验动物及动物实验密切相关。天花的灭绝、各种疫苗的研制、异体器官移植以及克隆技术等重大突破，都是首先在实验动物上获得成功的。1628年，英国科学家哈维通过对蛙、犬、蛇、鱼、蟹等动物的解剖与生理研究，发现了血液循环是一个闭锁的系统，阐明了心脏在动物体内血液循环中的作用。1878年，德国科学家科赫通过对牛、羊疾病的研究，发现了结核分枝杆菌，指出了细菌与疾病的关系。1880年，法国微生物学家巴斯德在家禽霍乱病的研究中首先用人工致弱的巴氏杆菌制造禽霍乱疫苗，1885年他又成功地研制出狂犬病弱毒疫苗，开辟了传染与免疫的新领域。当今，人类仍面临重大疾病的威胁，疾病的诊断、治疗和预防，医疗药品的安全性评价，与人类生存环境密切相关的重大研究都需要实验动物科学的支撑。因此，实验动物科学的重要性体现在两个方面：一方面，它是生命科学研究的重要手段和条件，直接影响着许多领域研究成果的确立和水平高低；另一方面，它的发展和提高会把许多领域的研究引入新的境地，推动相关领域的发展。

一、实验动物科学在畜牧兽医科学方面的作用

生理试验、胚胎学研究、营养价值的评估、动物生物制品质量检测都要使用实验动物。此外，动物疫苗的制备原料及产品质量检定、畜牧兽医学教学实验及科学研究都离不开实验动物。目前，在兽医科学研究上，由于所用实验动物或鸡卵不合乎标准，质量很差，严重影响科研效果，甚至在某些疫病的研究工作中，因无SPF动物或SPF卵，试验无法进行，所制备的疫苗的效果难以保证，导致大量畜禽病死，造成了重大的经济损失。如1981年，我国某兽医生物制品厂生产的猪瘟疫苗混有猪瘟强毒，结果注射后引起大批猪死亡，造成国家经济的很大损失，其原因是制苗所用的仔猪带毒，而安全检验用的动物数量和质量不符合要求所引起的，又如，在生产鸡新城疫疫苗过程中，由于使用的鸡卵不是SPF鸡卵，疫苗的质量得不到保证。

二、实验动物在生物制品生产方面的作用

各种生物制品对防治疾病、保障人民健康方面起着十分重要的作用，而生物制品的生产需要大量使用高质量的动物。兽医生物制品生产的经验已经证明，实验动物质量的好坏对产品质量的优劣起着十分重要的作用。近年来，实验动物质量的优势虽已引起生产者和管理者的高度重视，但实验动物饲养和基础设施及管理水平等都还达不到生物制品规范化的要求。以

禽病为例，众所周知，有很多病是垂直传播的，如大肠埃希菌病、沙门菌病、传染性贫血、支原体病等都可以通过种蛋进行传播。据报道，对不同厂家的 109 批禽苗的检测结果表明支原体污染苗有 75 批，占 68.8%；其中鸡胚苗 75 批中有 55 批、细胞苗 31 批中有 20 批污染了支原体。在禽苗生产中，如污染支原体会导致鸡胚过早死亡，病毒滴度下降；使用污染的疫苗免疫接种鸡将会引起支原体病流行。因此，实验动物是直接影响生物制品质量的最重要因素。我们应加强管理，提高实验动物质量，以保证我国畜牧业的健康发展。

三、实验动物是现代生物医学研究的作用

现代生物医学的研究离不开实验动物。在对人的各种生理现象和病理机制及疾病的防治研究中，实验动物是人的替难者。例如，癌症是威胁人类健康的最大疾病，由于在肿瘤的移植、免疫、治疗等研究中使用了裸鼠、悉生动物和无菌动物，化学致癌物质、病毒致癌、肿瘤的病毒及免疫、治疗等方面的研究有了极大的进展；巴甫洛夫条件反射实验和我国生物学家朱洗的无“外祖父”的蟾蜍，即通过动物实验获得成功。各种疾病，如高血压、动脉硬化、心脏病、甲状腺疾病、糖尿病、肥胖症、肺炎、支气管哮喘、肺气肿、硅肺、神经系统疾病、精神病、重症肌无力、胃病、肾病、肺病、胰病、胆病、畸形、传染病及外科疾病等的治疗与痊愈的机制及其生理、生化、病理、免疫等各方面的机制都经过动物实验加以阐明或证实。因此，有人统计，60%以上的生物医学的科研课题需要实验动物，许多课题的研究离开了实验动物就寸步难行。

四、实验动物在其他领域的广泛应用

(1)实验动物科学研究方面　在实验动物科学本身的研究中，由于其综合性很强，涉及数学、物理、化学、生物学、微生物学、遗传学、免疫学、生态学和建筑学等，所以各个学科与所有的实验动物科学相辅相成，相互渗透。虽然它的直接研究目的是取得适用于各种特殊研究需要的实验动物，但对生命科学的微观领域进行了更为深入的探索，例如，在遗传学、生殖生理学等学科的基础理论以及实用技术方面都取得了突破。

(2)农业科学方面　通过动物实验进行化学肥料、农药安全性评价极为重要。在合成的多种新农药化合物中，真正能通过动物实验而对人体和动物没有危害的只占 1/30 000。我国过去大量使用有机氯农药，后来发现它们有致癌作用。

(3)制药工业方面　新的药品必须通过大量的动物实验来进行严格的安全性和有效性评价，其中包括动物急性试验、亚急性试验及慢性试验，三致试验(致畸、致癌、致突变)。试验对象包括啮齿动物、犬或猴等不同进化程度的动物，以证明新药对人体安全可靠后，方能报有关部门审批，申请生产批号。药品在正常生产过程中也要通过动物实验进行安全性检验，以保证产品的安全性。其中，实验动物的质量对实验结果有直接的影响。

(4)基因工程技术方面　基因工程技术应用于实验动物科学始于 20 世纪 80 年代。动物基因工程技术的发展主要得益于实验动物基因工程的发展。基因工程实验动物主要应用于基因工程疾病模型研究、基因功能研究、基因药物研究、生物反应器研究和生命基本现象探索等领域。

(5)比较医学研究方面　比较医学研究是以动物和人类的健康与疾病进行类比研究为主要内容的，探讨疾病的发生、发展和治疗机制的实验动物科学的分支学科。现代医学研究越来越注重体内试验，比较医学作为实验动物学与医学的结合点和创新点成为医学研究的前沿。

(6)中医药学方面　中医药学是中华民族的瑰宝,中医药实验动物科学研究开始采用实验动物和人类疾病动物模型作为体内研究的载体,采用比较医学作为手段,中医药实验动物科学已融入中医科研、教学体系。

(7)行为科学的研究方面　实验动物在行为科学的研究中也占有重要地位。例如,在汽车设计中的撞击、土建设计中振动的允许程度、灾难性事故的处理等方面,国外已经采用实验动物模拟人类。

(8)轻工业与食品工业方面　各种食品、食品添加剂、食用保健品、饮料、化妆品、毛皮及纤维、日常生活用品等的安全性和有效性评价以及化学制品等有害成分的影响都需要进行动物实验。按照规定,食品、食品添加剂、皮毛制品、化妆品等上市销售都要求必须先经国家指定的检测机构采用实验动物进行安全性试验,以证明其对人体无急、慢性毒性,且无致癌、致畸、致突变作用,才能供应上市。

(9)重工业和环境保护方面　在重工业上,对有害物的鉴定和防治以及环境保护,包括废弃物、气体、光辐射、声干扰等各方面的研究工作,实验动物都是监测和研究防治措施的前哨。

(10)国防和军事科学方面　在研究各种武器的杀伤效果,化学、辐射、细菌、激光武器的效果和防护以及航天科学试验中,通过动物实验,研究人体在太空条件下,失重、辐射和太空环境因素对机体生理状态的影响。在核武器爆炸的试验中,实验动物被预先放置在爆炸现场,以观察光辐射、冲击波和电离辐射对生物机体的损伤。此外,在战伤外科和防治军事毒剂和细菌武器损伤的研究中,实验动物为科学家获取有价值的数据做出了积极的贡献。

(11)商品鉴定和国际贸易方面　在进口商品的检验检疫中,许多商品的质量检验都规定必须进行动物实验鉴定,它直接影响着对外贸易的数量、质量和信誉。

作为畜牧学、兽医学、医学和有关生物学的理论以及生物药品制造、化学药物筛选、鉴定、环境保护等实现社会主义现代化重要的工具之一,实验动物科学有力地推动着国民经济的发展。

第五节　实验动物科学发展趋势

实验动物科学的发展和应用程度是衡量一个国家和地区科学水平高低、经济实力强弱的重要标志之一,因此,实验动物科学备受各国政府的重视和科学家的关注,一些国家不惜投入大量的人力、物力和资金,推动实验动物科学的发展。

一、实验动物种质资源不断扩大

一方面,用于科学研究的实验动物种类,从昆虫、鱼类、啮齿类到非人灵长类不断扩展;另一方面,遗传学家培育的用于特定研究目的实验动物品系越来越多,如在未来几年,小鼠的3万多个基因都会被基因修饰,产生几万种不同小鼠突变品系。同时基因突变大鼠品系、基因突变猪品系、基因突变品种和品系等会越来越多,自发突变人类疾病模型动物、基因工程人类疾病模型动物、人类基因多态性工程动物等资源不断扩大,这些品系资源的建立为不同的医学研究、生命科学研究和药学研究提供有力的支持。另外,SPF动物、无菌动物等高质量实验动物和模式动物、疾病动物模型、实验动物化的野生动物和水生动物等的供应和使用量将逐年增加,常规实验动物生产使用量逐渐减少。

二、实验动物在畜牧业中的应用

疫苗的制备和鉴定、生理试验、胚胎学研究、营养饮料的分析、保持健康群体以及淘汰污染动物等都要使用实验动物。特别是在畜禽传染病的研究工作中,常亟须合格的实验动物进行实验。

三、实验动物在生命科学研究和医药产业中的应用

人类的健康问题是各国最关心的问题之一。各国对生命科学和医药研究的投入不断扩大,且由于系统生物学、组学等学科的发展和对生命科学和医学的渗透,模式动物、基因工程动物、胚胎工程动物逐渐取代常规实验动物。实验动物资源和动物实验技术已经成为许多高新生物技术产业的原材料和技术服务平台,其质量的提高将在很大程度上推动我国高新生物技术产业发展。

四、实验动物在比较医学和转化医学等交叉学科中的应用

人类疾病发生、发展和治疗机制的研究是解决人类健康问题的主要途径之一。作为以实验动物和人类疾病动物模型为主要对象,探讨疾病的发生、发展和治疗机制的比较医学是新兴研究领域,比较医学技术的发展将为医药研究提供重要的技术手段。新兴的转换医学以基础研究的成果转化为临床所使用的技术、方法,产生社会效益为主要内容,其前期临床研究需要和实验动物科学、比较医学等相结合,实验动物科学在疾病模型、体内研究技术等方面的发展会促进转化医学的发展。

由于系统生物学的兴起和生命科学、医药科学对体内研究的重视,利用实验动物进行系统研究成为未来的主流,相应的实验动物体内研究的高科技设备日益专业化,比如,超声成像、正电子成像术、CT 扫描和核磁共振等都会发展灵敏度更高的实验研究专用设备,而这些技术的发展反过来促进生命科学和医药科学的学科发展。

五、实验动物福利和替代方法研究

随着人类对生命的重视,实验动物福利法治化与替代方法研究已成为实验动物科学的重要组成部分,体现在实验动物饲育、生产、使用和科研、教育等各个方面。

六、实验动物科学信息的共享体系建设

发达国家建立了大量的实验动物相关数据库、网络平台,实现信息资源共享。我国实验动物生产供应、动物实验管理、环境设施逐步实现计算机监控和网络化、信息化管理,以发展相关数据库和网络共享平台。

七、实验动物资源和质量保证体系的国际化

在我国科技强国和提高科技竞争力的要求下,作为生命科学、医学和药学研究的主要支撑条件之一的实验动物科学资源和质量保证水平是我国生命科学、医学和药学研究的瓶颈之一。实验动物资源和质量保证体系的国际化是提高我国生命科学、医学和药学研究竞争力的关键问题。

八、国际生物医药产业推动我国实验动物科学发展

随着欧美国家实验成本增加、市场饱和以及中国、印度等生物医药产业的兴起，不少国际大型医药公司在我国设立研发外包机构，在一定程度上推动我国实验动物科学的发展和国际融合。

第六节　我国实验动物科学的发展目标

实验动物科学总体发展目标是在加强法治化、标准化管理的基础上，建立我国实验动物科学的学科体系，建立实验动物资源与技术协作共享体系，使实验动物科学的发展接近发达国家的水平。具体目标可分解为以下几个方面。

一、建立比较完善实验动物资源、技术资源和资源共享体系

①实验动物资源、技术资源是实验动物科学为其他学科提供支撑的基点，本学科将加强常用实验动物、基因工程动物、模式动物和疾病动物的资源建设，逐步缩小同先进国家的差距，为其他学科提供实验动物资源的支撑。

②加强动物实验和比较医学技术资源，包括设备、设施、操作技术等的建设和标准化，建立共享技术平台，通过平台的社会化为其他学科提供技术资源的支撑。

③通过实验动物资源共享体系，包括活体动物资源，细胞组织器官资源，信息资源，设施设备资源，平台建设等资源的整合、引进，共享机制的研究和制定在现有的基础上以优势互补为原则，继续加快特有动物资源基地的建设，鼓励有条件的单位进入资源共享网络，建立地域分布合理、品种各有侧重的实验动物生产供应基地，推动实验动物工作运行机制的改革，改变分割、分散的状况，加强全国的统筹规划、统一部署和合理分工，建立资源共享的新的运行和管理模式，形成全国性的共享体系。

④实验动物科学的价值就是为其他学科提供条件，以进一步加强实验动物科学与生命科学、医学、药学、毒理学、农业科学、畜牧兽医科学、航空航天等领域的融合，在为其他学科服务，实现本学科科学价值的同时，得到自我发展的动力。

二、整合学科人才和优势资源，加强重大实验动物科学问题研究

通过整合学科人才和优势资源，加强新型冠状病毒感染模型、艾滋病模型、乙肝模型、基因工程模型、中医动物模型等重大问题研究，在国际竞争中占领一席之地。

三、完善实验动物质量控制体系，致力于实验动物质量提高

我国需要加大实验动物质量控制的力度，推动实验动物福利研究和替代法研究，建立我国实验动物福利与伦理审查体系，逐步形成符合我国发展特点的可以和世界接轨的实验动物管理和使用评估和认可体系的组织。鼓励实验动物科学界和相关学科开展实验动物替代法研究，宣传 3R 精神，保证科学研究成果的准确性、可靠性。

四、初步建立全国统一培训体系，加快人才培训步伐

科技发展，人才是关键。实验动物科学是应用性非常强的学科，从业人员不仅需要全面而

扎实的基础理论知识，也需要过硬的技术，更需要了解相关的法律法规政策。近几年达到的目标是建立全国统一的岗前培训和等级培训体系并予以实施，满足法律法规要求和国际接轨要求；在充分调研的基础上，建立符合学科发展需要的专业教育学科体系，在国家学科分类中将实验动物科学纳入一级学科范畴，在国务院学位委员会中设立实验动物科学专业。

五、推动实验动物及相关产品的产业化进程

实验动物是特殊商品，实验动物相关产品，如饲养笼具、饲料、垫料等具有特殊性。虽然我国经过多年的发展已经初步形成产业化发展的形势，但仍然存在小而全和专业化程度不够的问题。我国应大力推动实验动物及相关产品的专业化和产业化进程，以形成分工合作的集团化生产供应局面，在保证质量的前提下满足市场需求。

第七节 发展实验动物科学的主要措施

一、统筹规划，合理布局

坚持国家目标，在国家科技基础性工作整体发展框架内，做好统筹规划，合理布局。根据基础和科技发展对实验动物科学的需求，配合我国生命科学研究和医药卫生事业发展的需要，兼顾东部经济发达地区和西部经济落后地区的平衡，制定实验动物科技近期发展计划和中长期发展规划。

二、重点发展、全面推进

结合我国生命科学研究、医药研究需求，发现我们需要加强研究和发展的重点。充分利用和合理配置人力资源、技术资源、动物资源，加强有关创新型国家建设和人体健康重大研究方向的支持力度，重点突破，带动全面发展。建立国家重点实验室，加强学科理论研究。充分发挥各方面的积极性，逐步拓展研究领域和深度，全面推进实验动物科学发展。

三、引进借鉴，自主开发

由于我国实验动物科学发展晚，我们可以借鉴发达国家的优势资源，例如，管理模式、人员培训方式、实验动物资源建设等，充分利用国际资源带动我国资源的扩展。本着“国外已经有的资源引进，国外没有的资源开发”的方式，加快我国实验动物科学的发展速度。与此同时，注重我国特有资源的保护和开发工作，注重具有中国特色的技术进步。

四、加大投资，鼓励创新

实验动物科学是支撑性学科，它的发展依赖于国家科学技术的整体发展，依赖于政府的扶持和资助。发达国家的发展模式是由政府资助，以公益研究为主（常规实验动物生产供应除外）。政府的支持力度决定实验动物科学的发展。尽管我国实验动物科学得到了政府的大力支持，但与国民经济的发展和科学技术的进步相比，仍然存在巨大差距，难以满足科学技术进步创新的需求。政府对实验动物科学进行持续性支持是本科学发展的保障，同时通过对本学科的支持也能促进生命科学、医学、药学的发展。国家各种研究计划和基金增加支持实验动物

科学的科学研究的项目，为解决生命科学中的重大问题提供支撑条件。

五、加强管理，强化标准

随着实验动物科技的发展、实验动物资源的开发，对外科技、贸易交流的不断加深，实验动物技术标准的健全和完善成为当务之急。一些新兴实验动物资源的标准缺点问题应该尽快解决。实验动物法制化和标准化管理工作需要政府、行业、机构、实验动物科技工作者的共同智慧和努力，以促进实验动物科学有序、规范、快速的发展。

综上所述，实验动物科学作为一个支撑学科，它是促进与生命科学相关研究科技创新的重要条件之一。我国实验动物科学为我国的生命科学、医药工业、农业科学、畜牧兽医科学、环境科学、食品卫生等研究提供了支撑作用。尤其是与生命科学和医学的进一步融合，比较医学、转化医学和畜牧兽医科学的发展和崛起，实验动物科学对于生命基本规律和机理的阐明，对于人类疾病的发病机理、治疗、药物研发所起的作用越来越不可或缺。发展实验动物科学既是实验动物科技工作者的责任与义务，又是政府的责任与义务。

第八节　优秀实验动物站点集锦

一、国外实验动物站点

1. 杰克逊实验室

杰克逊实验室坐落在美国缅因州的杰克逊实验室成立于1952年，是由DBA、C57BL近交系小鼠的培育者、有“美国老鼠人”之称的Clarence Cook Little创建的一家独立的非营利的哺乳动物研究机构。

Jax的研究工作代表着实验动物科学最高水平。Jax的站点由研究、资源、教育、小鼠基因组信息、出版信息、工业关系及程序、人才信息、jax小鼠、课程和会议等9个栏目组成。如在研究栏目中，介绍了Jax的研究计划、研究方向、研究报告以及研究人员等情况，除了遗传学外，Jax研究领域还包括生长、发育及与人类健康有关的癌症、心脏病、糖尿病、生殖疾病、贫血病、免疫缺陷疾病等；资源栏目有遗传资源委员会、诱发突变资源（主要指转基因和打靶突变小鼠）、小鼠突变资源、小鼠命名规则和指南、新品系和新基因的申报等小栏目；小鼠基因组信息栏目介绍了小鼠基因组数据库计划、基因表达数据库计划、基因和表型资料、哺乳类动物同源基因、基因定位资料、小鼠肿瘤生物学资料、大鼠基因组资料，可直接上网查询。这是世界上小鼠资源最全的站点。

2. 美国实验动物科学技术协会

美国实验动物科学技术协会（The America Association for Laboratory Animal Science, AALAS）拥有8 500名会员站点，设有任务和目标、教育、职业发展、网络等链接栏目。AALAS出版双月刊Laboratory Animal Science杂志，有实验动物技术人员资格认可、继续教育、协会成员名单、比较医学资料、年度全美实验动物科学杰出人员奖励等详细介绍。有两名正式会员介绍，交纳一定的会费，可以成为该协会的会员。有些栏目只有会员才能访问。

3. 英国实验动物科学协会

英国实验动物科学协会（The Laboratory Animal Science Association of the United Kingdom,

LASA)是国际实验动物科学委员会和欧盟实验动物科学协会的成员,站点有介绍 LASA、入会形式、其他链接点等栏目。LASA 注重的是动物的福利和管理,它的目标是让每一个会员了解 3R(refinement replacement reduction)的最新进展,优化研究过程。

4. 实验动物资源研究所

实验动物资源研究所(Institute for Laboratory Animal Research,ILAR)隶属美国生命科学委员会,是国家科学研究委员会的 8 个成员之一。ILAR 的网站内容丰富,栏目众多。ILAR 保存了大量实验动物模型,供商业和科学研究使用,并建立了国际实验动物索引数据库,可直接查询实验动物资料。通过 ILAR 可注册实验动物号码(指亚系)和实验动物科学缩写语。ILAR 出版了季刊 ILAR Journal,出版了 *Guide for the Care and Use of Laboratory Animals*,它被译成多种文字发行。

5. 加拿大实验动物科学协会

加拿大实验动物科学协会(Canadian Association for Laboratory Animal Science,CALA)网站的栏目有协会简介、功能、实验动物技术人员资格认可、教育培训、会员情况等。出版有双月刊 *Newsletter*。

6. 加拿大动物管理委员会

加拿大动物管理委员会(Canadian Council on Animal Care,CCAC)具有评估、教育、指导和发展 4 大功能,站点也分为这 4 个栏目。

7. 国际实验动物评估和认可委员会

国际实验动物评估和认可委员会(Association For Assessment and Accreditation of Laboratory Animal Care International,AAALAC)网站有 AAALAC 介绍和法律、董事会概况、组织章程等栏目,从伦理和人道主义出发,AAALAC 推崇替代动物实验的医学和科学研究,在不得不使用实验动物时,保证动物得到良好对待,对实验动物研究进行中立的评估,指导科研人员提高实验动物管理和使用水平。

8. 实验动物管理协会

实验动物管理协会(Laboratory Animal Management Association,LAMA)的目标是通过传播实验动物管理思想、经验和知识,通过继续教育、培训、演讲等方法,以提高全世界实验动物管理质量和管理水平,固定的栏目有 LAMA 回顾、管理者手册、发展战略、教育计划、奖励等。出版有 LAMA Lines 双月刊。

9. 澳大利亚和新西兰研究和教学动物管理委员会

澳大利亚和新西兰研究和教学动物管理委员会(Australian and New Zealand Council for the Care of Animals in Research and Teaching, ANZCCART)成立于 1987 年的 ANZCCART,致力于两个国家在科研和教学中使用动物更广泛、更科学的合作。站点的栏目包括 ANZCCART 功能、ANZCCART 现在和潜在资源的利用、出版物与国际组织衔接等。

10. 医学实验中动物替代基金会

医学实验中动物替代基金会(Fund for the Replacement of Animals in Medical Experiments,FRAME)是英国的一个慈善团体,FRAME 认为用动物做实验是不能接受的,不应该再继续,同时也承认立即废除所有的动物实验也是不可能的,3R 是解决这一矛盾的好办法。常设栏目有 FRAME 的作用、出版信息、替代、(最新)3R 信息查询、现状、注册、链接等。该站点是作者所了解有关 3R 的最好网站。

11. 动物福利大学联合会

动物福利大学联合会(The Universities Federation for Animal Welfare,UFAW)是独一无二的符合科学和技术规律的动物福利组织,它运用科学知识和已经建立的技术提高宠物、观赏动物、实验动物、家畜和野生动物的福利待遇。设有什么是 UFAW、动物福利历史、链接等栏目。

12. 动物行为研究协会

动物行为研究协会(The Association for the Study of Animal Behaviour,ASAB)这是一个涉及动物行为研究的站点,主要栏目有 ASAB 通信、ASAB 伦理委员会、ASAB 视听资料、书籍、学校动物行为教育、假期奖学金、会员等。

13. 实验动物杂志

实验动物杂志(*Lab Animal*)介绍该 *Lab Animal* 的情况,可检索、查询 1972 年以来所有内容文章摘要。

14. 国际实验动物科学和福利杂志

国际实验动物科学和福利杂志(*The International of Laboratory Animal Science and Welfare*)。该站点除介绍英国实验动物科学协会(LASA)和欧盟实验动物科学协会所属的这本杂志外,还有许多链接点。

15. 英国实验动物兽医协会

英国实验动物兽医协会(British Laboratory Animal Veterinary Association,BLAVA)会员都是致力于实验动物医学和科学兽医外科技术人员,设有与之相关的 12 个栏目。

16. 实验动物研究所

实验动物研究所(The Institute of Experimental Animal Sciences,IEXAS)虽然是日本 Osaka 大学的一个研究机构,但该站点能代表日本实验动物科学的发展水平。设置的栏目有规则、日本实验动物目录、实验动物多媒体数据库、青蛙解剖工具盒、其他信息等。

17. 动物基因组数据库

该站点可查阅动物基因组信息资料。

18. 实验动物科学研究所

实验动物科学研究所(the Institute of Laboratory Animal Science)隶属瑞士苏黎世大学,设有概况、教育、资源等栏目,大多内容用德语编写。

19. 瑞士实验动物协会

瑞士实验动物协会(Swiss Laboratory Animal Science Association)站点内容与其他协会站点大同小异,多语言支持。

20. 美国查士利华实验室

美国查士利华实验室(Charles River Laboratories)是世界最大的实验大小鼠商品化生产、销售公司。总部设在美国,欧洲、英国、日本等地都有它的子公司。1999 年在北京设立代理公司,北京维通利华实验动物技术有限公司,生产、代理美国查士利华公司产品。

二、中国的实验动物站点

1. 中国实验动物信息网

中国实验动物信息网由科技部委托广东省实验动物质量检测站主办,2002 年年底正式开通，设有新闻中心、供求信息、电子期刊、政策法规、检验标准、学会园地、工程小鼠、动物模型、科研项目和社区论坛等栏目。中国实验动物信息网的网站导航能与国内已建立的省、市或单位实验动物网页链接。

2. 中国药品生物制品检定所

它的实验动物栏目包括最新消息、国家啮齿类实验动物种子中心简介、实验动物法规及标准。其他信息还囊括了研究进展、北京实验动物信息、国际著名站点、生物医学资源信息库、国字号数据库等内容。

3. 广东省实验动物信息网

该网站集中了最新消息、消息速递、政策法规、检测标准、学术动态、工作通信、管理工作交流、友情链接等栏目。

4. 北京科研条件信息网实验动物子系统

集中了有关北京地区实验动物生产、管理及供需的各种信息。包括实验动物、生产厂家、法规条例、质量检测机构、培训机构、需求信息、供应信息等栏目。

5. 美国杰克逊实验室小鼠基因组数据库中国镜像站

这是杰克逊实验室的实验小鼠基因数据库(mouse genome database，MGD)。这个数据库是功能基因组学的核心资源。提供包括小鼠遗传标记、分子片段(探针、引物、YACs 等)、表型、比较作图数据、实验作图数据以及小鼠遗传图谱、物理图谱、细胞遗传图谱等大量数据。镜像站内容与原站同步，每周更新 1 次。

6. 国家啮齿类实验动物种子中心上海分中心

有品系目录、种子发布、动物价格、种子价格、技术资料、网上订购、学术委员会等栏目。

思 考 题

1. 名词解释

   实验动物学　实验动物　动物实验　遗传工程动物资源　人源化动物　人类疾病动物模型
2. 实验动物科学研究的内容是什么？
3. 实验动物在人类社会发展中的地位和作用是什么？
4. 实验动物科学发展趋势是什么？
5. 我国实验动物科学的发展目标是什么？
6. 发展实验动物科学的主要措施是什么？

参 考 文 献

程水生，崔保安，陈光华，2012. 兽医实验动物学[M]. 北京：中国农业出版社.

何诚，2023. 实验动物学[M]. 2 版. 北京：中国农业大学出版社.

李凤奎，王纯耀，2007. 实验动物与动物实验方法学[M]. 郑州：郑州大学出版社.

李华，史晓萍，张景云，等，2006. 新编实验动物学[M]. 辽宁：辽宁民族出版社.

刘恩岐，2014. 人类疾病动物模型[M]. 北京：人民卫生出版社.
帕斯托，2009. 动物疫苗学[M]. 才学鹏，景志忠，邱昌庆，译. 北京：中国农业科学技术出版社.
秦川，魏泓，2015. 实验动物学[M]. 2版. 北京：人民卫生出版社.
汤加铭，陈民利，2012. 医学实验动物学[M]. 北京：中国中医药出版社.
王军志，2008. 生物技术药物安全性评价[M]. 北京：人民卫生出版社.
魏泓，2016. 医学动物实验技术[M]. 北京：人民卫生出版社.
温浩，侯月梅，2012. 人类疾病动物模型研究和实验动物管理[M]. 北京：科学出版社.
吴端生，张健，2007. 现代实验动物学技术[M]. 北京：化学工业出版社.
邹移海，徐志伟，黄韧，等，2012. 实验动物学[M]. 2版. 北京：科学出版社.

第二章

实验动物遗传学及质量控制

本章简介

本章介绍实验动物遗传学的发展简史以及实验动物的遗传分类;重点介绍近交系、封闭群、杂交群动物等的基本概念、繁育技术、种群的维持、命名方法及其在生物医学、农业领域中的应用、实验动物遗传质量控制、遗传监测的主要方法和遗传质量标准、近交系和封闭群动物的遗传检测方法等。

第一节　实验动物遗传学发展历史

一、遗传学研究的经典时代

遗传学的进展与实验动物科学发展紧密相关。从 1900 年孟德尔遗传定律的重新发现到 20 世纪 90 年代分子生物学技术发展使鼠类基因图谱的绘制、克隆和序列测定更加简便可行。“实验动物遗传学”研究的重点是“啮齿类实验动物遗传”,其原因在于啮齿类动物体重小、繁殖性能高、占用空间少和资源容易获得等优势。

孟德尔遗传学又称经典遗传学,孟德尔根据豌豆杂交实验的结果提出遗传学中最基本的两个定律:分离定律和独立分配定律。分离定律是指生物体的任何性状都由成对的遗传因子控制,成对遗传因子一个来自父方,一个来自母方,在配子形成中又随机分离进入不同的配子。独立分配定律又称自由组合定律,是指两对或两对以上的遗传因子在配子形成过程中的随机分离与组合,相互之间互不影响。摩尔根根据黑腹果蝇的研究于 1910 年提出连锁定律,连锁遗传就成为遗传学中的第三个遗传规律,其主要含义为:原来为同一亲本所具有的两个性状,常常具有联系在一起遗传的倾向。连锁遗传定律的发现证实了染色体是控制性状遗传基因的载体。通过交换的测定进一步证明了基因在染色体上以一定的距离、顺序呈线性排列,为分子遗传学的产生与发展奠定了坚实的科学基础。

经典遗传学是遗传学的一部分,只涉及通过繁殖行为传播遗传特征的方法。遗传学是研究基因、遗传、变异的学科。特征从父母传给后代的过程称为遗传。在经典遗传学意义上,变异是指相关个体缺乏相似性,可以分为不连续变异或连续变异。基因是 DNA 的一个基本部分，在真核染色体上呈线性排列。每个基因传递和编码的化学信息被称为一种特性。有机体的每一个性状为两个基因所控制，分别代表存在于特定个体中的个体特征。这些控制同一性状的成对基因被称为等位基因。在个体中，表达的等位基因可以是纯合的，意思是两个等位基因相同，也可以是杂合的，表示两个等位基因不同。许多等位基因对在后代的表型和基因型中具有不同的作用。表型是一个通用术语，它定义了个体的可见的生理特征。后代的基因型被称为其遗传组成。基因的等位基因可以是显性的，也可以是隐性的。在二倍体生物体中，显性等位基因只需要一个拷贝就可以表达，而隐性等位基因需要两个拷贝（纯合子）才可以表达。

经典遗传学创造了许多仍然被广泛使用的科技新名词，例如，表型、基因型、性状、单位性状、相对性状、野生型、显性、隐性和杂种一代（F1）等。

1909 年，美国 Jackson 实验室 Little 教授在研究小鼠毛色基因时首次采用近交方法，培育出 DBA 纯系小鼠，该小鼠携带了淡色（dilution. D）、棕色（brown. B）与黑色（non-Agouti. A）三个隐性遗传基因，标志着实验动物历史上首次培育出近交系动物。近交系小鼠的培育是实验动物学发展史上的又一重大事件。经历长时间、多个世代的兄妹交配，同一品种内个体间形成了基因固定（纯合）。相反，不同品种间的基因显著差异，被培育成不同生物学特性的实验动物，如高肿瘤发病群、高乳腺癌的 DBA 和 H3 小鼠，白血病模型 AKR 和肺癌模型 A 系，今天这些品系仍然还在肿瘤学研究中广泛使用。

1936 年，R. Gorer 利用近交系小鼠研究发现，小鼠的自发肿瘤移植到同系小鼠体内能够生长，但在不同系小鼠则遭排斥；这种排斥作用不仅针对肿瘤，也针对供者正常的组织与细胞；还研究发现决定移植物排斥的基因与红细胞抗原 2 的基因一致，故将其称为 H-2 系统。

1943 年，美国圣母大学 Lobund 实验室 J. A. Reynier 博士培育出无菌大鼠。20 世纪 60 年代，英国 Grist 医师发现并培育出裸鼠，其后科学家进一步确定裸鼠无胸腺，是属于缺乏 T 细胞免疫的动物。1982 年，Palmiter 等报道，将大鼠生长激素基因导入小鼠受精卵，成功创造出的“超级小鼠”，即第一例转基因小鼠的问世，开辟了实验动物新纪元。

1948 年，美国 Jackson 研究所 G. Snell 观察到移植的排斥反应来源于一个基因位点不同基因的同源排斥，由小鼠的 H2 基因位点确定，即“同源排斥”，从而诞生了著名的“主要组织相容性系统（MHC）理论”。这项重大发现促使研究工作纷纷采用“回交”方法来固定基因以深入研究基因的功能。G. Snell 的移植免疫理论诞生了上百种“同源排斥”品种。

1971 年 D. Balley 培育出“重组近交系（Recombinant Inbred，RI）”小鼠。用两个标准近交系小鼠杂交，然后对其后代采用兄妹交配，这样两个近交系父母代基因形成重组。利用 RI 小鼠可以探索由一个或两个基因位点确定的遗传学特点，但是不利于研究多个位点基因的遗传学特性。P. Deamnt 培育出“重组同源系”小鼠解决了以上难题。

饲养和维护不断增加的大鼠、小鼠品种，无论在空间还是在研究资源上都是很沉重的负担，这在某种程度上也加速了冷冻胚胎技术的发展。胚胎冷冻相关技术的开发推动了后来转基因动物的发展，也宣告了鼠类研究经典时代的结束。

二、分子生物学技术在遗传学领域的发展

1953 年，Watson 和 Crick 提出的 DNA 双螺旋结构模型是现代分子生物学诞生的里程碑。DNA 双螺旋发现的最深刻意义在于：确立了核酸作为遗传信息分子的结构基础，提出了碱基配对是核酸复制、遗传信息传递的基本方式，从而最后确定了核酸是遗传的物质基础，为

认识核酸与蛋白质的关系及其在生命中的作用奠定了最重要的基础。

20 世纪 70 年代后,以基因工程技术的出现作为新的里程碑,标志着人类深入认识生命本质并能动改造生命的新时期开始。其间的重大成就包括以下五方面。

①重组 DNA 技术的建立和发展。

②基因组研究的发展。

③单克隆抗体及基因工程抗体的建立和发展。

④基因表达调控机理。

⑤细胞信号传导机理研究成为新的前沿领域。

20 世纪 80 年代,人类基因组计划的实施极大促进了分子技术的开发和利用。克隆技术、DNA 序列分析测定和早期胚胎处理技术成功,促使科学家开发了把外源基因注入胚胎的显微注射技术,这样带有外源基因的胚胎如同细胞培养一样容易实现。利用基因重组技术培育基因敲除小鼠,同时为研究基因功能提供了一个很好的动物模型。

第二节 实验动物遗传学分类

在动物界,根据动物之间相同、相异的程度与亲缘关系的远近,使用不同等级特征,将动物逐级分类,分为门、纲、目、科、属、种等 6 个重要的分类阶元(分类等级)。例如,小白鼠的分类阶元为脊椎动物亚门哺乳纲啮齿目鼠科鼠属鼠种白鼠亚种。实验动物学是动物学的分支,实验动物的自然分类依循动物学的分类法则,但由于其特殊的研究价值和使用价值,这就要求实验动物的每一品种和品系有一标准的、国际通用的名称。实验动物命名规则受国际实验动物科学理事会指导和管理。

一、实验动物品种、品系概念

(一)种

种是生物学分类系统中最基本单位,是自然选择的产物。一般情形下,种内个体可以交配繁殖,不同种间有生殖屏障或生殖隔离,意味着不同种的动物之间即使交配产仔,后代也不会有繁殖能力。实验动物学科中,种指的是生物学种,同种间可相互交配且后代有繁殖能力的同一类的动物。各种实验动物虽然都有野生型祖先,但经过长期的人工选择、驯化与培育,其生活习性、体型外貌、生理生化特征,甚至遗传特性等都会发生较大变化。

(二)品种

实验动物品种是研究者根据不同需要而对某一“种”的动物进行改良和选择(即定向培育),形成的具有某种特定外形和生物学特征,并能较稳定地遗传的动物群体,是人工选择的产物。如新西兰白兔、青紫蓝兔、比格犬、Wistar 大鼠、KM 小鼠等。

(三)品系

在实验动物学中,把基因高度纯合的动物称作品系(line 或 strain)动物。品系动物群体来源明确,群体内部采用专门的交配方法繁殖,个体间具有相似的外貌、群体内都有独特的生物学特征和基本稳定的遗传特性,可用于不同实验目的,主要包括近交系、封闭群和杂交群等。例如,C57BL/6 小鼠是近交系动物中的一个品系,而肌萎缩症(Dystrophia Muscularis)小鼠品系是带有突变基因(dy/dy)的动物。

二、作为实验动物品种、品系的条件

品种和品系是实验动物分类的基本单位。作为实验动物的一个品种、品系应具备以下4个条件。

(1)相似的外貌特征　同一品种或品系具有相同的外貌特征,如毛色、体型大小等。但不同品种、品系的动物也有外貌相似的。

(2)独特的生物学特性　独特的生物学特性是一个品种、品系存在的基础。就白化小鼠而言多达几十个品系,但每个品系的生物学特性都有或多或少的差别。例如,C_3H/He 系经产鼠中高发乳腺肿瘤(80%),A 系老年鼠多有肾脏病变,AKR 系鼠自发淋巴细胞白血病(60%～90%),SHR 大鼠为自发性高血压大鼠等。

(3)稳定的遗传性能　作为一个品种、品系,不仅要有相似的外貌特征、独特的生物学特性,更重要的是要有稳定的遗传性能,即在品种、品系自群繁殖时,能将其特性稳定地传给后代,即一个品种、品系必须具有一定的育种价值。如果其生物学特性不能稳定地遗传下去,致使在繁殖过程中丢失或改变,就不能称为一个品种或品系。

(4)共同的遗传来源和一定的遗传结构　任何品种、品系都可追溯到其共同的祖先,并由此分支经选育而成,其遗传结构也应是独特的。例如,KM 小鼠 GIo-1 位点为 a 型基因且为单一型;而 NIH 小鼠在该基因位点呈多态分布,a 型基因、b 型基因频率分别为 67%和 33%。如果将上述 2 个品种建立遗传概貌就会发现它们在基因构成上的差异,而品种内这种差异是有限的。

三、实验动物的遗传学分类

在进行动物实验时,需要纯度高、敏感性强,适合各种实验目的要求的健康的品系动物。目前,按遗传学控制方法,实验动物可分为:近交系、杂交群、封闭群(远交系)三类。不同类别的动物其交配保种的方式不同。

从遗传组成的角度分类,其可分为同基因型和不同基因型两类动物。同基因型动物又可分为近交系动物、同源导入近交系(近交同类系)动物、异单基因近交系(近交同类突变系)动物、重组近交系动物、突变系动物、杂交 F1 代动物、单亲二倍体动物和嵌合体动物等。不同基因型动物一般是指远交系动物和封闭群动物。每种动物在遗传学、生物学特性上和应用上都各具特点。

第三节　近交系动物

一、基本概念

近交系是指连续经过 20 代以上全同胞兄妹或亲子交配,品系内所有个体都可追溯到起源于第 20 代或以后代数的一对共同祖先。近交系动物的近交系数应大于 99%。近交系动物经过连续 20 代近交后,个体有 98.6%的遗传位点得到纯合,个体间杂合基因仅剩余 1.4%(表 2-1)。

不同近交系之间性状或者性能之间的差异主要是由于通过近交手段固定(纯合)了不同的目的基因,使得每个近交系都有各自特有的遗传组成(基因型)和生物学特性,并在标准的饲养条件下能长期繁育传代而性状基本保持不变。近交系动物的人工选育是实验动物科学的一大进步,近交系动物的应用大大推动了遗传学、肿瘤学、免疫学、病理学、毒理学、模型动物育种等学科的发展。

表 2-1 全同胞交配的近交系数(F) %

世代	F	世代	F	世代	F
0	0	7	78.5	14	95.1
1	25	8	82.6	15	96.1
2	37.5	9	85.9	16	96.8
3	50.0	10	88.6	17	97.4
4	59.4	11	90.8	18	97.9
5	67.2	12	92.5	19	98.3
6	73.4	13	94	20	98.6

二、近交系动物的培育技术

(一)近交系动物培育原理

培育近交系动物的理论基础主要是孟德尔的分离定律与自由组合定律。其原理是通过连续的近交,群体中的杂合子逐代遗传分离,纯合子在群体中的频率不断增加,从而使个体与群体的基因纯合度不断提高。近交的类型很多,包括亲子、全同胞、半同胞、叔侄、祖孙等交配,个体与群体纯合度提高的快慢,与交配动物间亲缘关系的远近有关。一般来说,父本与母本亲缘关系越近,纯合度提高越快。对实验动物近交系的培育来说,最有效的办法是全同胞交配或亲子交配。

(二)原始材料的选择

(1)从野生型动物选择 野生型是指基因或生物体在自然界中常见的或非突变型的形式,其基本遗传特性是自然选择而非人工选择的结果,一般具有已有实验动物未有的遗传特性,利用其作为实验动物的育种材料,有助于培育出具有新的生物学特性的近交系。

(2)从各种杂交群中选择 杂交会使任何座位上的基因重组,有利于产生新的基因组合,从中选出符合繁育目标的个体作为基础群。

(三)近交系动物的培育与保种方式

近交系的培育指的是培育新的近交系动物,而保种指的是引进的原始材料的维持,近交系动物的培育与保种是一个可持续发展过程。可用如下 3 种方式。

(1)平行法 由多个(3~5 个)家系组成基础繁殖群,以 5 个家系为例,可从每个家系中选出一对动物进行同胞交配,第一世代中同样分别从 5 个家系各选出一对动物进行同胞交配,一代代延续下去。采用该方法培育近交系,同时存在很多品系,随着继代近亲交配,品系之间的性状差异逐渐明显,因此容易出现符合繁育目标的品系。

(2)单线式 以某一近交系原种群体的动物为基础繁殖群,选择具有全同胞关系的 3~5 对动物进行交配,第 1 世代淘汰其中 4 对,选留剩下的 1 对继续繁殖,第 2 世代与第 1 世代相同,依此类推,最后形成单一的品系。采用该方法培育近交系,有利于增进群体的遗传一致性,但选择的范围小,易发生断代风险。

(3)综合法　与平行法一样,从基础繁殖群中选择 5 个家系。第 1 世代中,假如第 2 系因繁殖力低而被淘汰(从左至右,称之第 1～5 系),由繁殖力高的第 3 系所代替,再通过连续 3 个世代后,可能第 4 系、第 1 系、第 5 系被淘汰,分别由第 3 系代替,到了第 5 世代后,5 个系都被从共同祖先中分离的第 3 系所代替。综合法既采纳了平行线和单线方式的优点,又克服了两者的缺点,因而被认为是培育实验动物近交系的最佳方式。

(四)近交系动物的生产

作为繁殖用的近交系原种,必须遗传背景明确,来源清楚,有较完整的资料(包括品系名称、近交代数、遗传基因特点及主要生物学特性等)。引种动物应来自近交系的基础群(Foundation Stock),也称保种群。

要大量地生产近交系动物,第一阶段应设立保种群或基础群(核心群),第二阶段设立血缘扩大群和生产群。当近交系动物生产供应数量不是很大时,一般不设血缘扩大群。

(1)基础群　基础群是为保持近交系自身的传代繁衍和为扩大繁殖提供种用动物而设立的,它是生产群的基础,所以应按照近交系保种的注意事项,定期检查和管理。对遗传特性、均一性与稳定性的遗传控制、对病原微生物和寄生虫的疾病控制以及包括营养在内的环境控制等要严格把关。

基础群必须严格按照全同胞兄妹交配方式进行繁殖。基础群应设动物个体记录卡(包括品系名称、近交代数、动物编号、出生日期、双亲编号、离乳日期、交配日期、生育记录等)和繁殖系谱。基础群动物不超过 5～7 代都应能追溯到一对共同祖先。对近交系动物需求量不多时,一个单位同时能饲养基础群和生产群。但需求量增多时,则需要分开饲养。因为基础群需要在遗传、疾病、环境等控制条件下进行饲养,由那些设备完善、技术力量雄厚的单位饲养为宜,而条件较差的单位,饲养由基础群中繁殖的血缘扩大群为宜。

(2)血缘扩大群　血缘扩大群称为增殖群,其种子来自基础群。血缘扩大群多数以全同胞交配方式进行繁殖,血缘扩大群动物应有个体繁殖记录卡。血缘扩大群动物不超过 5～7 代都应能追溯到其在基础群的一对共同祖先。

(3)生产群　生产群的目的是生产用于实验的近交系动物。生产群的种子来自基础群或血缘扩大群。生产群动物一般以随机交配方式进行繁殖,但生产群动物随机交配的繁殖代数不超过 4 代,此时,其生物学特性与遗传背景均保持不变。生产群动物应设繁殖记录卡,但生产群动物一般不留种。

英国实验动物中心采用的红绿灯生产体系(图 2-1)已为世界上大多数国家所接受。以前曾认为随机交配 3 代对其生物学特性影响不大,仍认为是原来近交系动物,但目前普遍倾向于尽量减少随机交配的代数,因为这种品系内的随机交配将意味着低水平的遗传污染。每个盒上必须有标签(白、绿、黄、红),白标签表示第 1 代,绿标签表示第 2 代,黄标签表示第 3 代,红标签表示第 4 代,红标签后不得留种再做繁殖用。

三、近交系动物的亚系和支系

1. 亚系

近交系内因残余的杂合性或突变、漂变等原因,致该系动物形成数个具有部分遗传差异的分系,称亚系。

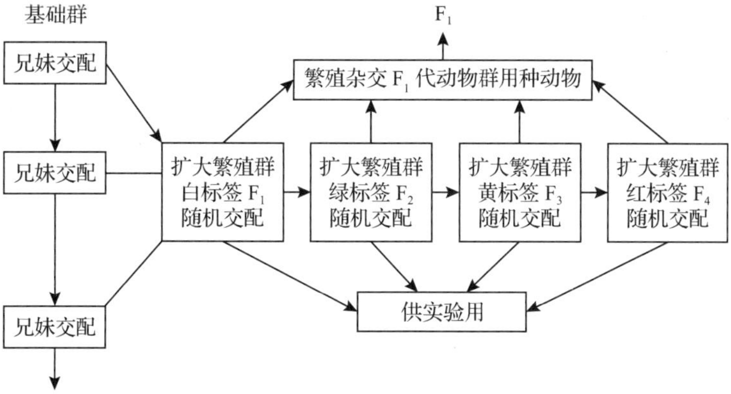

图 2-1　红绿灯生产体系

2. 支系

通常把经过技术处理的品系或亚系称为支系。饲养环境改变或进行技术处理，可能对动物的某些生物学特征产生影响，这些特征可能是遗传性或获得性(非遗传性)的，因此，有必要对这一类品系进行区分。例如，将实验动物引种到另一个实验室，或经过某种技术处理，包括代乳或人工代乳、受精卵或胚胎移植、卵巢移植、人工喂养和冷冻保存等，都可视为支系。

四、近交系动物的保种繁育

目前已培育的近交系，均可通过平行线、单线和综合等 3 种方式保种，这些保种方式也都是以不破坏近交系本身具有的遗传特性和遗传均一性、稳定性为前提。近交系的保种应注意如下几点。

①对已育成的近交系保种时，群体内必须严格按照全同胞交配方式交配，不得已的情况下可采用亲子交配，但不能计入近交代数。绝对禁止使用其他交配方式，这是为了保持近交系群体的遗传均一性不遭破坏和防止遗传漂变现象发生。

②已育成的近交系务必注意不能与其他品系进行杂交。经过长时间的选育而形成的近交系，一旦受到遗传污染，就会遭到致命的损失。

③近交系动物的价值还在于不同近交系具有特异的遗传特性，并适应于特定的研究。所以，近交系保种时不应失去其特性。但是，已培育的近交系，往往因突变而不断地产生新的遗传变异。因此近交系保种的过程中，应定期检查其特性，并随时分离或淘汰新的遗传变异的个体。

④为了保持品系内遗传一致性，在近交系保种过程中不允许产生更多的亚系。为此，多半采用单线法或者综合法。采用综合法，从一个系中产生的几个亚系，到第 3 世代再进行选择和淘汰，仅留一个系，而其余均被淘汰，依此类推。

⑤实验动物的近交系是通过极度的近亲交配而培育的，多半繁殖力很低，必须选择繁殖力高的家系，淘汰繁殖力低的家系。作为实验动物，尽管具有优良性状，但是一旦繁殖力和生产效率低下，就很难保证供应一定数量的动物，实际上也就没有多大实用价值了。

⑥为了了解近交系特性的变化和便于进行选择、淘汰，对动物个体应进行记录和建立系谱(以图谱形式画出亲缘关系)，个体记录至少包括近交世代数、双亲编号、出生日期、离乳日期、雌雄分离日期，交配日期、产仔日期、窝产仔数、性别、存活仔数、死亡仔数、被食仔数、生长期体

重值、淘汰日期、死亡日期以及异常现象等。饲养动物较多的饲养单位，进行个体记录十分繁杂，若采用计算机处理各种不同数据，比较方便。

五、近交系动物的特征和应用

(一)近交系动物的特征

用实验动物进行各项科学研究的关键问题是如何保证实验结果的正确性、可靠性、有规律性和可重复性。采用近交系动物做实验，主要具有以下几方面优点：

(1)基因纯合性和同基因性　同一近交系实验动物具有相同的基因型，表现型基本一致，所以其对相同的应激因素的反应也是一致的，实验结果的准确性、可靠性可得到保证。由于连续近交繁殖，同一近交系的各个个体具有相同的基因型，在相同的环境条件下又具有相同的表现型，故其性状及其各种生物学特性比较一致，对外来刺激反应也一致。在相同的环境因子的影响下，不同品系的动物表现出的反应差异基本反映了不同品系间的遗传差异，而在不同的环境因子的影响下，同一品系内的动物表现出的不同的差异反映的基本就是不同环境因子的差异效应。

(2)遗传组成与性状的独特性　近交系各品系有特异性，根据实验目的可选用不同品系来做实验。例如，在动物的异体器官移植中，因为生物具有多样性，故要求能提供体型大小不同的动物，近交系实验动物能做到这一点，且实验重复性好，所用动物少、实验周期短、节省人力、物力和时间等。

(3)研究结果的可比性　由于使用同一近交系动物，不同国家、不同科研单位所取得的研究结果是相似的。这种相似的结果便于国内和国际学术交流和实验的重复与比较，是其他研究者的重要参考资料。

(4)作为有价值的动物模型　近交系实验动物是良好的实验模型。如心脏功能疾病、肿瘤、高血压、糖尿病、风湿性关节炎、胃溃疡、肾脏、胰脏、眼睛、皮肤等疾病及各种营养缺乏等症状都可用近交系实验动物作为人类的动物模型进行模拟实验。

(5)具有标准实验材料特性　动物生长发育到一定阶段就有一定的规格，可以根据不同的需要选择不同阶段的近交系实验动物进行实验。它也是基因检测和进行转基因动物研究最理想的实验材料。因近交系的基因纯合度极高，许多隐性致死和有害基因已在近交过程中被排除，以利于各种实验的顺利进行。

(6)遗传背景清楚　近交系实验动物每个品系均有其详细的遗传学资料，遗传背景明确，其生物学特性、生理生化特点、常见疾病(包括自发性疾病)等都有过系统的研究，便于研究者查阅和选择应用，也为设计新的实验与解释研究结果提供了便利。

(二)近交系动物的应用

实验动物科学发展的最终目的是通过对动物本身生命现象的研究，最后推用到人类，探索人类的生命奥秘，控制人类的疾病、衰老、死亡等。近交系实验动物科学是随着生物医学科学，通过漫长的动物实验过程而形成。它的迅速发展使它的研究价值已经不仅在生物科学方面，而且在其他科学领域方面也创造了重要的价值。

(1)生命科学领域　生命科学研究中，人类的健康和福利研究离不开应用近交系实验动物。在对人的各种生理现象和病理机制及疾病的防治研究中，近交系实验动物可作为人的实验动物模型。近交系动物可用于遗传学、肿瘤学和免疫学等方面的研究。且在肿瘤的研究工作中应用最广泛，其他各种疾病，如高血压、动脉硬化心脏病等都可利用近交系实验动物来研究。

（2）畜牧兽医科学领域 疫苗的制备和鉴定、生理试验、胚胎学研究、营养饲料的分析、保持健康群体以及淘汰污染动物等工作，特别是在畜禽传染病的研究工作中，常需要用合格的实验动物来进行实验。在兽医科学研究上，使用不符合标准的实验动物导致科研进展缓慢、生产遭受损失的案例时有发生。

（3）农业科学领域 近交系实验动物可以用于化学肥料、农药的残毒检测，对环境的潜在影响以及粮食、经济作物品质的优劣等检测。化肥和农药是促进农业生产的重要材料，由于未经严格的动物试验而产生的问题很多。在合成的多种新农药化合物中，能真正通过动物试验对人体和动物没有危害的只占 1/30 000，其余都因发现对人体的健康有危害而被禁用。

六、近交系动物的新进展

近交系的新进展主要集中体现在小鼠新品系的培育领域。

（1）重组近交系 重组近交系是以两个无关的高度近交品系进行交配，产生 F2 代后，再行全同胞交配达 20 代以上而育成的近交系。该品系动物既具有其双亲品系的特性，又具有重组后一组内和每个重组近交系的特征，被广泛应用于新的多态形基因位点和新的组织兼容性位点的鉴定、多态形位点的多效性和多态形位点的连锁关系的研究和探测以及临界特性的遗传分析。除此之外，其也用于寿命、自发性和诱发性疾病感受性的研究，还用于生理学、药理学、形态学和行为特性的生物统计分析等方面的研究。

（2）同源导入近交系 将一个基因导入一个近交系（通过多次回交）而培育成功的新的近交系称为同源导入近交系，也称为“近交同类系”或“同源抵抗系”，简称 IR 系，是 Snell（1948）的重大发明，通过人工成功培育了 IR 系。

（3）异单基因近交系 在同一近交品系内，如果利用某单个基因发生突变而培育成的新的近交品系称异单基因近交系。例如，近交系小鼠 129 的种群中，某些个体发生了“肌萎缩症”的隐性遗传突变，该性状由 *dy* 基因控制。利用该突变育成 *dy* 的突变品系，称为 129-dy。这样 129 与 129-dy 便互交成为同类系，因为该两个品系之间除 *dy* 一对等位基因外，其他基因基本一致。这一对同类系是利用品系内天然发生的变异通过人工选择育种而成的，用这一对同类系来对肌萎缩症进行对比研究有重大价值。其他诸如在贫血方面的研究等，也有许多类似的例子。

（4）遗传工程与近交系的发展 遗传工程就是根据人们的意愿，按照预先设计的方案，借助实验室手段将一个生物体的遗传物质定向地转移到另一个生物体中去，使后者获得人类希望的性状，成为一个新的“物种”。

在细胞工程领域：①嵌合体小鼠的育成；②单亲纯合双倍动物育成技术又称为雌核发育技术，将大大地缩短育种周期，而育成纯系动物，小鼠只需 3 周，牛也只需几个月；③细胞核移植系的产生。在单亲纯合双倍体育成技术中已提到了核移植技术，但这仅是该技术的初步研究。若能将受精卵中的精核，与卵核都移出，然后再将来自其他细胞新核移入受精卵，并能顺利地完成新胚胎的正常发育，核移植技术就算成功。以前，完整的核移植技术仅在两栖类和昆虫中取得成功。

染色体工程是以染色体为单位进行有意识的切割、修补或成条、成套地增加，将人类需要的遗传性状集中在一起，创造出新的物种。在高等动物中，由于多倍体或者染色体严重缺失与重复的个体都不容易成活，高等哺乳动物的染色体工程均是在细胞水平上采用细胞融合技术进行。

此外，人们利用转基因技术培育一些超级动物已经获得成功。例如，利用人类的生长激素基因使小鼠成为超级小鼠。超级小鼠的育成开创了基因工程在哺乳类动物中获得首次成功，对于医学和畜牧业的发展有着极其深远的意义和广阔的应用前景。

第四节　封闭群动物

一、基本概念

（一）群体

群体是指在自然条件下能够相互交配、繁殖后代共享一个基因库的群体动物。它可以是生物的一个种、一个亚种、一个变种、一个品系或其他类群的所有成员之和。对于有性生殖的生物来说，单个生物个体或者单一性别个体组成的群体的存在是无意义的，只有以群体的方式生存，这个物种才能繁衍与发展。在群体遗传学中，个体之间遗传差异来源于等位基因的不同，群体之间的遗传差异则取决于其基因频率的不同。在随机交配群体中，一对染色体上有两种等位基因 A 和 a，其频率分别为 p 和 q；3 种基因型 AA、Aa 和 aa 的频率分别为 p^2、$2pq$ 和 q^2，则该群体为遗传平衡群体，基因频率与基因型频率不随世代变化。在世代传递过程中，遗传平衡群体的等位基因频率（在群体中，一条染色体上某种等位基因数与该染色体上全部等位基因数之比）与基因型频率（在群体中，某基因型个体数与该群体全部个体数之比）的这种恒定关系，是由英国数学家哈代和德国医生温伯格于 1908 年分别独立发现的，称为哈迪-温伯格定律，也称遗传（基因）平衡定律。

维持基因平衡的条件是群体无限大、没有突变选择迁移和遗传漂变。哈迪-温伯格定律是群体遗传和数量遗传理论的基石，各种遗传模型和参数估算也是根据该定律推导出来的。根据该定律，在实验动物的生产过程中，引种、留种、分群和建立近交系时应该避免群体过小，否则，会导致群体的等位基因频率和基因型频率的改变，从而丧失原品种（品系）“种性”或一些特殊性状。

（二）封闭群

封闭群，又称为远交群，是以非近亲交配方式进行繁殖生产的实验动物种群，再不从群体外部引入新个体，连续繁殖 4 代以上。

繁育封闭群动物的关键是不从外部引进新的基因，同时在群体内部进行随机交配，以保持动物群体基因杂合性，这样封闭群动物的生产力和生育力均会超过近交系。

为了保持封闭群的遗传异质性及基因多态性的稳定，引种或留种的动物数量还应达到有效数量。如小型啮齿类封闭群动物群体的有效大小一般不能少于 25 对。假设有一个由 N 个个体组成的群体，能产生 $2N$ 个配子。在下一代中，两个来自同一个体的配子结合成合子的概率为 $1/2N$，这就是近交系数的增加量，即 $\Delta F=1/2N$。

国际实验动物委员会规定封闭群每代近交系数增加量不得超过 1%。根据公式 $\Delta F=1/2N$，可知每代动物数量不能少于 25 对。但考虑到抽样误差可能会导致随机遗传漂变，正好

25 对个体的群体极容易发生基因频率的改变。因此，有必要尽可能多地保持繁殖个体。

(三)封闭群动物的分类

封闭群按其来源和遗传背景不同，可分为以下两大类：①来源于近交系的繁殖群及其子代，不用兄妹交配方式保种来进行生产的实验动物；②来源于非近交系，不是以培育近交系为目的而生产的实验动物群。如果来源于近交系的封闭群，虽然对繁殖群的大小不做特殊规定，但应采取群体内不产生隔离状态的方式繁殖，如随机交配。如果来源于非近交系的封闭群，就应经常保持“群体有效大小”，一般为 50 只以上，同样应采取群内不产生隔离状态的方法繁殖。两种封闭群，除在选择时应考虑繁殖力外，均不采用特殊的淘汰方法进行选种。

(四)封闭群动物的特点及应用

1. 群体遗传组成的杂合性

封闭群不允许从外部引入任何新的基因，同时进行随机交配，群体内的基因不会丢失，其遗传特性及反应性能等保持相对稳定，但群体内个体间保持着一定的杂合性，个体间的反应性也有一定的差异，因而与近交系、杂交群动物相比有很大的差异，因此，可以作为选择实验的基础群体，用于对某些性状遗传的研究。同时，因可能携带大量的隐性的有害突变基因，其可以用于估计群体对自发或诱发突变的遗传负荷能力。封闭群动物的杂合性具有类似于人类群体的遗传异质性。因此，在人类遗传学研究、药物筛选、安全性评价实验、生物制品和化学制品的鉴定等方面起着不可替代的作用。

2. 具有较强的繁殖力和生产力

封闭群动物采用的随机交配方式有利于避免近交衰退现象的出现，在诸多性状如胎产仔数、胎间隔、成活率、生长性能、成熟早、对疾病抵抗力、寿命长等表现有优势。此外，封闭群动物饲养繁殖时无须详细的谱系记录。因此封闭群动物的生产成本低、可大量生产和充足供应，因而广泛应用于预试验、教学和一般性试验等。

封闭群中突变种所携带的突变基因常导致动物在某些方面异常，从而可成为生理学、胚胎学和医学生物学研究的模型。

目前，常用封闭群的啮齿类的实验动物有昆明(KM)小鼠、NH 小鼠、LACA 小鼠、I CR 小鼠、Wistar 大鼠、SD 大鼠、Hartley 豚鼠、大耳白兔和青紫蓝兔等，在我国应用较广的是 KM 小鼠，约占小鼠用量的 70%。然而，国内外对于封闭群的研究无论理论上还是实践上，都落后于近交系。其原因在于封闭群是属于群体遗传学理论范畴，不仅群体遗传学本身产生较晚，而且该理论不能机械地套用于封闭群。截至目前，对封闭群动物所进行的研究大多只限于小鼠和大鼠，而且报告也甚少。

二、封闭群动物的培育方法及注意事项

封闭群动物的培育方法较为简单，只要不引进新品种，让其自行繁殖就可以，但要避免近亲繁殖。封闭群动物培育的关键是尽量保持封闭群动物的基因异质性及多态性，避免群体近交系数随繁殖代数增加而上升过快。因而，在封闭群的繁殖时应该保持封闭群条件，随机的、以非近亲交配方式进行繁殖，保持每代近交系数上升不能超过 1%。

1. 群体封闭后应维持一定年限

为什么群体封闭后要维持一定年限？其理由如下：假如将两个近交系进行交配，培育出一个新的群体(杂交群)。该杂交群封闭后，随着 F1、F2、F3 的发生，群体在某些影响因素如繁殖

率的高低等的影响下，各基因型频率会发生变化，直到15代以后才可能趋于稳定。这虽然是理论的推导，但已用于实践，故目前暂定15代，也就是说经过15代后，该群体的基因型频率才能达到相对稳定。以小鼠为例，一年大约繁殖3代，要达到15代，就需要5年。因此，5年确定为小鼠封闭群的最低年限，但这种年限只能用之于小鼠，如豚鼠和兔等群体的世代间隔长，封闭群达到稳定的年数，就比小鼠的更长。

2. 防止产生群体内的隔离状态

封闭群体，不要在隔离状态下进行繁殖(交配)。如果不采用随机交配(如一封闭群隔离饲养，每处的雌雄只数都不多)，而是兄弟姐妹之间交配，则该封闭群就会分化为许多近交系，从而使该群体的基因型结构发生变化，结果不但破坏了封闭群固有的遗传结构，而且将使封闭群分化成几个近交系，如近交系之间再进行杂交，虽可提高该群体的繁殖率，可是封闭群原有的特点将因此丢失。因此，若同属于一个封闭群，留种对必须在整个群体内普遍地选择，并进行随机交配。

3. "群体有效大小"应保持在50只以上

封闭群过小，必然引起群体内近交系数上升，而致群体内各种基因的纯合子的频率的上升，这是与封闭群的性质所不相容，最为封闭群忌讳。群体有效大小是群体遗传学的术语，反映的是群体内实际参与繁殖的动物的多少，而降低群体有效大小的一个主要原因是种鼠的雌雄数不同。雌雄鼠的性比越大，其群体的有效大小就变小；其次，即便雌雄数相等，但在留种时如来源分布不均时，对群体有效大小的影响也会非常大。

群体有效大小与群体近交系数上升率之间的关系：$N_e = 1/(4\times N_m) + 1/(4\times N_f)$
式中：$\Delta F1 = 1/2N_e$；$\Delta F1$：近交系数的上升率；N_e：群体有效大小；N_f：群体中繁殖雄性动物数量；N_m：群体中繁殖雌性动物数量。

由该公式可以看出，N_e 越大，则 $\Delta F1$ 就越小。在封闭群的规定中，群体的有效大小被定为50。为什么要定为50？在一般群体中，近交系数的上升率($\Delta F1$)等于1%时，群体的有效大小恰好是50(雌、雄各25)。

4. 不要用人为淘汰的方式选种

所谓人为淘汰的方式选种，是把基因决定的性状引向特定方向，使群体内基因结构发生变化。例如，要想人为增加群体内 aa 基因型的个体，就意味着一定数量的基因型为 AA 与 Aa 的个体将被淘汰，使基因型为 aa 的小鼠在群体中的频率急速上升，导致群体内原来固有的基因频率发生急剧变化。因此，在封闭群中，原则上绝对不允许进行淘汰式的选种。

三、封闭群动物的交配方式

1. 最佳避免近交法

留种时，每只雄性动物和每只雌性动物，分别从子代各留一只雄性动物和雌性动物，用作繁殖下一代的种动物。动物交配时，亲缘关系较近的动物尽量不配对繁殖，编排方法尽量简单易行。根据生殖周期短和长两种情况，采用不同的方式进行繁殖。

某些动物品种，如小鼠、大鼠等，生殖周期较短，易于集中安排交配，可按下述方法编排配对进行繁殖：假设一个封闭群有16对种动物，分别标以笼号1，2，3，…，16，设 n 为繁殖代数(n 为自1开始的自然数)。n 代所生的动物与 $n+1$ 代交配编排见表2-2。

表 2-2　最佳避免近交法的交配编排

n+1 代笼号	母本来自 n 代笼号	父本来自 n 代笼号
1	1	2
2	3	4
3	5	6
⋮	⋮	⋮
8	15	16
9	2	1
10	4	3
⋮	⋮	⋮
16	16	15

2. 循环交配法(Rotational Mating System)

循环交配法被广泛适用于中等规模以上的实验动物封闭群。其优点:一是可以避免近亲交配;二是可以保证种用动物对整个封闭群有比较广泛的代表性。具体实施办法是将封闭群划分成若干个组,每组包含有多个繁殖单位(一雄一雌单位,一雄二雌单位,一雄多雌单位等)。安排各组之间以系统方法进行交配。例如,封闭小鼠群的三级循环交配就是将种群分为 A、B、C 三个组,在繁殖下一代时,把不同组生产的雌雄个体组合进行交配(表 2-3)。

表 2-3　封闭群小鼠的三级循环交配

新群体	♂	♀
A	B	C
B	C	A
C	A	B

从表 2-3 中可以看出,在组成新的一代时,有三种方式从 A 群中挑选的种雌鼠与 C 群中挑选的种雄鼠组成新的 B 群;从 B 小群中挑选的种雌鼠与从 A 群选择的种雄鼠组成新的 C 群。按上述方法,以 50 只种雄鼠和 300 只种雌鼠进行繁殖,其近交系数上升率,每代不会超过0.8%。

3. 随选交配法

当封闭群的动物数量非常多,例如,繁殖种动物在 100 个繁殖单位以上时,可用随选交配法,从整个种群中随机选取雌、雄种动物交配。在具体的生产过程中,采用何种交配方式,往往是由每代雄种动物数目决定的:当封闭群中每代交配的雄种动物数目为 10～25 只时,一般采用最佳避免近交法,也可采用循环交配法;当封闭群中每代交配的雄种动物数目为 26～100 只时,一般采用循环交配法,也可采用最佳避免近交法;当封闭群中每代交配的雄种动物数目多于 100 只时,一般采用随选交配法,也可采用循环交配法。

第五节　杂交一代动物

一、基本概念

杂交群是指两个近交系之间交配所繁殖的第一代动物,也称杂交一代动物,简称 F1 动物。F1 动物的遗传组成均等地来自两个近交系品系，属于遗传均一、基因型相同和表型一致的动物，是医学生物学研究中所使用的相同基因型的一种。严格地说，杂交 F1 动物不是一个品系或品种，因为它没有育种的意义，F1 动物不能培育纯系，因为子二代(F2)会发生遗传上的性状分离。

两个用于生产 F1 的近交系称为亲本品系，即父系和母系。在 F1 动物生产中，用同样的两个近交系杂交，由于所用的父系和母系不同，则 F1 因母体环境不同或性染色体的不同而出现差异。例如，C3H 品系小鼠是高发乳腺癌品系，它与 C57BL/6 交配时，采用 C3H 雄与 C57BL/6 雌交配，所得到的是乳腺癌发病率低的 F1 动物，因为乳腺癌因子可通过母乳传递给后代，而 C57BL/6 是低发乳腺癌品系，因此可以获得低发乳腺癌的杂交一代。反之，如果采用 C3H 为母本与 C57BL/6 为父本交配，则得高发乳腺癌的 F1 动物。

二、杂交 F1 动物的优点

与近交系相比，杂交群会表现杂交优势，对长期实验的耐受性较强，而且对由环境因素所引起变异的可能性也较近交系小。例如，经过杂交产生的 F1 动物，来自某一亲本的隐性有害基因与另一亲本的显性有利基因组合，成为杂合子，隐性有害基因的作用被显性有利基因的作用所掩盖，而出现杂种优势。综合起来，F1 动物具有以下优点。

①遗传和表型上的均质性。虽然 F1 的基因型不是纯合子，但个体的遗传物质均等的来自父系和母系，表现型也应该一致。就某些生物学特征而言，杂交代比近交系动物具有更高的一致性，不易受环境因素变化的影响。

②具有杂交优势。F1 具有较强的生命力，适应性和抗病力强，繁殖旺盛、寿命长、容易饲养等优点，在很大程度上可以克服因近交繁殖所引起的近交衰退现象的出现。

③具有同基因性。虽然 F1 具有杂合的遗传组成，但其基因型是整齐一致的，具有亲代双亲的特点，可接受不同个体乃至两个亲本品系的细胞、组织、器官和肿瘤的移植。

④对各种实验结果重复性好。

⑤国际上应用广泛，已被用于各类实验研究，实验结果便于在国际上进行重复和交流。

三、杂交 F1 动物在生物医学研究中的应用

1. 干细胞的研究

来自 F1 代小鼠正常的外周血的白细胞能够在受到致死性辐射下存活，产生供体型的淋巴细胞、粒细胞和红细胞，这证明小鼠外周血中存在干细胞。因此，F1 动物是研究外周血中干细胞的重要实验材料

2. 移植免疫的研究

F1 动物是进行移植抗宿主反应良好的实验材料，可以鉴定出免疫活性细胞去除是否完全。

3. 单克隆抗体研究

杂交瘤合成单克隆抗体是生物医学中一项重大的突破。采用的小鼠骨髓瘤细胞系，一般来自 BALB/c 品系小鼠，由此获得的杂交瘤细胞注入该小鼠腹腔后，即可生长肿瘤，同时产生高效价抗体的腹水。若 BALB/c 小鼠对一特定抗原不产生最适免疫应答反应，也可改用 C57BL/6 或 NEB 等品系小鼠，也可采用 BALB/c 和 CBA 杂交 F1 小鼠作单克隆抗体研究，且

比单独用 BALB/c 小鼠好，其 F1 小鼠脾脏比同日龄 BALB/c 小鼠脾脏大。

4. 作为某些疾病研究的模型

例如，NZBXNZWF 是自身免疫缺陷的模型（红斑狼疮），C3HXIF1 是肥胖病和糖尿病的模型。

四、杂交 F1 动物系祖选择和组合形式

1. 系祖选择

F1 动物品质的好坏完全取决于其亲代特点，因此选择系祖应重点考虑以下品系的动物。

①其遗传特性能表现出杂交优势，系祖合力强的品系。

②具有试验研究所要求的特性的品系。

③两个品系间，具有较强的亲和力和较少的异质差异。

④通过对比观察选出最理想的杂合组合。

2. 组合形式

用于实验研究的杂交 F1 主要是两个近交系之间的杂交所生的 F1。只有选择具有这些条件的品系进行杂交，才能使其遗传变异控制在最低程度。杂交双亲的繁殖任务需要大量繁殖 F1 动物。因此，在决定杂交组合之前，一定要通过不同杂交组合的对比观察，从中选出最理想的杂交品系。

五、杂交 F1 动物的交配方式

简单来说，杂交群动物的繁殖就是将两个用于生产杂交一代的亲本品系或种群进行交配，所得第一代即为 F1 动物。一般在生产 F1 动物时，生产目的很明确，就是用于实验研究，不留作种用。根据 F1 动物的需要量来决定亲本规模的大小。

六、国际上常用的杂交 F1 动物

国际上常用的 F1 动物（小鼠）见表 2-4。

表 2-4 国际上常用的杂交 F1 动物

F1 小鼠名称	交配亲代名称	F1 小鼠名称	交配亲代名称
AKD2F1	AKR X DBA/2	CBA-T6D2F1	CBA-T6 X DBA/2
BA2GF1	C57BL X A2G	CB6 F1	BALB/C X C57BL/6
BCF1	C57BL X BALB/c	CCBA-T6 F1	BALB/C X CBA-T6
BCBAF1	C57BLX CBA	CC3 F1	BALB/C X C3H
BC3F1	C57BL X C3H	CD2 F1	BALB/C X DBA/2
B6AF1	C57BL X 6 X A	C3B F1	C3H X C57BL
B6D1F1	C57BL/6 X DBA/1	C3D2 F1	C3H X DBA/2
CAF1	BALB/c X A	CL F1	BALB/C X C57L
CAKF1	BALB/c X AKR	C3L F1	C3H X C57L

第六节　实验动物的命名

一、近交系动物的命名

近交系动物的命名规则主要根据动物的来源、历史和培育经过而命名，用一系列的字母及数字作为品系代码来表示，代码应尽量简短，例如 A 系、C57BL、C3H 等。近交系的近交代数用大写字母 F 表示，例如，615(F25)表示 615 小鼠，近交代数为第 25 代。如果对以前的进交代数不清楚，仅知道近期的进交代数为 25，可以表示为(F?＋25)。如系从其他实验室引入的近交系(或亚系)，又在本实验室繁殖了若干代，其近交代数的表示方法是在 F 符号后，先标明引入时的子代数，再加上本实验室的繁殖代数，如 C57BL/Jnga(F75＋20)，即表示该亚系是第 75 代时引入的，又经本实验室培育了 20 代。

品系符号的优先权：任何品系(或亚系)命名均应参照国际命名委员会的规则命名，如果出现两品系命名符号相同，则保留先正式公布者，并以发表 *Mouse News Letter* 或 *Inbred Strains of Mice* 两个刊物上的品系名为准。但一些著名的、国际广泛使用的品系则不在此限。

二、亚系动物的命名

其方法是在原品系的名称后加一道斜线“/”，再在斜线后标明亚系的符号。其符号可以是数字，如 DBA/1、DBA/2 等；可以是培育或产生亚系的单位或人的缩写英文名称，第一个字母用大写，以后的用小写，如 A/He；也可以用数字加保持者的缩写英文名称，如 C57BL/6J、C57BL/10J 等。还有一些为国际上广泛沿用的、人们所熟知的亚系，如 BALB/c、C57BR/cd 等例外。有些近交系的不同亚系之间遗传差异较大，对实验处理的反应会不同，因此，在实验报告或论文中应注明所使用的亚系名称。

常用亚系代号：

An：美国国立肿瘤研究所的 H. B. Andervont 博士。

Bir：Birmingham 大学肿瘤研究所。

Cd：比利时 Libre 大学 Albert Claude 博士。

Crgl：美国伯克莱加利福尼亚州大学肿瘤研究所遗传实验室。

CRJ：日本 Charles River Japan. Inc. 公司。

Fo：美国密执安(Michigan)州底特律(Detroit)大学生物系 P. Forsthoefel 博士。

Gr：英国伦敦大学动物系 H. Grunebery 博士。

Gro：荷兰 Groningen 大学遗传研究所。

H：英国医学研究协会放射医学部门所在地 Harwell。

Han：德国 Hannover Linden Versuchstierzueht 中心研究所。

He：美国国立肿瘤研究所的 W. E. Heston 博士。

H-2：Histocompatibility-2 allele 组织相容性抗血清Ⅱ型的特性。

ICLAS：The International Council for Laboratory Animals Science，国际实验动物科学理事会。

ICR：美国国立肿瘤研究所(Institute for Cancer Research)。

ICRC：印度癌肿研究中心（India Cancer Research Centre）。

J 或 Jax：美国杰克逊实验室（Jackson Laboratory）。

Ka：美国加利福尼亚 Stanford 大学医学院放射学系 H. S. Kaplan 博士。

Lac：英国 M. R. C 实验动物中心（Laboratory Animals Centre. Carshalton，Surrey，England）。

Mcl：英国苏格兰爱丁堡动物遗传研究所 A. Mclaren 博士。

MS：日本（Misima）国立遗传学研究所（吉田俊秀）。

N 或 NIH：美国国立卫生研究院（National Institute of Health）。

Scr：美国 Lajolla Calif Scripps 临床和基础研究基金会实验病理系。

Ilas：中国医学科学院医学实验动物研究所。

Zcas：中国科学院动物研究所。

Nfdc：中国食品药品检定研究院。

三、支系动物的命名

支系命名是在原品系后附加一个小写英文字母，表明处理方式。代乳后的品系：在代码后加“f”（foster nursing），再写上代乳品系名称；C3HfC57BL：表示 C3H 品系由 C57BL 近交系代乳；受精卵（Egg，e）和卵巢（Ovary，o）移植后培育的品系是在品系全称后加“e”或“o”，再写上接受受精卵或卵巢移植术的品系名称，如 AeB6：代表 A 系的受精卵在 C57BL/6J 母鼠子宫孕育的品系；经冷冻保存（preservation by freezing）的移植胚胎品系是在品系名称后加“p”，再加“e”，并写上接受受精卵移植术的品系名称，如 C57BL/6peCBA，表示 C57BL/6 的受精卵经冷冻保存后，移植到 CBA 母鼠子宫内，并代乳培育而成。

综合以上所述的近交系动物命名规则，现举两例说明：DBA/1fLACA/LAC，这是由英国实验动物中心（LAC）用自己培育的 LACA 小鼠代乳而培育的 DBA/1 小鼠。C57BL/6J，C 代表 Cold Spring Harbor Laboratory；“57”代表第 57 号雌鼠，BL 代表 BLACK（黑色），“6”代表亚系的数字，“J”代表 Jackson Laboratory。

四、重组近交系动物的命名

重组近交系名称的书写方法是在两个亲本品系名称之间加一个“X”符号（居中而不留空间）来表达，品系名称用缩写形式。如 BALB/cByXC57BL/6By，记为 CXB。对于其一组内的不同品系应用阿拉伯数字加 “-”加以区别。如 BXD-1、BXD-2 与 BXD-3 等。之前是以大写英文字母来区分，如由两个无关的、近亲程度较高的 BALB/cBy（缩写为 C）和 C57BL/6By（缩写为 B6）品系之间的互交，经过 20 代以上的兄妹交配而育成的，并命名为 CXBD、CXBE、CXBG、CXBH、CXBI、CXBJ 和 CXBK。最近均已不用大写英文字母而用数字表示，如 AKXC-1，就是 AKR 和 BALB/C 品系互交后，经兄妹交配而育成的重组近交系之一。

五、同源突变近交系动物的命名

其命名是在原来品系（或亚系）名称符号接连接号“-”，再写一斜体的差异等位基因符号。如果这个基因是隐性的则字母全用小写，如果是显性的则第一个字母用大写，如 DBA/Ha-D，129-dy 等。如果突变基因或导入基因仍处于杂合状态，则在“-”后添一加号“＋”，再加基因符号，如 A/Fa-＋C，C3H/N-＋Wj。

例如，129S7/SvEvBrd-$Fym^{tm/Sor}$，表示的是有 Fyn 靶基因突变的小鼠品系，使用来自 129S7/SvEvBrd 小鼠的 AB1 ES 细胞系。嵌合体动物和 129S7/SvEvBrd 小鼠交配。随后保持该同源突变品系。如果知道同源突变系发生突变后的近交代数，可在突变的代数后加“＋”连接突变后的繁殖代数，如 F110＋F23，表示于 110 代的时候发生突变，现在已经兄妹交配到 23 代。

我国现已引进的突变同类系：C57BL/6J-Ob/Ob，为先天性肥胖型动物模型，血糖偏高；C57BL/KS-db/db，为Ⅰ型糖尿病模型；C57BL/6J-bg/bg，为 NK 细胞缺陷的模型。

六、同源导入近交系动物的命名

同源导入近交系动物的命名采用三部分内容的符号命名。在背景品系（background strain）名称后加上提供品系（donor strain）名称，二者用“.”隔开，于提供品系名称后面加上其提供的基因符号，其间用连字号“-”加以分隔。例如，B10.129-H12b 表示的是 C57BL/10 的小鼠导入了一段 129/J 来的基因 H12b。

七、分离近交系动物的命名

分离近交系（segregating inbred strains）是指某一特定的等位基因或突变保持杂合状态的近交系。分离近交系通过近交培育（通常为兄妹交配），但每代都进行杂合性筛选。分离近交系动物的命名与其他近交系相似，分离基因位点是该品系标准基因型的一部分。当分离背毛颜色等位基因是近交系正常表型的一部分时，品系名称中不需要写入。例如，129P3/J，表示的是该品系分离位点是酪氨酸酶等位白化基因（Tyr^{c}）和灰色基因（$Tyr^{c\text{-}ch}$）。

八、封闭群动物的命名

封闭群由 2～4 个大写英文字母命名，种群名称前标明保持者的英文缩写名称，第一个字母必须大写，后面的字母小写，一般不超过 4 个字母，保持者与种群名称之间用冒号分开。例如，N:NIH 表示由美国国立健康卫生研究院（N）保持的 NIH 封闭群小鼠。某些命名较早且广为人知的封闭群，如果与上述规则不一致，可沿用原名，如 Wistar 大鼠封闭群、日本的 ddy 封闭群小鼠等。

把保持者的名称放在种群名称的前面，二者之间用冒号分开，是封闭群动物和近交系动物命名最显著的区别。

九、杂交 F1 动物的命名

杂交群应按命名方式：以父系名称在前，母系名称在后，二者之间用大写英文字母“*X*”相连表示杂交。将以上部分用括号括起，再在其后标明杂交的代数（如 F1、F2 等）。对品系或种群的名称可使用通用的缩写名称。

F1 动物的命名方法主要是标明杂交群亲本的性别与其品系名称，习惯上母本在先，父本在后，如 C3H/HeJ♀ X AKR/J ♂可记为 C3HAKR F1 或简称 C3AK F1；反之，如为 AKR/J ♀ X C3H/HeJ ♂，则记为 AKC3 F1。亲本品系名称和缩写方法完全与近交系相同。

例如，杂交群 D2B6 F1 表示的是该小鼠杂交群由 DBA/2 作为母代，C57BL6/J 作为父代杂交而成。F1 全称为（DBA/2N X C57BL/6J）F1。

以上各类近交系的命名存在较多复杂情形，可参考中国实验动物学会2017年发布的《实验动物 小鼠、大鼠品系命名规范》(T/CALAS 4—2017)。

第七节 实验动物遗传监测（质量控制）

实验动物遗传质量监测是维护监督动物种群严格标准化、规范化管理的重要措施，采用最有效、最灵敏的方法，检验实验动物种群、品系和个体的基因纯合性和遗传的均一性；严格监视来自各方面因素导致的遗传变异和基因污染，尤其是近交系动物各基因位点上基因的纯合性及品系特征的遗传稳定性。因此，必须对实验动物的遗传质量加以控制，防止品系动物发生遗传污染、基因型及其生物学特性改变，以保证实验动物的遗传品质。按照国外学者提出的"4E"标准，遗传学检测应该准确(Exact)、容易(Easy)、高效(Efficient)、经济(Economical)。

一、遗传监测目的

遗传监测的目的是保证各品系动物应具有的遗传特性、是否发生遗传突变、是否混入其他动物的血液以及是否发生误配从而造成遗传污染的发生等，以确保被监测对象符合该品系的要求。

首先，近交系动物育成后在不同国家或者地区间的扩散分布后，一般会产生大量的亚系，品系的遗传特性可能发生较大变异。若使用这些亚系，在不同的实验室得到的研究数据就会不同，从而造成试验结果无法重复。其次，近交系在近交20代后仍有部分杂合子存在，而杂合子往往表现出生命力强、易被选留，因而更易于在群体中扩散而引起群体遗传特性发生改变。

人为管理失误是引起群体遗传变异的次要因素。饲养管理不当、记录方式不正确或记录不完整、饲养人员经常更换、缺乏专业人员的监督和管理等很容易导致群体发生遗传污染。此外，在代乳过程中的操作失误、选配失误等也会导致群体遗传特性的改变。

二、遗传监测的主要方法

遗传性状分为质量性状和数量性状，用于遗传监测的标记基因是单基因，应从基因型和表型关系明确的性状中进行筛选。目前，遗传监测方法主要用于近交系，用于近交系遗传监测方法很多，其主要方法如表2-5所列。

表2-5 实验动物遗传监测常用方法

性状分类	学科分类	常用方法
质量性状	形态学	毛色基因测试法
	生物化学	生化标记检测法
	免疫学	皮肤移植法、肿瘤移植法、血清反应法等
	细胞遗传学	染色体带型
	分子生物学	DNA指纹、分子标记技术、基因测序等
数量性状	数量遗传学	下颌骨测定法、生物学特性监测法
其他性状	病理生理学	SHR大鼠的血压监测、糖尿病动物模型的血糖值测定、SCID小鼠的渗漏率等

(一)质量性状的遗传检测

1. 毛色基因检测法

依据动物的毛色外观即可判别其性状,直观地通过表型判断其毛色基因型。该监测方法是检测技术中最为简便的方法。当近交系固定于某些特定的毛色时,只需观察其毛色即可进行一定程度的检测。

小鼠毛色主要受位于不同染色体上的 A、B、C 三个位点上的基因的控制。白化小鼠 *c* 基因是隐性上位基因,当 *cc* 存在时掩盖任何色素基因表现白色。毛色基因测试法就是用已知的毛色基因纯合的有色近交系小鼠与被测试的白化小鼠交配,观察第一代子鼠表现出的毛色,确定亲代的毛色基因型,并检查有无变异或污染。

2. 生化标记检测法

该方法是近交系动物遗传纯度检测中常规、首选的检测方法,也是国际上实验动物检测机构常用的一种方法。由于每个动物体内具有自己特有的不同电荷的同工酶和同种异构蛋白,采用电泳方法对电泳谱带上的生化位点进行检测。以特异的生物化学方法进行染色来识别待测的性状。这些性状大部分为共显性,根据其表现型即可判别基因杂合型和纯合型,是近交系品系动物遗传质量监测中一种简便而精确的方法。该方法对由于遗传污染或突变导致的群体遗传特性的改变的敏感性好。

3. 免疫学检测

(1)皮肤移植法　皮肤移植法的依据是高度纯合的近交系。由于移植物的接受或排斥取决于组织相容性抗原,若皮肤移植的供体和受体之间基因是同质的就接受,是基因异质的就排斥。

(2)肿瘤移植法　使用经过适当选择和培养的肿瘤系株,将肿瘤制成悬液或小块状,接种到受检测的动物体内,品系内肿瘤将被接纳出现生长,最终受体动物死亡;若品系间动物会发生肿瘤排斥,则可能存在遗传异质化。

(3)血清反应法　红细胞凝集试验和细胞毒性试验是两种主要常用的血清学方法。红细胞凝集试验用于检测红细胞抗原和某些 H-2 抗原。细胞毒性试验主要用于检测 H-2 抗原、Ia 抗原和白细胞抗原。

(4)混合淋巴细胞反应　反应的基本原理是不同品系动物或遗传上存在个体差异的动物淋巴细胞混合,或混合培养后,这些淋巴细胞开始增大,合成 DNA、RNA、蛋白质,进一步出现裂解。此反应结果可在 7～9 d 内观察到。定期从动物群体抽取足够量的动物进行检测,可以确定动物遗传质量的稳定性。

(5)细胞遗传学检测技术　染色体的可见变异主要是指细胞核内的染色体数目、结构(或形态)的变化,在同一动物体内见不到因品系不同带来的变异(不包括诸如染色体缺失、重复、倒位或易位等特征的品系)。小鼠不同品系间在染色体的 C 带(异染色质)存在着差异,可作为检测的对象。利用特殊的染色方法,使染色体产生明暗相间的带型,形成鲜明的染色体个体性。此外,染色体的 G 带也是一项指标。

(6)分子生物学监测技术　由于生物个体间的差异在本质上是遗传物质 DNA 分子的差异,DNA 是最为可靠的遗传标记。随着分子生物学技术的迅猛发展,许多测定 DNA 多态性的方法出现了。例如,微卫星 DNA 标记技术、DNA 指纹分析、限制性片段长度多态性、聚合酶链反应(PCR)技术、单核苷酸多态性、基因测序等。

(二)数量性状的遗传检测

1. 下颌骨测定法

该方法最早由 Festing(1973)和 Hedrich(1981)提出。下颌骨的形状与遗传的因素有密切关系,被认为是比较稳定的数量遗传性状。具体分析方法是从有系谱记录的待测基础群中收集同性别、同年龄成年动物的下颌骨,将待测定的下颌骨放在标准的直角坐标板上,测量至少 11 个下颌骨解剖参考点,再根据 Hedrich 公式算出特异差别函数系数,与待测品系的已经确定的控制标准相比较,并进行卡方检验,便知待测品系是否保持了原有下颌骨形态的遗传品质。

2. 统计学检测方法

统计项目包括生长发育、繁殖性状、血液生理和生化指标等参数。

①测定各品系的生长发育,如体重、相对生长率、生长曲线等。

②血液生理常数测定,如白细胞、红细胞、血红蛋白等。

③血液生化参数测定,如转氨酶、胆固醇、球蛋白等。

④生殖常数测定,如性周期、生殖周期、胎间隔等。

⑤生产能力,如产仔数、离乳率、受胎率等。

该方法的关键是掌握各品系的正常范围,连续进行监测,及时发现问题。

三、遗传质量标准

(一)近交系动物的遗传质量标准

近交系动物必须符合的要求为:①具有明确的品系背景资料,包括品系名称、近交代数、遗传组成、主要生物学特性等,并能充分表明新培育的或引种的近交系动物符合近交系定义的规定。②用于近交系保种及生产的繁殖系谱及记录卡应清楚完整,繁殖方法科学合理。③经遗传检测(生化标记基因检测法、皮肤移植法、免疫标记基因检测法等)质量合格。④体貌符合品种或品系特征。

(二)封闭群动物的遗传质量标准

①封闭群动物必须遗传背景明确、来源清楚、相关资料记录完整(包括种群名称、来源、遗传基因特点及主要生物学特性等)。

②用于保种以及生产的系谱、繁殖记录卡清楚完整,繁殖方法科学。

③封闭繁殖,保持动物群体的遗传异质性及多态性,避免近交系数随繁殖代数的上升而过快上升。

④经遗传检测(生化标记及基因检测、分子多态性分析),表明群体内基因频率稳定,下颌骨测量法判定属于同一群体。

(三)检测时间间隔

近交系动物、封闭群动物每年至少进行一次遗传检测。

四、近交系动物的遗传监测

(一)生化标记检测(纯度检测的常规方法)

1. 抽样

对于基础群,凡子代留种的双亲都进行检测。对于生产群,如果雌性种鼠的数量在 100 以下，抽样数为6只；如果雌性种鼠数量超过100只，抽样数≥6%。

2. 生化标记及基因的选择

近交系小鼠选择位于10条染色体上的14个生化位点，近交系大鼠选择位于6条染色体上的11个生化位点，作为遗传检测的生化标记。以上生化标记基因的名称及常用的近交系动物的生化标记遗传概貌参见(GB 14923—2022)《实验动物 遗传质量控制》。

3. 结果判断

如果检测结果与标准遗传概貌完全一致，遗传质量判定合格；有一个位点的标记基因出现与遗传概貌不一致，判定为可疑。对于可疑群体的处理方法是增加检测位点数目与监测方法，如果证实只有一个标记基因改变，可命名为同源突变体。存在两个或者两个以上位点的标记基因与遗传概貌不一致，判定为不合格，群体将被淘汰。

(二)免疫标记检测

(1)皮肤移植法　每个品系随机抽取至少10只相同性别的成年动物，进行同系异体皮肤移植。移植全部成功为合格，如发生非手术原因引起的排斥反应，则判定为不合格。

(2)微量细胞毒法　按照生化标记检测中抽样数量的要求检测小鼠H-2单倍型，结果符合标准遗传概貌的为合格，否则为不合格。

五、封闭群动物的遗传监测

(一)生化标记基因检测(多态性检测)

1. 抽样

随机抽取雌雄各25只以上动物进行基因型检测。

2. 生化标记基因的选择

选择代表种群特点的生化标记基因，如小鼠选择位于10条染色体上的14个生化位点，大鼠选择位于6条染色体上的11个生化位点。

3. 群体评价

按照哈迪-温伯格定律，根据各位点的等位基因数计算封闭群体的基因频率，进行卡方检验，判定群体是否处于平衡状态。处于非平衡状态的群体应加强繁育管理，避免近交。

思考题

1. 名词解释

品种与品系　亚系　支系　群体有效大小

2. 简述近交系、封闭群的基本特点。
3. 封闭群动物和近交系动物命名最显著的区别是什么？
4. 实验动物中的F1动物有什么特点？
5. 实验动物群体遗传特性改变的因素主要有哪些？
6. 试述毛色测定法、下颌骨测定法的基本原理。

参考文献

何诚,2013. 实验动物学[M].2版. 北京:中国农业大学出版社.
李厚达,2003. 实验动物学[M].2版. 北京:中国农业出版社.
邵义祥,2016. 医学实验动物学教程[M].3版. 南京:东南大学出版社.
汤家铭,陈民利,2012. 医学实验动物学[M]. 北京:中国中医药出版社.

第三章

实验动物的微生物学与寄生虫学控制

本章简介

本章介绍实验动物的微生物学和寄生虫学质量控制等级，包括各等级实验动物的概念、特点、微生物控制要求、饲养管理、质量监测及其应用等内容。

在动物的饲养环境及动物体表、黏膜和消化道中，存在着种类繁多的微生物和寄生虫，这些微生物和寄生虫对动物可能是非致病性的、条件致病性的或致病性的，也有可能是人兽共患病的病原体，这些微生物和寄生虫可能对动物和工作人员致病或不同程度地影响实验结果的准确性和可靠性，因此，控制实验动物的微生物和寄生虫，是实验动物标准化的主要内容之一。

第一节　实验动物的微生物学与寄生虫学等级

一、微生物和寄生虫对实验动物的影响

在动物的饲养环境及动物体表、黏膜和消化道中，存在着种类繁多的微生物和寄生虫，这些微生物和寄生虫对实验动物的影响主要表现在以下几个方面。

1. 感染动物会影响机体健康

环境和动物内外体表的微生物只有少部分对动物是致病的，如鼠痘病毒、泰泽病原体和鼠棒状杆菌等可引起实验动物的传染病，感染后可引起实验动物质量下降或死亡，造成不同程度的经济损失，阻碍或中断科学研究的正常进行。在这些致病微生物中，布鲁氏菌、结核分枝杆菌和狂犬病病毒等是人兽共患病的病原体，不仅可引起实验动物的传染病，还对饲养人员和研究人员的健康构成威胁。还有一部分微生物属于条件致病菌。在受到某些诱因作用下，其才会导致疾病发生，如免疫抑制剂、射线照射等实验因素的刺激可使实验动物发病，影响实验结果。实验动物感染寄生虫后对动物体会造成一定的损害。

2. 提高动物对环境的适应能力和免疫力

动物内外体表的微生物中还有一部分是动物所必需的，如正常菌群中的乳酸菌、双歧杆菌和丁酸梭菌等能合成营养物质，促进宿主营养吸收，增强机体免疫功能，提高动物对环境的适应能力，这也是 SPF 动物和悉生动物比无菌动物的抵抗力和生命力强的原因。这些微生物对

动物的正常生长发育是有利的，但在某些实验中可能会对实验造成干扰，如在研究正常菌群组成、功能和微生物与动物之间关系的研究中，使用无任何微生物的无菌动物比 SPF 动物更具优势。

3. 无利也无害

在环境和动物内外体表的微生物中，大部分对动物既无利，也无害：有这些微生物动物不发病，没有这些微生物对动物的正常生长发育也没有太大的影响，但在实验条件下可能会对实验造成不确定的影响，所以用于某些特定科学实验的动物需要明确其体内外微生物的种类。因此，在实验动物繁育的全过程中必须严格监控其所携带的微生物和寄生虫。

二、实验动物的微生物学与寄生虫学等级

如何控制实验动物的微生物和寄生虫是实验动物标准化的主要内容之一。目前我国按微生物和寄生虫的控制程度，将实验动物划分为普通级动物（conventional animal，CV）、清洁动物（clean animal，CL）、无特定病原体级动物（specific pathogen free animal，SPF）、无菌级动物（germfree animal，GF）4 个等级，无菌动物还包括悉生动物（gnotobiotics animal，CN）。无特定病原体动物和无菌动物不仅需要严格监控其携带的微生物和寄生虫，而且其种源是经剖宫产净化获得的。

一般而言，科研中使用的实验动物，其所携带的微生物和寄生虫的控制级别越高，其结果就越精确可靠。在采用低级别动物做实验时，刺激因素可能诱发隐性或潜伏感染的动物发生显性感染，并出现组织形态、生理生化、血液与免疫学等方面的改变，从而不同程度地影响实验结果的准确性。采用无特定病原体动物和无菌动物开展实验，则可排除病原微生物或正常菌群中非病原微生物对实验的干扰，因此实验结果更加准确、灵敏和可靠，重复性更好。

第二节　普 通 动 物

一、普通动物的概念

普通动物是指不携带所规定的对动物和（或）人体的健康造成严重危害的人兽共患病病原和动物烈性传染病病原的实验动物。普通动物一般来源于清洁动物，未经积极的微生物学和寄生虫学控制，饲养在开放的普通环境中。普通动物外观健康，饮食排泄正常，无异常分泌物，无临床症状，脏器无眼观病灶微生物学等级及监测正常。普通动物一般来源于 SPF 级动物，未经严格的微生物和寄生虫学控制，饲养在开放的普通环境中。常见的普通级实验动物有豚鼠、地鼠、兔、犬和猴等。2002 年 5 月 1 日实施的（GB 14922.1—2001）《实验动物 寄生虫学等级及监测》取消了普通级小鼠和大鼠。

二、普通动物的微生物与寄生虫控制

普通动物在微生物学和寄生虫学控制上要求最低，如普通级家兔只排除沙门菌、假结核耶尔森菌、小肠结肠炎耶尔森菌、皮肤病原真菌、兔出血症病毒、弓形虫及体外寄生虫等对人体和动物体危害较大的病原体。

三、普通动物的饲养管理

普通动物的饲养环境是开放的，存在着感染传染病的风险，为了防止人兽共患病和动物烈性传染病的发生，影响实验动物的质量和工作人员的健康，须对饲养环境中温度、湿度、换气次数、噪声和照明进行控制，并采取一定的防护和管理措施。

①房舍要有防野鼠、防昆虫设施。

②保持环境卫生，建立严格的消毒制度，如垫料要消毒杀虫，环境和笼具也要定期消毒。

③使用标准颗粒饲料，不喂青饲料，饮水要符合城市饮水卫生标准。

④限制无关人员进入动物室，工作人员进出要遵守普通动物室操作规范，如更衣、换鞋等。

⑤要做好引种动物的检疫隔离工作，及时淘汰病残和死亡动物，并严格处理。

四、普通动物的应用

在开放环境中，普通动物饲养除按国标要求必须排除的微生物和寄生虫外，其所携带的其他微生物和寄生虫较多，在实验刺激因素的作用下可能引起动物组织形态、器官结构、生理生化和免疫学的改变，从而不同程度地影响实验结果，甚至致动物死亡。如在正常情况下，普通动物只要求排除弓形虫及体外寄生虫，其消化道存在的寄生虫并不做严格要求，对宿主常无严重影响，但在放射性照射试验中，消化道寄生虫所致的损伤部位可能会发生弥漫性出血感染，导致动物死亡。

国际上普遍认为普通动物不可用于科学研究、生产和检验。由于普通动物繁殖力强，生产量大，生产成本低，宜用作教学性实验和科研预实验。

第三节　无特定病原体动物

一、无特定病原体动物的概念

无特定病原体动物是指除普通级动物应排除的病原外，不携带对动物健康危害大和(或)对科学实验干扰大的病原的实验动物，简称 SPF 动物。这类动物来源于无菌动物，须在屏障环境中饲养。常见的 SPF 动物有小鼠、大鼠、豚鼠、地鼠、兔、犬和猴等。

二、无特定病原体动物的微生物与寄生虫控制

目前，国际上对 SPF 动物微生物监测没有统一的标准，各国亦常有变动现象，所以对动物的要求也就不同。我国实验动物国家标准要求，SPF 小鼠应排除金黄色葡萄球菌、绿脓杆菌等 14 种病原细菌，皮肤病原真菌，小鼠肺炎病毒、鼠痘病毒等 11 种病毒，体外寄生虫、弓形虫、纤毛虫、全部蠕虫和鞭毛虫等 5 种体内寄生虫。

三、无特定病原体动物的培育和饲养管理

SPF 动物应饲养在温度、湿度相对恒定的屏障环境中，严格按照屏障环境生产(使用)设施管理规程实施。

①严格控制空气、物品和人员的进出。进入的空气需经高效过滤、洁净度达到 7 级。进出

动物饲养室的人员必须遵守屏障环境动物室的操作规范，需沐浴、更换无菌无尘的工作服、戴灭菌手套、口罩和鞋等。

②所用的垫料、笼具和器械等都要经过消毒灭菌处理后方可使用。

③使用标准的颗粒饲料，饮水要符合城市饮用水卫生标准，最好进行酸化（pH 2.5～3.0），饲料和饮水需经高压灭菌。

SPF 动物种群建立的原种必须来源于无菌动物或悉生动物。将无菌动物或悉生动物从无菌隔离器转移至屏障环境的饲养室中饲养，使之自然感染特定病原以外的一般微生物，但应严格防范病原体的污染，并需要定期监测有无特定病原体的污染。SPF 动物的繁育需在屏障环境中单独设立保种室，原种动物置于无菌隔离器中饲养。

四、无特定病原体动物的应用

SPF 动物不携带潜在感染或条件致病病原及特定微生物，饲养于屏障环境，保证其健康稳定，个体差异较小，繁殖率高、自然死亡率低，在动物实验中反应敏感，重复性好，可安全可靠地排除动物所携带病原体及特定微生物的干扰，从而广泛应用于免疫学、血清和疫苗制造、药物学、毒理学、肿瘤学和生物学鉴定等方面。另外，SPF 动物在放射、烧伤研究等领域具有特殊的应用价值，如绿脓杆菌在自然界中广泛存在，通常对动物不致病，清洁级大鼠和小鼠不要求排除，但用污染该菌的实验动物进行放射性照射试验时，可能诱发动物致死性的败血症，影响试验结果的准确性，甚至得到错误的结果。

SPF 动物作为国际公认的标准实验动物，可应用于绝大多数科学研究。

第四节 无 菌 动 物

一、无菌动物的概念

无菌动物是指无可检出任何生命体的实验动物。无菌动物在自然环境中并不存在，必须通过人为的方法在无菌环境中才能培育出来。应当明确，无菌动物的“无”并不是绝对的，而是相对的。只是根据现有的科学知识和检测技术在一定时期内不能检出已知的微生物和寄生虫而已，可能随着科技发展，将来可以检出。无菌动物必须生来就无菌并始终保持无菌，因为一旦接触过微生物或寄生虫，即使之后除去了，它们给动物造成的影响也是无法消除的，如特异性抗体的产生、免疫细胞的活化、某些组织或器官的病变等。无菌动物来源于健康普通动物的无菌剖宫产，饲育在无菌隔离器中。常见的无菌动物有小鼠、大鼠、豚鼠、地鼠和兔等。

二、无菌动物的特性

只要给无菌动物饲喂适当的饲料来保证正常发育，其外观和普通动物相同，但其机能和结构与普通动物有很大的不同，主要表现在以下几个方面。

1. 消化系统

无菌动物的消化道变化最为明显，主要在盲肠。

①无菌动物的盲肠肥大，并随年龄增大而增大。无菌大鼠盲肠湿重（含内容物）是普通大

鼠的 5～10 倍，无菌豚鼠的盲肠可达体重的 1/3。无菌小鼠从开始吃饲料到盲肠逐渐增大，可能是因为肠道内缺乏必需的微生物菌群，大分子酸性黏蛋白难以降解而在盲肠大量积累，使肠腔内胶体渗透压提高，进入盲肠的水分超过了大肠的回收能力，造成水分蓄积，并经粪便排出；也可能是因为肠道内缺乏微生物菌群，而不能分解来自饲料中的有毒物质，致使其刺激盲肠，使盲肠增大加长。当向无菌大鼠投饲益生菌（如梭状芽孢杆菌）定殖后，盲肠增大现象可有所逆转。

②无菌动物的肠道肌壁较薄，与 SPF 大鼠相比，无菌大鼠盲肠肌壁变薄，肠道微绒毛增多，变得更加细长和规则，隐窝更短，细胞数更少。无菌动物肠道肌层不发达，平滑肌张力减弱，肠黏膜绒毛增多，肠蠕动减缓，易患肠套叠、肠粘连。无菌动物肠道上皮细胞更新率比普通动物低，肠壁的物质交换也较慢。由于盲肠膨大，肠壁菲薄，无菌动物常因盲肠扭转或肠壁破裂而死亡。

③无菌动物通过胆汁排泄代谢产物的速率减慢，若切除无菌动物盲肠，则与普通动物的差异缩小。

④无菌动物的肝脏大小和结构无明显变化，但肝细胞体积较大，胞质丰富。

2. 血液循环系统

无菌动物的心脏相对变小，血管平滑肌薄，活动性弱，心搏输出量少，白细胞总数少且波动范围小，这与无病原体入侵有关。

3. 免疫系统

无菌动物因长期缺乏外来抗原刺激，整个免疫系统处于原始状态，其胸腺、脾脏和淋巴结重量明显低于 SPF 动物，胸腺髓质以小淋巴细胞为主，皮质细胞结构疏松、淋巴细胞总数明显少于 SPF 动物，以小淋巴细胞为主；脾脏和淋巴结的生发中心不发达，导致淋巴组织中浆细胞、巨噬细胞、大中淋巴细胞数量较少；肠道黏膜免疫系统缺陷，导致肠道集合淋巴结和肠系膜淋巴结数量减少，无菌大鼠的肠道集合淋巴结数量只有 SPF 大鼠的 1/3，淋巴滤泡界限不明显，生发中心不发达，巨噬细胞少见；肠道微绒毛增多，变得细长，隐窝变短，细胞数减少；血液中白细胞、葡萄糖醛酸酶、皮质酮、溶菌酶等含量也明显低于普通动物，血清中 IgM、IgG 水平低，吞噬细胞活性也低，因此对外来的微生物感染异常敏感，某些致病性弱的微生物很容易感染无菌动物。无菌动物免疫应答速度慢，过敏反应、对异体移植物的排斥反应以及自身免疫现象消失或减弱。

4. 营养代谢

动物肠黏膜酶（如蔗糖酶、碱性磷酸酶），以及肠内胰蛋白酶、乙聚糖酶和糜蛋白酶的含量均非常丰富。因缺乏肠道菌群，无菌动物不能合成维生素 B 和维生素 K，不能利用双糖、多糖、低聚糖及淀粉，氨基酸代谢不完全并且其盲肠潴留大量氮质化合物如尿酸、尿素、己糖胺、游离氨基酸等，肠管对水的吸收率低，尿液中马尿酸（肠道菌群与宿主的共代谢产物）含量远远低于 SPF 动物，代谢周期比普通动物长。因此无菌动物常体重偏低，营养素消化吸收率低。

5. 生长、繁殖和寿命

无菌条件对不同种属动物的生长率影响不同，无菌鸟类生长率高于同种的普通鸟类，无菌大鼠和小鼠与普通大鼠和小鼠差不多，无菌豚鼠和无菌兔生长率比普通同种的豚鼠和兔者慢。无菌条件对动物的繁殖影响不大，无菌大鼠和小鼠因出生无感染体质较好，无菌豚鼠和兔比普通者繁殖力低，可能与其盲肠肥大有关。无菌动物的寿命较普通动物长 1/3，雄性寿命明显长于雌性。

6. 抗辐射能力

无菌动物因肠道内无寄生虫及正常菌群存在，对射线照射的耐受性强，且受损细胞的再生能力强，创面无炎性反应，愈合快、瘢痕小。

三、无菌动物的培育

无菌动物必须用人为的方法培育饲养而成。无菌动物的理论基础和实践技术依赖于胎盘屏障和无菌隔离技术，在此基础上开展了无菌动物研究工作。胎儿在胎盘的保护下一般不受病原体的侵害，因此，在妊娠动物即将分娩时剖腹取出胎儿，放在无菌隔离器中用无菌的饲料和水饲喂，就可以培育成无菌动物。选择将临产前的健康普通动物用麻醉药品或颈椎脱臼处死后，立即浸泡在 37 ℃灭菌液中，送进无菌室（或无菌隔离器），按无菌手术进行剖腹，取出带胎子宫，将其浸入消毒液里并立即转送到另一个隔离器中，切开子宫取胎，放入隔离器内人工喂乳或用同种无菌动物代乳，如小鼠和大鼠等常采用保姆代乳，而豚鼠妊娠期较长，初生豚鼠发育完全在一定程度上能自力饮乳，故不宜人工哺乳。另外，禽类和鱼类等常选择不带可垂直传播的病原的母体产卵，用药物将卵外表面灭菌后移入灭菌隔离器内使其孵化即可，这些动物一般在出生后就能自力采食，较易育成。为了防止胎盘感染和手术中污染，必须连续观察三代以上确实证明无菌后才算真正培育成功了无菌动物。

四、无菌动物的饲料及饲养管理

1. 无菌动物的饲料

无菌动物的饲料必须符合下列要求。

①必须经过严格的灭菌，一般多用高压蒸汽灭菌法，有条件可用^{60}钴（^{60}Co）照射灭菌，其灭菌效果好且营养成分损失少。

②必须补充因高压蒸汽灭菌而破坏的营养成分，如维生素 B_1、维生素 C、泛酸等。补充的营养成分用细菌滤器过滤除菌后加入已经灭菌的饲料或饮水中饲喂。

③无菌动物肠道缺乏正常菌群，饲料中还须补充这些微生物合成的营养成分。

④饲料的组成、形态和气味等应尽可能适合动物的习性和嗜好。

2. 无菌动物的饲育设备

无菌动物必须在与自然界微生物完全隔绝的无菌环境即隔离器内饲育。最早的无菌隔离器是用不锈钢等金属材料作为主体结构材料，因其内部须用高压蒸汽消毒。随着无菌隔离技术和灭菌技术的发展，无菌隔离器发展为以不锈钢材料为主体结构材料，灭菌方式以连接外置的汽化或喷雾的过氧化氢设备为主，并与隔离器集成，可自动控制产生气体灭菌及灭菌后去除残留，减少了污染的风险和对动物的影响。根据实验或饲养要求和实际情况来选择塑料隔离器或金属隔离器。饲育无菌动物的隔离器必须具备下面 5 个条件。

①一个与外来微生物隔绝密闭的容器，其内部空间和内容物能接受高压蒸汽或化学药品灭菌处理。

②隔离器的空间以及内容可随时被观察。

③隔离器内部应随时在视野下从外部进行工作，但不破坏内部的无菌环境。

④必须装置一个有内外门的无菌通道，动物、饲料以及其他物品可以从外部无菌地输送到隔离器内部去，而不破坏内部的无菌环境，送出时亦然。

⑤必须装置一个空气净化系统，送入隔离器的空气经超高效过滤，洁净度达到5级。一般无菌动物饲养用隔离器采用正压，内部空气压力高于外界，有利于保持隔离器无菌。

3. 无菌动物的监测

为了确认无菌动物的无菌状态，及时发现污染，必须定期按照实验动物国家标准进行检测。

五、无菌动物的应用

无菌动物由于不携带其他生物体，并饲育于环境可控的无菌隔离系统中，排除了其他生物和环境因素对动物及实验结果的影响，创造了生命活动基本规律分析研究的可能性。使用无菌动物做实验，因其具有动物使用量少、结果准确、重复性好、统计价值高、长期实验中动物死亡率低等优点，已被广泛应用。

1. 微生物学和寄生虫学研究

无菌动物可用于建立人正常菌群或致病菌群的动物模型。通过对无菌动物接种特定的一种或多种微生物，可以充分地研究微生物与宿主之间以及微生物之间的相互作用，如应用无菌动物研究发现肠道微生物会影响肠道黏膜形态、上皮再生和肠细胞形态；多形似杆菌及史氏甲烷短杆菌可促进果聚糖的发酵，改善宿主的肠道功能；以乳酸杆菌为主的优势正常菌群能有效地抑制幽门螺杆菌在胃内的定植。

在病原体感染动物实验中，实验动物所携带的微生物或寄生虫对实验结果有很大干扰，而无菌动物可排除这种影响因素，因此，无菌动物也可用于建立病原感染的动物模型，以确定疫病病原、研究发病机制及其防治措施。如利用无菌小鼠发现脆弱类杆菌的定植能抑制溃疡性结肠炎的发生和发展；干酪乳杆菌可有效减轻和缩短轮状病毒性肠炎而造成的腹泻的症状及时间；链球菌是龋齿形成的主要微生物。利用无菌猪建立猪痢疾感染模型，先用大肠埃希菌和厌氧菌混合感染无菌猪，断奶后再用螺旋体感染，实验猪80%发生急性痢疾。给普通豚鼠盲肠内注入溶组织阿米巴原虫会引起致死性感染，但对无菌豚鼠无致病力，若预先接种一些肠道细菌再注入溶组织阿米巴原虫，无菌豚鼠也会出现致死性感染。无菌大鼠用于研究细菌在肠黏膜上皮细胞表面的黏附、细菌在动物体内的定居条件以及细菌在脏器内发生内源性感染的条件，以期能人为调节宿主体内的微生态平衡，防止病原体感染。

2. 免疫学研究

无菌动物为免疫系统发育研究提供了很好的条件。利用无菌小鼠研究发现小鼠小肠免疫系统发育成熟依赖于共同进化宿主特定的微生物，T淋巴细胞、B淋巴细胞、单核巨噬细胞、M细胞的激活以及发挥作用的过程均与微生物有关。免疫抑制剂的研究常用无菌动物，防止免疫抑制剂降低动物抵抗力而引起继发感染死亡。因血液中无特异性抗体，无菌动物很适合有关特异性抗体产生等免疫现象的研究。

3. 肿瘤研究

在诸多致癌因素中，微生物致癌因素受到广泛关注，且无论研究何种致癌因素，都有可能受到实验动物体内外微生物区系的影响，而无菌动物可排除这些微生物的影响，因此，无菌动物已被广泛应用于致癌机制、癌症预防及治疗方案等的研究。如给无菌大鼠饲喂苏铁不会产生肿瘤，而普通大鼠则普遍出现肿瘤是因为苏铁素在普通动物体内可被肠道细菌分解产生致癌物质，从而引发肿瘤，但其在无菌动物体内则不会。无菌动物对危险信号以及炎性刺激更加敏感，利用无菌动物可以观察单一病原菌在肿瘤发病机制中的作用。通过比较无菌动物和普通动物发现肠道的癌变是由潜在的有害细菌驱动或保护性细菌减少而产生致癌物质，并通过诱导炎性反应和免疫调节机制而引起的。某些病毒可通过胎盘传播，并诱发小鼠肿瘤。

4. 药理与毒理研究

无菌小鼠药物代谢比 SPF 动物慢，且不像 SPF 小鼠受抗生素的影响，是因为肠道菌群可诱导小鼠肝脏肝药酶（药物经肝代谢的主要酶系）基因表达，而环丙沙星等抗生素可通过降低肠道菌群产生的石胆酸来抑制肝药酶表达。普通级豚鼠对青霉素的敏感性高于无菌豚鼠，普通动物进食大豆易于中毒，而无菌动物则不会，表明这些物质的毒理作用常与肠道微生物代谢有关。无菌动物因无传染病，寿命较长而适用于慢性毒性试验。

5. 老年病研究

大量的研究资料表明，无菌动物的寿命比普通动物长，无菌大鼠的寿命约比普通大鼠延长1/3，提示微生物的存在与机体衰老有关。表现为微生物对机体免疫潜力的消耗，如微生物耗尽某些重要化合物，积累大量废物，降低体内不同类型细胞间的联系。因此，无菌动物在探讨人类衰老机制、筛选预防和抗衰老药物等方面有广泛的应用价值。

无菌动物还可用于传染病学、放射生物学、营养学、宇航医学等许多领域的研究。将培养无菌动物的原理和技术应用于临床，能有效地控制传染，从而明显降低病人病死率，并保护医护人员的安全。

第五节　悉 生 动 物

一、悉生动物的概念

悉生动物是指无菌动物体内人为植入一种或几种已知微生物的实验动物，也称已知菌动物或已知菌丛动物。依据植入的菌种数量的不同，分为单菌动物、双菌动物、三菌动物或多菌动物。悉生动物来源于无菌动物，并和无菌动物一样在无菌隔离器内饲养，按我国实验动物微生物学和寄生虫学质量控制分类，属于无菌级动物，利用悉生动物做实验，可排除动物体携带的各种不明确种类的微生物对实验结果的干扰，实验结果准确性高、重复性好，常用于研究微生物和动物之间的关系。由于悉生动物是有菌的，所以隔离器内也有这种微生物的存在。

二、悉生动物的饲养管理

与无菌动物一样，悉生动物均饲养在无菌隔离器中，饲养管理方法也与无菌动物相同。无菌动物由于肠道里没有微生物，所以不能在肠内合成机体所需要的某些维生素和氨基酸，而必须由日常的饲料中补给，因此无菌动物饲养管理困难，且生活能力较差。悉生动物因其肠道内定植了一种或几种微生物而远较无菌动物的生活能力和抵抗力强，饲养管理也比较容易，如用缺乏叶酸的饲料饲养无菌大鼠，则出现叶酸缺乏症，但悉生大鼠则不出现症状。

悉生动物应定期作微生物学检查，一方面检查是否被污染，另一方面检查植入的微生物是否定居，对未能定植的菌株还应补充接种。

三、悉生动物的应用

悉生动物的发展历史与无菌动物发展一样，是随着无菌动物的发展而发展的，悉生动物现在已成为生物医学发展的基础，在生物医学的各个领域中得到了广泛应用，取得了丰硕的成果，大大促进了生物医学研究的发展。

悉生动物应用于微生物学研究具有其不可替代的优势，只有选用悉生动物，才有可能了解单一微生物和抗体之间的关系；多种微生物存在于同一机体内，可以观察微生物与微生物之间及机体之间相互关系和菌群失调的现象；当对某种悉生动物施予物理、化学等其他致病因子时则可观察机体、微生物、致病因子三方面相互作用关系。如用悉生小鼠实验证明双歧杆菌和乳杆菌能促进免疫功能，并改善肠道菌群的组成。用悉生猪测定大肠埃希菌、轮状病毒的病原性及其产生的免疫应答，用悉生羔羊测定隐孢子虫的病原性。用悉生小鼠、大鼠、犬和小型猪，已查明各种微生物在龋齿、齿限炎、齿增脓漏等疾病中的作用。在正常情况下，乳杆菌和瑞斯特氏菌可以在无菌小鼠肠道中共同定植，互不干扰，但若饮水中加入 20%的乳糖，瑞斯特氏菌就无法在无菌小鼠(乳杆菌)肠道中定植，是乳杆菌利用乳糖产生大量乳酸的直接后果。

悉生动物可以弥补无菌动物的某些缺点，适宜做某些特定的实验。无菌动物抵抗力很弱，饲养管理的难度大，若植入某种微生物成为悉生动物后其抵抗力明显增强，植入的微生物或寄生虫的种类可以根据实验目的需要而定，如在免疫学实验中，无菌动物不能发生迟发性过敏反应，而感染一种大肠埃希菌的悉生动物就可以发生迟发性过敏反应。

第六节　实验动物微生物学与寄生虫学质量监测

目前，我国实验动物微生物学和寄生虫学质量监测国家标准以 2023 年 7 月 1 日实施的《实验动物 微生物、寄生虫学等级及监测》(GB 14922—2022)为准。

农业部根据我国各地 SPF 鸡病检测方法的实际应用情况，结合国外 SPF 鸡病监测原则，于 1999 年制定了我国 SPF 鸡微生物学质量控制标准，又于 2008 年对其进行了修订，并由国家质量监督检验检疫总局和中国国家标准化管理委员会发布(GB/T 17999.10—2008)《SPF 鸡 · 微生物学监测 第 10 部分：SPF 鸡 间接免疫荧光试验》。

一、实验动物微生物学与寄生虫学监测要求及标准

1. 检测标准和指标

实验动物应外观健康，无异常，并根据《实验动物 微生物、寄生虫学等级及监测》(GB 14922—2022)国家标准对不同等级实验动物应排除的病原菌(表 3-1 至表 3-3)、病毒(表 3-4 至表 3-6)和寄生虫(表 3-7 至表 3-9)进行检测。

表 3-1 小鼠、大鼠病原菌检测项目(GB 14922—2022)

<table>
<tr><th colspan="3" rowspan="2">动物等级</th><th rowspan="2">病原菌</th><th colspan="2">动物种类</th></tr>
<tr><th>小鼠</th><th>大鼠</th></tr>
<tr><td rowspan="17">无菌动物</td><td rowspan="16">无特定病原体动物</td><td rowspan="10">清洁动物</td><td>沙门菌</td><td>●</td><td>●</td></tr>
<tr><td>假结核耶尔森菌</td><td>○</td><td>○</td></tr>
<tr><td>小肠结肠炎耶尔森菌</td><td>○</td><td>○</td></tr>
<tr><td>皮肤病原真菌</td><td>○</td><td>○</td></tr>
<tr><td>念珠状链杆菌</td><td>○</td><td>○</td></tr>
<tr><td>支气管鲍特杆菌</td><td></td><td>●</td></tr>
<tr><td>支原体</td><td>●</td><td>●</td></tr>
<tr><td>鼠棒状杆菌</td><td>●</td><td>●</td></tr>
<tr><td>泰泽病原体</td><td>●</td><td>●</td></tr>
<tr><td>大肠埃希菌 O115 a,C,K(B)</td><td>○</td><td></td></tr>
<tr><td></td><td>嗜肺巴氏杆菌</td><td>●</td><td>●</td></tr>
<tr><td></td><td>肺炎克雷伯菌</td><td>●</td><td>●</td></tr>
<tr><td></td><td>金黄色葡萄球菌</td><td>●</td><td>●</td></tr>
<tr><td></td><td>肺炎链球菌</td><td>○</td><td>○</td></tr>
<tr><td></td><td>乙型溶血性链球菌</td><td>○</td><td>○</td></tr>
<tr><td></td><td>绿脓杆菌</td><td>●</td><td>●</td></tr>
<tr><td></td><td></td><td>无任何可查到的细菌</td><td>●</td><td>●</td></tr>
<tr><td colspan="6">注:●必须检测项目,要求阴性;○必要检测项目,要求阴性。</td></tr>
</table>

2. 监测程序

检测的动物应于送检当日按细菌、真菌、病毒和寄生虫需要联合取样检查,其检测程序如图 3-1 所示。

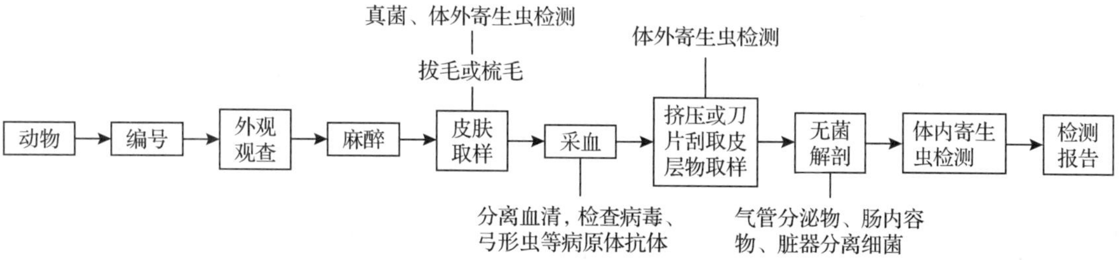

图 3-1 实验动物、微生物、寄生虫学检测程序

(引自 GB 14922—2022)

表 3-2　豚鼠、地鼠、兔病原菌检测项目(GB 14922—2022)

动物等级	病原菌	动物种类		
		豚鼠	地鼠	兔
无菌动物 / 无特定病原体动物 / 清洁动物 / 普通动物	沙门菌	●	●	●
	假结核耶尔森菌	○	○	○
	小肠结肠炎耶尔森菌	○	○	○
	皮肤病原真菌	○	○	○
	念珠状链杆菌	○	○	
无菌动物 / 无特定病原体动物 / 清洁动物	多杀巴斯德杆菌	●	●	●
	支气管鲍特杆菌	●	●	
	泰泽病原体	●	●	●
无菌动物 / 无特定病原体动物	嗜肺巴氏杆菌	●	●	●
	肺炎克雷伯菌	●	●	●
	金黄色葡萄球菌	●	●	●
	肺炎链球菌	○	○	○
	乙型溶血性链球菌	●	○	○
	绿脓杆菌	●	●	●
无菌动物	无任何可查到的细菌	●	●	●

注:●必须检测项目,要求阴性;○必要检测项目,要求阴性。

表 3-3　犬、猴病原菌检测项目(GB 14922—2022)

动物等级	病原菌	动物种类	
		犬	猴
无特定病原体动物 / 普通动物	沙门菌	●	●
	皮肤病原真菌	●	●
	布鲁氏菌	●	
	钩端螺旋体	△	
	志贺菌		●
	结核分枝杆菌		●
无特定病原体动物	钩端螺旋体[a]	●	
	小肠结肠炎耶尔森菌	○	○
	空肠弯曲杆菌	○	○

注:●必须检测项目,要求阴性;○必要检测项目,要求阴性;△必要检查项目,可以免疫。

[a] 不能免疫,要求阴性。

表 3-4 小鼠、大鼠病毒检测项目(GB 14922—2022)

<table>
<tr><th colspan="3" rowspan="2">动物等级</th><th rowspan="2">病毒</th><th colspan="2">动物种类</th></tr>
<tr><th>小鼠</th><th>大鼠</th></tr>
<tr><td rowspan="15">无菌动物</td><td rowspan="14">无特定病原体动物</td><td rowspan="5">清洁动物</td><td>淋巴细胞脉络丛脑膜炎病毒(LCMV)</td><td>○</td><td></td></tr>
<tr><td>汉坦病毒(HV)</td><td>○</td><td>●</td></tr>
<tr><td>鼠痘病毒(Ect)</td><td>●</td><td></td></tr>
<tr><td>小鼠肝炎病毒(MHV)</td><td>●</td><td></td></tr>
<tr><td>仙台病毒(SV)</td><td>●</td><td>●</td></tr>
<tr><td colspan="2">小鼠肺炎病毒(PVM)</td><td>●</td><td>●</td></tr>
<tr><td colspan="2">呼肠孤病毒Ⅲ型(Reo-3)</td><td>●</td><td>●</td></tr>
<tr><td colspan="2">小鼠细小病毒(MVM)</td><td>●</td><td></td></tr>
<tr><td colspan="2">小鼠脑脊髓炎病毒(TMEV)</td><td>○</td><td></td></tr>
<tr><td colspan="2">小鼠腺病毒(Mad)</td><td>○</td><td></td></tr>
<tr><td colspan="2">多瘤病毒(POLY)</td><td>○</td><td></td></tr>
<tr><td colspan="2">大鼠细小病毒 RV 株(KRV)</td><td></td><td>●</td></tr>
<tr><td colspan="2">大鼠细小病毒 H-Ⅰ株(H-Ⅰ)</td><td></td><td>●</td></tr>
<tr><td colspan="2">大鼠冠状病毒/大鼠涎泪腺炎病毒(RCV)/(SDAV)</td><td></td><td>●</td></tr>
<tr><td colspan="3">无任何可查到的病毒</td><td>●</td><td>●</td></tr>
<tr><td colspan="6">注:●必须检测项目,要求阴性;○必要检测项目,要求阴性。</td></tr>
</table>

表 3-5 豚鼠、地鼠、兔病毒检测项目(GB 14922—2022)

<table>
<tr><th colspan="4" rowspan="2">动物等级</th><th rowspan="2">病毒</th><th colspan="3">动物种类</th></tr>
<tr><th>豚鼠</th><th>地鼠</th><th>兔</th></tr>
<tr><td rowspan="9">无菌动物</td><td rowspan="8">无特定病原体动物</td><td rowspan="4">清洁动物</td><td rowspan="2">普通动物</td><td>淋巴细胞脉络丛脑膜炎病毒(LCMV)</td><td>●</td><td>●</td><td></td></tr>
<tr><td>出血症病毒(RHDV)</td><td></td><td></td><td>▲</td></tr>
<tr><td colspan="2">仙台病毒(SV)</td><td>●</td><td>●</td><td></td></tr>
<tr><td colspan="2">兔出血症病毒[a](RHDV)</td><td></td><td></td><td>●</td></tr>
<tr><td colspan="3">仙台病毒(SV)</td><td></td><td></td><td>●</td></tr>
<tr><td colspan="3">小鼠肺炎病毒(PVM)</td><td>●</td><td>●</td><td></td></tr>
<tr><td colspan="3">呼肠孤病毒Ⅲ型(Reo-3)</td><td>●</td><td>●</td><td></td></tr>
<tr><td colspan="3">轮状病毒(RRV)</td><td></td><td></td><td>●</td></tr>
<tr><td colspan="4">无任何可查到的病毒</td><td>●</td><td>●</td><td>●</td></tr>
<tr><td colspan="8">注:●必须检测项目,要求阴性;▲必要检测项目,可以免疫。</td></tr>
<tr><td colspan="8">[a] 不能免疫,要求阴性。</td></tr>
</table>

表 3-6 犬、猴病毒检测项目(GB 14922—2022)

动物等级		病毒	动物种类	
			犬	猴
无特定病原体动物	普通动物	狂犬病病毒(RV)	▲	
		犬细小病毒(CPV)	▲	
		犬瘟热病毒(CDV)	▲	
		传染性犬肝炎病毒(ICHV)	▲	
		猕猴疱疹病毒Ⅰ型(B病毒)(BV)		●
		猴逆转D型病毒(SRV)		●
		猴免疫缺陷病毒(SIV)		●
		猴T细胞趋向性病毒Ⅰ型(STLV-Ⅰ)		●
		猴痘病毒(SPV)		●
		上述4种犬病毒不免疫	●	

注:●必须检测项目,要求阴性;▲必要检测项目,要求免疫。

表 3-7 小鼠、大鼠寄生虫学检测项目(GB 14922—2022)

动物等级			寄生虫	动物种类	
				小鼠	大鼠
无菌动物	无特定病原体动物	清洁动物	体外寄生虫(节肢动物)	●	●
			弓形虫	●	●
			兔脑原虫	○	○
			卡氏肺孢子虫	○	○
			全部蠕虫	●	●
			鞭毛虫	●	●
			纤毛虫	●	●
			无任何可查到的寄生虫	●	●

注:●必须检测项目,要求阴性;○必要检测项目,要求阴性。

表 3-8 豚鼠、地鼠、兔寄生虫学检测项目(GB 14922—2022)

动物等级				寄生虫	动物种类		
					豚鼠	地鼠	兔
无菌动物	无特定病原体动物	清洁动物	普通动物	体外寄生虫(节肢动物)	●	●	●
				弓形虫	●	●	●
				兔脑原虫	○		○
				艾美球虫		○	○
				卡氏肺孢子虫			●
				全部蠕虫	●	●	●
				鞭毛虫	●	●	●
				纤毛虫	●		
				无任何可查到的寄生虫	●	●	●

注:●必须检测项目,要求阴性;○必要检测项目,要求阴性。

表 3-9 犬、猴寄生虫学检测项目(GB 14922—2022)

动物等级		寄生虫	动物种类	
			犬	猴
无特定病原体动物	普通动物	体外寄生虫(节肢动物)	●	●
		弓形虫	●	●
		全部蠕虫	●	●
		溶组织内阿米巴	○	●
		疟原虫		●
		鞭毛虫	●	●

注:●必须检测项目,要求阴性;○必要检测项目,要求阴性。

3. 检测规则

由于实验动物的微生物与寄生虫检测是用少量样品的结果来反映整个动物群中某些疾病的流行情况,它的结果是否可靠不仅在很大程度上取决于实验动物的敏感性和特异性,而且还取决于正确的取样方法、取样样本数量和检查频率等因素。

(1)监测频率 普通动物和无特定病原体动物每 3 个月至少检测动物一次。无菌动物(包括悉生动物)每年检测一次,每 2～4 周检测一次动物的生活环境标本和粪便标本。

(2)取样要求 应选择成年动物用于检测,因其感染机会多,抗体水平高,易于检出。用随机抽样法采样,在每一生产繁殖单元的不同方位(如四角和中央)选取动物,每个小鼠、大鼠、地鼠、豚鼠和兔的生产繁殖单元以及每个犬、猴生产繁殖群体,根据动物多少,取样数量见表 3-10。无特殊要求时,兔、犬和猴的活体取样,可在生产繁殖单元进行。

4. 送检

动物送检容器应按动物级别要求编号标识、包装好，安全送达检测实验室，并附送检单，写明送检动物的品种品系、级别、数量和检测项目等。

5. 检测项目分类

必须检测项目是指在进行实验动物质量评价时必须检测的项目。必要检测项目是指相关行政部门要求，从国外引进的实验动物，当怀疑有疾病流行时，申请实验动物生产许可证和实验动物质量合格证时必须检测的项目。

6. 结果判定

在检测的各等级动物中，如有某项指标不符合该等级标准指标要求，则判为不符合该等级标准。

二、SPF 鸡病原微生物要求及标准

1. 检测项目及其方法

SPF 鸡应该外观健康，无异常，并根据（GB/T 17999.1—2008）《SPF 鸡 微生物学监测 第 1 部分：SPF 鸡 微生物学监测总则》，对 SPF 鸡应排除的病原微生物（表 3-10）进行监测。

表 3-10 SPF 鸡的微生物学监测项目及其方法

序号	病原微生物	方法	要求
1	鸡白痢沙门菌	SPA，IA，TA	●
2	副鸡嗜血杆菌	CO，SPA，IA，ELISA	●
3	多杀性巴氏杆菌	CO，AGP，IA	○
4	鸡毒支原体	SPA，HI，ELISA	●
5	滑液囊支原体	SPA，HI，ELISA	●
6	禽流感病毒	AGP，HI，ELISA，RT-PCR	●
7	新城疫病毒	HI，ELISA	●
8	传染性支气管炎病毒	ELISA，SN，AGP，HI	●
9	传染性喉气管炎病毒	ELISA，AGP，SN	●
10	传染性法氏囊病病毒	AGP，ELISA，SN	●
11	淋巴白血病病毒	ELISA	●
12	网状内皮增生症病毒	ELISA，AGP	●
13	马立克病毒	AGP	●
14	鸡传染性贫血病毒	ELISA，IFA，PCR	●
15	禽呼肠孤病毒(病毒性关节炎)	AGP，ELISA	●
16	禽脑脊髓炎病毒	ELISA，AGP，EST，SN	●
17	禽腺病毒Ⅰ群	AGP	●

续表 3-10

序号	病原微生物	方法	要求
18	禽腺病毒Ⅲ群(EDS)	HI,ELISA	●
19	禽痘病毒	CO,AGP	●

注:①排在第一位的检测方法为首选方法。②“●”为必须检测项目,要求阴性;“○”为必要检测项目,要求阴性。③SPA为血清平板凝集试验;EST为胚敏感试验;IA为病原体分离;SN为血清中和试验;AGP为琼脂扩散试验;HI为血凝抑制试验;IEA为间接免疫荧光试验;ELISA为酶联免疫吸附试验;TA为试管凝集试验;CO为临床观察;RT-PCR为逆转录聚合酶链反应;PCR为聚合酶链反应。④副鸡嗜血杆菌的检测方法见NY/T 538—2015,多杀性巴氏杆菌的检测方法见NY/T 563—2016、禽流感病毒RT-PCR检测方法见NY/T 772—2013、鸡传染性贫血病毒的PCR检测方法见NY/T 1187—2019。

2. 检测程序

具体检测程序见图3-2。

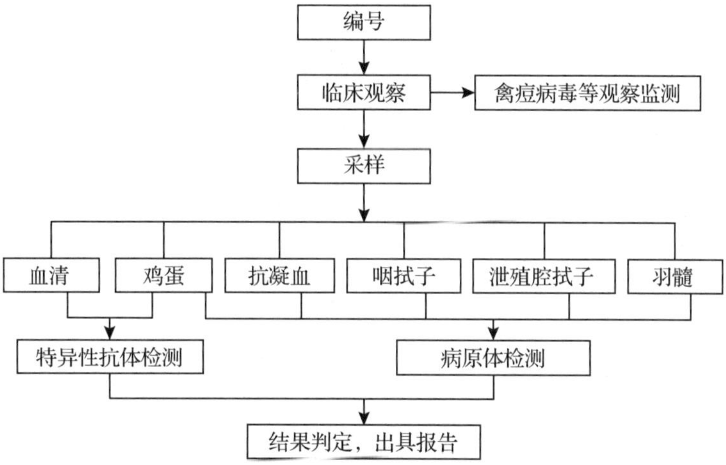

图 3-2 SPF鸡微生物学检测流程

(引自 GB/T 17999.1—2008)

3. 检测规则

(1)样品采集。开产后鸡的禽脑脊髓炎病毒抗体检测和淋巴白血病病毒检测可采集鸡蛋样品。鸡白痢沙门菌、多杀性巴氏杆菌、禽流感病毒和新城疫病毒检测可采集肛拭子。禽流感病毒、鸡毒支原体、滑液囊支原体和副鸡嗜血杆菌检测可采集咽拭子。淋巴白血病病毒、网状内皮增生症病毒和鸡传染性贫血病毒检测可采集全血。马立克病毒检测可采集羽髓。所有病原微生物均可采血分离血清进行抗体检测。

(2)取样比例。未开产鸡,每个饲养单元按10%的比例抽样,每个隔离器至少抽检1羽。利用胚敏感试验对开产鸡进行禽脑脊髓炎病毒检测时,每个饲养单元送检鸡蛋的个数占母鸡数的10%。采集鸡蛋对开产鸡进行淋巴白血病病毒感染检测时,每个饲养单元送检鸡蛋的个数占母鸡数的30%。

(3)检测频率。首次检测从8~10周龄开始。常规检测时,每隔4~8周,检测规定的所有项目。当有特定病原微生物感染危险时,随时进行相关项目的检测。

(4)送检方法。送检样品应编号标识、冰盒包装,低温送达检测单位,并附送检单,写明鸡群数量、样品名称、检测要求及样品数量等。

4. 结果判定

所有检测项目均为阴性的,判为合格。检测结果如有一项以上(含一项)为阳性,则判为不合格。

思考题

1. 微生物和寄生虫对实验动物和动物实验的影响?
2. 按微生物学与寄生虫学质量标准,我国把实验动物分为哪几类?
3. 简述普通动物、清洁动物、无特定病原体动物、无菌动物和悉生动物的特点、饲养管理和应用。
4. 在实验动物微生物及寄生虫检测中,对检测频率和取样有什么要求?

参考文献

陈力,詹成,王琳,等,2015. 无菌动物的生物学特性及其在人类疾病研究中的应用[J]. 复旦学报(医学版),42(3):409-412.

何诚,2013. 实验动物学[M]. 2版. 北京:中国农业大学出版社.

李厚达,2003. 实验动物学[M]. 2版. 北京:中国农业出版社.

邹移海,徐志伟,黄韧,等,2012. 实验动物学[M]. 北京:科学出版社.

第四章

实验动物环境及设施控制

本章简介

本章主要介绍实验动物设施的分类、实验动物设施的组成、规划布局和建筑要求，重点讨论开放环境、屏蔽环境和隔离环境的结构特点和实验动物设施的使用、管理及维护以及生物危害特殊试验设施和放(辐)射实验设施的使用特点。

实验动物环境控制是实验动物科学一个重要的研究目标。环境因素的变化常常引起实验动物生物学特征的改变，进而影响动物实验的研究结果。同时，实验动物环境问题也不可避免地涉及动物福利问题。科学合理地设计和建造实验动物标准设施有利于高效管理，使实验动物生产和动物实验条件达到最优化。

第一节　环境因素对实验动物和动物实验的影响

一、实验动物设施的概念

实验动物设施是指实验动物生产繁育设施和动物实验设施的总和。其中，实验动物生产繁育设施是指用于实验动物生产繁育的建筑物、仪器设备以及运营管理在内的总和；动物实验设施是指以研究、试验、教学、生物制品和药品生产等为目的，进行实验动物饲养、试验的建筑物、仪器设备以及运营管理在内的总和。

一个实验动物设施可以大到动物中心或生产繁殖机构，小至某一实验动物室，其总体原则是为实验动物提供最适宜的环境，保障实验动物的质量和为动物实验的准确性提供可靠保障。

二、实验动物设施分类

(一)按功能和使用目的分类

1. 动物生产设施

动物生产设施是指用于实验动物的饲育、繁殖、生产的建筑物、仪器设备以及运营管理在内的总和。

2. 动物实验设施

动物实验设施是指用于研究、试验、教学、生物制品、药品生产、检定等为目的进行实验动物饲育、试验的建筑物、仪器设备以及运营管理在内的总和。

3. 特殊动物实验设施

特殊动物实验设施是指用于感染、毒理动物实验、病原微生物和细胞培养、重组 DNA、转基因动物实验、克隆和胚胎干细胞、细胞实验和应用特殊化学物质等进行实验的建筑物、仪器设备以及包括运营管理在内的总和。

(二)按微生物控制程度分类

1. 普通环境

普通环境(图 4-1)也称普通级实验设施,是指该环境设施符合实验动物居住的基本要求,是饲育普通级实验动物的场所。饲养室内直接与外界大气相通,不能完全控制传染因子,但具备防鼠、防昆虫等设施;管理上控制人员、物品、动物的出入,饲料、饮水、垫料等须符合基本卫生防疫要求。

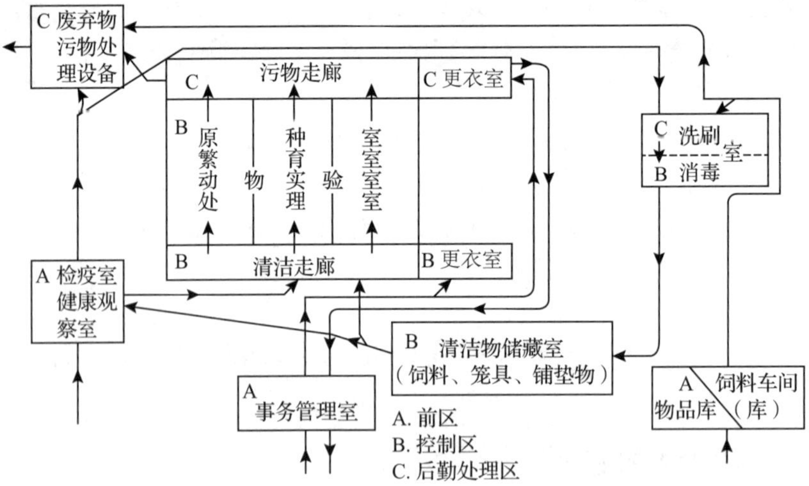

图 4-1　普通环境设施人、物移动路线

(引自　李凤奎,王纯耀,2007)

2. 屏障环境

屏障环境(图 4-2)是指实验动物的生存环境与外界隔离,是饲养清洁级动物和 SPF 级动物的设施。进入实验动物生存环境的空气必须经过过滤净化处理,其洁净度达到 7 级(相当于万级);进入屏障内的人、动物、物品(如饲料、水、垫料)及实验用品等均需有严格的微生物控制。

3. 隔离环境

隔离环境是指该环境设施采用无菌隔离装置以保障实验动物生存在与外界环境完全隔离的环境内,其洁净度达到 5 级(相当于百级),适用于饲育 SPF 动物、悉生动物及无菌动物。隔离装置内的空气、饲料、水、垫料和笼具等设备均应无菌,动物和物料的动态传递须经特殊的传递系统灭菌,工作人员通过隔离器上组装的无菌手套进行操作,不直接接触动物。

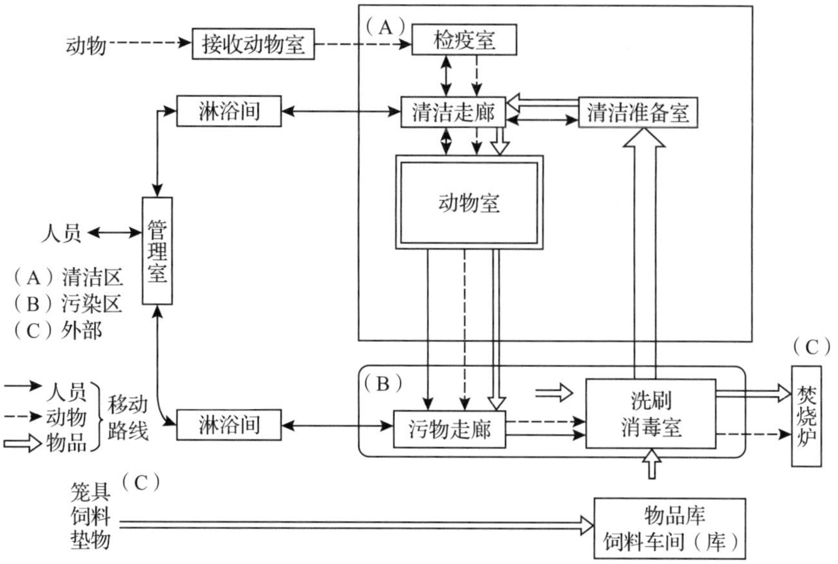

图 4-2 屏障环境设施人、物移动路线

(引自 李凤奎,王纯耀,2007)

(三)按设施的平面布局分类

1. 无走廊式

无走廊式此类设施一般面积比较小,能最大限度地利用空间,主要用于饲养品种单一或以实验为主的设施。由于人流和物流交叉,进出路线交叉,而且污染物品容易影响洁净物品的清洁度,一般为普通级动物设施。

2. 单走廊式

单走廊式为了有效地利用洁净区内的面积和节约能源,一般的研究机构在进行中、短期动物实验时常采用此种模式。其优点是占用空间小、设施利用率较高、维护费用低;缺点是无法将污染区和清洁区分隔开来,走廊相对拥挤,易存在人流物流交叉污染的风险;必须加强管理,方能安全运行。

3. 双走廊式

双走廊式是一种常用的屏障环境实验动物设施类型。可以有效分隔为清洁区和污染区。作为屏障设施或亚屏障设施使用,比较容易控制微生物污染。缺点是有效利用面积减少。

4. 三走廊式

三走廊式是目前常用的实验动物设施,其压力梯度从中间的洁净走廊、前室、动物饲养室、污物走廊逐渐降低。动物隔离良好,人员、动物、物品进入有专门通道,可有效避免污物和洁净物品交叉污染,可以大量长期饲养实验动物,但空间利用率低,而且投资大、维持费用高。设施的平面布局分类如图 4-3 所示。

(四)按屏障设施内气流形式分类

1. 乱流式屏障设施

乱流式屏障设施是指气流以不均匀的速度呈不平行的流动,伴有回流或涡流的洁净室。其原理是依靠送风气流不断稀释室内空气,从而把室内污染逐渐地排出。

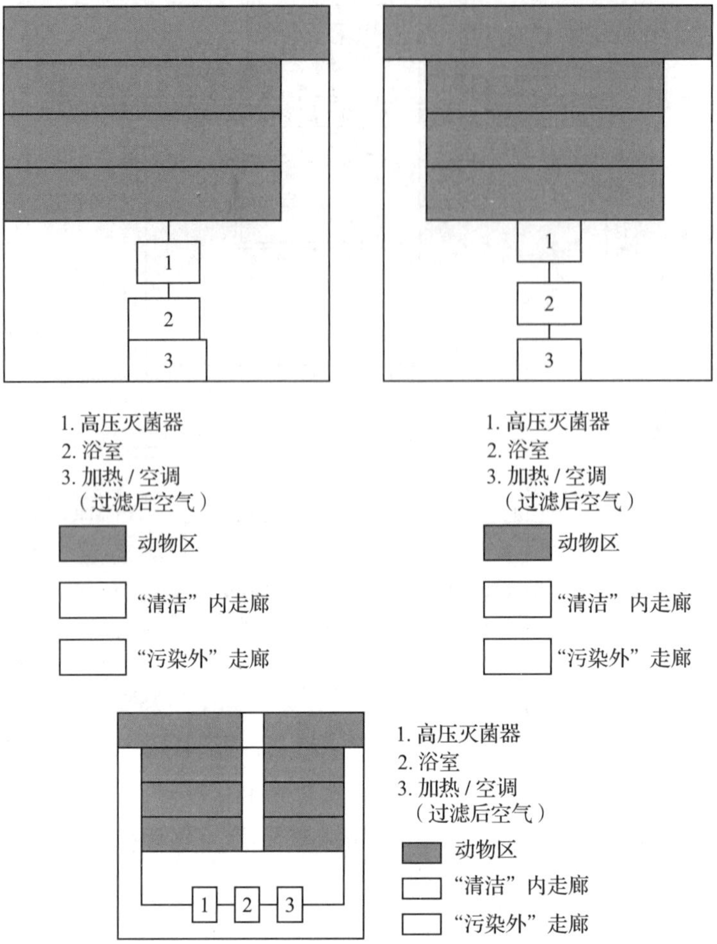

图 4-3　设施的平面布局分类

（引自　何诚，2013）

2. 单向流屏障设施

单向流屏障设施，也称层流室，是指气流以均匀的截面速度，沿着平行流线以单一方向在整个室截面上通过洁净房间，需要大量的高效过滤器。其原理为送风气流像“活塞”一样将室内污浊气体排出。

三、实验动物环境

实验动物在人工环境中生长、繁殖和接受实验处理的这种特定的场所及其周围空间称为实验动物环境。在生物医学研究中，要得到准确、可靠的实验数据，就要避免环境因素对动物正常生理活动的不利影响，创造一个良好的实验动物环境。对实验动物的环境设施，国家市场监督管理总局颁布的《实验动物　环境及设施》(GB 14925—2023)中有明确的规定。

实验动物环境包含的因素很多，主要可以分为自然因素和人为因素两大类。自然因素又可以分为：①物理因素，包括温度、湿度、气流速度、噪声、粉尘、光照周期及照度、垫料、笼具等；②化学因素，包括空气、饮水、饲料、氨浓度、消毒药品、杀虫剂、有毒物质等；③生物因素，包括同种生物因素(如社会地位、势力范围、咬斗、饲养密度等)和异种生物因素(如微生物、病毒、寄生虫、其他动物品种等)。人为因素包括房屋、设施、饲养、调教、管理、实验处理等。

实验动物环境条件的设定与环境设施的管理是否科学,直接影响实验动物的质量及其生物学特征的改变,进而影响动物实验结果的准确性和可靠性。

四、环境因素对实验动物和动物实验的影响

环境因素对动物的生长发育和生物学特征具有重要影响。动物性状的表现主要是遗传因素和环境因素综合作用的结果。遗传基因是决定生物性状的物质基础,在个体发育中,基因作用的发挥离不开环境的影响。一个性状的正常发育不仅需要一组完善的基因,同时也需要正常的环境。此外,环境条件的改变也可促使生物遗传物质发生变化,如产生基因突变。可见,环境对遗传稳定性也是极为重要的。

1959 年 Russell 和 Bruch 共同提出实验动物基因型、表现型和演出型的概念。基因型取决于实验动物的遗传背景,表现型是动物的基因承受发育环境的影响后形成的,演出型是动物表现型受到个体所处的周围环境的影响而形成的(图 4-4)。

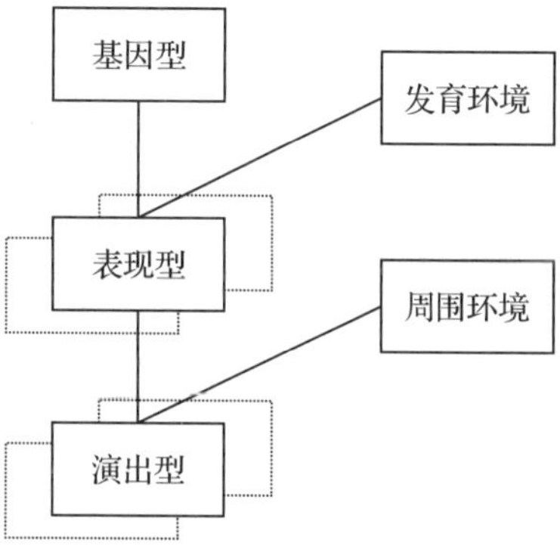

图 4-4 环境对实验动物表现型和演出型的影响

动物实验即是对实验动物的演出型施加一定的处理。动物对实验处理的反应可以表示为:

$$R=(A+B+C)\times D+E$$

式中:R 表示实验动物的总反应; A 表示动物种的共同反应;B 表示品种及品系特有的反应; C 表示个体反应(个体差异); D 表示环境影响;E 表示实验误差。

由该公式可知, A、B、C 属遗传因素, D 是环境因素,与动物的总反应呈正相关。为提高动物实验结果的重复性(即获得稳定的处理反应),必须尽量减小 D 的变化,尽量排除实验处理以外的影响,使动物的演出型保持稳定,这就充分显示了环境在动物实验研究中的重要性。

不同种系、不同生长阶段的实验动物都有不同的最适合其发挥天性的环境条件。动物只有在舒适的环境下,其生命体征指数、生理生化指标、心理状态和行为学特征等才能维持在自然、正常状态,此时获得的动物实验数据才是真实的。而当环境改变时,动物就会产生应激反应。与自然界的野生动物不同,实验动物多被限制于一个极其有限的环境中,它对环境的自主选择受到限制。因此,营造一个适于实验动物生物学习性的环境条件,并尽可能地维持环境条件的恒定性,对保障实验动物质量稳定、确保动物实验结果的准确性和可重复性是非常必

要的。

动物对环境变化具有表现适应性反应的能力。这种适应性反应可以表现为多种生理状态的变化，如新陈代谢速度、体温、活动能力、饲料消耗量、激素浓度、睡眠方式、增重情况、形态、性成熟、繁殖、哺育和泌乳等，所有这些行为和生理性的变化都会影响动物实验的结果。另外，各种动物对环境的适应能力并不相同。近交系动物的基因纯合程度可达 98.6%以上。由于基因纯合，动物失去了杂合基因型能较广泛地适应环境的能力，因此，它在繁殖与生长中需要更为严格的环境条件。

实验动物饲养的目的是进行动物实验。环境条件不仅影响实验动物的品质，它还直接影响动物实验的科学性、动物反应的敏感性、实验结果的可重复性，因此必须严格控制实验动物及动物实验的环境条件。

环境因素对实验动物和动物实验的影响通常并非单个因素的作用，而是受诸多因素影响的复合作用，称之为环境的复合状态。因此，在研究实验动物环境时，应该按照复合环境状态予以考虑。

(一)物理因素的影响

1. 温度

哺乳动物多数为恒温动物，具有体温调节能力。在一定的温度变化范围内，它们可维持体温的恒定，但温度变化过大、过急，动物就无法适应，将产生不良影响。动物基础代谢最低时的环境温度称为温度中性区。处于温度中性区之外的动物则需通过行为、生理、代谢变化进行增热或散热以求体温恒定。

温度对实验动物的影响表现在生殖、泌乳、机体抵抗力，生长、新陈代谢、实验反应性等多个方面。温度过高(超过 28～30 ℃)，可导致雄性动物出现睾丸和附睾萎缩、精子生成障碍、性行为强度降低；雌性动物则会出现性周期紊乱、卵子异常、繁殖能力下降、产仔数减少、死胎数增加、胎儿的初生重下降和生长发育受阻；泌乳动物则采食量下降，泌乳减少，进而造成幼仔的离乳率和成活率下降。温度过低，常导致雌性动物性周期推迟，繁殖能力下降，幼仔成活率降低、生长缓慢等现象。

环境温度可影响动物形态，冬季户外生长的幼兔其耳长比室内生长的幼兔短。喜马拉雅兔在 20 ℃时，耳、尾、鼻和四肢尖端长白毛，在 10 ℃时则长黑毛。低温育成的大小鼠，尾巴明显减短，而心脏、肝脏、肾脏变大。

环境温度影响动物行为和生理机能。温度变化可使动物的姿势、摄食量、饮水量、心跳、呼吸、新陈代谢和母性行为等出现相应改变。在寒冷环境中，动物会出现立毛寒战，蜷缩成团。在炎热天气下，动物饮水量增加，地鼠呈“大字”形睡眠，犬张口伸舌、呼吸加快、喘气明显，小鼠发生流涎现象。

总之，温度过高或过低都会对实验动物产生不良影响，致使机体抵抗力下降，易被病原微生物侵袭，导致发病，甚至死亡。

不同的环境温度常使同种动物实验出现不同结果。如用动物实验来研究化学物质的毒性反应，环境温度不同，动物对毒性的反应不同，其急性毒性反应 LD_{50} 大致有 3 种类型(图 4-5)。

目前，由于实验动物的基础研究还不很完善，动物饲养的温度标准不尽相同。但一般都认为，在进行精密的毒性实验房间里，应将温度控制在 22～25 ℃，全年变化都应当在很小的范围内；中等要求的设施为 20～26 ℃，繁殖等设施为 18～28 ℃。我国对实验动物环境温度要求的

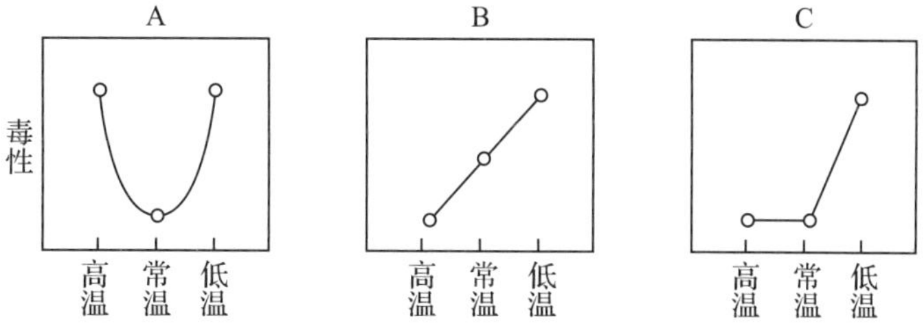

图 4-5　环境温度和药物的毒性

（引自　罗满林，顾为望，2002）

范围在 18～29 ℃，总之，动物室的温度条件应当与动物饲养目的相吻合。

2. 湿度

湿度是指大气中的水分含量。空气湿度的大小，明显影响动物体表散热。高温、高湿的环境中，动物散热困难、体内代谢紊乱、心跳次数增加，动物抵抗力降低，病原微生物和寄生虫易于生长繁殖，垫料、饲料易发霉，实验动物发病率也随之上升。小鼠仙台病毒、脊髓灰质炎病毒、腺病毒第 4 型和第 7 型以及空气中细菌数在高湿条件下增殖较大。大鼠、小鼠过敏性休克的死亡率随湿度增高有明显增加。

在低湿环境中，设施内粉尘大大增加，易导致动物呼吸道疾病；大小鼠的哺乳母鼠发生拒哺乳或吃仔现象。空气中的变态反应原随湿度下降而上升。在 27 ℃，相对湿度低于 40％的环境中，25％～35％的大鼠发生环尾病；在相对湿度 20％时，几乎全部出现环尾病，死亡率很高。一般实验动物在相对湿度为 40％～70％是完全可以适应的，以(50±5)％为最好。

3. 气流与换气

空气的流动即为气流，动物设施内各区域的静压状况，决定了气流方向。在 SPF 饲养设施中，因静压不同，空气流动方向是从清洁走廊、动物饲育室流向其他走廊、淋浴室和动物设施外，室内处于正压；而在污染或放射性实验的动物房，为了不让室内微生物或放射性物质扩散出去，室内处于负压。病原微生物随空气流动而四处散播，气流方向的紊乱，将造成有害物质污染，易于疾病传播，损害人和动物健康。

气流速度即风速，具有冷却动物体表，促进散热的作用。实验动物单位体重与体表面积的比值较大，对风速比较敏感。风速的影响是单一的因素，但在与温度、湿度等因素的复合作用下，能表现出非常显著的差别。气流速度过小，室内空气流通不畅、散热困难、臭气充斥，造成动物缺氧和不舒适感，甚至发生疾病和窒息死亡；气流速度过大，动物体表散热增加，也可危及动物健康，因此动物室的风速允许范围是 10～25 cm/s，理想的风速是 13～18 cm/s。

换气能供给动物新鲜空气，对除去室内的恶臭物质有重要的作用，也与粉尘、微生物有直接联系。因停电造成隔离系统和屏障系统停止送风，可造成动物缺氧致死。我国动物室的换气次数标准为 10～20 次/h。

4. 粉尘

粉尘是指较长时间飘浮在空气中的固体微粒。工作人员带入的灰尘，动物脱落的皮屑、被毛，饲料、垫料等材料的碎屑，共同构成了动物室内的粉尘污染。粉尘可以成为粉螨、霉菌孢子、各种细菌及其芽孢和病毒等各种病原微生物的载体，诱发实验动物疾病。同时粉尘可造成动物的变态反应，引起实验动物和有关人员的鼻炎、咽喉炎、哮喘、发热、皮肤炎等过敏性疾病，因此要严格控制动物室内的粉尘数量。粉尘的数量与空气过滤效果、换气次数、饲养方式、人员操作等有关。

粉尘的标准可用洁净度衡量。普通清洁级动物设施要求达到100 000级，SPF动物设施为10 000级，无菌动物设施为100级。

5. 噪声

噪声是喧闹声音和难听声音的总称，一般将频率高、音压大、冲击性强的声音称为噪声。噪声是有害的声音，可引起实验动物紧张、骚动不安，是使实验动物发生应激反应的常见原因。噪声对实验动物生殖生理具有严重不良影响，可造成大小鼠生育力减退，母鼠妊娠障碍或流产，拒绝哺乳甚至出现食仔现象。有研究显示，火警报警器鸣响30 s，可引起小鼠的行动异常，母鼠泌乳量减少30%，仔鼠生长率降低。噪声对动物实验结果也有很大影响。噪声刺激会引起动物心跳、呼吸次数及血压增加，血糖值出现明显不同。噪声能使小鼠发生血液白细胞数和免疫机能变化，大鼠出现高血压、心脏肥大、电解质变化、肾上腺皮质酮上升。

噪声对人体与动物的损伤可分为听觉性损伤和非听觉性损伤。听觉性损伤仅局限于听觉器官，一般导致听觉器官的器质性病变，造成听力暂时或永久下降，甚至耳聋。非听觉性损伤则比听觉性损伤严重得多，首先是破坏中枢神经系统的生理过程，使兴奋和抑制失衡，导致条件反射异常；进一步影响全身各器官、系统的生理功能，如引起胃肠系统功能紊乱、消化不良、食欲减退，内分泌异常，新陈代谢紊乱等。我国的实验动物设施噪声标准为60 dB以下。

6. 光照

光照对实验动物的生理机能有重要的调节作用，可见光对实验动物的影响，表现在生殖和行为上比较突出，可利用人工控制照明调节生殖过程。光线的刺激通过视网膜和视神经传递到下丘脑，下丘脑可产生多种神经激素，以控制垂体中促性腺激素和肾上腺皮质激素的分泌，从而影响动物的生理活动。光照可影响雄性动物精子生成。长日照时，鸡性成熟年龄提早，产蛋强度变大。光照过强会导致雌性动物母性变差。突然的明暗变化会引起动物躁动不安。小鼠的性周期在20 lx以下为5 d，但在200 lx时有规律地表现为4 d；大鼠在明暗各为12 h时的发情周期稳定在4 d；22 h照明、2 h黑暗时表现为连续照明时的15 d左右可连续发情的情况。光照过强会导致动物会出现视网膜退行性变化，雌性动物会出现吃仔的现象，雄性动物则会出现精子生成障碍。不同颜色（波长）的光对动物的影响也不同，在蓝色光照下生活的大鼠性成熟比红色光照下的大鼠早，卵巢和子宫也较大，但红色光照下的大鼠泌乳能力强。在人工照明的条件下，选用与日光相近的荧光灯，工作照度应控制在150～300 lx，动物照度50～100 lx，昼夜明暗交替时间为12 h∶12 h或10 h∶14 h。

7. 笼具

笼具是饲养动物的容器，实验动物的整个生活过程基本上是在笼具中度过的，因此笼具的设计、制作必须考虑保持动物的健康和舒适，所使用的材料要求无毒、耐高温和耐腐蚀，便于清洗及消毒。大小鼠一般使用铺有垫料的笼盒，犬、猫、猴、兔、鸡使用带盛粪盘的笼具。

笼具的不同材质会影响实验动物的健康状况，用铁丝网笼具长时间饲养家兔会导致足跖部疾病。用带有垫料的塑料笼具饲养的大鼠死亡率高于金属网底笼，剖检呈肝、肾肿大。用铁丝网笼具饲养无毛小鼠的摄食量比塑料网笼具组增加17%。

笼具的材质和构造也会影响动物实验的结果。例如在四氯化碳毒理实验中，铁丝网底组的体重要比玻璃笼底组大，肝功能、组织学检查的变化较少。铜的毒理实验中，镀锌铁丝笼组的体重比不锈钢笼组大。在麻醉药物（吗啡、阿尼利定、戊巴比妥）实验中，铁丝网底组大鼠的死亡率比木板笼底组低。

8. 垫料

垫料的使用是为了动物繁殖和保温、舒适及保持盒内的清洁。一般使用小刨花、玉米芯、秸秆、稻壳、废纸屑以及合成垫料等。清洁级以上动物的垫料需要进行高压蒸汽灭菌处理。垫料的质地会影响动物的健康，如杉木对小鼠、大鼠的肝脏微粒体酶的变化有影响；刨花作为垫料饲养地鼠，会引起足掌受伤并形成肉芽肿。因此，垫料应选用吸湿性良好、尘埃少、无异味、无毒性、无油脂、不助长微生物、不诱导动物产生酶、使动物感到舒适、不引起动物皮肤与黏膜损伤的材料。

9. 给食器与饮水器

饲料与饮水是保证实验动物正常发育、维持生长和繁殖所必需的条件。给食器和饮水器的设计是否合理，会对实验动物的健康产生重要影响。为防止动物粪尿污染饲料，通常将大小鼠的固体饲料给食器设计为挂篮式或将笼盖做成凹形替代，豚鼠、兔、猴的给食器为箱斗式，犬、猫的给食器为皿式或球式。粉末饲料给食器为槽式或斗式，以能防止动物扒出饲料或能收集测定散落的饲料量为好。饮水器一般采用饮水瓶或自动饮水器。使用的饮水瓶要经常检查是否堵塞或漏水，且要定期清洗、消毒。

（二）化学因素的影响

1. 臭气

实验动物室内的臭气主要是尿素分解的氨和粪便产生的甲基硫醇、硫化氢、三甲胺、已烯雌酚、乙醛等物质。当温度升高、湿度增大、通风不良、饲养密度增加、清扫换洗不及时时，室内的臭气滞积会对实验动物和有关人员的健康产生不良影响。高浓度的臭气能够使动物体质下降，生殖周期紊乱，从而影响动物实验效果。

由于饲养室的臭气以氨的浓度为最高，故一般以氨的含量作为衡量空气质量的主要指标。氨浓度较高会引起动物呼吸器官黏膜异常，发生流泪、咳嗽、黏膜发炎，严重时可引起急性肺水肿，造成动物死亡。我国动物室的氨浓度标准为 14 mg/m^3 以下。

为了抑制动物室内的臭气，应控制动物室内的温度、湿度，减少动物饲养密度，增加换气次数，每隔 2～3 d 定期更换笼具、垫料。

2. 饲料和饮水

饲料和饮水是保证实验动物正常发育、生长和繁殖所需的基本条件，又是各种外来物质的来源。饲料和饮水中的各种物质，如某些蛋白质、氨基酸和抗原性物质、微量元素、有毒有害的化学污染物、有害微生物等，这些物质均可影响实验动物健康，使实验动物出现不同应答结果。因此，维持饲料和饮水的稳定和标准化非常重要。

饲料制备必须符合实验动物营养需求标准。若外购饲料一定要到有合格证、经营证的厂家购买，并索要合格证明与近期质量检验报告。饲料不宜一次购买过多，以免存放时间过长发生霉变或污染。清洁动物的饲料和饮水均要进行灭菌处理。其中，水的高压灭菌不能去除化学污染，目前普遍采用反渗透净化法，其优点在于能够去除微生物污染和化学污染，效率高、成本低，但却会造成了水中矿物质元素的缺乏。

3. 消毒剂

为了维持屏障设施的洁净，在设施启用前需要进行彻底的消杀处理，常用福尔马林熏蒸消毒法，利用福尔马林气溶胶强大的杀菌性和弥散性将整个内环境彻底消毒。屏障设施运行过程中，需要定期用化学消毒剂对地面、墙壁、笼具、门窗、物料等设施进行全方位同步消毒。

目前，在实验动物设施中，常见的消毒剂种类包括季铵盐类、过氧化物类及含氯类等，不同消毒剂的杀菌效果和特性不同，使用不当可对实验动物及人的健康产生不良影响。例如，新洁尔灭属于季铵盐类消毒剂，其对小鼠的急性经口毒性 $LD_{50}>5\ 000$ mg/kg，属于实际无毒级，可用于浸泡消毒、擦拭消毒和喷雾消毒。过氧乙酸是一种强氧化剂，具有刺激性气味。研究表明，该消毒液对小鼠急性经口 LD_{50} 为 1 882 mg/kg，属于低毒级；0.5% 过氧乙酸对家兔眼睛和皮肤具有中度刺激性。较高浓度的过氧乙酸对人和实验动物具有一定的刺激性，故在日常屏障设施空气喷雾消毒时，人员需要做好防护，佩戴护目镜，戴防毒面具。

(三)生物因素的影响

1. 动物种间因素

同种动物个体之间由于性情差异、体质强弱、所处社会地位不同，动物之间常发生争斗、撕咬、抓伤，特别是在这种社会地位的形成过程中，这种争斗尤为激烈。动物只要有两只以上在一起，就形成动物社会，产生个体间的社会地位。猴、兔、犬、鸡、猪的社会地位是直线形，第一位的首领可统治第二位以下，第二位的首领可统治第三位以下，依此类推。鼠、猫组成专制型社会关系，首领优先，首领以下不发生统治关系。沙鼠和仓鼠在配种时常有一只被咬死。

动物的社会地位和争斗会影响动物的内分泌功能。处于劣势地位的大小鼠，其肾的重量比优势地位的要大。在绒猴群中，处于最高地位的雌绒猴可依赖自身的气味使其他地位低下的雌猴丧失妊娠能力。

异种动物之间也可以相互影响。不同品种、品系、性别引起的不同气味，对其他动物会产生不利影响。小鼠和猫在同一房间内靠近饲养，小鼠会出现性周期紊乱的现象；BALB/c 雌性小鼠与同系或异系雄性接近后，有 50%会出现妊娠中止反应。实验动物种间常有共患的传染病，将健康的豚鼠放入有隐性感染支气管败血波氏杆菌的兔房内，豚鼠就会发病。不同动物种、品系、性别引起的不同气味，可对动物实验产生影响。因此，动物最好是按种、品系分室饲养。

2. 饲养密度

实验动物要有一定的活动面积和空间，动物的饲养密度不同会引起动物的反应不同。动物笼内密度过大，导致动物活动受限，排泄物增加，笼内温度、湿度、氨浓度增加，患传染病的机会增大，生长速度和饲料转化率降低，内分泌也发生变化，对动物实验结果造成影响。因此，在做动物实验结论时，需注明饲养密度，以保证结论的正确性。

实验动物饲养要有合理的密度，一般哺乳期的动物所需面积相对大一些，群养或单个饲养的要求可略小些。各种实验动物的饲养面积见表 4-1。

表 4-1　实验动物的饲养面积

动物体重	饲养器	底面积/每头动物	高度	动物体重	饲养器	底面积/每头动物	高度
小鼠＜10 g	笼	39 cm^2	12.7 cm	猫≤4 kg	笼	0.28 m^2	61.0 cm
10～15 g	笼	52 cm^2	12.7 cm	＞4 kg	笼	0.37 m^2	61.0 cm
16～25 g	笼	77 cm^2	12.7 cm	犬＜15 kg	圈养运动走廊	0.74 m^2	—
＞25 g	笼	97 cm^2	12.7 cm	15～30 kg	圈养运动走廊	1.11 m^2	—
大鼠＜100 g	笼	110 cm^2	17.8 cm	＞30 kg	圈养运动走廊	2.23 m^2	—
100～200 g	笼	148 cm^2	17.8 cm	＜15 kg	笼	0.74 m^2	81.3 cm
201～300 g	笼	187 cm^2	17.8 cm	15～30 kg	笼	1.11 m^2	91.4 cm
＞300 g	笼	258 cm^2	17.8 cm	＞30 kg	笼	—	—
地鼠类＜60 g	笼	64.5 cm^2	15.2 cm	绵、山羊＜25 kg	圈养	0.93 m^2	—
60～80 g	笼	83.9 cm^2	15.2 cm	25～50 kg	圈养	1.39 m^2	—
80～100 g	笼	103.2 cm^2	15.2 cm	＞50 kg	圈养	1.86 m^2	—
＞100 g	笼	122.6 cm^2	15.2 cm	猪＜25 kg	圈养	0.56 m^2	—
豚鼠≤350 g	笼	277 cm^2	17.8 cm	50 100 kg	圈养	1.11 m^2	—
＞350 g	笼	652 cm^2	17.8 cm	100 kg	圈养	2.79 m^2	—
兔 2 kg	笼	0.14 cm^2	35.6 cm	牛＜350 kg	限制性活动架	1.49 m^2	—
2～4 kg	笼	0.28 cm^2	35.6 cm	350～450 kg	限制性活动架	1.77 m^2	—
4～6 kg	笼	0.37 cm^2	35.6 cm	451～550 kg	限制性活动架	1.95 m^2	—
＞6 kg	笼	0.46 cm^2	35.6 cm	551～650 kg	限制性活动架	2.23 m^2	—
鸡＜0.5 kg	笼	232.3 cm^2	—	＞650 kg	限制性活动架	2.51 m^2	—
0.5～2 kg	笼	464.5 cm^2	—	＜75 kg	圈养	2.21 m^2	—
2～4 kg	笼	1 090.4 cm^2	—	75～200 kg	圈养	4.64 m^2	—
＞4 kg	笼	1 651.7 cm^2	—	201～500 kg	圈养	9.29 m^2	—
猴类≤1 kg	笼	0.15 m^2	50.8 cm	501～600 kg	圈养	11.15 m^2	—
≤3 kg	笼	0.28 m^2	76.2 cm	601～700 kg	圈养	13.01 m^2	—
≤15 kg	笼	0.40 m^2	76.2 cm	＞700 kg	圈养	13.94 m^2	—
＞15 kg	笼	0.74 m^2	91.4 cm				
＞25 kg	笼	2.32 m^2	213.4 cm				

3．病原微生物

各种病原微生物对实验动物的影响是显而易见的。若实验动物设施中存在细菌、病毒、立克次体等病原微生物的大量增殖，就会造成实验动物出现异常，甚至死亡，对动物实验会产生不利影响，并由此做出错误的结论。若存在有人兽共患病原微生物，则会威胁人类健康，危害更大。

(四)人为因素的影响

实验动物的饲养、管理和实验处理均是由人进行的,因此实验动物的品质、动物实验的结果与饲养管理人员的素质及责任心密切相关。实验动物饲养管理人员应当具备相应的资质并熟练掌握相关操作技能,要严格按实验动物设施运行规程和各岗位操作标准规范进行实验动物的日常饲养管理和实验操作,给实验动物提供一个安全、稳定、舒适的环境条件,以避免应激对实验动物和动物实验的干扰。

第二节　实验动物设施

一、实验动物设施及分类

实验动物设施在广义上是进行实验动物饲养、保种、维持生产、试验研究、药品安全检定等设施的总称。在狭义上,实验动物设施是指饲养、保种、繁殖以及育成动物的场所,而将进行实验研究、药品检定等设施称之为动物实验设施。

实验动物设施是保障动物正常繁殖、生长、发育以及保证各种动物实验成功的必要条件。实验动物设施按照 GB 14925—2023 分为普通环境、屏障环境和隔离环境,分别用来饲育普通级、清洁级和 SPF 级以及无菌动物(含悉生动物)。目前啮齿类实验动物已经取消了普通环境下饲养。

1. 普通环境

普通环境符合实验动物居住的基本要求,控制人员、物品和实验动物的进出,对温度、湿度、换气次数、气流速度、氨浓度、噪声、照明等环境因素有一定的要求,但没有压差、空气滤过等要求,对其空气洁净度、微生物等环境因素控制较弱,环境因素的变动范围较大。

普通环境中病原微生物传播概率相对较高,需使用来源清楚的合格的实验动物,并尽可能地提高环境硬件设施条件,严防野生动物进入,制定严格的卫生防疫制度和科学的饲养管理制度,同时建立完善的个人防护措施,降低感染概率。

2. 屏障环境

屏障环境符合动物居住要求,严格控制人员、物品、实验动物和空气的进出。所有进入屏障环境的物品(饲料、垫料、水、器具、消耗品等)必须经过消毒灭菌处理(常用的消毒灭菌方法有蒸汽高压、干热、药品熏蒸和 γ 射线辐照等);进出空气须经过高效过滤器处理;人员须淋浴、穿戴无菌服后才可进入;进入的实验动物也须经包装物表面无菌处理(清洁级、SPF 级动物),或彻底的淋浴、药浴消毒处理(普通级动物)。设施内空气、人员、物品、实验动物和污物的走向采用单向流路线。

屏障环境设施通常通过加大换气次数,来提高控制环境的清洁程度。通过提高环境的压强来阻挡外来环境中有害因子的侵入;通过降低控制环境的压强来控制环境中有害因子的逸出。

3. 隔离环境

通过无菌的隔离装置来保证控制环境内的无菌或无外源污染物状态。进入隔离装置内的空气与屏障环境一样经过特殊处理,通过加大换气次数提高控制环境的清洁程度,通过改变控制环境压强的方式来阻挡有害因子的侵入或逸出。动物和物料的传递经特殊的传递系统,既能保证与环境的绝对隔离，又能满足动物转运时与内环境保持一致。

与屏障环境不同的是，在隔离环境内人与动物是不直接接触的，而屏障环境内人与动物是直接接触的。因此，隔离环境能够更好地保证实验动物免受外来因子的影响。

常用的设备有隔离器(图 4-6)、独立通风笼具(图 4-7)、通气排风笼具系统(图 4-8)等。隔离环境是指隔离设备置于屏障环境之下使用的环境，如在普通环境之下使用隔离设备，就很难达到预期的效果。

我国目前实行实验动物生产许可证和动物实验许可证制度，对实验动物设施的计划、设计、建造、设备配置和管理提出了更高的要求。实验动物生产和动物实验已经走向标准化和法治化。实验动物设施一般应包括隔离检疫室、饲育室、动物实验室、洗刷消毒室、库房、工作人员用房、废物处理设备间等几个部分。

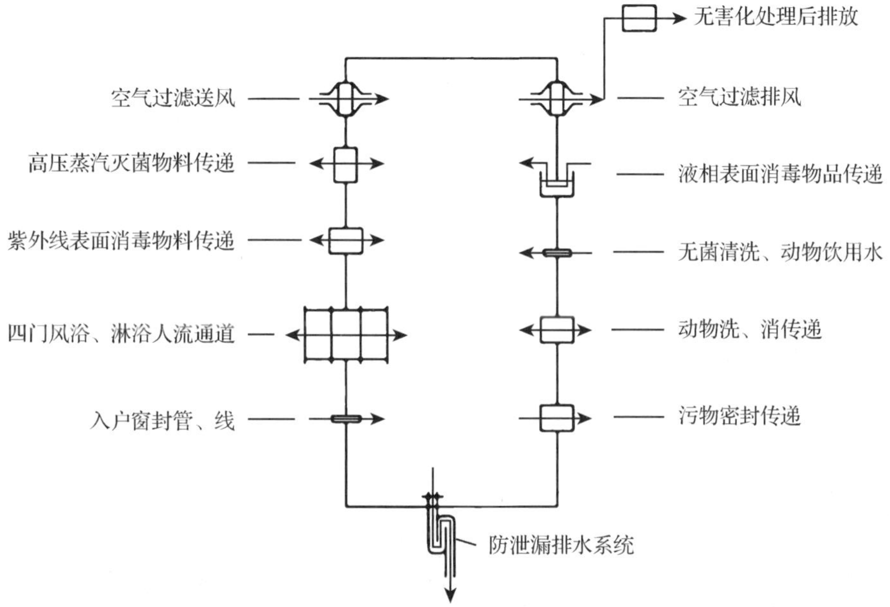

图 4-6 屏障环境的组成

(引自 陈洪岩，夏长友，韩凌霞，2016)

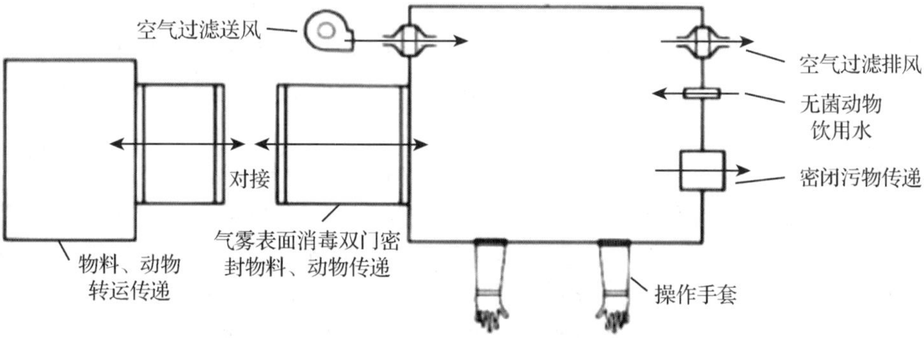

图 4-7 隔离环境(隔离器)的组成

(引自 陈洪岩，夏长友，韩凌霞，2016)

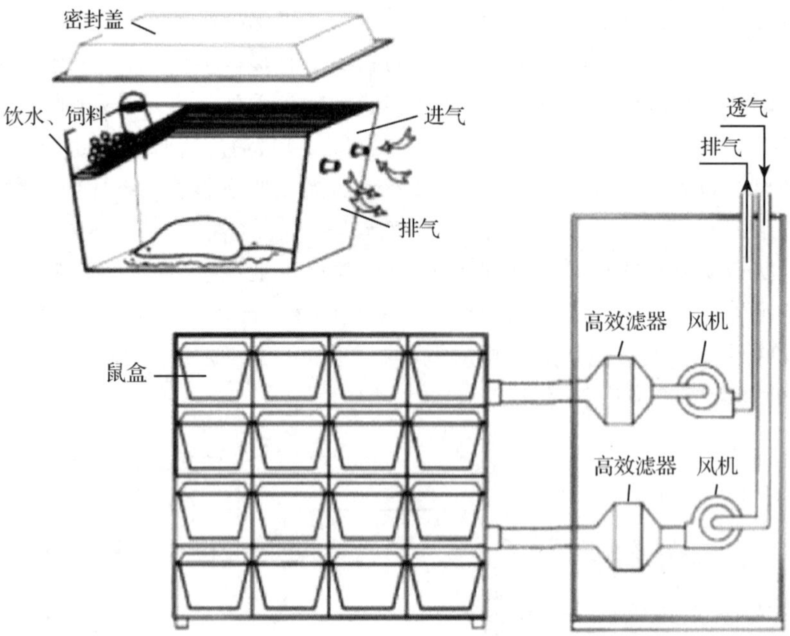

图 4-8　隔离环境(IVC)的组成

(引自　陈洪岩,夏长友,韩凌霞,2016)

二、实验动物设施建设的规划设计要求

(一)选址要求

为新建实验动物设施选址,可参照 GB 50073—2013 对洁净厂房的规范要求。考虑外部环境如下因素。

①实验动物繁育、生产及实验场所应避开自然疫源地。

②选址应远离有严重震动、粉尘和噪声干扰的铁路、码头、飞机场、交通要道。

③选址地环境空气质量好、含菌水平低、化学污染程度低,自然环境条件较好,可降低设施中微生物污染的风险。

④选址地应能保证水电供应,交通方便。

⑤设施应布置在院区内环境清洁、人流、货流不穿越或少穿越的地段。

⑥实验动物设施应布置在当地夏季最小频率风向的下风侧,与生活区保持大于 50 m 的距离。

(二)建筑要求

动物繁育、生产、实验场所的所有围护结构材料均应无毒、无放射性。外墙首选混凝土、钢筋和砖,其次为空心黏土砖填充墙。内墙为土建墙或水泥砂浆墙体,外涂环氧树脂墙漆;内墙表面应光滑平整,阴阳角均为圆弧形,易于清洗、消毒。墙面应采用不易脱落、耐腐蚀、无反光、耐冲击的材料。地面应平整、防滑、耐磨、无渗漏,拐角处做成圆角弧面设计。天花板采用能承重、气密性好、保温性能好的优质彩钢板制成,隔墙与隔墙之间、隔墙与吊顶之间均有金属圆弧连接件,应防水、耐腐蚀。

房间的设计力求多种动物通用,面积应该为 15～20 m^2,最小宽度在 3 m 左右,天花板高度至少为 2.5 m。门位于房间狭窄端，沿墙壁长端安置笼具、设备和工作区。建筑物门、窗应有良好的密封性，走廊宽度不应小于 1.5 m，门宽度不应小于 1.0 m。在屏障区一般不设窗，门向压力高的方向开启(即正压)，门上设计观察窗。门采用特制铝合金净化门型材制作，耐腐蚀，易清洗。为工作车过往方便，不设门槛，门下装密封条，气密性好，安装闭门器。室内设不锈钢密封式水池，防污染；地漏为不锈钢特制，可水封、防堵、防回水、回气；传递窗为不锈钢板制作，耐消毒液，内设 4 个紫外线灯，双门互锁。

设施的电力负荷等级应根据工艺要求确定，应备有应急电源。配备各类环境控制设施设备，防止各种环境因素对实验动物产生不良影响。室内的配电设备应选择不易积尘的设备，并应暗装。电气管线也应暗敷，由非洁净区进入洁净区的电气管线管口，应采取可靠的密封措施。动物繁育、生产及实验室通风空调系统保持正压操作，应合理布置气流送、排风口的位置，避免死角，避免断流，避免短路。

三、实验动物设施的布局

(一)基本原则

实验动物设施(图 4-9、图 4-10)各部分应有合适的布局，其基本原则如下。

①实验动物饲育区和动物实验区分开，各成独立系统，专区(室)专用。

②在规模较大的实验动物楼，从微生物控制以及实验动物使用管理方便考虑，各级、各类、各种动物须保持各自的独立性，相互隔离，避免互相干扰和交叉感染，有利于防止动物疾病和人兽共患病的传播。

③设施布局要方便工作人员的饲育操作和实验操作及设施设备维护，并有足够的储物空间，易于保持相应的净化等级标准和各项环境指标。

④设施布局设计时，应保证人员、动物、物品和净化空气按“单向”路线移动，以避免交叉污染和相互影响。

(二)区域布局

实验动物设施布局应结合使用单位的使用目的和环境要求来确定，如动物饲育种类、品系及数量、动物实验过程中同时开展的实验台数、实验中所需动物数量、可能的实验性质等，同时考虑辅助设施、管理方面的需求，布局应合理紧凑，有整体系统性。

实验动物设施的工艺流程是有严格限定的。一般而言，人员、物品、动物的进出路线禁止往返交叉，气流组织方向应从高洁净区向低洁净区降低。屏障环境和隔离环境均应在压力变化相交接处设有缓冲设置。动物实验区的设施应与饲养繁育系统分开设置。繁育设施屏障环境每个单元宜单独设立淋浴设备包括更衣、淋浴、换消毒衣等几个相连的小间，形成一个通道，不经过此通道不能进入屏障。屏障环境设施的净化区内不应设置卫生间，不宜设置楼梯、电梯。

实验动物设施根据使用功能一般分为 3 个区域。

1. 前区

前区包括办公室、会议室、教室、环境调控设施(含温度、湿度，压差显示记录，仪器设备，闭路电视监视平台，电话交换台及报警系统装置等)、维修室、一般走廊和工作人员卫生设施等，为非洁净的开放区。

图 4-9　单走廊 SPF 实验动物设施

（引自　程水生，崔保安，陈光华，2012）

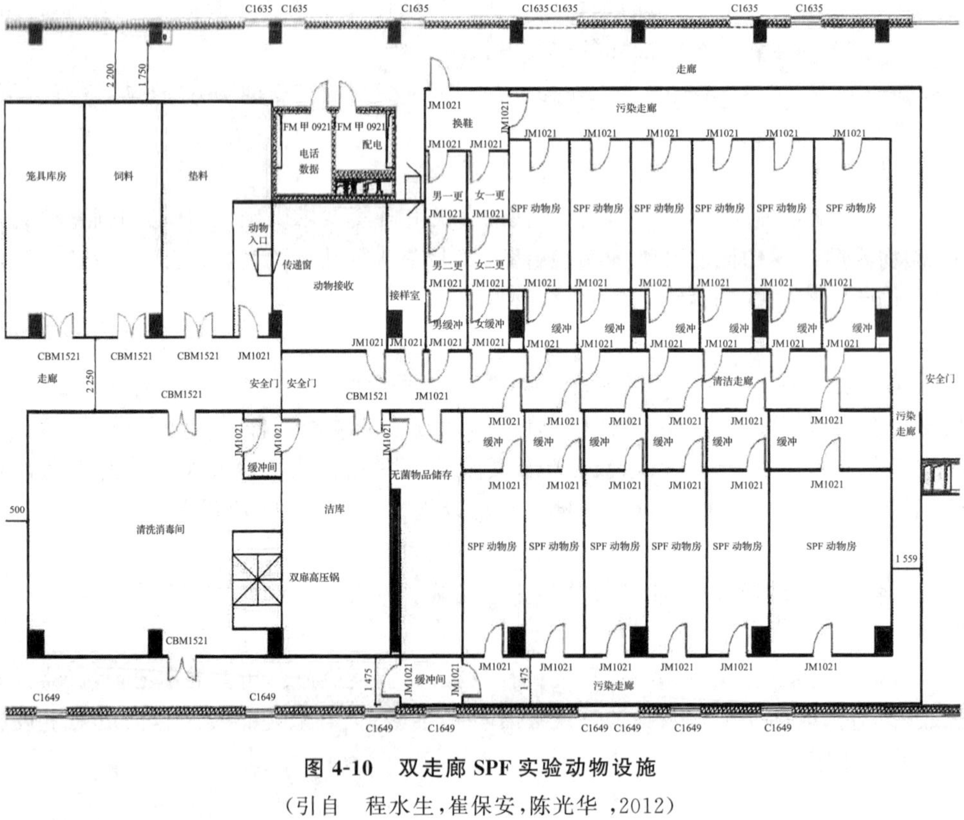

图 4-10　双走廊 SPF 实验动物设施

（引自　程水生，崔保安，陈光华，2012）

2. 饲育区(洁净区)

(1)生产繁育区。可分为动物生产区、辅助生产区和辅助区。主要包括隔离检疫室、缓冲间、育种室、扩大群饲育室、生产群饲育室、待发室、清洁物品贮藏室、清洁走廊、污物走廊。

(2)动物实验室。可分为动物实验区、辅助实验区和辅助区。主要包括缓冲间、实验处理室、实验观察室、动物监测室、清洁物品贮藏室、清洁走廊、污物走廊。

3. 辅助区

辅助区主要包括仓库、洗刷消毒间、饲料加工室、饲料库、废弃物品存放处理间(设备)、密闭式实验动物尸体冷藏存放间(设备)、机械设备室、沐浴间、卫生间、工作人员休息室等,为防疫控制区。

四、实验动物设施的组成及基本要求

实验动物设施主要包括建筑设施和环境控制设备。

(一)建筑设施

通常由以下几部分组成。

1. 隔离检疫室

隔离检疫室是实验动物设施不可缺少的部分,用于引进实验动物的隔离观察和检疫,实验前动物的观察和适应实验环境等。由外部引进的实验动物,需通过1～2周的隔离观察,必要时做微生物检测,合格者方可并入动物群。

2. 饲育室

饲育室是实验动物设施的主体,直接关系到实验动物的生存、健康和质量。生产单位应分别建有繁殖室、保种室;科研单位以动物实验为主,根据实验要求设置相应设施。

动物饲养室供动物繁殖生产、已育成动物饲养、实验期间的动物饲养与观察等使用。饲养室结构应力求简洁坚固,便于清洗消毒。房间不宜过大,但设计时考虑多种动物通用,随着动物级别的提高也能做适当的改造。一般以3 m×6 m的房间为标准,还应与笼架具相配套。不同品种和级别的动物不能饲养在同一房间内。地面要求平整而不滑,耐磨耐腐蚀。兔、犬、猴等动物房间用水量大,应做成一定斜度的防水地面。墙壁和天花板要平正光滑,避免有缝隙或发生龟裂,应选择耐水、耐消毒药品的材料。各种管道的连接应密封。门最好用耐水耐腐蚀的金属材料制成,上面设观察窗的宽度不小于1 m,便于笼架的进出。猴类的饲养室门窗均应设铁丝网,防止逃跑。

动物实验室用于清洁物品及药品的贮藏、开展外科手术、实验处理、药品安全性评价等各种科学实验操作和指标测定的场所,最好是与主体分隔且相对独立的用房。大型生产单位应建立动物常规监测实验室,包括微生物、寄生虫、病理、遗传等项目,对各级动物按国家标准定期进行监测。

3. 贮存室和库房

贮存室和库房是保管和贮存饲料、垫料、消耗品、笼器具和实验器材等的场所。库房应有防火、防虫、防潮、防鼠、防污染设备。饲料应贮存于0～10 ℃的低温贮存室内。

4. 洗刷消毒室

洗刷消毒室用于笼具等的清洗和消毒,以及饲料、饮水、垫料和实验器材等物品消毒灭菌的场所。

开放环境动物室所用器具可集中洗刷消毒，如果在楼内饲养，可在每层楼设置洗刷消毒室，房间大小根据动物数量而定，房间不宜狭小，应有足够空间堆放待洗刷物品及消毒后物品，地面有一定坡度并有通畅的排水管道。笼具、鼠盒、水瓶等清洗后可采用化学消毒。

屏障环境所用物品必须经高压灭菌或其他方法灭菌后方可应用，因此洗刷消毒室与动物室相连，高压灭菌器应是双扉的，器物经灭菌后直接移入屏障。如使用单扉高压灭菌器，则被消毒物品须有双层包装，并经传递窗消毒外包装后方可传入屏障内使用。

5. 工作人员用房

工作人员用房包括办公室、监控室、值班室、资料图书室、休息室、更衣室、淋浴室和卫生间等。开放环境中各个动物室淋浴设备可共用，繁育设施屏障环境每个单元应单独设立淋浴设备。

6. 走廊

走廊宜分为清洁走廊和次清洁(污物)走廊。

7. 废弃物处理设施

废弃物处理设施包括焚化设备，处理污染气体、液体、放射性物质等设施，用于处理动物尸体、动物粪尿污染的垫料、饲料残渣等污物。各种废弃物应分别处理。污染垫料应密封运送至专用堆集发酵场所或专用垃圾桶，做到日清日洗。尸体装在塑料袋中密封送焚尸炉焚烧。

8. 其他辅助设施

实验动物饲养繁殖机构需要设置实验动物遗传监测室、微生物监测室、环境监测室和营养监测室等，此外，可根据需要设立饲料加工室；设施的组成还包括空气净化与空调机房、自动监控室、机械室、配电室、锅炉房、维修室、人员净化入口，物料灭菌净化入口，外购动物入口等。

(二)环境控制设备

为了保持实验动物设施(尤其是饲育室)适宜的环境条件，必须安装必要的设备。

1. 空调、通风和空气净化设备

空气调节系统是实验动物设施中最重要的设备系统，不管是普通环境还是屏障环境都需要通过空气调节实现设施的相关要求。空气调节系统的目的就是使设施内的实验动物和工作人员有一个安全、舒适的环境。对实验动物设施的温度、湿度、气压、换气次数、噪声及空气的洁净度进行控制，以达到相应的饲养环境。

实验动物设施一般都设有专门的空调机房，安放所有的空调设备。空调设备配置要考虑节能、环保等的特殊要求，确保设施运转后能耗较低、经济、适用，同时应保证运行可靠性，以保证实验动物的饲养不受影响或损失能减少到最低程度。一般采用组合式空调机组，一用一备，并有应急电源。一个完整的空调系统，特别是规模较大的系统，主要包括冷热源、通风设备、空气净化设备、管路系统、调节控制部件等。

(1)冷热源　室内通常安装空调和暖气，以满足饲育室对温度、湿度的要求。开放系统可季节性使用窗式或分体空调；屏障系统及隔离系统的空调需常年连续运转。

(2)通风设备　普通环境为开放式饲养，要求自然通风良好，但须安装换气扇将室内的污浊空气排出。屏障环境和隔离环境的动物饲育室则必须安装机械净化通风设备。送、排风口的数量、位置均应决定于饲养室的面积、动物笼具的排列和饲养动物的数量。目前，常采用顶送风，四角回风。但有实验结果显示，如饲养室面积较大且为长方形，则宜沿着长侧墙设多个回风口，这样既可保证换气均匀，又减少了涡流。

(3)空气净化设备 空调机房设计时要考虑节能、环保等的特殊要求,确保设施运转后,能耗较低,同时应有足够的运行可靠性,必须保证无论设施出现何种情况,都有方法或措施避免设施停止运行或者使其影响降低到最低限度。设施利用全新风系统,有初、中、亚高、高效滤材对气流进行处理,确保空气净化,所有机组都一备一用,配备一定功率的发电机组,确保送、排风机组任何时间都能运转。

普通环境设施由于没有净化级别要求,所以空气处理设备较简单,只是在进风口处设置防虫网,防止昆虫进入,在风机前段设置一个初效过滤器,保证进入室内的空气相对清洁。产尘较多的饲养间可在通风口处加装初滤,防止大量的灰尘进入风管和空调机箱。对于产生气味较大的饲养间,可在排风段加装活性炭等除味物质或装置。

屏障环境设施有净化级别的要求,其核心区域须达到万级(7 级)标准,必须安装空气净化器。空气过滤器除去粉尘和微生物,脱臭过滤器除去臭气。为了防止污染,空调净化系统机组要求全正压,并且要求机组的内壁板和内置件应该保持光洁、耐消毒腐蚀,方便清洁。室内排风口也应装有初效过滤器。根据过滤的效果分为初效过滤器、中效过滤器和高效过滤器装置。初效过滤器主要阻挡 10 μm 以上的异物或尘粒。中效过滤器主要阻挡 1～10 μm 的悬浮性尘粒,高效过滤器(或亚高效过滤器)主要阻挡粒径在 1 μm 以下的尘粒(表 4-2)。将初、中效过滤器和温、湿调控装置集中一起安装在空调机箱内;每个饲养室设独立的高效过滤器,一般安装在进入室内的送风口,将调控好温湿度的洁净空气送入动物室。排风有专用的排风机组,与送风机组联动,有的为了节能设计有热回收设备。对有排放要求的动物实验设施,如病原微生物或其他有害物质,其所有的排风必须经过高效过滤后才能排放。

表 4-2 各种空气过滤器性能

分类	形式	适应粉尘粒径/μm	过滤效率/%	压力损失	保养方法	适应范围
低效过滤器	无纺织布	5 以上	70～90	3～20	水洗	除去粗尘或保护中、高效过滤器
中效过滤器	棉纤维或玻璃纤维的袖珍单元式	1 以上	40～95	8～25	更换过滤器	医药、食品工厂、医院维持清洁度用的最终过滤器
亚高效过滤器	亚高效过滤器	1 以下	95 以上	15～25	更换单元	低水平的清洁房间
高效过滤器	超 HEPA 过滤器	1 以下	99.99 以上	25～50	更换单元	无菌动物隔离器等

(4)管路系统 将所有设备及部件连接成系统,包括管道、风口、阀门、静压箱、消声器等,将经过处理达到送风状态的空气从空气处理装置输送至各个功能间,再把功能间的空气输送到空气处理装置,完成一个循环。

2. 给水、排水设备

(1)给水设备 实验动物的饮用水定额应满足实验动物的饮用水需要。普通实验动物饮水应符合 GB 5749—2022 的要求。屏障环境设施的净化区和隔离环境设施内的用水应达到无菌要求。一般采用专用的纯化水生产装置集中供给。屏障环境设施净化区的给水管道及管件,应选用耐腐蚀的 304 不锈钢材质,连接可靠、方便的管道和管件,双管路循环供水。制作的纯化水应定期检验,并符合纯化水的国家标准。管路系统应有切实的消毒灭菌措施(蒸汽、热水、消毒液等)，并定期消毒灭菌、检验。为了节约，也可以将动物饮用水与清洁用水(灭菌水)分别制作供应。

(2)排水设备　实验动物设施的生产区和实验区的排水应单独设置化粪池。实验动物生产设施和实验设施的排水应与其他生活排水分开设置。兔、羊等实验动物设施的排水管道管径不宜小于DN150，屏障环境设施的净化区内不宜穿越排水立管。排水管道应采用不宜生锈、耐腐蚀的材料。屏障环境设施净化区不设或尽量少设地漏，必须设置的地漏须采用密闭型，有地漏口水密封和大回水湾，以防野鼠爬虫进入。

对于特殊的、有排放要求的动物实验设施(如病原微生物)，其所有的排放物必须经过在线高压灭菌处理后才能排放。含有其他有害物质的排放物必须按照有关规定处理。

3. 电气设备和自控设备

(1)电源、配电设备　实验动物设施应有备用电源，以保证不间断供电，凡没有双路供电能力的单位，应有备用发电机。

屏障环境设施的动物生产区(或动物实验区)的用电负荷不宜低于2级。屏障环境设施的生产区(或实验区)宜设置专用配电柜，配电柜应设置在辅助区。屏障环境设施净化区的配电设备，应选择不易积尘的暗装设备。屏障环境设施净化区内的电气管线宜暗敷，设施内电气管线的管口，应采取可靠的密封措施。

清洁级以上动物应用备用电源，以保证不间断供电，凡没有双路供电能力的单位，应安装备用发电机。

普通动物室的照明度分为工作照度和动物照度。工作照度为150～300 lx，采用特制嵌入式净化灯，进口镜面铝反光罩，有机透明灯片。双控照明开关在清洁走廊和污物走廊工作。

(2)照明设备　动物室的照明可分为工作照度和动物照度。工作照度为200～300 lx，工作照明开关应设在进入走廊和返回走廊，且安装双向控制开关。动物照度依动物类别不同，啮齿类动物的工作照度只需15～20 lx；犬、猴、猫、兔、小型猪的工作照度只需100～200 lx，对无采光房间，设置明暗各12 h的自动动物照度明暗开关。紫外线灯与工作照明连锁，并集中控制，防止对工作人员造成伤害，工作后启动自动消毒30 min以上。对无采光房间，设置明暗各12 h的自动明暗开关。

(3)自控系统与报警装置　为了加强管理，在屏障区内每个房间、走廊都设置了摄像机。这些摄像机可以对内部操作管理进行检查、指导，并对动物实验操作和实验期间的动物反应进行观察和录像，此外，它们还方便教学、学习和参观。

实验动物设施要求全天24 h不能停止送风，如果停电或出现故障，不能及时发现和处理，很可能造成设施污染和动物死亡，造成重大损失。因此在中央控制室设置风机故障报警，温湿度、压差异常报警及闭门报警系统，保证设施运行的安全。屏障环境设施生产区(或实验区)宜设门禁系统。缓冲间的门，宜采取互锁措施。当出现紧急情况时，所有设置互锁功能的门应处于可开启状态。自控系统应满足控制区域的温度、湿度、压差等要求。屏障环境设施生产区(或实验区)风机故障、温度、湿度、压差超过设定范围时，应具备有效的声光报警装置。屏障环境设施净化区的内、外应有可靠的通信设备，生产区(或实验区)内宜设必要的摄像监控装置。

由于实验动物设施的特殊性，人员进入后内外联系非常重要。安装电话程控交换机，分设在洁净区内各室、洁净走廊，与洁净区外部相通。

4. 消防设施

实验动物设施的周边应设置消防车道。屏障环境设施的耐火等级不应低于二级。具有防火分隔作用且要求耐火极限值大于 0.75 h 的隔墙，应砌至梁板底部，且不留缝隙。生产区（或实验区）的吊顶空间较大的区域，其顶棚装修材料应为不燃材料且吊顶的耐火极限不应低于 0.5 h，生产区（或实验区）的吊顶内可不设消防设施。应设置火灾事故照明和火灾自动报警装置，设置疏散走道、疏散门、灯光疏散指示标志。面积大于 50 m^2 的屏障环境设施净化区的安全出口的数目不应少于 2 个，其中 1 个安全出口可采用固定的钢化玻璃密闭，疏散通道门的开启方向可根据区域功能特点确定。净化区内应设置消火栓系统，不设置自动喷淋灭火系统，应根据需要采取其他灭火措施。净化区内设置的消火栓、配电箱等应符合净化要求。

5. 消毒与灭菌设备

（1）压力蒸汽灭菌器 洁净动物设施使用的物料均应经过消毒灭菌。双扉高压蒸汽灭菌器的主体跨过屏障墙，并有两个门：一个门开启在非洁净空间内，物料由该门进入进行蒸汽灭菌；另一个门开启在洁净控制区内，灭菌后的物料可从中取出使用。一些大型的双扉高压蒸汽灭菌器可对笼具甚至笼架做灭菌处理，而不耐高温高压和（或）不能水浸的物料，则可通过渡槽或传递窗进入洁净区。

（2）渡槽 渡槽是内放消毒药液的水槽，在非洁净区及洁净区各开一口，不耐高温高压的器械物料从非洁净区一侧放入，浸泡消毒后从洁净区取出使用。

（3）无菌水生产系统 大型实验动物设施耗用大量无菌水，须安装无菌水生产系统，这种系统通常先以超滤膜滤去 0.5 μm 以上的悬浮微粒，可滤去细菌和真菌，然后以紫外线照射，可杀灭病毒，并进一步杀灭细菌和真菌，获得净化水（图 4-7）。

实验动物的饮用水无须蒸馏、离子交换等，这样更有利于动物对微量元素的需求。

五、独立通气笼具的应用

随着科学技术的发展，饲养大小鼠的笼具经历了木盒、陶罐、金属笼盒、塑料盒四个阶段。20 世纪 80 年代，意大利 Theniplas 公司，在带空气过滤帽的塑料盒的盒帽上加了一个进风口，希望促进盒内的通风换气，从而出现了第一个独立通气笼具（individually ventilated cages，IVC）（图 4-11）。独立通气笼具有高效节能的特点，符合动物福利和对动物质量的要求。独立通气笼具是一种以饲养盒为单位的实验动物饲养设备，空气经过高效过滤器处理后分别送入各独立饲养盒，使饲养环境保持一定的压力和洁净度，用以避免环境污染动物或动物污染环境。该设备用于饲养清洁、无特定病原体或感染的动物，在啮齿类实验动物上广泛使用。

IVC 的结构：①笼具由耐高温的透明塑料制成，由上盖、底盒、食槽、水槽、锁扣、进出风口组件和硅橡胶密封圈等组成，具有一定的密闭性。②通风由两台风机和初、中、高效过滤器组成的装置控制进风和排风。控制进风和排风，维持笼内压差，可为正压或负压。③笼架由不锈钢管焊接而成，兼作 IVC 的导风管。

IVC 设备由主机、笼架和笼盒组成，采用笼具水平的微隔离技术，通过向笼具内部输送经过高效过滤的净化空气以确保动物免受微生物的污染。由于 IVC 系统每个笼具均具有各自独立的送排风管道，并可直接引至室外，笼具间又相互隔离，既避免了不同笼具内的动物间交叉感染和相互影响，保护了动物的健康，室内又几乎没有动物排出的臭气和污染物，保证了工作人员的健康。同时，IVC 系统的每个笼盒等同于一个无菌隔离器，只需依赖室内温湿度的控制和光照，所以可在普通房间内使用。但IVC系统的每个笼具在添加饲料、更换垫料、捉拿动物和实验操作时需打开笼盖，故必须在生物安全柜或超净台内操作，以免污染。

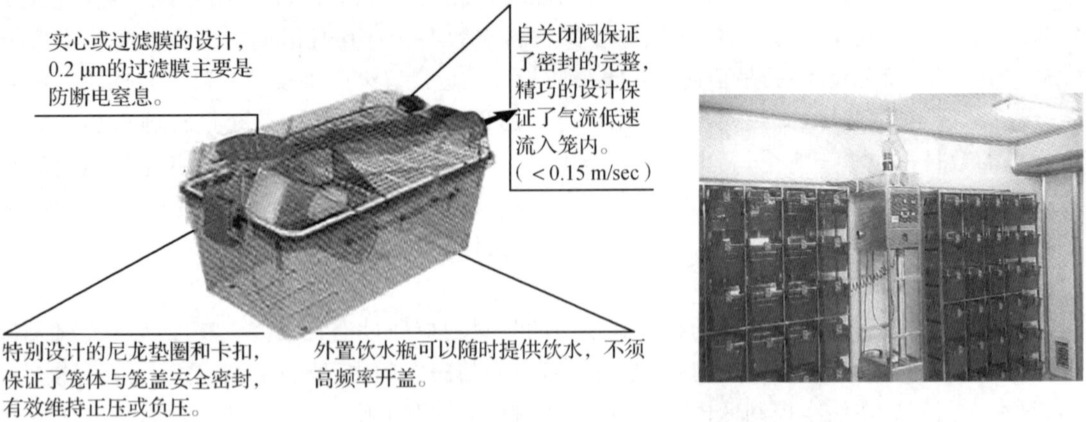

图 4-11　IVC 笼盒结构

IVC设备有人工调控型和数显智能型，智能型产品有温度、湿度、压差实时显示和报警装置。IVC本身控制的换气次数、气流速度、空气洁净度、压力梯度、落下菌数等达到或超过了屏障设施现行国家标准指标，动物饲养和动物实验质量得到许多研究者的公认。

1. IVC设备的优点

①与传统屏障系统相比，IVC具有投资少、占地面积小、建设周期短、维持费用低等优点。

②对环境设施条件要求不高。根据实验目的，IVC设备在屏障环境或普通环境中均可使用。

③IVC设备笼盒各自独立，互不影响，可在同一室内同时饲养多种动物，进行多个项目实验，节省空间及能源。

④饲养实验环境安全。IVC设备可以根据需要进行正压或负压调节，废气可以通过管道直接排放到室外，从而对动物和人员进行双重保护，防止动物之间、动物与人之间的交叉感染，改善饲养实验环境。

⑤饲养实验工作人员进出设施和进行实验观察方便，没有屏障系统的那样复杂的进出程序。

2. IVC设备应用的局限性

①IVC设备本身不能全部满足《实验动物　环境及设施》(GB 14925—2023)对屏障设施的环境指标要求，温度、湿度、日温差、噪声、工作照度、动物照度、昼夜明暗交替时间等参数需要IVC设备以外的环境设施条件来实现，还必须配套相应的设施设备，如温湿控制设备、符合净化等级要求的专用超净工作台等。

②在普通环境条件下使用，必须配套实施严格的无菌操作技术，饲养管理和实验无菌操作程序比较烦琐，工作量大，稍有不慎就可能造成污染，对要求较高的动物繁殖生产或动物数量较大、周期较长的动物实验项目不太适合。

六、实验动物设施的辅助设备和材料

用作动物饲养或实验的辅助设备和材料主要包括笼具、饮水设备、垫料等，还有隔离器、层流架、超净工作台和运输笼等，它们对实验动物具有最直接的影响。

(一)笼具

1. 笼具

笼具是实验动物的生活场所，动物的小环境质量取决于笼具、笼架。笼具的大小应方便动物调整姿势，符合其习惯，并确保其舒适和安全。笼具必须保证空气流通，并对环境参数如光照、噪声和有害气体浓度等无不利影响，还应方便动物取食和饮水，以及人对动物的观察。

2. 笼具的质量要求

①笼具的材质应符合动物的健康和福利要求，无毒、无害、无放射性、耐腐蚀、耐高温、耐冲击、易清洗、易消毒灭菌。

②笼具内外边角均应圆滑、无锐口，动物不易啃咬、咀嚼。笼子内部无尖锐的凸起伤害到动物。笼具的门或盖有防备装置，能防止动物自己打开笼具或打开时发生意外伤害或逃逸。笼具应限制动物身体伸出受到伤害，同时防止伤害人类或临近的动物。

③常用实验动物笼具的大小应满足最低相关要求，实验用大型动物的笼具尺寸应满足动物福利的要求和操作的需求。

(二)饮水设备和无菌水生产系统

1. 饮水设备

饮水设备包括饮水瓶、饮水碗和自动饮水装置等。大鼠、小鼠等小型实验动物多使用不锈钢或无毒塑料制造的饮水瓶，规格一般有 250 mL 和 500 mL 两种。大动物多使用饮水碗，这些饮水器具应定期清洗消毒。自动饮水装置具有节省劳力等优点。

2. 无菌水生产系统

大型实验动物设施需用大量无菌水，常安装有无菌水生产系统。这种系统通常先以超滤膜滤去细菌和真菌，然后以紫外线照射，可杀灭病菌、病毒，或用臭氧、加氯等方式进一步杀灭细菌和真菌。

(三)隔离器

隔离器(图 4-12 至图 4-17)能有效防止传染性病原微生物的扩散，不仅为隔离器中的动物提供屏障，同时保护感染设施内的大环境不被有害微生物污染。隔离器通常包括容易折叠的膜式隔离器和硬壁隔离器。最早的硬壁是不锈钢材料，现在采用透明的聚碳酸酯材料。隔离器主要由塑料薄膜室、橡胶手套、渡仓、空气过滤器、操作台、内帽、外帽、空气压缩机、喷枪、灭菌罐、连接袖、粘胶带、橡皮圈、气压计、风机等组成。聚氯乙烯薄膜室是隔离器主体部分，是实验动物的饲育区。笼具、饲料、垫料、饮用水及必要的仪器设备经严格灭菌后存放其中。薄膜材料应用 0.5～1.0 mm 厚的聚氯乙烯制成，薄膜应透明，有一定的张力，还要耐酸、柔软、不漏气、耐老化，寿命＞1.5 年，接缝处要求有一定的扩张强度。薄膜室侧面应装 2 个(以上)橡胶长袖手套，在一侧安装有渡仓。

隔离器内的操作都要经过橡胶长袖手套进行，橡胶手套应根据使用者确定大、中、小不同型号，手套环应与手套和薄膜室连接紧密，不漏气。笼具、饲料、垫料、饮用水及必要的仪器设备经严格灭菌后送入隔离器中。有的隔离器还连有药液灭菌渡槽，供剖宫取胎使用已有各种型号的隔离器产品。隔离室洁净度高达 100 级，空气压差不低于 20～50 Pa，隔离器用于无菌动物饲养繁殖、实验操作和处理后观察，并可用于动物剖宫产净化。

此外，在薄膜室上适当位置装有 3 个塑料软管的小孔，用于连接空气过滤器。空气由送风机经空气过滤器通向隔离器的空气入口，隔离器内的脏空气经空气出口排出。

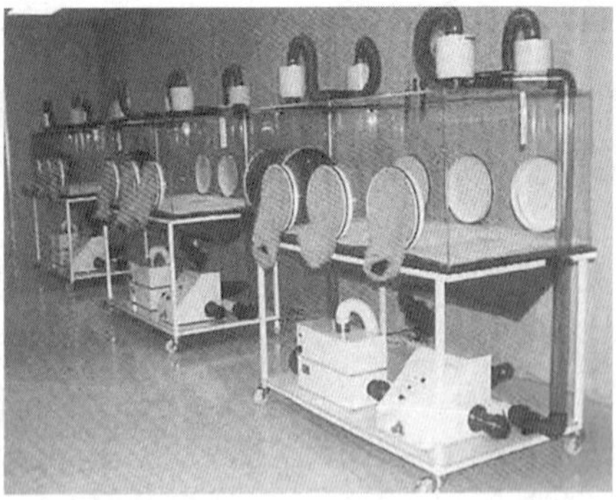

图 4-12　家禽饲养隔离器

（引自　程水生，崔保安，陈光华，2012）

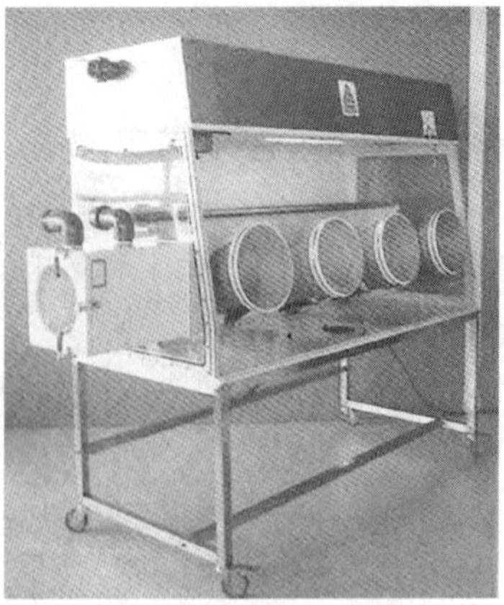

图 4-13　四手套隔离器

（引自　程水生，崔保安，陈光华，2012）

图 4-14　双层隔离器

（引自　程水生，崔保安，陈光华，2012）

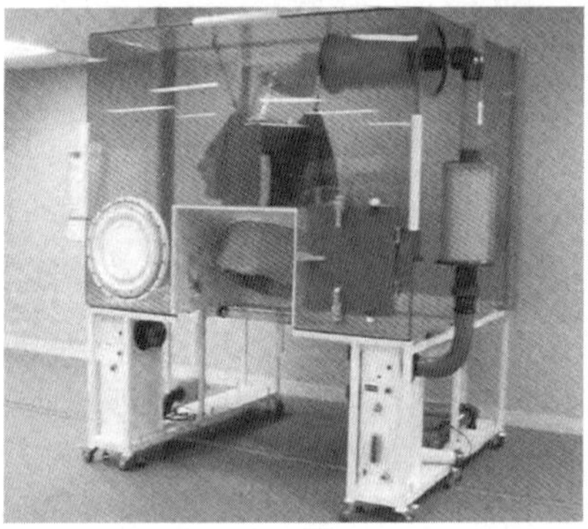

图 4-15　半身头盔型隔离器

（引自　程水生，崔保安，陈光华，2012）

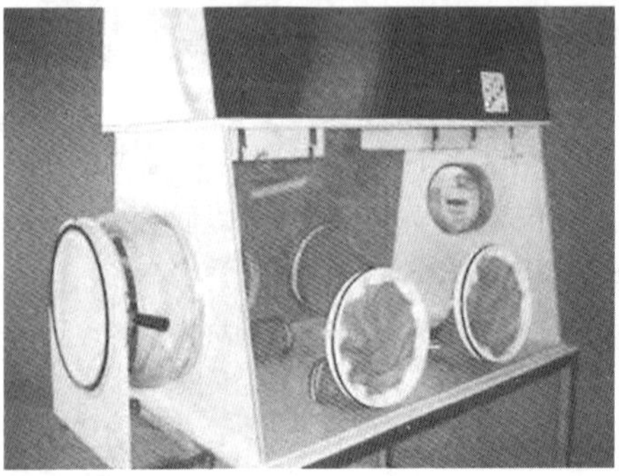

图 4-16　解剖隔离器

（引自　程水生，崔保安，陈光华，2012）

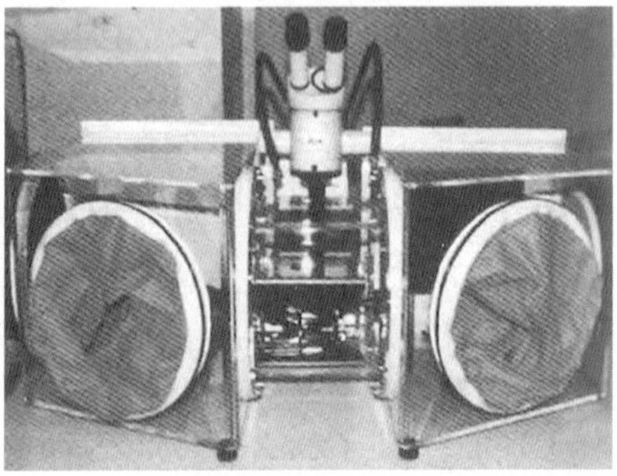

图 4-17　显微镜隔离器

（引自　程水生，崔保安，陈光华，2012）

(四)层流架

层流架(图 4-18)是个小型的屏障单元，以风机为动力通过滤材净化空气且层流，用于SPF 动物的饲养繁殖或实验，也可用于感染实验。层流架是由初效、高效过滤器及风机、静压箱、饲育柜和各种控制电器组成的。柜架采用铝合金、不锈钢或其他适宜材料制作，柜体稳固平整，拆装方便，表面光洁，耐腐蚀。根据动物种类，笼箱大小、数量和使用要求确定柜体尺寸。工作人员需消毒手臂，戴灭菌手套并配合使用超净工作台进行操作。

图 4-18　鼠用层流架

（引自　程水生，崔保安，陈光华，2012）

1. 层流架的结构及工作原理

（1）中效过滤器和鼓风机　鼓风机是层流架的心脏，须长期连续运转，要求噪声小于 60 dB，经中效过滤器滤去空气中部分颗粒及微生物，然后通过管道进入静压箱。中效过滤器一般需半年更换 1 次。

（2）静压箱和高效过滤器　静压箱是密闭的长方形金属箱体，经中效过滤器的气流从一侧进入箱内，再从另一侧经高效过滤器呈水平状态进入金属架工作区。

（3）金属架工作区　金属架是由耐腐蚀的金属制成的，室内分成 4～6 层，后壁与高效过滤器相连，前面分层装有玻璃拉门，工作区内维持 20 Pa 正压。

2. 层流架的工作流程

室内空气经初效过滤器→鼓风机→中效过滤器→静压箱→高效过滤器→形成无尘无菌的动物饲养区→气流排出。

（五）超净工作台

超净工作台在动物实验中常与层流柜、独立通风笼具等设备配套使用。这种工作台操作简单，安装方便，占用空间小且净化效果很好，提供了良好的洁净操作环境。超净工作台的气流流动方式分为垂直式和水平层流式，基本原理大致相同，都是将室内的空气经初过滤器初滤，由鼓风机压入静压箱，经高效空气过滤器，送出的洁净气流从均匀的断面通过无菌区，从而形成无尘无菌的高洁净度工作环境。超净工作台是较为精密的设备，如果使用和维护得当，可以取得良好的效果并延长使用寿命。一般使用超净工作台需注意以下几点。

①超净工作台最好安装在清洁的房间内，以免尘土过多使过滤器阻塞，降低净化效果，缩短使用寿命。

②新安装的或长期未使用的工作台，启用前须对工作台和周围环境用吸尘器或不产生纤维的工具进行清洁，然后用药物擦拭或紫外灯照射进行灭菌处理。

③每次使用前，应用 75%乙醇擦拭台面，并提前 30 min 启动紫外灯灭菌。关闭紫外灯以后，启动送风机使之运转 2 min 后再进行操作。

④要定期将初效过滤器拆下清洗，时间应根据环境洁净程度而定，通常间隔 3～6 个月进行 1 次。在一般情况下，高效过滤器 3 年更换 1 次。更换高效过滤器应请专业人员操作，以保持良好密封。

⑤净化工作区内不应存放不必要的物品，以保持洁净气流不受干扰。每次使用净化台都要注意及时清除工作台面上的物品，并用乙醇擦拭台面使之始终保持洁净。

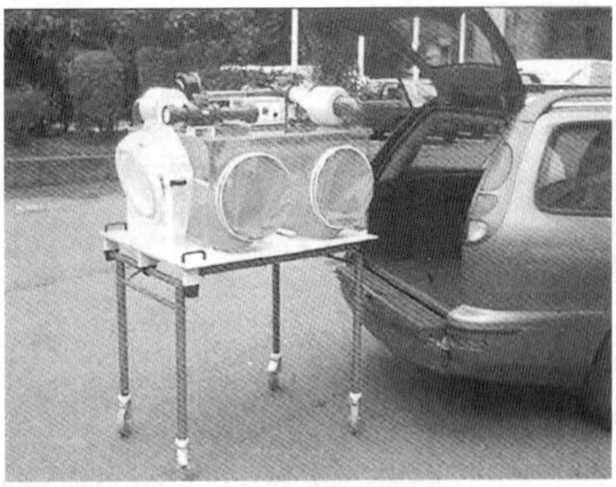

图 4-19 运输笼具
（引自 程水生，崔保安，陈光华，2012）

（六）运输笼具与运输工具

1. 运输笼具

①运输活体动物的笼具（图 4-19）应适应动物特点，材质应符合动物的健康和福利要求，并符合运输规范和要求。

②运输笼具必须足够坚固，能防止动物破坏、逃逸或接触外界，并能经受正常运输。

③运输笼具的大小和形状应适于被运输动物的生物学特性，在符合运输要求的前提下要使动物感觉舒适。运输笼具内部和边缘无可伤害动物的锐角或突起。

④运输笼具的外面应具有适合于搬动的把手或能握住的把柄，搬运者与笼具内的动物不能有身体接触。在紧急情况下，运输笼具要容易打开门，将活体动物移出。

⑤运输笼具应符合微生物控制的等级要求，并且必须在每次使用前清洗和消毒。

⑥可移动的动物笼具应在动物笼具顶部或侧面标上"活体实验动物"的字样，并用箭头或其他标志标明动物笼具正确立放的位置。笼具上应标明运输该动物的注意事项。

2. 运输工具

①运输工具能够保证有足够的新鲜空气，以维持动物的健康、安全和舒适的需要，并应避免运输时运输工具的废气进入。

②运输工具应配备空调等设备，使实验动物周围环境的温度符合相应的等级要求，以保证动物的质量。

③运输工具在每次运输实验动物前后均应进行消毒。如果运输时间超过 6 h，宜配备符合要求的饲料和饮水设备。

国际上常用的运输笼具有控温控湿和空气过滤通风系统，其内部已基本达到 SPF 级设施标准，实际上是一间特殊的、能移动的实验动物饲养设施。我国的清洁级和 SPF 级实验动物多采用普通饲养盒外包无纺布的简易运输笼，具有粗过滤空气的作用，在一定程度上可保护内装动物不受外来微生物感染。

第三节 实验动物环境控制及设施的管理

一、普通环境及设施的管理

（一）普通环境设施的定义

普通环境设施为无空气净化装置的环境设施，适用于饲育普通级实验动物。设施构建必须符合动物居住的基本要求，控制人员和物品、动物出入。此设施不能完全控制传染因子，但能控制野生动物的进入。

（二）控制要求

普通环境设施的环境控制和微生物控制要求较低，实验动物的生存环境直接与大气相通，设施不是封闭的，受外界环境影响较大。一般采用自然通风或设置简单的排风装置，进行初步的温度、湿度控制，各项环境指标波动范围较大。

普通环境设施所使用的饲料和饮水只需确保不被污染，垫料和笼具须经消毒，设施内要有防野鼠和昆虫等措施，工作人员进入前应采取一定的防疫措施，如换鞋、更衣、戴手套、口罩、帽子等。普通环境只能饲养普通级实验动物。

二、屏障环境及设施的管理

（一）屏障环境设施的定义

屏障环境设施可分为正压屏障结构和负压屏障结构两种。负压屏障设施是专门用于开展易对外界环境产生生物危害的动物实验的场所；正压屏障设施适用于饲育清洁动物及无特定病原体动物，必须符合动物居住的要求，严格控制人员、物品和空气的进出，为最常见的标准实验动物设施。

（二）控制要求

屏障环境设施气密性较好，实验动物生存环境与外界环境隔离，设施内外空气只能经特定的通道，经净化过滤后进入和排出。人员、实验动物、物品及空气均须进行严格的微生物控制。送入的空气需经初效、中效和高效过滤，洁净度达到 7 级，确保无悬浮特定病原体。

正压屏障设施内还要利用空调送风系统形成随洁净状况从高到低，压强也相应从高到低的压强梯度，各相通区域间必须维持 10 Pa 的最小静压差，利用空气压力差以防止逆行污染，即清洁区域的空气压力要大于污物区域，污物区域的空气压力要大于外界。出风口也需安装滤材，以避免室外风压大时空气倒流，出口风速不得低于 4 m/s，以防空气逆流污染。负压屏障设施则与之相反，须保持负压，防止设施内可能产生的污染物外泄而危害外界环境。

屏障设施内清洁物品进入和废弃物传出的通道须各自独立并相互隔离，饲料、饮水、垫料、笼器具、器械和设备均须经灭菌后方可传入使用；人员、物品、空气和动物的走向须采用单向流通路线，尽量避免交叉。工作人员进入屏障设施前需经充分淋浴，然后穿上无菌的工作服和鞋套，并戴上无菌的帽子、口罩和手套才能入内工作，在屏障设施内的一切动作都要严格遵循无菌操作规程。

三、独立送风笼具的使用管理

独立通气动物笼是近年来一些发达国家进行动物实验广泛采用的动物饲养设施。其特点是使用方便、节约能源、易于控制。

（一）IVC 操作使用前的准备工作

①启动超净工作台风机，净化台内环境，打开工作照度灯。

②检查超净工作台中已准备的各种灭菌饲养用品和实验物品（饲料、垫料、水及实验用品）是否齐全。若需更换笼盒，检查灭菌笼盒准备情况，并用不锈钢推车移至超净工作台移门边。

③检查喷雾器喷洒效果及超净台内外擦抹用的药液是否配置好。

④打开房间内排风系统，排除打开笼盒时逸出的有味气体。

⑤检查 IVC 机组各仪表或读数，目视各笼盒内的动物情况，估测 IVC 运行情况。

⑥记录主要环境参数，如温度、相对湿度、笼盒内外压差等。

(二)IVC 操作使用程序及操作规范

①工作人员戴好一次性口罩、帽子及医用乳胶手套。戴手套前应洗净手及指甲,若指甲太长应适当修剪,以免戳破医用乳胶手套。

②用双手轻轻抬起 IVC 笼盒外端,沿笼架隔挡向外移出笼盒,放在超净工作台的不锈钢推车上。

③用药液喷雾器充分喷洒双手手套外表及 IVC 笼盒的外面,消毒灭菌并粘住表面的尘埃,防止进入超净台时被层流气体吹扬;也可用戴手套的双手浸入药液容器中,捞起并拧干药液毛巾,擦干手套外液滴,同时擦拭笼盒的外表。

④打开超净工作台移门(高度满足笼盒进入),把笼盒移入超净工作台。

⑤适当拉下超净工作台移门(高度满足操作者两手活动自如),打开 IVC 笼盒盖,侧放在一边。

⑥目视笼盒中动物的生活情况,做出添料、加水、换盒及动物实验的选择。

⑦添加饲料。啮齿类动物为自由采食(因实验需要,限量供给除外),添加时,加满料斗即可,也可根据动物的数量,一次加料维持 3 d 左右。

⑧饮用水一般一瓶 250 mL 的水可维持 4～8 只小鼠 3 d 生存。断水的主要原因是饮水口漏水,防止断水的关键是选择优质水瓶和灌水后拧紧瓶盖。打开笼盒,取出水瓶,更换 1 瓶清洗过水瓶并经灭菌的饮用水。也可用经过灭菌的空瓶,在超净台中直接通过龙头灌装超滤酸化水,装毕,关龙头阀门,防止泄漏,以免腐蚀超净工作台台面。

⑨更换笼盒。由于笼盒内换气次数高,带走了盒内水分,保持了盒内垫料干燥及空气清爽,笼盒一般可延长到 1～2 周更换 1 次。必要时,更换笼盒,铺放适量灭菌垫料,添加饲料及饮用水,盖上盒盖,扣紧笼盒搭扣,送回 IVC 笼架,对准笼架进出风口沿笼架隔挡,轻轻推入,接口后在笼架固定钮内放下即可。最后把原笼盒上的动物卡片移插至新的笼盒上,并把换下的笼盒集中外运处理。更换笼盒时,也可顺便检查一下盒盖上的终端过滤器情况,并进行适当处理(互相对换、换膜等)。

⑩动物实验。按上述方法,打开笼盒盖,在超净工作台内再次对戴有乳胶手套的双手用 75%浓度的乙醇棉球擦拭消毒。从笼盒中取出动物,放在小动物手术台上,固定、麻醉、手术、止血、缝合或灌药、注射、采血或处死、解剖、取标本等。实验完毕,顺便检查一下动物饲料、饮水及笼盒的污染情况,做出加水、加饲料、加垫料或换窝的选择。

(三)操作注意事项

①操作之前,工作人员须使用 75%乙醇进行手消毒。

②使用 0.5%过氧乙酸或 75%乙醇对超净台“工作面”进行消毒或紫外线照射 30 min 后启动“超净台”电机。

③动物饲育盒必须在超净台内方可打开,更换水瓶、加饲料、动物观察、动物给药等都必须在超净台内进行;操作过程应该是无菌操作,防止微生物污染。

④超净台使用完毕,使用消毒药进行消毒,停机。

⑤每次工作完毕,对设施进行清洁卫生,同时对设施内空气进行喷雾消毒。

⑥本系统所用的饲料、垫料、饮用水、饲育盒都必须经过灭菌处理。为了延长使用期,饲育盒可用 0.5%过氧乙酸浸泡式喷雾灭菌。

⑦遇设备故障或停电等突发事故,必须尽快打开动物饲育盒上“生命口”上的盖子,以防动

物室息死亡。设备恢复正常后，重新盖好“盖子”。

⑧通过送风机箱上的“送风量”调节钮来调整送风量，在一般情况下，维持空气压力在15～25 Pa。当空气压力不能维持在100 Pa时，请更换或清洗高效过滤网。

四、隔离系统设施的管理

(一)隔离环境设施的定义

采用无菌隔离装置以保持装置内无菌状态或无外源污染物的设施。隔离装置内的空气、饲料、水、垫料和设备应无菌，动物和物料的动态传递须经特殊的传递系统。该系统既能保证与环境的绝对隔离，又能满足运转动物、物品时保持与内环境一致。适用于饲育无特定病原体、悉生及无菌实验动物。

(二)控制要求

隔离环境一般是以隔离器为主体及其附属装置组成。实验动物的生存环境用隔离器与外界环境完全隔离。隔离器是一种与外界隔离的实验动物饲养设备，空气经过高效过滤器后送入，物品经过无菌处理后方能进出饲养空间。该设备既能保证动物与外界隔离，又能满足动物所需要的特定环境条件，主要用于饲养SPF、悉生、无菌或感染动物。工作人员只能通过附于隔离器上的密封橡胶手套对隔离器内的动物进行操作，不直接接触动物。送入隔离器的空气需经超高效过滤，并保持与外界环境的压差，隔离器内外最小静压差应为50 Pa，洁净度必须达到5级。进入隔离器的饲料、饮水、垫料、笼具、器械等物品均须包装后经高压高温灭菌，通过灭菌渡舱无菌传递移入。隔离器根据其内部与外界的气压差不同可分为正压隔离器和负压隔离器两大类：正压隔离器适用于饲养无菌动物、悉生动物等，材质为塑料薄膜等软质材料；负压隔离器适用于饲养感染动物、放射污染动物等，材质为不锈钢等硬质材料。3种实验动物设施部分环境要求比较如表4-3所列。

表4-3　3种实验动物设施部分环境要求比较

项目	普通环境	屏障环境	隔离环境
动物等级	普通动物	清洁、SPF动物	无菌、悉生、SPF动物
饲养设施	普通动物室	屏障系统动物室	隔离系统动物室
空气进出	多种途径门、窗、缝隙或通风系统（不经高效过滤）	经高效过滤（针对0.5～5 μm粒子）通过净化通风系统，专门进出风通道	经超高效过滤（针对0.3～0.5 μm粒子）通过气泵从专门进出风通道
空气洁净度 温湿度	无要求	7级	5级或7级
沉降菌最大平均浓度/[CFU/(0.5 h·φ90 mm)平皿]	无要求	≤3	无检出
相通区域的最小静压差/Pa	无要求	10	50
最小换气次数/(次/h)	8	15	20

续表 4-3

项目	普通环境	屏障环境	隔离环境
动物	经检疫动物	控制微生物级别，笼盒经表面消毒后，由专门通道进入	控制微生物级别，笼盒经灭菌后，由传递舱进入
人员	着一般工作服	经更衣、淋浴后，再穿灭菌工作服，从专门通道进出	人不与动物直接接触，一切操作通过隔离器上的手套进行
其他物品	一般清洁卫生	分别经高压、药槽、紫外线、过氧乙酸等表面消毒处理	灭菌后从传递舱进出
对外通道	直接相通	专门缓冲及物流通道	完全隔离，经传递舱进出

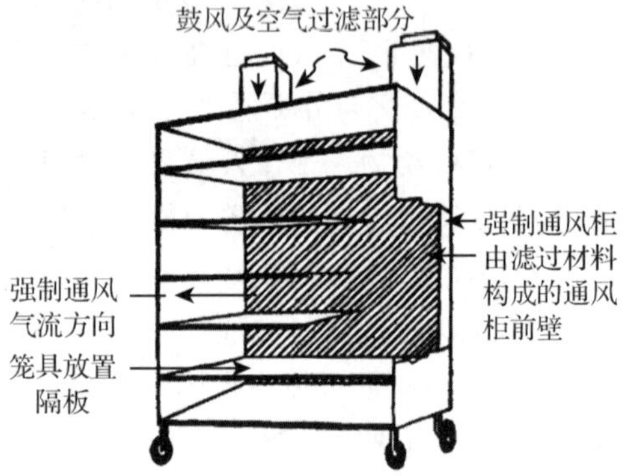

图 4-20　层流架结构

（引自　陈主初，吴端生，2001）

五、层流架的使用管理

层流架本身带有空气净化和通风系统，可作为实验动物观察专用设备。它由架体、风机、静压箱、过滤器等组成（图 4-20），一般为四周封闭，前方开启的柜形构造。

在较多情况下，层流架内的空气压力高于外环境，为正压层流架。如感染研究，为了避免污染环境，保持层流架内的气压低于外环境，为负压层流架，可将层流架置于普通房间内，用作清洁级动物的短时间饲养、实验操作和处理后观察，也可将其安放在清洁级房舍，用于 SPF 级动物养殖和实验观察。置于清洁级环境内的层流架，其内部物理洁净度、生物洁净度及通风状况可达 SPF 级环境控制标准，能直接作 SPF 级设施使用。但是，层流架作为清洁级和 SPF 级动物设施，尚有很大局限性。该设备空间很小，开门操作时很容易破坏其洁净指标，所以操作时应格外仔细。

层流架在静态时洁净度应至少达到 100 000 级，控制区内气流应分布均匀，气流速度为 0.1～0.25 m/s，噪声低于 60 dB，整体结构应耐酸碱、耐腐蚀，并且牢固、平衡，操作、拆装方便。

六、洁净物品的消毒管理

（一）设施的清洗

新建成的实验动物设施在使用前必须进行彻底的清洗。一般用清水对设施的表面进行擦洗，尤其注意设施的一些死角，要认真擦洗，除去建设过程中留下的灰尘等。运行中的设施要制定日常清洗制度，并按制度进行清洗。每日对饲养设施进行清洗，清除动物产生的排泄物、灰尘、垫料和洒落的饲料等，保持环境清洁，减少氨等有害气体的产生。饲养结束后的实验动物设施应进行彻底清洗，包括设施的地面、墙壁、棚顶、动物饲养器具等，清洗完毕后再做相应消毒处理。

(二)设施的消毒

1. 设施使用前的消毒

新建设施或设施在长期停用后重新启用前,应先对设施进行清洗,清洗完毕后,再对设施进行彻底的消毒。通常用消毒剂先对设施的表面进行擦拭消毒,然后用熏蒸的办法对设施的所有空间进行消毒。

2. 日常消毒

要求定期对饲养间、笼架具、饮水等进行消毒,以达到预防疾病的发生。常用的办法有擦拭、喷雾等。

3. 随时消毒

随时消毒是指在动物饲养期间有传染病发生时所采取的消毒措施。消毒对象包括感染动物所在的饲养间、隔离场所及被感染动物污染的笼具架等。通常在解除封锁前,应进行定期的多次消毒感染动物隔离舍和随时进行消毒。

4. 终末消毒

在实验动物整体出栏或动物实验结束后,应对整个动物设施进行彻底消毒。常用的方法有擦拭消毒、喷雾和熏蒸消毒,有些笼具架不易被消毒的部分可采用火焰烧烤的办法。

(三)常用消毒方法

1. 物理消毒灭菌方法

(1)干热法

①焚烧。利用点燃燃料或在焚烧炉内燃烧的方法,主要用于有传染性的废弃物,如实验动物的残体,染有强毒的垃圾等。

②灼烧。直接在火焰上灼烧灭菌,主要用于不易被其他方法消毒的笼具架的消毒。

③干烤。利用电热法依靠空气传导加热物体,使其达到消毒或灭菌的目的,在实验中主要用于金属、玻璃等器材的消毒灭菌。

(2)湿热法

①蒸煮法。将物品放于水中,利用加热至水沸腾使其得到消毒。蒸煮 20 min 可杀灭细菌繁殖体、病毒、真菌和细菌芽孢,但破伤风芽孢和肉毒杆菌芽孢及后者的毒素则要煮 5 h 才能破坏。一般用于临时性消毒。

②巴氏消毒。其主要用于血清、疫苗和牛奶的消毒,可分别加热至 56 ℃、60 ℃和 65 ℃。

③流通蒸汽消毒。在常压条件下,利用流通蒸汽加热物品使其得到消毒。

④压力蒸汽灭菌。在加压条件下,提高蒸汽的温度,通过蒸汽置换冷空气或用真空泵抽出冷空气,蒸汽能充分与物品接触放出潜热加热物品,主要用于一些耐热物品的灭菌。

(3)电磁波法

①红外线消毒。红外线是一种电磁辐射线,照射于物体产生热效用,起到杀菌作用,主要用于物体表面的消毒杀菌。

②微波消毒。微波是一种电磁波,照射于物体,引起物体内部分子间运动摩擦,在有水分存在时产生热效应,可杀灭所有微生物。

③紫外线消毒。紫外线是一种低能量电磁波,是一种不可见光,穿透能力极低,遇到障碍物反射能力也极弱,但紫外线具有强大的杀菌能力,只要直接照射、强度足够即可杀灭各种微生物。波长为 253.7 nm 的紫外线杀菌能力最强。

(4)电离辐射法

电离辐射灭菌的辐射源有^{60}Co-γ射线、电子加速器产生的高能电子束射线和高能电子束打在重金属靶上产生的X射线。以上这3种射线均能对医疗卫生用品进行灭菌。^{60}Co-γ射线灭菌应用比较普遍,在实验动物方面一般用于饲料、垫料的消毒。

2. 化学消毒灭菌

化学消毒灭菌方法是利用化学因子杀灭物品上污染的微生物。

①浸泡法。将清洗干净的物品浸没于消毒剂中,作用足够时间,取出用灭菌蒸馏水冲洗残留的消毒剂。

②擦拭法。用浸有消毒剂的敷料反复擦拭受污染的物品,适用于光滑表面的消毒。

③喷雾法。利用机械力将消毒剂雾化或喷洒,适用于多孔或粗糙物品表面的消毒。

④熏蒸法。将消毒剂加热气化或使其产生烟雾发挥其杀菌作用,如气体消毒剂甲醛、环氧乙烷等。

第四节　实验动物环境及设施的检测及维护

一、实验动物环境及设施指标的检测

实验动物设施在启用前和使用的过程中,都必须对环境相关指标进行检测,以确保环境指标达到标准要求。对内环境的检测项目主要包括:噪声、照度、空气沉降菌、尘埃粒子、压差、气流速度、换气次数、温湿度和氨气。

(一)噪声测定

1. 检测仪器

普通噪声计、积分型噪声计。

2. 检测条件

(1)静态检测　在实验动物设施内的环境通风、净化、空调系统正常连续运转48 h后,工艺设备已安装,室内无动物及生产实验工作人员的条件下进行检测。

(2)动态检测　在实验动物设施处于正常生产或实验工作状态条件下进行检测。

3. 测定方法

在洁净室无人、无动物,空调净化系统运行的情况下测定洁净室的噪声。面积小于或等于10 m^2的房间,于房间中心离地1.2 m高度设一个点;如房间面积大于15 m^2,可选择两个或两个以上的测定点,在室内离开墙壁反射面1.0 m及中心位置,离地面1.2 m高度布点检测。

(二)照度测定

1. 检测仪器

便携式照度计。

2. 测定条件

实验动物设施内照度,在工作光源接通,并正常使用状态下进行测定。

3. 测定方法

测定者需穿着黑色衣服,避免反射光影响测定结果。在实验动物设施内选定几个具有代表性的点测定工作照度。距地面0.8~1.0 m,离开墙面1.0 m处布置测点,测定时光敏面与

光源呈水平位置，待显示数字稳定后再记录；关闭工作照度灯，打开动物照度灯，在动物饲养盒笼盖或笼网上测定动物照度，测定时笼架不同层次和前后都要选点；使用电光源照明时，应注意电压时高时低的变化，应使电压稳定后再测。

（三）空气沉降菌测定

1. 试剂和仪器

直径 9 cm 的血液琼脂培养基。

2. 测定条件

在实验动物设施内环境通风、净化、空调系统正常连续运转 48 h 后，工艺设备已安装，室内无动物及生产实验工作人员的条件下进行检测。

3. 测定方法

每 5～10 m^2 设置 1 个测定点，将培养皿放置于地面上，敞开皿盖暴露 30 min，盖上皿盖，置于 37 ℃培养 48～72 h 后，计算培养皿内菌落数。

（四）空气颗粒测定

1. 检测仪器

粒子计数器。

2. 检测条件

（1）静态检测　在实验动物设施内环境净化空调系统正常连续运转 48 h 以上，工艺设备已安装，室内无动物及工作人员的情况下进行检测。

（2）动态检测　在实验动物设施处于正常生产或实验工作状态下进行检测。

3. 检测方法

垂直层流式或乱流式实验动物室测定应布置在距地面 1 m 高的工作区上，测定点间距为 0.5～2.0 m，乱流式动物室面积不大于 50 m^2 布置 5 个测定点，每增加 20～50 m^2 增置 3～5 个测定点。每个测定点连续测定 3 次，测定过程中不得调整测定次数。测定时 100 级净化室的采样量每分钟不少于 1 L，1 000 级以上的净化室的采样量每分钟不小于 0.3 L。

（五）相邻洁净区静压差测定

1. 检测仪器

微压计，精度可达 1.0 Pa。

2. 测定条件

静态检测在洁净实验室动物设施空调送风系统连续运行 48 h 以上，已处于正常运行状态，工艺设备已安装，设施内无动物及工作人员的情况下进行检测。动态检测在设施已处于正常使用状态下进行检测。

3. 测定方法

测定顺序一般由低压到高压，测定前将需要测定压差的两个区域封闭，关闭所有的门。测定时将测定用的胶管穿过墙上或门上预留的空洞进入室内（穿胶管的空洞必须密封，设置在离墙面不远处垂直气流的方向，且周围无阻挡物、气流干扰小的区域）。

（六）气流速度测定

1. 检测仪器

热球式电风速仪或数字显示式风速仪。

2. 测定条件

在设施运转接近设计热负荷,连续运行 48 h 以上进行测定。应根据设计要求和使用目的布置测点。一般空调房间应选择放置在实验动物笼具处的具有代表性的位置布点,尚无安装笼具时在离围护结构 0.5 m,离地高度 1.0 m 及室内中心位置布点。

3. 测定方法

将风速仪放置在有代表性的饲养实验动物笼具的位置进行测定。

(七)换气次数测定

1. 检测仪器

热球式电风速仪或数字显示式风速仪。

2. 测定条件

在设施运转接近设计热负荷,连续运行 48 h 以上进行测定。

3. 测定方法

换气次数的测定是通过测定送风口风量(正压式)或出风口风量(负压式)及室内容积来计算换气量。例如,以送风口计算换气次数,计算公式为:

(1)换气量: $Q=3\ 600SV$

式中:Q 为所求换气量(m^3/h);S 为有效截面积(m^2);V 为平均风速(m/s)。

(2)换气次数: $r=Q/V$

式中:r 为换气次数(次/h);Q 为送风量(m^3/h);V 为室内容积(m^3)。

风口为圆形时,直径在 200 mm 以下者,在径向上选取 2 个测定点进行测定;当直径为 200～300 m 时,用同心圆做 2 个等面积环带,在径向上选取 4 个测定点进行测定;当直径为 300～600 mm 时,做成 3 个同心圆,在径向上选取 6 个点;当直径大于 600 mm 时,做成 5 个同心圆测定 10 个点,求出风速平均值。

风口为方形或长方形者应将风口断面分成 100 mm×150 mm 的若干个等份面积,分别测定各个等份面积中心点的风速,求出平均值,作为平均风速。

(八)温湿度测定

1. 检测仪器

棒状温度计、热敏温度计、简易干湿球温度计和自动记录温度计等。

2. 测定条件

在设施竣工后,空调系统运转 48 h 后或设施正常运行时进行测定。测定时,应根据设施设计要求的空调和洁净等级确定动物饲育区及实验工作区,并在区内布置测点。

3. 测定方法

当设施环境温度波动范围大于 4 ℃,室内相对湿度波动范围大于 10% ,温湿度测定宜连续进行 8 h,每次测定间隔为 15～30 min。乱流洁净室按洁净面积不大于 50 m^2 至少布置测定 5 个测点,每增加 20 ～50 m^2 增加 3～5 个位点。

(九)氨气的测定

1. 检测仪器

真空气体采样器和分光光度计。

2. 测定条件

在实验动物设施处于正常生产或实验工作状态下进行,垫料更换符合时限要求。

3. 测定方法

以一定速度将 100 mL 的空气吸入并通过检测管，放置 3 min 后取下检测管，用着色层比长度法加以检测。

二、实验动物环境及设施的维护

实验动物设施的各项环境指标是通过相关设备的运转来实现及维持的，环境指标值无时不在动态的变化之中。对设施的环境监测和维护，是实验动物设施经常进行的工作。日常维护的重点有以下 3 个方面。

(1)空气过滤系统的维护系统中有初效、中效和高效三级过滤，过滤材料在工作时会沾染粉尘，逐渐造成堵塞，而影响设施内的空气质量。初效过滤材料应 2 周至 3 个月更换一次，过滤材料经清洗、干燥，可重复使用；中效材料 3～18 个月更换一次，经清洗、干燥也可重复使用；高效材料一般 1～3 年更换一次，一般不重复使用。

材料更换的次数取决于空气使用量和周围空气的质量。勤换初效和中效材料，可减少对高效材料的更换，因为更换高效过滤材料会在一定时间内造成设施内环境因素的不稳定。

(2)空调系统的维护，空调系统主要控制温、湿度两个重要的环境指标，空调的热交换部件要经常清洗，并要经常检查制冷剂有否泄漏，自动控温装置是否有效。

(3)灭菌系统的维护，注意高压灭菌装置和饮水灭菌系统是否有效，要经常监测，不可疏忽大意。此外，还有传递窗的紫外线灭菌是否有效，传递渡槽的消毒液要及时更换等一些日常的维护工作也不能忽视。总之，做好设施的维护工作，反映了设施的管理工作水平，要健全制度，建立岗位责任制，在管理上下功夫。

第五节 放(辐)射污染动物实验设施

自 20 世纪 90 年代以来，放射学、介入放射学、核医学、放射肿瘤学等电离辐射医学应用蓬勃发展并不断普及，人工放(辐)射防护已经成为重要的公共卫生问题。随着动物实验涉及的领域不断扩大，防止放(辐)射性物质在动物实验过程中对人类和动物产生危害的建筑防护问题也日益显示出其重要性。

在设计、建(改)造放(辐)射污染动物实验设施时，要求依靠屏障隔离和严格管理，防止电离或同位素放(辐)射对人的影响，防止射线对一般动物和环境的放射能污染及同位素的泄漏。要做到上述要求，必须严格遵守(GB 16353—1996)《含放射性物质消费品的放射卫生防护标准》、(GB 11930—2010)《操作非密封源的辐射防护规定》和(GB 14925—2023)《实验动物 环境及设施》等要求，增强放射(辐射)卫生防护意识。

一、放(辐)射性污染动物实验设施的设计

放(辐)射性污染动物实验设施的选址、设计建造及相应的审查必须经过国家有关部门认定的单位承担。有关部门已经制定相关法律，严格控制空气中的放射性物质的最大允许浓度。处理超过标准剂量的非封闭性放射物质时，应采用高放射性物质工作屏蔽室、通风柜以及特殊的封闭设备式局部排气装置。这些设备原则上单独设置通风系统式排气净化装置，并与周围的区域完全隔开。

(一)选址

①大型防放(辐)射性危害的动物实验设施应考虑区域地质构造、是否为危险地带;不宜在地震、海啸、崩塌、岩堆、滑坡、山洪、泥石流、活动沙丘区,高压缩性淤泥及软土区、坡度陡的地区选址建筑。

②小型放(辐)射性危害动物实验设施选址要远离其他动物实验室,不能毗邻居民密集区、闹市区、易燃易爆品生产区。

(二)动物设施防护

新购射线装置所用机房面积必须达到防护的要求,减少实验者身体受到散射线的照射。

①动物实验设施中有放(辐)射性物质的存放区域,必须在实验室某一区域设置有混凝土屏蔽室或有足够屏蔽厚度和作用的装置。

②防护门咬合严密,机房门内所镶铅板对接处无空隙,操作室观察窗铅玻璃、四周木框镶铅板、传片箱包铅板、电源插座等凹槽处设置放射防护标志。

③凡能产生放(辐)射性固体废物的动物实验活动区域都应设计有相应的废物暂时贮存设施,并保证暂时贮存的废物必须在包装和贮存方式上,在贮存期内可完整回取,并要求经济、安全、方便。动物实验设施中贮存放(辐)射性物质的区域暂存期应设计为5年。

④设施内应将非放(辐)射性工作区与有辐照工作区分开设置。操作放射性物质的工作区应设计通风间,人员全天在此工作也无危险,即使有出现表面玷污和气溶胶污染的可能,也能及时发现并清除。

⑤放射性物质存放区应设计通过缓冲间或卫生缓冲间,人员不经常停留,并需经允许才能进入该区域。

二、放(辐)射污染防护实验设施的安全监测

①放射工作场所设置电离辐射标志、工作指示灯及通风设施等。工作人员配置使用铅制衣帽等防护用品,增强防护等措施,减少对人体的辐射。

②在实验人员污染停留的工作区域设置必要的固定式监测装置和自动报警系统,未设固定监测点的场所也应能用便携式仪表进行监测。

③在实验区设置固定空气微尘取样系统,定期取样监测。

④必须在实验区设置放射性气溶胶监测仪。

⑤应设置事故备用电源,保证放射设施内不间断电源供给。

思考题

1. 名词解释

   实验动物设施　隔离环境　屏蔽环境　普通环境　动物生产设施　动物实验设施　独立通气笼具

2. 实验动物设施选址要求是什么?
3. 实验动物设施的布局基本原则是什么?
4. 独立通气笼具(IVC)设备的优点是什么?

参考文献

陈洪岩,夏长友,韩凌霞,2016. 实验动物学概论[M]. 长春:吉林人民出版社.
程水生,崔保安,陈光华,2012. 兽医实验动物学[M]. 北京:中国农业出版社.
何诚,2013. 实验动物学[M]. 2版. 北京:中国农业大学出版社.
李凤奎,王纯耀,2007. 实验动物与动物实验方法学[M]. 郑州:郑州大学出版社.
罗满林,顾为望,2002. 实验动物学[M]. 北京:中国农业大学出版社.
杨斐,胡樱,2019. 实验动物学基础与技术[M]. 2版. 上海:复旦大学出版社.
周光兴,2012. 医学实验动物学[M]. 上海:复旦大学出版社.

第五章

实验动物营养与饲料的质量控制

本章简介

本章重点介绍了常用实验动物的饲料特点、营养成分的生理功能；不同实验动物对营养的需要特点；饲料的设计、加工、消毒与贮存；同时还介绍了饲料的质量控制方法。

充足的营养是维持实验动物机体正常生长、繁殖以及健康的先决条件，是实验动物遗传和各种生物学特性得以充分表达的必要条件。实验动物的营养学与家畜营养学有着质的区别，家畜营养学是注重研究如何提高家畜的生长速度、饲料利用率和经济效益；而实验动物营养学是研究如何为实验动物培育、繁殖和生产提供品质均一和标准化的营养。根据不同品种实验动物营养需要和饲料原料营养价值来制定标准的饲料配方，生产出符合实验动物生长发育需求的饲料，控制饲料质量，进而确保实验动物的品质和保障动物实验的顺利开展。饲料是动物摄入营养素的主要来源，饲料的质量对实验动物的质量和动物试验的结果有直接影响。实验动物的营养需要是指为满足动物正常生长和繁殖所需各种养分的基本需要，即每只动物每天对蛋白质、维生素、矿物质以及能量的需要量。实验动物作为被限定饲养于特定环境之中，用于科学研究的一个特定动物种群，其营养需要对于维持生命与健康，保证正常的生长发育和种群特性，培育、繁殖和生产出标准化的实验动物，保障实验结果的准确性及再现性至关重要。实验动物的营养需要因动物的品种、品系，生长阶段不同，其营养素需要量差别较大，故根据动物生长繁殖特点，合理配制饲料，才能满足实验动物不同生理时期对营养物质的需要。

第一节　实验动物饲料的分类及其营养特性

优质饲料是保障实验动物正常生长发育的物质基础。因此，了解饲料的类型和营养特点、合理利用饲料资源是科学配合实验动物饲料的前提，对实验动物的饲养具有重要意义。

一、饲料的分类

通常按照饲料的来源、理化性状、消化率和生产价值等条件，将其分为植物性、动物性、矿物质和其他添加剂饲料。依据国际饲料标准及分类原则，按营养特性，饲料可分为粗饲料、青绿饲料、青贮饲料、能量饲料、蛋白质饲料、矿物质饲料、维生素饲料和添加剂八大类。

1. 粗饲料

干物质粗纤维含量≥18%、干物质消化能＜10 460 kJ/kg，主要是禾本科牧草、农作物秸秆及农副产品。

2. 青绿饲料

水分含量≥60%的植物性饲料，主要包括青绿牧草、新鲜蔬菜、枝叶、块茎和瓜果类。

3. 青贮饲料

青贮饲料是以新鲜的植物性饲料为原料，经密封厌氧条件处理后制成的，pH 偏酸性的饲料。延长了青绿饲料的保存时间，但需要科学地控制青贮饲料饲喂量，避免酸中毒。

4. 能量饲料

干物质的消化能＞10 460 kJ/kg，且粗纤维含量＜18%、粗蛋白质含量＜20%的饲料，主要包括谷类籽实、块根、块茎。

5. 蛋白质饲料

干物质的消化能＞10 460 kJ/kg，且粗纤维含量＜18%、粗蛋白质含量为≥20%的饲料。其又分为：①动物性蛋白质饲料，如鱼粉、血粉、酵母粉等，②植物性蛋白质饲料，如豆粕、棉籽粕、油饼类等。

6. 矿物质饲料

含有对动物生命所必需的矿物质元素，如骨粉、贝壳粉、食盐等。

7. 维生素饲料

维持动物正常生理机理所必需的微生物，包括单一维生素或复合维生素，但不包括某些维生素含量较多的天然饲料。

8. 添加剂

配合饲料中添加的微量成分，主要包括：①非营养性添加剂，如防腐剂、着色剂、抗氧化剂，②药物性添加剂，如激素、杀虫剂、抗寄生虫剂，③生长促进剂，④营养性添加剂，如氨基酸、微量元素。实验动物饲料只使用营养性添加剂，严禁添加非营养性添加剂。

二、常用饲料的营养特性

不同的饲料其营养特性不同，在动物饲养中起着不同的生理作用。掌握饲料的营养特性，有利于科学饲喂实验动物，合理配合实验动物饲料。

（一）干草的营养特性

干草的营养价值与植物的种类、生长阶段、生长环境和取用部位以及调制后的色泽、气味、茎叶多少、杂质含量的不同，干草的营养价值有很大差异。一般豆科干草的营养高于其他干草。干草在调制过程中采用的干燥方法、时间长短对营养物质的损失存在一定的差异，人工干燥法调制时间短，营养损失较少，自然干燥法调制的时间长，营养损失较多。实验动物最常用的干草主要是苜蓿草粉和脱水蔬菜。

1. 苜蓿干草

多采用自然干燥法。调制过程中其蛋白质的损失可达 10%～50%，主要是由机械作用使叶片脱落、日光氧化和细胞饥饿代谢而造成的。优质苜蓿干草是实验动物的优良饲料，其粗蛋白质含量为 17%～23%，粗纤维含量为 20%～25%。苜蓿干草还含有较多的钙和 β-胡萝卜素（26 mg/kg）。晒干的干草含有较多的维生素 D_2（2 000 IU/kg）。苜蓿干草粗蛋白质容易被消化，氨基酸成分相近于乳清粉，被公认为最好的纤维饲料，在豚鼠、家兔日粮中可占25%～50%，大小鼠的日粮中，加5%为宜。

2. 脱水蔬菜

脱水蔬菜是经人工甩干脱水或高温快速脱水(500～1 000 ℃，5～10 s)干燥而成，其养分损失甚微，基本上保留和浓缩(脱水)原有成分。唯一缺点是维生素流失50%以上，如维生素D等，做饲料时需要其他途径补充。豚鼠和家兔日粮中可添加20%～30%维生素D。

(二)青绿饲料的营养特性

青绿饲料是指含水量在60%以上的树叶类、非淀粉质的块根、块茎、瓜果类等。它具有以下特性。

①蛋白质含量丰富、消化率高、品质优良。一般青绿饲料中的粗蛋白质含量按干物质计算为10%～20%，新鲜的禾本科牧草和叶菜类饲料的粗蛋白质含量为1.5%～3.0%，豆科牧草为3.0%～4.5%。青绿饲料中蛋白质的品质好，容易被动物消化利用，且含半必需氨基酸较全面，赖氨酸、色氨酸、组氨酸的含量较高，其蛋白质的营养价值接近于单纯蛋白质。

②维生素含量丰富。青绿饲料中含有丰富的胡萝卜素，每千克含50～80 mg/kg，高于其他任何天然饲料。此外还含有丰富的硫氨酸、核黄素、烟酸等B族维生素，以及较多的维生素C、维生素E和维生素K等。

③钙、磷比例适宜。青绿饲料按干物质计，钙0.4%～0.6%、磷0.2%～0.35%，比例比较适宜，容易被动物吸收利用。

④适口性好。青绿饲料幼嫩、柔软和多汁、纤维素含量低、适口性好、消化率高、营养相对均衡。

⑤含有雌性激素，与营养物质的代谢有密切关系，能促进发情。

⑥水分含量高。一般新鲜的陆生植物的水分含量可达60%～90%，水生植物可达90%～95%。饲喂实验动物时，应考虑青绿饲料总水分对动物消化机能的影响，主要通过加工过的草粉或脱水蔬菜代替青饲料，从而从根本上解决实验动物的腹泻。

(三)禾本科籽实类饲料的营养特性

禾本科籽实类饲料是各种实验动物的基础饲料，主要有小麦、大麦、燕麦、荞麦、玉米、高粱、稻谷、糜谷等，一般可占日粮的40%～60%，其营养特性包括以下几方面。

①无氮浸出物含量高，粗纤维含量低。禾本科籽实富含无氮浸出物(主要是淀粉)，占70%～80%，粗纤维含量一般在6%以下，每千克消化能的含量在12 540 kJ以上，一般被称为高能饲料。

②粗蛋白质含量较低，必需氨基酸含量不足。禾本科籽实粗蛋白质含量在10%左右，氨基酸的组成不平衡，色氨酸、赖氨酸含量少，不能满足各种动物的需要。日粮中使用过多，可影响其他必需氨基酸的利用。氨基酸主要集中于胚芽和种皮中，蛋白质生物学价值一般在50%～70%。

③脂肪含量少。一般占干物质的2%～5%，绝大部分存在于胚中，以不饱和脂肪酸为主。

④钙、磷比例不平衡。禾本科籽实中的钙的含量在0.1%以下，而磷的含量较多，占0.3%～0.45%，多以肌醇六磷酸盐的形式存在，不易被消化吸收。

⑤维生素含量不均匀。含有较丰富的维生素B和维生素E。黄玉米含玉米黄素，具有胡萝卜素的功能，大麦中含有较多的烟酸。除黄玉米外，其他籽实中均缺乏维生素A和维生素D。

(四)豆科籽实类饲料的营养特性

用作饲料的豆科籽实主要有大豆、豌豆、蚕豆和箭舌豌豆等。其营养特性包括以下几个方面。

①蛋白质含量高。豆科籽实粗蛋白质含量一般在20%～40%,为禾本科籽实的1～3倍,且品质较好,精氨酸、赖氨酸、苯丙氨酸、亮氨酸、蛋氨酸等含量均多于禾本科籽实。

②粗脂肪含量高。大豆和花生的粗脂肪含量达15%以上,其余豆类含粗脂肪均在2%左右,能量值较高。

③矿物质、维生素含量 矿物质、维生素含量与禾本科籽实相似。

④含有一定的不良因子。大多豆类籽实中含有抗胰蛋白酶、皂素和血凝集素等抗营养因子,这些物质影响豆类饲料的适口性、动物的消化吸收和某些生理代谢过程。这些物质经适当的热处理(110 ℃,3 min)后能灭活这些抗营养因子。

(五)饼粕类饲料的营养特性

饼粕类饲料是富含油的籽实经加工榨(浸)取植物油后的加工副产品,蛋白质丰富,如大豆饼粕、花生饼粕、芝麻饼粕、玉米胚芽饼粕,是蛋白质饲料的主要原料。其具有以下特性。

①可消化粗蛋白质的含量高。油饼、油粕中可消化粗蛋白质含量可达30%～40%,必需氨基酸含量丰富,其中赖氨酸含量可达2.4%～2.8%,赖氨酸与精氨酸比例(100∶130)较为恰当,能与玉米等谷实类饲料配合起到氨基酸互补作用。饼粕类饲料的适口性好,消化率、利用率均较高。

②粗脂肪含量随加工方法不同而异。饼粕类的脂肪含量随加工方法的不同变动较大,一般压榨法所得油饼脂肪含量在5%左右,浸提法所得油粕,脂肪含量在1%左右。

③无氮浸出物含量适中,占干物质的23%～34%。

④粗纤维含量低。粗纤维含量与加工时带壳与否而异。一般去壳者粗纤维含量为6%～7%,消化率高。

⑤矿物质方面,磷量比钙量多。

⑥B族维生素含量丰富,有少量胡萝卜素。

⑦有些饲料喂前需加工。(GB 14924.1—2001)《实验动物 配合饲料质量通用标准》规定,不得使用菜籽饼粕、棉籽饼粕、亚麻仁饼粕等含有有害毒素的饲料原料。

(六)动物性饲料的营养特性

动物性饲料是指来源于动物机体的一类饲料,主要包括水产副产品和畜禽副产品,如鱼粉、肉骨粉、血粉、奶粉、蚕蛹、羽毛粉等,其主要营养特性包括以下几个方面。

①蛋白质含量高、必需氨基酸比较全面。动物性饲料中粗蛋白质含量高,一般都在40%～80%,各种必需氨基酸比较全面且比例恰当,是优良的蛋白质饲料。

②碳水化合物含量低 除奶粉外,各种动物性饲料中碳水化合物含量极低,而且无粗纤维,消化率高,适于饲喂各种实验动物。

③矿物质含量丰富,比例恰当。动物性饲料中的钙含量为5.44%、磷含量为3.44%,钙与磷的比例适当,能被动物充分吸收利用。鱼粉中还含有食盐和丰富的微量元素。鱼粉中的含盐量与其品质有关,配合日粮时,必须事先了解其食盐含量,以免食盐中毒。

④维生素含量丰富。富含B族维生素,特别是维生素B_{12},鱼粉中还含有维生素D及维生素A。一般在日粮中加入5%～10%的动物性饲料可使蛋白质的生物学价值大为提高,相应

提高饲料报酬，降低成本。

（七）糠麸类饲料的营养特性

糠麸类饲料是指禾本科籽实加工后生成的副产品，主要有米糠、小麦麸、高粱糠、小米糠等。是粮食加工的副产品，由谷皮、胚（小部分胚乳）组成。其营养特性包括以下几个方面。

①无氮浸出物低。糠麸类饲料的无氮浸出物比谷实类少，占干物质的40%～50%。

②粗蛋白质的含量较高。粗蛋白质含量在豆料与禾本科籽实之间，10%～14%。

③粗纤维约占10%，比籽实饲料高。

④米糠中有较多的脂肪，为12%～15%，不易贮存，适口性差。

⑤矿物元素不平衡。在糠麸类饲料中，磷的含量较高，约占1%以上，但70%以植酸盐的形式存在，不易被动物吸收。钙的含量少（0.1%以下）、钙、磷比例不平衡（1∶8）。麸皮中还含有较多的镁盐，容易引起腹泻。

⑥含有丰富的B族维生素，还有胆碱、硫胺素等元素，维生素E的含量也比较高，其他维生素含量较少。在这类饲料中，麸皮的质地疏松，在消化道中可改善日粮的物理性状，日粮中可占10%～20%。

（八）矿物质饲料的营养特性

动物在生长发育、繁殖过程中需要20种以上的矿物质元素。这些元素虽然在天然饲料中都有不同的含量，但不全面。矿物质是构成动物体组织、维持正常生命活动不可缺少的重要物质，具有调节体内渗透压、保持体液酸碱平衡、维持神经和肌肉正常兴奋性等作用。矿物质在体内不能产热，但却与产生能量的碳水化合物、脂肪及蛋白质的代谢密切相关。实验动物在人工小环境下饲养应用矿物质对其进行适当的补充与调整。矿物质饲料大多含元素较单纯，便于单项补充与调整。常用的矿物质饲料包括以下几种。

1. 食盐

食盐除了对动物补充钠和氯外，还可提高饲料的适口性，增加采食量。

2. 含钙的矿物质饲料

常用的有贝壳粉、蛋壳粉、石灰石粉及碳酸钙等。它们的主要成分为碳酸钙，动物对这种钙的利用率不高，但来源广，价格低廉，是补充钙的重要来源。骨粉、磷酸钙、磷酸氢钙等饲料中既含钙，又含磷，动物对这类矿物质饲料的利用率较单独含钙的矿物质饲料为好。

3. 微量元素添加剂

根据各种动物的需要，选用各种无机盐，按一定比例配制微量元素添加剂，如铁、铜、钴、锌、锰、碘、硒等。

（九）其他饲料成分的营养特性

其他饲料成分主要由人工合成，多为工厂生产的各种饲料添加剂。大致有两类：营养性添加剂，如氨基酸、维生素制剂、微量元素添加剂等；非营养性添加剂，如抗氧化剂、驱虫剂，生长促进剂、酶制剂、着色剂、防腐剂等。

这些添加剂的主要作用是完善日粮的全价性，提高饲料利用率，促进动物生长和防治疾病，减少饲料在贮存期间营养物质的损失，改善产品品质等。

为保证实验动物的标准化及动物实验结果的准确性和可靠性，（GB 14924.1—2001）《实验动物　配合饲料通用质量标准》规定，实验动物饲料中不得掺入抗生素、驱虫剂、防腐剂、色素、促生长剂以及激素等药物及添加剂。因此，在饲养加工过程中应予以特别注意。

第二节 实验动物营养需要

满足实验动物标准化的营养供给是维持动物健康和提高动物实验结果的重要保证。理想的动物饲料对实验动物来说非常重要。实验动物的生长发育、繁殖哺乳和抗御疾病及一切生命活动,均依赖于饲料质量和饲养方式。实验动物机体内的某些系统和器官,特别是消化系统的功能和形态是随着饲料的品种而变异的。实验动物品种不同,其生长发育和生理状况都会有差异,它们对各种营养的要求也各有特点。常用实验动物中,猕猴和豚鼠的饲料中必须加入足够量的维生素C,以免因维生素C缺乏而引起坏血病。兔饲料中应加入一定数量的干草,保证饲料中粗纤维的含量,以防治腹泻病的发生。小鼠饲料中蛋白质含量不得低于20%,否则就容易产生肠道疾病。

一、小鼠的营养需要

小鼠品种繁多,应根据不同品系特点提供相应的饲料。小鼠胃容量小,成年鼠每天的采食量为5~7 g。对蛋白质的需求相对较高,饲料中的粗蛋白质含量18%~20%、粗脂肪含量4%~8%才可满足需要。通常小鼠的日增重和离乳成活率随饲料粗蛋白质水平的提高而提高。每只小鼠每天给予60.6 kJ代谢能就可满足生长需要,75.2 kL就可满足其快速生长和繁殖需要。

小鼠喜食含碳水化合物高的饲料,饲料中的比例可适当大些。小鼠对粗纤维的需要量取决于含纤维的饲料性质,还受到适口性、消化、泌乳、肠道微生物、其他营养成分的吸收等因素的影响,一般以5%粗纤维含量为宜。日粮中添加0.47%含硫氨基酸可提高小鼠的生长发育和繁殖性能。

小鼠对于维生素A的过量很敏感,尤其是妊娠小鼠摄入过量的维生素A会导致胚胎畸形。小鼠对维生素A和维生素D的需要量较高。给予维生素E能使小鼠的受孕率、产仔率明显提高。无菌小鼠应注意补充维生素K。锌、铁、铜、锰等微量元素的缺乏可导致小鼠生长发育受阻,被毛粗糙、贫血及繁殖率下降。

小鼠各品系间营养需要有明显差异。在隔离或屏障环境中培育的动物,其营养需要和同品系在开放环境中饲养的动物的营养需要差别更为明显。

二、大鼠的营养需要

大鼠为杂食性动物,但对纤维素的消化能力也很强,其盲肠内有大量微生物,能分解纤维素,合成B族维生素和维生素K。大鼠对营养缺乏较敏感,可消化能的需要量约为每千克饲料15.9 MJ。饲料含18%~20%的蛋白质,含4%~6%的粗脂肪,含5%左右的粗纤维可满足其生长、妊娠和泌乳的需要。在饲料中添加0.4%的蛋氨酸或0.5%的赖氨酸可使大鼠生长速度达到最快。在生长期以后,蛋白质需要量锐减,可适当减少饲料中蛋白质含量以延长其寿命,7%~10%的蛋白质可满足成年大鼠的维持需要。生长期的大鼠易发生脂肪酸缺乏,饲料中必需脂肪酸的需要量应占热能物质的1.3%,其中亚油酸不能低于0.3%,它能在大鼠体内转化为花生四烯酸,此为细胞膜上的主要脂肪酸,也是前列腺素的重要前体物质。一般饲料中应当添加脂肪。

大鼠对钙、磷的缺乏有较大的抵抗力,但对镁的需要量较高。当饲料含锌量低至3.55 mg/kg

时，雄鼠生殖功能会下降，含铁量低至 60.95 mg/kg 时，会导致缺铁性贫血，如果锌和锰的含量同时降低，还将引起大鼠肾上腺发育迟缓。维生素 B_2 缺乏会限制大鼠的生长速度，使肝/体比值升高，血红蛋白含量下降。维生素 E 缺乏可导致雄鼠睾丸变性和孕鼠胎儿吸收。大鼠对维生素 A 缺乏十分敏感，一旦缺乏时常咬人。大鼠盲肠内的微生物能消化饲料中的纤维素，合成 B 族维生素和维生素 K，因此饲料中通常不需要添加维生素 K，但需要补充维生素 A。大鼠能有效地贮存脂溶性维生素和维生素 B_{12}，制造维生素 C 及通过食粪满足其对 B 族维生素的需要。每千克饲料中添加 60 mg 维生素 E 能显著提高大鼠的繁殖率。

三、地鼠的营养需要

地鼠为杂食性动物，以植物性饲料为主。但地鼠对饲料粗蛋白质的质量和数量要求较高，如果不能满足需求，则会引起成年鼠性功能减退和幼鼠生长发育缓慢。饲料中蛋白质的含量一般要求达到 21%～24%，动物性蛋白质与植物性蛋白质之比应为 1∶2 或 2∶3 否则会导致生殖功能障碍、无生活力的仔鼠增多。同时，还需定量供给脂肪和维生素 A、维生素 B、维生素 D。地鼠需要适量给予青绿饲料，冬季饲养时应适当补充萝卜、白菜等，夏季可给予适量的黄瓜、白菜、油菜等。

四、豚鼠的营养需要

豚鼠为草食性动物，喜好采食含纤维素较多的禾本科嫩草，对粗纤维消化能力较强。豚鼠饲料中应保证 12%～14%的粗纤维，若粗纤维不足，可发生排粪较黏和脱毛现象，还会相互吃毛。饲料中粗纤维含量对豚鼠的生产能力有很大影响，当饲料中粗纤维含量为 11%时，豚鼠的生产力偏低；上升至 12.4%时生产能力提高；继续增加至 13.7%时，其生产能力不会再升高但趋于稳定。

豚鼠食量较大，食性挑剔，对饲料的改变敏感。有食粪癖，成年豚鼠从肛门口处取食软粪补充营养，幼仔从母鼠粪中获取正常菌丛。豚鼠日夜采食，随吃随拉，一般拒食苦、咸和过甜饲料。

在饲料中，蛋白质和能量水平与豚鼠的生长关系密切，16%的蛋白质含量和 12 MJ/kg 的能量会使豚鼠体增重最快。当蛋白质含量提高至 18%时，豚鼠的繁殖能力上升，继续提高至 20%时，其各项繁殖指标趋于稳定。豚鼠对某几种必需氨基酸需要量很高，其中最重要的是精氨酸。用单纯蛋白质饲料若不补充其他氨基酸，则饲料中蛋白质含量需高达 35%才能生长最快。

豚鼠体内缺乏维生素 C 合成酶，自身不能合成维生素 C。对维生素 C 的缺乏特别敏感。缺乏时可引起坏血病、生殖功能下降、生长不良、抗病力降低，最后导致死亡，必须在饲料或饮水中予以添加。按每 100 g 体重，每日 0.5～1.0 mg 维生素 C 可满足豚鼠生长发育的需要；按每 100 g 体重，1.5～2.0 mg 维生素 C 则可使繁殖豚鼠的受孕率、产仔数、初生体重和离乳成活率达到最高。添加时应给予 10%的安全系数，如饲料需高温、高压消毒则该系数更高，以弥补消毒造成的维生素 C 破坏。

五、兔的营养需要

兔饲喂颗粒状饲料。家兔饲料配方中除需要蛋白质、维生素、矿物质外，还应有适量粗纤维饲料。添加饲料以一昼夜吃完为度，防止暴食。随兔不同生长发育阶段调整饲料量及添加剂。必需氨基酸中的精氨酸对兔特别重要，是第一限制性氨基酸。兔可以耐受高水平的钙，其初生时即有很大铁储备，所以不易贫血。兔肠道微生物可以合成维生素 K 和大部分 B 族维生素，并通过食粪行为而被其自身所利用，但繁殖兔仍需补充维生素 K。草食动物应保证其饲料中的粗纤维在 12%以上，而饲料中含有 14%～17%蛋白质左右即可满足。

六、犬的营养需要

犬的饲料多样，但应注意各种营养成分的配合；饮水保证充足、自由饮用。犬是肉食性动物，需要足够的脂肪、蛋白质，其中动物性蛋白质占全部蛋白质的 1/3 以上，除考虑满足能量之外，还应考虑改善饲料的适口性。犬能耐受高水平的脂肪，并要求日粮中有一定水平的不饱和脂肪酸。犬的维生素 A 需要量较大。尽管肠道内微生物可合成 B 族维生素，但仍需要补充维生素 B。

七、猫的营养需要

猫是肉食性动物，对蛋白质需求是犬的 2 倍，生长期小猫不低于 33%，成年猫 21%～26%。小猫要求高脂肪酸日粮，生长期需要一定数量的牛磺酸，一般每千克饲料添加 2.5 g，亚油酸含量不能低于 1%。猫属于不能利用β-胡萝卜素作为维生素 A 原的动物，因此，应在饲料中补充维生素 A，每只猫每天补充 500 mg，猫对维生素 E 的需求量也较高。

八、小型猪的营养需要

作为实验动物用途的小型猪，它对粗饲料有很好的适应能力，因此，NRC(1998)认为实验小型猪的饲养标准可参考家畜猪的相关标准，但其对粗纤维的含量要求及消化能力要比普通家猪高，但其对蛋白质的需要量比普通家猪低。巴马小型猪的配合饲料中粗蛋白质含量为 12%～14%，粗纤维含量为 7%，粗脂肪含量为 2.5%～3%。

九、非人灵长类实验动物的营养需要

实验用非人灵长类动物的主要是猕猴属，如恒河猴、食蟹猴，属杂食性动物，常采用笼养或舍养方式。舍养房分内、外室，内室可避风、雨、防寒，外室供活动。猴的属性和人相似，营养要求也比较高，在人工饲养时，应喂以面粉、玉米粉、黄豆粉、鸡蛋、食盐和骨粉制作的蛋糕或饼干。另外，还应喂给苹果、香蕉、蔬菜等，在饲喂主食时，应注意其色、香、味的要求，以便增强其食欲。猴饲料中的 50%以上的能量来自糖代谢，蛋白质一般占 16%～21%，脂肪占 4%～5%。猴对粗纤维要求不高，占 4%～5%。猴和豚鼠一样体内不能合成维生素 C，若缺乏可发生牙龈出血，精神萎靡，长期缺乏会导致死亡，所以必须由日粮提供，每千克日粮中添加维生素 C 1 700～2 000 mg。在人工饲养时，可以喂以面粉、玉米粉、黄豆粉、鸡蛋、食盐和骨粉制作的蛋糕或饼干，同时供给苹果、香蕉、瓜类等。

十、SPF 鸡的营养需要

国际上尚没有通用的 SPF 鸡营养标准，它的蛋白质和氨基酸需要量略低于或等于 NRC 标准即可。一般 SPF 鸡饲粮中能量水平(代谢能)在 2 600 kcal/kg 以上，鸡可通过调节采食量摄入足够的能量满足自己的需要；粗蛋白质的需要量15%左右，对钙、磷、钠的需要量大，钙3.0%～3.5%，有效磷0.4%，钠0.37%。产蛋用SPF鸡的生产水平相当高，年产卵量近20 kg，是其自身体重的10倍，代谢极其旺盛，应提供足够数量优质的饲料，在数量和质量上满足其营养需要，使其生产水平得以发挥。

第三节　实验动物配合饲料的设计

一、配合饲料的种类

维持实验动物生长发育、繁殖、哺乳等生命活动所需的各种营养素，依赖单一的饲料原料是无法全面满足的。通过选取不同的饲料原料，根据每种原料中的营养物质含量，按照不同实验动物的营养要求进行互相搭配制备成配合饲料，配合饲料所提供的各种营养素能满足各种实验动物的营养要求。因此，不同实验动物所需饲料的营养配制和质量标准是保证实验动物质量及动物实验结果可靠性的重要条件之一。

二、配合饲料的分类

配合饲料是指根据实验动物的营养需要和饲料原料的营养价值，经科学计算确定出各种原料最佳的配合比例，按这种比例进行原料配合，并经一定的加工流程生产出来的饲料。根据饲料中的营养成分、组分精细度、理化性状及动物适用性等因素，配合饲料可划分成以下几类。

(一)按饲料的营养成分和对动物的饲喂制度进行分类

1. 全价营养饲料

全价营养饲料，又称全日粮配合饲料，该饲料含有均衡的各种营养物质和能量，能完全满足实验动物的各种营养需要，且不需添加任何其他成分就可以直接饲喂，是理想的配合饲料。在实验动物中，小鼠、大鼠、豚鼠和兔都采用全价营养饲料。

2. 混合饲料

混合饲料，又称基础饲料，它是按照一定的饲料配方由多种原料成分配制而成的混合料，基本上可满足实验动物的需要，但营养不均衡尚需另外添加一定量的青绿饲料、粗饲料、青贮饲料。可因使用目的、饲喂方法及生产方式的不同而有所区别。适用于兔、豚鼠等草食动物。

3. 浓缩饲料

以蛋白质饲料为主，补充矿物质和添加剂形成的饲料。需按使用说明与能量饲料或粗饲料混合后方可使用。

4. 添加剂预混料

由营养性添加剂与必要的载体配制而成的预混料。

5. 代乳饲料

代乳饲料也称人工乳，是专门为各种哺乳期的实验动物配制，也是可代替自然乳的全价营养饲料，如一些剖宫产的哺乳动物可用该饲料代替保姆动物。

(二)按配合饲料的组分精细程度分类

1. 天然饲料

用经过适当机械加工的谷物、麦类、脱水蔬菜、牧草、骨粉及鱼粉等原料配制成的饲料。该类饲料相对加工方便、价格便宜，广泛应用在动物的生产繁殖中。

2. 加工饲料

根据原料的营养价值，将原料的营养价值，将蛋白原料、能量原料和青贮原料等进行科学配比，经精炼后配制的饲料，如用酪蛋白作蛋白质的来源，糖或淀粉作碳水化合物的来源，植物或动物油作脂肪来源，纤维素作粗纤维的来源，再加上化学纯的无机盐和维生素制备的饲料。此类饲料容易控制营养成分，适用于重复性动物实验。

3. 纯化学物质

采用化学成分纯净的化合物如氨基酸、糖类、必需脂肪酸、无机盐和维生素配制而成的饲料。该类饲料的化学成分更为明确，但价格较高，仅适用于营养成分需要严格控制的动物实验。

(三)按饲料的物理性状分类

1. 粉状饲料

它是把所有的原料按需要粉碎成大小均匀的颗粒，再根据配方按比例混合好的一种料型，不再进行成形加工。粉状饲料的加工一般是将各种原料的干粉，按不同比例配制而成混合干粉。配制过程中应注意将生粉加热处理，如粮谷类粉料一般应在 120 ℃高压蒸汽灭菌处理，冷却后再拌入其他粉料，添加维生素、无机盐时应采取逐步扩大法，并应反复过筛拌匀。这类饲料品质稳定、饲喂方便，加工方法简单、成本低，便于试验过程中随时添加药品。粉状饲料易引起动物挑食而造成浪费，且饲养效果差，在运输过程中比重不同的原料容易分离。

2. 颗粒饲料

它是以粉料为基础，用配好的干粉加水拌匀经过蒸汽加压成形处理而制成的颗粒状饲料。这类饲料密度大、体积小、适口性好，便于加工贮存，易于饲料标准化生产的优点，具有营养全面，稳定性好，易消化吸收，便于贮存，不易变质，增加动物的采食量、饲料报酬高的优点。加温、加压能破坏饲料中的部分有毒成分(如大豆中的抗胰蛋白酶)，但同时也使一部分维生素和酶类受到破坏，在实际使用中应注意适量添加维生素。

颗粒饲料在加工过程中经过水蒸气热压后对饲料有烧煮作用。能将粉粒湿润软化，并促使组织细胞破裂，纤维撕碎，引起某些成分的结构变化，使高能量饲料发生综合作用。又使生淀粉 a 化(淀粉糊化)，容易被动物消化吸收。在加热过程中，能引起蛋白质变性，降低蛋白质溶解性，增强组织蛋白食感优良性，破坏酶的生物活性和毒性蛋白。加热过程可抑制对生理代谢有害的物质。例如，在未经煮烧过的黄豆和豆类蛋白中，有一种生长抑制剂对动物生长和生理代谢都有影响，而加热后能去除这种有害物质。通过加热，可除去腥味而增加饲料的适口性。同时蒸汽又具有杀菌作用使颗粒饲料细菌数减少，饲料不易变质，食物中毒机会减少，提高了饲料质量，饲料的保存性能提高，保证了动物健康生长。

颗粒饲料在生产加工和饲喂过程中不像混合粉料那样产生大量粉尘而造成损失。因减少了加工和饲喂工序，操作方便从而减轻了劳动强度。在饲料装卸和运输过程中，不会像粉料那样因饲料成分的比重不同而引起自动分级破坏其均匀状态，特别是微量成分，颗粒饲料能有效地保证其分布均匀。颗粒饲料可减少贮存和运输体积，特别是对苜蓿草等粗纤维饲料更为显著。颗粒饲料能避免动物扒食造成浪费。颗粒饲料饲喂方便，每天喂一次即可，而且饲喂量容易掌握。颗粒饲料体积小，便于密封长期保存，防止了饲料因霉烂、虫蛀而变质。

颗粒饲料可分为软颗粒饲料和硬颗粒饲料。软颗粒饲料的含水率25%～30%，密度1 g/cm^3，质地松软，适合水生实验动物；硬颗粒饲料的含水率<12%，密度1.3 g/cm^3，结构细密，符合啮齿类动物喜啃咬磨牙的特性，故非常适用于小鼠、大鼠、地鼠、豚鼠等啮齿类实验动物。

3. 膨化饲料

应用挤压膨化技术加工而成的颗粒饲料。制作原理是饲料被高温高压挤出模孔时，温度和压力骤降使饲料中水分快速蒸发，体积急速膨胀。膨化饲料含水率6%左右，密度<1 g/cm^3，结构疏松，呈发泡状。这种饲料对猕猴、犬和猫等动物的适口性较好。

4. 凝胶饲料

将水、琼脂、明胶或其他凝胶剂加入粉料中配制而成的饲料。此种饲料适口性较好，能给实验动物尤其是患病动物提供充足的水分、营养和药物，提高实验动物福利，动物乐于接受。但饲料含水量较高，易受微生物的污染，必须冷藏或需要时临时配制。

5. 液体饲料

为满足某些实验动物特殊需要而加工配制的液态饲料。它专门供特殊实验使用，也可用于无菌动物、剖宫产幼仔和非人灵长类新生儿等，但价格较贵，不能广泛应用。

(四)按所适用的动物分类

1. 按适用动物不同

饲料可分为大鼠料、小鼠料、豚鼠料、兔料和犬料等。

2. 按动物不同生理时期

饲料可分为生长繁殖料(适用于生长、妊娠和哺乳期动物的饲料)、维持料(适用于生长、繁殖阶段以外或成年动物的饲料)等。

3. 按动物不同饲养目的

饲料可分为正常饲料、高脂饲料、高糖饲料等。

4. 按所含微生物级别

饲料可分为普通饲料、^{60}Co照射灭菌饲料、无菌饲料。

三、饲料配方的设计

饲养标准规定了动物在一定条件下对各种营养物质的需要量，为保证实验动物所采食的饲料含有满足动物营养需要的营养物质，就必须对饲料原料进行相应的选择和搭配。饲料配方是根据动物的营养需要，饲料的营养价值、原料的状况及价格等因素，科学合理地确定各种饲料原料的配合比例。

(一)设计饲料配方所需资料

①动物的饲养标准或饲料营养标准。其可依据国家最新发布的有关实验动物的全价营养饲料标准。

②饲料营养成分的分析值。饲料成分及营养价值表和饲料种类、来源及价格。有条件的单位应对每批购入的饲料进行营养物质含量监测分析，或依据当地饲料管理部门提供的饲料成分分析值。

③所要配合的日粮类型及动物的预期采食量。

(二)饲料配方设计的原则

1. 科学性原则

饲养标准是饲料配方设计的主要依据。通常实验动物的饲养标准有别于畜禽的饲养标准,主要参考国家标准《实验动物　配合饲料营养成分》GB/T 14924.3—2010。在实验动物的饲养标准基础上,可根据饲养实践中实验动物的生长或生产性能等情况做适当的调整。

2. 实用性原则

实验动物的饲料标准并不像家畜家禽那样,规定得详细具体,应熟悉所在地区的饲料资源现状,根据当地饲料资源的品种、数量以及各种饲料原料的理化特性和饲用价值,尽量做到全年比较均衡地使用各种饲料原料。注意饲料原料的品质、体积和适口性。

3. 经济性原则

设计各种动物的饲料配方营养参数不仅要考虑到动物的营养需要,尽量选用因地制宜,选用适宜的多种饲料,合理安排生产工艺流程,节能减排,降低成本,以使各种营养成分互补,还要考虑到所用原料的品质、体积、适口性及来源等因素。应考虑饲料是否要经过灭菌处理,是否需要添加其他营养成分,在选择原料时尽量利用当地来源丰富、有长期供应保障的原料品种,最后还应考虑饲料的贮存时间、质量稳定程度、价格及数量等都应与市场情况及企业条件匹配。

(三)饲料配方设计的基本步骤

1. 明确目标

目标包括适用的实验动物种类、生长生理阶段和动物实验的需求等。随适用目标不同,配方设计也应调整。

2. 确定实验动物的营养素需要量

参考(GB/T 14924.3—2010)《实验动物　配合饲料营养成分》。

3. 选择饲料原料

原料的选择应符合实验动物的习性,综合考虑原料的营养价值、抗营养因子的含量和组成、适口性和价格等因素,合理选择和科学搭配。

4. 饲料配方

综合处理以上三步的信息,采用计算机配方优化软件来设计配方,并根据生产工艺来适当调整生产配方。还必须经过实验室检测和饲养实验来验证。实验动物饲料经过验证的饲料配方,要保持长期稳定,不宜经常变动。

(四)小鼠饲料配方设计的实例

①确定小鼠的营养需要。参照(GB/T 14924.3—2010)《实验动物　配合饲料营养成分》,查阅小鼠生长繁殖营养成分指标:粗蛋白质≥20%、粗脂肪≥4%、矿物质≤8%、其中钙1.0%～1.8、磷0.6%～1.2%、纤维素≤5%左右、钙磷比为(1.2～1.7)∶1。

②选择饲料原料。根据当地饲料来源确定参与配合的饲料种类(表5-1)。

③饲料配方。初步确定饲料原料的比例。参照原料的营养成分,计算饲料配合料中所含主要营养物质,见表5-1。

④检查是否符合小鼠的营养需要,很显然,配方中的粗蛋白质、粗脂肪没有达标,而钙、磷远远超过了标准。

⑤调整饲料配方。调整、补充、增加蛋白质饲料,减少骨粉。调整后的组成比例及养分含量见表5-2。

表 5-1　饲料中养分的含量　　%

饲料原料	比例	饲料中的养分含量						折算饲料中的养分含量					
		总能	粗蛋白质	粗脂肪	粗纤维	钙	磷	总能	粗蛋白质	粗脂肪	粗纤维	钙	磷
小麦	30	3.85	11	2.4	1.8	0.03	0.44	0.16	3.3	0.72	0.54	0.01	0.03
碎米	20	3.84	8.3	2.3	1.7		0.3	0.77	1.66	0.46	0.34		0.06
大麦	15	3.77	10.2	2.1	6.2	0.06	0.15	0.57	1.53	0.32	0.93	0.01	0.02
玉米	15	4.02	10.2	4.3	1.8	0.05	0.21	0.6	1.53	0.65	0.27	0.01	0.03
豆饼	10	4.06	35.9	6.9	4.8	0.19	0.51	0.45	3.59	0.69	0.08	0.02	0.05
鱼粉	5	4.8	65	5.3	—	4.8	3.1	0.24	3.25	0.29	—	0.34	0.16
骨粉	5	—	—	—	—	48.79	14.06	—	—	—	—	2.44	0.7
合计								3.79	14.86	3.11	2.56	2.73	1.15

表 5-2　饲料原料按调整后的比例计算饲料中的养分含量　　%

饲料原料	比例	总能	粗蛋白质	粗脂肪	粗纤维	钙	磷
小麦	35	1.35	3.85	0.84	0.63	0.01	0.15
碎米	20	0.77	1.66	0.46	0.34		0.06
豆饼	15	0.67	5.39	1.04	0.72	0.03	0.08
大麦	10	0.38	1.02	0.21	0.62	0.01	0.02
玉米	10	0.4	1.02	0.43	0.18	0.01	0.02
鱼粉	5	0.24	3.25	0.27		0.24	0.16
骨粉	2					0.98	0.29
血粉	2	0.09	1.54	0.05		0.03	
奶粉	1	0.06	0.24	0.27		0.02	0.01
合计	100	3.96	17.97	3.57	2.49	1.33	0.79

⑥饲料配方质量评定。饲料样本经实际检测，结果为水分 7.6％、粗蛋白质 21.33％、粗脂肪 3.27％、粗纤维 2.51％、无氮浸出物 57.07％、灰分 5.6％，其中钙 1.14％、磷 0.77％、钙磷比为 1.48∶1，基本达到要求。

第四节　饲料的加工、消毒和贮存

实验动物的标准化离不开饲料的标准化生产，我国实验动物饲料已经实现标准化、规范化生产和商品化供应。

一、饲料的采购

①实验动物饲料的采购首先要考虑的是饲料的质量。因此应向专业化生产实验动物饲料的工厂购买饲料。一个合格的实验动物饲料厂应持有国家实验动物饲料生产许可证，应按国

家有关实验动物饲料的营养标准、包装生产质量合格的实验动物饲料。

②如无特殊需要，采购的实验动物饲料除必需的维生素、微量元素、氨基酸添加剂外，通常不加任何饲料添加剂，也不应加抗生素，特殊需求除外。

③采购时应注意饲料生产的日期、制造商的饲料保管措施与流程（如贮存场所、害虫控制等），并应定期要求制造商提供主要营养成分的检测报告。

④实验动物饲料应采用密封运输，为了避免发生运输变质的情形，国外采用低温冷藏柜运输实验动物饲料，有的在封柜前将货柜内充填氮气，以防饲料变质、氧化。

⑤饲料的采购单位必须相对固定，动物所选用的饲料品种也应相对的稳定，不能太突然改变饲料种类，避免导致动物消化及代谢方面的不适。

二、饲料的保管

（一）实验动物饲料的贮存

实验动物饲料的贮存包括原料贮存和成品贮存两部分内容。

1. 原料贮存

应按原料种类、生产厂家、进货日期等分开保管。保管中要注意温度、湿度变化，低温干燥保存，防止鸟类、鼠类和昆虫的污染，尽量做到先进先出。饲料原料的贮存期为3～6个月。

2. 成品贮存

尽量放置在货架上，避免直接接触地面。要定期清扫存储罐，产品变更时彻底清扫存储罐，成品库内严格执行先进先出原则，注意存储罐的温、湿度，低温干燥，防止成品饲料霉变，防止野鼠、昆虫及有毒物质的污染，成品颗粒料贮存期为冬季15 d、夏季7 d，严格执行先进先出原则。分类堆放、标志清楚、严防与原料混贮，标识清晰，严格落实进出库登记制度。一般情况，粉料贮存1～2个月，动物性饲料1～3个月，颗粒饲料不超过1个月，最佳贮存温度为10～16 ℃。

（二）实验动物饲料的质量管理

实验动物饲料质量管理包括配方设计、原料选择、饲料加工、存储运输，直至饲喂现场全过程。其中的任何一个环节出现意外都会影响到饲料的质量。

1. 配方的选择

在饲料生产之前，应根据不同动物的营养需要进行饲料设计，即根据配合饲料的种类、用途、性能等来确定成分组成。也可收集多年使用的饲料配方进行筛选。所选用的配方，应是经过较长时间应用验证和专家鉴定的标准配方，经确定后不宜轻易改动。

2. 原料管理

制作实验动物饲料所选用的原料在使用前根据饲料的营养要求规格进行检验。严禁选择含有毒有害物质或者被农药、病原微生物等污染的饲料原料。所有原料应进行质量检验，检验的内容包括：原料种类、等级、成分含量、理化性能、保存方法等。符合要求，特别是符合国家标准和规格时即可采用。此外，还应考虑原料价格、产地、各种添加剂的生产单位、有效含量、有效期、进货渠道等方面的因素。原料进货后应将进货原料与原料规格、数量核对，进行外观检查及快速的成分分析，做好进出货管理。

3. 饲料生产管理

根据《实验动物管理条例》，各地实验动物管理机构对实验动物饲料生产部门的环境条件、设备、工艺、人员结构、监测设施和规章制度等按有关规定进行检查验收，合格者方可准予生产。在生产过程中，无论是饲料生产规格（包括原料规格、产品规格、生产标准、检查标准和采样标准等）还是生产程序（包括生产计划、粉碎筛选、调配混合、固形化即制粒工序等）都应进行严格的管理和控制。

4. 贮运管理

实验动物配合饲料所用的原料、半成品、成品在贮运过程中均应防止霉变，防止野鼠、昆虫和有毒有害物质的污染。分类堆放，标志清楚、明显，严防原料或成品混杂不清。应根据实验动物饲料的等级、理化特性及特殊实验需要进行科学的运输管理。^{60}Co 照射灭菌饲料和无菌饲料必须采用无菌条件运输。猫、犬、猴等所用的鲜肉、青菜、水果的贮运应有低温冷藏条件。

三、饲料的加工调制

不同实验动物使用的饲料种类较多，所采用的饲料配方和加工工艺不尽相同，生产加工过程中的每个环节都会对饲料质量产生显著影响，所以必须严格按照（GB/T 34240—2017）《实验动物　饲料生产》控制整个生产过程的标准化。饲料加工主要包括原料的粉碎、配合、搅拌、混匀、压制成型、分装等基本过程。

（一）加工过程控制

首先，必须按照质量标准的要求，检查用于加工配合饲料的各种原料有无霉变并进行除杂工作，然后按照要求进行粉碎，妥善保存粉碎后的饲料，严格防止受潮。

其次，按饲料配方要求将各种原料进行仔细计量，然后依次分别投入混料箱内进行配合。饲料配合过程中必须保证精确计量并防止少投误投。

最后，将配合好的饲料在混料箱内经一定时间的搅拌混合，使各种原料均匀地分布。混合过程是加工过程中保证饲料质量的核心环节，混合均匀度是饲料质量检定的重要指标之一。

影响混合均匀度的因素很多，通常要考虑加工生产设备的性能、原料的比重和体积、搅拌时间等因素，对于用量较少的原料一般应采用逐级稀释的方法进行混合。混合好的饲料粉料需按不同要求进行成型，以制备成不同剂型的颗粒。加工成型过程中既要严格控制适当的温度，又要避免饲料营养成分的破坏，还要保证饲料适当的硬度和适口性。饲料颗粒大小因不同动物而异，一般大鼠和小鼠的饲料直径为 10～12 mm，兔、豚鼠饲料的直径以 4～5 mm 为宜。

（二）加工注意事项

在饲料加工生产过程中，根据配方和原料含水量随时调整合适的蒸汽压力、温度和加水量等。犬和猕猴等实验动物对生淀粉不能吸收，饲料原料必须通过高温高压处理制备成膨化颗粒饲料，饲料中的淀粉才能被这些动物吸收利用。但高温加热时间要严格控制，以防止糖类（碳水化合物）（如葡萄糖）和氨基酸结合；结合后赖氨酸等氨基酸不能被动物机体利用，导致饲料的营养价值明显降低。还应注意颗粒饲料的硬度，过软易于造成浪费，过硬则妨碍动物进食，影响动物的营养需要。加工好的成品饲料应经过充分烘烤或其他方法，将含水量降低至10%以下后，再按需要用塑料袋密封真空进行分装保存。配合饲料至少应有两层包装，内层为牛皮纸袋，外层为加有塑料内衬的编织袋、纸盒或塑料袋。清洁级以上实验动物配合饲料的包装（或真空包装），必须经高压蒸汽消毒灭菌或 ^{60}Co 照射。

四、饲料的消毒

加工后的饲料在贮存和保存过程中都有可能被病原菌污染。为了满足实验动物微生物控制的需要，饲料必须经过消毒灭菌后方可使用。用于饲料消毒的方法很多，最常用的方法包括干热灭菌、高压蒸汽灭菌及辐照灭菌等，应根据实验动物等级、饲料特点和性质、饲料用途来选择，以免破坏饲料中的营养成分。清洁级以上实验动物的饲料应采取高压消毒灭菌或辐照灭菌，以符合其特殊要求。

（一）干热灭菌

将饲料在 70～80 ℃烘烤 5～6 h，细菌总数可控制在 4×10^3 以下。该灭菌方法温度不易掌握，对饲料中营养成分破坏较大，且灭菌不彻底。若温度超过 80 ℃，大多数维生素如维生素 A、维生素 C、维生素 B_1、维生素 B_6 等即会受到破坏。

（二）高压蒸汽灭菌

在 121 ℃、1.0 kg/cm^2 的高湿高压下加热 20 min 以上，即可达到彻底灭菌的目的。此灭菌方法时间短，营养成分的破坏比干热灭菌法低。它能应用于大量饲料的消毒灭菌，但必须掌握好正确的消毒时间，以免影响饲料的营养质量及对动物的适口性。

（三）^{60}Co 辐照灭菌

与其他灭菌方法，如干热灭菌和高压蒸汽灭菌相比，^{60}Co 辐射灭菌具有许多无法比拟的优势。饲料灭菌最好选择 ^{60}Co 射线辐照法，SPF 动物饲料的照射强度为 25 kGy。而无菌动物、悉生动物通常用 50 kGy 的剂量。它是一种冷灭菌方法，具有方法简单易控、高效无残留及灭菌后饲料保存时间较长等特点，^{60}Co 放出的 γ 线穿透力强，可抑制或破坏微生物的新陈代谢，且饲料中营养物质、添加剂不会发生明显改变。

此方法可以对饲料成批辐照处理，是最彻底消灭饲料中各种微生物的有效方法。具体方法是有一种黄色或菊黄色的剂量指示剂标签贴在包装箱的正、背面上，当黄色的标签变成了暗红色时表示包装袋里的饲料已吸收到 25 kGy 的剂量。无菌动物与悉生动物的饲料往往在第一次辐照以后再贴上第二张标签做第二次辐照。包装饲料时每袋装 12.5 kg 饲料，用塑料袋包装，最好真空封口，包装用双层塑料袋，每一个袋密封后再套第二个袋，最后置于纸袋、塑料袋或纸箱中，并贴上指示剂标签。

（四）药物熏蒸灭菌法

利用化学药品的气雾剂对饲料进行熏蒸灭菌。如用氧化乙烯或环氧乙烷气体进行灭菌，熏蒸后必须在低于 20 ℃的自然空气中将残余气体挥发，以免药物残留。实验证明，即使这样处理，最后在饲料中还残存一些对动物代谢有害的化合物，一般不推荐使用。

第五节　实验动物饲料的营养监测

饲料质量是保证实验动物健康和动物实验结果准确性的前提。实验动物对饲料质量要求严格，饲料质量的变化不仅直接影响着实验动物的质量，而且间接影响着应用实验动物所作实验结果的可靠性。因此，不仅国外对实验动物饲料质量控制有明确规定，而且我国先后就实验动物饲料质量控制制定和颁布了相应标准。有关部门要定期对实验动物饲料进行监测，对实验动物饲料的质量进行严格管理，还对销售的饲料建立了核发《实验动物全价营养饲料质量合格证》制度，要求其质量应符合(GB 14924.3—2010)《实验动物　配合饲料营养成分》。

一、营养监测的目的

①准确了解饲料中各种营养物质的含量，为合理配制全价饲料提供科学依据。由于我国地域辽阔，同一饲料作物的不同地区，不同生长时期及不同贮存方法，其营养成分相差很大。如果仅以"饲料营养成分表"中提供的数字作为饲料配方的依据，势必导致营养水平的偏差，从而影响动物的生长发育、繁殖生产及动物质量。

②每批饲料原料购进前，应进行营养监测，准确掌握饲料的质量情况，为科学配制配合饲料提供依据。

③有效控制饲料的霉变、虫蛀及有毒有害物质的污染。

④有效控制饲料中以次充好、掺杂使假行为。

二、饲料营养监测方法

(一)感官性状的检验

我国实验动物全价营养饲料的感官指标(国家标准)应是：混合均匀新鲜，无杂质、无异味、无霉变、无发酵、无虫蛀及鼠咬、并不得掺入抗生素、驱虫剂、防腐剂、色素、促生长剂以及激素等添加剂。依据饲料标准，通过眼、鼻、舌、手等感官直接观察饲料的感官指标是否达标。通过视觉，观察饲料形态、色泽，有无霉变、虫蛀、鼠咬、硬块、异物、夹杂物等。通过味觉和嗅觉，鉴别饲料有无霉变、发酵、腐臭、氨臭、焦臭等。通过触觉，感知饲料颗粒、大小、硬度、黏稠性，有无夹杂物及水分量等。

(二)营养成分的测定

按照国家实验动物饲料营养标准所规定的养分含量及分析方法[(GB 14924.3—2010)《实验动物　配合饲料营养成分》]。对产品的营养成分和混合均匀度等进行检测。饲料含水量应经常检测，其他营养成分应定期抽检，对鱼粉、酵母粉等贵重原料的养分含量(如蛋白质等)应在每批进货时抽样检测。具体可参照表 5-3 至表 5-6。

三、饲料的质量控制

饲料的质量控制主要包括饲料的微生物控制、饲料重金属和污染物质的控制以及饲料全价营养的控制。

(一)饲料中微生物学控制

实验动物的饲料，经消毒灭菌后应采样进行微生物检验，以检查灭菌效果。不同等级实验动物的饲料，其微生物控制标准应与相应等级的实验动物的微生物控制标准相同[(GB 14922—2022)参见《实验动物　微生物、寄生虫学等级监测》]，经微生物学检查合格后，再饲喂相应的实验动物，对于普通级动物参照下列标准(表 5-7)。

(二)饲料中化学污染物质的控制

化学污染物质不仅影响实验动物的质量，而且对动物的健康造成危害，甚至中毒死亡，因此，必须予以控制(表 5-8)。

表 5-3 配合饲料常规营养成分指标(每千克饲粮含量)

指标	大鼠、小鼠		豚鼠		地鼠		兔		犬		猴	
	维持饲料	生长、繁殖饲料	维持饲料	生长、繁殖饲料	维持饲料	生长、繁殖饲料	维持饲料	生长、繁殖饲料	维持饲料	生长、繁殖饲料	维持饲料	生长、繁殖饲料
水分和其他挥发性物质/g≤	100	100	110	110	100	100	110	110	100	100	100	100
粗蛋白质/g≥	180	200	170	200	200	220	140	170	200	260	160	210
粗脂肪/g≥	40	40	30	30	30	30	30	30	45	75	40	50
粗纤维/g	≤50	≤50	100～150	100～150	≤60	≤60	100～150	100～150	≤40	≤30	≤40	≤40
粗灰分/g≤	80	80	90	90	80	80	90	90	90	90	70	70
钙/g	10～18	10～18	10～15	10～15	10～18	10～18	10～15	10～15	7～10	10～15	8～12	10～14
总磷/g	6～12	6～12	5～8	5～8	6～12	6～12	5～8	5～8	5～8	8～12	6～8	7～10
钙∶总磷	(1.2～1.7)∶1	(1.2～1.7)∶1	(1.3～2.0)∶1	(1.3～2.0)∶1	(1.2～1.7)∶1	(1.2～1.7)∶1	(1.3～2.0)∶1	(1.3～2.0)∶1	(1.2～1.4)∶1	(1.2～1.4)∶1	(1.2～1.5)∶1	(1.2～1.5)∶1

引自:GB 14924.3—2010。

表 5-4 配合饲料氨基酸指标(每千克饲粮含量)

指标	大鼠、小鼠		豚鼠		地鼠		兔		犬		猴	
	维持饲料	生长、繁殖饲料	维持饲料	生长、繁殖饲料	维持饲料	生长、繁殖饲料	维持饲料	生长、繁殖饲料	维持饲料	生长、繁殖饲料	维持饲料	生长、繁殖饲料
赖氨酸/g≥	8.2	13.2	7.5	8.5	11.8	13.2	7.0	8.0	7.1	11.1	8.5	12.0
蛋氨酸+半胱氨酸/g≥	5.3	7.8	5.4	6.8	7.0	7.8	5.0	6.0	5.4	7.2	6.0	7.9
精氨酸/g≥	9.9	11.0	8.0	10.0	11.3	13.8	7.0	8.0	6.9	13.5	9.9	12.9
组氨酸/g≥	4.0	5.5	3.4	4.0	4.5	5.5	3.0	3.5	2.5	4.8	4.4	4.8
色氨酸/g≥	1.9	2.5	2.4	2.8	2.5	2.9	2.2	2.7	2.1	2.3	2.3	2.7

续表5-4

指标	大鼠、小鼠		豚鼠		地鼠		兔		犬		猴	
	维持饲料	生长、繁殖饲料	维持饲料	生长、繁殖饲料	维持饲料	生长、繁殖饲料	维持饲料	生长、繁殖饲料	维持饲料	生长、繁殖饲料	维持饲料	生长、繁殖饲料
苯丙氨酸+酪氨酸/g≥	11.0	13.0	12.0	15.0	12.7	17.3	11.0	13.0	10.0	15.6	13.1	15.4
苏氨酸/g≥	6.5	8.8	6.5	7.5	8.0	8.8	5.6	6.5	6.5	7.8	6.3	7.9
亮氨酸/g≥	14.4	17.6	12.5	13.5	15.0	17.6	11.5	13.0	8.1	16.0	13.5	15.9
异亮氨酸/g≥	7.0	10.3	7.2	8.0	10.3	11.8	6.0	7.2	5.0	7.9	7.2	8.2
缬氨酸/g≥	8.4	11.7	8.0	9.3	10.5	11.2	7.5	8.3	5.4	10.4	9.0	10.9

引自:GB 14924.3—2010。

表 5-5　配合饲料氨基酸指标(每千克饲粮含量)

指标	大鼠、小鼠		豚鼠		地鼠		兔		犬		猴	
	维持饲料	生长、繁殖饲料	维持饲料	生长、繁殖饲料	维持饲料	生长、繁殖饲料	维持饲料	生长、繁殖饲料	维持饲料	生长、繁殖饲料	维持饲料	生长、繁殖饲料
维生素 A/IU≥	7 000	14 000	7 500	12 500	10 000	14 000	6 000	12 500	8 000	10 000	10 000	15 000
维生素 D/IU≥	800	1 500	700	1 250	2 000	2 400	700	1 250	2 000	2 000	2 200	2 200
维生素 E/IU≥	60	120	50	70	100	120	50	70	40	50	55	65
维生素 K/mg≥	3.0	5.0	0.3	0.4	3.0	5.0	0.3	0.4	0.1	0.9	1.0	1.0
维生素 B_1/mg≥	8	13	7	10	8	13	7	10	6	13	4	16
维生素 B_2/mg≥	10	12	8	15	10	12	8	15	4	5	5	16
维生素 B_5/mg≥	6	12	6	9	6	12	6	9	5	6	5	13
烟酸/mg≥	45	60	40	55	45	60	40	55	50	50	50	60
泛酸/mg≥	17	24	12	19	17	24	12	19	9	27	13	42
叶酸/mg≥	4.00	6.00	1.00	3.00	4.00	6.00	1.00	3.00	0.16	1.00	0.20	2.00

续表5-5

指标	大鼠、小鼠		豚鼠		地鼠		兔		犬		猴	
	维持饲料	生长、繁殖饲料	维持饲料	生长、繁殖饲料	维持饲料	生长、繁殖饲料	维持饲料	生长、繁殖饲料	维持饲料	生长、繁殖饲料	维持饲料	生长、繁殖饲料
生物素/mg≥	0.10	0.20	0.20	0.45	0.10	0.20	0.20	0.45	0.20	0.20	0.10	0.40
维生素 B_{12}/mg≥	0.020	0.022	0.020	0.030	0.020	0.022	0.020	0.030	0.030	0.068	0.030	0.050
胆碱/mg≥	1 250	1 250	1 000	1 200	1 250	1 250	1 000	1 200	1 400	2 000	1 300	1 500
维生素 C/mg≥	—	—	1 500	1 800	—	—	—	—	—	—	1 700	2 000
配合饲料维生素含量最高上限为下限值的 2 倍。												

引自:GB 14924.3—2010。

表 5-6 配合饲料常量矿物质和微量矿物质指标(每千克饲粮含量)

指标	大鼠、小鼠		豚鼠		地鼠		兔		犬		猴	
	维持饲料	生长、繁殖饲料	维持饲料	生长、繁殖饲料	维持饲料	生长、繁殖饲料	维持饲料	生长、繁殖饲料	维持饲料	生长、繁殖饲料	维持饲料	生长、繁殖饲料
镁/g≥	2.0	2.0	2.0	3.0	2.0	2.0	2.0	3.0	1.5	2.0	1.0	1.5
钾/g≥	5	5	6	10	5	5	6	10	5	7	7	8
钠/g≥	2.0	2.0	2.0	3.0	2.0	2.0	2.0	3.0	3.9	4.4	3.0	4.0
铁/g≥	100	120	100	150	100	120	100	150	150	250	120	180
锰/g≥	75	75	40	60	75	75	40	60	40	60	40	60
铜/g≥	10	10	9	14	10	10	9	14	12	14	13	16
锌/g≥	30	30	50	60	30	30	50	60	50	60	110	140
碘/g≥	0.5	0.5	0.4	1.1	0.5	0.5	0.4	1.1	1.4	1.7	0.5	0.8
硒/g≥	0.1～0.2	0.1～0.2	0.1～0.2	0.1～0.2	0.1～0.2	0.1～0.2	0.1～0.2	0.1～0.2	0.1～0.2	0.1～0.2	0.1～0.2	0.1～0.2
配合饲料矿物质含量最高上限为下限值的 2 倍。												

引自:GB 14924.3—2010。

表 5-7 实验动物饲料微生物控制指标

项目		动物种类					
		小鼠、大鼠	兔	豚鼠	地鼠	犬	猴
菌落总数/(CFU/g)	≤	5×10^4	1×10^5	1×10^5	1×10^5	5×10^4	5×10^4
大肠埃希菌数/(MPN/100 g)	≤	30	90	90	90	100	100
霉菌和酵母数/(CFU/g)	≤	100	100	100	100	100	100
致病菌(沙门菌)		无法检出					

引自:GB 14922—2022。

表 5-8 实验动物饲料化学污染物质的指标

项目	指标
砷/(mg/kg)	≤0.7
铅/(mg/kg)	≤1.0
镉/(mg/kg)	≤0.2
汞/(mg/kg)	≤0.02
六六六/(mg/kg)	≤0.3
滴滴涕/(mg/kg)	≤0.2
黄曲霉毒素 B_1/(μg/kg)	≤20.0

引自:GB/T 14924.1—2001。

(三)饲料营养的质量控制

1. 原料的质量控制

应选用安全、合格、无污染的原料和饲料添加剂。具体表现为:使用的原料应质地均匀,无发霉、变质、结块、虫蛀及异味、异臭、异物。原料进厂时应经感官检验、常规营养成分检验,检验合格后方可投入使用。所有原料应注明原产地、生产日期、质量检测报告等相关信息,保证可溯源。应贮存在干燥、阴凉、通风的环境中,且应远离化学品、化肥或其他潜在的污染物。应将原料和成品分开存放,并建立垛位标识卡和出入库记录。出入库记录包括原料或产品名称,生产日期或进货日期,入库数量和日期,出库数量和日期,库存数量,保管人等信息。原料使用遵循先进先出的原则(参照 GB/T 34240—2017)。

2. 成品的质量控制

成品的质量控制主要对全价营养饲料进行营养成分的检测。饲料生产机构应当根据 GB/T 14924.1—2001、GB/T 14924.2—2001、GB 14924.3—2010 的要求,对所生产的实验动物饲料的质量进行控制。

思考题

1. 实验动物饲料分为哪几类?
2. 简述大鼠、小鼠、兔的营养需要特点。
3. 配合饲料分为哪几种?
4. 实验动物饲料主要消毒方法有哪几种? 简述它们的优缺点。
5. 饲料的质量控制包括哪几方面的内容?

参考文献

陈洪岩,夏长友,韩凌霞,2016. 实验动物学概论[M]. 长春:吉林人民出版社.
何诚,2013. 实验动物学[M]. 2版. 北京:中国农业大学出版社.
王钜,陈振文,2004. 现代医学实验动物学概论[M]. 北京:中国协和医科大学出版社.
杨斐,胡樱,2019. 实验动物学基础与技术[M]. 2版. 上海:复旦大学出版社.
周光兴,2012. 医学实验动物学[M]. 上海:复旦大学出版社.

第六章

实验动物的生物学特性及饲养管理

本章简介

本章简要介绍几种常用实验动物的生物学特性和主要品种、品系及其饲养管理要点。

用于生物医学研究的实验动物种类很多。目前常用的种类有:两栖纲的青蛙、蟾蜍;爬行纲的蛇;鸟纲的鸡、鸭、鸽;哺乳纲啮齿目的小鼠、大鼠、豚鼠、金黄地鼠、长爪沙鼠、棉鼠等;兔形目的家兔;食肉目的猫、犬、雪貂;有蹄目的羊、猪和灵长目的恒河猴、猩猩、狒狒、绒猴、食蟹猴等 30 余种。最常用和使用量最大的动物是小鼠、大鼠、豚鼠、兔等。本章简要介绍几种常用实验动物的生物学特性和主要品种、品系及其饲养管理要点。

第一节　小鼠的生物学特性及饲养管理

小鼠是野生鼷鼠的变种,在动物分类学上属于脊索动物门脊椎动物亚门哺乳纲啮齿目鼠科小鼠属。

17 世纪时,科学家们应用小鼠进行比较解剖学研究及动物实验。1909 年 Little 等采用近亲繁殖的方法首次培育成功 DBA 近交系小鼠,经过长期人工饲养、选择培育,已育成各具特色的远交群和近交系 1 000 多个,包括多种自发突变疾病模型品系。小鼠也是基因工程修饰的主要动物,目前,已有基因修饰的小鼠品系接近 2 万种,是最大的生物医学研究资源,是当今世界上研究最详尽、应用最广泛的实验动物。

一、小鼠的生物学特性

(一)外貌特征

小鼠是哺乳动物中体型最小的动物,初生时仅 1.5 g 左右,体长约 2 cm,1～1.5 月龄时体重达 18～20 g,成年个体重达 40～50 g。小鼠全身被毛,面部尖突,有长的触须 19 根。耳耸立呈半圆形。眼睛红大。体与尾等长(9.0～12.5 cm),尾长不大于 15.5 cm,尾部被有短毛和环状角质鳞片,鳞片少于 200 片。乳头 5 对,其中胸部 3 对,腹部 1 对,腹股沟 1 对。毛色有白色、野生色、黑色、肉桂色、褐色、白斑色等之分。

(二)解剖特征

(1)牙齿　齿式为$\frac{1\cdot 0\cdot 0\cdot 3}{1\cdot 0\cdot 0\cdot 3}=16$,门齿终生生长。

(2)骨骼　下颌骨形态稳定,喙状突小,髁状突发达。脊椎55～61个,肋骨12～14对,胸骨6块。

(3)消化系统　食管细长(约2 cm),食管内壁有一层厚的角质化鳞状上皮,有利于灌胃操作;胃为单室,容量小(1.0～1.5 mL),胃分左边薄壁无腺区和右边厚壁有腺区,胃功能较差,不耐饥饿,因此在实验时,小鼠灌胃给药的剂量一般不超过1.0 mL;肠道较短,盲肠不发达;肝脏4叶,有胆囊;胰脏分散,色淡红似脂肪。

(4)呼吸系统　肺有5叶,右肺4叶,左肺为一整叶;气管及支气管腺不发达,因此,不适宜做慢性支气管炎模型及祛痰平喘药的药效实验。

(5)心血管系统　心脏由4个腔组成,即左、右心房和左、右心室;心尖位于近胸骨端第4～5肋间,因此,小鼠心脏采血的进针部位是左侧第3～4肋间。

(6)泌尿系统　肾位于背部两侧,右肾稍前,肾脏呈赤褐色,蚕豆状;小鼠的肾小球小,其直径仅为大鼠肾小球的一半,但小鼠肾小球数量则为大鼠的4.8倍,因此每克肾组织过滤面积是大鼠的2倍。

(7)淋巴系统和骨髓　小鼠的淋巴系统特别发达。胸腺位于心脏后方,至性成熟时最大;脾脏雄性比雌性大,有造血功能;腭或咽部无扁桃体,外界刺激可使淋巴系统增生,进而可导致淋巴系统疾病;骨髓为红骨髓,无黄骨髓,终生造血。

(8)生殖系统　雌鼠为双子宫,子宫呈"Y"形;卵巢有包膜包绕,不与腹腔相通故不会发生宫外孕;雄鼠为双睾丸,幼年时隐藏于腹腔内,性成熟后则下降到阴囊;前列腺分背腹2叶。

(三)生理特征

(1)生长　生长快、成熟早、繁殖力强。出生时闭眼、闭耳、可发声;3日龄脱脐,皮转白并开始长毛;4～6日龄张耳;7～8日龄爬走,长出下门齿;9～11日龄有听觉,被毛长齐;12～14日龄睁眼,长出上门齿,采食、饮水;3周龄离乳;4周龄阴腔开;5周龄睾丸降落至阴囊,生成精子。

(2)生殖　小鼠的性成熟比较早,雄鼠35日龄开始产生精子,体成熟为70～80日龄;雌鼠37日龄可发情排卵,体成熟为65～75日龄;雌鼠的发情周期为4～5 d。在发情周期的不同阶段,阴道黏膜均发生典型变化,根据阴道分泌物涂片所观察到的阴道上皮细胞的变化,可进一步推测卵巢、子宫、激素变化和所处的发情阶段(表6-1);成年雌鼠交配后阴道口有白色的阴道栓,有阴道栓的雌鼠绝大部分(80%～95%)都能受孕;小鼠的妊娠期因品种、年龄、产仔数等不同而有差异,一般为19～21 d。血配的雌鼠妊娠期可延长到28～35 d。小鼠每胎产6～15仔,哺乳期为20～22 d。小鼠繁殖能力可维持9～12个月,年产6～9胎,寿命约2年(20个月～3年)。

(3)消化　小鼠的颌下腺与其他动物不同,仅能分泌一种类型唾液。胃容量小,肠道短,盲肠不发达,因此,消化功能较差,以谷物性饲料为主,且不耐饥饿。

(4)体温　小鼠的正常体温为37～39 ℃。按每克体重计算,小鼠的体表面积相对较大,故对环境温度的波动反应较为明显。在环境温度低于适宜温度范围时,环境温度每下降1 ℃,小鼠必须产生大约1.9×10^5 J/($m^2\cdot$24 h)的热能才能维持体温恒定。小鼠的饮水量4～7 mL/d。

(5)呼吸　成年小鼠的呼吸频率为 84～230 次/min，通气量为 11～36 mL/min。在静止状态下，小鼠的基础代谢率较高，耗氧量大，每小时每克体重约耗氧 3.5 mL，这大约是一头大象每小时每克体重耗氧量的 22 倍。

(6)泌尿　小鼠的饮水量为 4～7 mL/d，水分代谢的半衰期通常为 1.1 d。小鼠能将尿液高度浓缩，尿量少，一次排尿仅 1～2 滴。与其他哺乳动物不同的是小鼠尿中含有蛋白质和肌酸酐，禁食的时候，其肌酸酐与肌酸的比例约为 1∶1.4。

(7)遗传学特性　染色体 $2n=40$(20 对)。组织相容性抗原(H-2)基因位于第 17 号染色体上。毛色基因型为 Cc、Aa、Bb、Dd 等，当基因型为 c/c 时，毛色为白色。

表 6-1　小鼠在发情周期的生殖器官的变化

阶段	涂片	子宫	卵巢和输卵管	外阴部变化
发情前期	大量有核上皮细胞，少量角化上皮细胞	充血和膨胀增大，上皮细胞积极的有丝分裂，少量白细胞	卵泡增大并膨胀，有相当多的液体，在表面上皮和卵泡细胞内有少数的有丝分裂	阴门开口，初期阴门肿胀，不久变白、枯燥
发情期	视野布满角化上皮细胞，少量有核上皮细胞	在发情期膨胀与活动性达到最大限度，然后下降，无白细胞	排卵，随后输卵管上端膨胀，在表面上皮和卵泡细胞内积极地进行有丝分裂	阴门呈白色、枯燥、交配旺期
发情后期	角化上皮细胞及白细胞	膨胀下降，上皮内有白细胞，壁萎陷，上皮退化，罕见有丝分裂	卵泡发生闭锁，生成黄体，卵在输卵管内，在表面上皮及卵泡细胞内少数有丝分裂	个别鼠排出乳白色分泌物
间情期	大量白细胞及少量黏液	外观苍白，壁萎缩。上皮正常，但含有许多白细胞。子宫腺体有一些分泌物	卵泡开始迅速生长，朝向周期的终点	阴门变小，阴道壁变薄

(四)生活习性

(1)喜群居　小鼠喜欢群居生活，群养时饲料的消耗量比单个饲养多，生长发育也比较快。

(2)喜啃咬　小鼠门齿终身不断生长，因此只能靠啃咬物品来维持门齿长度的恒定。

(3)性情温顺、雄性好斗　小鼠经过长期培育驯养，性情温顺，易于捕捉，也不主动咬人，但哺乳期雌鼠护仔有时会咬人；性成熟的非同窝雄鼠在一起常发生打斗撕咬，饲养管理时应注意。

(4)喜暗环境，昼伏夜动　小鼠进食、交配、分娩多发生在夜间。活动高峰有两次：一次在傍晚后 1～2 h；另一次出现在黎明前。

(5)胆小怕惊，对外界反应敏感　强光或噪声刺激时，有可能导致哺乳母鼠神经紊乱，发生吃仔现象；温度过高或过低时，生殖能力下降，情况严重时会发生死亡。

(6)环境适应性差　体小娇嫩，不耐饥饿，不耐冷热。如果饲料中断和饮水中断会发生休克，恢复后对体质会带来严重损害。特别怕热，一出汗就易得病死亡，如果饲料温度为 32 ℃，就会造成小鼠死亡。

(7)抗病能力差　对于多种毒素和病原体具有易感性，反应极为灵敏，这是其他实验动物所不能比拟的。对致癌物质也很敏感，自发性肿瘤多发。遇到传染病时往往会发生成群死亡。

（8）杂食性，但以粮食作物为主，自身能合成维生素C。

二、小鼠的主要品种和品系

（一）封闭群小鼠

（1）KM小鼠 KM小鼠也称昆明小鼠，白色。1946年我国从印度引入云南昆明，育成昆明小鼠，1954年推广到全国各地。由于各地区长期饲养繁殖，遗传特性略有差异，因而形成各自不同的封闭群。昆明小鼠的特点是产仔多，繁殖力强，对环境的适应性和对疾病的抵抗力强，乳腺癌自发率约25%。目前广泛用于药理、毒理、病毒和细菌学的研究，以及生物制品、药品的检定。

（2）ICR小鼠 由美国癌症研究所分送给各国饲养，命名为ICR。我国从美国、日本、英国、瑞士等国引进的ICR小鼠（图6-1），群体之间在遗传特性方面存在一定的差异。品种特征为毛色白化。温顺，健壮，繁殖力强，适应性强，生长快，实验重复性较好，自发性肿瘤发生率低。ICR小鼠是进行免疫药物筛选、复制病理模型时较常用的实验动物。该小鼠外周血象和骨髓瘤细胞具有较好的稳定性，是良好的血液学实验用动物。另外，还被广泛用于药理、毒理、肿瘤、放射医学、食品、生物制品等领域。

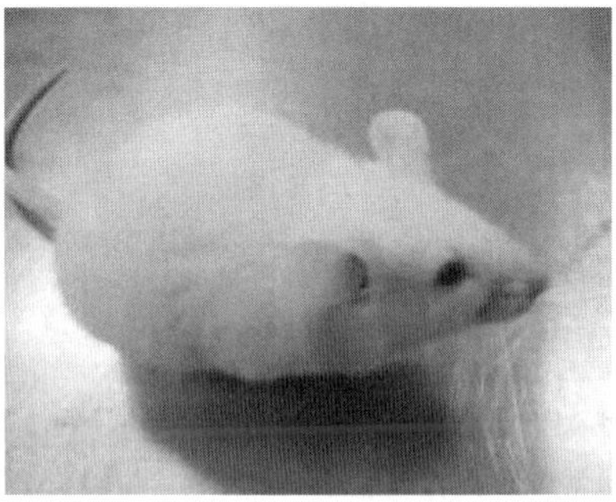

图6-1 ICR小鼠

（引自 秦川，2016）

（3）NIH小鼠 白色，由美国国立卫生研究所培育而成，1980年引入北京生物制品研究所。该品种小鼠体格健壮、繁殖力强、容易饲养。雄性好斗，容易打伤致残。免疫反应敏感性比昆明小鼠强，因此，是国际上广泛应用的实验动物。常用于药理、毒理研究和生物制品的检定，已被选为某些生物制品检定实验的法定动物。

（二）近交系小鼠

（1）BALB/c小鼠 白色，BALB/c小鼠形成了许多亚系，如BALB/cAnN、BAEB/cJ和BALB/cCd。BALB/c小鼠与其他近交系相比，肝、脾与体重的比值较大，乳腺癌发病率低，但对致癌因子敏感，血压较高，多有心脏损害，两性常有动脉硬化。对放射线极度敏感。常用于单克隆抗体和免疫学研究。BALB/c小鼠生产性能好，繁殖期长，一般无相互侵袭习性，比较容易群养。

（2）C57BL/6J小鼠 C57BL小鼠基因型为aaBBCC，毛色为黑色，是继人类之后第二个完成基因测序工程的哺乳动物。C57BL小鼠对Graffi白血病因子较敏感、对麻疹病毒敏感，其乳腺肿瘤发生率低，常见老年性肾硬化症。C57BL小鼠对化学致癌物诱导作用敏感性低，但全身经放射线照射后，淋巴瘤发生率达90%～100%。腰椎6个，有许多骨骼方面的变异。亚系C57BL/He和C57BL/An与其他类型的C57BL和C58不同，它们具有Ce元素的高效的肝分解酶。C57BL小鼠习于穴居，非地面生活的小鼠，对逃避侵袭的反应性不敏感。

（3）C3H小鼠 C3H小鼠毛色为野生色棕灰色，是国际上使用最广的品系之一。C3H小鼠自发乳腺肿瘤发病率高，10月龄乳腺癌发病率为97%（318日龄繁殖雌鼠为100%，234日龄繁殖雌鼠为67%，272日龄繁殖雄鼠为84%）。对致肝癌物质感受性强，14月龄小鼠自发肝癌发病率达85%。发生视网膜病变，主要是视网膜异常，而脉络膜正常，对狂犬病毒敏感，对炭疽杆菌有抵抗力，补体活性高，较易诱发免疫耐受。红细胞及白细胞数较少，主要用于免疫学、肿瘤学、生理学和核医学的研究。

(4)615小鼠　1961年中国医学科学院血液病研究所用KM小鼠雌鼠与苏联引进的C57BL雄鼠杂交后培育成近交系。深褐色，毛色基因型为aa、bb、CC，肿瘤发生率为10%～20%，雌性常发乳腺癌，雄性常发肺癌。22种肿瘤移植品系因通过此种动物建立起来。对津638白血病病毒敏感。平均产仔数为6.7只。主要用于白血病和抗癌药物筛选，同时还应用于肿瘤免疫和肿瘤机制研究。

(5)DBA小鼠　1909年由Little在毛色分离实验中发现的浅灰色小鼠，DBA小鼠携带的3个隐性基因d(淡色)、b(棕色)、a(黑色)，对DBA小鼠进行近交筛选，得到DBA/1和DBA/2 2个亚系。DBA小鼠对鼠伤寒沙门菌补体抗性较强，对疟原虫感染有抵抗力。DBA/1抗DBA/2所生长的瘤株；经产母鼠乳腺癌发生概率为75%；对结核分枝杆菌敏感。DBA/2抗DBA/1的大部分瘤株；经产母鼠乳腺癌发生率为66%；听源性癫痫发作36日龄小鼠为100%，55日龄后为5%；对百日咳组织胺易感因子敏感。常用于肿瘤学、遗传学和免疫学的研究。

(三)突变系小鼠

(1)裸小鼠　1962年英国格拉斯哥医院Crist在非近交系的小鼠中偶然发现有个别无毛小鼠，并伴有先天性胸腺发育不良。研究证明，这是由第11对染色体突变引起的，经过培育后形成独特的突变系裸小鼠，用"nu"表示裸基因符号。其具有的特点：①先天性胸腺缺陷；②胸腺依赖性免疫功能缺乏，其T细胞功能接近于零，但B细胞功能大致正常，NK细胞活性与鼠龄有关(3～4周龄比同龄普通小鼠活性低，而6～8周龄则比同龄普通小鼠活性高)；③人体肿瘤异种移植时无排斥反应，没有被毛，皮肤裸露，便于动态观察肿瘤的生长状态；④采用隐性纯合子雄鼠与杂合子雌鼠繁殖(♂nu/nu×♀nu/+)；⑤裸小鼠抵抗力差，易患病毒性肝炎和肺炎，因此必须饲养在屏障系统中；⑥裸鼠广泛用于肿瘤学、免疫学、微生物学和毒理学等领域的研究。

(2)重症联合免疫缺陷小鼠　即SCID小鼠，SCID是severe combined immune deficiency的英文缩写，其位于第16号染色体上的隐性基因突变。1988年我国从美国Jackson实验室引进。SCID小鼠的特点：①外观与普通小鼠无异，生长发育正常，但胸腺、脾脏、淋巴结的质量只有正常小鼠质量的1/3；②T淋巴细胞和B淋巴细胞数量大量减少，体液免疫和细胞免疫功能均缺陷，但巨噬细胞和NK细胞功能未受影响；少数SCID小鼠可出现极小程度的免疫功能恢复，称为SCID小鼠的渗漏现象；③纯合型雌鼠和纯合型雄鼠可进行繁殖生产(与裸小鼠不同)；④由于免疫系统有缺陷，故容易发生感染而造成死亡，因此必须饲养在屏障系统中；⑤SCID小鼠每胎产仔数3～5只，寿命可达1年以上；⑤SCID小鼠主要用于免疫学、肿瘤学和单克隆抗体制备。

(3)T淋巴细胞、B淋巴细胞、NK细胞联合免疫缺陷小鼠　即NOD-SCID小鼠，为T淋巴细胞、B淋巴细胞和NK3种细胞功能缺陷的动物，它是由SCID小鼠与具有NK细胞功能缺陷、循环补体缺乏、抗原呈递细胞分化及功能不良特点的NOD/Lt品系回交，得到了联合免疫缺陷动物。其免疫力更为低下，因而也更容易接受异种移植。研究结果表明，NOD-SCID小鼠较SCID小鼠在人癌移植上占有优势。研究者也认为，使用T淋巴细胞、B淋巴细胞、NK细胞联合免疫缺陷动物所建立的人体肿瘤移植模型能够更好地模拟人癌侵袭和转移的自然过程。

三、小鼠的饲养管理

（一）饲养环境

1. 笼具和垫料

（1）笼具　宜用无毒塑料制成的透明或不透明的鼠盒，不锈钢丝编制的笼盖，饮水器为玻璃或塑料瓶，瓶塞上装有可自动吸水的金属或玻璃饮水管。笼架一般可移动，主要采用不锈钢材质。笼具应可经受多种方法消毒灭菌。

层流柜和独立通风笼具（IVC）是常用的小鼠饲养设备，这些设备通过高效过滤器可保持饲养笼盒内空气的净化。

小鼠笼具的内外边角均应圆滑、无锐口，每只小鼠所占笼具的最小面积和笼具高度要达到国家标准的要求。

（2）垫料　垫料应选用吸湿性好、尘埃少、无异味、无毒性、无油脂的材料。常用的垫料有刨花、玉米芯、再生纸等。严禁使用针叶木（松、桧、杉）刨花作垫料，这类刨花发出具有芳香味的挥发性物质，影响药理和毒理方面的实验结果。垫料需高压灭菌或^{60}Co辐照灭菌后方可使用。

2. 温度和湿度

（1）温度　小鼠临界温度为低温 10 ℃，高温 37 ℃。最适温度为 20～26 ℃，每日温度不宜波动太大。一般小鼠饲养盒内温度比环境高 1～2 ℃。

（2）湿度　饲养间相对湿度应控制在 40％～70％，最适相对湿度为 50％～60％。一般小鼠饲养盒内湿度比环境高 5％～10％。

（3）空气清新度　通常以氨浓度作为动物饲养间空气清新度的指标，要求氨浓度不超过 20 mg/kg。以通风换气来控制饲养间的空气清新，换气次数可以根据饲养的动物种类和饲养密度进行调整，一般控制在 10～20 次/h，在小鼠饲育笼旁的气流速度应小于 0.2 m/s。

（4）光照　小鼠适宜光线暗的环境，强光会对其正常生理活动产生影响，尤其白化小鼠的视网膜在强光下会造成损伤。饲养间的光照强度以 15～20 lx 为宜，明暗交替为 12 h/12 h 或 10 h/14 h。

（5）噪声　小鼠喜欢安静的环境，饲养间的噪声应控制在 60 dB 以下。此外，超声波对动物的影响常常比人感受的要大，应避免电器的蜂鸣、笼具与地面摩擦、脚轮的摩擦声等。

3. 饲料和饮水

小鼠饲喂配合饲料要求必须保持营养物质的平衡稳定，富含蛋白质，否则会影响生长发育、生产繁殖和抵抗疾病的能力（尤其在断奶时仔鼠死亡率高）。按照生长时期的不同，可分为生长料、繁殖料和维持料。成型饲料具有一定的硬度，以便小鼠磨牙。为保障实验小鼠的微生物净化，饲料应用前需消毒灭菌。小鼠饲料的消毒灭菌主要有两种方法：一种为预真空高压灭菌，灭菌效果可靠，但是饲料的营养成分会有一定损耗。另一种是用^{60}Co辐射灭菌，这种方法对营养成分的破坏很小，但成本相对较高。

实验小鼠的饮用水必须进行消毒灭菌处理。常用实验动物饮水机对动物饮用水进行过滤和消毒处理，也可用盐酸将水酸化（pH 2.5～3.0），酸化水在一定程度上可抑制细菌生长。也可采用高压锅灭菌，效果更可靠。动物饮用水应定期进行除菌效果监测，监测频率应不低于每月 1 次。

(二)日常饲养管理

小鼠胃容量小,随时采食,是多餐习性的动物。饲养要求保障动物随时采食,一般每周添料3～4次。在小鼠大群饲养中,每周应固定2 d添加饲料,其他时间可根据情况随时注意添加。

饮水应保证连续不断,每周换水2～3次(最好是每天更换新鲜水),并特别注意饮水瓶嘴是否有气泡、不出水或漏水的现象。每次换水要连同水瓶和瓶嘴一起换下,并认真清洗水瓶和瓶嘴,然后消毒,严禁未经消毒的水瓶和瓶嘴继续使用。

由于小鼠的饮食和排泄均在笼盒中进行,因此,需要及时更换垫料以保持空气的清新。啮齿类动物自然领地的习性也需要保留一些排泄的余味,垫料的更换也不宜太频繁。一般每周更换2次为宜。换垫料时将饲养盒一起移去,在专门的房间倒垫料,以防止室内的灰尘和污染。

卫生、消毒工作总的要求就是要整齐、干净、防止传染病。进动物之前应做好室内的清扫、消毒及饲养笼器具的清洗、消毒。动物饲养过程中,每次操作完后,用0.1%苯扎溴铵擦拭笼架、地板,每月定期彻底喷雾消毒1次。对于清洁级及清洁级以上的动物,进入饲养室的物品都必须消毒灭菌,人员进入须淋浴、更换无菌衣。

饲养和管理人员必须严格遵守操作规程,并做好工作记录,包括近交谱系图、品系记录、个体记录、繁殖记录、工作日志,以及饲养室温度、湿度等,记录应妥善保存。

(三)废物处理

小鼠生产和实验过程中会产生许多废弃物,包括污水、废弃垫料、一次性口罩、手套、帽子及动物尸体等。按照相关要求进行无害化处理,以达到不污染环境的目的。

(1)污水的无害化处理　设施排出的污水应首先集中在储水池中进行消毒。消毒方法使用最多的是化学处理。一是向污水中通以氯气(1 000～2 000 mg/L,作用2～6 h),或是通以臭氧(100～750 mg/L,作用30～90 min),或者采用加热法处理。一般认为,加热法较化学法更为可靠。污水消毒可加热至95 ℃以上,作用不少于30 min,然后才能排入市政下水管道。

(2)普通固态废弃物的无害化处理　将污染垫料、一次性口罩、手套、帽子等固态废物由污染通道传至外环境,及时装进垃圾袋中或专用的垫料容器内,注意防蝇、防渗漏,并及时交付有资质的环卫公司进行无害化处理。

(3)普通动物尸体、组织和锐器的处理　动物尸体装入专用尸体袋中并存放于冰柜中待统一焚烧。针头、玻璃、手术刀片放入锐器收集箱。一次性使用的注射器、输液管等塑料制品,毁形后按有关要求统一进行无害化处理。

(4)特殊(感染及放射性)废弃物的处理　进行感染和放射性实验所产生的废弃物,必须按照国家有关法令进行无害化处理,严禁作为普通废弃物进行一般处理。

第二节　大鼠的生物学特性及饲养管理

大鼠在动物分类学上属于脊索动物门脊椎动物亚门哺乳纲啮齿目鼠科大鼠属,由野生褐家鼠驯化而成。

18世纪中期在欧洲首次将野生大鼠及白化变种大鼠用于实验研究。19世纪后期,由孟德尔引发了遗传学研究热潮,科学家开始进行大鼠品系间杂交、观察毛色和行为的遗传规律,并培育出多种大鼠品系，经过一个世纪的积累，目前已经培育了300个近交系大鼠和一部分封闭群大鼠，总的品系数量近400个。我国常见的大鼠有SD大鼠、Wistar大鼠、BN大鼠等，2004年完成了BN大鼠基因组测序。由于大鼠温顺、学习能力强、体型适中、取材方便，广泛应用于生物医学研究中的各个领域，是常用的实验动物之一，其用量仅次于小鼠。

一、大鼠的生物学特性

（一）外貌特征

大鼠体型小但比小鼠大。体长不小于18～20 cm。初生时5.5～10 g，成年个体重达300～600 g。大鼠形似小鼠，尾部环状角质鳞片多于200片（约300片）。乳头6对，其中胸部3对，腹部3对。毛色品型多，有白色、野生色、淡黑色、银色、沙色、黄色之分。

（二）解剖特征

（1）牙齿　齿式为$\frac{1 \cdot 0 \cdot 0 \cdot 3}{1 \cdot 0 \cdot 0 \cdot 3}=16$，门齿终身生长。磨牙的解剖形态与人类相似，给其致龋齿菌丛和致龋食物可产生与人一样的龋损，适用于建立龋齿动物模型。

（2）骨骼　长骨有骨骺线长期存在，不骨化。

（3）消化系统　胃属单室胃，由嵴隔开为前胃和胃体，食管通过此嵴的一个褶进入胃小弯，因收缩时嵴堵住贲门，故不会呕吐（小鼠也不会呕吐）。盲肠发达（6～8 cm）。肝分6叶，再生能力强，切除60%～70%后可再生，适用于肝外科实验研究。无胆囊（马、驴、象、鹿、鸽也无胆囊），肝脏分泌的胆汁通过胆总管进入十二指肠，受十二指肠端括约肌的控制。胰腺弥散在胃和十二指肠转弯处，色暗，较脂肪组织硬。

（4）呼吸系统　肺有5叶，右肺4叶（前叶，中叶，副叶，后叶），左肺为一整叶；气管及支气管腺不发达，只在喉部有气管腺，因此，不适宜做慢性支气管炎模型及祛痰平喘药物研究。

（5）循环系统　心脏重量为其体重的1/30～1/20。心脏和外周循环与其他哺乳动物稍有不同，心脏的血液供给既来自冠状动脉也来自冠状外动脉，后者起源于颈内动脉和锁骨下动脉。

（6）泌尿系统　肾脏呈暗红色，蚕豆状，位于腹腔背壁的第1～3腰椎两侧，右肾稍前。肾只有一个乳头和一个肾盏，可有效地进行肾套管插入研究。

（7）淋巴系统和骨髓　无扁桃体。胸腺位于气管前部。

（8）生殖系统　雄性生殖系统有许多高度发育的副性腺，包括大的精囊、尿道球腺、凝固腺和前列腺。腹股沟管终生保持开放，睾丸于出生后30～35 d开始下降。雌性子宫为"Y"形双子宫，胸部和腹部各有3对乳头。

（9）内分泌系统　垂体位于视交叉之后，并由一个细的空心茎（即漏斗）与脑的基部相连，易于摘除。肾上腺位于肾的前方，大如米粒，易于摘除（小鼠也如此）。垂体—肾上腺分泌功能发达，应激反应灵敏。甲状腺位于喉头下方，左右各一。

（10）神经系统　大脑嗅球大，小脑无回，脑室无第四脑室正中孔。

（三）生理特征

（1）生长　生长快、成熟早、繁殖力强。出生时闭眼、闭耳，体重为5～6 g；2日龄体粉红，3日龄两耳张开，7～10日龄全身长满毛，切齿（门牙）长出，12～16日龄睁眼吃料，19日龄长出臼齿（第1对），21日龄断奶，35日龄臼齿长齐。成年大鼠体重：雄鼠为200～350 g，雌鼠为180～300 g，寿命为3～5年。

(2)生殖　雄鼠出生后30～35 d睾丸下降进入阴囊,45～60 d产生精子,60 d可自行交配,但90 d后体成熟时才为最适繁殖期。雌鼠一般70～75 d阴道开口,初次发情排卵是在阴道开口前后,80 d体成熟进入最适合繁殖期。雌鼠性周期为4～5 d。阴道涂片可判断发情周期。妊娠期为19～23 d,平均为21 d,哺乳期25～28 d,年产5～8胎,每胎产仔数平均为8～13只。一般大鼠繁殖和生产使用期为90～300 d。全年多发情,性周期明显,具产后发情、产后妊娠(同小鼠)。

(3)体温　大鼠的正常体温为37.8～38.7 ℃。大鼠的汗腺极不发达,仅爪垫上有汗腺,靠尾和流唾液散热,故体温调节不稳定。

(4)心电图　心电图中无S-T波段,有的导联中无T波。

(5)遗传学特性　染色体$2n=42$(21对)。毛色基因有Aa、Cc、Dd、Ee、Ss等;基因型为cc时毛色为白色。

(四)生活习性

(1)喜群居　但不如小鼠合群。

(2)喜啃咬　小鼠门齿终身不断生长,因此只能靠啃咬物品来维持门齿长度的恒定。

(3)性情温顺　小鼠经过长期培育驯养,行动迟缓,易于捕捉,性情温顺,但比小鼠凶猛,尤其是哺乳期的母鼠更凶,特别容易咬人。性成熟的非同窝雄鼠在一起会发生打斗撕咬,但不如小鼠好斗。

(4)喜暗环境,昼伏夜动　白天喜欢挤在一起休息,晚上活动大,吃食多,因此白天除实验必须抓取外,一般不要抓弄它。对光照较敏感。

(5)嗅觉灵敏,对气味敏感　对空气中的灰尘、氨、硫化氢极为敏感,如饲养间不卫生,可引起大鼠患肺炎或进行性肺组织坏死。

(6)对噪声敏感　噪声能使其内分泌系统紊乱,性功能减退,食仔或死亡,所以饲养大鼠的环境必须安静。

(7)对湿度敏感　室内应保持相对湿度(50±5)%,如空气过于干燥,易发生环尾病,可发展成尾巴节节脱落或坏死。

(8)对营养缺乏非常敏感　特别对蛋白质、维生素、氨基酸缺乏十分敏感(但体内能合成维生素C),是研究营养学的优良动物。

(9)情绪反应敏感　行为表现多样,情绪反应敏感,易接受通过正负强化进行的多种感觉指令的训练。

(10)抗病能力强　大鼠抗病力较强,成年鼠很少患病。

(11)杂食性　更喜肉食(特别是熟肉)。

二、大鼠的主要品种和品系

(一)近交系

1. ACI大鼠

1926年采用近交系August大鼠与近交系Copenhagen大鼠杂交,诞生了新的品系大鼠,由于该品系大鼠毛色基因为Irish基因,称为August-Copenhagen-Irish rats,即ACI大鼠。是生物医学研究中较常使用的实验动物。毛色为野生色,腹部和脚为白色。睾丸肿瘤自发率46%。自发性乳腺癌发生率低,但对雌激素诱发乳腺癌肿瘤的敏感性高。泌尿系统、生殖系统畸形发生率高，表现为肾脏和输尿管发育不全、肾积水和输尿管积水，子宫角缺陷或睾丸萎缩，生殖能力差。常作为一般性研究使用的实验动物。用于行为、生殖或泌尿系统畸形、雌激素与肿瘤的关系等方面的研究有较好的优势。

2. BN 大鼠

1958 年由 Silvers 和 Billingham 用 D. H. King 和 P. Aptekman 培育的棕色突变型动物近交繁殖而来。我国最初于 2008 年自英国 BKU 引进。毛色为棕褐色(图 6-2)。肿瘤发生率高，雄鼠膀胱癌自发率 35%、上皮肿瘤自发率 28%，雌鼠垂体腺瘤、输尿管肿瘤和肾上腺皮质瘤自发率分别为 26%、22%和 19%。其主要用于过敏性呼吸系统疾病、肿瘤学、老化、白血病、肾脏疾病及器官移植的研究。

图 6-2 BN 大鼠

(引自 秦川，2016)

3. F344

1920 年由哥伦比亚大学肿瘤研究所 Curtis 培育，被毛白色，我国从 NIH 引进。平均寿命：雄鼠 31 个月，雌鼠 29 个月。旋转运动性低，血清胰岛素含量低。在免疫学上，原发和继发性脾红细胞免疫反应性低。雄鼠乳腺癌的自发率为 41%，雌鼠乳腺癌的自发率为 23%；雄鼠脑下垂体腺瘤的自发率为 36%，雌鼠脑下垂体腺瘤的自发率为 24%；睾丸间质细胞癌的自发率为 85%，甲状腺癌的自发率为 22%；单核细胞白血病的自发率为 24%。雌鼠乳腺纤维腺瘤的自发率为 9%，多发性子宫内膜肿瘤的自发率为 21%。F344 可允许多种肿瘤移植生长，广泛应用于毒理学、肿瘤学、生理学等研究领域。

4. LEW 大鼠

由 Wistar 远交群大鼠培育而来，白化(a、b、h)。血清中甲状腺素、胰岛素和生长激素含量高。接种豚鼠髓磷脂碱性蛋白后，易产生实验过敏性脑脊髓炎，极易感染诱发自身免疫心肌炎，可诱发过敏性关节炎和自身免疫复合物血细胞性肾炎等。可移植多种肿瘤，高脂肪食物容易引起肥胖症。

5. Lou/CN 大鼠和 Lou/MN 大鼠

被毛白色，由 Bazin 和 Beckers 培育出浆细胞瘤高发系 Lou/CN 和低发系 Lou/MN，两者组织相容性相同。8 月龄以上 Lou/CN 雄鼠浆细胞瘤的自发率为 30%、Lou/CN 雌鼠浆细胞瘤的自发率为 16%，常发生于回盲部淋巴结。常用于单克隆抗体的研制，用其制备单抗，其腹水量比用 BALB/c 小鼠大几十倍，可大量生产。

(二)突变系

1. 癫痫大鼠

用铃声刺激会旋转起舞数秒钟，然后一侧倒地发作癫痫，与人的癫痫病很相似，可作研究人的癫痫病的动物模型。

2. 裸大鼠

1953 年由英国阿伯 Rowett 研究所率先发现，基因为 *rnu*，生长发育相对缓慢。毛色为白色、黑色、黑白相间。体毛稀少(图 6-3)。先天性无胸腺，T 淋巴细胞缺失，免疫功能低下，B 淋巴细胞正常，NK 细胞活动增强，高于有胸腺大鼠。主要用于皮肤肿瘤与皮肤癌、中枢神经系统肿瘤等移植

图 6-3 裸大鼠(nude rats)

(引自 秦川，2016)

瘤模型和外伤与整形外科方面的研究。

3. SHR 大鼠

1963 年由日本京都大学医学部 Okamoto 从 Wistar 大鼠中选育而成，被毛白色，又称继发性高血压大鼠。该鼠生育力及寿命无明显下降，可养 13～14 个月，繁殖时每代均应选择高血压大鼠为亲本。其特点是继发性高血压，且明显伴有原发性肾脏或肾上腺损伤。在 10 周龄后雄鼠收缩压为 26.66～46.66 kPa，雌鼠为 23.99～26.66 kPa，心血管疾病发病率高。该鼠对抗高血压药物有反应，是筛选抗高血压药物的良好动物模型。

4. WKY 大鼠

1971 年美国 NIH 从 Kyoto 医学院引进 Wistar 大鼠，以后通过近交培育而成，白化(a. b、h)，为 SHR 正常血压对照动物，雄性动脉收缩压为 18.7～20.0 kPa(140～150 mmHg)，雌性为 17.3 kPa(130 mmHg)。

(三)封闭群

1. SD 大鼠

1925 年美国 Sprague Dawley 农场用 Wistar 大鼠培育而成。被毛白色(图 6-4)，头部狭长，尾长近于身长，产仔数多，生长发育较 Wistar 快，抗病(尤其抗呼吸道疾病)能力强。自发肿瘤率较低。对性激素感受性高。常用作营养学、内分泌学和毒理学研究，广泛用于生理和药物研究。

图 6-4　SD 大鼠

(引自　秦川，2016)

2. Wistar 大鼠

1907 年由美国 Wistar 研究所培育成功，1979 年从美国国立医学研究所引到 LAC，1985 年引到 IMLAS。特点为被毛白色，头部较宽，耳朵较长，尾长短于身长，产仔数多，繁殖力强，生长发育快，性情温顺，环境适应性强，对传染病的抵抗力较强，自发肿瘤发生率低。在国内外被广泛应用于医学、药学、生物学、营养学和毒理学等研究。

3. Long-Evens 大鼠

该大鼠是 1915 年 Long 和 Evans 用野生褐家鼠(雄)与白化大鼠(雌)进行杂交而育成。该品系体型略小于前两个品系，最明显的特征是头和颈部呈黑色，背部有一条黑线。目前有用于视神经损伤修复、原位肾移植等研究。

三、大鼠的饲养管理

(一)饲养环境

1. 笼具和垫料

饲养大鼠的盒笼有 2 种：一种是实底装铺垫物的塑料盒；另一种是金属丝底带接粪盘的笼子。多使用塑料盒，用于饲养繁殖及实验观察。长期饲养于金属丝笼底笼具的大鼠易发生足疮，可导致严重的损害、不适、出血和贫血，并易患坏尾病。因此在生产和长期实验中不宜使用这种笼具。

大鼠垫料除做严格消毒灭菌处理外，还应注意控制其物理性能。一般要求其干燥、吸水性强、无毒、无污染、无特殊臭味、动物不食用和对工作人员无害。

2. 温度和湿度

大鼠的饲养环境与小鼠饲养环境基本相同，饲养室温度应保持在 20～25 ℃，相对湿度应以 50%～65%为宜。大鼠听觉灵敏，对噪声耐受性低，饲养环境应保持安静，防止噪声。光照对大鼠生殖生理和繁殖行为影响较大，封闭的饲养室多采用光照定时装置，提供适当的（12 h 光照，12 h 黑暗或 14 h 光照，10 h 黑暗）昼夜光变化周期。在顶层大鼠笼架应装上光线挡板，以防天花板照明装置对大鼠产生影响。

大鼠对氨气和硫化氢敏感，应定时换窝，一般每周 2～3 次，保持室内干净卫生，采用全新风，尽量减少饲养室中的粉尘。大鼠不耐高温，温度过高易中暑死亡。湿度过低可导致大鼠环尾病。在大鼠的饲养设施中，应有良好的通风设备与空气过滤系统。

3. 饲料及饮水

大鼠为杂食性，有随时采食的习性，夜间更为活跃，采食亦多。不同生长发育阶段对营养的需求量也有差别，饲料消耗量逐渐增多。大鼠喂全价营养颗粒料，饲料配方各地不尽相同，但均须保证各种基本营养物质的供给，保证原料的质量，不得用腐败、变质的原料。大鼠应有充足的新鲜卫生饮水，饮水应经高压消毒灭菌。饲喂大鼠要定时定量，一般每周加料 2～3 次，原料则应每日更换；饮水应保证连续不断，每周换水 2～3 次（最好是每天更换新鲜水）。

（二）生产繁殖

大鼠生产一般采用一雄多雌间隔同居法繁殖，当雌鼠腹部明显增大确认妊娠后，进行单养准备分娩，并投入新的雌鼠。每只母鼠可带 8～10 只仔鼠，不宜多于 8 只，以保证幼鼠有充足的乳汁。一般仔鼠出生后 22 d 离乳，雌雄分养。

在抓取大鼠时要轻抓轻放，尽量避免激怒大鼠，否则会引起剧烈的反应。对体重较轻的大鼠可提其尾巴，对体重大的应提其尾巴根部；妊娠大鼠的抓取只能从背部向腋下抓起，另一手托其臀部以防止引起流产。

第三节　豚鼠的生物学特性及饲养管理

豚鼠在动物分类学上属哺乳纲啮齿目豚鼠科豚鼠属。豚鼠为草食性动物，又名几内亚猪、荷兰猪、海猪、天竺鼠等。豚鼠原产于南美，曾被作为食用动物或宠物驯养。实验豚鼠由秘鲁的野生豚鼠之中的短毛种驯化而来，是较早用于生物医学研究的动物。豚鼠品种主要有英国种（也称荷兰种）、阿比西尼亚种、秘鲁种和安哥拉种。目前用作实验动物的是英国种短毛豚鼠繁育衍生的品系，现在全球已将其广泛地应用于医学、生物学、兽医学等领域。

一、豚鼠的生物学特性

（一）外貌特征

体型小，成年豚鼠体长一般在 225～355 mm，体重为 800～1 000 g。形似鼠，又似猪，脚形似豚。全身被毛。身体紧凑，短粗，头大，颈短粗，尾巴只有尾的残迹。上唇分裂，耳圆且小，耳壳较薄，血管明显。乳头 1 对，位于鼠蹊部，幼年雌性乳头明显。四肢短小，前足有四趾，后足有三趾，均有趾甲。毛色多样，有白色、白花、黑花、沙色、两色、三色等（图 6-5）。医学实验常用白色豚鼠和三色（黑、棕、白）豚鼠。

图 6-5　不同毛色的豚鼠

（引自　秦川，2016）

（二）解剖特征

（1）牙齿　齿式为$\frac{1\cdot 0\cdot 1\cdot 3}{1\cdot 0\cdot 1\cdot 3}=20$，门齿呈弓形深入颌部，咀嚼面锐利，终身生长。臼齿非常发达。

（2）骨骼　脊椎骨共有 36 块，其中颈椎 7 个、胸椎 13 个、腰椎 6 个、荐椎 4 个和尾椎 6 个。胸部有 13 对肋骨，其中真肋骨 6 对、假肋骨 3 对和浮肋 4 对。

（3）消化系统　胃壁非常薄，黏膜呈皱襞状，胃容量 20～30 mL。肠管较长，约为体长的 10 倍。盲肠发达，约占腹腔的 1/3，内侧有淋巴结。肝脏呈暗黄褐色，分 8 叶（4 主叶，4 小叶），有胆囊。呕吐反应不敏感。

（4）呼吸系统　肺分 7 叶（右 4 叶，左 3 叶）。气管及支气管不发达，只有喉部有气管腺体，支气管以下皆无。

（5）循环系统　心脏位于胸腔中央，长约 2 cm，心室周长 5～6 cm，位于胸腔前部中央，分为左、右心房和左、右心室四个腔，为完全双循环。

（6）内分泌系统　胸腺全部在颈部，位于下颌骨角到胸腔入口间，有 2 个光亮、淡黄色、细长呈椭圆形、充分分叶的腺体。肺部淋巴结易发炎。

（7）淋巴系统　脾脏呈扁平板状，位于胃大弯部。豚鼠淋巴系统较发达，对入侵的病原微生物极为敏感。肺组织中的淋巴组织特别丰富，豚鼠呼吸系统抗病力差，最易患细菌性肺炎。

（8）泌尿生殖系统　肾脏位于腹腔前部背侧，体正中线两侧。右肾比左肾稍前，表面光滑，棕红色。肾上腺较大。雌雄豚鼠腹股沟部都有一对乳腺，但雌性乳头比较细长。卵巢呈囊圆形，位于肾脏下方。雌性子宫有两个完全分开的子宫角，连接输卵管末端。子宫角汇合后形成子宫颈，开口于阴道。具有无孔的阴道闭合膜，发情期张开，非发情期闭合。雄性有位于两侧突起的阴囊，内含睾丸，出生后睾丸并不下降到阴囊，但通过腹壁可以触摸到。用手压迫包皮的前面能将阴茎挤出，包皮的尾侧是会阴囊孔。

(9)神经系统 豚鼠大脑半球没有明显的回纹,只有原始深沟,属于平滑脑组织,脑在胚胎期 42～45 d 就发育成熟,较其他同类动物发达。

(三)生理特征

(1)生长发育 豚鼠属于晚成性动物,妊娠期比较长,胚胎发育完全,出生时眼耳张开,有牙齿,有被毛,出生后 1 h 能站立行走,数小时能吃软饲料,体重一般为 50～115 g,据产仔数多少而不同。生长发育较快,在出生后的两个月内平均每天增重 2.5～3.5 g。5 月龄体成熟时豚鼠长 22.5～35.5 cm,雌鼠体重 700 g、雄鼠在 750 g 左右。成年雄鼠体重可达 950 g,成年雌鼠体重可达 800 g。豚鼠寿命一般为 4～5 年。

(2)生殖生理 豚鼠性成熟早。雌性 14 日龄卵泡开始发育,60 日龄开始排卵;雄性 30 日龄开始出现爬跨和插入动作,90 日龄具有生殖能力的射精。但真正性成熟要到 5 月龄左右,才可进行配种繁殖。豚鼠性周期为 18(13～20)d,发情时间可持续 1～18 h,妊娠期 68(65～70)d,每胎产仔 1～8 只,多数为 3 或 4 只,仔鼠一般在 15～21 d 断奶。豚鼠为全年多发情动物,并有产后性周期。雄性射出的精液含有精子和副性腺分泌物,分泌物在雌性阴道中凝固形成阴栓。该栓被脱落的阴道上皮覆盖,在阴道口停留数小时脱落,据此可确定交配受孕日期,准确率达 80%～90%。分娩前 1 周耻骨联合分离达 3 cm(可作产期判断)。分娩 2～3 h 后可出现 1 次产后发情。

(3)营养代谢 豚鼠属草食性动物,喜食纤维素较多的禾本科嫩草。豚鼠消化系统功能较弱,食物通过盲肠、大肠相当缓慢,部分食物可在肠道保持 48 h,许多营养成分由肠道微生物菌群将纤维素分解后释放出来,因而维持肠道微生物菌群的平衡是非常重要的。豚鼠体内缺乏合成维生素 C 的酶,故其肝脏和肠内不能合成维生素 C(缺乏左旋葡萄糖内酯氧化酶),所需维生素 C 必须来源于饲料中,因此在日粮中应注意配给。

(4)体温调节 豚鼠自动调节体温的能力较差,易受外界温度变化的影响,新生仔鼠更为明显,主要依靠室内温度恒定和母体抚育来维持其正常体温。温度过高或过低都会降低豚鼠的抵抗力,严重者甚至会死亡。

(5)血细胞特性 豚鼠的红细胞指数(红细胞、Hb 和 PCV)较其他啮齿类低,外周血和骨髓瘤细胞的形态与人相似。在豚鼠的白细胞中,有一种特化单核细胞,称为 Kurloff 细胞,该细胞含有一个由黏多糖组成的胞浆内包涵体。在正常情况下,Kurloff 细胞分布在血管和胸膜中,在妊娠期或外来刺激时,胎盘中的 Kurloff 细胞增多。

(6)对抗生素敏感 尤其是对青霉素、红霉素、金霉素等敏感,轻者发生肠炎,重者造成死亡。豚鼠对青霉素比小鼠敏感 1 000 倍。对麻醉药物也很敏感。豚鼠对各种抗生素高度敏感,尤其是对青霉素及四环素族的致敏性更高。青霉素对豚鼠的毒性比其他动物大 100～1 000 倍。因此治疗豚鼠感染性疾病不用抗生素而常用磺胺类药物。

(7)过敏反应灵敏 给豚鼠注射马血清,很容易复制出过敏性休克动物模型。常用实验动物接受致敏物质的反应程度:豚鼠＞兔＞犬＞小鼠＞猫＞蛙。

(8)听觉敏锐 具有普赖厄反射(又称听觉耳动反射),即听到尖锐声音时,表现出耳郭竖起、高度警觉的现象。

(9)抗缺氧能力强 比小鼠强 4 倍,比大鼠强 2 倍。

(10)染色体 $2n=64$(32 对)。

(四)生活习性

(1)采食行为　豚鼠是严格的草食动物,喜食纤维素较多的禾本科嫩草或干饲草。在自然光照条件下,日夜采食,两餐之间有较长的休息期。饥饿时听到饲养人员的声音特别是拿饲料的声音时会发出“吱吱”的叫声,经常整群一齐尖叫。豚鼠愉快时能发出“啾啾”类似鸟鸣的声音。豚鼠属于饮食不洁的动物,如果使用的食具不得当,豚鼠常在食物上边吃边排便或把食物扒散、将饮水喷出。

(2)群居行为　一雄多雌的群体构成表现明显的群居稳定性。表现为成群活动、休息或集体采食、紧挨躺卧。幼鼠跟随成鼠追逐发情的雌鼠。群体中占支配地位的豚鼠会咬其他豚鼠的毛。在拥挤或应激情况下,也可发生群内 1 只或更多动物被其他个体咬毛,毛被咬断,呈斑状秃,而造成皮肤创伤和皮炎。如果放入新的雄鼠,雄鼠之间会发生激烈斗殴,导致严重咬伤。

(3)性情　豚鼠性情温顺,不会攀登,较少斗殴,很少咬伤工作人员,但脚趾锋利,应避免被其抓伤。豚鼠胆小,喜欢安静、干燥、清洁的环境。突然的声响、震动或环境变化,可引起四散奔逃、转圈跑或呆滞不动,甚至引起孕鼠流产。对经常性搬运和扰动很不习惯,搬运、重新安置或触摸可使豚鼠体重在 24～48 h 内明显下降,情况稳定后又很快恢复。这种现象很易影响试验结果,应引起注意。

(4)听觉　豚鼠听觉非常发达,能识别多种不同的声音,它听到的音域远大于人。当有尖锐的声音刺激时,常表现为耳郭微动以应答,即听觉耳动反射。听觉耳动反射减弱或缺失是听觉功能不良的表现。

二、豚鼠的主要品种和品系

(一)变种

(1)英国种　也称荷兰种。被毛短而光滑,毛色有白、黑、棕、灰、淡黄、杏黄等色(基本上是棕、黑、白 3 种颜色),个体毛色有单毛色、双毛色和三毛色,其生长迅速,生殖力强,性情温顺,善于哺乳。实验动物豚鼠主要由英国种驯化而成。多用于药物检定、传染病学等研究。

(2)秘鲁种　被毛密软而长(18 cm),也有呈卷毛形状。由于繁殖能力低,不宜用作实验动物。

(3)阿比西尼亚种　被毛比英国种稍长而硬,多呈旋涡状(如蔷薇花状),布满全身。由于易患各种自发性疾病,又不易繁殖,性情暴躁,很少用于实验研究。

(4)安哥拉种　毛细而长,能把脸、头面、躯体覆盖住,对寒冷和潮湿特别敏感,不易饲养繁殖,产仔少(1 胎 1 仔),成活率低,不宜用作实验动物。

(二)封闭群豚鼠

(1)Dunkan-Hartley 豚鼠　Dunkan-Hartley 系、Hartley 系是与英国种相似的封闭群,毛色为白色。1973 年我国从英国实验动物中心引进的 DHP 封闭群豚鼠即属于 Dunkan-Hartley 系。

(2)FMMU 豚鼠　FMMU 豚鼠是南方医科大学(原第一军医大学)实验动物中心在封闭状态下经过 15 年培育而成的,有其独特的特性。与三色豚鼠相比,封闭群 FMMU 豚鼠有以下特点:①FMMU 白化豚鼠听阈明显低于三色豚鼠,用于听功能研究,敏感性优于三色豚鼠;②是复制爆震性耳聋的理想动物模型;③FMMU 白化豚鼠缺氧耐受性优于三色豚鼠;④在脏器重量方面,FMMU 白化豚鼠的肾上腺和睾丸显著大于三色豚鼠,其他脏器相似;⑤在繁殖性能方面，FMMU 白化豚鼠不如三色豚鼠；⑥FMMU 白化豚鼠除具有独特的生物学特性外，同时还保持了原种的一些特性，如血液常规值和血液生化值等。

(3)Zmu-1∶DHP 豚鼠 Zmu-1∶DHP 豚鼠是浙江医科大学刘迪文、郭汉身等从 1984 年开始，经过 20 多年的努力培育出的白化封闭群豚鼠。其特点是遗传稳定、个体一致性好、对组胺等化学介质敏感性提高等。

(三)近交系豚鼠

(1)近交系 2 豚鼠(ST2 系) 近交系 2 是美国培育出的近交系。1950 年后由美国国立卫生研究院(NIH)分赠世界各地。毛色为三色(黑、红、白)，大部分在头部，体重小于 ST13 系；但脾脏、肾脏和肾上腺大于 ST13 系；老龄豚鼠胃大弯、直肠、肾、腹壁横纹肌、肺和主动脉都有钙质沉着，对结核分枝杆菌抵抗力强，并具有纯合 GPLA-B1(豚鼠主要组织相容性复合体)抗原，血清中缺乏诱发迟发超敏反应因子，而对试验诱发自体免疫的甲状腺炎比 ST13 系敏感。

(2)近交系 13 豚鼠(ST13 系) 近交系 13 培育历史与 ST2 系相同，毛色同 ST2 系，对结核分枝杆菌抵抗力弱，性活动比 ST2 系差，体形较大；GPLA-B1 抗原与 ST2 系相同，对诱发自体免疫甲状腺炎抵抗力强。一年龄豚鼠白血病自发率为 7%，流产率为 21%，死胎率为 45%，血清中缺乏迟发超敏反应因子。

三、豚鼠的饲养管理

(一)饲养环境

(1)环境 豚鼠听觉灵敏、胆小、易受惊吓，因此环境应保持安静，开放饲养环境的噪声在 60 dB 以下。最适温度为 20～24 ℃。超过 30 ℃时，豚鼠体重减轻、流产、死胎、死亡率高。低于 15 ℃时，繁殖率、生长发育率降低，疾病发生率上升，易患肺炎。温度的恒定也相当重要，温度的急骤改变，常可危及幼鼠生命，使母鼠流产或不能分泌乳汁。湿度应保持在 40%～70%。湿度过高或过低都会引起豚鼠抵抗力下降，易患疾病。饲养室内空气应新鲜，氨浓度控制在 14 mg/L 以下，氨浓度的高低与豚鼠肺炎发病率密切相关。由此可见，良好的通风换气和适宜的温度、湿度对保证豚鼠的健康水平极为重要。豚鼠饲养室应安装空调和通风换气装置。

(2)笼具 有传统的水泥或木制池养方式(周边高 40 cm)、抽屉式的箱子、铁丝网底和实底的笼盒等。金属网底笼具，粪便可由金属网眼漏下，下接底盘，底盘可自由取出，内铺有垫料，这种方式分层饲养可节省空间。常用于豚鼠的生产群。池养容易造成粪尿直接接触身体和食物，且不便于清除粪便，消毒也不方便，宜少采用。

(3)垫料 池养和实底笼饲养时，所铺垫料都要消毒，垫料为不具机械损伤的软刨花。细小的和硬的刨花、片屑、锯末可粘在生殖器黏膜上影响交配，甚至损伤生殖器，使豚鼠不孕。粉末状垫料也会引起呼吸道疾病，不宜采用。

(4)饲料和饮水 豚鼠饲喂全价营养颗粒饲料，饲料应符合营养标准和达到饲料卫生、检验标准。饮水应使用饮水瓶、自动饮水器或水钵，保证充足的新鲜水。

豚鼠属草食性动物，对纤维素需求量高，在饲料配方中应特别注意。如果粗纤维比例低，易引起豚鼠严重脱毛和相互吃毛现象，有条件的地区可长年补充新鲜青草。

豚鼠自身体内不能合成维生素 C，必须从饲料中获取，体重 100 g 的豚鼠每日必需 4～5 mg 的维生素 C，在生长、妊娠、泌乳期间和受到应激时，实际需要量为每 100 g 体重每日 15～

25 mg。维生素的缺乏常导致动物跗肘关节肿胀，行动困难，体质衰弱，并易感染细菌性肺炎、急性肠炎和霉菌性皮炎等。维生素C的投喂可通过内含充足维生素C的颗粒料，也可溶于饮水中（200～400 mg/L，新鲜配制），或投喂富含维生素的新鲜多汁的绿色蔬菜、水果（柑橘属水果）等办法。由于维生素C易氧化不稳定，饲料不能久放，贮存的地方应干燥凉爽。

豚鼠对变质饲料特别敏感，常因此减食和废食。霉变或含杀虫剂的草、蔬菜和饲料常可引起中毒，甚至致死，腐烂的蔬菜和水果一律禁止饲喂。

（二）日常饲养管理

（1）饲喂应定时定量　颗粒料上午、下午各喂1次，喂量的多少可视下一餐刚吃完为度。一次加料过多除造成浪费外，饲料在料盒中放置时间太长，易被细菌污染发霉变质。青料充足，且质量好，可适当减少颗粒料。豚鼠生长发育和生产繁殖的不同阶段对饲料的质和量的要求是不同的。由于豚鼠有趴卧食具的习惯，饲料易被污染，所以饲料盒提倡壁挂式。

（2）严格执行卫生消毒制度　保证地面、食具和笼具清洁干净。每周更换垫料2次，消毒饲养盒（笼）和饲料盒1次，定期用消毒液喷洒地面和墙壁。

（3）繁殖　豚鼠的妊娠期较长，每胎产仔数又较少，与大鼠、小鼠的繁殖相比较难，但在饲养繁殖中也形成了固定的繁殖方法，在繁殖过程中应抓好选种、育种、交配、妊娠与分娩、哺育和离乳等主要环节。

①选种。选种是繁殖工作的第一环节，种鼠的质量是提高其生产力的重要条件之一。对亲代的要求是体格健壮，体重符合要求，并具有较高的生殖能力。雄性豚鼠性欲旺盛，历次与雌性豚鼠交配都有较高的受孕率。雌性产仔率高，泌乳量大，适应能力强，常选择其第2至第4胎所生仔鼠做种鼠。对子代的要求是健康无病，发育良好，生殖器正常，性活动强。非近交系豚鼠选种时应注意避免近亲繁殖，编号记录要详细。

②育种。对选定的种鼠进行良好的饲养与仔细的管理。根据近交系豚鼠和非近交系豚鼠的不同，分别做好双亲系谱的记录，雌雄分开饲养，定期称重。

③交配。豚鼠最佳的交配时间为5月龄体成熟时，选择健康活泼的留种豚鼠进行交配繁殖。交配方法分近交系的维持和大群繁殖生产两种。大群生产一般采用1雄3～6雌配。妊娠后期，雌鼠或是与雄鼠留在一起（连续同居）或是移至单笼待产（不连续同居）。连续同居的优点是可以充分利用产后发情，提高产仔胎次，每年平均产5胎，共产仔16.5只，还可使母鼠互带仔鼠；不连续同居为每年3.5胎次，共产仔10只，优点是幼仔断乳后成活率高。不连续同居时雌鼠移出后可将几只放在一起，利用其相互哺乳的习性，使仔鼠离乳率更高。

④妊娠和分娩。雌雄同居后，一般多在第1次发情排卵时受孕，妊娠豚鼠在20 d后，活动时其腹部两侧有明显的隆起特征，可摸到似球状的胎儿。对妊娠期的豚鼠应加强管理，饲养密度不宜过大，轻抓轻放，保持安静以防止流产。妊娠期的豚鼠食欲旺盛，毛色光泽好，处于营养素需要量较大时期。

豚鼠分娩多在晚上，胎儿一出生，母鼠舔舐仔鼠被毛，吞吃胎盘，正常情况下能顺利地产下所有的胎儿。应及时检查生产情况，做好生产记录。

⑤哺乳。豚鼠虽然只有1对乳头，但泌乳能力强，一般能带活全部仔鼠，每只生产雌鼠以哺乳4只仔鼠比较适宜，产仔鼠较多的可以调整。长期同居交配法可采取几只雌鼠一起生产、同时哺乳的办法来解决。产仔鼠较多的雌鼠哺乳，雌豚鼠也有互相NSL的习性。仔鼠出生后4～5 d就能采食，同时又有母乳，所以仔鼠出生后生长速度较快，出生15 d左右的仔鼠体重比

初生时可增加1倍左右。哺乳期母鼠消耗比较大，仔鼠又能采食，在此期间应注意精心饲养，特别注意清洁卫生。

⑥离乳。一般豚鼠的仔鼠离乳标准有2个：一是仔鼠体重达到180 g以上；二是哺乳21 d。选定作为种鼠的仔鼠可适当延长哺乳期，一般仔鼠21 d以内都能超过180 g，在离乳时如出现同胎仔鼠中有个别生长发育缓慢，可把达到离乳要求的仔鼠先离乳，余下仔鼠继续哺乳。一般尽量不延长哺乳期，哺乳期过长，会使雌种鼠体质过于消耗，影响下胎妊娠和胎儿发育，特别是采用长期同居繁殖方法的雌种鼠。由于豚鼠性成熟比较早，离乳的豚鼠应雌雄分开饲养。

(4)记录　豚鼠生产中的记录与小鼠基本相同，单色豚鼠个体的记录可采用打耳号的方法，多色豚鼠的记录可利用体表毛色分布的不同来记录。实验记录要记录每只编号豚鼠的被毛、精神状态、活泼情况、对外界反应是否正常，饮食是否正常，粪便性状、内容和颜色，有无分泌物等情况，产仔情况及仔鼠的生活情况等。在变应原实验中，豚鼠出现死亡或过敏症状时，死亡的豚鼠应及时向实验负责人汇报，以便及时取舍和处理，过敏症状应尽量详细的描述。

因豚鼠胆小易惊，还应记录室内是否安静、干燥、清洁。每天向实验负责人汇报，每周向班组长汇报，以便及时改进和完善措施。

第四节　金黄地鼠的生物学特性及饲养管理

金黄地鼠是啮齿目鼠科仓鼠属哺乳动物，又称叙利亚地鼠、金毛鼠、熊仔鼠、金丝熊。主要分布在东欧、南欧和亚洲的少数地区，目前已遍及世界各国。1930年在叙利亚 Aleppo 市郊捉得一窝野生鼠，其中3只仔鼠(1雄2雌)经人工饲养繁殖，纯化成为实验动物，后裔逐渐扩散到世界各地。我国饲养的金黄地鼠最早由兰春霖教授于1947年从美国引入上海。在实验动物的使用量和使用范围上，其仅次于小鼠、大鼠和豚鼠，而居啮齿类第4类。

一、金黄地鼠的生物学特性

(一)外貌特征

金黄地鼠(图6-6)全身被毛，四肢较短，尾粗短，耳色深，眼小而亮，被毛柔软。脊背为鲜明的淡金红色，腹部与头侧部为白色。由于突变毛色呈多样，可有野生色、褐色、乳酪色、白色等。金黄地鼠体长16 cm左右，尾长1.7～2.2 cm。雌鼠有7～8对乳房。

图6-6　金黄地鼠

(引自　秦川，2016)

(二)解剖特征

(1)牙齿　齿式为$\frac{1\cdot0\cdot0\cdot3}{1\cdot0\cdot0\cdot3}=16$，门齿终身生长，臼齿呈三棱形。

(2)骨骼　脊椎骨共有43～44块，其中颈椎7个、胸椎13个、腰椎6个、荐椎4个和尾椎13～14个。

(3)消化系统　胃分前胃、腺胃两部分，胃小弯极小；十二指肠和空肠较长，回肠较短，盲肠较大，结肠长。肝脏分7叶，左右各3叶，中间叶很小。

(4)颊囊　口腔内两侧各有一个颊囊，深为 3.5～4.5 cm，直径为 2～3 cm，一直延伸到耳后颈部，由一层薄而透明的肌膜构成，容量可达 10 cm^3。颊囊缺少腺体和完整的淋巴通路，因此对外来组织不产生免疫排斥反应，是进行组织培养、人类肿瘤移植和观察微循环改变的良好区域。

(5)呼吸系统　肺分 5 叶(右 4 叶，左 1 叶)。

(6)生殖系统　肾乳头很长，一直伸到输尿管内；睾丸特别大，为体重的 1/6～1/7，重约 2 g。雌鼠有 6～7 对乳头。

(7)染色体　$2n=44$(22 对)。

(三)生理特征

(1)生长发育　金黄地鼠胚胎发育快，受精后 48～60 h 即可达桑葚胚期，3～5 d 形成胚胎腔和羊膜腔，可见到中胚叶的细胞，10～14 d 各系统都已分化成功，第 15 天可形成完整的胎仔。新生金黄地鼠体颈部短，体躯大，四肢也短，前足四趾，体重为 2～3.3 g，全身无毛，眼、耳紧闭。出生后 3～4 d 耳壳开始突出体外，以后张开，4 d 长毛，12 d 可自行觅食，15 d 睁眼。离乳时体重可达 35～40 g，6～8 周性成熟，雄性体重为 85～110 g，雌性体重为 95～120 g。随着年龄的增长，体重可能还会增加。成年金黄地鼠的体长 14～19 cm，体重为 110～140 g。雌鼠体重比雄鼠稍大。平均寿命 2 年。

(2)生殖生理　金黄地鼠是妊娠期最短的哺乳类实验动物。全年发情动物，有产后发情特点。性周期开始出现年龄为 30～32 日龄，性周期 4～5 d，妊娠期 14～17 d，哺乳期 21 d。生育期从 6～8 周起可延续到 15 月龄，9 月龄后受孕率下降，每年可产 7～8 胎，每胎产仔 5～10 只。臀髋部有一种腺体，当地鼠处于性兴奋状态时，分泌物会使局部皮肤湿润。

(3)体温调节　金黄地鼠体温的高低与季节有关，夏季一般为(38.7±0.3)℃，一天内也有变化，晚上 9:00～10:00 体温最高，从中午到傍晚较低，早晨 3:00～5:00 和上午 10:00，其体温上升。颊囊内的温度为(37±1)℃，雄鼠直肠温度和颊囊温度大体一致，雌鼠直肠温度比颊囊低 1～2 ℃。

(四)生活习性

(1)采食特性　地鼠为杂食性动物，食性广泛，有贮存食物的习性，可将食物存储于颊囊内。

(2)活动规律　昼伏夜出，一般晚上 8:00～11:00 最为活跃，有嗜睡的习惯，熟睡时全身松弛，如死亡状，不易醒。运动时腹部着地，不敏捷，易捕捉，但受惊或被激怒时会咬人。

(3)生长发育　金黄地鼠生长发育快。4 周后雌鼠体重超过雄性，8 周龄成熟，雄性体重为 90～125 g，雌性体重为 95～140 g，寿命一般为 2～3 年。

(4)冬眠　金黄地鼠以室温(22±2)℃，相对湿度 40%～70%为宜。室温低于 13 ℃则幼仔易于冻死，室温低(8～9)℃出现冬眠。

(5)好斗习性　地鼠好斗，雌性比雄性大而且凶猛，除发情期外，雌鼠不易与雄鼠同居，且雄鼠易被雌鼠咬伤。受惊时会咬人，兴奋时可发出金属性音响。金黄地鼠初胎时有食仔的恶习。

(6)繁殖特性　全年发情动物，有产后发情特点。牙齿十分坚硬，能把木头、稻草、纸和布等物品咬碎并做成巢穴。

二、金黄地鼠的主要品种和品系

目前，世界上育成的金黄地鼠近交系有 38 种，突变系 17 种，封闭群 38 种。目前研究常用的近交系和自发突变的叙利亚地鼠主要有 Bio 1.5、Bio 14.6、Bio 15.16、Bio F1B、Bio HT 和 Bio TO-2 等。

（一）Bio 1.5 品系

Bio 1.5 品系是所有心肌病的叙利亚地鼠最初的来源，该品系提供了导致不同类型心肌病的单个突变的例子。叙利亚地鼠 Bio 14.6、UM-X7.1、CHF 146 和 CHF 147 品系的特征是心肌明显肥大，而 Bio 53.58 和 Bio TO-2 的特征是心室肌扩张而无肥大。一些品系，如 Bio 14.6 表现为代偿性肥大，进一步表现出左心室扩张、变薄和功能受损；而 Bio TO-2 品系则发展为扩张型心肌病并没有最初的肥大反应。这些不同的品系提供了多种模型，可用于研究发病机理的各个方面。

（二）Bio TO-2 品系

Bio TO-2 扩张型心肌病品系的许多特征与人类扩张型心肌病（DCM）的特征极为相似，因此该品系通常用于表征 DCM 在人类身上的病理生理学和血流动力学特征。TO-2 品系的心肌病是进行性的，首先是肌溶解，然后发展为纤维化，然后出现肥大和扩张，最终导致充血性心力衰竭。这些阶段代表了患有心肌病的人群的大部分阶段，包括心脏扩张、心室肥大、液体充血和死亡。在人类和叙利亚地鼠中也观察到急性心肌炎。常见的血流动力学特征包括较低心排血量，左心室舒张末期压力升高，左心室舒张率延迟，外周阻力增加和肾血流减少等。在 TO-2 品系的叙利亚地鼠中，发现肌浆网功能异常导致钙螯合和超负荷，而高 ATPase 活性导致收缩力降低。这些特征部分导致了该品系心脏功能的下降，并且这些异常被认为是人类 DCM 的致病机制。

（三）Bio F1B 品系

Bio F1B 品系的叙利亚地鼠对饮食诱发的动脉粥样硬化非常敏感。即使在低胆固醇水平下（0.05%），该品系也会形成动脉粥样硬化病变。与野生型叙利亚地鼠相比，使用 20%鱼油饮食的 F1B 叙利亚地鼠血浆胆固醇和胆固醇酯浓度显著提高。野生型叙利亚地鼠在致动脉粥样化饮食的条件下，会降低低密度脂蛋白和高密度脂蛋白胆固醇。相比之下，F1B 品系的低密度脂蛋白胆固醇浓度却大大升高，而高密度脂蛋白胆固醇没有明显变化。

（四）APA（Albino-Panda-Albino）品系

APA 品系的叙利亚地鼠在注射链脲佐菌素（Streptozocin，STZ）后，可诱发伴有肾病的糖尿病。STZ 诱导的糖尿病 APA 品系的叙利亚地鼠是人类糖尿病肾病的良好模型，因为进行性肾脏损害是该模型的常见组成部分。除肾脏病变外，糖尿病 APA 叙利亚地鼠还可以发展为冠状动脉病变，并且是研究人类糖尿病伴主动脉夹层的病因和发病机制的绝佳模型。APA 品系可以在主动脉弓内形成动脉粥样硬化病变，并显示出高胆固醇血症和高甘油三酯血症的迹象，注射 STZ 后低密度脂蛋白组分升高，高密度脂蛋白组分降低。该品系动脉粥样硬化病变中的 ApoE 和高级糖基化终产物的沉积与患有动脉粥样硬化的人群类似。因此，APA 品系是研究糖尿病和动脉粥样硬化的良好动物模型。由于这些疾病通常是人类的并发症，因此该模型可以提供有价值的数据，以了解这些疾病的发病机理并测试新疗法。

三、金黄地鼠的饲养管理

(一)饲养环境

(1)笼具　由于地鼠有啃咬硬物的习惯,所以饲养笼具必须用金属制成,笼盖和门一定要严密,以免被地鼠咬坏或顶开,防止地鼠外逃。

(2)饲料和饮水　金黄地鼠所需饲料组合和营养成分与小鼠差别不大,仅在哺乳期所需要的蛋白质和矿物质量比小鼠高13%～30%,这是因为金黄地鼠在哺乳期体重增长最快。小鼠21日龄体重为自生时的7.7倍,而金黄地鼠为18倍。夏季阴雨季节,由于金黄地鼠有贮存食物的习惯,所以不宜多喂。巢穴内料块残渣每天至少要清洗一遍,以防动物吃了潮湿发霉的饲料而引起肠炎。秋冬季节,像饲喂小鼠一样,每2～3 d加1次块料。每周换垫料2次,勿用手直接接触仔鼠,否则,仔鼠会被哺乳雌鼠吃掉。有些实验需使用特殊配方饲料、加特殊饮水,如糖代谢实验等,应按实验负责人的要求,及时同饲料生产部门联系,在保证地鼠基本营养情况的同时加以调整。

(二)日常饲养管理

(1)清洁卫生和消毒　地鼠购进后要隔离检疫1周,以观察其健康情况。

地鼠垫料一般使用刨花,每周更换2次,垫料应经灭菌处理,防止感染体外寄生虫,垫料的存放应有预防被节肢动物污染的措施。饮水具、食具应每天清洗消毒1次。笼具每月消毒3次,每周以消毒液消毒地面2次,每周喷雾消毒房间1次,每次实验完毕应按屏障环境实验用空舍消毒程序进行处理,以备下次实验用。房舍笼架也要定期扫除,可用过氧乙酸或碘伏消毒。

(2)选种和培育　金黄地鼠的选种,应从生殖能力最强的母种生产的仔鼠中选择幼种,最好从春夏季出生的仔鼠中选种,因为这个时期仔鼠发育最快,并且要选择2～3胎的仔鼠,同胎产仔8～12只,留下6～8只哺乳,21日龄离乳时,选留发育快、体型大的作为幼种。离乳后经过2～2.5个月的自养,即可成为建库的生产种群。

亲代应具有较高的生殖能力和健壮的体质,雌种历次与雄种交配时,受胎率的高低和产仔的多少、泌乳量的多少以及对环境变化适应性的高低,作为评价选择幼种的双亲标准。对选出的幼种,应记好卡片,按性别分笼饲养,每笼放2～3只。每月称重1次,检查其生长与健康情况,不合格的及时淘汰。健康的种鼠身体呈椭圆形,肌肉发达,被毛光泽,皮肤有弹性,动作活泼有力,对外界刺激敏感,发育良好。

(3)繁殖生产　金黄地鼠的繁殖开始适龄期,雌鼠为8～10周,雄鼠为9～10周。近交系核心群的维持采用单配法,即1雄∶1雌法。交配时可将已发情的雌鼠放入雄鼠笼内,交配后的雌鼠可及时提出,既可翌日早晨提出,也可采用定期同居5～7 d,再将雌鼠提出,单笼饲养待产。

规模化大量生产地鼠采用多配法,即1雄、数雌或多雄多雌。可采取长期同居,每周倒挂一次雄鼠,并将妊娠雌鼠提出,再补入待配雌种,或采用定期循环交配法。

(4)妊娠诊断　因为雌鼠发情期绝大部分在晚上9:00后开始,有时也在早晨。因此,易在早晚进行交配。每次交配持续10～30 min,一般交配成功后可形成阴道栓,翌日上午目测检查即可确认是否交配成功;对交配10 d以后的雌鼠;可根据腹部隆起确诊妊娠,或用触诊法从外部检查胎儿。

通过阴道涂片；检查性周期停止时的细胞变化和子宫黏膜柱状上皮细胞的增殖变化；也可用来做妊娠确诊检查。

(5)分娩　应将临产前的雌鼠放入经过消毒并垫有软棉花的笼内，等待生产。母鼠一般多在夜间生产，正常产程需要 30～45 min，分娩后第 1 天早晨，应首先检查仔鼠的出生数目。记好生产卡片，并及时调整带乳只数，以每窝带 6～8 只为宜，可将多余的仔鼠补给产仔少的母种进行饲喂或淘汰。

(6)哺乳和离乳　母鼠的泌乳能力取决于泌乳量的多少和母鼠的营养状况，这一点可根据仔鼠的外貌加以确定。如果仔鼠吃到充足的母乳，则仔鼠肥胖，肤色红润而无皱，胃部充满乳汁，能安静地睡在窝里。反之，当泌乳量不足，仔鼠吃不饱，则外貌消瘦，皮肤干燥发皱，被毛粗糙无光，胃空虚，经常爬出窝外。对此，应加强饲养管理措施，减少带乳只数。哺乳期为 18～24 d，仔鼠体重达 35 g 可离乳。对离乳的仔鼠，按性别分别饲养。

(7)记录　地鼠的生产记录同小鼠。实验记录包括每只编号地鼠的精神状态、活泼情况、饮食情况是否正常，粪便性状、内容和颜色，有无分泌物(性质及颜色)，有无死亡，死亡时应及时同实验负责人联系，以便处理。

记录每天或一定时间的动物临床观察详细情况，如有些实验带仔鼠时应注意更换垫料，一定勿用手触摸仔鼠，而用换垫料铲将少许垫料和仔地鼠一起铲起换入新笼(盒)中，以免因改变仔鼠体表气味而使母鼠将仔鼠咬死。

第五节　兔的生物学特性及饲养管理

兔在动物分类学上属哺乳纲兔形目兔科穴兔属。生物医学研究应用的兔由野生穴兔经过驯化而育成，多为欧洲兔的后代，染色体 $2n=44$。目前常用品种有：新西兰种，皮肤光滑，适用于皮肤实验。日本大耳白兔，适用于胆固醇代谢与动脉硬化等实验研究。荷兰兔，耳短体型小，适用于各种诊断和发热性物质的检测。青紫蓝兔可供生产疫苗，对猩红热毒素反应敏感，可用于对猩红热的研究和检测。安哥拉长毛兔，可用十皮肤实验。除上述品种外，用于实验的兔还有英国兔、喜马拉雅兔、中国兔等。兔是生物医药实验研究中最常用的动物之一，广泛应用于心血管病、内分泌、脂质代谢、遗传学、药理学等实验研究领域。

一、兔的生物学特性

(一)外貌特征

体型较小，呈圆球形，密被绒毛，蹲位，尾短。头呈长圆形；口周围有触须；眼位于头两侧，眼大；眼后有 1 对长的外耳壳；口缘有肉质的上下唇，上唇正中裂。头后有明显的颈部，但较短。躯干可分胸部和腹部。胸、腹部以体侧最后一根肋骨为界。雌兔腹部的 3～5 对乳头；肛门和泄殖孔位于尾根下方，肛门靠后，泄殖孔靠前。雌兔的泄殖孔呈纵裂状，称为阴门，雄兔的泄殖孔位于阴茎顶端，开口较小。成年雄兔肛门两侧有 1 对明显的阴囊。后肢比前肢长，第 1 趾极短，趾端有爪。毛色品型多，有白色、棕色、灰色、黑色、麻色等。

(二)解剖特征

(1)牙齿　齿式为 $\frac{2\cdot0\cdot3\cdot3}{1\cdot0\cdot2\cdot3}=28$，门齿终生生长，和其他啮齿目动物不同的是有 6 颗切

齿，它多了1对小切齿；有发达的门齿，宽大的臼齿，上颌除一对大门齿外，其后还有一对小门齿，无犬齿。

(2)骨骼　全身骨骼共275块，小而轻、脆。

(3)消化系统　食管由三层肌肉构成(其他动物两层)。胃为单室，胃底特别大，呕吐反应不敏感，肠管很长(超过体长10倍)，盲肠特大(占据腹腔1/3以上)，盲肠起始部膨大成圆小囊(兔特有)，盲肠末端的细长部称引突。胰腺组织分散在十二指肠U形弯曲部的肠系膜上，浅粉红色，其颜色质地均似脂肪，为分散而不规则的脂肪状腺体，胰导管开口远离胆管开口。有胆囊，胆总管极易辨认。肠壁富渗透性(特别是幼兔)。

(4)呼吸系统　口及喉头都很小，左肺2叶，右肺4叶，腹式呼吸为主，无咳嗽反射。兔的胸腔构造与其他动物不同，由纵隔将胸腔分为左右两室，互不相通。纵隔由隔胸膜和纵隔膜两层胸膜组成。开胸手术暴露心脏时，只要不损伤纵隔膜可不使用人工呼吸机。

(5)循环系统　心外有心包膜，主动脉只有压力感受器没有化学感受器，心房无三尖瓣，起搏点简单，易引起心律失常，离体心脏仍可搏动很久。血清量按体重相比，较其他动物多。颈神经血管束中减压神经易于分离，其末梢分布在主动脉弓血管内，属于传入性神经。

(6)内分泌系统　甲状旁腺分散，位置不固定，除甲状腺周围外，有的甚至分布到胸腔主动脉弓附近。特具眶下腺和腘淋巴结。

(7)皮肤系统　兔的皮肤表皮较薄，真皮较厚。

(8)泌尿生殖系统　肾脏位于腹腔背侧，右肾比左肾稍靠前，为单乳头肾。尿液浑浊有结晶。雄兔的腹股沟管宽短，终生不封闭，睾丸可以自由地下降到阴囊或缩回腹腔，阴囊不发达，阴茎较小。雌兔为双子宫，有两个子宫角和两个子宫颈，无子宫体，乳头3～6对。

(9)神经系统　减压神经独立分支，交感神经与迷走神经合并为迷走交感干。听觉和嗅觉十分灵敏。大脑半球表面光滑(几乎无沟回)。

(10)感觉器官　兔耳郭大，血管清晰，便于血管注射和采血。兔眼球大，适于眼科研究。虹膜内色素细胞决定眼睛的颜色，白色兔眼睛的虹膜完全缺乏色素，由于眼球内血管的血液颜色折射，看起来是红色。

(11)染色体　$2n=44$(22对)。

(三)生理特征

(1)生长发育　生长发育较快，繁殖力较强。如新西兰白兔，出生时体重约60 g，离乳时体重为1 000～1 200 g，10周龄体重约2 kg，性成熟时体重4.0～5.5 kg。出生时全身裸露，眼睛紧闭，耳闭塞无孔，脚趾相连，3～4 d始长毛，4～8 d脚趾始分开，6～8 d耳穿孔，10～12 d睁眼出巢活动，21 d始正常吃料，30 d被毛形成。性成熟小型兔3～4个月，中型兔4～5个月，大型兔5～6个月，寿命8～10年。兔在正常生命活动中有两种换毛现象，一种是年龄性换毛，一种是季节性换毛。

(2)生殖生理　雌兔发情周期8～15 d，发情持续期为3～5 d。兔是刺激性排卵的动物，交配后10～13 h排卵。妊娠期39(29～36)d，哺乳期45(30～60)d(小型兔25～30 d)，每胎产6～8只，年产仔5～6胎(中国白兔)，生育期2～3年。

(3)体温调节　兔正常体温为38.0～39.6 ℃，体温调节主要依靠呼吸散热。体温变化灵敏，最易产生发热反应，且反应过程典型恒定。人类临床热原反应与兔的热原反应阳性有着密切相关性，所以实验兔法热原质检查至今仍无理想的方法完全取代之。家兔中性粒细胞中，常有嗜伊红颗粒的伪嗜酸性粒细胞，在血液检查中需注意。

(4)兔具有产生阿托品酯酶的基因 兔即使吃了含有颠茄(阿托品是从颠茄、曼陀罗、莨菪等植物中提取的生物碱，而颠茄中的主要生物碱为阿托品和黑莨菪碱)的饲料后，也不会引起中毒症状。这是由于阿托品酯酶破坏了生物碱所致。

(5)对致病因素敏感 对许多病毒和致病菌敏感；对射线十分敏感。

(四)生活习性

(1)草食性 喜食青粗饲料。性情温顺，喜欢独居，群居性差：如果群养，常发生斗殴咬伤，因此实验兔适于笼养。

(2)听觉和嗅觉灵敏，胆小易惊 能凭嗅觉辨别非亲生仔兔，并拒绝给其哺乳。齿尖，喜磨牙，有啃土和扒土习惯。

(3)耐寒不耐热，耐干不耐湿 有良好的卫生习惯，由于汗腺不发达，对潮湿高温适应性差。当气温超 30 ℃以上或湿度过高时，易引起母兔厌食、流产、拒乳。

(4)具有夜行性和嗜睡性 白天兔表现安静，常处于假眠和休息状态，夜间活跃，晚间采食量占全天的 75%。若使其仰卧，全身肌肉松弛，顺毛抚摸其胸腹部并按摩太阳穴时，可使其进入睡眠状态。

(5)食粪癖，但好清洁 正常兔粪有两种：一种是常见的圆形颗粒硬粪；另一种是表面附有黏液的小球状软粪。软粪在晚上排出，含有较丰富的粗蛋白质和维生素，兔直接由肛门吞食软粪。兔的食粪行为是一种正常的生理行为，开始于 3 周龄。

(6)家兔无固定排卵期 交配或其他刺激约 10 min 后开始排卵。除交配以外，可用性激素或电刺激引发排卵。

二、兔的主要品种和品系

国际上的实验兔品种多达数十种。我国目前常用的品种主要有 4 个(封闭群)。1983 年，卫生部确定日本大耳白兔和新西兰白兔为全国卫生系统通用的实验家兔品种。另外有些地区和单位还使用青紫蓝兔和中国白兔作为实验动物。

(一)大耳白兔(日本大耳白兔)

日本大耳白兔是日本以中国白兔为基础选育而成的皮肉兼用和供实验用的良种兔。毛雪白、眼睛红、体型中等偏大，成年体重达 4～5 kg。四肢壮实，两耳长大高举，向后方竖立，耳根细，耳端尖，形同柳叶，该兔颌下具肉髯，被毛浓密。生长发育快，繁殖力强，产仔多，每胎约 8 只，但抗病力较差。由于耳大、血管清晰，易于采血和注射，大耳白兔是较理想的实验用兔。

(二)新西兰白兔

新西兰白兔是美国加利福尼亚州培育的品种。1979 年，中国科学院上海分院实验动物中心从日本引进种兔后，在恒温恒湿环境中进行较严密的饲养繁殖，已获得优异成绩。新西兰白兔具有毛色纯白、皮肤光泽、耳较宽厚而直立、臀圆、腰肋部肌肉丰满、体格健壮、生长迅速、体型中等，繁殖力强、性情温和、容易管理等优点，故已被培育成性质稳定的近交系实验动物。短期训练能很好地配合实验。除广泛应用于皮肤反应试验、药剂的热原试验、致畸试验、毒性实验和胰岛素检定外，也常用于妊娠诊断、人工受胎实验、计划生育研究和制造诊断血清等。

(三)青紫蓝兔

原产于法国，是 20 世纪初育成的著名皮用品种，1913 年首先在法国展出，分标准型、中型

(美国型)和大型 3 种。因毛色很像产于南美的珍贵毛皮兽"青紫蓝"而得名。每根毛可分为三段颜色:毛根灰色,中段白色,毛尖黑色。耳尖、尾、面部呈黑色,眼圈、尾底部及腹部为白色。耳一垂一竖,母兔额下有肉揖。体质强壮,耐寒,适应性强,性情温顺,生长较快,繁殖力和泌乳力都较好。我国饲养的白兔多为中型,分布很广,是国内使用较多的实验用兔之一,近几年由于白兔用量较多,仅少数单位用于生物制品的检验。

(四)中国白兔

是世界上较为古老的品种之一,我国各地均有分布,以四川等地饲养较多。该兔主要特点为:头形清秀、嘴较突,体型较小,但全身结构紧凑而匀称,被毛全白,毛短而密,皮板较厚,眼睛红色,成兔体重 2～2.5 kg,性成熟较早,繁殖力高,年产仔 5～6 胎,每胎 6～8 只,最高达 15 只以上。适应性好,抗病力强、耐粗饲。很早就用于实验研究和生物制品生产。应注意对其进行选育和保种工作,以便培育成我国特有的实验用家兔小型品种。

三、兔的饲养管理

(一)饲养环境

(1)笼舍　笼具一般为钢丝笼,或用竹片、木条垫底。产仔做窝用产箱。食槽为固定于兔笼上、可以转动或自由取下的簸箕式食槽,也可用陶瓷食盆。饮水器有乳头式饮水器、陶制瓷碗、倒置玻璃瓶等。由于家兔吃得多、拉得多,并且其排泄物的气味较大,应尽量使用具有单向气流控制的不锈钢组合式兔笼及自动饮水系统。另外,也应该把有兔排泄物的地板做成传送带的形式,并设定自动程序,使传送带能够定时启动,做到定时收集兔排泄物。

(2)温度与湿度　目前,兔一般为普通级,环境要求应符合国家环境因素指标标准,温度恒定为 18～29 ℃,相对湿度为 40%～70%,室内保持安静、清洁、干燥、通风。

(3)饲料和饮水　采用全价颗粒饲料,须达到国家规定的营养和卫生质量标准,并满足不同阶段的营养需求,饲料配方稳定,还要特别注意粗纤维的含量。普通级兔可加喂洗净、消毒、晾干的新鲜蔬菜或青草。

喂食要每天定时定量,上午、下午各 1 次,下午可稍多喂,喂量以每天刚好吃完为宜。3 月龄内幼兔少喂多添,防止过食或不足。日耗料量:离乳至 3 月龄,颗粒料由 60 g 逐渐增加至 120 g,育成兔(2.5 kg)为 150 g,妊娠母兔为 180 g 左右,休养母兔和雄兔为 120～150 g。

水的质量应符合相应微生物控制级别的要求,普通级家兔的饮用水要符合城市生活用水标准,清洁级以上家兔的饮用水要经过灭菌、纯化或用酸化水(用盐酸将水的 pH 调至 2.5～2.8)。应每天检查自动饮水装置,以防漏水和管道阻塞,保证有适量的新鲜自来水,如果不用自动饮水器应每天清洗饮水用具,并加水 2 次,每周消毒 2 次。

(二)日常饲养管理

(1)卫生消毒　严格执行卫生消毒防疫制度。进动物前,要清扫房舍,熏蒸消毒。对笼具、饲具进行清洗、消毒。饲养过程中,每月消毒 1 次笼具(特别是垫板)。水具每天清洗,每周消毒 1 次。每天冲洗粪便(冲洗之前注意观察粪便情况)。保持室内干净、干燥。操作完后,用消毒液拖地。饲养室和全部用具每年彻底消毒 2 次。

(2)观察、记录　饲养员一上班就要首先检查水、电、换气、空调等设施的运转情况,登记好温度、湿度,然后观察兔情:饮水、饲料情况,兔的健康状况(特别注意粪便是否正常),还有产仔、哺乳、仔兔情况。如有异常,应迅速处理,并报告负责人,认真做好各种记录。

(3)繁殖　兔性成熟的早晚,取决于品种、性别、营养以及各种环境因素。配种要等体成熟,新西兰中型兔的配种年龄为6～7月龄,体重3.5 kg左右。

兔的交配方法有自然交配法、人工辅助交配法及人工授精法。一般采用人工辅助交配方法。兔为刺激性排卵,母兔无发情期,一年四季均可交配、受孕。无恒温设施,一般夏季采用清晨或早晚交配;天气炎热时,停止交配,冬季应在中午为宜。

(三)不同类型兔的管理

(1)种公兔　种公兔品质要优良,发育良好,体格健壮,性欲旺盛。3月龄后应雌雄分开饲养,严防早配、乱交。一笼一兔,有适当的活动空间。配种时,应把母兔捉到公兔笼而不反之。种公兔1 d内,交配2次,每交配2 d,应休息1 d。换毛期不配或少配。应有详细配种记录。

(2)空怀种母兔　母兔由于哺乳,体力消耗大,身体比较瘦弱,需要补偿提高健康水平,但又要防止过肥,有利于母兔正常发情排卵。适时配种。

(3)妊娠母兔　供应充足的优质饲料,特别是中晚期,量增加50%,蛋白质增加20%～40%。做好护理,防止流产,不要随意捕捉妊娠母兔,保持安静。做好产前准备,按预产期提前2～3 d,换干净笼子,放好消毒的产箱,铺好棉花。分娩时,注意安静,光线不能过强。分娩后及时检查,清理产箱,去除污毛、血毛、死胎,补充垫料,重新整理巢窝,检点出生仔兔数量,做好记录。如发现不拔毛或拔毛少的母兔,应将其胸部和腹部,特别是乳头周围的毛轻轻拔除,以防仔兔吸吮不到母乳。

(4)哺乳兔　增强营养(特别是蛋白质含量),随着仔兔日龄增长,注意饲料喂量,保证足够的饮水。经常检查母兔的哺乳情况及仔兔吸奶情况,有不会哺乳的,应人工将母兔轻轻放入产箱,促其哺乳,每天1～2次,每次5 min,连续2～3 d,有的母兔就会自己哺乳。检查母兔乳房,一旦发现红肿、硬块——乳腺炎,要及时治疗。笼具保持清洁,定期消毒。食具、饮水器应每天清洗,每周消毒。产箱内有粪尿,要及时换上干净的垫料。产后3 d,调整好仔兔数量。一般带仔数不超过8只,留种的不超过6只,多余的仔兔可适当调剂,并要注意防止代乳母兔咬死非亲生仔兔,可在仔兔身上涂抹代乳母兔的尿液和乳汁,同时注意把被调仔兔身上沾着的巢箱内兔毛、粪便清除干净,或先将代乳母兔离巢,将被调仔兔放进代乳母兔巢内,经1～2 h,使其沾带新巢气味后,再将代乳母兔送回巢内。

(5)仔兔　做到早吃奶,吃足奶。每天检查,冬天防冻,夏天防"蒸窝",防蚊、防鼠。能出巢时,可以逐渐吃料,注意补料,做好离乳准备,母仔分开饲养,每天早晚各放奶1次,注意垫料清洁干燥。

(6)幼兔　1个月左右离乳,发育差的幼兔再增乳一段时间,留待第2批或第3批离乳。离乳时可采用"离乳不离笼"的方法,即将母兔从笼中移去,而仔兔仍在原笼中饲养。幼兔生长发育快,抗病力差,要特别护理。环境必须清洁、温暖、干燥。控制吃料。随着年龄的增长,逐渐增加喂量。

(7)青年兔　这个时期好养,搞好卫生消毒工作,雌、雄严格分开饲养,拟作种用者单笼饲养。

第六节　犬的生物学特性及饲养管理

犬,又名狗,在动物分类学上属于哺乳纲(Mammalia)食肉目犬科犬属。

犬是最早被人类饲养的动物之一,与人类共同生活1 000多年。犬有许多品种,以毛色或以体型分类。犬的品种由有关协会按一定章程确定登记后公布。最早由英国养犬协会开始登记,后被世界各国效仿,世界各地犬品种有400种以上。从20世纪40年代开始已作为实验动物。近年来,已培育出专用于实验的品种。实验用犬以比格犬为代表,其生物学特性稳定、均一,遗传和微生物学控制较好。

一、犬的生物学特性

(一)外貌特征

体型似狼。全身覆毛,由头、颈、躯干、尾和四肢组成。前端是头部,以两眼为界可分为额部和颜面部,额部较短,颜面部较长,向前突出成口鼻,鼻尖如油状滋润,触摸有凉感。犬品种多,个体差异很大,根据成年体重,习惯分为袖珍型(3 kg以下)、小型(10 kg以下)、中型(10~25 kg)、大型(25 kg以上)。

(二)解剖特征

(1)牙齿　仔犬齿式为$\frac{3 \cdot 1 \cdot 3 \cdot 0}{3 \cdot 1 \cdot 3 \cdot 0}=28$,成年犬齿式为$\frac{3 \cdot 1 \cdot 4 \cdot 2}{3 \cdot 1 \cdot 4 \cdot 3}=42$,犬的牙齿具备食肉目动物特点,犬齿、臼齿发达,撕咬力强,善于咬、撕,臼齿能切断食物。参看犬的牙齿更换与磨损情况,可估计犬的年龄,见表6-2。

表6-2　犬齿估计犬龄

犬龄	犬齿情况	犬龄	犬齿情况
3月龄以下	仅有细、白、尖的乳齿	2岁	下门齿切缘中部凸起磨平
3~4月龄	开始更换门齿	3岁	上门齿切缘中部凸起磨平,并微向外有斜面
5~6月龄	开始更换犬齿	4~5岁	上下门齿磨损呈外斜面,齿根有黄斑
7~10月龄	更换臼齿	6~8岁	门齿磨成齿根,犬齿不齐,发黄
1岁	全部为恒齿,门齿切缘中部有小凸起	10岁以上	齿不全,发黄

(2)骨骼　骨骼可分为中轴骨骼和四肢骨骼两部分。头骨形态变异很大,有的头形狭而长,有的头形宽而短。犬的头骨连着颈椎,犬有7节颈椎,13节胸椎,7节腰椎,3节融合在一起的脊椎成为一块骶骨,尾椎8~22个;犬的前9根肋骨为真肋,后4根肋为假肋。犬的前肢骨包括肩胛骨、肱骨、前臂骨、腕骨、掌骨、指骨和籽骨;后肢骨包括髋骨、股骨、胫骨、腓骨、跗骨和跖骨。犬无锁骨,肩胛骨由骨骼肌连接躯体,后肢由骨关节连接骨盆。阴茎骨是犬科特有的骨头。

(3)消化系统　唾液中缺少淀粉酶。食管全部由横纹肌构成。肠道短,为体长的3~5倍。犬胃较小(容量约为1.5 L,易作胃瘘),相当于人胃长径的一半,易于施行胃导管手术。无食管部,与人结构相同,全部由胃腺组成。肝脏较大,占体重的2.8%~3.4%。胰腺分左右两支呈扁平长带状,向左横跨脊柱至胃大弯及脾门处,胰岛小、数量多。因犬胰腺是分离的,易摘除。

(4)呼吸系统　犬喉头较短,甲状软骨结合部发达。声带由弹性韧带和横纹肌组成。

(5)循环系统　胸廓大,心脏较大,占体重的0.72%~0.96%。

(6)皮肤系统　皮肤汗腺极不发达,趾垫有少许汗腺;鼻端特具鼻端腺;肛门处有肛门腺。

(7)泌尿生殖系统　犬肾比较大,相当于体重的1/200~1/150。中等体型的犬,一侧肾重为 50 g 左右。两肾位置高低不一，左肾位置比右肾低。雄犬无精囊腺和尿道球腺，附睾很大，前列腺极发达，有一块阴茎骨，阴茎根部有两个很清楚的海绵体；雌犬有双角子宫，乳头 4～5 对，卵巢包于浆液性囊内，不与腹腔相通，故无宫外孕。

(8)神经感官　嗅脑、嗅觉器官、嗅神经发达，鼻黏膜上布满嗅神经。眼水晶体较大。听觉、嗅觉灵敏，听觉是人的 16 倍；嗅觉是人的 1 000 倍。视力很差，视网膜上没有黄斑即无清楚的视觉点，每只眼有单独视力，视角 25°以下，正面景物看不清，对移动物体感觉灵敏，视野仅 20～30 m，红绿色盲。

(9)染色体　$2n=78$(39 对)。

(三)生理特征

(1)神经类型　分 4 种，即多血质(活泼型)、黏液质(安静型)、胆汁质(不可抑制型)和忧郁质(衰弱型)。各型性格不同，用途也不同。这对一些慢性实验，特别是高级神经活动实验用犬的选择很重要。

(2)生殖生理　犬为单发情动物，多数在春季(3—5 月)、秋季(9—11 月)发情。性成熟期 280～400 日龄。性周期 180 d(126～240 d)，发情期为 8～14 d，妊娠期为 60 d(58～63 d)，每胎产仔 1～14 只，平均 6 只，哺乳期为 45～60 d。适配年龄：雄犬为 1.5～2 岁，雌犬为 1～1.5 岁。寿命为 15～22 年。

犬交配时间较长，10～50 min。雄犬交配过程中，阴茎根部球状海绵体迅速膨胀，机械阻滞于雌犬耻骨前缘，射精完毕，海绵体缩小后，阴茎才能退出。

(3)体温调节　犬的汗腺不发达，趾垫上有少量汗腺。散热主要靠加强呼吸频率，将舌头伸出口外以喘式呼吸，通过加速唾液中水分的蒸发，来加速散热，调节体温。

(4)血液生理　分为 5 种血型，即 A、B、C、D、E。只有 A 型血有抗原性，可引起输血反应。只有 A 型血(具有 A 抗原)能引起输血反应，其他 4 型血可任意供各型血的犬受血，包括 A 型血犬在内可以进行交叉输血，无输血反应(指溶血问题)。

(5)消化生理　唾液中缺少淀粉酶。内脏器官功能酷似人类，呕吐反应敏感。

(四)生活习性

(1)犬为肉食性动物，但已驯化成为杂食性　犬本为肉食性动物，但经过几千年的人工驯养，食性也有所改变，但犬仍然保持着肉食性动物的某些特点，如上下颌各长一对尖锐的犬齿，吃食时总是囫囵吞下，消化道短，食物通过消化道的时间也短。现在驯养的犬给以植物性饲料为主的配合饲料或者日粮仍然能正常地生长、繁殖。

(2)嗅觉、听觉和触觉很灵敏　犬的嗅黏膜面积大，有 2 亿多个嗅觉细胞，嗅觉为人类的 1 200 倍，能辨别空气中的细微气味。犬在认识和辨别食物时，总是首先表现为嗅觉行为。犬听觉为人类的 16 倍，可分辨极为细小与高频(50～55 000 Hz)的声音，且对声源的分辨能力也很强。味觉不够灵敏。犬触觉较敏感，触毛生长在上唇、下唇、颜部和眉间，粗且长，敏感度较高。

(3)味觉迟钝、视觉不发达　犬的味觉细胞位于舌上，但感觉不灵敏，不能靠味觉辨别新鲜或腐败等不同种类的食物，仅能靠灵敏的嗅觉来完成对这些食物的辨别。所以，在配制犬食时要特别注意食物气味的调理。视觉不灵敏。视力仅 20～30 m(视网膜无黄斑)，视角低于 25°，但对于运动的目标，犬可以感觉到 825 m 远的距离。色觉极差，为红绿色盲，但暗视能力发达，在夜晚微弱光线下，辨别物体的能力很强，故具夜行性。老年犬一般会出现白内障。

(4)领地行为强　犬具有极强的领地行为，有守卫自己领地的习性。犬在其生活和活动场所经常撒尿做标记，以显示自己占据这个地方。当别的犬进入其领地，犬将做出猛烈的咬赶行为，以示保护自己的领地。犬不仅将饲养地视为领地，同时也把饲养人员(或自己的主人)和自己的食具作为领地，表现出极强的占有欲，视为自己的势力范围而加以保护。

(5)犬恐惧声、光和死亡　突然发生和出现的巨大声响和闪光都会使犬惊恐不安，胆小的犬会夹着尾巴躲藏起来。犬对同类的死亡有着强烈的恐惧感，犬死后发出的气味，对活着的犬具有强烈的恐怖性刺激，即使平时最为亲密的犬伴侣及其后代也不敢靠近，表现出被毛耸立、步步后退、浑身颤抖的恐惧表情。

(6)喜清洁，有到固定地点排便的习惯　犬有爱好清洁、厌恶潮湿的习性，因此它不在吃睡的地方排粪排尿，喜欢排在墙角、潮湿、荫蔽、有粪便气味处。在进行犬的饲养时可以利用这个特性进行如厕训练，有利于保持犬舍的清洁卫生。

(7)耐寒怕热怕环境剧变　犬能承受炎热酷暑和严寒冬季的气候，尤其是对严寒的耐受能力强。即使冰天雪地也丝毫不影响其活动。但犬对高温忍受力较差，主要通过呼吸排出体内多余热量。如果环境骤然变化，犬身体抵抗力降低，极易诱发疾病。

(8)犬具有高度群居性和社会性，好奇性强　好运动，好玩耍，雄性好打斗，有合群欺弱的特点。

(9)可调教性　犬作为家畜长期与人类一起生活，有服从主人的天性，能领会人的简单意图。反应灵敏，对饲养者有依赖性，对外界环境适应性强，易于饲养，可通过调教很好地配合实验。

二、犬的主要品种和品系

(一)米格鲁猎兔犬

米格鲁猎兔犬，又名比格(Beagle)犬。原产于英国，后引入美国，开始大量繁殖，是猎犬中体型较小的一种，其体型小(体长 30～49 cm，成年体重 7～10 kg)，短毛，花斑色，形态和体质均一，性情温顺，易于驯服和抓捕，对环境适应能力和抗病能力都较强。性成熟早(8～12 个月)，繁殖力强。为公认的实验用品种，已成为目前实验研究用标准动物。此种犬多用于长期的慢性实验，已被广泛应用于药理学、生物化学、微生物学、病理学以及肿瘤学(如癌的病因学和癌的治疗学)等生物医学研究。特别是制药工业中的各种实验使用该犬最多。我国自 1980 年开始陆续从美国、英国等地引种繁殖。

(二)四系杂交犬

四系杂交犬的身躯较大，胸腔和心脏较大，耐劳，不爱吠叫。这是为科研工作者需要而培育出的一种外科手术用犬。

(三)纽芬兰犬

纽芬兰犬的性情温顺，体型大。专用于实验外科。

(四)大麦町犬

大麦町犬呈黑白花斑点，短毛，可用于进行特殊的嘌呤代谢研究及中性白细胞减少症、青光眼、白血病、肾盂肾炎、Ehers-Danols 等研究。

(五)墨西哥无毛犬

由于无毛，墨西哥无毛犬可用于特殊研究，如作粉刺或黑头粉刺的研究。

(六)拳师犬

拳师犬可用于淋巴管肉瘤、红斑狼疮病的研究。

(七)中国本地犬

我国养殖的犬品种繁多，如华北犬、西北犬、中国猎犬、西藏牧羊犬、狼犬等。华北犬耳朵小，后肢较小，前肢较大，颈部较长。西北犬形态与华北犬相反，两犬都适合做烧伤、放射损伤、复合伤的研究。狼犬适用于胸外科、脏器移植等实验研究。

三、犬的饲养管理

(一)饲养环境

(1)犬舍及环境要求　犬可饲养在有活动场地的犬圈、犬房或建筑物内的犬房，以及犬笼内。犬舍要求冬暖夏凉，经常保持清洁。地板易洗刷，并有良好的排水设备。在墙角垫一块 1.0 m×1.2 m 的木板条，板面距地面 10～15 cm，作为犬的栖息卧处。最好在卧室外有一开放的运动场。犬舍应建在日光充足、干燥的地方。

(2)饲料和饮水　犬是肉食性动物，采用全价营养膨化颗粒饲料，为达到营养需要，注意配方，搭配要多样化。除了饲料以外，可喂给一定数量的动物肉、谷类、蔬菜、鸡蛋(以上都应烹调)、牛奶，并加维生素、鱼肝油、酵母、骨粉等营养。特别是种公犬和种母犬的妊娠期、哺乳期要注意添加营养。

饲喂要定时、定点、定质、定量、定温。成年犬每天喂食 2 次，分别在上午 9:00 和下午 4:00，仔犬中午 12:00 再加喂 1 次。根据犬的品种、日龄不同(或体重不同)而定量饲喂，每次以八成饱为宜。喂食应做到“三不食”，即隔夜的食物不食，太热不食，太冷不食；放置水盆，任其自饮，每天更换新鲜水。

(二)日常饲养管理

(1)卫生消毒　购进犬应严格隔离检疫。犬喜清洁干燥，犬舍每天要清扫、清洗，并保持地面干燥，每隔 2 周消毒 1 次地面和卧具。食盒、水盆每天清洗消毒。定期用刷子给犬洗澡。注意驱虫，特别是蛔虫、钩虫，注意接种疫苗。

工作人员每次工作前应穿戴好已消毒的工作服、帽、手套、高统雨鞋。每批犬实验完毕后要及时清洗地面、笼具、用具等，不能残留粪便、呕吐物、分泌物和血等，并进行彻底消毒。

(2)观察记录　工作人员在做清洁和喂食时应注意观察犬的健康状况，观察项目如下。

①神情和食欲：精神是否活泼，外界反应是否正常，给食时是否立即前来，定量饲料是否能吃完。

②呕吐：在喂食后是否有呕吐或在打扫时是否发现有呕吐物，并查明呕吐物性状和颜色。

③粪便：是否便秘或腹泻，并注意性状、内容和颜色。

④姿势和步态：立、卧、坐的姿势有无异常，是否跛行、步态蹒跚或肢体麻痹。

⑤眼：是否红肿，角膜是否浑浊以及有无胶性分泌物。

⑥鼻：鼻端是否干燥或有无浆液性或伴性分泌物。

⑦口腔：是否流涎，有无吞咽困难，如有此症状，则要进一步检查有无口臭和口腔、牙周是否发炎。

⑧皮肤：被毛有无脱落，皮肤有无皮疹、痂皮和溃疡。

⑨肛门：周围是否清洁，有无发炎和溃疡。

(3)调教　为便于实验，饲养人员和科研人员应亲自参加调教 1～2 周，使动物熟悉和亲近人员，调教后应能“叫得来，牵得走，抱得起”。

（三）不同类型犬的管理

（1）种公犬　品质要佳，单独饲养，经常运动（每天 2～3 次，每次 30 min），每日交配不超过 2 次，1 周休息 1 d。注意营养，特别是蛋白质和维生素的含量。

（2）种母犬

①空怀期：饲养标准可适当降低，以防过于肥胖，并让其适当运动。

②配种期：春季、秋季发情，注意观察，防止漏配。

③妊娠期：保证优质饲料，妊娠后期注意补饲。密切注意雌犬的健康状况，保证适量的运动和日晒，给予安静的环境，防止流产。产前单独饲养，备好产床。

④哺乳期：初产期饲料要用流质，少量勤添，10 d 以后恢复原用料，保证喂量。哺乳期应保持安静，勤于观察。

（3）哺乳仔犬

①0～10 d：尽可能早地让仔犬吃到初乳，并防止爬出床外。

②11～20 d：活动能力增强。

③21～30 d：有初期采食能力，可加入一些稀料，并逐步补料。21 日龄后进行驱杀肠内寄生虫（如：蛔虫、钩虫）。

④31～60 d：母乳不能满足需要，补充少量牛奶、米粥、肉块。

⑤补充料配方：20％奶粉，60％玉米粉，20％小麦粉，做成粥，每日 3 次。视发育情况，可逐渐离乳。

（4）离乳仔犬　该阶段管理最困难，由于刚离乳，环境改变，抗病力降低，发病率高，死亡率高，一定要加强管理，认真护理。应保持犬舍清洁卫生，地面要经常消毒。饲喂 3 次/d，晚上补饲 1 次。要有充足的运动和日晒。80 日龄第 2 次进行驱杀肠内寄生虫。2 月龄接种犬瘟热疫苗，3 月龄接种狂犬病疫苗、犬肝炎疫苗和犬细小病毒疫苗。

第七节　猫的生物学特性及饲养管理

一、猫的生物学特性

猫属食肉目猫科猫属动物。

（一）外貌特征

体型小巧玲珑，一般体长为 40～45 cm，体重为 2～3.5 kg。面部略圆，嘴短，眼大而圆，视野广阔，瞳孔色彩丰富能根据光线强弱发生很大变化，耳短小灵活。头颈活动自如，左右转动大。

（二）解剖特征

（1）牙齿　成年猫的齿式为 $\frac{3\cdot1\cdot3\cdot1}{3\cdot1\cdot2\cdot1}=30$，上颌的后假臼齿和下颌的第一真臼齿特别粗大。犬齿特别发达，尖锐如锥，适于咬死捕到的鼠类，臼齿的咀嚼面有尖锐的突起，适于把肉嚼碎。门齿不发达。

（2）骨骼　包括头骨、躯干骨与四肢骨。猫有残存锁骨的痕迹，躯干骨包括脊椎骨（颈椎 7 枚、胸椎 13 枚、腰椎 7 枚、荐椎 3 枚、尾椎 21 枚）、肋骨 13 对（真肋 9 对、假肋 3 对、浮肋 1 对）

以及胸骨。四肢骨包括前肢骨和后肢骨。前肢5趾，后肢4趾，爪发达而尖锐，呈三角钩形，能伸出和缩进。猫在休息和行走时爪缩进去，捕鼠时伸出来，以免在行走时发出声响，爪被磨钝。猫的趾底有脂肪质肉垫，因而行走无声，捕鼠时不会惊跑鼠。趾垫间有少量汗腺。

(3)消化系统　猫的消化系统有明显的解剖学特点，猫舌的形态结构是猫科动物所特有的，表面布满无数突起的丝状乳头，被有较厚的角质层，呈倒钩状，便于舔除附在骨上的肉。猫为单室胃，肠管长度只有体型大小近似的草食动物兔的1/3，有短、宽、厚的特点，具有明显的食肉动物的特征。盲肠细小，只能见到盲端有一个微小突起，肠壁较厚。肝分5叶，即右中叶、右侧叶、左中叶、左侧叶和尾叶。猫的大网膜非常发达，重约35 g，不但起固定保护胃、肠、脾、胰脏的作用，而且还能保温，所以猫很耐寒。

(4)呼吸系统　肺分7叶，左肺3叶、右肺4叶。

(5)循环系统　血压稳定，血管壁较坚韧。红细胞大小不均匀，细胞边缘有一环状灰白结构，称为红细胞折射体(RE)，正常情况下，10%的红细胞中有RE体。血型有A、B、AB型。

(6)泌尿生殖系统　雌猫乳腺位于腹部，有4对乳头，具双角子宫。雄猫的阴茎只是在勃起时向前，所以在泌尿时尿向后方排出。

(7)神经系统　猫的大脑和小脑发达　其头盖骨和脑的形态特征固定，对去脑实验和其他外科手术耐受力较强。

(8)感觉器官　口的两侧、眼、脸颊、下巴等4处长着胡子，胡子根部布满神经，轻微的动静都能察觉，而且连气流、风向都知道。听觉敏锐，外耳郭可向前、侧、后做约180°的转动，以捕捉最微弱的声音。它的听力超过人们的两倍以上，能区别距离15～21 m的相似声音。猫眼能按照光线强弱灵敏地调节瞳孔，光线强时，瞳孔收缩成线状，晚上视力很好，便于在黑暗中捕食鼠类。此外，猫的平衡感觉、反射功能发达。

(9)染色体　$2n=38$(19对)。

(三)生理特征

(1)生长发育　刚出生小猫全身被毛，体重为90～120 g，闭眼。10日龄睁眼，20日龄可独立生活。1月龄体重为350～450 g，2月龄体重为750～850 g，3月龄体重为1 100～1 300 g，6月龄体重为2 300～2 800 g。雌猫在3月龄以内生长发育较雄猫略慢，3月龄后，差距逐渐加大。6～10月龄性成熟。

(2)生殖生理　典型刺激性排卵。交配后25～27 h才排卵。猫属于季节性多次发情动物，交配期每年2次(春季和秋季)。性周期约为14 d，发情持续期为4～6 d，发情期阴道涂片出现角质化细胞，此期适宜交配。求偶期为连续2～3 d。妊娠期为63 d(60～63 d)，分娩一般需2～3 h。哺乳期为60 d。适配年龄：雄性为1岁，雌性为10～12月龄。雄性可利用6年，雌性可利用8年，寿命为8～14年。用阴道涂片镜检法能明确地判断猫的性周期，其性周期可分为4个阶段。

①发情前期：以大量有粒细胞为主。

②发情期：出现角质化细胞。

③发情后期：以中性粒细胞为主

④发情间期：有许多有核上皮细胞和少量中性粒细胞。

(3)反射调节　猫在正常条件下很少咳嗽，受到机械和化学刺激易发生咳嗽。猫的呼吸道黏膜对气体或蒸汽反应很敏感。猫对吗啡的反应和一般动物相反，犬、兔、大鼠、猴等主要表现为中枢抑制，而猫却表现为中枢兴奋。猫对所有酚类都敏感。

(4)视力调节　与其他动物不同，猫能按照光线的强弱程度灵敏地调节瞳孔，白天光线强时，瞳孔收缩直到垂直成线状，晚上光线弱时，瞳孔散大，视力仍然很强，便于在黑暗中捕食鼠类。

(四)生活习性

(1)孤僻、机警　猫是天生神经质和行动谨慎的动物，喜爱孤独而自由的生活，除发情和交尾外，很少三五成群在一起栖息。猫最喜欢人用手轻挠它的下颌，不论怎样生疏或不驯良的猫，轻挠它的下颌，它就会俯首驯服。但是，猫很害怕挠它的尾根，如果挠尾根，会立即逃走，或者用爪子反扑。猫对周围环境警惕和好奇。经调教对人有亲切感，比较温顺。对于陌生人或环境十分多疑，因而在环境改变的情况下，应使猫适应后，再进行实验。

(2)善于捕捉、攀登，不善于下降　猫的关节灵活、肌肉强韧、跳跃能力强，牙齿和爪十分尖锐，运动神经发达，善于捕捉、攀登和爬高，但却不善于从高处下降。能上不能下。经常是一边心惊地往后仰，一边哆嗦地往下爬，如果到地面的距离短，就往下跳，如果高，它会发抖，就像所谓的恐高症。

(3)喜欢明亮、干燥的环境　白天不愿躲在阴暗的角落，喜欢攀高、远眺或卧在有阳光的阳台或窗台上，很少在地上活动。

(4)爱清洁，讲卫生　猫对饮食卫生十分讲究，猫的食盆、水盆必须十分干净，否则它有可能不吃不喝以示抗议。固定地点大、小便，便后立即掩埋。对笼养猫，在饲养室或笼的一角放有垫料的便盆可收集猫的全部大、小便。猫总是在吃食后或玩耍后，以及运动后或睡醒后开始梳理被毛。

(5)喜食鱼、肉　猫的消化系统有明显的肉食性动物的特性。善于捕捉鼠、鸟及与鱼类食物，所以在猫的饲料中应有较大比例的动物性饲料。

(6)怕水但爱洗澡　猫很怕水，身上不让有一点儿水，它绝不会自动到水里游泳，但猫爱洗澡。

(7)发情表现明显　发情时，雌猫发出粗大叫声，骚动不安，手压猫背，有踏足举尾动作。交配时发出特有叫声，交配后可见到雌猫在地上打滚的行为。

(8)喜睡眠　猫一天中有半天处于睡觉状态，猫在一天中有14～15 h在睡眠中度过，还有的猫要睡20 h以上，所以猫就被称为“懒猫”。但是，猫不像人那样集中的睡，而是分成数次睡，所以，猫在夜里任何时候都可以起来。研究表明，猫的睡眠中有3/4是假睡，即是打盹儿。所以，看上去一天十几个小时猫都在睡觉，其实熟睡的时间只有4 h。

二、猫的主要品种和品系

(一)家猫

家猫是家庭豢养猫的统称，一般是随机交配繁殖。目前，在动物实验中被广泛使用。

(二)品种猫

品种猫经选育而成，每个品种猫都具有特定的遗传特征。品种猫有35种以上，分为长毛种和短毛种两类，实验用猫应选用短毛种。

图6-7　虎斑猫

(引自　秦川，2016)

虎斑猫(图6-7)，原产于美国，中国传统称呼花狸猫。其特点：①虎斑猫大部分毛色是黑色、灰色相互掺杂的条纹，和虎皮非常相似;②繁殖力强;③惧怕寒冷的天气,抗病力差;④雄虎斑猫到了成熟期一般都有射尿行为,以固定自己的“据点”;⑤虎斑猫有非常独立的性格,爱运动、爱清洁、性格活泼;⑥对周围的环境改变表现十分敏感;⑦虎斑猫耳朵向后翻,由前看只能见到身背,表示恐惧及自卫;如恐惧感加强,双耳还会向下垂,头部向后缩,弓起背脊,全身皮毛竖起,侧身,犬的目光盯着敌人,“张牙舞爪”的状态经常在夜间两雄双遇,在竞逐同一异性时发生,打斗时尖叫声可将人从酣睡中惊醒。

三、猫的饲养管理

(一)饲养环境

(1)圈舍和笼具　猫饲养室的设计应适合国家实验动物环境及设施标准中猫的生活习性特点,室内不得有野生动物的侵入和鸟类粪便的污染。猫可采用笼饲或舍饲,单笼饲养最好。笼饲时通常采用不锈钢猫笼,单笼应在 60 cm×60 cm×60 cm 以上大小为宜。笼内设计有猫的玩耍设施,如秋千、吊杠等。舍饲时以 10 只以下为宜,舍的门应是双通道,以防止外购猫的逃匿和野生动物的侵入,正面应为金属网以便通风,水泥地面有一定的坡度,以便冲洗,舍内有活动场所,以便猫攀登,舍内应设便池以便猫便溺之用,舍内应设有保温室以备寒冷时使用。

猫爱清洁,饲养室要经常打扫,定期洗刷地面,保持清洁、干燥、定期消毒。无论笼养或舍养,都要铺垫上软和的、吸湿性强的垫料并留出应有的活动余地和位于底面之上的休息处。如为笼养则要求猫笼每天打扫,经常轮换清洗、消毒,添加铺垫物的粪盘,每天清洗并添加干净的铺垫物。

猫对异常气体和蒸气以及所有的酚类都较敏感,要避免产生异常气体和使用这些刺激物。饲养室消毒时一般要在无猫时进行,避免药物对猫的刺激和影响,否则会引起猫的中毒反应。

(2)温度和湿度　猫抗寒能力较抗热能力强,能在 −5 ℃的环境正常生活,但气温超过 36 ℃时,猫食欲减退,体质下降,易诱发疾病。猫的最适宜生活环境为温度为 18～21 ℃,相对湿度为 50%。

最适温度为 18～21 ℃,相对湿度为 50%,猫爱清洁、明亮的环境。饲养室内应保持干燥、清洁,地面及用具应定期洗刷消毒。室内消毒时要将猫移到室外,避免药物对猫的刺激和影响。因猫对所有酚类都敏感,所以避免使用酚类消毒剂。

(3)饲料和饮水　猫属肉食动物,被人类驯养后,虽然食性有很大改变,但经常捕食一些鸟,鼠和昆虫等动物。它所需要的蛋白质,按体重计比犬高一倍,猫的饲料配方中动物性饲料占 30%～40%。而生长中的仔猫,对蛋白质的数量和质量要求更高,可喂些含蛋白质丰富的鱼、虾、肉和蛋辅料。猫的饲料中特别需要有一定量和一定比例的牛磺酸。动物性蛋白较植物性蛋白对猫更适合。猫不能利用 β-胡萝卜素作为维生素 A 的来源,可经常喂猪肝以补充维生素 A。在笼内饲养的猫,没有自由捕食的机会,所以应当特别注意饲料的配合。

猫每天喂饲料 2 次(小猫 3～4 次),上午 9:00 下午 4:00 各 1 次,孕猫加喂 1 次,自制成精料,成年猫日粮 75 g、荤料 75～100 g,荤料要固定少变,也可购固型颗粒料,猫对食物的变换非常敏感,不要喂变质多骨的鱼,故对所购的饲料、食料的做法、配方比例及各种成分应保持稳定,否则会影响猫的食欲。

猫饮水可选用自动饮水或使用瓶饮水,每只猫每天给水 100～200 mL。

(二)日常饲养管理

(1)卫生消毒　笼养时应每天更换笼具底托盘,并及时清洗干净,地面及用具应定期洗刷消毒,每周消毒2次,笼具每天消毒1次,房间每天喷雾1次。

成年猫具野性,易弃家出走,因此养猫须从小养起,初养的猫可用布带拴养几天,安排1个固定的猫窝,猫窝用饲养笼或木箱,垫上松软的干草或棉絮。可在猫窝旁边放置一浅皿,底面铺上吸湿性较强的沙土等,猫会自动在此大小便。雌、雄猫应分开饲养,笼养单只猫应用0.4 m^2 的面积。食具每次喂完要及时取出清洗干净,每天消毒1次。饮水瓶每天换水2次,每次清洗干净,每天消毒1次,自动饮水则应每天检查其饮水管道、饮水嘴是否畅通。

(2)实验猫护理　猫的许多手术和实验需要全身麻醉,苏醒后一般体温会下降,神态不安、起立倒转频发作(持续时间与麻醉药种类有关),为防止自伤和降温,应铺垫清洁卫生的清洁柔软垫料,特殊情况(如移植手术)要放在特别的保温箱中,同时应考虑输液问题,加强护理工作,每天更换消毒好的铺垫物。

(3)孕产期管理　母猫妊娠约30 d后,腹部就逐渐膨大,下垂,而且能摸到腹部的小猫,为防止流产,要把猫放在光线较暗且安静的地方。孕期猫在饲喂中以米粥为主,适量加一些小鱼或肉汤,每天饲喂2次,食量360 g左右。使其产仔后,母猫奶水足,仔猫身体壮,成活率高。在分娩前10 d,要准备单独的饲养室和笼子,产箱内应放干净的铺垫物,产箱光线应暗些,环境保持安静、暖和。母猫下崽后,可让母猫喝些饮料,哺乳母猫每天饲喂3～4次,食量450 g左右。

(4)仔猫的饲养　初生小猫全身被毛、闭眼。哺乳初期和中期,母猫除饮食与排泄外,一般不离开产箱,一旦受到外界干扰,即口衔仔猫外逃。小猫10 d睁眼,20 d会爬行,30 d能走动和觅食,40 d可断奶吃东西。在饲喂仔猫时,应定量定时,以每天4次为宜。猫食以粥拌入适量鱼骨粉或瘦肉为主。食物不能太冷或者太烫,以38 ℃为宜。

第八节　非人灵长类动物的生物学特性及饲养管理

灵长类在动物分类学上属于脊索动物门脊椎动物亚门哺乳纲灵长目,包含14科,约51属,560余种。其主要分布于亚洲、非洲和美洲温暖地带,大多栖息林区,杂食性,具有社会行为。非洲和亚洲起源的猴子种类经常被称为旧大陆猴,包括恒河猴、猕猴和狒狒。在南美和美国中部发现的猴子称为新大陆猴,最为常见的有松鼠猴和狨猴。目前使用的主要是猕猴和食蟹猴。非人灵长类动物是人类的近属动物,其进化程度高,接近于人类,在组织结构、生理和代谢机能等方面与人类具有高度的近似性,被广泛用于科学研究,是极为珍贵的实验动物。从20世纪初开始使用灵长类作为实验动物。长期以来,实验用猿猴主要从野外捕获。近年来,各国大力开展野生动物保护,来源日趋紧张,由于稀少及价格太贵,除非必需,一般用其他动物代替。目前,世界各国都在大力开展人工繁殖和研究,美国有7个灵长类研究中心,我国也在西双版纳建立了灵长类动物中心,并在昆明、上海、北京等地建立了人工饲养场。

一、非人灵长类动物的生物学特性

恒河猴在动物分类学上属于哺乳纲灵长目猴科猕猴属。下面以恒河猴为代表,介绍灵长类动物的生物学特性。

(一)外貌特征

体型中等且匀称,成年雄猴体重为6～12 kg,雌猴体重为4～8 kg,体长为50～60 cm,尾长为体长的1/2左右。背毛棕黄色,至臀部逐渐变深为深黄色,肩及前肢色泽略浅,胸腹部、腿部为浅灰色,面部和两耳多为肉色,少数为红色。四肢粗短,具五指,拇指与其他四指相对,具有握物攀登功能。指(趾)端的爪部变为指甲。两眼朝前,眉骨高,眼窝深。两颊有颊囊,可贮存食物。乳房1对,位于胸部。

(二)解剖特征

(1)牙齿 乳齿齿式为$\frac{4\cdot2\cdot0\cdot4}{4\cdot2\cdot0\cdot4}=40$,恒齿齿式为$\frac{4\cdot2\cdot4\cdot6}{4\cdot2\cdot4\cdot6}=64$。

(2)骨骼 颈椎为7个,胸椎及腰椎大都为19个,荐椎为2个,假荐椎为2～3个,尾椎为13～15个。四肢粗短,五指(趾),手的拇指、脚的大趾能与其他四指(趾)相对,大多数种类的指(趾)端的爪部变为指甲。眉骨高,眼窝深,有较高的眼眶。脑壳有一钙质的裂缝。

(3)消化系统 单食胃,呈梨形。小肠的横部较发达,上部和降部形成弯曲,呈马蹄形。肠长度与身长的比例为(5～8)∶1,盲肠发达,无蚓突。肝分6叶,胆囊位于肝脏的右中央叶。

(4)呼吸系统 肺分左右两肺,左肺分上叶、中叶和下叶,右肺分为上叶、中叶、下叶和奇叶。

(5)皮肤系统 非人灵长类手足具有肤纹,可增加摩擦力和提高触觉敏感性。指甲为扁指甲。有性皮肤,雌性动物生殖器附近以及整个臀部,在排卵前期,特别是排卵期呈明显的肿胀,发红,月经之前消退,青春期和年轻的猴最明显。

(6)泌尿生殖系统 雄猴阴茎下垂,睾丸在阴囊内,有精囊和发达的前列腺;雌猴胸部有两个乳房,卵巢不在卵巢囊内,单子宫,胎盘为双层双盘。

(7)神经系统 发达的大脑,有大量的脑回和脑沟;嗅觉不发达。

(8)感觉器官 视网膜具有黄斑,有中央凹。视网膜黄斑除有与人类相似的锥体细胞外,还有杆状细胞。猴的嗅觉器官处于最低的发展阶段。猴具有敏锐的听觉,有发达的触觉和味觉。

(9)染色体 $2n=42$(21对)。

(三)生理特征

(1)生长发育 初生仔猴体重为0.4～0.55 kg,8 h睁眼。出生7周后,可离开母体,独自游玩。哺乳期半年以上。性成熟:雄性为3岁,雄性为2岁;适配年龄:雄性约为4.5岁,雌性约为3.5岁,性周期为28(21～35)d,寿命为15～25年。

(2)生殖生理 与人类相同,雌性猕猴有月经,月经期为2～3(1～5)d,月经开始后12～13 d排卵。雌猴在交配季节,生殖器官周围区域发生肿胀,外阴、尾根部、后肢的后侧面、前额和脸部等处的皮肤都会发生肿胀,这种肿胀称为“性皮肤”。“性皮肤”是猕猴属的生殖生理特征之一,在排卵前期,特别是排卵期出现明显肿胀、发红,月经来临之前消退。雌猴妊娠期为165 d左右,年产1胎,每胎产1仔,偶有双胎,但存活率很低。哺乳期为7～14个月。

(3)血液生理 血型分两种:一种是与人类相似的A、B、O和Rh同源的血型因子,但猕猴的Rh系统全是Rh0(又称为Rh1);另一种是猕猴特有的lewis型、MN型、Hr型等。在ABO系统中恒河猴主要是B型,食蟹猴主要是A型、B型和AB型,少数为O型。这些血型抗原可产生同族免疫,在同种异体间输血时应做血型配合试验,但不会发生新生仔溶血和成红细胞增多症,不必考虑同群中雌雄血型配合的繁殖问题。猕猴的白细胞抗原(RhLA)是灵长类动物中研究主要组织相容性复合体基因区域的重要对象之一。同人的(RhLA)抗原相似,RhLA

具有高度的多态性。猕猴 RhLA 的基因位点排列同人类有相似性。

(四)生活习性

非人灵长类是热带、亚热带动物,群栖于接近水源的有林区或草原。

(1)群居性强,每群猴均有1只最强壮的雄猴为“猴王” 非人类灵长类动物属于群居性动物,具有群体语言和种群中特殊的行为模式,包括设计性活动、攻击性、领土划分和群相互交流行为,一般喜欢与其他相同种类的动物接触交流。群猴领袖即为猴王,猴王地位短暂,4～5年更换1次。猴群过大则分群,并产生新的猴王。猴群活动范围较固定,群体之间从不相互跨越。

(2)聪明伶俐,动作敏捷,好奇心和模仿力很强 善攀登、跳跃,会游泳,聪明伶俐,动作敏捷,好奇心与模仿力很强。有较发达的智力和神经控制,能用手操纵工具。猴之间经常打斗,受惊吓发出叫声。

(3)视觉比人类敏感,嗅觉不灵敏 有立体视觉能力,能辨别物体的形状和空间位置,产生立体感,也有色觉,能辨别各种颜色,并有双目视力。猴的嗅觉器官处于最低的发展阶段,但嗅觉在猴的日常生活中还起着重要作用,当它们初次接触到任何物品时,都要先嗅一嗅。猴具有敏锐的听觉,有发达的触觉和味觉。

(4)野性强,难以驯服 常龇牙咧嘴,暴露野性,但通常怕人,不容易接近,一般难以驯养。捕捉时必须小心谨慎,防止被猴抓伤、咬伤。

(5)杂食动物,以素食为主 以植物果实、嫩叶、根茎为主,有些种类兼食某些昆虫,食物不足时会危害庄稼。

(6)昼行性动物,其活动和觅食均在白天 从拂晓开始采食活动,夜晚回到大树和岩石上过夜。

(7)母性强 大多数猴子一次生一只幼仔,通常在夜间出生。大多数母猴具有良好的母性,能独自抚养自己的幼仔。

二、非人灵长类动物的主要品种和品系

非人灵长类动物分为11科58属192种,主要分布于亚洲东南部、非洲和中南美洲。我国目前应用品种简介如下。

(一)猕猴

猕猴属有12种。在猕猴属中,用作实验动物的主要品种有以下几种。

恒河猴(图6-8,左)(又名罗猴、广西猴、黄猴等)。恒河猴身上大部分毛为黄棕色,体前部色较浅,腹部呈淡灰色,面部呈肉红色,尾长约为体长的1/2,雄性体重5.5～10.9 kg,雌性体重4.3～10.7 kg。恒河猴主要用于传染病学研究、营养性疾病研究、老年病研究、行为学和精神病研究、生殖生理研究等。

①熊猴,又名蓉猴。体型比恒河猴稍大,面部较长;毛色较褐,腰背部的毛色和其他部分相同,毛较粗,不如恒河猴细密,头顶有旋,头毛向四周分开。行动不如恒河猴敏捷,小猴不如恒河猴聪明易驯。雄猴身长约为65 cm,成年体重:雄性10～14 kg,雌性5～7 kg。

②红面断尾猴,又名华南断尾猴、黑猴、泥猴等。尾极短,面部颜色随发育阶段而变化,小时面部不红,越接近成熟面色越红,到老年红色又衰退,转为紫色或肉色,还有少数变为黑色,背毛蓬松,黑褐色,但随年龄和性别稍有不同。雄猴身长为60～65 cm,尾长为5～7 cm。常用于眼科和行为研究。

图 6-8 恒河猴(左)、狨猴(右)

(引自 秦川,2016)

③食蟹猴 又名爪哇猴,体型比恒河猴小,身长为 40~47 cm,尾长为 50~60 cm,成年体重:雄性约为 8 kg,雌性约为 5 kg,头上有小尖头毛或灰色腮须。群栖性,野生常栖于海滨河畔红树林中,捕食水中小蟹或小昆虫,善游泳、潜水等。食蟹猴体型小,性情温顺,便于实验操作,常应用于药理学、毒理学、药物安全性评价等方面的实验研究。近年来食蟹猴应用逐渐增多,与猕猴用量相当。

(二)狨猴

狨猴(图 6-8,右)又名有绢毛猴、有普通狨、银狨、倭狨、棉顶狨。狨科有 3 属 35 种之多,产于中南美洲,特点是体小尾长,尾不具有缠绕性,头圆、无颊囊:各种狨猴皆活泼温顺脆弱,易驯养。狨猴又名“囊猴”,因小狨猴可以放在衣袋或手笼中而得名,需经常食虫,不然难以长期存活。妊娠期为 146(140~150)d,性成熟为 14 个月,有月经,性周期为 16 d。交配不受季节限制,可以在笼内人工繁殖,每胎 1~3 仔,双胎率约为 80%。主要用于生殖生理、避孕药物研究和甲型肝炎病毒和寄生虫病的研究。

三、猕猴的饲养管理

(一)饲养环境

(1)圈舍和笼具 猴繁殖性房舍分成许多间,每间又分成内外室,内室供动物晚间休息、避风雨和防寒。外室供动物进行户外活动,是露天的封闭式铁栏网状结构。内、外室面积比为 1∶2 左右,内外室墙壁要光滑,内室有取暖设备。

实验性的房舍则一般为全室内笼养结构,环境条件为半开放式,便于环境条件控制。如果开展病原生物学研究,则须在动物生物安全实验室条件下实施。

猴饲养在特制的不锈钢金属笼内,一般采用单笼饲养,笼底部应用托盘收集粪便和残留物,两笼之间有一定距离或有隔板以免动物之间相互伤害。这样既可以保证动物健康,又可以保护工作人员安全,方便实验操作。猴的繁殖生产与长期实验一般不需要笼子。

(2)温度与湿度 室内温度应为 20~25 ℃。夏天不宜超过 35 ℃,冬季不低于 0 ℃,湿度为 40%~60%,要保持空气新鲜。

(3)饲料和饮水 猴具有杂食性、食谱广、进食快、爱挑食等特点,饲料要注意适口性。以各种粮食的精饲料为主,辅以经消毒的蔬菜、水果类青饲料。在制定食谱时,必须注意饲料多样搭配和保持饲料的相对稳定,此外适当增加鸡蛋、牛奶等营养价值高的蛋白质、脂肪类动物性饲料,以及钠、磷、钙、碘等矿物质饲料,对灵长类动物生长、发育和繁殖都有较好的效果。猴体内不能合成维生素C,所需的维生素C必须来源于饲料中。国内外已有用固型饲料饲喂灵长类动物,以便实现饲养、饲料标准化。

通过自动给水装置给水,让猴自由饮水。水质必须达到城市饮用水的标准。如果实验方案对饮水有特殊要求或者混合其他物质给水时,则遵照实验方案的要求执行。

(4)检疫　猴的检疫适应期一般为2个月以上,新接收的猴需单笼饲养,以免有些疾病会相互传染,重点检疫人兽共患病,如结核、B病毒、马尔堡病毒、猴瘟病毒等。不同疫源地猴的品种、来源及数量,其检疫内容不完全相同,因此做好记录工作,给重点检疫防治指明方向,同时便于及时编号。

(二)日常饲养管理

(1)投喂饲料　猴的主饲料为颗粒料或配合饲料加工的窝头,另辅以水果、蔬菜、干果和瓜子类。每日每猴的干饲料量为100～300 g,水果、蔬菜为250 g。饲喂方法:要实行定时、定量饲喂法,一只成年猴每日主食200～300 g,副食200 g左右,饮水300 mL左右。饲喂过多会引起消化不良而拉稀。饲喂时间:上午8:00,下午5:00各喂主食1次。每天定量(体重、年龄)投入饲槽,每天2次,一般上午9:00和下午4:00各喂主食1次(幼猴中午12:00加投1次),每天中午12:00喂副食1次,新鲜干净的水果或蔬菜可补充猴体内不能合成的维生素C。食喂量依据动物大小和食欲情况随时增减。

(2)饮水　猴笼可装自动饮水或人工饮水设备。用饮水瓶给水时,为了保证水质新鲜,每日进行更换2次水,以保证水源充足。自动给水装置给水时,检查给水管和自动饮水嘴,确保动物能自由饮水。

(3)特别护理与定期体检　工作人员工作时应穿戴好口罩、手套、工作衣和长筒工作胶鞋,工作后要及时洗手并消毒。在消耗过大的实验(如大型手术、移植、肾衰、病毒感染等)中,应注意补充足量的蛋白质和维生素,以保证实验顺利进行下去,同时注意保健卫生。猴不宜包扎,因包扎后猴能及时撕咬,如一些大手术如骨折等实验,可做局部包扎后固定饲养几天再拆除固定包扎方能笼养或舍养,但这时应做到单笼饲养,以免相互咬斗,发生实验事故。有条件的单位每3个月给猴做1次粪便细菌培养和肠道寄生虫检查,每半年做1次旧结核菌素皮试、X射线胸透和血常规。因猴与人类比较接近,也应该对与猴长期接触的工作人员定期进行体检,发现存在人兽共患疾病,应立即停止工作,接受治疗,并对动物健康与实验状况进行评估。

(4)繁殖　半自然放养或舍养的雌雄猴可自行交配繁殖后代。单个笼养的猴,在雌猴月经后第11～17 d,以性皮肤肿胀最明显时转入雄猴笼,任其自行交配,交配后分笼饲养。妊娠的显著标志是停经,雌猴分娩多在夜间,除非难产,不需要人工护理。仔猴3月龄开始采食,需增加饲喂量;6～7月龄可完全采食成年猴的食物。

(5)记录　每天检查猴舍(笼)门是否锁严以防逃匿,并做好每只编号动物的管理、观察记录,详细记录精神状况,被毛光泽,活动情况,食欲是否正常,粪便的性状、内容、数量、颜色,有无便秘等,有无呕吐及数量、性质、颜色,有无分泌物及性质、颜色,面部有无改变,贫血等症状,有无外伤及处理情况,各项用药处理情况等,并每天向实验负责人汇报,每周向班组长汇报和向兽医报告以便及时采取相应的措施。

第九节 鸡的生物学特性及饲养管理

鸡属鸟纲鸡形目雉科，原鸡属动物。实验鸡近交程度很高，生产和饲养环境控制水平高，SPF 鸡和鸡胚是我国得到广泛应用的 SPF 级实验动物。

一、鸡的生物学特性

（一）外貌特征

鸡身体呈纺锤形，体外被羽，具流线形的外廓。头部小而圆，前端具弓形角质喙，上喙大而弯曲，下喙略小。上喙的基部有一裂缝状的外鼻孔。上喙基部具外鼻孔一对。在头的两侧各有一个圆形大眼，具有可活动的上下眼睑和半透明的瞬膜。眼周红润无毛或少毛，眼后有由耳羽所覆盖的耳孔，耳后下方有肉褶。在头顶部有红色肉冠(雄性更发达)。颌下有一对肉垂。颈部细长，活动性大。不同品种鸡的颈部形态不同。躯干部呈纺锤形。前肢特化为翼，几次曲折呈“之”字形，平常折叠，飞翔时展开，但不能完全伸直。后肢在躯干后面两侧着生，股部不甚明显，胫腓部外有羽毛，跗跖部及趾无毛而有角质鳞片，四趾，三前一后，趾端有爪。雄性后趾上方的跗跖部长有距。尾部呈三角形肉质突起，羽毛甚多。其背面皮肤中间有一突出物为尾脂腺管孔。尾基腹面有一泄殖腔孔。

（二）解剖特征

(1)牙齿　无齿。

(2)骨骼　脊柱除颈椎能灵活转动外，其余多有愈合现象(综荐骨、尾综骨)。

(3)消化系统　喙角质化，无齿，食管中部有扩张而成的嗉囊，具有贮存食物和软化饲料的作用。胃分为腺胃和肌胃，腺胃消化能力差，主要靠肌胃和沙砾磨碎食物。小肠长，直肠短，有 1 对消化少量粗纤维的管状盲肠。肝脏较大，分两叶，右叶基部有一个胆囊。胰脏为不规则腺体，附在十二指肠弯曲部的肠系膜上。

(4)呼吸系统　肺为海绵状，紧贴于肋骨上，无肺胸膜及横隔，肺上有许多小气管直通气囊，气囊共有 9 个，其中胸气囊 7 个，腹气囊 2 个。

(5)循环系统　心脏为两心房两心室，红细胞呈椭圆形，有大的细胞核，血凝块。

(6)神经系统　大脑半球、小脑、中脑视叶都很发达。脊髓在胸部和腰部膨大，并由此发出臂神经和腰神经丛，分别到前后肢。

(7)泌尿生殖系统　肾脏位于腹腔脊柱两侧，左右各 1 个，各分为 3 叶，无肾盂、膀胱。公鸡的生殖器由 1 对睾丸、1 对输精管组成。睾丸位于腹腔脊柱两侧，在肾前叶的下方，输出管由睾丸内缘通出，形成扁平的隆起为附睾，向后延续为输精管，沿输尿管外侧后行，开口于泄殖腔。公鸡无阴茎，交配时与雌性泄殖腔紧贴，精液射入母鸡泄殖腔。母鸡只有左侧卵巢和输卵管有生殖功能。右侧输卵管常呈囊状痕迹，无生殖功能。卵巢位于腹腔背部、肾的前下方，表面有许多大小不等、发育不同的卵泡；输卵管可分为伞部、卵白分泌部、峡部、子宫和阴道 5 部分，阴道开口于泄殖腔背部。

(8)染色体　$2n=78$(39 对)。

（三）生理特征

(1)生长发育　受精蛋在 37.3～37.8 ℃孵化 21 d 就可出雏，新生雏鸡一般重 37～40 g，其发育生长十分迅速,2 周龄可达初生重的 2 倍,6 周龄时增加 10 倍,8 周龄增加 15 倍,一般 20 周龄开产。

(2)生殖生理　鸡为卵生,母鸡交配后 12 d 仍有 60%产受精蛋,30 d 仍能保持受精力。产蛋时最适温度为 10～21 ℃,温度变化会使产蛋量迅速下降。光照对产蛋也很重要,为达到最高产蛋量,每天需要 14～16 h 的光照。

(3)体温调节　没有汗腺,散热主要依靠呼吸。

(四)生活习性

(1)群居性　鸡具有成群结队采食的习性,不同群体一般不出现斗殴现象。

(2)飞行能力差　鸡多为地栖性的鸟类,飞行能力较差,体型结实,足、爪强健,有四趾,适于在地面上行走,以爪搔抓取食。

(3)听觉灵敏　白天视力敏锐,具有神经质的特点,极易惊恐:闪烁的光照、异常的声响、明暗阴影的变化以及气压的突变都会使鸡乱飞、不停地鸣叫和挤成一团。常常对色彩很敏感,如鲜红的血会对鸡形成刺激,引起鸡追随啄食,造成严重损伤。环境和管理不良易产生异嗜癖。

(4)喜啼鸣　特别是公鸡。

(5)耐寒怕热　没有汗腺,散热主要依靠呼吸,对高温和湿热的耐受力差,却不畏寒。

(6)杂食性、喜食沙砾　习惯于四处觅食,不停地活动,食性广泛,有食沙砾帮助消化的特性。每天排尿量很少,呈白色,为尿酸及不溶解的尿酸盐,与粥状粪便一起排出。

(7)换羽　鸡体表被覆丰盛的羽毛丰满,1 年有 4 次换羽现象。

二、鸡的主要品种和品系

鸡的品种很多,但对实验用鸡的品种及品系国内外尚无统一规定,白来航鸡是生物医学研究中最常用的品种。鸡作为实验动物除少数用鸡本身外,大多数用鸡胚来进行实验,实验鸡近交程度很高,生产和饲养环境控制水平高,SPF 鸡和鸡胚在生物医学研究中被广泛应用。常用的实验鸡品种主要有:

(1)白来航鸡　原产意大利,单冠,冠鲜红,膨大,公鸡冠直立,母鸡多倒向一侧,体型紧凑,尾羽毛开张,羽毛纯白色,5 月龄开产,该品种是生物医学研究中常用的品种。

(2)星杂 288 白鸡　该品种属于白来航鸡小型高产配套杂交品系,其优点是体型小,耗料少,产蛋多,觅食力强,适应性强,无就巢性,外观清秀而紧凑。

(3)BWEL-SPF 鸡　BWEL-SPF 鸡是我国唯一具有自主知识产权的无特定病原体(SPF)鸡群,由中国农业科学院哈尔滨兽医研究所采用普通种鸡群(BWEL)选育而来,已封闭饲养 17 个世纪,部分点位已经纯合。

三、鸡的饲养管理

(一)饲养环境

实验鸡的生产与使用操作通常都是在屏障或隔离环境下进行的,以提供医学研究所需要的 SPF 鸡蛋、鸡胚或鸡。其环境设施与国家实验动物标准的屏障或隔离环境要求一致,其中生产鸡舍比较大,为阶梯性金属笼饲养结构,通常是两侧操作、鸡饲养设备在中间,鸡饲料与饮水的供给、鸡蛋的收集及鸡排泄物的清除都是通过自动传输系统完成的,空气为初效过滤、中效过滤、高效过滤,人流、物流流程要求与其他动物屏障环境的要求基本一致。

实验鸡的饲养则是将鸡隔离器设置在屏障环境中进行的，隔离器内放置鸡食盘、饮水器及鸡排泄物收集系统，并且有人工光源和其他人工气候条件（育雏期适宜温度为 32～33 ℃，成年产蛋鸡为 18 ℃左右；相对湿度为 55%～65%；一般光照为 14～16 h/d，生长期雏鸡光照为 18 h/d，1～3 日龄雏鸡光照为 13 h/d；噪声为 60 dB 以下；氨浓度为 14 mg/L 以下；气压稳定；通风和室内空气新鲜等）。由于该设备属于独立通风系统设备，具备空气净化功能，故屏障环境的净化可以是初级过滤条件，也可以是初效过滤条件、中效过滤条件或初效过滤条件、中效过滤条件、高效过滤条件，鸡隔离器从室内屏障环境获取净化空气，排气系统则直接通到屏障环境外面。

(二)日常饲养管理

(1)育雏期　育雏期指 0～6 周龄的幼雏。此期雏鸡生长发育快、食量小、消化能力差，所以饲料营养要全面、易消化，并要增加饲喂次数。雏鸡第 1 次喂料称开食，开食以出雏后 12～14 h 为宜，开食可用混合料或干粉料。开食后第 1 天喂 2～3 次，第 2 天喂 6 次，第 4 周起改喂 5 次，第 6 周喂 4 次。

雏鸡开食前，应该先开饮，饮水中添加葡萄糖等能量物质，以弥补雏鸡运输过程中的疲劳消耗与肠道的清理。平常饮水应充足，随雏龄增长，在 6～8 周龄时，要进行雌、雄与强、弱分群饲养。

(2)育成期　育成期是指 7～20 日龄的中、大雏鸡。该期生长发育较快，功能日趋完善，适应性强。应根据中大雏鸡制定出不同的日龄配方，一般 6～10 周龄饲喂中雏鸡料，10～18 周龄喂大雏鸡饲料，18 周龄后喂成鸡饲料。

(3)产蛋期　实验用成年鸡，宜实行雌雄一起网上平养、地面平养或大笼饲养。有条件搞人工授精的也可实行笼养。产蛋鸡的饲养，应根据不同产蛋率的饲养标准，结合当地饲料条件，指定不同日粮配方，精心配制日粮。

(4)繁育生产　可采用 1 只雄鸡和 10～16 只雌鸡群养来获得受精卵；也可采用人工授精获得。鸡的繁殖关键是受精蛋的孵化。

①温度　孵化的首要条件是温度，孵化的适宜温度为 37.8 ℃(37～39.5 ℃)，温度过高或过低都会影响胚胎的发育。

②湿度　孵化初期(1～7 d)为 60%～65%，中期(10～18 d)为 50%～55%，后期(19～21 d)为 65%～70%。

③通风　胚胎在发育过程中必须不断与外界进行气体交换，特别是 19 d 以后，胚胎开始用肺呼吸，其耗氧量更多，一般氧气浓度应为 21%，二氧化碳含量低于 0.5%。

④翻蛋　翻蛋可防止胚胎与壳膜粘连，使其受热均匀，还可促进胚胎运动，改善胎膜血液循环。翻蛋时要轻、稳、慢，一般 1 次/2h，翻蛋角度以水平位置前俯后仰各 45°为宜。孵化 19 d 又 18 h，鸡胚开始大量破壳，20 d 又 6 h 开始出雏，20.5 d 大批出雏。出雏期间，要增加湿度，停止翻蛋，出雏机内保持黑暗和安静，以免影响出雏率。

第十节　小型猪的生物学特性及饲养管理

小型猪与家猪在分类学上同隶属于偶蹄目猪科猪属野猪种家猪变种。随着人们对小型猪的解剖、生理和病理过程与人类相似性认识的提高，以及应用犬、猴等动物受到越来越多的限制等原因，小型猪的应用数量逐渐增加，应用的学科领域也越来越广泛。20 世纪 50 年代末，猪应用于人类疾病的实验研究数量开始增加，特别是从 20 世纪 70 年代初期开始，许多发达国家已将其列为重要的实验动物。但是普通家猪用于实验，因其躯体大，食量多，不便于实验操作和饲养管理，于是开始着手家猪小型化和微型化的培育，截至目前，已培育出了不少有价值的品系。目前已用于肿瘤、心血管疾病、糖尿病、外科、牙科、皮肤烧伤、血液病、遗传病、营养代谢病、新药评价等多个方面。

一、小型猪的生物学特性

(一)外貌特征

小型猪依据品种的不同，体貌特征也各不相同。通常以耳大，头长，鼻直，腰背窄为主要形体特征。毛发较粗硬，根据品种不同，分为白色、粉色、黑色、棕色及花色。

(二)解剖特征

(1)牙齿　齿式为$\frac{3\cdot1\cdot4\cdot3}{3\cdot1\cdot4\cdot3}=44$。有发达的门齿和犬齿，齿冠尖锐突出；也有发达的臼齿，齿冠有台面，上有横纹。从乳臼齿长出至恒臼齿长完约需 19 个月，其间可根据齿的生长数判断猪龄。

(2)骨骼　颈椎 l7 块，胸椎 13～16 块，腰椎 5～6 块，荐椎 4 块，尾椎 21～24 块。

(3)消化系统　猪有发达的吻突，唾液腺发达，胃为单室混合型，在进食管口端有一扁圆锥形突起，称憩室。猪胃的容积很大，达 5～8 L。其形状呈扁平弯曲的囊状，位于季肋部和剑状软骨部。贲门腺占胃的大部分，幽门腺比其他动物宽大，肝脏分为 5 叶，胆汁浓缩能力很强，且胆汁量少，消化特点介于食肉类和反刍类之间。盲肠较发达。

(4)皮肤系统　汗腺不发达，对外界温湿度变化敏感。小型猪的皮肤和人的皮肤组织结构十分相似，上皮修复再生性相似，皮下脂肪层和烧伤后内分泌和代谢的改变也相似。通过实验证明 2、3 月龄小猪的皮肤解剖结构、生理特点最接近于人(表 6-3)。

表 6-3　3 月龄小猪与人类皮肤结构厚度的比较　　mm

皮肤结构	小猪	人类
皮肤	1.3～1.5	2.0(0.5～3.0)
表皮	0.06～0.07	0.07～0.17
真皮	0.93～1.7	1.7～2.0
基底细胞层所处的深度	0.03～0.07	0.07
表皮和真皮厚度的比例	1∶24	1∶24

引自：秦川，2016。

(5)染色体　$2n=38$(19 对)。由于近亲繁殖，小型猪的品质不易退化。同时，由于形成了不同的封闭群体，基因纯合度高。

小型猪的心血管系统、消化系统、皮肤、营养需要、骨骼发育、矿物质代谢及血液学的各种常数等都与人类很相似(表 6-4)。小型猪的体型大小和驯服习性允许进行反复采样和进行外科手术。

表 6-4　猪和人类脏器质量比值　%

脏器	猪(50 kg)	人(70 kg)	脏器	猪(50 kg)	人(70 kg)
脾脏	0.15	0.21	甲状腺	0.618	0.029
胰脏	0.12	0.10	肾上腺	0.006	0.29
睾丸	0.66	0.45	其他器官	8.3	9.4
眼	0.27	0.43			

引自　秦川，2016。

（三）生理特征

（1）生殖生理　小型猪因品(种)系不同、繁育条件差异等生理学指标会有较大的差异。一般性成熟为 3～4 月龄，5～6 月龄达体成熟，为全年性多发情动物，性周期 21(16～30)d，发情持续时间平均 2.4(1～4)d，排卵时间在发情开始后 25～35 h，最适交配期在发情后 10～25 h，妊娠期 114(109～120)d，产仔数 2～12 头，哺乳期 60 d 左右，由于妊娠期短，经产母猪一年能产 2 胎。

（2）体温调节　猪汗腺不发达，皮下有脂肪层，使得体内热量散发较困难。猪既不耐炎热，又不耐严寒。其适宜温度为 20～25 ℃，在温度高于 38 ℃的环境下，热应激反应强烈。当温度在 5 ℃以下时，其生长发育受阻。

（3）免疫调节　小型猪的胎盘类型属于上皮绒毛膜型，母源抗体不能通过胎盘屏障。初生仔猪体内缺少母源抗体，只能从初乳中获得。猪初乳中含较多的 IgG、IgA 和 IgM，常乳中含有多量的 IgA。

（四）生活习性

（1）杂食性，喜甜味　小型猪为杂食性动物，食性广，食量大，消化快。它具有择食性，喜甜味。小型猪对多样性饲料、不同的饲养方法及方式等均有较强的适应性。

（2）有用吻突到处乱拱的习性　尽管在现代猪舍内，饲以良好的平衡日粮，猪还表现为拱地觅食的特征。

（3）性格温顺　易于调教。

（4）听觉发达　能敏锐地觉察到微弱的声音，对各种口令和声音刺激的调教能很快建立条件反射。

（5）嗅觉灵敏　仔猪出生后几小时便能鉴别气味，依靠嗅觉寻找乳头，3 d 内就能固定乳头，并能识别群内的个体，自己的卧位和圈舍等。

（6）喜清洁　不在吃睡的地方排粪尿，并表现一定的粪尿排泄规律。生长猪在采食中一般不排粪，饱食后约 5 min 开始排泄 1～2 次。

（7）猪适合群居　母猪及其仔猪组成自然群。成熟雄猪宜单独饲养，减少其攻击性行为，猪群有明确的群体结构和等级结构，群体间通过复杂的咕哝和尖叫声相互沟通交流。

（8）母猪分娩前筑窝。

（9）猪的寿命　最长达 27 年，平均 16 年。

二、小型猪的主要品种（系）和种群

（一）国外主要小型猪品种（系）

（1）哥廷根小型猪　由德国哥廷根大学育成。1962年，以明尼苏达小型猪和越南大腹猪开始杂交培育。在杂交过程中，利用其中一头有色的小型猪与德国长白猪进行了回交。目前，哥廷根小型猪包括17个家系，其中8个有色系、9个无色系。在世界范围内广泛使用的实验用哥廷根小型猪来自丹麦的艾利伽德哥廷根小型猪繁育场，他们提供商品化的哥廷根小型猪为白色品系，其遗传组成33%来自明尼苏达小型猪，59%来自越南大腹猪，8%来自德国长白猪。该品系小型猪更加小型化，繁殖性能好，性情温和，耐粗饲，白色皮肤。雌性、雄性成熟分别是4～5个月和3～4个月。6个月体重为12～16 kg；12个月体重为20～27 kg。常用于催畸性实验、各种药物代谢、脏器移植、皮肤实验等研究。

（2）NIH小型猪　是一个近交系小型猪，是由NIH的Sachs研究小组培育的以NIH SLA近交而知名的小型猪品系，Lunney等进行了详细报道。该品系培育工作起始于20世纪70年代，由1头荷美尔小型猪和1头维塔兽研所小型猪开始，以器官移植动物模型为长期的主要目标进行培育。此外，该小型猪也应用于移植排异、疾病抵抗、转基因、基因治疗以及相关的研究。

（3）汉福德小型猪　是由美国汉福德研究所以2头帕卢斯小母猪和1头皮特曼-摩尔公猪开始培育。后来为进一步减小体型，引入了更多的皮特曼-摩尔和来自路易斯安那的沼泽野猪的血缘。在20世纪60年代中期，在基础群中又引进了尤卡坦猪的血缘。汉福德小型猪外形很像传统的家猪。6个月雌、雄猪平均体重分别为35 kg和40 kg。白色的皮肤和被毛使他们特别适合皮肤研究。由于缺少脂肪，汉福德小型猪也十分适合实验外科研究。此外，由于心脏侧支循环很少且与人类心脏大小极其相似，汉福德小型猪也是心血管研究的良好模型。

（4）尤卡坦小型猪　是原产于墨西哥南部尤卡坦半岛的天然小型品种。1960年，美国从墨西哥进口了25头尤卡坦小型猪，在科罗拉多州立大学进行封闭培育。美国的辛克莱研究中心现在拥有2个尤卡坦小型猪生产基地，一个位于密苏里州，是辛克莱在1995年获得的（Biotech Inc）种群；另一个位于缅因州，是辛克莱2002年获得的（Charles River Laboratories，CRL）种群。尤卡坦小型猪包括白色尤卡坦、灰色尤卡坦和微型尤卡坦。雌、雄尤卡坦小型猪6个月平均体重分别为30 kg和32 kg。

尤卡坦小型猪性情温顺，易于实验操作。它的皮肤灰暗，被毛稀少或无被毛。其白色系特别适合皮肤研究，其自发性室间隔缺损（VSD）家系是先天性室间隔缺损研究的良好模型。辛克莱公司制作了Biotech种群的DNA样品库，可供遗传学研究和（或）提供文件资料。Biotech种群是MHc单体型，已进行了充分的移植基础研究，现已克隆了这些家系的主要组织相容性复合体（MHC）基因，对SLA class Ⅰ和SLA class Ⅱ进行了测序，研究了等位基因变异的单克隆抗体。

（二）国内主要小型猪品种（系）

（1）西藏小型猪　西藏小型猪民间习惯称为藏香猎，是我国小型猪资源中研究资料最为稀缺的珍贵品种，是我国已知小型猪品种（系）中体重最轻的小型猪类型，成年体重一般为25～40 kg。自然和历史的原因，西藏小型猪保存了较为纯正的品种特征：被毛多为黑色、鬃毛长而密、被毛下密生绒毛，具有耐寒、耐粗饲、生长慢、体格小、性成熟早、基因纯、抗逆性强等独特的生物学特征。因其体型小，西藏小型猪非常适合于动物实验研究、2004 年广东南方医科大学实验动物中心顾为望教授等进行实验动物化培育。西藏小型猪性成熟早，母猪在 120～150 日龄初次发情，发情周期为 20 d 左右，发情持续时间为 3～4 d。公猪 65～80 日龄性成熟，120 日龄可配种利用。西藏小型猪线粒体 DNA（mtDNA）控制区分子遗传学研究表明，西藏小型猪可分为两种：A 型和 B 型。A 型 mtDNA 控制区核苷酸重复序列为 GTACACGTGCGTACACGTGC；B 型为：GTACACG—TACGTACACGTAC。此外，在 mtDNA D-Loop 区共检测到三个特征性转换变异位点 305、500、691，A 型（C，g，g）、B 型（t，a，a）两种类型分别占 42.4% 和 45.8%。据此，将其作为西藏小型猪的分子遗传学标记。据该中心测量，西藏小型猪平均 3 月龄体重为 4～6.5 kg，6 月龄体重为 9～16 kg；9 月龄体重为 23～26 kg；12 月龄体重为 30 kg 左右。已广泛应用于人类疾病模型、转基因动物及克隆动物研究。

（2）西双版纳近交系小型猪　云南农业大学曾养志教授等，以西双版纳小耳猪为基础种群，经过 17 年、14 代严格的亲子或兄妹交配，初步培育成两个体型大小不同的 JB（成年体重 70 kg）和 JS（成年体重为 20 kg）近交系，其中又分化为 6 个不同家系，家系下再进一步分化出具有不同表型、带有不同遗传标记的 17 个亚系，近交系数已高达 95.2%。其有抗逆力、抗病力较强，耐粗饲等特点。初生体重为 0.64 kg，6 月龄平均体重为 10～18 kg，12 月龄体重为 20～35 kg，成年猪体重为 35～40 kg。

（3）贵州小香猪　1985 年，贵州中医学院甘世祥教授等，以原产于贵州从江县的从江香猪为基础种群进行定向选育。近年来，进一步开展近交系培育工作，近交猪的成年体重约 30 kg。贵州小香猪有体躯小、被毛全黑、皮薄细嫩、耳小、四肢短细等特征。母猪乳头多为 5 对，但繁殖力较低。初生重为 0.3～0.5 kg，6 月龄体重为 25 kg，12 月龄体重为 30 kg，成年体重为 35～45 kg。贵州小香猪作为人类疾病动物模型已被用于烧伤、心血管疾病等方面。

（4）广西巴马小型猪　从 1987 年开始，广西大学王爱德教授等，从原产地引入广西地方猪种巴马香猪（图 6-9），采用基础群内闭锁纯繁选育及半同胞为主的近交方式进行选育。至 2009 年，已分别完成封闭群（A 系）21 世代和近交系（B 系）11 世代的培育。该小型猪的最大特点为：白毛占体表面积大，达 92% 以上，个体具有较为整齐的头臀黑、其余白的独特“两头乌”毛色，而且出现双白耳的突变个体和除尾尖少许黑毛的全白突变个体。该小型猪还具有体型小（24 月龄母猪体重 40～50 kg，公猪 30～40 kg）、性成熟早、多产（初产 8.5 头，经产 10 头）等优点。

图 6-9　巴马香猪

（引自　秦川，2016）

（5）五指山小型猪　又称老鼠猪，主产于海南省五指山市，是中国著名的小型猪种之一。被毛黑色或棕色，有头小、耳小、腰背平直、臀部不发达、四肢细长等特点。性情稍趋温顺，反应灵敏，善于奔跑。成年体重 30～35 kg。冯玉堂等经过近 20 年时间已培育成近交系，目前理论群体近交系数高达 0.965 以上，具有性成熟早、遗传稳定、代谢率低、适应性和抗逆性强等诸多优良特性。其已应用于药学、畜牧学、兽医学及人类比较医学等研究。

三、小型猪的饲养管理

(一)饲养环境

(1)圈舍和笼具　小型猪用于医学实验研究，一般为猪圈饲养，根据面积大小每圈 1～10 头，每圈面积约 6 m^2，设有漏粪尿地板，雌雄分开，单笼饲养，便于实验操作和观察，但不利于猪的活动及饲养。无论采用什么方式，小型猪每天都要在活动场地运动 2 次，每次 1 h。

饲养笼具应选用无毒、耐冲洗、耐高温、易消毒灭菌的材料制作，底板网眼或缝隙宽度宜小于 1.2 cm。笼具所有设计应确保动物不会被限制或者受伤。小型猪的休息区大小应该满足其侧卧的要求，并且应在其休息区安置一定的垫料。如果由于实验的要求不能为动物安置垫料，应该在躺卧区的地板设计隔热层以确保动物感觉舒适。

(2)温度和湿度　小型猪被毛稀疏并且缺少汗腺，因而对温度波动，特别是高温反应非常敏感。正常成年小型猪的适宜环境温度为 16～28 ℃。新出生、幼龄、无毛、术后或者虚弱受伤的动物所需要的温度要稍高一些，可控制在 30～38 ℃，这样高的温度可以采用加热垫或加热灯来实现。猪舍要求冬季暖和，无过堂风，夏天凉爽通风并有遮阴处。饲养人员每天认真更换铺垫物，清扫洗刷猪舍。平时应观察猪的饮食情况以及粪便有无异常。如出现便秘、下痢和呕吐者应对症治疗。小型猪能够耐受较大范围的湿度变化，其饲育环境的相对湿度范围应在 40%～70%。

(3)通风、光照和声音　适宜的通风条件应该达到以下指标要求：饲养间的内 NH_3 浓度不得高于 10 mg/kg，H_2S 浓度不得高于 5 mg/kg，CO_2 所占空气的体积不得高于 5%，房间空气气流速度对于成年小型猪不高于 0.2～0.3 m/s，对于仔猪不高于 0.1 m/s。

猪对光照不敏感，饲养在较亮的环境与较暗的环境下没有太大差别，但饲养在温暖和较暗的环境下，合群时猪之间打斗、咬尾现象大大减少。饲养间内应安装合适的窗户，为小型猪提供自然采光的环境。如果采用人工控光，可采用 12 h/12 h 明暗照明，通常在早 6:00 至晚 6:00 给小型猪提供光照，光照强度为 100 lx。值得注意的是，小型猪在交配期间光照时间应该调整为 6:00～20:00，且光照强度为 200 lx 较为适宜。

小型猪对外界噪声反应敏感，高分贝和突发性的噪声会对其产生干扰，使其产生压力，这不但影响到动物福利，还将对实验数据造成影响。适当的房间和走廊布局以及使用隔音、吸声材料，将有助于保持一个安静的饲养环境。实验表明，持续的风扇噪声(85 dB)降低了母猪对仔猪吮乳的反应，并且产奶量减少。

(4)饲料和饮水　小型猪的饲料可用混合饲料，也可用特制的固型饲料，饲料配方可根据当地实际条件灵活选配。饲料中不得加入抗生素和激素类添加剂。小型猪一日饲料量，要根据它的体重来计算，一般为体重的 2%～3%，仔猪要给予按体重计 7%的牛奶或特制人工乳。

(二)日常饲养管理

(1)检疫　对新购入的小型猪最少要经过一周的检疫，并使其适应新的环境后才能用于实验。

(2)免疫　小型猪要按照免疫程序进行预防接种，主要预防猪瘟、猪丹毒、猪副伤寒、日本脑炎和猪细小病毒等传染性疾病。还要注射猪传染性胃肠炎和猪萎缩性鼻炎疫苗，所有实验用猪应驱虫。

(3)投喂　小型猪的饲料可使用混合料或特制的固形饲料，每天应喂饲 2 次，分别在上午 9:00 和下午 4:00 进行，饲料的量一般应占猪体重的 2%～3%。仔猪喂食为其体重 7%的牛奶或特制人工乳。每次喂完食都应及时取出食具洗净。小型猪每天都要保证新鲜足量的水，特别是夏季，通常通过自动饮水器获取水的供应。

(4)日常管理　饲养间的温度每天都应该进行观察测量，对于封闭环境，应建立精确的温度控制系统，尽量降低对动物新陈代谢和活动的影响。饲养间内正常的通风换气次数是 10～15 次/h，在设定饲养间内的换气次数时应将饲养间的面积与小型猪的饲养密度考虑在内。过度的换气对小型猪来说是一种外界应激，换气次数太低时则会使饲养间的温度与有害气体浓度升高。

猪圈内要打扫洗刷干净，垫铺物或锯末每天更换 1 次。在猪舍的入口处应设有脚踏消毒液槽(垫)，里面的消毒药水每周更换 2 次，圈舍每周消毒 3 次。食具、饮水具每天清洗干净，每周消毒 3 次。猪圈若加垫料则每 2 天换 1 次，铺垫物应经过消毒以防感染寄生虫，地面一般为水泥面，每天应清扫冲洗干净。每次实验完毕应按普通级实验动物饲养的要求，对实验用空舍进行彻底消毒处理，以备下次实验使用。

(5)观察记录　平时应观察猪的食欲、粪便有无异常，尤其是腹部膨胀，疼痛时弓腰等不适症状。如出现便秘、下痢和呕吐者，要对症治疗。许多实验，如烧伤、外科手术、移植手术等都应加强卫生管理预防感染，也应加强饲养管理(必要时可单养)，如按要求改变饲料配方，增加某些必需的营养物质等。心血管、代谢等实验研究应按饲料实验要求生产配合饲料，注意某些营养物质出现的症状或采取预防措施。每天做好猪的实验管理工作应观察记录每头编号猪的精神状况，活动情况，饮食是否正常，粪便性状、内容和颜色及有无便秘，呕吐物(包括分泌物)的性状，性质及颜色，有无腹痛、弓腰等症状，被毛如何，有无死亡等，发现情况及时与实验负责人联系。

(三)繁殖管理

繁殖用小型猪均采用雌、雄分圈单养，1 只雄猪可交配 5～7 只雌猪。要掌握雌猪的发情时期和发情特征，在发情期与雄猪短时间同居交配或人工授精。雌猪妊娠期平均为 114 d，妊娠后期胎儿发育快，应保证足够营养供雌猪和胎儿需要，同时雌猪体内需积蓄一定的养料，待产后泌乳用。这是保证胎儿大、体质好、雌猪泌乳量多的一个关键。将近分娩时，雌猪会衔草做窝，如果雌猪躺卧，四肢伸直，每隔 1 h 左右发生 1 次阵缩，全身用力，阴户流出羊水，则很快将分娩出仔猪。此时应注意护理。仔猪生下来就会寻找母亲乳头吸乳。初乳中含有丰富的蛋白质、维生素、免疫抗体和无机盐等，初乳能促使仔猪轻度泻出胎粪，并能增强仔猪免疫力。要保证每只仔猪都能吃到初乳。训练仔猪开食，最好从仔猪出生后 1 周左右开始，这样到产后 3 周雌猪泌乳量下降时，仔猪已能正式吃料，也不会影响仔猪的生长发育。仔猪断乳时间一般在 60 d 龄左右。断乳后喂食牛奶、稀粥等，逐步过渡到吃食成年猪的饲料。

第十一节　斑马鱼的生物学特性及饲养管理

斑马鱼属硬骨鱼纲鲤形目鲤科短担尼鱼属的一种硬骨鱼，原产于印度、孟加拉国，是一种常见的小型热带观赏鱼。

德国 Tübingen 和美国 Boston 用 ENU 诱变产生了上千个对胚胎早期发育产生影响的突

变品系，奠定了斑马鱼作为模式动物的基础。斑马鱼由于其个体小、早期胚胎透明、与人类基因高度相似以及高度保守的疾病信号转导通路等特点，已被广泛应用于病原免疫学研究，是开展生命科学、健康科学、环境科学等研究的重要模式动物。我国开展斑马鱼相关的研究起步较晚。在我国，现有 300 个以上的实验室利用斑马鱼开展有关科研工作。2012 年 10 月，国家重大科学研究计划斑马鱼资源中心，即国家斑马鱼资源中心，在中国科学院水生生物研究所正式挂牌成立。国家斑马鱼资源中心已成为国际学术界公认的，与国际斑马鱼资源中心和欧洲斑马鱼资源中心并列的全球三大斑马鱼资源库之一。目前，斑马鱼已成为仅次于小鼠第二优先的脊椎动物。

一、斑马鱼的生物学特性

(一)外貌特征

斑马鱼个体小，呈纺锤形，尾部侧扁，体长为 3～5 cm。背部橄榄色，体侧从鳃盖后直伸到尾部有数条银蓝色纵纹，臀鳍部也有与体色相似的纵纹，尾鳍长而呈叉形。雄斑马鱼鱼体修长，鳍大，蓝色条纹偏黄，间以柠檬色条纹；雌鱼的蓝色条纹偏蓝而鲜艳，间以银灰色条纹，身体比雄鱼丰满粗壮，各鳍均比雄鱼短小，怀卵期鱼腹膨大明显。由于条纹的多少和宽窄不同，以及鳍的差异，形成各个不同品种。

(二)解剖特征

(1)鳍　背鳍无硬刺，分支鳍条 6～8 根。臀鳍无硬刺，分支鳍条根。

(2)骨骼　围眶骨系发达，上眶骨大，且与最后一块下眶骨相接触。鳃盖膜与峡部相连。

(3)消化系统　有较完整的消化、泌尿系统，泌尿系末端是尿生殖孔，也是生殖细胞排出体外的通道。鱼的，单核一吞噬细胞系统无淋巴结，肝、脾、肾中有巨噬细胞积聚。

(4)循环系统　心脏只有一个心房和一个心室。

(5)染色体　$2n=44$(22 对)。斑马鱼和人类基因有着高度相似性，71%的人类基因在斑马鱼基因组中均有同源基因，69%的斑马鱼基因在人类基因组中均有同源基因。在 OMIM (在线《人类孟德尔遗传》)数据库中，82%的与人类疾病相关的基因都可以在斑马鱼基因组中找到。斑马鱼作为模式生物的优势很突出，这意味着其实验结果大多数情况下适用于人体。

(三)生理特征

(1)生长发育　斑马鱼生长发育快，受精卵 24 h 早期发育结束，幼鱼约 2 个月后可辨雌雄，3 个月达到性成熟。

(2)生殖生理　斑马鱼四季产卵，繁殖周期 7 d 左右，5 个月可达性成熟，每年可繁殖 6～8 次。雌鱼性成熟后可产几百个卵子，属沉性卵，无黏性，卵子体外受精和发育。卵子和受精卵完全透明，有利于研究细胞谱系、跟踪细胞发育命运。

(3)体温调节　斑马鱼是水生变温动物，属于热带性鱼类，体温随周围水温变化而变动，耐受温度范围为 6.7～41.7 ℃(耐低温热带鱼)，11 ℃出现死亡，适宜的生长温度范围为 24～30 ℃，最适的生长和繁殖温度为 28.5 ℃，但水温骤变(大于 5 ℃)可导致个体死亡。通过改变水温来控制鱼的体温，以研究生化反应和生理代谢过程中加速或减缓的规律。

(4)对外界刺激敏感　斑马鱼胚胎和幼鱼对有害物质非常敏感，可用于测试化合物对生物体的毒性。

(四)生活习性

斑马鱼为热带鱼类,性情温和,喜结群游动。对水温的变化有较强的抵抗力,只要水温不低于 20 ℃即能正常生活,最低耐受温度为 6.7 ℃,最适生长温度为 28.5 ℃。适宜的 pH 为 7～8。斑马鱼在孵化的不同时期对氧气需求不同,在孵化期几乎不需要氧气,鳔充气时开始需要氧气的供应,随着鱼不断长大,氧气的需求量不断增加。斑马鱼对各种动物性饲料或干饲料都能食用。斑马鱼一般 3 月龄性成熟,一年内多次产卵,产卵时间为清晨日出后。亲鱼无护卵习性。

二、斑马鱼的主要品种和品系

斑马鱼作为重要的模式动物,在生命科学、健康科学、环境科学等研究领域具有非常广泛的应用前景。2012 年 10 月,在国家重大科学研究计划的支持下,以中国科学院水生生物研究所为依托单位成立了国家斑马鱼资源中心(China Zebrafish Resource Center,CZRC)。发展至今,已经成为与美国国际斑马鱼资源中心和德国欧洲斑马鱼资源中心并称的全球三大斑马鱼资源库之一。截至 2019 年 10 月,该中心共有斑马鱼品系 1 094 种,其中野生型品系纯系 3 种[包括 AB、Tuebingen(TU)和 TL],突变型品系 958 种,转基因型品系 133 种。其中斑马鱼基因组计划所用品系为 TU 品系。以下是常用野生型品系的简要概述。

(一)AB 品系

实验室最常用的斑马鱼品系,AB 品系是由 Streisinger 在不同时间从俄勒冈州奥尔巴尼的一家宠物店购买的两条 A 系和 B 系的斑马鱼繁衍而来。最初的 A 品系和 B 品系可能来自佛罗里达的孵化场。从 AB 系雌性个体的单倍体后代中筛选出健康并且外观好看的胚胎,然后将这些雌性与未经过筛选的雄性杂交来产生后代。1970—1990 年,俄勒冈州的实验室以这种方式维持 AB 品系。该方式减少了致死突变的数量,因此该品系可用于孤雌生殖。该品系的特点是雄性的腹部更光滑,而妊娠的雌性则表现为更饱满,更圆滑的腹部特征。并且体征具有典型的条带化模式和短鳍。

(二)TL 品系

TL 品系全称为 *Tüpfel long fin*,该品系的 leo^{t1} 和 lof^{dt2} 基因为纯合子。leo^{t1},也称为 *tup*,是一种隐性突变,可引起成年鱼体表产生斑点。lof^{dt2} 是占主导地位的显性纯合性突变,可导致长鳍。因此该品系的特征表现为斑点和流动的长鳍。该品系不适用于 Sanger 的斑马鱼测序项目。

(三)TU 品系

TU 品系全称为 *Tübingen*,该品系来源于 Tuebingen 宠物店,属于野生型短鳍鱼类。该品系被用于 Sanger 的斑马鱼测序项目。由于该品系具有胚胎致死突变基因,因此在用于诱变和测序之前,需要从背景中剔除胚胎致死的突变基因。

三、斑马鱼的饲养管理

(一)饲养环境

(1)鱼房和鱼柜　斑马鱼的适宜生长温度为 28.5 ℃,为了保持温度,最好有专用的恒温鱼房,或者将鱼柜放置专用房间内。可使用暖气、空调、电暖气等调整温度。为了使斑马鱼有规律地产卵,其喂养需要严格的光周期控制。最好能在鱼房内用自动计时器保持 14 h 光照/10 h

黑暗交替循环。每个 10 L 的鱼缸所养成鱼数目最好不要超过 10 条。平时雌鱼与雄鱼可以混养，也可分开饲养。

(2)斑马鱼培养用水和溶液　养殖用水水质必须达到渔业用水的标准。如果实验方案对饮水有特殊要求时，则遵照实验方案的要求执行。自来水需经过 1 昼夜曝气除氯才可使用。

(二)日常饲养管理

(1)投喂　新鲜孵化的丰年虾是斑马鱼最好的饲料。一般每天喂 3 次，时间分别为上午 8:00 左右、中午 12:00 左右和下午 5:00 左右。投喂前停止循环水，每个 10 L 缸投喂成活的丰年虾 3 mL 左右，若鱼处于快速增长期可适量多喂。丰年虾最好达到 95%以上成活率，并且具有较大的密度。投喂后 30 min 左右待鱼充分进食后再开启循环水。若投喂配合饲料要根据鱼进食情况适当投料、及时清理残渣，避免污染系统。

(2)亲鱼放对　选择 7 月龄以上，性腺发育好的亲鱼放入产卵缸。放入时间最好在喂完晚餐 30 min 后。产卵缸分外缸和内胆两部分，内胆底部有很多小孔以便受精卵漏下避免亲鱼误食。每缸按照雌雄比 1：(1～2)的比例放置，然后用隔板将雌鱼、雄鱼分开，若不需要控制产卵，就可以不用隔板。

(3)收集受精卵　第 2 天早晨抽去隔板，雄鱼便开始追逐雌鱼，一般 15 min 左右雌鱼开始排卵，雄鱼同时排出精液完成受精。收卵时间根据需求而定，如果收集同一时期胚胎，则 15 min 收集 1 次，若用于保种，则第三餐之前收集即可。采用虹吸的方法收集受精卵，滴管口一定要圆滑且直径大于卵径。为便于收卵可以事先把培养皿铺到外缸底部。收集的受精卵置于平板培养皿中，去除死卵、粪便和其他杂物，用养鱼水或 Holt Buffer(用于幼鱼培养：NaCl 3.5 g，KCl 0.05 g，$NaHCO_3$ 0.025 g，$CaCl_2$ 0.1 g，用水补至 1 L)洗涤数次，转移到 28.5 ℃恒温培养箱中孵化。

(4)孵化　在 28.5 ℃恒温培养箱中，约 48 h 后开始脱膜孵化，至 72 h 左右孵化完全。孵化过程中，每天定期观察 1～2 次，检查发育状况是否正常，并及时去除未受精卵和死卵并换水，为减少霉菌对孵化的影响，可在培养用水中加入 1/10 000 体积的亚甲基蓝。

(5)幼体培育　刚孵出的鱼苗不游动，靠吸收卵黄获取营养，2～3 d 后卵黄囊消失，鳔充气后进入平游期开始摄食，此时斑马鱼游泳能力弱，应投喂密度大且没有其他浮游动物的草履虫。通常，每 10 尾幼鱼每天喂 15 mL 草履虫，分 2～3 次投喂，每次喂食前换水 1 次。12 d 后，开始用草履虫和丰年虫混合喂养。每次投喂 1 h 后将底部的死虾吸出。待幼鱼可全部吃丰年虾时，可转入鱼房和成鱼一起喂养。

第十二节　野生动物资源的开发

如何培育出标准化的实验动物是实验动物学研究的主要工作之一。生命科学，尤其是医学的发展离不开实验动物学的发展。随着医学科学的飞速发展，研究的多样性、特殊性和国际性逐步提高，对实验动物质量和品种提出了更高的要求，而原有的实验动物种类，如小鼠、大鼠、豚鼠、兔、斑马鱼等，远远不能满足和适应各学科领域研究的需要，必须进一步扩充实验动物品种(系)。野生动物实验动物化的研究是解决现有实验动物种类不足与不适用的一种有效手段。

一、野生动物的实验动物化

(一)野生动物实验动物化的概念

野生动物实验动物化是指实验动物工作者在野生动物、经济动物或观赏动物中筛选适合的物种,并通过人工驯养、繁殖,对其携带的微生物进行控制,明确其遗传背景,使之成为标准的实验动物的过程。

开发和培育具有特殊应用价值的实验动物,受到了学术界的重视。开发和培育实验动物一般采用两大策略:一是利用现已广泛使用的标准化实验动物,采用诱变、转基因等手段,培育具有新的生物学特性的实验动物;二是通过对野生动物的驯化,筛选出具有潜在生物医学研究应用价值的个体,然后进行实验动物化培育,建成新型的实验动物。尽管应用第一种策略可以方便地开发和培育大量的实验动物,但由于现在所使用的实验动物遗传背景比较窄(主要为大小鼠),经过长期的封闭和近交繁殖,许多重要的基因资源在培育过程中被淘汰。因此,将具有潜在生物科学研究应用价值的野生动物进行实验动物化,可以扩充实验动物种类数量,利用重要的基因资源。我国是一个野生动物非常丰富的大国,对野生动物进行实验动物化,更具有十分重要的意义。

(二)野生动物实验动物化的意义

1. 合适的实验动物可以促进生命科学研究的发展

在麻风病的研究上,过去一直没有寻到适当的动物。在1873年汉森就已发现引起麻风的病原菌,但动物试验接种始终没有成功,没有像在其他传染病那样找到感染疾病的动物模型。直至1973年,人们才了解到贫齿日犰狳属的九绊犰狳能感染麻风菌。麻风病的研究才得到迅速进展。以前大家认为小白鼠不能感染麻风病,但在1966年佛拉纳根发现裸鼠后,该突变鼠也能感染麻风病,因此,在麻风病的预防和治疗的研究中,裸鼠和九绊犰狳都有很大的贡献。

2. 充分的实验动物可以减少种属差异对结果的影响

在人类疾病的研究中,存在的最大问题是癌症、各种代谢障碍、免疫缺陷及老年问题的研究。防止老化的问题不仅是延长生存的时间而且是在老年阶段如何维持正常的生理机能。不仅在身体方面,在心理行为方面也要求健康。这就要求不只对疾病进行研究,对正常的心理行为也必须做生物学的研究分析。这就需要适当的实验动物,作为营养学、行为学、老年疾病学的模型,进行比较研究。从比较生物学角度考虑,由于各种动物有其种属特有的生物反应,需要用几种动物进行比较研究,才能从本质上反映结果,从而得出可靠的结论。故从比较生物学出发,开发多种实验动物模型是必要的。同时,在各种类实验动物中,培育若干个生物特性不同的品系,也是重要的。

(三)野生动物实验动物化的条件

①法律、法规允许范围内选择。

②易被驯服的动物,即人工饲养条件下能生存和繁殖的动物。

③易饲养的动物,食性广,耐粗饲,对温度、湿度、气压、光线、声响等环境条件适应性强,抗病力强,在实验室条件下能生存和繁殖的动物。

④在开发野生动物时,应考虑到野生动物被实验动物化成功后,作为实验动物是否具有实验价值。例如,有袋目的负鼠胎儿在发育初期便分娩,因此能在体外观察到胎儿的后期发育,

如果研究胎儿与母体的关系，此动物将成为宝贵的实验材料。又如，九带犰狳始终1卵生4仔，因此研究卵生、遗传与环境的相互关系等，它也成为十分有用的实验材料。

（四）野生动物的实验动物化过程

野生动物的实验动物化过程可以分成如下几个阶段。

1. 生物学性状的研究

通过对动物生物学特性的研究：一是筛选出具有实验动物潜力的目标动物，二是对于目标动物实验动物化提供研究基础。

2. 建群者与群体的有效大小

建群者是指野生祖先群体中对衍生后代群体形成有贡献作用的个体数量，即从野外捕获的动物用于实验动物化的个体数量。这是实施实验动物化首先遇到的问题，建群者足够大可以有效地保持野生动物遗传的多样性，能保存各种有价值或潜在有价值的基因。建群者过小不排除有生物医学价值的性状随着基因的纯合而被剔除的可能性。

3. 驯养和驯化

驯养只是将野生动物驯服饲养，而驯化则必须经过选育使野生动物成为能长期稳定饲养的家养动物。野生动物能否被驯化，取决于是否满足下述6个必要条件：足够的食物供应、动物生长速度快、繁殖周期短、性情温顺、不易受惊并能在驯养条件下交配繁殖。实验动物驯化是一种特殊的驯化过程。其选育目标是为生物医学提供独特的实验模型材料，除了满足以上6个条件之外，还强调实验动物生物学性状稳定，遗传背景清楚，便于实验操作。驯化的过程也是人工选择的过程，驯化导致的性状改变被称为“驯化性状”，而控制驯化性状的相关基因则为“驯化基因”，从分子进化角度来看，这些表型的改变是对目标基因强烈定向选择的结果。在野生动物实验动物化的过程中的“驯化性状”和“驯化基因”，就是“人类疾病的模型性状”以及相关的“人类疾病的模型基因”。驯化过程中“小种群”问题带来的遗传变异丧失、近交衰退会使动物出现表型多态性变化，合理的选择还会开发与培育出具有特殊应用潜在价值的动物模型。

4. 种质资源保存

对野生动物的实验动物化和种质资源的保护，最终应达到目的：①通过对动物生活情况仔细地观察，找到动物最佳生境条件；②尽可能多地保存大量的潜在有价值的基因资源，避免由于近交而被淘汰；③建立切实可行的遗传监测技术，动态地了解基因的变化；④采用现代生物技术，包括生殖工程技术、克隆技术等，经济而可靠地保存大量野生动物的生物活性细胞和胚胎，减少各种基因的遗失；⑤对实验动物化过程中出现的具有遗传的病理、生理性状，进行个性化培育，建立相应的特有品系。

二、野生动物资源

中国国土辽阔，海域宽广，自然条件复杂多样，加之有较古老的地质历史，孕育了极其丰富的动物物种。动物则汇合了古北界和东洋界的大部分种类。特有类型之多，更是中国生物区系的特点。中国有脊椎动物6 300余种，脊椎动物有667个特有种，占中国脊椎动物总数的10.5%，中国共有家养动物品种和类群1 900多个。中国脊椎动物各类群所占世界总数的比例如表6-5所示。

表 6-5 我国脊椎动物种数及其所占比例 %

类别	种数	占世界总数的比例	类别	种数	占世界总数的比例
鱼类	3 862	20	鸟类	1 244	13.7
两栖类	208	6.9	哺乳类	428	10.1
爬行类	315	5.9			

新的实验动物的开发和改良不仅限于哺乳动物的实验动物化，而且应该扩大到鸟类、爬行类、两栖类、鱼类和无脊椎动物的实验动物化。虽然我国野生动物资源极为丰富，但是使用在试验研究中的动物种类，仅为其中极少一部分（如长爪沙鼠、鼠兔、树鼩等）。因此潜力极大。

在以中国和东亚地区（俄罗斯的亚洲地区、蒙古国等）为原产地的实验动物当中，沙鼠、中国仓鼠是最为常见的。这些动物的野生种尚未绝灭，重新捕获如能在新的育种目标下还有可能实验动物化。此外，我国具有多种多样的地理环境，其中栖息的哺乳脊椎动物极多，推测其中很可能隐藏有尚未发现的特性。

在家畜的实验动物化方面，鸡、鹌鹑都是成功的例子。此外，还有鸽，哺乳类如猪、山羊等。这些家畜在生产现场如有突变体则只能遭受淘汰的命运，如果能仔细观察搜集起来，有可能成功地培育出很好的模型动物。在猪、山羊、鹅、鸭等地方品种中，实验动物化是宝贵的素材，特别是在小型猪育种实验动物化方面，有成功的例子。作为以家畜转化的实验动物，或者以其培育新的实验动物，猪和山羊可能都是适当的动物。中国干燥草原的骆驼，马（包括驴、骡）、牛（包括牦牛）、绵羊、山羊均能成为候补的实验动物。

思考题

1. 简要介绍小鼠的生理特征。
2. 如何判断小鼠的发情周期？
3. 简要介绍 NIH 小鼠、C3H 小鼠、裸小鼠的特点。
4. 简要介绍大鼠的生理特征。
5. 简要介绍豚鼠的生殖生理特点。
6. 简要介绍大耳白兔和新西兰白兔的特点。
7. 如何根据牙齿判断犬的年龄？
8. 猫的反射调节有什么特点？
9. 常用的非人灵长类有哪些？各有什么特点？
10. 简要介绍我国的小型猪资源及其特点。
11. 简要介绍斑马鱼作为模式动物的优势。
12. 什么是野生动物实验动物化？

参考文献

陈主初,吴端生,2014. 实验动物学[M]. 长沙:湖南科学技术出版社.
贺争鸣,李根平,朱德生,等,2016. 实验动物管理与使用指南[M]. 上海:科学出版社.
霍勇,陈明,2011. 心血管病实验动物学[M]. 北京:人民卫生出版社.
秦川,2010. 实验动物学[M]. 北京:人民卫生出版社.
秦川,2016. 实验动物学[M]. 北京:中国协和医科大学出版社.
秦川,魏泓,2015. 实验动物学[M]. 2版. 北京:人民卫生出版社.
徐国景,易工城,唐利军,等,2008. 实验动物管理与实用技术手册[M]. 武汉:湖北科学技术出版社.
章金涛,金树兴,杜春燕,等,2014. 医学实验动物学[M]. 郑州:郑州大学出版社.

第七章

在动物科学和动物医学研究中，实验动物的选择与应用

本章简介

介绍实验动物在科学实验研究中应如何选择以及在不同场景的实验研究中实验动物的应用实例。在肿瘤学研究中，尤其是实验肿瘤学，实验动物是其主要研究对象和材料，需要了解不同种属实验动物的肿瘤学特点，选择不同的方式制备肿瘤疾病模型。

生命科学实验通常是以观察实验处理对实验动物的影响或观察实验动物对实验处理的反应性变化为手段，以求达到探索生命规律和奥秘的目的。这些观察数据有许多可直接或间接地应用于人类生命科学，从而起到保障或提高人类生活质量的作用。因此，选择合适的实验动物对实验结果的科学性和可靠性至关重要。

选择实验动物总的目的只有一个，即完成实验研究，获得科学、稳定和可靠的实验数据。如何做出科学的选择，就要看遵循什么原则，追求什么效果。为达到探索人类生命奥秘、提高生命质量而进行的研究，就需要与人类有可比性的、稳定可靠的实验动物。

目前，国际常年保有的实验动物品种、品系达数百种，各实验动物品种、品系的生物学特性差异较大，而同品种不同品系间各具生物学特性。因此，实验动物的选择是进行生物医学科学研究首要考虑的问题。实验动物选择的恰当与否，直接关系到课题的设计、经费开支、研究方法的繁简，甚至影响课题的成败及研究结果的正确性。

实验研究成败的关键之一在于根据实验要求及目的不同，选择到适宜的动物，选择到最适宜的动物是实验研究成败的关键。实验动物的选择包括动物种属、品系、微生物等级、生理状况、健康情况、遗传背景、年龄、性别和体重等多方面；选择的依据是要能满足各项试验研究的具体需求，与人体结构、机能、代谢及疾病特征相似的程度，以期通过动物实验推演人类疾病的发生和发展规律，促进动物科学和动物医学的发展。

第一节 在药理学研究中，实验动物的选择与应用

药理学是研究药物与机体间相互作用规律及其药物作用机制的一门科学，主要包括药效动力学和药代动力学两个方面。前者是研究药物对机体的作用和作用原理，后者研究药物在体内吸收、分布、代谢和排泄等过程及药物效应和血药浓度随时间消长的规律。药理学研究除小部分药效学研究可用体外或离体动物实验外，其他绝大部分均须在整体动物上进行体内实验研究。药理学是研究药物与机体(含病原体)相互作用及其规律和作用机制的一门学科，包括药效学、一般药理学和药物代谢动力学等，除小部分药效学研究可用体外或离体动物实验外，其余绝大部分均须在整体动物上进行在体实验研究。

一、在神经系统药理学研究中，实验动物的选择与应用

(一)在中枢神经系统药理学研究中，实验动物的选择与应用

1. 镇静催眠和抗精神病药物实验

研究动物行为药理学最常用的动物有小鼠、大鼠、猫、鸽、猴等。实验常用两个种属的动物：第一种是用实验比较方便的动物，如小鼠、大鼠；第二种是用非啮齿类动物，最好选用猴或猩猩。选择动物时应注意各种系动物的特点。第一种适用于作刺激研究，因为大鼠视觉、嗅觉较灵敏，做条件反射等实验反应良好，但大鼠对许多药物易产生耐药性。猫和犬的自然行为多样而稳定，常用于神经药理、神经生理以及生物行为观察的补充实验。猴和猩猩则更接近于人类。大鼠和小鼠的活动在夜间比白天多，故研究中枢神经抑制药在夜间进行实验较好。不同种属的动物对药物的反应可以有明显差异，如吗啡对大鼠、兔、犬和猴的作用是抑制性的，而对小鼠、猫、鹅和马的作用是兴奋性的，所以做实验时要包括不同种属的动物。

2. 抗精神病药物的行为实验

阿扑吗啡对不同动物具有不同的作用，对某些动物(如犬、猫)可引起顽固性呕吐；对另一些动物(如马、牛和啮齿类动物)则可引起惊恐、运动性增强和强制性的啮齿行为；鸽则引起强烈的啄凿行为。所以研究药物对阿扑吗啡的作用，多选用具有温和动作的小鼠为宜，来观察药物能否拮抗阿扑吗啡引起的小鼠啮齿行为，测定其中枢兴奋的强度。引起食欲抑制的药物大多为中枢兴奋药，所以测定药物对动物食物摄取量的影响，可作为该类药物的筛选指标之一。常选用猫来研究食欲抑制药物的耐药性及其产生的进程，也可选用小鼠或全硫葡萄糖诱导的小鼠肥胖模型来研究该类药物。安定剂抑制大鼠的定向运动的作用强度与安定剂抑制脑内多巴胺能受体功能有相关性，常选用大鼠进行皮下注射阿扑吗啡来做定向运动强度实验。阿扑吗啡引起的攀爬行为是动物黑质—纹状体系统内多巴胺能神经元功能增强的表现。Costentin 发现小鼠注射阿扑吗啡后喜欢垂吊在铁丝网上，应用安定剂可拮抗阿扑吗啡引起的小鼠垂吊现象，这一拮抗作用与安定剂作用的强弱有较好的平行关系。僵住症是动物锥体外系运动功能失调的一种表现，常选用大鼠做该实验。

3. 抗惊厥和抗震颤麻痹药实验

化学物质引起惊厥的实验常选用小鼠，也可采用大鼠，猫或兔则可做特殊观察。采用戊四氮致小鼠惊厥时，不同种系小鼠可有不同反应，因此，在进行药物活性比较时，应选用同一品种。某些敏感动物(主要是鼠类)在受到强铃声刺激时，能产生一种定型的运动性发作，称为

“听源性发作”，这是研究抗癫痫药物的一种常用模型，可选用 DBA/2J 系小鼠(听源阳性鼠)。也可采用一些药物来提高大鼠听源性发作阳性率。如在戊四氮、士的宁、苦味毒或咖啡因作用基础上，给予铃声刺激，可使部分听源阴性鼠产生听源性发作。对于慢性实验性癫痫模型而言，各种动物的大脑皮质感觉运动区是致痫敏感区之一，特别是猴极易在此区形成癫痫病灶。将铝剂注入到中央前回和中央后回比单注入中央前回易于形成；将铝剂注入猴和猫的颞叶前部，可引起运动性和精神运动性发作；大脑皮质的其他区域不敏感。此外，还报道注射于杏仁壳核也可引起发作。病理模型的形成以猴最为敏感，猫次之，其他动物不敏感，所以，常选用猴做该实验。钴可引起大鼠、小鼠和猫的慢性实验性癫痫，而猴对钴却不敏感。点燃效应引起发作是一种较好的慢性实验性癫痫模型制备方法，其形成方法是以一定的刺激强度和时间间隔刺激脑的一定部位，如杏仁核、海马、苍白球、梨状叶和嗅球等，可实现短暂的刺激即引起癫痫样抽搐。动物常选用大鼠、猫、猴、兔等。对于抗震颤麻痹药物筛选而言，通常在药物诱发震颤和损伤锥体外系某些核团以诱发震颤的基础上进行。常选用豚鼠药物诱发震颤法。

4. 镇痛药物实验

目前，国内外筛选镇痛药的常用致痛方法，包括有物理性(热、电、机械)和化学性刺激法。这些方法各有优缺点，其中以热、电刺激及钾离子皮下透入致痛法使用居多。常用的动物有小鼠、大鼠、豚鼠、家兔、犬、猴等。动物实验中常用的痛反应指标为嘶叫、舔足、甩尾、挣扎及皮肤、肌肉抽搐等。应用猴研究镇痛剂的依赖性较为理想，因为镇痛剂对猴的依赖性表现与人较接近，戒断症状又较明显且易于观察，已成为新镇痛剂进入临床试用前必需的试验。

5. 解热、抗炎药实验

临床疾病常伴随发热和炎症症状。实验室常用病毒、细菌、细菌产物、内毒素和抗原抗体复合物引起发热，也有用微量前列腺素直接注入动物脑室或丘脑下部进行致热。常用的致炎方法有以血管通透性增加为主的足趾浮肿法、无菌性胸(腹)膜炎、佐剂性关节炎、紫外线红斑法、放射线照射法以及其他菌性炎症；观察白细胞游走的羧甲基纤维素囊法、大鼠角膜法、毛细管法和小室滤膜法；制造肉芽肿模型的棉球法、纸片法、琼脂法、巴豆油囊袋法和受精鸡卵法等。

实质性炎症模型应选用哺乳类动物，并根据不同的实验模型选用不同种属动物。如足趾浮肿模型首选大鼠，过敏性炎症模型首选豚鼠，发热模型则首选家兔。动物种属、年龄和形态特点，对发热反应也有明显影响。如小鼠、豚鼠、大鼠的恒温机能差，对发热刺激反应较弱，有时对热源性物质的刺激体温反而下降，均不宜用于复制发热模型，但兔因发热反应典型恒定而常常被选用。年龄在 20～30 d 以内的家兔可不发生发热反应，而体重在 2 kg 左右者最为满意，体重为 150～200 g 大鼠则最为适宜。同种动物形态上的差异也会影响体温反应，如毛家兔和长毛犬的体温比短毛者上升的慢。此外，幼龄的犬、兔和小鼠等动物炎症反应相当微弱，甚至可能不出现。家兔对刺激的炎症反应与其毛色有关，白毛兔的炎症强度和炎症经过均较有色毛兔剧烈。

犬对外界环境的变化反应稳定，但小鼠和大鼠的体温波动很大。当动物被长时间捆绑时，体温可显著降低，但动物挣扎时又会使体温升高，因此，为限制其过多的运动，应把动物固定在木盒内。当给动物注射菌液或内毒素致发热时，与注入的剂量并不成正比，剂量过大并不一定会引起发热，故剂量的选择必须摸索确定。在一般情况下，静脉注射比由皮下注射菌液或内毒素等引起的发热更快速更强烈。但注射化学刺激剂则必须注射到动物皮下才会引起较强反应，可能是该类物质刺激皮下组织造成无菌性炎症所致。

（二）在传出神经药理学研究中，实验动物的选择与应用

1. 心血管血压实验

心血管血压实验是测验传出神经药物极其敏感的方法，常采用急性血压实验，动物中以犬、猫和大鼠常用，特别是对神经精神性高血压研究，犬极为合适。兔因血压不够稳定且易死亡，不适用于血压实验。实验时一般采用麻醉或毁脑动物，但麻醉动物的血压常有三级波动，会导致血压升降不稳。虽然动物毁脑后可排除脊髓以上的中枢神经对血压的影响，只出现第一级波动，但是血压曲线极不平衡。离体兔主动脉条实验：兔主动脉上含有α受体，它是测定作用于α受体药物的一个很好标本，已被广泛用来鉴定和分析拟交感药及其对抗药的作用。兔主动脉制备曾试制过多种形式，如主动脉环、片及条状等，但兔主动脉螺旋条是最合适的方法之一。此标本有较多优点，如一个主动脉可制作3～4个标本，可供配对试验，对低浓度拟交感药就很敏感，组织稳定性好，可维持较长时间。

2. 消化道平滑肌及其他肌肉实验

动物的离体肠道可用来试验传出神经药物，常选用豚鼠及兔的离体肠道。豚鼠回肠的自发活动较少，描记时有稳定的基线，适合作药物鉴定用。离体豚鼠回肠可用于观察乙酰胆碱和拟胆碱药的剂量效应，也可测定Ach和拟胆碱药的含量。离体兔肠道（尤其是空肠）有节律性收缩活动，适用于观察肾上腺素、去毒豆碱等药物对空肠摆动运动的影响。大鼠胃底条是检定儿茶酚胺类药物和5-羟色胺最敏感的标本，主要观察药物对胃纵行肌的作用，且儿茶酚胺对其敏感度要比大鼠子宫标本大10～100倍。鸡食管由副交感神经支配，因此离体鸡食道适用于测验拟副交感药物，但因其作用不能完全被神经节阻滞药所阻滞，故不宜用于作用于神经节的药物试验。

在大鼠子宫中，肾上腺素能受体主要是β受体，最适用于进行β兴奋剂和β阻断剂试验。最敏感的是异丙肾上腺素，其次为肾上腺素，对去甲肾上腺素极不敏感，因此也可用来检测含肾上腺素与去甲肾上腺素的混合液中前者的含量。虹膜括约肌受副交感神经支配，该神经兴奋或应用拟胆碱药时，瞳孔缩小，抗胆碱药则使瞳孔散大；虹膜辐射肌受交感神经支配，该神经兴奋或应用拟交感药后使瞳孔散大。因此可利用动物瞳孔来测试某些拟胆碱药、抗胆碱药或拟交感药。常选用兔和猫的瞳孔来进行试验。猫瞳孔对药物反应较灵敏。未麻醉犬的瞳孔不稳定，拟交感药对其作用极短暂。乙酰胆碱可使蛙离体腹直肌收缩，用毒扁豆毒碱处理后，对乙酰胆碱敏感性大增，此时微量的乙酰胆碱也可使其收缩，因此适用于测试微量的未知拟胆碱药，也适于测定刺激神经（如猫颈上心神经）后释放的乙酰胆碱量。蛙离体腹直肌可用于检测阻断神经肌接头的药物反应和检测乙酰胆碱和拟胆碱药，但在测乙酰胆碱时，若有毒扁豆碱存在，其敏感性不及豚鼠回肠和水蛭背肌。

（三）影响传出神经递质的药物实验

1. 猫瞬膜的应用

猫的瞬膜形大且反应灵敏，因此是进行瞬膜实验首选和最适合的动物。犬和兔虽然也有瞬膜，但形小，用药后变化较小，且兔的瞬膜反应性有不同，故后两种动物一般不采用。瞬膜由颈上神经节后纤维支配，属肾上腺素能神经，瞬膜内存有α受体。猫的瞬膜标本在鉴别神经节阻滞药和α受体阻滞剂研究中也是常用的方法之一。如受试药物是神经节阻滞药，则刺激节前纤维和注入乙酰胆碱均无瞬膜反应，而刺激节后纤维或注入去甲肾上腺素仍有瞬膜反应。若受试药物是影响递质的，则刺激节前纤维、节后纤维或给乙酰胆碱均无瞬膜反应，给去甲肾上腺素瞬膜反应仍存在，甚至增强其反应，以资鉴别这两类药物。

2. 兔肠系膜神经应用

因为兔肠道的摆动（钟摆运动）波幅较大，在离体兔肠系膜神经—回肠实验中通常选用兔的回肠来制备。豚鼠的肠道也可用于该实验，但摆动波幅较小，用药后抑制反应不易看出。猫、犬等肠壁较厚，对儿茶酚胺类药物和其他药物反应不灵敏，一般不选用。刺激肠系膜神经，一种肾上腺能神经，可抑制回肠的摆动运动。如受试药物能阻断这一抑制反应，而不影响甚至增强去甲肾上腺素或肾上腺素对回肠摆动运动的抑制作用，则可推断该药是肾上腺素能神经节阻滞药。

3. 兔耳和猫脾神经的应用

兔耳灌流法是筛选肾上腺素能神经节阻滞药和 α 受体阻滞药常用的方法之一。前一类药物能抑制耳大神经刺激引起的血管收缩反应，使灌流量增加，但去甲肾上腺素或肾上腺素可引起血管收缩反应增强，从而使其灌流量减少。根据上述作用的不同结果，我们可以鉴别这两类药物。

在肾上腺素能神经节阻滞药或 α 受体阻滞药的研究中，猫脾脏神经—脾离体标本制备也是常选的方法。前一类药使用后，刺激神经，使脾静脉血中去甲肾上腺素含量降低；后一类药使用后，则使去甲肾上腺素含量增加，以此来鉴别两类药物。

4. 豚鼠下腹神经——输精管的应用

下腹神经是交感神经节后纤维，肠系膜后神经节的节后纤维支配输精管或子宫。该实验在研究肾上腺素能神经节阻滞药和 α 受体阻滞药中也是常用的方法之一。受试药物能阻滞刺激髂腹下神经引起的输精管或子宫收缩作用，却不影响去甲肾上腺素或肾上腺素的反应，甚至可增强其作用，则可确定该药为肾上腺素能神经节阻滞药。豚鼠的输精管对拟交感胺的收缩反应较子宫迅速，洗去后恢复也较快，因此常选用豚鼠的此标本来进行试验。

5. 兔交感神经——心房的应用

离体兔交感神经——心房标本主要用于观察肾上腺素能神经节阻滞药的作用。刺激交感神经，可引起心跳加速，心脏收缩力加强。使用此类药后，可阻断上述反应，但不能对抗去甲肾上腺素或肾上腺素对心脏的兴奋作用。该标本制备除主要选用兔外，幼猫（1～2 kg）、豚鼠也可采用。

（四）作用于胆碱受体和肾上腺素受体的药物实验

胆碱受体包括 M 受体和 N 受体。当 M 受体兴奋时，呈现出心率减慢，心收缩力减弱，外周血压下降，支气管平滑肌收缩，胃肠平滑肌收缩，瞳孔缩小，唾液分泌增加等，阿托品是典型的能阻滞上述反应的 M 受体阻滞药。欲测试药物是否作用于 M 胆碱受体，其作用性质是兴奋、抑制或阻断，可选用离体豚鼠回肠、兔的瞳孔、兔的唾液腺分泌、大鼠或猫的血压、离体蛙心和离体兔右心房等进行实验，与阳性药毛果芸香碱或阿托品进行对照，即可得出结论。N 受体分为 N1 受体和 N2 受体两种。当 N1 受体兴奋时，植物神经节兴奋及肾上腺髓质分泌增加。用阿托品化猫进行试验，凡不具有收缩血管作用但能升高血压的药物，可初步认为其作用靶点为 N1 受体。N2 受体兴奋时骨骼肌会收缩，可采用水蛭背肌或蛙腹直肌标本进行实验。

肾上腺素受体包括α受体和β受体两种。当α受体兴奋时，呈现出皮肤、黏膜及内脏血管收缩，胃肠平滑肌松弛，瞳孔散大，瞬膜收缩，子宫收缩等。酚妥拉明和妥拉苏林等是典型的能阻断上述反应的α受体阻滞药，通常选用离体兔主动脉条、离体豚鼠或大鼠输精管、离体大鼠胃底条、离体兔空肠、离体猫脾条等进行α受体作用试验。当β受体兴奋时，呈现出心率加快，心收缩力加强，传导加速，支气管扩张，骨骼肌血管和冠状动脉扩张，胃肠平滑肌松弛，糖原和脂肪分解加速等。β受体包括β1、β2两种受体亚型，一般以心脏效应来观察β1受体作用，而以气管、支气管效应来观察β2受体作用。普萘洛尔是典型的能阻断上述作用的β受体阻滞药，常选用离体蛙心、离体大鼠子宫、离体豚鼠气管片、兔心灌注、在位猫或兔心实验、兔或豚鼠离体心房实验等进行β受体作用试验。

二、心血管系统药理实验中实验动物的选择与应用

(一)血压测量实验

1. 插管直接测压法

在分析药物等对循环系统的影响时，经常采用动物插管直接测压法，其常用的动物有犬、猫、兔和大鼠。大鼠血压除对个别药物(如毒扁豆碱)反应异常外，对绝大多数的升压和降压物质的反应与人或大动物(如犬、猫)一致，且反应十分灵敏。目前，大鼠是检定体液或组织中去甲肾上腺素等升压物质含量的常用动物之一。但大鼠的缺点是动物小，血管细小，插管操作较难，且易发生血液凝固，故须预先注射肝素抗凝。采用犬进行该实验具有很多优点，如血压恒定，较大鼠、兔等更接近人，对药物反应灵敏且与人基本一致；血管和神经较粗，管壁弹性强，易于插管操作和分析药物对循环系统的作用机制；心搏动力强，能描计较好的血压曲线；可重复用于药物筛选。除有与犬相同的优点外，猫更适用于分析药物对循环系统的作用机制。家兔来源较易且性情温和，也常用于血压试验，但家兔为草食动物，个体间血压差异大，对药物反应不及上述动物恒定和灵敏，血管较小和心搏动力较弱，插管内易发生血凝块，且较脆弱，尤其是长毛大耳家兔易死亡，故它不适用于血压试验。

2. 不插管(间接)测压法

在不插管(间接)测压法中，最常用的动物是犬、大鼠和兔。大鼠不插管(间接)测压法，常选用大鼠尾容积测压法、鼠尾搏动投影测压法和鼠脚测压法。犬不插管(间接)测压法常选用颈动脉皮桥法、胫动脉间接测压法和股动脉穿刺测压法。兔不插管(间接)测压法常选用颈动脉皮桥测压法和兔耳测压法。

(二)实验性高血压实验研究

1934年，专家证实，狭窄犬肾动脉可产生持续性高血压，这一实验研究引起了人们的普遍重视。随后，世界各地相继开展了高血压病的动物实验研究，建立了不同的高血压动物模型，并提出了各种有关高血压病病原的学说。所使用到的动物模型主要包括急性实验性高血压模型和慢性实验性高血压模型。

急性实验性高血压模型，常选用的动物有犬、猫、大鼠、家兔和猴等。引起急性实验性高血压的方式较多，且一般多在麻醉动物身上进行。直接刺激中枢神经法，采用埋藏电极或借助于立体定向仪，刺激大鼠或猴的侧下丘脑防御警觉区，使动物血压明显升高，心率加快和心排血量增加等。神经反射性高血压可选用犬进行。肾源性加压物质注射法常选用大鼠、家兔或犬。体液性加压物质注射法常选用犬、猫或兔。子宫胎盘缺血型急性高血压法一般选用妊娠家兔，

将胎盘作“Z”字形缝合，造成子宫胎盘缺血而致术后血压逐渐升高。

慢性实验性高血压模型主要包括遗传性高血压模型、神经源性高血压模型、肾性高血压模型和内分泌性高血压模型。

(1)遗传性高血压模型：家兔和大鼠遗传性高血压均属多基因遗传。选择收缩压高于160 mmHg的家兔，进行同系近亲繁殖，可使半数仔兔出现高血压。目前培育成功的遗传性高血压大鼠鼠种甚多，如京都种大鼠SHR及其亚种、新西兰种大鼠GHR、米兰种大鼠MHS和Brookhaven种高血压敏感大鼠HSR。但遗传性高血压大鼠寿命明显缩短。

(2)神经源性高血压模型：可选用犬、大鼠和家兔等，通过机能性方法或物理方法作用于动物神经系统而诱发条件反射性高血压和皮层性高血压模型。选用出生后的小鼠诱发隔离性高血压，如采用大鼠隔离饲养，高血压发生率和血压升高程度均不及小鼠。大灰鼠长期处于噪声或异响刺激造成的听源性紧张情况下，可诱发神经源性高血压，与人的高血压病较类似，适用于降压药物的筛选。选用大白鼠与家鼠杂交所生的大灰鼠，常常比大白鼠更易形成听源性高血压。选用犬或兔，向小脑延髓池内注入白内陶土生理盐水混悬液，可使动物颅内压增高，并伴随血压逐渐升高，并可恒定地维持几个月，但此法诱发高血压的百分率不超过半数。去抑制性高血压，常选用家兔，切断其主动脉的减压神经，或选用犬，切断颈动脉窦区神经所引起的高血压。

(3)肾性高血压模型：常选用犬、家兔和大鼠，将动物一侧肾动脉狭窄或同时狭窄两侧肾动脉，均可导致血压长期升高。狭窄家兔肾动脉分支部上方的腹主动脉，或造成肾脏小动脉及其分支的多发性栓塞，均可形成高血压。采用玻璃纸或橡皮膜包裹肾脏，或在肾周围间隙中注入火棉胶，或采用乳胶薄膜条或丝线“8”字形绕肾门结扎，均可使犬、家兔或大鼠血压持久性升高。

(4)内分泌型高血压模型：1942年，Selye首先使用脱氧皮质酮(DOC)引起小鸡高血压，添加氯化钠饲料可使高血压加剧。大鼠等单用大剂量DOC不易引起高血压，常需事先切除一侧肾脏和添加氯化钠饲料，才能引起持续性高血压。雌鼠较雄鼠易于诱发高血压。选用犬和大鼠注射垂体前叶提取物或给家兔静脉注射垂体后叶加压素，数周后可引起血压上升。

(三)动物心电图记录实验

动物心电图记录常选用犬、猫、家兔、豚鼠和大鼠。测量时一般要根据实验动物种类和实验目的对麻醉药物种类、麻醉剂量和麻醉方式进行合理的设计，家兔、豚鼠及经过训练的犬等可不用麻醉，在其清醒状态下记录心电图。为避免挣扎，特别是某些刺激性药物引起的挣扎以及小动物如大鼠、小鼠则需全身麻醉。动物体位对心电图波形有一定影响，故应选择适当体位，并在实验过程中保持固定体位。麻醉动物一般用仰位固定，便于安放胸前电极，但也有认为麻醉大鼠以俯位固定为好。清醒动物宜用俯位固定，以便引起较少挣扎，驯服的犬可安静地在实验台上记录心电图。除麻醉和动物体位对心电图产生影响外，还应注意季节温度变化以及动物呼吸对心电图的影响。另外，体重越轻、年龄越小者有心率越快的倾向；鸟类一般较快，而冷血动物较慢；小鼠、大鼠、豚鼠等小动物心率很快，兔、猫等次之，犬、猴等略慢，但比人快很多。

(四)心肌缺氧缺血及心律失常实验研究

在冠心病和心肌梗死相关研究中，冠状动脉阻塞造模实验是常用的方法，结扎豚鼠、家兔、猫、犬、猴、猪等动物左冠状动脉前支均可引起心肌梗死。犬是心肌缺血模型的首选动物，犬心脏与人心脏解剖结构相似，占体重比例很大，冠状动脉易操作，心脏抗心律失常能力较强。犬对心律失常的刺激很敏感，且比人类更易发展成心室颤动，此外，犬也易于训练，可供长时程慢性实验研究。当然，在进化上比犬更高级的猴的使用效果更好，但价格昂贵，应用受到限制。猪也是心肌缺血模型的良好动物，其心脏的侧支循环和传导系统血液供应类似于人的心脏，侧支循环不如犬丰富，易形成心肌梗死，室颤发生率较高，在左冠状动脉前降支起点处进行部分闭塞或完全闭塞可致1/3～1/2的动物发生室颤。若做开胸心脏实验时，兔是首选动物，兔开胸进行冠状动脉结扎不需进行人工呼吸，可大量进行，但由于将动脉伴行的心静脉一起结扎，难以从心静脉取血做生化测定。豚鼠的血管反应敏感，出血症显著，适宜观察出血和血管通透性变化实验。心肺灌流是分析药物对心脏作用的经典方法，一般选用犬或猫，但用小动物有其优点，研究强心苷作用于心脏可选用豚鼠；而研究心肌耐缺氧，则宜选用大鼠，优于小鼠和兔。在大鼠心肺灌流标本上，可研究心肌耐缺氧能力，还可同时分析心排血量、血压、心率等因素与心肌耐缺氧能力的关系，宜选用雄性、体重为250～300 g的大鼠。体重过小或过大均影响耐缺氧时间。大鼠心肺灌流，最麻烦是出现肺水肿，会影响心脏存活时间及实验结果。强心苷生物检定实验，常选用家鸽、猫、豚鼠和蛙。异丙肾上腺素为强的β受体兴奋药，连续应用可形成心肌梗死样变化，常选用豚鼠、家兔或犬。

（五）动脉粥样硬化实验研究

动脉粥样硬化实验的研究在早期选用的实验动物是鸟类（鸡、鸽等）和兔。鸡和鸽能自发形成主动脉粥样硬化，主要是形成脂纹期病变。在短期饲喂胆固醇后，可见可预测的主动脉区域发生病变。因而，这类动物在研究与病变发生有关的早期代谢变化方面具有重要价值。兔在饲料诱发的极度高血脂下可发生动脉粥样硬化病灶，但病变的局部解剖学情况与人类不同，且兔作为草食动物，与人类的胆固醇代谢不完全一致。越来越多的实验动物被应用于动脉粥样硬化研究，包括大鼠、小鼠、鸽、猪、犬、火鸡及非人灵长类动物。其中，非人灵长类动物，特别是恒河猴，可发生广泛的主动脉粥样硬化，广泛的心冠状动脉、脑、肾和股部等处的动脉粥样硬化，而且恒河猴还是常发心肌梗死的少数动物之一。在病理变化和病理机制研究方面，该类动物也是动脉粥样硬化的良好模型动物。小型猪可自发动脉粥样硬化，在高脂饲料诱导下可加速粥样硬化的形成，其病变特点及病变部位都与人类相似，主要发生于主动脉、冠状动脉和脑动脉，由增生的血管平滑肌细胞、少量泡沫细胞、胆固醇结晶、纤维帽和灶性钙化组成。由于小型猪在解剖生理和粥样硬化病变特点上类似于人类，且相对非人类灵长类成本低、来源容易，近年来常被用于动脉粥样硬化研究的模型动物。

（六）血管阻力测定实验研究

器官或局部血管恒速灌流泵法是常用的血管阻力测定研究方法，常选用犬做实验，可采用颈内动脉灌流法、椎动脉灌流法、后肢血管灌流法、肾动脉灌流法等测定血管阻力。也可选用大鼠，采用后肢及肾动脉灌流法来测定血管阻力。大鼠血压和血管阻力对药物反应敏感，且用药量少，最适合于筛选新药和研究心血管药理学。但大鼠血压和阻力记录有时不及犬稳定，对某些药物反应的特异性及动物种属的差异还有待积累资料。药物对血管阻力影响研究，除使用在动物观察分析外，还可进行离体分析。其原理都是使动物的器官与身体血液循环隔断联系，人为地用适当的溶液（如洛氏液）从动脉近心端灌入，并以一定压力使灌流液经组织毛细血管至静脉流出，以维持器官的生理功能，从灌流液的流量可反应该器官的血管阻力变化情况。常选用兔耳、下肢、肝、肾、肠系膜血管灌流。大鼠肾脏灌流实验法可用于研究肾血管阻力等血流动力学变化及肾脏重吸收、分泌等生理生化功能。

三、消化系统药理实验中实验动物的选择与应用

（一）消化系统分泌实验研究

1. 胃液分泌实验

胃液分泌收集常选用犬和大鼠。由犬右侧嘴角插入胃管收集胃液，大鼠则需进行开腹手术，从幽门端向胃内插入一直径约 3 mm 的塑料管，在紧靠幽门处结扎固定，以收集胃液，可进行胃酸的测定和胃蛋白酶的测定。

2. 胰液分泌实验

胰液分泌收集可选用犬、兔或大鼠。在全身麻醉下进行开腹手术，将犬十二指肠翻转，在十二指肠降部背面距幽门 12 cm 左右处找到在主胰管开口；兔的胰腺很分散，胰管位于十二指肠的升段，距离幽门 17 cm 左右处。找到后分别向主胰管内插入细导管收集胰液。大鼠的胰管与胆管汇集于一个总管，在其入肠处插管固定，并在近肝门处结扎和另行插管，就可分别收集到胆汁和胰液。大鼠的胰液很少，插入内径约 0.5 mm 的透明导管后，以胰液充盈的长度作为观察胰液分泌的指标。慢性实验时可选用犬作胰瘘手术后收集胰液。

3. 胆汁分泌实验

为了观察某些药物对胆汁分泌、胆汁排出以及存在于胆系内结石的影响，需要研究用药前后胆汁流量及其成分的变化。胆汁可分别给动物作胆囊瘘或胆总管瘘收集。胆囊瘘常选用犬、猫、兔和豚鼠进行，尤以犬为最适宜。在全身麻醉下进行手术，以右肋缘下横切口的暴露最佳。若需分析胆汁的分泌情况，则需要结扎胆囊管或选用大鼠，因后者无胆囊，所以作胆总管造瘘手术常选用大鼠。收集胆汁后，可进行胆汁的物理指标和化学成分分析。

（二）消化系统运动实验

1. 动物离体标本实验

消化道平滑肌具有肌源性运动的特点，动物离体的肠段、胆囊以及胃肠肌条，只要具有合适的存活环境就可保持其运动机能。这是药理学研究中常用的一种离体实验方法，具有实验条件易控制、操作较简单、所需仪器设备要求不高等优点，从而应用较广。标本制备一般选用兔、豚鼠、大鼠等动物的组织，也可利用手术中取下或猝死剖检时取下的消化道器官进行实验。取禁食 24 h 的动物，通常用击头致毙法或颈椎脱臼法处死，以避免麻醉或失血等对胃肠运动机能的影响，立即常规剖腹，取出所需的胃、肠、胆囊等。若以肌条为标本，一般剪取一段宽为 1～5 mm、长为 1～2 cm 的肌条。若用动物的肠管做实验，通常取十二指肠或回肠。十二指肠的兴奋性、节律性较高，呈现活跃的舒缩运动。回肠运动比较静息，其运动曲线的基线比较稳定。所用的标本大多取 1.5 cm 左右一段即可。以犬的胆囊进行实验时，可截取 4 mm 宽，2 cm 长的全层肌片。兔、豚鼠等的胆囊较小，取材时常与胆管一起取下。兔的胆囊可沿其长轴剖为两半，豚鼠则可以取整个胆囊或取一半进行实验。做胆管的离体实验，通常取犬的胆总管，将相连的十二指肠组织切除，留下乳头以及胆道末端括约肌组织。

2. 消化系统运动在体实验

利用整体动物观察消化系统运动的方法很多，如肠管悬吊法、内压测定法、生物电记录法、腹窗直视法以及 X 线检查等。这些方法各有所长，也各有其不足之处，在进行药理研究时可以酌情选用。常选用犬、猫或兔，择其健康成年者，性别不拘。由于巴比妥麻醉剂对消化道运动有抑制作用，故有时用猫或兔做实验时，用乌拉坦静脉或腹腔注射进行麻醉。观察胆道系统

的运动则以雌犬为佳，因其肋弓角较大易暴露。进行胆道口括约肌部胆道内压测定时，一般选用犬或猫，也可用兔。犬的胆道位置较深，要求良好的手术暴露。猫的胆总管相对较粗，操作较容易，但手术耐受性弱于犬。兔的胆总管容易辨认，壶腹部明显呈现于十二指肠第1段的表面。

(三)催吐、止吐和厌食实验

催吐和止吐实验常选用犬和猫，也可选择雪貂、鸽和猴等，兔、豚鼠、大鼠，无呕吐反射，故不选用。草食动物不易发生呕吐，所以也不选用。给犬皮下注射盐酸阿扑吗啡 1 mg/kg，注射后 2～3 min 就可以引起恶心呕吐。用 1%硫酸铜或硫酸亚铅溶液 50 mL 给犬灌胃，2～3 min 后也可引起呕吐，但几乎无恶心现象。厌食实验往往是预防或治疗肥胖病及其并发症的研究范畴，可以选用犬、猫、大鼠、小鼠等进行实验，猴因有颊囊，且精神因素影响大，故一般不选用。犬易呕吐，也有行为影响因素，故也不理想。一般多选用大鼠。

四、呼吸系统药理实验中实验动物的选择与应用

(一)镇咳药物的筛选实验

镇咳药实验的首选动物是豚鼠。豚鼠对化学刺激物或机械刺激都很敏感，刺激后能诱发咳嗽；刺激其喉上神经也能引起咳嗽。猫在生理条件下很少咳嗽，但受机械刺激或化学刺激后易诱发咳嗽，故猫可用于刺激喉上神经诱发咳嗽，在药物初筛的基础上进一步肯定其镇咳作用。犬不论在清醒或麻醉状态下，化学刺激、机械刺激或电刺激胸膜、气管黏膜或颈部迷走神经均能诱发咳嗽，且犬对反复应用化学刺激所引起的咳嗽反应较其他动物变异少，故特别适宜于观察药物的镇咳作用持续时间。兔对化学刺激或电刺激不敏感，刺激后诱发喷嚏的机会较咳嗽为多，故兔很少用于筛选镇咳药。化学刺激虽能诱发小鼠和大鼠咳嗽，但喷嚏和咳嗽动作很难区别，变异较大，特别是反复刺激时变异更大，实验可靠性较差，但也有认为小鼠可作为初筛镇咳药的动物。

(二)呼吸道平滑肌实验

离体气管法是常用的筛选平喘药的实验方法之一。常用的实验动物为豚鼠，因为豚鼠气管对药物的反应总体比其他动物的反应敏感，且更接近于人的支气管，因此豚鼠的气管可作为常用的标本。肺支气管灌流法是测定支气管平滑肌张力的研究方法之一，方法简便、可靠，所得的结果可反映全部支气管平滑肌的张力情况，常选用豚鼠和兔，也可用小鼠。药物引喘实验常选用豚鼠，宜选用体重不超过 200 g 的幼龄豚鼠效果更佳，不少药物以气雾法给予豚鼠可引起支气管痉挛、窒息，从而导致抽搐而跌倒，此种动物模型可用于观察药物的支气管平滑肌松弛作用。目前最常用的引喘药物是组织胺和乙酰胆碱。犬、猫气管对乙酰胆碱极度敏感，豚鼠对乙酰胆碱和组织胺均较敏感，猫、兔和大鼠的气管对组织胺不敏感。大鼠某些药理学和免疫学特点与人类接近，因此大鼠气管平滑肌标本也常被选用。

(三)祛痰药物实验研究

祛痰药研究一般选用雄性小鼠、兔或猫，用于观察药物对呼吸道分泌作用的影响。观察对呼吸道黏膜上皮纤毛运动影响的实验中，可选用冷血动物蛙或温血动物鸽。家兔因切开气管时易出血，会影响实验结果，不宜采用。

五、泌尿系统药理实验中实验动物的选择与应用

(一)利尿药及抗利尿药筛选实验

一种受试药物要判断其是否具有利尿或抗利尿的作用，可选用大鼠、小鼠、猫或犬进行实验，其中以大鼠较为常用。对人体有利尿作用的药物大都可在大鼠实验中获得较好的利尿效果，但汞撒利的作用较差。因此，筛选利尿药及抗利尿药实验的首选动物虽多采用大鼠，但必要时还应再选用另一种实验动物，加以验证。收集动物尿液的方法包括两大类：一是用代谢笼收集较小动物 24 h 以内的尿液量，称为“代谢笼实验法”，适用于大鼠及小鼠。为防止尿液的蒸发及粪便的污染，可选用特别的集尿装置或用滤纸吸导尿液加以称重。二是直接自输尿管膀胱收集尿滴，适用于猫、犬、家兔和大鼠，实验可在较短时间内完成，受外界环境影响也较小，但动物需在麻醉状态下进行，与清醒动物有一定区别。若进行清醒动物的利尿实验，可采用膀胱瘘法，即预先给犬或猫进行膀胱瘘手术，二周后待切口愈合，再将动物固定于特制支架上收集尿液进行实验。在利尿药筛选实验中，家兔不是首选动物，但因其价廉易得，某些初筛实验也可选用家兔代替家犬进行直接收集尿液的实验。

(二)肾脏清除率测定实验

肾脏清除率是指肾脏在单位时间内能将多少毫升血浆中的某种物质清除出去，是检查肾脏功能的一项重要方法，它还可以了解肾血流量，游离水的生成和重吸收等方面的情况。犬和大鼠均可用作清除率研究。大鼠较易获得，较易饲养，成本低，实验时药品用量少，在急性实验时较易在清醒状态下作清除率测定。菊粉清除率实验常选用大鼠进行，菊糖为外源性植物多糖，在体内不参加代谢，能自由通过肾小球，全部经肾小球滤过，肾小管不分泌也不重吸收，是测定肾小球滤过功能理想的外源性物质。游离水清除率实验常选用健康成年犬进行，游离水清除率实验，是一种测定尿中游离水生成的方法。利用这种方法可以衡量肾脏对尿液浓缩和稀释的能力，分析利尿药对尿浓缩和稀释机制的影响，从而推测利尿药的作用部位。对氨马尿酸清除率实验常选用大鼠或犬，但更常选用大鼠，对氨马尿酸的清除率可作为肾血浆流量的客观指标。

(三)截流分析实验

肾小管截流分析实验常选用 10 kg 以上健康犬做实验。截流分析技术系一种分析肾小管各段运转功能的方法，利用该方法可对利尿药或抗利尿药作用部位进行初步分析。

(四)肾小管微穿刺实验

肾小管微穿刺技术于 1941 年开始应用于哺乳动物肾脏研究，近年来取得很大进展，发展了微量注射、微量灌流等技术，对离子及其他物质在肾小管的不同节段中的运转过程，做了更精确的阐明；用于利尿剂的研究，则可探测对单个肾单位功能的影响以及药物的作用部位。该实验常选用大鼠或犬进行。如欲穿刺集合管，可用幼年大鼠或金黄地鼠；如欲穿刺肾小球，常用 200～250 g 的 Munich-Wistar 大鼠，因其肾小球位置表浅，易于穿刺。

六、内分泌系统药理实验中实验动物的选择与应用

大鼠垂体——肾上腺系统发达，垂体摘除比较容易，可用来进行肾上腺、垂体、卵巢等内分泌实验研究。小鼠的内分泌腺结构的缺陷常引起与人类类似的内分泌疾病，是研究内分泌疾病及药物药效和机制的良好模型。犬也常用于内分泌摘除及药物实验。肾上腺皮质激素类药

物研究可选用大鼠、小鼠，雌雄均可。但做有关内分泌代谢实验时，宜选用雄性动物，便于收集尿样。H1 受体激动药物或阻断药物研究的首选动物是豚鼠，其次为大鼠，雌雄各半。

七、在生殖发育及干预药物实验中，实验动物的选择与应用

在生殖发育及干预药物实验中，常用的实验动物有小鼠、大鼠、豚鼠、金黄地鼠、兔、犬和猴等，各种动物的生殖生理特点都各不相同。小鼠繁殖力强、性周期和妊娠期短、生长快，适合于生殖发育与干预实验研究，特别是抗生育、抗着床、抗早孕、抗排卵等实验的首选动物。大鼠繁殖能力强，妊娠周期短，同样适合生殖药物实验的研究，特别适用于避孕药的研究。豚鼠妊娠期长，胎儿发育完全，在妊娠后期幼鼠形态功能已成熟，适用于药物对胎儿后期发育影响的研究。金黄地鼠成熟早，动情周期准确，可确切得知其妊娠日期，妊娠期短，繁殖快，且人的精子能穿过金黄地鼠卵子的透明带并完成受精过程，因此，适用于生殖生理、生长发育及药物干预研究。家兔可诱发排卵，可用于生殖生理和避孕药的筛选研究。猕猴生殖生理与人类非常接近，是人类研究避孕药及生殖调控药极为理想的实验动物，也常用于药物对性周期及性行为影响的实验研究。实验用鱼胚胎发育机制与哺乳动物非常相似，因此是胚胎发育与药物干预实验的良好动物。终止中期妊娠药物或子宫收缩药物的研究常选用雌性大鼠、豚鼠、家兔、猫，并根据实验要求选择适当性周期和妊娠状态的动物。

第二节　在药物临床前安全评价中，实验动物的选择与应用

为了药物临床前安全性评价资料数据可靠、结论可信，要求动物实验须达到良好的实验室操作规范和标准操作程序，这些规范对实验动物的选择和应用、实验室条件、工作人员素质、技术水平和操作方法都要求标准化。另外，为了保证和推动动物实验的质量，美国食品药品管理局(Food and Drug Administration，FDA)和欧盟等国家强力推荐在有 AAALAC 认证的实验室开展药物安全评价实验。AAALAC 认证是实验动物质量、福利和生物安全水准的象征，也是国际前沿生物医学研究的质量标志，并已经成为参与国际交流、科研合作和竞争的重要基础条件。所有药物的安全性评价试验都必须按规范进行，这是实验动物选择和应用总的要求。在动物选择上，近交系动物不能反映人作为基因杂合状态下对实验刺激的反应，因而一般药物筛选和毒性试验不选用近交系动物。

一、急性毒性试验

急性毒性试验是指在 24 h 内一次或多次给予动物受试物后，了解药物的毒性作用、靶器官和动物所产生的毒性反应及其严重程度。急性毒性试验的结果有助于长期毒性试验的剂量选择或作为某些类型的药物Ⅰ期临床试验的起始剂量参考。

急性毒性试验选择动物的主要原则是尽量选择急性毒性反应与人近似的动物；易于饲养管理、试验操作方便的动物；繁殖生育力较强，数量较大能够保障供应、价格低廉、易于获得的动物。实验动物的选择包括种属、品系、年龄和体重、性别等方面。急性毒性试验一般首选哺乳动物，其中以大小鼠应用最多，也有使用豚鼠、兔、犬、猴及其他实验动物的。常用的大鼠品系以 Sprague-Dawley(SD)、Wistar 为主，小鼠则以昆明小鼠、ICR 或 NIH 等封闭群动物为主。急性毒性试验选用的实验动物的年龄和体重通常要求刚成年的动物，大鼠 180～240 g，小鼠

18～25 g、家兔 2～2.5 kg、豚鼠 200～250 g、比格犬 4～6 kg、杂种犬 8～15 kg。《化学药物急性毒性试验技术指导原则》明确规定：动物初始体重不应超过或低于平均体重的 20%，另外，还对同批动物体重相差范围进行了规定，如小鼠不应超过 4 g，大鼠不应超过 20 g。对于可能用于儿童的受试物，建议必要时采用幼龄动物进行试验。通常雌雄各半，但对于供试品可能对性别的影响差异较大时，则应分别开展雌性和雄性动物实验。

由于不同种属的动物其特点不同，对同一药物的反应也会有所不同。大鼠和小鼠的毒性反应基本相似，但犬与啮齿类动物间却可能存在很大差别。在大鼠和小鼠中观察不到呕吐，而犬则常有流涎或呕吐出现。小鼠的致死剂量明显大于犬的致死剂量，犬和啮齿类动物之间的差异大约在 5 倍以上。为了更充分地暴露药物的毒性特点，尤其申报一类新药，至少要选用两个品系的动物进行试验，啮齿类和非啮齿类动物，前者多选用大鼠和小鼠，后者一般选用犬和猴。

二、长期毒性试验

长期毒性试验，又称为反复给药毒性试验，是药物非临床安全性评价的核心内容，是药物从药学研究到进行临床试验的重要环节。其目的是通过重复给药，观察动物出现的毒性反应、剂量和毒性的关系、主要靶器官或靶组织、毒性反应的性质和程度、毒性反应是否可逆等，预测其可能对人体产生的不良反应，降低临床受试者和药品上市后使用人群的用药风险。

药物的长期毒性试验通常采用两种实验动物，啮齿类首选大鼠，也有用豚鼠或地鼠的；当供试品为化学品时，非啮齿类动物首选比格犬，当供试品为生物药品时，则用猕猴。由于犬常作为伴侣动物，国外逐渐推荐用小型猪替代比格犬进行毒性实验。在长期毒性试验前可采用体外试验体系对实验动物的种属或品系进行选择。

动物的质量应符合国家有关规定的等级要求，并具有动物合格证。大鼠可选用 SD 或 Wistar 大鼠，要求 6～8 周龄，比格犬 4～9 月龄，猴 2～3 岁，小型猪 4～8 月龄，此年龄段的动物不仅对受试物敏感，且可观察对其生长发育的影响。如受试物是用于儿童的，则应根据具体情况采用幼年动物。

在长期毒性试验中，每个试验组应使用同等数量的雌雄动物，雌性未孕。每组动物的数量应能够满足实验结果的分析和评价需要，一般大鼠为雌雄各 10～30 只，比格犬或猴为雌雄各 3～6 只。如临床为单性别用药，应采用单一性别动物进行试验。

长期毒性试验一般设定高、中、低三个剂量给药组和一个赋形剂对照组，一般以等容量不等浓度给药。必要时还需设立正常对照组或阳性对照组。低剂量组的目的是寻找动物安全剂量范围，为临床剂量设计提供参考，以避免动物出现毒性反应；中剂量组的目的是使动物产生轻微的或中度的毒性反应，并考察毒性反应的量效关系；高剂量组的目的是为寻找毒性靶器官、毒性反应症状及为抢救措施提供依据，也为临床毒性和不良反应检测提供参考，原则上应使动物产生明显的或严重的毒性反应。

三、动物致癌试验

根据外源性化合物致癌性的评价方法，可分为短期致突变和致癌性筛选试验、有限致癌试验和长期致癌试验等方面，采用的试验系统也比较多样化，包括微生物、昆虫、哺乳动物细胞或组织等。这里主要介绍啮齿类致癌试验(rodent carcinogenicity bioassay，RCB)。RCB 是在受试物的结构活性关系、多种体外致突变试验和短期动物致癌试验等多种试验的基础上进行的致癌试验，是判断化学物是否为动物致癌物的唯一依据。但要判断是否为人体致癌物，应根据流行病学调查结果。

RCB 基本试验步骤为：每日经一定途径给各组动物一定剂量的受试物，接触期为动物预期寿命的大部分时间；试验结束时处死动物，进行大体解剖及适当的组织病理学检查，观察其肿瘤发生情况。RCB 中试验的高剂量应为最大耐受剂量或最低毒性剂量，指为建立慢性致癌试验的染毒剂量，在 3 个月的预实验中，为动物体重下降不超过 10%的剂量，也为动物致癌试验的最高剂量。低剂量组不应显示任何毒性，也不应干扰动物的正常生长、发育和寿命，也不应低于高剂量的 1/10。中剂量组则位于中间，可根据受试物的毒动学资料确定。

RCB 对实验动物的要求甚高，通常采用 Fisher344、SD 大鼠、A 系、CD-1 系和 B6C3F1 小鼠，且必须获得 5 年内该品系动物的自发肿瘤发生率的数据，以减少对试验结果的干扰。动物种属与品系选择的原则是寿命相对较短，易诱发癌瘤而自发肿瘤率较低，生理背景资料全面的实验动物。目前，大鼠与小鼠是动物致癌试验中应用最为广泛的啮齿类动物，其次是仓鼠和豚鼠。在选择动物品系时，应充分了解其特异敏感性和自发肿瘤情况，金黄地鼠易于诱发呼吸道、膀胱和乳腺癌；大鼠比小鼠更容易诱发皮下肿瘤，小鼠自发和诱发肝癌率都很高；局部皮肤涂抹诱发肿瘤，小鼠和家兔要比大鼠和地鼠更敏感。同一种属的不同品系对致癌试验的敏感性也存在差异，如 C3H 系小鼠易用作诱发皮下、乳腺及肝脏肿瘤；BALB/c 小鼠用作诱发肺、皮肤肿瘤及淋巴瘤，C57BK 小鼠用作诱发淋巴瘤。非啮齿类动物，尤其是犬和灵长类，由于难以应用大数量动物，成本高，观察期长，在致癌试验中应用较少。虽然纯系、远系繁殖或杂交群动物皆可应用，但为减少遗传因素的不同影响，实验动物采用近交系更好。

对某一活性不明的化学物进行致癌试验应在两种动物进行。如果发现在一种动物就有确切的致癌效应，即可认为该化学物为动物致癌物，也即潜在人体致癌物。动物的性别和数量一般定为每组雌雄各 50 只。若研究计划在试验中期处死部分动物以观察，则各组应增加相应的动物数量。

小鼠或地鼠致癌实验期限为 18 个月，大鼠为 24 个月，也可根据寿命和自发肿瘤情况分别延长至 24 个月和 30 个月。无论动物死亡率如何，大鼠不能持续 130 周以上，小鼠不能持续 120 周以上，地鼠不能持续 100 周以上。

第三节　在免疫学研究中，实验动物的选择与应用

免疫学的发展与实验动物科学的兴起有密切关系。免疫学的研究，包括从预防感染到区别机体“自身”或“非自身”的基本生物现象有研究，一般多选用实验动物作对象，而且免疫学上的大量知识是通过动物实验获得的。通过动物实验，发现了大量的人类疾病起因于传染源，证明微生物在传染病发病中的作用，并发展了各种类型的疫苗和抗血清等，在防治传染病方面起着重大作用；还发现了抗原抗体反应，了解免疫性紊乱疾病的本质和补体的作用，推动了变态反应性疾病的研究。各种近交系和突变系动物、无菌动物、悉生动物及无特定病原体动物的培育，更为免疫学研究提供了重要手段，大大促进了免疫学的发展。

一、影响实验动物免疫反应的因素

免疫反应是随着动物种的进化而复杂化、精密化和完善化的，不同品种和品系动物的免疫

反应有很大差异，因此在免疫学研究中选择动物时要特别注意动物遗传因素的影响，还要注意动物的年龄因素、感染因素、营养因素、药物因素、母源抗体水平、应激因素、免疫抑制剂等因素对动物免疫反应的影响。

（一）动物的遗传因素

研究表明，小鼠、豚鼠、家兔等动物对特异性抗原的免疫反应受遗传控制。动物体内免疫反应相关的基因决定着动物对各种疾病的易感性，决定着自身免疫力和体液免疫反应。这种免疫反应的基因紧密连接在这些动物体内主要组织兼容系统上。如带等位基因 *H-2b* 的小鼠（如 C57BL，C57L，129/J）比带有等位基因 *H-2K* 的小鼠（如 C58，AKR，C3H）的抵抗力强，后者对小鼠白血病病毒和肿瘤病毒十分易感，又如 SWR/J（H-2q）小鼠对淋巴细胞性脉络丛脑膜炎病毒（LCM）非常敏感，而 C3H/J（H-2k）小鼠对该病毒有强大的抵抗力。这些例子说明由于遗传因素的影响，不同品系动物的免疫反应是有明显差异的。此外，不同种类动物的免疫反应也有差异，如研究第Ⅳ型变态反应（Arthus 反应），家兔是一种好的实验动物，而豚鼠和大鼠不能采用。豚鼠通常产生少量的 IgM。

因此，在免疫学研究中进行实验动物选择时，要注意考虑遗传因素对免疫反应的影响，各种实验动物具有不同的免疫反应和免疫特征。还需要注意的是，实验动物的补体缺陷常伴发免疫性疾病及反复细菌感染，实验动物的种类不同，其补体系统各成分的缺陷也存在差异。

（二）动物的感染因素

普通实验动物经常自身带毒，甚至发生疾病的流行。例如，家兔常有乳头状瘤、多型瘤、疱疹、兔痘、脑脊髓炎和传染性口腔炎等病毒感染，小鼠常有鼠痘（传染性脱脚病）、淋巴细胞性脉络丛脑膜炎、病毒性肺炎、脑脊髓炎、白血病、乳腺瘤、鼠肝炎等病毒感染，仓鼠有唾腺炎等病毒感染，豚鼠有脑膜炎、唾腺炎等病毒感染。病毒、细菌、真菌或寄生虫的感染能多方面地改变动物机体的生理功能，可引起继发性营养不良，这无疑会影响动物的免疫系统，因此，在免疫学研究中所用实验动物的级别至少应为 SPF 级。实验动物感染了病毒、细菌或寄生虫即使幸而存活，也容易成为隐性感染者。感染对免疫功能带来的影响包括抗体产生的方式、免疫球蛋白的类型和水平、免疫耐受性的产生、植皮排斥、植皮对宿主的反应、迟发型变态反应、淋巴细胞转化和吞噬作用等。

动物病毒感染引起的免疫抑制表现：干扰正常免疫系统的功能；改变抗原的吸收和处理；破坏抗体形成细胞和浆细胞（如白血病病毒）。病毒感染后也可引起免疫增强的表现，如乳酸脱氨酶病毒 LDH，委内瑞拉马脑脊髓炎病毒 VEE 等病毒，能增加产生抗体细胞数量，感染病毒的细胞能产生微量核苷酸，起着佐剂的作用；病毒还能促进免疫细胞对抗原的处理。

有些病毒可引起动物的典型疾病病变。在动物选择时，通过观察和检测容易被剔除，如猴感染 D 型反转录病毒和猴免疫缺陷病毒，会导致猴获得性免疫缺陷综合征，即猴艾滋病。猴表现为发热、贫血、下痢、低蛋白症，淋巴细胞、中性粒细胞、血小板减少，全身淋巴结肿大，体液和细胞免疫功能低下。有些病毒感染通常不引起临床症状，如小鼠感染乳酸脱氢酶病毒，但可污染生物材料和移植肿瘤，抑制细胞免疫应答；刺激干扰素产生和激活杀伤性 T 淋巴细胞活性，延缓同种异体移植的排斥，抑制移植物对宿主的反应，影响机体的免疫功能。鼠常见易感的病毒，如鼠痘病毒、肝炎病毒及巨细胞病毒感染后，可严重改变动物的免疫功能，使实验动物失去免疫学中的应用价值，免疫学的各项指标发生改变，则不能作为校检、安检来评估生物制品的质量。

(三)动物的年龄因素影响

在免疫学研究中,选择适宜年龄的实验动物是非常重要的,不同年龄的动物免疫机能有差异。幼龄动物的免疫系统机能发育不完善或机能很弱。实验证明,给胚胎期或新生期的动物注射异基因型细胞时很容易造成对该细胞的免疫无反应性,对成年动物注射异基因型细胞时通常可引起免疫反应。这种免疫耐受性与免疫系统(包括中枢淋巴样器官即骨髓、胸腺和外周淋巴样器官即脾脏、淋巴结、肠管相关淋巴样组织以及循环的淋巴样细胞)的发育未臻成熟有关。

一般来说,动物的免疫机能在青年期达到高峰。随着年龄增大逐渐减弱,其主要表现有血清中免疫球蛋白含量低,细胞免疫功能下降,恶性肿瘤和自身免疫性疾病的发病率增高等。据研究,小鼠、大鼠和豚鼠随年龄增加免疫反应的活性也减弱,老龄鼠产生 IgG 和 IgM 的能力仅为年轻成年鼠的 10%左右,细胞免疫同样也减弱,因此,老龄鼠对诱发肿瘤极敏感。

(四)动物的母源因素

各种哺乳动物的胎儿和出生的仔畜免疫的获得方式不同。初乳中富含 IgG 和 IgA,还有一些 IgM 和 IgE。随着哺乳期的进行,初乳转为常乳。在灵长类和人类,IgA 在初乳和常乳中都占主要地位。在猪和马中,IgG 在初乳中占主要地位,IgA 在常乳中则是主要的免疫球蛋白。顺利吸收免疫球蛋白(表 7-1)可迅速供给初生动物接近于成年动物的血清 IgG 水平,这对自身免疫功能发育不完善的仔畜起着预防病毒和细菌感染的关键保护性作用。但母源抗体可抑制初生动物的主动免疫,因此,在选择幼龄动物进行免疫学实验时要充分考虑母源抗体对实验的干扰。

表 7-1 动物初乳和常乳中的免疫球蛋白类型

动物种类	初乳和常乳中的免疫球蛋白类型
家兔	初乳 IgA
灵长目	初乳 IgA
大鼠	初乳 IgA(多量),IgGa、IgGb、r1、IgM(很少)
	常乳 IgG(多量)
小鼠	初乳 IgA,快和慢的 IgG
犬	初乳 IgG(多量),IgA、IgM
	常乳 IgA(多量),IgG、IgM
猪	初乳 IgG(多量),IgA、IgM
	常乳 IgA(多量)
牛	初乳块 IgG(r1),IgM(β2)
绵羊	初乳块 IgG(r1),IgA

引自:施新猷,2000。

二、实验动物免疫反应的特点

动物的免疫球蛋白可分为 IgG、IgM、IgA、IgE、IgD 五大类。同一种类免疫球蛋白可细分为不同的亚类,如 IgG 有 IgG1、IgG2、IgG3、IgG4;IgA 有 IgA1 和 IgA2;IgM 有 IgM1 和

IgM2;IgE 和 IgD 未发现亚类。人及其他动物的免疫球蛋白类型见表 7-2。

表 7-2 人及其他动物的免疫球蛋白类和亚类

品种名称	免疫球蛋白类和亚类				
	IgG	IgM	IgA	IgE	IgD
小鼠	IgG1、IgG2a/IgG2c、IgG2b、IgG3	IgM	IgA	IgE	IgD
大鼠	IgG1、IgG2a、IgG2b、IgG2c	IgM	IgA	IgE	IgD
豚鼠	IgG1、IgG2	IgM	IgA	IgE	—
兔	IgG	IgM	IgA1,IgA2,IgA3,…	IgE	—
猪	IgG1、IgG2a、IgG2b、IgG3、IgG4	IgM	IgA1,IgA2	IgE	—
犬	IgG1、IgG2、IgG3、IgG4	IgM	IgA	IgE1,IgE2	IgD
猫	IgG1、IgG2、IgG3、(IgG4?)	IgM	IgA1,(IgA2?)	IgE	
绵羊	IgG1、(IgG1a?)、IgG2、IgG3	IgM	IgA1,IgA2	IgE	—
黑猩猩	IgG1、IgG2、IgG3	IgM	IgA	IgE	IgD
人	IgG1、IgG2、IgG3、IgG4	IgM	IgA1,IgA2	IgE	IgD
鸡	IgG1、IgG2、IgG3	7SIgM	IgA		—

(一)非人灵长类

非人灵长类动物属于血性绒毛膜胎盘,只允许 IgG 通过胎盘屏障,IgM、IgA、IgD 和 IgE 是不能通过的。新生的猴不能从初乳中吸收抗体。妊娠第九个月猕猴的胎儿和成年猕猴在抗原初次刺激后 6 d 产生 IgM,妊娠第 58 d 的胎儿对同种植皮产生排斥,而羊胎儿的这种反应发生在第 80 天。

用性别染色体分析能证明不同性别的双胎中血液存在交换。在血液交换的雌猴双胎中,异性共生的双胎已证明有免疫耐受现象。因此,它们之间能互相接受植皮。狨猴对接受不同亚种的植皮有免疫反应,亚种内植皮要比亚种间植皮存活的时间约长一倍。

在灵长类中,狒狒、猕猴、狨猴、卷尾猴、狐猴是人类过敏性患者反应素抗体引起的萎缩性多软骨炎(PCA)的最好接受者。一些学者证明,灵长类动物是人呼吸道变态反应病的动物模型。

(二)犬

Lewis 等认为新生犬和成年犬对颗粒性抗原(绵羊红细胞)均能产生较好抗体,但新生犬初次免疫反应所产生的抗体几乎是 IgM 类,成年犬则产生的抗体是 IgM 和 IgG,这两种免疫球蛋白的数量与初生犬的 IgM 几乎相等。

Gerber 氏等报告了比格犬循环的 T 淋巴细胞对 PHA 的反应,6～12 周龄比 0～4 周龄显著为多。对 PHA 发生反应的高峰在 6 周到 6 个月龄之间,以后随年龄而下降。

犬除用作一般移植研究外,越来越多地作为免疫病研究的动物模型。除人之外,对气溶胶出现变态反应的动物,犬大概是仅有的一种。因此,人的变态反应和气喘的研究,犬是适宜的动物模型。人花粉病的临床表现为结膜炎、鼻炎和皮炎,犬季节性花粉病多数只有皮炎,无眼和呼吸道症状。人的这种变态反应是由 IgE 引起的,犬由豚草花粉致敏后,血液和皮肤中也有 IgE 抗体。

(三)兔

兔常被用于实验室制备抗体,多选用新西兰兔。由于所用兔的品系、品种、种类和个体的不同,对某种抗原产生抗体的能力也经常不同。有些品系的兔至少有20%产生的抗体效价低或无效价,为了得到高效价的血清,多只兔作为一组进行免疫是必要的。

兔肠道淋巴组织由派伊尔氏淋巴结,圆小囊(在回盲肠连接处的集合淋巴小结)和阑尾(又称蚓突)构成。Waksman氏等叙述了淋巴细胞组织中形态和机能不同的3个部分:圆体含有原始和成熟的B淋巴细胞;冠含有小淋巴细胞。胸腺依赖区含有毛细管后小静脉、滤泡。他认为圆体可能相当于囊淋巴器官,能产生B淋巴细胞。滤泡是一种非特异性的B淋巴细胞大量增殖(扩大)的器官。集合淋巴小结、圆囊和阑尾都含有T淋巴细胞,T淋巴细胞经过毛细管后经静脉到达阑尾。集合淋巴小结和阑尾内还同时有B淋巴细胞,但无抗体形成细胞。这种界限分明的T淋巴细胞系统、B淋巴细胞系统及B淋巴细胞迅速地增殖和迁移(肠道淋巴器官中,B淋巴细胞参加免疫反应,但不长久停留)可能使肠道局部缺乏免疫反应。集合淋巴小结是产生IgA细胞的重要来源。

兔的IgA大量存在于肠黏膜和初乳中,这种分泌型载体的合成是在肠、乳房和支气管腺体间质的浆细胞以及脾和淋巴结中。

兔被用来作过敏反应的研究。IgG和IgE引发的过敏反应,其临床症状相似,机理都是抗原-抗体结合和血小板—白细胞凝集形成沉淀物,然后释放药理活性物质(组织胺和5-羟色胺)进入肺循环,在右心室流出道中产生一种机械和药理的联合作用,导致循环性虚脱。

(四)豚鼠

豚鼠中已确定的免疫球蛋白有IgG(IgG1、IgG2)、IgA和IgE。IgG1是变态反应的媒介,IgG2与小鼠的IgG1和IgG2相似,在抗原化抗体作用中起结合补体的作用。

豚鼠除作为补体的来源外已广泛用于免疫的发生和迟发型变态反应的研究。近亲繁殖的豚鼠2系和13系常被用于免疫学研究。这两个品系对特异性抗原产生的免疫反应有显著不同。例如,当给豚鼠2系和13系注射含有相同抗原的弗氏(Freund)完全佐剂时,豚鼠2系(和一些Hartley系豚鼠)表现明显的迟发型变态反应,对DNP-PLL(二硝基氟苯-多-*L*-溶解素)产生高浓度的抗体,而豚鼠13系却不出现免疫反应。豚鼠13系和Hartley系豚鼠对联胺嗪都能产生抗体和迟发型变态反应,豚鼠2系仅出现弱反应或无反应。

豚鼠的皮肤已被广泛用于结核菌素的皮内试验和接触过敏物质的迟发型变态反应的研究。豚鼠和人的结核菌素反应差别是有无细胞浸润,另外豚鼠的迟发型变态反应在24～48 h达到高峰,人在48～96 h达到高峰;人和豚鼠接触敏感的化学物质引起的变态反应,细胞反应非常相似,而对皮内接种抗原的反应却有明显的差异,豚鼠比人有更多的白细胞和巨噬细胞对抗原起反应。

当进行免疫学研究选择豚鼠时,应特别注意机体本身的因素,如年龄、体重、饮食和遗传因素。Baer氏等认为2～3月龄或体重为350～400 g的豚鼠作迟发型变态反应最合适。豚鼠13系对结核菌素型变态反应比豚鼠2系敏感。相反,豚鼠2系对接触性过敏反应比豚鼠13系敏感。Hartley系豚鼠对结核菌素型变态反应和接触反应均较敏感。这些现象说明抗体发生迟发型变态反应的能力同样也受到基因的控制。

一些学者以豚鼠作为研究过敏或速发型过敏反应的实验模型。在全身变态反应中,肺是休克器官,肥大细胞是靶细胞,组织胺是主要的药理介质。豚鼠存在两种类型的变态反应抗体，即 IgG1 和 IgG2。

据 Arko 报道，在进行淋病研究所使用的实验动物中，豚鼠是最令人满意的免疫学模型。豚鼠与人一样具有延长和限制迟发性真皮变态反应显现的能力，这种现象常作为肿瘤免疫的指标之一。

(五)小鼠

小鼠的免疫球蛋白有 IgM、IgA、IgE、IgG1、IgG2a 和 IgG2b。近交系小鼠对不同抗原的免疫反应被常染色体的遗传所控制，这种常染色体上携带有支配免疫反应的基因(*Ir*)，基因连接在主要组织相容位点(H-2)上。基因 *Ir* 可能与 T 淋巴细胞的机能有关系，而与 B 淋巴细胞的关系不大。

小鼠虽然能产生迟发型变态反应，但很少见到典型的表皮反应，也不像其他动物那样有规律。小鼠能被诱发产生速发型变态反应，其全身性过敏反应的特点是循环不畅和循环性虚脱，常在几小时，甚至 10～20 min 内死亡。在体外过敏反应实验中，只有小鼠子宫能用来作 Schultz-Bale 反应。小鼠的 IgG 和 IgE 能使皮肤致敏，引起被动皮肤过敏反应。诱发小鼠的 Arthus 反应比较困难，即使发生，与其他实验动物(如兔)相比也不那么激烈。小鼠不像大鼠和豚鼠那样，用弗氏完全佐剂接种在小鼠的脊髓或脑内很难诱发实验性变态反应脑脊髓炎，用主要组织相容复合物不能控制小鼠对实验性变态反应脑脊髓炎的感受性。

(六)大鼠

在大鼠中，连接在主要组织相容复合物上的免疫反应基因(*Ir*)控制着对 GT(*L*-谷氨酸和 *L*-酪氨酸)和 GA(*L*-谷氨酰胺和 *L*-氨基丙酸)的免疫反应，与豚鼠极其相似。

大鼠的免疫反应基因 *Ir* 控制着体液免疫和细胞免疫。实验已经证明，大鼠对绵羊细胞和牛 γ 球蛋白的免疫反应有品系的差异。

大鼠含有反应素抗体 IgE，蠕虫感染常能诱发产生大量的 IgE 抗体，主要存在于血液循环之中。有些品系大鼠，如 SD 大鼠能产生较多的 IgE，再次注射抗原，IgE 也随之上升。百日咳杆菌免疫大鼠主要诱发产生 IgE，如在该抗原中加入弗氏完全佐剂，免疫大鼠则产生 IgGa。

(七)猪

已经知道猪有 3 种免疫球蛋白，即 IgG(IgG1 和 IgG2)、IgM 和 IgA。猪初乳中的免疫球蛋白主要是 IgG(其中以 IgG1 为主)，其次是 IgA。泌乳 2～3 d 后，乳中 IgG 和 IgM 含量迅速下降，但 IgA 的含量仍保持相对稳定。

猪的 IgA 同人的 IgA 有交叉反应。IgA 有单体和存在于分泌中的双体两种，它们分别为 7S 和 10S。肠道黏膜固有层中存在大量分泌 IgA 的浆细胞。

(八)反刍动物(牛、绵羊、山羊)

反刍动物已经确定的免疫球蛋白有 IgG(IgG1 和 IgG2)、IgA、IgM 和类似 IgE。与其他动物一样，IgG 是主要的免疫球蛋白，IgG1 能固定补体(IgG2 不能)，并能选择性从血清进入乳汁中去，所以初乳和常乳中 IgG1 是主要的免疫球蛋白(75%)，而 IgA 和 IgM 仅占初乳抗体的 20%。这些初乳中的免疫球蛋白对于幼畜的存活是非常重要的，它们能协助胃肠道预防感染。

Silverstein 氏等研究了羊免疫反应的个体发生，发现不同日龄的胎儿对抗原的反应有显著差别。41 d 的胎儿对细菌噬菌体 $\Phi\times174$ 能产生抗体，56 d 的胎儿对铁蛋白能产生抗体，80 d 的胎儿对血清白蛋白能产生抗体，120 d 的胎儿对卵清蛋白能产生抗体。羊胎儿对卡介苗、伤寒沙门菌或白喉杆菌病毒没有反应，对抗原同样会产生典型的初次抗体反应。

三、自身免疫性疾病研究中的应用

自身免疫性疾病主要的发病机理是免疫复合物造成的损害，如系统性红斑狼疮(SLE)、肾炎、类风湿性关节炎等，已知抗体起作用的疾病有重症肌无力、甲状腺功能亢进症等，此外还有一些目前不清楚的免疫病，即对其抗原和抗体的免疫反应性都不清楚，这些病研究起来比较困难。

一些自然感染因素引起自身免疫系统疾病的动物对于人类相似的疾病研究具有重要价值。纯系新西兰黑色小鼠在出生后4～6个月大多数发生自身免疫性溶血性贫血。免疫学检查表明，其红细胞表面存在自身抗体，血清中有抗核机体，患病鼠的淋巴结、胸腺、脾脏及胰腺内可检测到C型致瘤RNA病毒(此病毒还能引起白血病)。人的系统性红斑狼疮与NZB小鼠的这种自身免疫病十分相似，也能在淋巴样组织中检测到C型RNA病毒颗粒，其T淋巴细胞也能释出病毒颗粒，也能检测到抗自身T淋巴细胞的抗体(约占一半病例)，而且引起的病理变化也基本上与NZB小鼠的这种自身免疫病相同。

除NZB小鼠的自身免疫性溶血性贫血外，水貂阿留申病(一种脑的退行性变性病)、小鼠的淋巴细胞性脉络丛脑膜炎、羊的瘙痒病、马的传染性贫血症也都是由于慢性病毒感染引起的自身免疫病。

进行动物自发的自身免疫病的遗传学分析对于了解遗传因素在人类自身免疫病中的作用很有帮助。如(NZB×NZW)F1小鼠由于MHC决定的抑制性T淋巴细胞功能丧失或减退，能自发地发生与人的系统性红斑狼疮十分相似的自身免疫病，因此，一般认为它是人类自身免疫病的最佳天然模型。

四、在移植免疫研究中的应用

根据供者与受者的遗传学关系可以把移植分为4种类型。

(1)自体移植　为同一个体移植，如自体皮片移植。

(2)同系移植　为同系异体间移植，如基因完全相同的一卵孪生子之间的移植，近交系内不同动物个体(基因型很相似的)之间的移植。

(3)同种异体移植　为同种异体间的移植，如同一种内的不同个体之间的移植，如鼠→鼠。

(4)异种移植　为不同个体间的移植，如不同种动物之间的移植，猩猩→人；猪→人等。移植的异体组织之所以被排斥是因为受者的免疫系统对供者的组织发生了免疫反应。引起这种免疫反应的抗原称为移植抗原或组织相容性抗原。在小鼠中，这种抗原系统称为H-2抗原系统，H-2基因群中可分为K、I、S、D 4个区。不同近交系小鼠有不同的H-2型，两个相同的H-2型品系小鼠间移植，可不发生排斥反应。

转基因动物也常用于移植免疫。目前，在移植免疫生物学研究中，以转基因猪、小鼠和大鼠在移植免疫生物学应用最多。基因敲除小鼠是移植免疫生物学研究中应用最多的类型，现在已有众多基因敲除小鼠用于移植免疫实验，如敲除MHC-Ⅰ、MHC-Ⅱ类分子、共刺激分子CD28、CD80、CD86等，以及细胞因子如IL-2、IL-4、IL-10、IL-12等。通过敲除技术使动物特异缺乏某种基因，我们可以从整体水平对这些基因在移植免疫中的作用进行研究。还有一些特殊免疫缺陷小鼠，如裸小鼠(Rude)、重症联合免疫缺陷小鼠(SCID)和Beige小鼠等，这些小鼠先天性免疫功能不全，为研究移植免疫提供了天然的动物模型。

五、在单克隆抗体制备中的应用

杂交瘤合成单克隆抗体(McAb)是近年来生物医学研究中的一项重大突破。这项新技术从根本上解决了在抗体制备中长期存在的“特异性”和“可重复性”问题。通过将两种细胞融合在一起，一种已适应体外培养的小鼠骨髓瘤细胞(BALB/c品系的小鼠)和一种经抗原免疫小鼠后获得的脾细胞融合，形成杂交瘤细胞，这种融合的杂交细胞具有两个亲代细胞的特征，即既有骨髓瘤细胞无限生长的能力，又有浆细胞合成针对某一特定抗原表位的抗体的能力。这种杂交细胞通过克隆化，就能产生大量单一类型的高纯度抗体，这种抗体就叫作“单克隆抗体”，然后通过体外细胞培养或动物体内接种产生杂交细胞瘤，获得大量的单克隆抗体。目前，单克隆抗体的应用范围越来越广泛，可用于分析抗原物质的结构和纯化蛋白质；用于诊断各种疾病，包括恶性肿瘤；还可当作一种生物药品治疗癌症、自身免疫性疾病及器官移植的抗排斥反应。单克隆抗体已经深入到整个生物医学的各个领域，诸如生物化学、分子生物学、免疫学、药理学、病毒学和肿瘤学等。实验动物在杂交瘤单克隆抗体技术中具有极为重要的作用，是获得单克隆抗体的必要条件。

(一)常用于淋巴细胞杂交瘤技术的实验动物

1. 近交系小鼠BALB/c系

用于细胞融合的小鼠骨髓瘤细胞几乎都来源于近交系BALB/c系小鼠。其杂交瘤可接种于BALB/c或它的杂交第1代小鼠，从带瘤动物取血清或腹水制备单克隆抗体。

2. 大鼠LOU系(又称LOU/Wsl系)

该品系可能来自Wistar大鼠，是1956年开始近亲交配而形成的品系。约在1岁龄时，大鼠回盲部淋巴结产生一种自发性肿瘤，且发展迅速，当触及肿瘤后的1个月内死亡。该肿瘤的发生率超过10%，形态为极低分化淋巴细胞，称之为大鼠回盲部免疫细胞瘤，此种肿瘤移植于同系大鼠或其杂交第1代均易发生。此种肿瘤约有60%病例合成单克隆性IgG或IgA，或K型Bence-Jones蛋白，但未发现产生IgM。大鼠Y3-Ag1.2.3骨髓瘤细胞系是LOU系大鼠骨髓瘤体外培养所获，故LOU系大鼠也适用于B细胞杂交瘤技术。

LOU/C大鼠8月龄以上的雄鼠自发性浆细胞瘤发生率为30%，而雌鼠为16%，肿瘤常发生在回结肠淋巴结，其中60%的这种浆细胞瘤合成单克隆免疫球蛋白IgG1(35%)、IgE(36%)或IgA。LOU/C与LOU/M的组织相溶性相同，可以互相接种进行皮肤移植。

制备双特异性单克隆抗体(BSMCA)就必须要选择LOU大鼠。同时，用LOU大鼠制备单克隆抗体其腹水产量比用BALB/c小鼠大几十倍，能较好地解决单克隆抗体的大量制备问题。双特异性单克隆抗体技术和杂交-杂瘤技术是在单克隆抗体技术基础上发展而来的，BSMCA可代替交联剂，代替酶标技术，在免疫组化和免疫测定技术中有广泛的应用价值，在癌症的导向治疗和体外免疫扫描诊断上有广阔的应用前景。

(二)用于融合的动物骨髓细胞系

淋巴细胞杂交瘤技术需要应用骨髓瘤细胞系。在淋巴细胞融合技术中，理想的骨髓瘤细胞系应能获得高融合率，并得到产生特异性抗体的杂交瘤细胞。有些骨髓瘤细胞系不仅融合率低，而且本身分泌免疫球蛋白(Ig)，致使杂交瘤细胞仍分泌亲系骨髓瘤的Ig链。据估计，细胞融合时，在两种重链和两种轻链随机组合的情况下，得到的杂交瘤可能产生10种Ig分子，特异性抗体只占其总量的1/16。为了得到只分泌特异性抗体的杂交瘤，需选择本身不产生 Ig 的骨髓瘤细胞系。现已建立的用于 B 细胞杂交瘤技术的小鼠和大鼠的骨髓细胞系有下列几种。

1. 小鼠骨髓瘤细胞系

(1)P3-NS1/1-Ag4-1　1976 年由 Kohler 所建立，是常用的骨髓瘤细胞系。NS1/1 是小鼠 P3 骨髓瘤细胞系(MOPC21)的一个亚系，P3 细胞分泌 IgG1(K)。NS1/1 细胞不合成重链 rl，只合成而不分泌轻链 K。

(2)P3-X63-Ag8　Kohler 和 Milstein 首次获得产生 McAb 杂交瘤所用的骨髓瘤细胞系。它来自 BALB/c 小鼠的 P3 骨髓瘤细胞系，分泌 IgG1(K)。

(3)P3-X63-Ag8.653　是 P3-X63-Ag8 的亚克隆，不可逆地丧失表面免疫球蛋白重链 rl 和轻链 K 的能力，其生长特性、融合率及所产生的杂交瘤细胞系的稳定性等方面均可与 PS-X63-Ag8 或 P3-NS1/1-Ag4-1 相比拟。

(4)SP2/O-Ag14　Kohler 等将 PS-X63-Ag8 骨髓瘤细胞系与具有抗绵羊红细胞活性、产生 r2b 重链和 K 轻链的 BALB/c 小鼠脾细胞融合得到杂交瘤细胞系 Sp2/HLGK，从后者得到的 Sp2/HL-Ag 进行再克隆，得到 Sp2-Ag14。该系不分泌 Ig 链，其细胞含有约 73 个染色体，比 P3-X63-Ag8 骨髓瘤细胞系多 8 个染色体，用其融合得到的杂交瘤数与 P3-X63-Ag8 相似。

其他还有如小鼠 P3-X63-Ag8-U1、45.6TG1.7、45.6TG1.7.5、PuBul-Ou 等。

2. 大鼠骨髓瘤细胞系

在细胞融合技术中，使用大鼠骨髓瘤细胞系的优点是，从带瘤大鼠得到的血清和腹水量约比小鼠高 10 倍，适于大量生产 McAb 或同种异型的抗大鼠抗体。大鼠的骨髓瘤细胞系 Y3-Ag1.2.3 是 Lou 系大鼠的骨髓瘤经体外培养获得的细胞系 R210，从它得到抗 8-AG 的亚系 210 · RCr3.Agl(分泌 k 轻链)，后者经两次克隆而获得，而大鼠 YB2/o 细胞系则不分泌 k 轻链。

六、在免疫血清制备中的应用

免疫血清可用于疾病的紧急预防和治疗、微生物的鉴定和抗原分析等，常用于制备免疫血清的动物有兔、山羊或绵羊、马等动物。免疫动物一般选择青壮年期、健壮雌性个体，抗原选择上与免疫动物的种属差异越远越好。免疫接种途径通常有静脉、腹腔、肌肉、皮下、淋巴结等接种途径。常规免疫一般需要 3～4 次，第一次与第二次免疫的时间间隔一般以 10～20 d 为佳，两次以后，间隔时间一般为 7～10 d。

七、在疫苗学中的应用

动物模型在疫苗开发、疫苗安全性评估、质量控制以及最终批量生产中起着至关重要的作用。尽管某些情况下可以采用体外评估方法，但是在动物体内进行评估疫苗和免疫系统复杂相互关系的研究更具有可靠性。

在选择实验动物时，常用的 SPF 级小鼠的基础免疫应答与人有很大的不同。黏膜免疫系统占人体淋巴组织 50%以上，是抵抗微生物入侵的主要屏障，而小鼠与人的黏膜免疫系统却有很大不同，包括形态结构和免疫细胞的分布，造成了利用小鼠开展的黏膜免疫系统研究的局限性。由于体型、寿命和自然选择的影响，小鼠免疫系统的发育、发生及衰老与人具有显著性的差异，决定了啮齿类动物很难用于人类疫苗研究，并且解释免疫学数据时需要谨慎。人源化小鼠一定程度上能够解决这些问题，并已成为生物医学研究的重要临床前工具。

在过去的100多年中，非人灵长类动物是人类免疫系统研究的重要实验动物，也是发现疾病免疫病理和免疫治疗手段的关键动物模型，在免疫系统上和人类更为接近。从20世纪开始，就开始利用灵长类动物研究脊髓灰质炎疫苗、类风湿性关节炎治疗和炭疽疫苗等。近年来，由于重大传染性疾病的传播，如寨卡病毒、埃博拉病毒、中东呼吸综合征、非典型肺炎、流感等，猕猴被广泛地作为多种感染性疾病的预防性和治疗性疫苗的研发和评估的动物模型。

第四节　在病毒学研究中，实验动物的选择与应用

人类与由病毒引起的传染性疾病的斗争从未停止过，比如，获得性免疫缺陷综合征（acquired immunodeficiency syndrome，AIDS）、病毒性肝炎、SARS、手足口病、禽流感、新型流感和新型冠状病毒感染等。新发传染病的不断出现，旧传染病的复燃，以及病毒变异和抗药性变化等均对人类健康构成了极大的威胁。在病毒引起的传染性疾病研究中，从病原的分离鉴定、诊断试剂的研发、发病机理的研究、抗病毒药物筛选、疫苗研制和效果评价，制备合适的实验动物模型具有重要的价值。实验动物在病毒学研究中主要用于以下几个方面。

①分离病毒，并借助感染范围试验鉴定病毒；

②培养病毒，制造抗原和疫苗；

③测定各毒株之间的抗原关系，例如应用实验动物作中和试验和交叉保护试验；

④制备免疫血清和单克隆抗体；

⑤做病毒感染的实验研究，包括病毒毒力测定，建立病毒的感染动物模型等。进行动物实验时，率先考虑的是选择对目的病毒最敏感的实验动物品种和系，以及适宜的接种途径和剂量。

早期对病毒性病原体的确定，需满足科赫法则六项要素，包括能从患者体内分离到病毒；能在某种宿主细胞中培养；病原具有滤过性；在同一宿主种类或相关动物种类中能复制疾病；在接种后的动物中能再分离到该病毒，且能检测到针对该病毒产生的特异性免疫反应。这些要素也作为动物模型是否成功的重要参考指标，尤其后两项要素是制备动物模型的关键。

在制备病毒感染动物模型时，实验动物的选择要遵循疾病再现最大化原则，要求该模型能最大限度地模拟疾病临床表现、疾病进程、病理生理学变化和免疫学反应等特征。这种最大化原则可以是全部完整的模拟，也可以是部分体现疾病的关键特征，其主要取决于开展研究的目的。除用病毒直接感染易感动物模拟疾病外，另一种方法则可以采用相似的病毒，如人的人类免疫缺陷病毒可采用的模型动物很少，即使在黑猩猩上也不能完全模拟疾病进程，就可采用慢病毒。这种病毒是一种能引起动物获得性免疫缺陷综合征样疾病的病原，包括食蟹猴的猴免疫缺陷病毒和猫的猫免疫缺陷病毒，通过建立感染来用作人类免疫缺陷病毒研究的病理模型。

病毒学研究常采用的实验动物有小鼠、大鼠、金黄地鼠、豚鼠、家兔、绵羊、禽类和非人灵长类动物等。在动物选择时，考虑采用该病毒的易感动物，也应考虑不同种属动物对同一病毒的易感性不同，对一种动物是病原体，对另一动物可能并不致病。年龄、性别、免疫力水平和生理

健康状态，往往导致对同一刺激的不同结果。即使是同一种属动物的不同品系，对同一病毒感染的反应也不尽相同。兽医学上除常应用家兔、小鼠、大鼠、豚鼠、仓鼠和鸡胚等进行病毒分离、驯化以及疫苗生产以外，还常直接应用自然易感动物，例如，羊、猪、犬、鸡甚至马和牛等大动物作各病毒的实验研究。

病毒的接种途径的不同也会导致感染程度的差异，如淋巴细胞脉络丛脑膜炎病毒(LCMV)经小鼠脑内接种感染而发病的数量远比腹腔内接种数多，腹腔内接种小鼠甚至可无明显症状。

表 7-3 列举了各种病毒常用易感动物和采用不同的接种途径。

表 7-3　各种病毒常用易感动物和接种途径

病毒	实验动物		接种途径
单纯疱疹	家兔		角膜、脑内
	豚鼠		肉趾
痘苗、天花	家兔		角膜、睾丸
	犊牛		皮肤
	恒河猴等		皮肤、角膜、呼吸道
水痘	恒河猴等		脑内、睾丸
	家兔		睾丸、眼前房
鼠痘	小鼠		皮肤、皮下、肌内、腹腔、脑内
	豚鼠、地鼠		皮肤
脊髓灰质炎	各种猴	兰辛株Ⅱ型	脑内、鼻内、腹腔
	棉鼠		脑内、扁桃体、腹腔
	小鼠		脑内、脊椎内
	金黄地鼠		脑内
柯萨基、甲型风疹	初生小鼠		脑内、肌内、腹腔、皮下
	乳小鼠		皮下、腹腔、鼻腔、静脉
	雪貂		皮下、脑内
口蹄疫	幼龄豚鼠		足趾
	乳小鼠		脑内
狂犬病	家兔		脑内、皮下
	小鼠、地鼠、大鼠、犬		脑内
	猫、鸡、猴		
水泡性口膜炎	豚鼠		足趾
	小牛		舌黏膜
流感	雪貂		鼻内
	小鼠(传代适用、甲、乙型)		鼻内
	猴		鼻内
猪流感	小鼠		鼻内
	雪貂		鼻内

续表7 3

病毒	实验动物	接种途径
腮腺炎	恒河猴等	脑内、腹腔、静脉、腮腺
麻疹	恒河猴(部分可用豚鼠、家兔)	皮下、肌内、静脉、脑内、脑腔
新城疫	鸽、鸭、鸡、鹅、燕、麻雀	脑内、鼻内、神经外
乙型脑炎	小鼠	脑内、腹腔、皮下
	恒河猴	脑内、鼻内、皮下
春夏型脑炎	小鼠	脑内、腹腔、静脉、皮下
	绵羊	脑内
	恒河猴	脑内
登革热	恒河猴等	脑内
	小鼠乳幼鼠(传代适应)	脑内
马脑脊髓炎(各型)	小鼠	脑内
	豚鼠	脑内
	家兔	脑内
羊跳跃病	小鼠	脑内、腹腔、鼻内
	大鼠	脑内
	地鼠	脑内

在病毒学研究中，还应尽量使用标准的实验动物，并在符合病毒相应等级要求的生物安全实验室内进行。应用敏感的家畜、家禽或野生动物做传染病学研究应注意了解这些动物本身的病原感染情况，避免自然感染对实验结果造成干扰。

一、冠状病毒感染动物模型

2003 年出现的引起人的重症急性呼吸综合征(SARS)和 2019 年出现的新型冠状病毒感染(COVID-19)的病原均属于冠状病毒科。

SARS 冠状病毒可以感染恒河猴、食蟹猴和非洲绿猴，只是不同物种产生的临床表现、病毒复制和病理特征有所不同。恒河猴经鼻内和气管内接种 SARS 冠状病毒后，肺脏是病毒感染的主要靶器官，所有感染猴均可出现不同严重程度的多灶性间质性肺炎，肺组织水肿、结构破坏、出血；部分肺泡间隔出现少量以淋巴细胞为主的炎症细胞浸润，肺泡腔内偶见透明膜形成；感染后期出现肺纤维化。这些病理学改变与人类感染 SARS 冠状病毒后出现的病理变化十分接近。通过病毒学检测可从模型动物咽拭子、肺泡上皮细胞和支气管淋巴结等组织样品中检测到 SARS 病毒核酸；通过免疫学方法能检测到特异的体液免疫应答，动物体内产生 SARS 病毒的专一性抗体。恒河猴可作为 SARS 病毒感染的动物模型，适用于 SARS 发病机制、药物筛选、疫苗评价的研究。

SARS 很难直接感染小鼠，其原因是小鼠体内与病毒结合的关键受体蛋白 ACE2 与人的 hACE2 不同，于是科学家制备了在上皮细胞特异性启动子 K18 调控下的 hACE2 转基因小鼠，可以表达人的关键受体蛋白 hACE2。SARS 病毒接种后可以在这些小鼠中大量复制，并出现一些相应的临床表现和组织损伤。

另外,通过在小鼠呼吸道中连续培养,还获得了能适应小鼠的 SARS-CoV 病毒株。这些适用小鼠的 SARS-CoV 感染小鼠后,会在小鼠肺中复制并且导致相应的病理变化以及扩散到肺部以外,甚至导致小鼠死亡。这些表型与重症 SARS 病例相似。

自 COVID-19 暴发后,科学家将其病原 SARS-CoV-2 接种恒河猴和食蟹猴,表现为病情轻微,体重稍有减轻,肺部显示与人相似的病理学症状,在模型动物的鼻拭子、咽拭子和支气管灌洗液中均能检测到不同水平的病毒载量。

同样,由于这两种冠状病毒的入侵机制的相似性,都与受体蛋白 hACE2 相关,SARS-CoV-2 的研究也同样采用了 hACE2 转基因小鼠作为模型动物,用于病毒致病机理和疫苗的研究。

二、流感病毒感染动物模型

流感病毒属于正黏病毒科,是一种主要经呼吸道感染的病毒。动物模型首选雪貂,另外还可以选择小鼠、大鼠、金黄地鼠、鸡、猴和猪等。雪貂采用鼻腔内接种流感病毒后的典型临床表现和人类的症状相似,发烧并伴上呼吸道感染。雪貂对甲、乙型流感均易感,病毒不经适应即能对雪貂致病,并且可传播给其他雪貂或人,愈后血清中产生高滴度抗体。小鼠对流感病毒敏感,但其症状和人不同,主要表现为下呼吸道感染和肺炎。小鼠主要用于研究疫苗接种后的免疫反应或病毒传播试验中。大鼠感染流感病毒后可引起与人类相似的肺损伤,可导致严重甚至致死性肺炎。恒河猴与食蟹猴感染高致病性禽流感病毒(H5N1)后,出现不同的肺部炎症,这种症状的差别可能与猴的种间差异及感染的毒株、接种途径及环境变化有关。

三、乙肝病毒(HBV)感染动物模型

HBV 属嗜肝病毒科,会引起人的乙型肝炎,是导致病毒性肝癌的重要因素之一。HBV 的易感动物很少,黑猩猩是目前已知的唯一完全易感人类 HBV 的动物,对 HBV 的感染具有与人类十分相似的宿主反应,可表现为慢性肝炎,因此,黑猩猩用于研究 HBV 的发病机理、病毒的清除和免疫防治是最理想的动物,但黑猩猩属于濒危保护物种,而且体型较大、实验操作难度高、实验成本昂贵以及伦理的约束,因此很少使用。另一种易感染 HBV 的动物是树鼩,树鼩是一种外形类似松鼠的灵长目小型哺乳动物,相对于除黑猩猩外的其他 HBV 动物模型,树鼩在基因组和免疫学特性等诸多方面与人类相似,可用于预防性 DNA 疫苗评价和肝癌形成机制分析,但 HBV 感染后大部分树鼩呈现短暂的病毒性肝炎,很少树鼩可发展成慢性肝炎,这限制了其作为 HBV 动物模型研究的广泛应用。

近年来,由于研究的急切需要,发展出 HBV 小鼠模型,包括转基因小鼠模型、高压水动力注射小鼠模型、人-鼠嵌合肝脏小鼠模型,重组载体介导的小鼠模型等。还发展了和 HBV 相似的其他嗜肝 DNA 病毒易感模型,如 WHV 土拨鼠和鸭 DHBV 模型等。这些模型在病毒学特征、病理和免疫应答功能方面与 HBV 感染具有一定的相似性,因此可作为 HBV 研究的替代动物模型。

第五节　在肿瘤学研究中,实验动物的选择与应用

肿瘤,尤其是恶性肿瘤,是危害人类生命健康最严重的疾病之一。研究肿瘤的病因学、发病学、肿瘤细胞的生物学特性、肿瘤和宿主的相互关系、肿瘤的诊断预防和治疗等有关肿瘤的

一切知识的总体称为肿瘤学。可以把它分为两大领域：临床肿瘤学和实验肿瘤学，前者以人为主要对象，主要目的是预防和诊治这一疾病；后者的对象较广泛，主要以实验室手段探索与肿瘤有关的各方面课题，以其各项成果为前者服务。在实验肿瘤学研究中，实验动物是其主要研究对象和材料。通过动物实验，创立了实验肿瘤学，发现了化学致癌物质和致癌病毒，推动了肿瘤学的研究，为肿瘤的防治开辟了广阔的前景。特别是近交系动物的发展，对肿瘤的病因学、发病学、实验治疗和新抗癌药物的研究等都发挥了重要作用。肿瘤动物模型对肿瘤的发生、发展机理的研究，对肿瘤预防和治疗的探索是最为主要的工具和手段。

一、不同种属实验动物的肿瘤学特点

(一)不同种属动物

1. 灵长类动物

从种系发生来看，非人灵长类实验动物与人类的亲缘关系最近，它们也会发生各种形态上和生物学性质上与人的肿瘤相似的病变。已知，它们的肿瘤发病率与动物的种属、性别、年龄及捕养的时间有关。在实验室条件下，猕猴的自发性肿瘤发病率较高。在动物园内，猕猴的肿瘤发生率约为1%。在老年灵长类动物中，以上皮性肿瘤和恶性淋巴瘤为最常见，脑肿瘤则少见。常用中子或质子射线照射，可以诱发获得猕猴的颗粒细胞性白血病。

2. 大型实验动物

主要包括家畜。这些动物肿瘤发病率随种属而异，例如雌犬常发生乳腺肿瘤，而母牛则不易发。但雌犬所发生的此种乳腺肿瘤与人乳腺癌的表现不同，前者属于混合型，不仅包含上皮性成分，还包含有骨和软骨等组织。猪常发生肾母细胞瘤，家犬、家猫、马、羊、牛等则不易发生。马倾向于发生阴茎癌，羊和牛则会发生肝癌。家犬、马和牛的黑色素瘤较之家猫、羊和猪为多见。Hereford种牛则会发生眼结膜的上皮细胞癌。

3. 小型实验用哺乳动物

这里主要指啮齿类实验动物。最早强调在实验肿瘤学研究中应使用小鼠的Slye氏指出，小鼠发生的肿瘤，无论在组织发生、临床过程以及组织形态学上都与人类肿瘤有诸多相似之处。后来，由Little氏等培育出近交系小鼠后，在实验肿瘤研究中广泛应用各种高癌和低癌品系小鼠进行研究。大鼠也广泛地应用于肿瘤研究的许多领域之中。它的体型较大，供给的组织较多，便于进行手术、注射等实验操作。大鼠的自发性肿瘤的总发病率远较小鼠为低。例如，大鼠的自发性肝癌颇为少见。然而，大鼠的肝脏对于致癌剂的作用却是很敏感的，已通过大鼠肝癌的研究积累了大量有关肝癌病因学、发病学和分子生物学方面的资料。大鼠的白血病的发病率低，而且白血病发病大鼠多数呈颗粒细胞型，而小鼠的白血病则以淋巴细胞型为多见。豚鼠曾被认为是很少发生肿瘤的实验动物，但是，近年来的研究发现，它们也会自发多种肿瘤，根据Dawe氏等列举的数字得知，已经观察到的豚鼠肿瘤也有29种之多。其中，以支气管乳头状腺瘤和白血瘤为最多见，后者还曾经被连续移植传代成功。

4. 鸟类

该类实验动物所发生的肿瘤以其病毒性病因引人注目，特别是造血系统和间叶组织的肿瘤其病毒病因已较明确。鸡群中所发生的由疱疹类病毒引致的马立克病引起了肿瘤学者的很大兴趣。因为它作为一个实验模型可与人类的Burkitt氏淋巴瘤、猴的淋巴瘤、蛙的Lucke氏肾癌等相类比。

鸡和其他鸟类对肿瘤病毒的研究具有极高的实用价值。为此,日本曾大力开发鸡的 SPF 化,除去已知的白血病病毒(必要时除去马立克病毒,即把 SPF 鸡在乙烯基隔离器连续 2 代饲养,使鸡确实达到 SPF 化),研究它们对白血病、肉瘤病毒等毒株的感受性,弄清对马立克病毒感受性的遗传;研究解决有关内源性病毒的遗传性控制;开展品系内可移植实验的近交品系和有关鹌鹑、鸭、野鸡等鸟类的 SPF 化。

5. 两栖类动物

蛙所发生的 Lucke 氏肾腺癌是研究较多的肿瘤,它至少由 4 种病毒所引起。该类实验动物在细胞和体液免疫方面具有一些特殊特征。因此,为了研究免疫抑制状态在肿瘤(如淋巴网状系统肿瘤)发生中的作用,使用两栖类动物是有用的。另外,两栖类动物的无毛而光滑的皮肤为人皮肤肿瘤的发生和发展的研究提供了更为接近的实验动物模型。

二、动物肿瘤模型的选择

不同种属、品系和类型的实验动物,其肿瘤学方面的性状各不相同,肿瘤学研究工作者应当熟悉实验动物科学的开发研究成果,对有关的资料有比较全面的了解,才能为自己的课题选择合适的实验动物肿瘤模型。在实验肿瘤学研究的各个领域中,只要以实验动物为对象,绝大多数以使用近交系动物为宜。这样做便于实验设计,使动物实验结果准确、均一、经济、有可能重复再现等。实验肿瘤学研究中使用最多的是近交系小鼠和大鼠。研究者可以根据研究目的的不同,选择不同的近交品系。例如,为了研究遗传因素在某种肿瘤(如乳腺癌)发病中的作用,需要选用高(乳腺)癌系小鼠,并与低(乳腺)癌系小鼠进行对比;为了获得某种病毒引发的肿瘤,就要选用对这一病毒具有敏感性的近交系动物;为检定某种可疑致癌物的作用,常要选用中等肿瘤发病率的近交系动物(如 SWR 系小鼠);在某些快速检定的情况下,也要选用高肿瘤发病率的近交系动物(如 A 系小鼠,Sprague-Dawley 系大鼠)。总之,在有关肿瘤遗传学、肿瘤移植术、肿瘤免疫学以及化学致癌研究的工作中,特别要注意各品系实验动物的遗传性状方面的特征。

第六节　在遗传学研究中,实验动物的选择与应用

在遗传学上用来研究阐明正常遗传及遗传性疾病机理的动物称为模式动物。由于进化的原因,生命在发育过程中的基本模式具有相当的同一性,利用位于生物复杂性阶梯较低级位置上的物种来研究发育共同规律是可能的。因为这些生物的细胞数量更少,分布相对单一,变化也易于观察,因而对这些生物的研究有助于人们理解生命世界的一般规律。遗传性疾病是指由于遗传物质改变(如基因的突变或染色体畸形)而造成的疾病。依据造成遗传性疾病的原因又可以将其区分成:单一基因缺陷的遗传疾病、染色体变异所引起的遗传疾病、多重基因共同影响所造成的遗传疾病及线粒体基因的变异所引起的疾病。目前仍有不少遗传疾病的机制尚未清楚,开发和利用实验动物用于遗传学疾病研究具有重要价值。

目前在遗传学研究上公认的模式动物有果蝇、线虫、斑马鱼和小鼠等。果蝇的染色体数量少,遗传背景清楚,基因定位与表型效应的关系明确,各种遗传分析方法也较成熟,是一种经典的模式生物。线虫的细胞分化谱系明确,为研究细胞-细胞间相互作用和特定细胞功能提供了很好的模型。斑马鱼通体透明,它具有体外受精、胚胎透明、体外卵发育、胚胎早期发育快和易

于大量获得样品等独有的特点，是研究器官发生的最佳材料之一。

小鼠体型小、繁殖快、生命周期短，与人同属哺乳动物；小鼠的基因组序列已经全部阐明，基因组和人类有 97.5%相似性，且生理生化和发育过程与人类相似。更为重要的是，小鼠的胚胎操作技术、胚胎干细胞技术以及基因工程改造技术已经成熟，这些优势凸显了小鼠在模式动物中的地位，成为建立人类遗传学疾病动物模型的最佳实验材料。

除此以外，一些动物也会出现各种各样的遗传学疾病，表现出解剖学和生理学上的缺陷，从而可作为人类遗传学疾病的研究模型，也可通过人为因素处理某些特定种属或品系的动物来诱发疾病呈现与人类疾病相似的症状。比如，人的侏儒症可利用软骨发育不全的兔子或牛作为动物模型进行研究；人的氨基酸代谢异常症，如胱氨酸过多症和丙氨酸丁胺酸硫醚尿症等，可通过在大鼠或小鼠饲料中添加额外的氨基酸或注射氨基酸模式来模拟疾病的症状；儿童的甘露糖苷过多症，又称为假性脂肪沉积症，曾报告在安格斯牛中发现类似的甘露糖苷过多的情况，进一步研究发现其病理学和特异性酶缺陷的疾病机理方面，两者的甘露糖苷过多症是相似的。严重的先天畸形可以用维生素 A 诱发。在对大鼠、小鼠、金黄地鼠、家兔、猴等动物中，在其妊娠期给予大剂量的维生素 A，可以诱发各种类型的严重结构性畸形，可筛选得到与人体严重畸形相似的疾病模型。在犬、猫、小鼠及鸟类，均发现具有自发性淀粉样变性，在小鼠、地鼠、豚鼠和家兔还可以实验性地诱发淀粉样变性，分析发现其主要病理特征是存在细胞内淀粉样蛋白沉淀，通过高倍镜可以看到透明性嗜酸性表象。无论从组织学和电镜检查水平，各个方面都可与人体淀粉样蛋白变性相比较，因此这些实验动物可用于人体淀粉样蛋白变性疾病的发生、发病机理及治疗的研究。

第七节　在皮肤病学研究中，实验动物的选择与应用

一、麻风病研究

裸鼠对麻风杆菌具有高度易感性，1975 年发现麻风杆菌接种于裸鼠足垫后能人量繁殖，并扩散至全身，引起瘤型麻风。以往麻风杆菌只有在背上长着 9 条纹的犰狳身上才能生长，而这种产于南美等地的动物难以寻找，也不易饲养和操作。现在可以在裸鼠身上接种麻风杆菌，并且生长良好，病理组织学检查结果类似人的瘤型麻风感染，这为研究麻风杆菌生理学特性、免疫原性和麻风病发病机制提供了极为有用的实验模型。裸鼠的感染能传代，有再现性，在裸鼠的足垫内接种麻风杆菌，并分别一次给 0.5 mg 和每 2 周 0.2 mg 利福平，结果类似于人一次服利福平 1 500 mg 或每天给 600 mg 共 2 周那样的效果。从每天用利福平治疗的病人那里取来麻风杆菌接种裸鼠，结果表明，仅在服用利福平 450 mg，2 d 以后细菌即丧失其感染力。异烟肼、米诺环素、克林霉素对裸鼠体内麻风杆菌无致死作用。氨苯砜对裸鼠中生长的麻风杆菌起抑制作用或抑菌作用。这些结果表明，裸鼠作为麻风化疗研究的模型具有重要的价值。常选用 CFW 小鼠建立鼠麻风足垫感染模型。过去在筛选抗麻风药物、验证耐药菌株、判断细菌活力、开展实验化疗等方面常被应用。在正常小鼠足垫中的麻风杆菌繁殖有限，到一定数量后即不再增加，这和正常小鼠在足垫感染后期出现对麻风杆菌的细胞免疫有关。如用胸腺摘除并经 X 射线照射的免疫抑制鼠进行足垫接种。麻风杆菌在足垫中的对数生长期延长到接种后 13 个月，且菌量比正常小鼠明显增高，可达 100～1 000 倍，以后感染可散播到耳、尾、鼻、

前后足等部位。病理组呈现偏瘤型麻风的特点。不过免疫抑制鼠死亡率高，难以进行长期的研究，效果不够理想。

二、黑色素瘤研究

裸鼠是人类恶性黑色素瘤适宜的动物模型，有利于人类恶性黑色素瘤的研究和治疗。黑色素瘤移植到裸鼠的成功率比较大，为50%～70%。用同样药物化学治疗，其结果与临床医治病人的实践相类似。这可为人类黑色素瘤的治疗提供许多有效的药物和药物联合体，也为黑色素瘤的检测和免疫治疗提供了新的方法。裸鼠还可用于其他皮肤肿瘤(如基底细胞和扁平细胞癌等)的诱发、生物学特性及治疗研究。辛克莱猪能自发恶性黑色素瘤，并且与人类的相应肿瘤有许多共同的特点：肿瘤是自发性的；有由良性黑色素细胞病变转变为恶性能力；猪的黑色素瘤组织学上类似人的浅表扩散性黑色素瘤；转移发生于深部浸润皮肤肿瘤；转移表现与人类黑色素瘤转移的分布相似；宿主体内发生肿瘤相关性免疫反应；遗传成分十分明显，与人类某些黑色素瘤的遗传成分相当。但有些特点可区分猪与人的黑色素瘤，如白猪不发生黑色素瘤；猪肿瘤发生与紫外线照射无关；大多数病猪的肿瘤能完全消退。猪黑色素瘤模型与人类恶性黑色素瘤有许多共同的特点，而且有可靠的证据说明宿主免疫因素对这一肿瘤的发生、生长及消退都有作用。

三、真菌感染研究

裸鼠可用于真菌感染实验，特别是对新型隐球菌高度易感。裸鼠作为宿主对抗真菌感染时的防御机制研究是很有用的。利用 CFW 幼鼠可建立真菌感染模型，尤其是应用于念珠菌病的诊断和治疗方法的研究，对隐性患者的早期诊断更有意义。

四、免疫血清学研究

随着免疫血清学研究的需要，目前已发展成用致敏动物含反应素抗体的血清注射到同种或密切相关的异种正常动物皮内，24～72 h 后，静脉注射抗原，观察局部皮肤过敏反应，统称 PCA 反应。药物对各种动物在发生 PCA 反应的影响是不同的。抗组胺药对各种动物 PCA 反应均有抑制作用，说明各种动物在发生 PCA 反应时均释放组胺。但色甘酸钠可抑制大鼠 PCA 反应，而对小鼠及兔 PCA 反应则无影响。因此，应用 PCA 反应来判断一个药物的抗变态反应作用，最好不要根据一种动物 PCA 反应的结果。PCA 反应试验常选用的动物是大鼠，也用小鼠，有时根据实验需要用兔，这些动物 PCA(24～72 h)反应是由 IgE 介导的。豚鼠很少采用，因其 PCA 反应主要是由 IgG 介导的。

五、变态反应皮肤病研究

家犬可以自发全身性红斑狼疮；豚鼠是研究实验性接触性变态反应的常用实验动物，并为研究接触性变态反应的最佳动物。豚鼠易于致敏，其发生的变态反应性接触性皮炎(ACD)与人类十分相似。然而豚鼠躯干部表皮层较薄(仅 4 层细胞)，发生的病理变化与人类也有差异，如不易发生水疱等，而乳晕部表皮较厚，层次基本与人类表皮相当，且无毛，便于标本制作和观察。

思考题

1. 在动物医学和比较医学研究中如何科学地选择实验动物？
2. 药理学研究包括哪些项目？药理学中神经系统的药物研究应如何选择合适的实验动物？
3. 药物临床前安全评价中对实验室的要求有哪些？
4. 列举1～2个实验动物在免疫学研究中的应用。
5. 简述基因工程动物肿瘤模型的制备方法及应用举例。
6. 实验动物在病毒学研究中主要应用于哪些方面？冠状病毒的感染研究主要采用了哪些动物模型？

参考文献

何诚,2013. 实验动物学[M]. 2版. 北京:中国农业大学出版社.

李凤奎,王纯耀,2007. 实验动物与动物实验方法学[M]. 郑州:郑州大学出版社.

刘昌孝,伊秀林,崔涛,等,2020. 新型冠状病毒疫苗研发与评价[J]. 药物评价研究,43(7):1421-1432.

刘恩岐,2014. 人类疾病动物模型[M]. 北京:人民卫生出版社.

刘丽,李波,2018. 疫苗的非临床安全性研究[J]. 中国新药杂志,27(21):2472-2480.

帕斯托,2009. 动物疫苗学[M]. 才学鹏,景志忠,邱昌庆,译. 北京:中国农业科学技术出版社.

秦川,魏泓,2015. 实验动物学[M]. 2版. 北京:人民卫生出版社.

谭燕莲,苏何玲,2019. 乙型肝炎病毒感染动物模型研究进展[J]. 华夏医学,32(2):166-170.

汤加铭,陈民利,2012. 医学实验动物学[M]. 北京:中国中医药出版社.

王军志,2008. 生物技术药物安全性评价[M]. 北京:人民卫生出版社.

韦武,郭红星,2019. 大鼠肝癌模型建立的研究进展[J]. 中国实验动物学报,27(1):119-123.

魏泓,2016. 医学动物实验技术[M]. 北京:人民卫生出版社.

温浩,侯月梅,2012. 人类疾病动物模型研究和实验动物管理[M]. 北京:科学出版社.

夏巍,赖永静,杜龙,等,2019. 树鼩在人类肿瘤疾病动物模型中的应用进展[J]. 动物医学进展,40(3):109-113.

张春花,朱丹,刘华钢,2011. 流感病毒感染实验动物模型建立的研究进展[J]. 广西医科大学学报,28(5):808-811.

第八章

人类疾病的动物模型

本章简介

本章主要介绍了人类疾病动物模型的概念、复制模型的意义和原则;常用人类疾病模型的复制方法和应用;免疫缺陷动物模型的定义及其在生命科学研究中的应用。研究动物模型目的在于揭示人类疾病发病机理,寻找预防和治疗人类疾病的措施。

第一节　人类疾病动物模型的概述

一、人类疾病动物模型的定义

人类疾病的动物模型是指医学研究中建立的具有人类疾病模拟表现的动物实验对象和相关材料。人类各种疾病的发生、发展是十分复杂的,但人不能作为实验的对象,仅从临床表现、尸体解剖所见,想全面了解和阐明疾病的本质和它的发生、发展是困难的,许多实验在道义和方法上受到许多限制。这就必须借助动物复制出类似人类的各种疾病及某些生命现象的模型进行研究,并将研究结果推论到人类,阐明生命的奥秘,认识人类疾病的发生和发展规律,从而有效地防治人类疾病。

二、人类疾病动物模型的分类

(一)按产生原因分类

人类疾病动物模型种类很多,按产生原因,其可分为自发性、诱发性、抗疾病和生物医学动物模型。

1. 自发性疾病动物模型

自发性疾病动物模型是指实验动物未经任何有意识的人工处理,在自然情况下动物自然发生的疾病包括突变系的遗传疾病和近交系的肿瘤疾病模型。突变系的遗传疾病很多,可分为代谢性疾病、分子疾病和特种蛋白质合成异常性疾病。近交系的肿瘤模型随实验动物种属、品系的不同,其肿瘤的发生类型和发病率有很大差异。很多自发性疾病动物模型在研究人类疾病中有很重要的价值,如自发性高血压大鼠、中国地鼠的自发性真性糖尿病及裸鼠、小鼠和大鼠各种自发肿瘤以及肥胖症小鼠、脑中风大鼠等。自发性疾病动物模型的优点是在一定程度上减少了人为因素，更接近自然的人类疾病。其缺点是目前发现的疾病种类有限，饲养条件要求高，自然发病率低，发病周期长，不可能大量应用，如山羊家族性甲状腺肿、牛免疫缺陷病(B1V)等。

2. 诱发性疾病动物模型

诱发性疾病动物模型是指通过使用物理、化学、生物等致病手段，人为地造成动物组织、器官或全身形成类似人类疾病的动物模型，又称为实验性动物模型，即人工地诱发出特定的疾病，以供研究。如接种细菌或病毒使动物患相应的传染病，用化学致癌剂、放射线、致癌病毒诱发动物的肿瘤等。诱发性疾病动物模型具有能在短期内复制出大量的疾病动物模型，并能严格控制各种条件，使复制出的疾病模型适合研究目的的需要，因而为近代医学研究所常用。但诱发性疾病动物模型和自然产生的疾病模型在某些方面毕竟存在一定的差异，而且有些人类疾病不能用人工方法诱发出来。

(1)物理因素诱发动物疾病模型　是指常见的物理因素，如机械损伤、放射线损伤、气压、手术、温度和压力的改变、噪声等许多因素。使用物理方法复制的动物模型，如用外科手术方法复制大鼠肺水肿动物模型、大鼠急性肝功能衰竭动物模型和放射线方法复制萎缩性胃炎动物模型以及大小鼠和犬的放射病模型等。复制模型时要注意选择适宜的刺激强度、时间和频率，采用物理因素复制动物疾病模型比较直观、简便，是实验中常用的方法。

(2)化学因素诱发动物疾病模型　化学因素的作用有两方面：一是通过化学物质的烧伤、腐蚀；二是通过化学物质参与代谢实现的，具体方法为化学药致癌、化学毒物中毒、强酸强碱烧伤、某种有机成分的增加或减少导致营养性疾病等。应用化学物质复制动物疾病模型，如用羟基乙胺复制大鼠急性十二指肠溃疡动物模型、用 *D*-氨基半乳糖复制大鼠肝硬化动物模型，用缺碘饲料复制大鼠缺碘性甲状腺肿动物模型和应用胆固醇盐、甲硫氧嘧啶及动物脂肪油复制鸡、兔、大鼠的动脉粥样硬化症动物模型。在复制过程中要注意不同品种、不同年龄、体重的动物存在着剂量、耐药性和副作用的差异。特别是有些化学药物代谢易造成许多组织、器官损伤，可能影响实验观察，应在预实验中摸索好稳定的实验条件。

(3)生物因素诱发动物疾病模型　传染病、寄生虫病、微生物学和免疫学等研究经常使用生物因素复制动物模型。常见的生物因素如细菌、病毒、寄生虫、生物毒素等。在人类疾病中，由生物因素导致发生的人兽共患病(传染性或非传染性)占很大的比例。如以柯萨奇 B 族病毒复制小鼠、大鼠、猪等心肌炎动物模型；以福氏Ⅳ型痢疾杆菌或志贺杆菌复制猴的细菌性痢疾动物模型；以锥虫病原体感染小鼠，复制锥虫病小鼠动物模型；以钩端螺旋体感染豚鼠，复制由钩端螺旋体引起的肺出血动物模型。

(4)复合因素诱发动物疾病模型　以上 3 种诱发动物模型的因素都是单一的，有些疾病模型应用单一因素诱发难以达到实验的需要，必须使用多种复合因素诱导才能复制成功。这些动物疾病模型的复制往往需要较长时间，方法比较烦琐，但与人类疾病比较相似。如复制大鼠或豚鼠慢性支气管炎动物模型可使用细菌加寒冷方法或香烟加寒冷，也可使用细菌加 SO_2 等方法来复制。以四氯化碳(40%棉籽油溶液)、胆固醇、乙醇等因素复制大鼠肝硬化动物模型等。

以上两大类动物模型各有优缺点。很多疾病可用不同的方式获得。如有不少的自发性肿瘤模型，也可用各种致癌剂诱发产生。但是它们的发病机制和疾病的内在特征存在各自的特点，如自发性肿瘤和诱发性肿瘤对药物的敏感性有明显的不同。

3. 抗疾病的动物模型

抗疾病动物模型是指特定的疾病不会在某种动物身上发生，因此，可惜以探讨为何这种动物对该疾病有天然的抵抗力。如哺乳动物易感染血吸虫病，而洞庭湖流域的东方田鼠却不感染血吸虫病，因而可用于血吸虫感染和抗血吸虫病的研究。

4. 生物医学动物模型

生物医学动物模型是指用动物生物学特性来提供人类疾病相似表现的疾病模型。如沙鼠缺乏完整的脑底动脉环，左右大脑供血相对独立，是研究中风的理想动物模型。鹿的正常红细胞是镰刀状的，多年来被用作镰状细胞贫血的研究。但这类动物模型与人类疾病存在着一定的差异，研究人员应加以分析比较后再应用。

(二)按系统范围分类

人类疾病动物模型按系统范围可分为如下2类。

1. 疾病的基本病理过程动物模型

疾病的基本病理过程动物模型是指各种疾病共同性的一些病理变化过程模型。致病因素在一定条件下作用于动物，使动物组织、器官或全身造成一定病理损伤，出现各种功能、代谢和形态结构的某些变化，其中有的变化是许多疾病都可能发生的、共有的，不是某种疾病所特有的变化，如发热、缺氧、水肿、休克、弥散性血管内凝血、电解质紊乱、酸碱平衡失调等，均可称之为疾病的基本病理过程。

2. 各系统疾病动物模型

各系统疾病动物模型是指与人类各系统疾病相应的人类疾病动物模型。各系统疾病模型分为消化、呼吸、心血管、泌尿、神经、血液与造血系统、内分泌、骨骼等系统的动物模型；也包括按科分类，如传染病、妇科病、儿科病、皮肤科病、五官科病、外科病、寄生虫病、地方病、维生素缺乏病、物理损伤疾病和职业病等动物模型。

(三)按模型种类分类

疾病模型的种类包括整体动物、离体器官和组织、细胞株和数学模型疾病模型，也是研究人类疾病常用的手段。

(四)按中医药体系分类

传统医学使用动物模型至今已有30多年的历史，根据中医证型分类，动物模型可分为阴虚动物模型、阳虚动物模型、气虚动物模型、血虚动物模型、脾虚和肾虚动物模型等。按中药理论分类，人类疾病动物模型包括解表药、清热药、泻下药、祛风湿药、利水渗湿药、温里药、止血药、止咳药、化痰药、平喘药、安神药、平肝息风药、补益药、理气药、活血化瘀药等动物模型。中医药动物模型不论从“证”还是从“药”分类，每个证的动物模型不止一种动物或一种方法。由于中医药的特殊理论体系，评价标准和观察指标十分准确的动物模型并不多，许多动物模型有待进一步完善和改进。

三、人类疾病动物模型的意义

(一)避免在人体进行实验

临床上许多病如外伤、中毒或肿瘤等的研究不可能在人体重复进行。如肿瘤的病因研究，我们只能从询问及流行病学调查、回顾性调查中推测其病因，而不能确定为何种原因。但可在动物身上进行致癌实验，给予某种致癌物，观察癌肿的发生和发展。动物可作为人类的替难者。

（二）简化和缩短研究周期

动物模型可以作为人类疾病的"复制品"。临床上，人类疾病有很多病潜伏期长、有的病程很长。研究观察周期太长，如高血压、慢性支气管炎、肺心病及肿瘤等，这些病的发生和发展都很缓慢，要几年、十几年，甚至几十年，而有的致病因素需要隔代或几代人才能表现出影响来，人类平均寿命可达60～70岁，但作为一个医生或研究者，一生很难观察到三代人，这就影响了系统性的研究。许多实验动物生命周期短，在实验室内可以进行几代甚至十几代的观察。

（三）提供发病率较低、潜伏期和病程较长的疾病材料

临床上，有些疾病不易收集，如放射病、烈性传染病、遗传病、肿瘤等，但在实验室可以随时在实验动物身上进行复制。

（四）可以严格控制实验条件，增强实验材料的可比性

临床上，人类疾病有很多，并且十分复杂，各种因素均起作用。患心脏病的病人，可能同时患有呼吸系统疾病或肾脏病，即使疾病完全相同，因病人的年龄、性别、体质等不同，对疾病的发生和发展均有影响。应用实验动物来复制疾病模型可选择同品系、同性别、年龄、体重等相同条件的标准实验动物，用单一的病因作用复制各种疾病。

（五）样品收集方便，结果容易分析

在临床上，观察病人绝大多数只能看到病人在疾病发展过程的某个片段，如同看电影中的几个镜头，而动物模型可看到全部电影的过程，有始有终。研究者按实验目的需要随时收集各种样品，甚至及时处死动物，收集标本。

（六）有助于全面认识疾病的本质

有些病原体可在人体致病，又可引起某种动物患病，其临床表现各有特点，通过对人和畜进行比较研究，可充分的认识同一病原体在不同机体引起的损害，全面的认识该疾病的本质。

应对动物模型有一个正确的评估：在医学科学研究中，动物模型的最终目的是防治人类疾病。因此，疾病动物模型结果的可靠程度取决于模型与人类疾病的相似性。没有一种动物模型能全部复制出人类疾病的所有表现。模型只是一种外延法的间接研究。因此，模型实验结论的正确性是相对的，还必须在人体得到验证。在复制模型过程中一旦出现异于人类疾病的情况，要随时分析差异的性质和程度，找出相平行的共同点，正确评估其价值。

四、人类疾病动物模型的复制原则

（一）尽可能重现所要求的人类疾病的模型

复制的动物模型应尽可能近似人类相应的疾病，避免使用与人类疾病相似性很小的动物疾病作为模型。在实验设计时要充分了解所用动物模型的全部信息，即了解动物的特性、诱发条件、疾病的表现和病变部位，并分析是否能达到预期的结果。如研究动脉粥样硬化病，可选用的实验动物很多，兔是其中之一，易于复制是常选用的动物。但须了解兔为食草动物，它需要胆固醇剂量比人高很多，病变部位不出现在主动脉弓，病理以纤维组织和平滑肌增生为主，与人发生的病变差异较大，而猪是较理想的实验动物。

(二)选用有实用价值的、标准化的实验动物

应遵循适合大多数研究人员使用,便于操作,容易复制,还便于采集标本。应使用标准化的实验动物。对于慢性疾病模型,动物须有较长的生存期,以便长期观察,以免模型完成时动物已濒死或因并发症而死亡。如研究慢性支气管炎,普通级别的大小鼠在开放环境下饲养是不适宜的;感染肺炎支原体可高达 90%,易与某些因子诱发的慢性支气管炎的病变相混淆。这种实验应使用 SPF 级大小鼠,并将它们饲养在屏障系统内。

(三)经济易行

复制动物模型时,应遵循经济易行的原则。尽管灵长类动物与人最近似,复制的疾病模型很相似,但它稀少,价格昂贵,除非十分重要的研究,非用它不可,一般实验多不采用。多用小动物,如小鼠、大鼠、地鼠、豚鼠等,同样可复制出相似人类疾病的模型,而且它们的遗传背景大多明确,质量和规格可任意选择,且价廉易得,便于管理。

(四)不能盲目地使用近交系动物

近交系动物遗传背景清楚,反应均一,个体差异小,广泛地用于复制疾病模型。但使用近交系时应注意到:①动物形成亚系后,不应再视为同一品系,要充分了解新品系的特征和背景材料;②即使作为已形成模型的品系,不适当的育种方法和环境改变还诱发新的基因突变和遗传漂变,即存在着变种甚至断种的危险;③国外常用 2 种近交系交配成的杂交一代动物作为模型。

第二节　动物模型在人类疾病研究中的应用

一、肿瘤动物模型

实验动物肿瘤模型对肿瘤的病因、发病机制及防治方法的研究,都有着非常重要的意义。新的高效低毒抗癌药物的研制,是人类攻克肿瘤的主要手段之一。在新的抗癌药物的研制中,除了常用的大鼠和小鼠外,还有豚鼠、仓鼠、猪、兔、鸟、鱼及灵长类等动物。抗癌药物研究中动物模型的选择主要有以下几种类型。

(一)自发性肿瘤模型

自发性肿瘤模型是实验动物种群中不经有意识的人工实验处置而自然发生的一类肿瘤,称之为自发性肿瘤。自发性肿瘤发生的类型和发病率可随实验动物的种属、品系及类型的不同而各有差异。如 C3H 动物的乳腺癌发病率为 97%,雌性 AKR 动物的白发性淋巴性白血病的发病率为 76%~99%,雄性为 68%~90%。

在肿瘤实验研究中,选用自发性肿瘤型为对象进行研究的优点:首先,自发性肿瘤通常比用实验方法诱发的肿瘤模型与人类所患的肿瘤更为相似,有利于将动物实验结果推用到人;其次,这一类肿瘤发生的条件比较自然,有可能通过细致观察和统计分析而发现原来没有发现的环境的或其他的致癌因素,可以着重观察遗传因素在肿瘤发生上的作用。应用自发性肿瘤模型也存在一些缺点:肿瘤的发生情况可能参差不齐;不可能在短时间内获得大量肿瘤学材料;试验周期较长,耗费较大;一般很少用于药物筛选。

某个近交系动物在一定年龄内可以发生一定比例的某种自发性肿瘤。近交系小鼠和大鼠的自发性乳腺肿瘤、自发性肺脏肿瘤、自发性肝脏肿瘤、自发性卵巢肿瘤等的比例较高,比如

C3H 系小鼠的繁殖雌鼠的自发性乳腺肿瘤几乎为 100%，A 系小鼠在 18 月龄时自发肺脏肿瘤的发病率为 90%；近交系大鼠 ACI 系雄鼠的自发性肿瘤中，其中睾丸 46%、肾上腺 16%、脑垂体 5%、皮肤和耳道以及其他类型 6%。雌鼠自发性肿瘤：脑垂体 21%、子宫 13%、乳腺 11%，肾上腺和其他类型 6%。非人灵长类动物的自发肿瘤几乎见于所有的器官系统，以消化系统、生殖系统、泌尿系统的肿瘤较多，呼吸系统、心血管系统和神经系统的肿瘤少见。

有人应用 AKR 自发白血病小鼠进行研究，该小鼠出生后一年半内有高于 90%的发病率，曾作为研究人体白血病和淋巴瘤的模型，它对药物的治疗反应类似儿童急性淋巴性白血病。由于病程较长，已用于综合化疗研究药物诱导缓解和维持缓解的最适治疗方案。此肿瘤可用泼尼松和长春新碱诱导缓解，也可以环磷酰胺和甲基-CCNU 诱导缓解，再用阿糖胞苷维持缓解，后者疗效最好。自发肿瘤多数为病毒性，如 C3H 小鼠出生后有高的乳腺癌发生率，A 系小鼠出生后 18 个月内有 90%的肺癌发生率，AK 和 C57 小鼠有高的白血病发生率等，这些肿瘤多发生于体表部位或易为目前体检新发现的部位。AKR 白血病的生长规律研究提示，该鼠出生时即携带致癌的 RNA 病毒，于鼠龄 6～13 个月内，每月小鼠自发瘤的死亡率为 15%～20%，而伴有增殖能力的瘤细胞常于诊断前 1 个月在小鼠胸腺中出现，诊断后中等生存期为 16 d，以上规律的阐明为化疗提供了基础知识。在当前新药研究中，自发瘤模型应用最多的是小鼠自发乳腺癌，常用高自发率的 C3H 小鼠或 BALB/C 雌鼠与 DBA/2 雄鼠杂交的第一代 CD2F1 小鼠（自发乳腺癌），它们于生后 10 个半月可摸到肿瘤，而后生存 20～35 d 死亡，大量繁殖此类小鼠，自发瘤可高达 70%。一般于摸到肿瘤块后分组给药，观察其平均生存时间的延长率来评价药物的疗效。

（二）诱发性肿瘤模型

诱发性肿瘤模型是用化学致癌物、物理因子（射线）或生物因子（病毒）均可在各类动物中诱发不同类型的肿瘤。表 8-1 中列举出了常用的化学致癌物分类及与之对应的敏感种属动物。强化学致癌物二甲基苯蒽和甲基胆蒽可诱发乳癌，黄曲霉毒素 B_1 及奶油黄可诱发大鼠肝癌，二苯苄芘诱发纤维肉瘤均已列为美国 NCI 第二筛瘤株。用于化疗研究的还有 α-萘酚等诱发田鼠和犬的膀胱癌，N-甲基-N-硝基-N-亚硝基胍诱发大鼠胃癌，此外用 1%DEN 皮下注射，每天 50 mg/kg，连续 3 周再观察半年内小鼠肺癌发生率也可达 94%。食管癌和鼻咽癌等也用致癌物诱发成功，部分也已被用于药物作用的研究。但诱癌过程需时较长，成功率多数达不到 100%，肿瘤发生的潜伏期个体变异较大，不易同时获得病程或癌块大小较均一的动物供实验治疗之用，再加之肿瘤细胞的形态学特征常是多种多样，且致癌多瘤病毒常诱发多部位肿瘤，故不常用于药物筛选，但从病因学角度分析，它与人体肿瘤较为近似，故此模型常用于特定的深入研究。由于该类型肿瘤生长较慢，瘤细胞增殖比率低，倍增时间长，更类似于人肿瘤细胞动力学特征，常用于综合化疗或肿瘤预防方面的研究。

在使用化学致癌物时，要注意各类化学致癌剂对动物致癌的特点，各类致癌剂在实验动物体内的致癌特点如下。

1. 芳香胺及偶氮染料类致癌物的特点

①通常需要长期、大量给药才能致癌；②肿瘤多发生于远隔作用部位的器官如膀胱、肝等；③有明显的种属差异；④其本身不是直接致癌物，致癌是由于其某种代谢产物的作用；⑤其致癌作用往往受营养或激素的影响，例如，奶黄仅在以缺少蛋白质和核黄素的饲料喂饲大鼠时才引起肝癌，而且雄性大鼠较敏感，邻位氨基偶氮甲苯则易引起雌性大鼠的肝癌。

2. 亚硝胺类的致癌特点

①致癌性强，小剂量一次给药即可致癌；②对多种动物(包括猴、豚鼠等不易诱发肿瘤的动物)的许多器官(包括食管、脑、鼻窦等不易引起癌的器官)能致癌，甚至可以通过胎盘致癌，如给妊娠大鼠以二乙基亚硝胺可比较快地引起仔鼠的神经胶质细胞瘤；③具有不同结构的亚硝胺有明显的器官亲和性，例如二甲基亚硝胺等对称的衍生物常引起肝癌，不对称的亚硝胺如甲基苄基亚硝胺常诱发食管癌；在大鼠，二甲基亚硝胺能引起膀胱癌和肺癌，而 *N*-甲基-*N*-硝基-*N*1-亚硝基胍则能引起胃肠癌。

3. 黄曲霉毒素 B_1 的致癌特点

①毒性极强，只需亚硝胺剂量的几十分之一就可致癌；②能诱发多种动物肿瘤；③能诱发多种癌肿，很小剂量(每千克体重 1 mg)即可使犬、幼龄大鼠、火鸡或小鸭致死；其致癌性也极强，最小致癌剂量比亚硝胺还要小数十倍，是已知化学致癌物中作用最强者。他能诱发多种动物(从鱼到猴)的肝癌，也可引起肾、胃及结肠的腺癌，滴入气管内可引起肺鳞状细胞癌；注入皮下可引起局部的肉瘤，还有报告认为，它可引起泪腺、乳腺、卵巢等其他部位的肿瘤。

在动物实验中早已确定：乙硫氨酸可诱发大鼠肝癌；乌拉坦(氨基甲酸乙酯，C_2H_5O-$CONH_2$)、氨乙胺可引起小鼠的肺癌；一些卤代烃如四氯化碳、氯仿等可引起大鼠或小鼠的肝癌。

表 8-1 常用的化学致癌物分类及对应的敏感种属动物

分类	化合物名称	缩写	靶器官	敏感动物
N-亚硝基化合物类	*N*-亚硝基二乙胺	DENA	肝脏、肾、肺	大鼠，小鼠，灵长类
	N-甲基-*N*-*O*-亚硝基胍	MNNG	胃	大鼠、灵长类动物
	N-亚硝基二甲胺	NDMA	肝脏、食道	大鼠、小鼠
	二甲基亚硝胺	DMN	肝脏	大鼠
	4-(甲基亚硝基)-1-(3-吡啶基)-1-丁酮	NNK	肺脏 胰腺	小鼠、大鼠 仓鼠
	N-丁基-*N*-(4-羟基丁基)亚硝胺	BBN	膀胱	小鼠、大鼠
杂环胺(HCA)	2-氨基-1-甲基-6-苯基咪唑并[4,5-b]吡啶	PhIP	乳腺、结肠、前列腺	大鼠
	2-氨基-3,8-二甲基咪唑-[4,5-f]喹啉	MeIQx	肝脏、肺脏	大鼠、小鼠
	2-氨基-3-甲基咪唑[4,5-f]喹啉	IQ	肝脏、结肠	大鼠、灵长类动物、小鼠
多环芳烃(PAHs)	2-乙酰基芴	2-AAF	肝脏	大鼠、小鼠
	7,12-二甲基苯并蒽	DMBA	乳腺、皮肤、口腔	大鼠、小鼠、仓鼠
	苯并(a)芘	BaP	肺脏、胃、结肠	小鼠
	3-甲基胆蒽	MCA	肺脏	小鼠、大鼠
食品添加剂	溴酸钾	KBrO3	肾脏	大鼠

续表8-1

分类	化合物名称	缩写	靶器官	敏感动物
多氯联苯（PCB）	2,3,7,8-四氯二苯并二噁英	TCDD	肝脏、肺脏	小鼠、大鼠
抗肿瘤药物	*N*-甲基-*N*-亚硝基脲	MNU	乳腺、前列腺、甲状腺、食道、胃、结直肠、	大鼠、小鼠灵长类、树鼩
天然化合物	黄曲霉毒素 B1	AFB1	肝脏	大鼠、小鼠、鱼类、灵长类
	石棉		肺脏、胸膜、腹膜	大鼠、小鼠、仓鼠
	马兜铃酸	AA	贲门、肾脏	大鼠、小鼠
合成致癌物	1,2-二甲基肼二盐酸盐	DMH	直肠	大鼠、小鼠
	氧化偶氮甲烷	AOM	直肠	大鼠、小鼠
	甲基乙氧基甲醇	MAM	直肠	小鼠
	4-硝基喹啉 1-氧化物	4NQO	口腔	大鼠、小鼠
	亚硝基乙基脲	ENU	中枢神经系统	大鼠、小鼠
	N-亚硝基双(2-羟丙基)胺	BHP	肺脏	大鼠
			胰腺	仓鼠
	苯巴比妥	PI	肝脏	大鼠

（三）移植性肿瘤模型

移植性肿瘤模型是目前抗癌药物研制中使用最多的一类肿瘤模型，主要用于肿瘤药物筛选和药效学研究。其优点是这类肿瘤通常是接种一定数量的肿瘤细胞（皮下、腹腔、静脉、颅内等），甚至是无细胞滤液（病毒性肿瘤）后，使一组动物在几乎相同的时间内患同样的肿瘤，生长速率较一致，个体差异较小，接种存活率近 100%，肿瘤形态、生长率、对药物的敏感性、死亡时间等非常相近，对宿主的影响也类似，易于客观判断疗效，且可在同种或同品系动物中连续移植，长期保留供试验之用，试验周期一般均较短。在当前抗癌药筛选中，绝大多数用移植瘤试验，如各种实体型肿瘤，腹水瘤和白血病等均被广泛使用，所以将移植性肿瘤模型作为药物筛选的模型是非常合适的。但是这类肿瘤生长速度快，增殖比率高，体积倍增时间短，这些都是与人体肿瘤的显著不同点，特别是与人的实体瘤差别更大。

现在全世界保种的动物移植瘤有 500 种以上。但是经常用于筛选及药效学试验的大概只有 40 种左右，其中大多数是小鼠肿瘤，少数为大鼠或仓鼠的肿瘤，包括小鼠 L1210 淋巴白血病、艾氏腹水瘤、Friehd 病毒白血病、肉瘤 180、Lewis 肺癌、腺癌 755、白血病 615、白血病 P388、Walker-256、吉田肉瘤、肉瘤 45、Liol 淋巴瘤、Dunning 白血病、白血病 L5170Y、P1534 淋巴白血病、P1798 淋巴肉瘤、LPC-1 浆细胞瘤、淋巴瘤 8、Gardner 淋巴肉瘤、B16 或 Cloadman 黑色素瘤、Ridaway 骨肉瘤、肉瘤 37、P315 白血病、Wagner 癌肉瘤、Murhy-sturm 淋巴肉瘤、Jensen 肉瘤、Geurin 氏癌、仓鼠十二指肠腺癌和人体肉瘤 HSL 第 1 代杂交鼠移植。它们对抗癌药作用的敏感性大致可分为敏感，中度敏感，低敏感和不敏感瘤株四类。敏感瘤株通常生长迅速，瘤细胞增殖比率高，倍增时间短，如 L1210、P388、W256，吉田肉瘤，Wagner 瘤和肉瘤 45

等；中度敏感瘤株包括艾氏腹水瘤、实体瘤、肉瘤 180、肉瘤 37 和格氏癌；低敏感瘤株则包括大鼠肉瘤 M1 和 AkR 自发白血病；不敏感肿瘤多生长缓慢，瘤细胞增殖比率低，如小鼠皮肤癌，CH3 自发乳腺癌和诱发癌。同样敏感株对抗癌药的疗效水平也不相同。豚鼠、兔、猫、犬、猪、马及灵长类动物的肿瘤在进行肿瘤学研究中应用较少。

国外的研究单位筛选肿瘤时出现的瘤株多为鼠白血病 P388 和 L1210（宿主为 DBA/2 小鼠）；Lewis 肺癌及 B16 黑色素瘤（宿主为 C_{57}BL/6 小鼠）、结肠癌 Colon26、Colon38（宿主为 BALB/c 小鼠）以及 Edish 腹水癌、肉瘤 180（S_{180}）、白血病 L5170Y、Friend 白血病、腺癌 755、Ridaway 骨肉瘤、小鼠肝癌 2HAC、肉瘤 37、脑瘤 22、小鼠宫颈癌、白血病 615 以及大鼠的肿瘤 W256、吉田肉瘤等。这些肿瘤大多数生长较迅速，倍增时间短，对抗癌药物的敏感性较高。

（四）人体肿瘤的异种移植性肿瘤模型

人体肿瘤的异种移植性肿瘤模型是早期的抗癌药物研究均以动物肿瘤作为筛选的模型，但是动物肿瘤毕竟不是人体肿瘤。不同的肿瘤对药物的敏感性也不同，所以应用多种人体肿瘤模型进行抗癌药物的筛选，特别是疾病定向性筛选具有合理性。

早期人体肿瘤动物异种移植模型主要利用动物的一些免疫迟发的部位，例如，鸡胚、动物的眼前房、地鼠的颊囊等。虽然有一定的成活率，但是生长缓慢，肿块小，难以传代，更不能适应需要较多瘤源的实验治疗工作。由于异种移植排斥反应常会导致移植失败，故选择合适的移植宿主是移植成功的关键。自 1966 年起，免疫缺陷性裸鼠的发现和应用，人体肿瘤异种移植获得了更大的成功，瘤株在裸鼠体内可以传代，而且肿瘤细胞形态、染色体数量和同工酶水平等仍保持不变，对Ⅰ临床常用的抗癌药物敏感性也大致相似。美国于 1977 年提出将人的乳腺癌（MX-1）、结肠癌（CX-1）和肺癌（LX-1）作为体内第二期筛选模型。移植入裸鼠体内的人体肿瘤在裸鼠体内仍保持其原有的组织学形态、特有的染色体组型及对化学、放射治疗的原有特性，但也要注意由于异种移植需要附加因子，不同于它们生长在人体的自然条件下，对药物的反应性可能也不同。近年来，各类人体肿瘤在裸鼠体内异种移植模型正在进一步开展研究，以便为抗癌药物，尤其是对实体瘤敏感药物的寻找，提供更好的模型。

1966 年发现和培育了一种无毛裸小鼠突变株，可能直接作为人体肿瘤异种移植的接受体，不需进行附加因子的处理，可使人体肿瘤移植后生长良好。肿瘤细胞形态、染色体含量和同工酶水平与人体肿瘤一样，说明未发生细胞选择和细胞杂交现象，细胞动力学和生物化学特征也未变，故这种小鼠的异种移植人体肿瘤已成为免疫学和肿瘤学研究中较为理想的模型。目前已成功地将结肠癌、乳癌、肺癌、卵巢癌、黑色素癌、胃癌、淋巴瘤和白血病、肾病、宫颈癌、软组织肉瘤和骨肉瘤等移植于裸鼠，获得一定百分比（37.5%）的良好生长肿瘤部分并可传代。若用已建株的人体肿瘤组织培养细胞器移植材料，接种后成活率更高（41%）。这些成活的肿瘤对化疗药物的敏感性与临床所见十分相近。

这种异种移植肿瘤模型已被广泛用于研究人类肿瘤的生物学特性、体外培养细胞株的鉴定、探讨肿瘤与宿主免疫间的相互关系、人体肿瘤浸润及生物学特征和调控机制的研究等。

（五）基因工程肿瘤动物模型

基因工程肿瘤动物模型将产生某些肿瘤的基因作为外源基因，构建出的人类肿瘤转基因动物模型能帮助人们研究癌基因活性及肿瘤的发生机制和发展过程，为肿瘤治疗提供实验依据。目前构建基因工程肿瘤动物模型主要采用以下途径：直接将癌基因及促进肿瘤发生、发展的基因转入动物体内，使这种基因能够在特定的组织表达或非特异性表达；转入肿瘤血管生成调控基因，从基因水平来调控肿瘤血管生成，利用肿瘤血管生长因子促进或抑制肿瘤形成及生长；转入肿瘤转移促进基因，主要是金属基质蛋白酶类；转入肿瘤细胞耐药相关基因；敲除抑癌基因等。

与传统化学致癌物诱导的动物模型相比，利用转基因技术将肿瘤形成相关基因直接转入动物体内进行表达，其建立的动物模型的致癌过程和病理表现更接近人体。该模型能更好地模拟体内的生理、病理环境，与所要研究肿瘤的发生过程具有较好的一致性，还可显示各种癌前病变阶段，从而便于进行肿瘤形成的研究，同时为肿瘤的基因治疗提供依据。

已建立了多种转基因肿瘤动物模型，其中乳腺癌的转基因小鼠模型是相对成熟的，可通过表达与人类同源的癌基因或敲除抑癌基因，构建与人类发病相似的转基因乳腺癌模型。基因工程小鼠乳腺癌模型大体分为两类：转基因模型和基因敲除模型。最常用的方式是在小鼠体内采用乳腺特异性启动子定向表达癌基因，其中乳腺特异性启动子多采用 MMTV-LTR。MMTV 是导致小鼠乳腺肿瘤的重要病毒，研究人员将其病毒组织特异启动子及增强子功能剥离出来以介导 *ERBB2*（*HER-2*）、*PyMT*、*Wnt-1* 等癌基因在乳腺中高表达，进而诱发乳腺癌。在小鼠体内敲除抑癌基因也可以建立乳腺癌模型，例如最为经典的抑癌基因 *p53* 敲除。研究者采用 Cre-loxp 系统，通过使用两种小鼠：第一种为乳腺特异性表达的 Cre 小鼠，例如 WAP-Cre 小鼠和 MMTV-Cre 小鼠；第二种为抑癌基因的 flox 小鼠，例如，BRCA1（fl/fl）小鼠、E-cadhcrin（fl/fl）小鼠等，两种小鼠交配就可以定向在乳腺组织中敲除抑癌基因以诱发乳腺癌。乙型肝炎病毒（HBV）是人类肝癌发生的重要原因，应用 *HBVX* 基因建立的 HBV 转基因小鼠模型可诱发原发性肝细胞癌。转基因动物还用于肿瘤血管形成的研究，目前建立了 3 种转基因鼠模型：由癌基因 *SV40Tag* 诱导的 RIP2Tag 转基因鼠、由乳头状瘤病毒基因组诱导的 BPV1169 转基因鼠和 K142HPV16 转基因鼠。随着基因工程肿瘤动物模型的应用，它可能为探讨肿瘤病因、发病机制、发病过程及转移、抗癌药物的筛选提供可靠手段。

二、心血管系统疾病动物模型

心血管系统疾病是威胁人类生命和健康的主要疾病之一，因此，抗心血管系统疾病药物研究一直是新药研究的热点之一，心血管系统药物有广阔的市场。但是心血管系统疾病的类型很多，其发病机制、病理生理过程、临床和病理表现都完全不同，对动物模型的要求也不一样，分述如下。

（一）高血脂和动脉粥样硬化模型

1. 高胆固醇、高脂肪饲料喂养法

该方法是常用的造成血脂紊乱，进而引起动脉粥样硬化的方法。死亡率低，可以长期观察，且与临床情况有较好的相关性。在饲料中增加蛋黄、猪油、胆酸等有促进高脂血症改善的作用。这种高脂饲料诱发高血脂及动脉粥样硬化模型的动物常采用家兔、大鼠及鹌鹑。此外，小鼠、鸡、鸽、猪、犬及猴均可采用。

（1）兔　最早用于制造高脂血症和动脉粥样硬化模型的动物，至今仍被采用。兔对外源性胆固醇吸收率高达 75%～95%，对高血脂清除力低，致血中胆固醇很快升高，主动脉斑块生成率可达 100%，其所产生的动脉粥样硬化的病变与人体相似，3 个月即形成动脉粥样硬化的模型。高脂饲料易使家兔内脏脂质沉着，抵抗力下降，动物易死亡。

冠状动脉粥样斑块的部位主要出现在心脏的小动脉，而人主要在冠状动脉的大分支；家兔为食草动物，其代谢与人迥异，所以在实验及结果评价时要慎重。

(2)大鼠　单纯在饲料中增加胆固醇，其效果不太好，加入胆酸，可增加胆固醇的吸收，加入抗甲状腺素药物，病理模型较理想。大鼠抵抗力较强，食性与人相似，饲养方便，故应用也较广，但其病理改变类似于人的早期病变，不易形成后期病变。

(3)鹌鹑　在普通饲料中加入胆固醇，通常可致高脂血症，且易发生动脉粥样硬化斑块，有时伴有钙化及溃疡，病变发生快，批间波动小，常被应用。鸡、鸽均类似，但因品种不同，常有很大的差异。

(4)猪　猪是动脉粥样硬化比较理想的动物模型，某些品种的猪在喂高胆固醇、高脂肪的饲料后，能在较短时间内产生大动脉、冠状动脉及脑血管的粥样硬化，与人类疾病非常相似，如果设法损伤主动脉或冠状动脉，则动脉粥样硬化的形成更快。猪心血管的解剖和生理类似于人，体型大，便于实验研究，是动脉粥样硬化较理想的动物模型。

(5)猴　猴的解剖、生理、血脂、动脉粥样硬化的部位及性质、症状以及对各种药品的疗效等，均与人相似。高脂饮食仅 1～3 个月，即可产生动脉粥样硬化，血中胆固醇高达 7.8～15.6 mmol/L(300～600 mg/dL)，同时可伴发心肌梗死，脑、肾动脉亦可产生病变。

2. 其他方法

动脉粥样硬化也可采用免疫学方法、注射药物法、乳幼大鼠法等。免疫学方法通常给兔注射大鼠主动脉匀浆，可引起血脂升高，若注射牛血清则可引起动脉内膜的损伤，如同时给予高胆固醇饲料，则病变较明显，给兔喂含 1%胆固醇饲料，再静脉注射牛血清白蛋白，则可加速动脉内膜的病变。给兔静脉注射儿茶酚胺类药物(如去甲基肾上腺素)或皮下注射半胱氨酸硫代内脂均可产生动脉病变，类似于动脉粥样硬化。未断奶的大鼠因奶汁中含较高量的脂肪，而甲状腺功能不完全，血脂水平较高，可用该模型测试药物的降脂效果，但是该模型对甲状腺素及其衍生物很敏感，对抑制胆固醇生物合成的药物效果不佳。

(二)高血压动物模型

高血压病是全身小动脉痉挛引起血管外周阻力增加的直接后果，小动脉痉挛与遗传、精神刺激、应激、肾脏缺血、肾上腺皮质的作用及钠的作用等诸多因素有关，目前动物高血压模型的复制多以不同角度来模拟。动物常选用大鼠、犬、猫、兔、猴。

1. 继发性高血压模型

遗传性高血压模型有兔和大鼠，由日本学者 Okamoto 等培育成功的 SHR 突变系大鼠是目前应用广泛的高血压模型。它可产生脑血栓、脑梗死、脑出血以及肾硬化、心肌梗死、纤维化等。现在又培育出 SHRSP 和 SGRSP，前者是抗脑出血脑栓塞的自发性高血压大鼠，后者出生后出现严重高血压，并且出现脑出血和脑栓塞。

2. 实验性高血压模型

一般可用电刺激大鼠及猴的中枢神经系统或电刺激犬的喉上神经或迷走神经中枢端，造成反射性高血压。将儿茶酚胺或血管紧张素等注射给大鼠、猫、犬、兔，也可引起急性血压升高；如果注射前将动物两侧肾脏摘除，则动物对注射加压药物的敏感性大大提高。

3. 听源性高血压模型

采用大白鼠与家鼠杂交所生的大灰鼠，在噪声刺激下，血压会普遍升高，与人的高血压相似，可用于降压药的筛选。但是复制该模型，时间较长并需要一定的设备、条件。

4. 肾动脉狭窄型高血压模型

常选用大鼠、犬或家兔，手术使一侧肾动脉狭窄（一肾模型）或双侧肾动脉狭窄（二肾模型），均可产生持续性高血压，若采用肾门结扎型，也可造成高血压模型。

（三）心肌缺血动物模型

冠状动脉供血不足可出现心肌缺血或心肌梗死。最常用的心肌缺血模型动物是犬。此外，大鼠、家兔、猫、猪、豚鼠等也常被应用，犬的体重适中，手术较易，且抵抗力较强。猫的冠状动脉变异较大。侧支吻合丰富，室间隔动脉特别发达，故在结扎冠状动脉左主干时，动物容易死亡，而结扎侧支则不易成功，常需多处结扎。猪的冠状动脉的分布和结构类似于人，应用不多。心肌缺血性动物模型一般均为造成冠状动脉狭窄或堵塞或辅以增加心脏负荷的方法，包括电刺激法、药物法及冠状动脉阻塞法，其中电刺激法是将电极埋入右侧下丘脑背内侧核，以强弱电刺激而造成心肌缺血，在新药的研究中目前较少使用。

由药物造成的心肌缺血，方法较多。例如，用垂体后叶素给家兔静脉推注或滴注可致心肌缺血；异丙基肾上腺素皮下注射可造成大鼠、豚鼠、兔、犬等心肌缺血，心电图可显示 S-T 段降低或其他缺血性心肌病的特征性表现，每天反复可造成心肌缺血坏死，是抗心肌缺血药物常应用的模型。

冠状动脉堵塞法是最为常用的方法。选用犬、兔、猪等，结扎冠状动脉均可造成心肌缺血坏死，用油质或塑料微粒也可致冠状动脉发生阻塞。利用一种遇水会膨胀的纤维素环，以致在 2～3 周内造成冠状动脉闭塞的方法在我国尚应用不多。

遗传性高血压大鼠（SHR）是经培育而获得的一个大鼠突变系，有很高的自发性心肌梗死的发生率，用于抗心肌缺血药物的研究，受到广泛的重视。

（四）心律失常动物模型

心律失常是多种心脏病的常见症状，也是心源性猝死的重要原因。抗心律失常药物的研制一般在动物实验性心律失常模型上进行筛选和考核。这种模型常有以下分类方法。

1. 按心律失常引发部位

分房性及窦性心律失常，此外，尚有因中枢受刺激造成交感或副交感神经失调所致的中枢源性心律失常和直接作用于外周所致的心律失常。

2. 按诱发因素

药物诱发的心律失常、电刺激诱发的心律失常及结扎冠状动脉引起心肌梗死所致的心律失常。

常用于心律失常模型的动物很多，例如，小鼠、大鼠、豚鼠、猫和犬等。大鼠、豚鼠、兔和猫的心室颤动有自行恢复的可能，而犬一旦发生室颤，很难自行恢复，需用电除颤。大鼠对强心苷不敏感，不宜用于毒毛旋花苷或地高辛所诱发的心律失常模型。豚鼠心率较低，心电图波形及心脏对药物的敏感性较接近于人，故常用做整体或离体心律失常模型；而兔因胸腔纵隔结构特殊，故可不用呼吸机进行整体开胸实验；而猫则较宜于进行中枢刺激诱发的心律失常。

（1）药物诱发的心律失常动物模型　常用动物有小鼠、大鼠、豚鼠、兔等，需要时也可用犬。氯仿常可诱发小鼠的心室颤动，如用乙酰胆碱后，再加氯仿，则可诱发心房颤动与心房扑动，可用于该类药物的筛选。氯仿对较大动物常难诱发心律失常，氯仿加用大剂量肾上腺素能诱发兔室性心律失常，而肾上腺素加速静脉注射可诱发豚鼠和犬的室性心律失常。强心苷能抑制

心肌细胞上的 Na^+-K^+-ATP 酵解，致使细胞内 Na^+ 高、K^+ 低，继而 Ca^{2+} 大量进入细胞内，故强心苷中毒可出现多种类型的心律失常，该类心律失常可被抗心律失常药（延长不定期），如胺碘酮及抗心律失常药（Ca^{2+} 通道阻滞剂），如维拉帕米＜维拉帕米等对抗，常用于诱发心律失常的药物为毒毛旋花苷，也可用地高辛、毛花苷 C 等，动物多用豚鼠，也可用犬。毒毛花苷诱发豚鼠心律失常模型常采用试验药物的频繁给药，以观察毒毛花苷诱发心律失常所需剂量。乌头碱能直接兴奋心肌，加速 Na^+ 的内流（促使细胞去极化，缩短不定期），导致心律失常。故抗心律失常药（膜稳定作用）如利多卡因等、抗心律失常药如胺碘酮等常可在该类模型上显示效果。常用大鼠，也可用兔或犬。大鼠和家兔常用静脉滴注或静脉注射，在整体情况下观察预防用药和治疗用药的疗效，而犬常可行心脏局部用药，部位不同而诱发不同的心律失常。此外，氯化钡或氯化钙可诱发大鼠心律失常，犬心房局部应用乙酰胆碱等，也能诱发心律失常，某些药物在脑室内应用也可引起心律失常。药物诱发动物心律失常的发生机制与人体临床相差较大，故用单一模型评价药物作用时须谨慎。

(2)电刺激诱发的心律失常动物模型　电刺激中枢、外周神经及心脏均可引发心律失常。电刺激兔丘脑，可因交感神经活动亢进而引起心律失常。而猫因交感和副交感神经活动都亢进导致心律失常，刺激星状神经节也可引起心律失常。心脏局部刺激因部位不同及强度不同易产生不同的心律失常。其阈值可测，强度适宜时心律失常是可逆的。该型心律失常更贴近自然的异位冲动，故为评价抗心律失常药物的重要模型。常用兔诱发的心室颤动，以其瞬时值作为评价指标。猫亦可应用，但犬心室颤动后需用电极除颤，损伤大，故少用。

(3)冠状动脉结扎引起心肌梗死所致的心律失常动物模型　冠状动脉结扎引起心肌梗死后，可诱发心律失常，这与人心肌梗死后心律失常很相似，故为抗心律失常药的重要动物模型。大鼠在结扎冠状动脉左前降支后 5 min 可产生室性心律失常，可持续 30 min 至数小时。该模型手术简单，动物小而易得，术后即刻产生心律失常，是筛选抗心律失常药物的常用模型。在犬的冠状动脉左前降支中段至上 1/3 处结扎，术后 20 h 至 72 h 之间产生多源性室性心律失常，但不少犬常因早期心室颤动死亡，而应用 Harris 两步结扎，死亡率大为降低，室速成功率大为提高，还可在动物清醒状态下进行观察。经心导管从冠状窦注射塑料微球，阻塞冠状动脉，也可造成心律失常。

(五)心力衰竭动物模型

心力衰竭模型通常用犬、猫、豚鼠，也可用兔，一般不用大鼠，因为大鼠对强心苷和磷酸二酯酶抑制剂的强心反应不敏感。心力衰竭的常用模型是用戊巴比妥钠静脉滴注给猫、犬或豚鼠，以 $LVdp/dt_{max}$ 作为心收缩力的指标，来观察强心药物的治疗量、中毒量、致死量和治疗宽度。另外，可用普萘洛尔、维拉帕米在豚鼠等动物身上复制心力衰竭模型。

三、呼吸系统疾病动物模型

(一)肺水肿动物模型

肺水肿的原因虽然各种各样，但大多数由肺毛细血管壁通透性增加或毛细血管内血压升高所致。肺水肿动物模型的复制，常采用注射一定的化学物质（如硝酸银、氯化铵）或吸入一定量的化学毒气（如氯气、双光气）等方法。这些因素造成肺水肿的作用原理各有不同：双光气主要作用于呼吸器官，有人认为是刺激呼吸道感受器，通过迷走神经将冲动传入四叠体以下中枢，再通过交感神经将冲动传至肺血管，使其通透性增高，从而发生肺水肿。氯化铵中毒性肺水肿,有人认为是通过神经系统选择性地对肺毛细血管起作用,使肺毛细血管扩张、通透性增加,从而引起肺水肿。有些化学药物和毒气可直接作用于肺毛细血管,使其通透性增高,从而引起肺水肿。

(1)氯气　吸入小鼠体重 25 g 左右,用 1 g 重铬酸钾加 5 mL 浓度 HCl,使瓶中生成薄薄一层云雾状气体后,将动物投于瓶中,小鼠吸入氯气导致肺水肿。

(2)NO 吸入　犬 18～23 kg、兔 2.5 kg、大鼠 200～300 g、豚鼠 400～500 g,分别吸入含有 1.35%(犬)、0 73%(兔)、0.8%～0.9%(大鼠)、0.9%～1.1%(豚鼠)浓度的 NO 即可发生肺水肿。

(3)双光气吸入　将 12 mg/L 双光气滴在滤纸上,干后放入密闭容器内,将小鼠置于容器内 15 min,即可形成肺水肿,全部操作应在通风柜中进行。

(4)氯化铵中毒　动物选择大鼠、小鼠、豚鼠,分别于腹腔注射氯化铵 0.6 mL/100 g 体重(大鼠)、0.15 mL/10 g 体重(小鼠)和 0.5～0.7 mL/kg(豚鼠),使其药液浓度分别达 6%、3%、6%,即可发生肺水肿。

(5)生理盐水注射　健康家兔或犬,静脉快速输入大量生理盐水,按每分钟 40 mL/kg 体重注入动物全血量 1～1.5 倍时即可发生肺水肿。

(二)肺炎动物模型

(1)大肠埃希菌动物模型　新西兰白兔,体重 1.7～2.3 kg,将抽取大肠埃希菌液的注射器经皮肤插入环状软骨下的气管内。回抽见有大量气泡后,抬高兔头颈部,使菌液缓慢流入气管下段及肺部。给兔接种 1/2～1 h 后出现喷嚏、喉鸣、拒食、耸毛、蜷缩、颤抖,持续 1～3 h,5～6 h 后体温上升,耸毛、蜷缩、颤抖消失,并开始饮水。12 h 后体温显著升高,呼吸增快不安,部分动物出现发绀。

(2)肺炎克雷伯菌动物模型　Wistar 大鼠,180～240 g,乙醚麻醉,并垂直固定大鼠,显露声门,针头插入气管内,注入细菌混悬液。保持垂直体位 5 min。动物 5～12 h 后出现运动不活泼、对外界反应迟钝、背部微弓,继而四肢瘫痪,最后呼吸渐弱而死亡。

(3)肺炎支原体动物模型　金黄地鼠体重 85～101 g,苯巴比妥钠腹腔注射麻醉,取肺炎支原体液从鼻腔内滴入。

(4)仙台病毒性肺炎动物模型　仙台病毒鸡胚传代,保存于 30 ℃,1 个月内使用。ICR 小鼠从鼻腔内滴入仙台病毒液。第 2 天起小鼠出现耸毛、蜷缩、少食、少动、呼吸急促、饮水增加、大便干燥、体重减轻。10 d 左右慢慢恢复。

(5)腺病毒性肺炎动物模型　新西兰家兔,体重 2～3 kg,取头高 45°仰卧位。将 2 型人腺病毒液(Bristo 株传代,Hela 细胞培养,TCID10^{-5}～10^{-4})每千克体重 5 mL,分 3 次气管内注入,每次间隔 15 min。24 h 后耳缘静脉注入 0.9%氯化钠 10 mL,10 min 后静脉注射去甲肾上腺素液(20 mg/dL)每千克体重 1.5 mL。每分钟 1 mL 匀速推注后,再滴入去甲肾上腺素液(6 mg/dL)每千克体重 20 mL/h。动物在静脉注射去甲肾上腺素后,出现呼吸困难,肺部 X 线片可见片状阴影,病理检查可见炎性细胞浸润、瘀血、水肿、出血和微循环障碍。川芎嗪、山莨菪碱、酚妥拉明对该型肺炎的发生有明显的阻抑作用。若仅气管注入腺病毒液,不注入去甲肾上腺素,则动物呼吸平稳,肺部 X 线检查正常,但病理检查见炎性浸润、聚集。

(6)肺孢子菌肺炎动物模型　Wistar 大鼠(120～150 g),观察 1 周无异常后皮下注射乙酸可的松,25 mg/次,每周 2 次。同时可以在饮水中加入四环素(100 mg/100 mL),以预防细菌感染。用药7周可诱发大鼠肺孢子菌肺炎，也可用小鼠建立肺孢子菌肺炎模型，动物从第6周开始出现精神萎靡、进食减少、毛色灰暗，体毛松散并呈斑片状脱落，呼吸急促。

（三）肺水肿动物模型

常用方法是给予蛋白水解酶类。根据给药途径，其可分为2类。

（1）雾化吸入法　实验动物选择家兔1.8～2.0 kg或大鼠180～200 g，随机分为对照组和实验组。配制50 mL 2%猪胰弹性蛋白酶或5%木瓜蛋白酶。经超声雾化器将酶液雾化后（直径5 μm以下颗粒占90%以上，50 mL约4 h雾化完）经管道送入自制雾化箱。实验组动物经雾化吸入箱的开口处吸入酶的气雾剂。每次吸入约4 h（至酶液雾化完），每周吸入1次，共3次。末次吸入后1个月，即可作为肺水肿动物模型进行实验观察。对照组动物可吸入生理盐水气雾剂。

（2）气管内滴入法　实验动物选择180～200 g大鼠，随机分为对照组和实验组。配制3%猪胰弹性蛋白酶或木瓜蛋白酶。给大鼠腹腔注射20 mg/kg体重戊巴比妥钠，并使用乙醚。分离暴露气管，用4号细针穿刺两软骨环，向气管内快速推注酶液（每100 g体重0.1 mL），推完后立即拔出针头，使大鼠保持直立位，左、右来回旋转1～2 min使酶液尽可能均匀地达到两侧肺的深部。依同法给对照动物气管内注入相应量的生理盐水。滴注酶液后2个月可作为肺水肿动物模型。肺组织病理检查见，肺泡隔数量明显减少，所存留肺泡隔变窄，部分肺泡隔断裂、消失。若干肺泡融合形成大圆囊，甚至肺泡管扩张，这作为肺气肿的形态学诊断指标。目前多采用气道内直接注射蛋白酶类来复制肺气肿动物模型。

（四）肺结核动物模型

体重350～500 g的豚鼠分别于感染结核分枝杆菌的前3周、6周时，每只豚鼠腹股沟皮下注射佛氏佐剂0.1 mL，在一个特制的空气传播装置内，通过结核菌雾化吸入呼吸道感染。悬液中含活结核分枝杆菌应达4×10^4/mL，该浓度可使每只豚鼠吸入5个活结核分枝杆菌。接触致病菌2周期间，致病菌在接种过与未接种卡介苗的豚鼠中以同样的速度繁殖，然后繁殖减慢，首先见于接种过高效卡介苗的动物，几天以后见于接种过低效卡介苗的动物。最后，未接种卡介苗而给予安慰剂的动物也出现病菌繁殖减慢。感染24 d后，将接种过与未接种过卡介苗的动物处死，呈现原发病灶邻近组织损伤。将2～4个致病结核分枝杆菌气雾吸入，12～14周以后的动物处死，未接种过卡介苗的动物肺内有明显空洞，而接种过卡介苗的动物却没有，吸入低度感染气雾以后3周，未接种过卡介苗的动物中有相当数量的结核分枝杆菌进入血液循环，而且又回到肺，使每个肺叶中存活的结核分枝杆菌超过100个病灶，经过一段时间血源播散导致结核分枝杆菌繁殖，形成继发病灶，而接种过卡介苗的豚鼠明显地减少和延缓了空气传播结核分枝杆菌菌血症期。

（五）镇咳药的筛选和药效学试验

豚鼠对化学和机械刺激都很敏感，刺激喉上神经也能引起咳嗽，且豚鼠价格较便宜，又易获得，豚鼠是镇咳药的药效学研究中最常用的模型动物，但是作为初筛，耗资仍较大，因此大小鼠也常被作为初筛动物模型。大小鼠能被化学刺激诱发咳嗽，但咳嗽和喷嚏很难区别，且变异很大。

猫在生理条件下很少咳嗽，但是机械、化学刺激均可诱发咳嗽。犬无论在清醒，还是麻醉状态下，均可引起咳嗽，且在反复刺激时变异少，故在药效学试验时可以应用。兔对化学刺激或电刺激均不敏感，且诱发喷嚏比咳嗽为多，故兔很少作为镇咳药的筛选模型。小鼠的氨水或二氧化硫引咳法是作为初筛镇咳药的常用模型，而豚鼠的枸橼酸法或丙烯酸引咳法以及豚鼠和猫的电刺激喉上神经法皆是常用的药效学模型。

四、消化系统疾病动物模型

(一)胆管囊肿动物模型

采用绵羊或山羊(出生后 14 d 内)。

(1)胆总管远端结扎术 麻醉后手术显露肝门部，在胆总管与近侧小肠段汇接点的上方(一般距幽门 4～5 cm)，用丝线将胆总管全周缝扎，造成胆总管完全梗阻。

(2)胆总管置管胆囊结扎术 用 1 号丝线近肝总管处全周缝扎胆囊管，再将胆总管前壁纵行切开，在胆总管内置入一硅胶管，在硅胶管两端约 0.5 cm 处，分别用丝线全周缝扎肝总管和胆总管，造成胆总管不全性梗阻。术后胆道造影或直接观察见胆管节段性肠扩张，宽度达邻近胆管 3 倍或 3 倍以上或直接观察胆囊憩室，该模型复制成功。

(二)急性胰腺炎动物模型

理想的急性胰腺炎(acute pancreatitis，AP)动物模型是研究 AP 发病机制和药物防治的前提。目前的一些模型，如食物(CDED)诱导法、十二指肠闭塞法、胆总管结扎法或静脉滴注大剂量铃蟾肽法等，但不能控制胰腺的病变程度，都不适合于评价药物的最大治疗效应。下面介绍几种稳定、可靠的能反映胰腺病变依次加重的急性胰腺炎系列模型。

(1)胆酸钠(sodium tauroholate，NaTc)诱导法 动物选用 Wistar 大鼠，体重 180～260 g。大鼠实验前禁食 12 h，允许饮水。麻醉剖腹后经十二指肠用 4 号头皮针头，插入胰管开口，向内逆行注入 NaTe 溶液(0.1 mL/100 g)。1.0%、2.0%NaTe 诱导 AP 后 12 h 出现轻度和重度水肿型急性胰腺炎。35%NaTe 诱导 AP 后出现坏死性胰腺炎。

(2)结扎胰管法 成年杂种犬，体重 10～15 kg。实验前禁食 12 h，不禁水，于胰管开口附近切开十二指肠壁，置一细塑料管于主胰管内，然后向内注入胰蛋白酶和犬自身胆汁混合液 2～3 mL(0.3 mL/kg，配方为 1 mL 胆汁加上 4 mL 胰酶溶液，内含 4 mL 胰蛋白酶)，滞留 5 min 后拔去塑料管。荷包缝合十二指肠壁。该方法可诱发犬急性坏死性胰腺炎模型。

(三)慢性胰腺炎动物模型

成年杂种猫，隔夜禁食后，全麻，手术剖腹，将尼龙导管插入主胰管，缝合固定后，烧灼闭合导管外露端，造成主胰管完全梗阻或先将一根尼龙导管插入主胰管内，缓慢注入 94%乙醇 15 mL，然后截下长 1 cm 的导管留置在主胰管内，最后用 26 号细针头均匀点状注射 94%乙醇 1.5 mL 于胰腺实质内。6 周后出现典型的慢性胰腺炎，26 周后慢性胰腺炎的发生率为 100%。

(四)胃黏膜溃疡动物模型

实验中常使用小鼠和大鼠复制，方法较多，主要有以下方法。

(1)应激法 用饥饿、刺激、寒冷等方法造成溃疡。以水浸应激法复制的胃溃疡(大小鼠)模型较为稳定。

(2)烧灼法 用电极或冰乙酸烧灼胃壁，可造成溃疡。该法由于溃疡部位由实验者自己确定，故有一定的优越性。目前在常用模型中，除该模型为治疗性给药外，其余均为预防性给药。

(3)幽门结扎法 以大鼠较为适宜。小鼠和豚鼠也可应用，术后 18 h 解剖，计数胃部溃疡面积或用 Okabe 法计算溃疡指数。

(4)乙醇胃黏膜损伤模型 禁食 48 h 的大鼠灌服无水乙醇，计数溃疡发生情况。

(5)药物法　可给大鼠或小鼠注射一定量的组胺、皮质激素、利血平、保泰松或水杨酸等药，可致溃疡的发生。

复制溃疡病模型需禁食，禁食时间，各不相同。禁食不理想或同笼动物由于在饥饿时咬毛、吃粪均可影响溃疡形成的程度。

(五)肝炎动物模型

(1)甲型肝炎动物模型　甲型肝炎在我国发病率较高，时有暴发性流行，除绒猴外，红面猕猴、恒河猴、野生树鼩及旱獭等均可造成一定程度的阳性结果。

(2)乙型肝炎动物模型　乙型肝炎病毒有严格的宿主选择，除人外，目前仅在黑猩猩身上复制成功，而黑猩猩作为常规研究是不可能的。

(3)鸭肝炎动物模型　鸭肝炎病毒在鸭体内产生的病理过程和预后与人的乙型肝炎相似，所以现在大多利用鸭肝炎作为人乙型肝炎的模型，进行药物筛选和药效学研究。但是，鸭毕竟是禽类，与哺乳类动物相距甚远。已使用携带有乙肝病毒的肝癌细胞株在裸鼠身上传代，乙肝病毒能在肝癌细胞中继续繁殖，可以作为抗乙肝病毒药物的筛选模型。美国把美洲旱獭用作乙型肝炎的动物模型，我国也从喜马拉雅旱獭成功地分离到人类乙型肝炎病毒，当然这些模型作为研究是有广阔前景的。

(六)胆结石动物模型

动物胆道发生感染、胆汁淤积、胆固醇代谢发生障碍的因素均可使胆道形成结石，常用的方法如下。

(1)食饵法　常选用叙利亚仓鼠，体重 60 g 左右，喂以高糖、不含非饱和脂肪酸饲料，20 d 左右即可形成结石。

(2)感染法　多采用兔、犬或大鼠，无菌条件下暴露十二指肠，从十二指肠乳头插管，注入蛔虫卵(每毫升含 3 万～15 万个)或大肠杆菌悬液，数月后，可形成结石。

(3)狭窄法　选用健康成年家兔，无菌手术，探明胆囊和胆道，用银夹适当地夹住胆囊颈部，产生梗阻，6 个月后胆囊中可形成明显结石。

(4)切除迷走神经干法　犬、兔常用，麻醉手术暴露两侧迷走神经，从食管下端切除两侧的迷走神经干，术后兔胆汁成分明显改变，4～5 周有胆固醇结石出现。

(5)异物植入法　健康成年兔和犬，手术暴露胆囊，在胆囊底部剪一小口，植入灭菌的蛔虫碎片，荷包缝合胆囊，2～3 个月后可形成结石。

五、泌尿系统疾病动物模型

(一)肾小球肾炎动物模型

该模型的复制共有 4 种方法：①肾毒素性肾炎，给予异种抗肾血清；②血清病型，给予大量异种血清；③抗原抗体复合物型；④细菌抗原与肾组织抗原致病。

(1)L 型菌诱发　健康白兔 2～2.5 kg，1 000 万个左右细菌通过耳缘静脉注入。

(2)静脉注射抗基底膜血清加脂多糖制作基底膜抗原　200 只 BALB/c 小鼠处死，取肾皮质碾成匀浆，再加 4 mL 弗氏完全佐剂，多点注射，滴度为 1∶8 时取血清，小鼠尾静脉注射，24 h 后注射脂多糖。

(3)异种血清法　雄性大鼠，弗氏完全佐剂和阳离子化牛血清白蛋白，在鼠背部皮下多点注射免疫，BSA 静脉注入。

(二)急性肾功能衰竭动物模型

该模型的诱发目前主要有:注入油酸、去甲肾上腺素、变性血红蛋白、甘油、二氯化汞、硝酸铀、肾动脉夹闭等。

(1)油酸法 雄性 Wistar 大鼠,体重 180～250 g。0.15 mL/kg 油酸直接注入大鼠的左肾动脉内,油酸用植物油稀释。

(2)去甲肾上腺素法 大鼠 150～220 g,用银夹阻断肾动脉,直接向肾动脉中注入去甲肾上腺素,辅以甘油肌内注射。

(3)变性血红蛋白法 实验前禁水 48～72 h,由大鼠尾静脉注入人的变性血红蛋白。发生肾功能衰竭的大鼠表现为呕吐、少尿及鼻、口、眼明显出血,血钾和尿素氮升高,与人的肾功能衰竭症状相似,死亡率可达 93.5%。

(4)甘油法 体重 150～250 g 的大鼠。实验前将动物放在代谢笼中,饲喂含有嘌呤的饮食。用药前禁水 24 h,选择体重减轻和脱水的大鼠,以每千克 10 mL 50%甘油溶液的剂量,分别在大鼠两侧后肢肌内注射。多数动物少尿或无尿,尿渗透浓度降低。甘油引起的血红蛋白尿急性肾功能衰竭与人类急性肾功能衰竭表现的症状相似。

(三)泌尿系结石动物模型

泌尿系结石发生于肾盂、输尿管、膀胱、尿道等处。膀胱结石有原发和继发之分,原发者多因营养不良所致,继发的多由肾或输尿管降至膀胱所致,其他如尿道狭窄、膀胱憩室等也可引起膀胱结石。一般用药物诱发泌尿系结石,用食饵法诱发膀胱结石。

1. 药物诱发泌尿系结石动物模型

(1)乙二酰胺饲喂法 SD 大鼠,体重 220～240 g,饲喂 1.2%乙二酰胺鼠标准饲料 3 d 以上,100%的大鼠造成泌尿系结石;4 月龄新西兰兔,体重 20～23 kg 饲喂 1%乙二酰胺兔标准饲料 20 d,100%复制成肾结石。输尿管结石常发部位在人膀胱口处,有的中部和上部呈栓塞样结石。一般肾和膀胱结石小如小米,大如绿豆,形似不规则球状。

(2)TPA 和 DMT 饲喂法 实验动物选用 F344 近交系大鼠。将研磨好的对苯二酸(TPA)拌入食物制成含 3%～5%的饲料或二甲基对苯二酸(DMT)拌入食物制成含 1%～3%的饲料,分别饲喂 14～28 d。饲喂 14 d 后可诱发泌尿系结石模型,其症状和对药物反应与人类自发性结石很相似。

2. 食饵性膀胱结石

1 月龄左右的幼年雄性大鼠,用维生素 A 缺乏的食物饲养。经过 10～14 d 后,动物体重下降,生长停滞,有眼干燥症的表现。30～60 d 中有 14%发生膀胱结石,180～250 d 后,膀胱结石发生率可达 88%。但肾结石的发生率较低,只有 41%。

六、内分泌及代谢疾病动物模型

(一)糖尿病动物模型

糖尿病的本质是胰岛素绝对或相对不足。实验动物主要以鼠、兔、小型猪为主。

(1)化学试剂诱发的高血糖动物模型 常用四氧嘧啶,该药可引起各种实验动物[胰岛]B 细胞功能抑制,部分 B 淋巴细胞破坏,该型糖尿病与人类 1 型糖尿病非常类似,是进行降糖药物研究的良好模型。因为四氧嘧啶直接损伤 B 淋巴细胞,故对磺酰脲类刺激胰岛素分泌的降糖药是不适宜的。

(2)自发性糖尿病动物模型　自发性糖尿病的动物模型主要有高血清胰岛素型,例如,obes/SHR、SHR/N-cp、fa/fa 大鼠、小鼠有 ob/ob,db/db,ad/ad,KK 等;低血清胰岛素模型如 BB 大鼠、51、0121 小鼠及中国地鼠等。

db/db 小鼠是 C_{57}BL/Ks 自小鼠的突变株,db 与 ob 并不是等位基因,但是 db/db 小鼠仍发生肥胖,血糖可以由 11.1 mmol/L(200 mg/dL)以下的正常水平逐渐升到 33.3 mmol/L(600 mg/dL)以上,雌鼠会丧失生殖力,寿命较短(8 个月),主要表现为肥胖、高血糖、糖尿、蛋白尿、最后酮症死亡。

ob/ob 为肥胖小鼠和肥胖大鼠,幼龄时,肥胖无糖尿,5～6 月龄后,肥胖稳定,血中胰岛素和葡萄糖水平上升。该鼠无生育力,用杂合子交配才能产生子代,种系维持比较困难。

ad/ad 为成年肥胖和糖尿病鼠,7～10 周龄后才表现为糖尿病,该鼠型也是不育的。

(二)缺铁性贫血(IDA)动物模型

缺铁性贫血是临床上的常见病、多发病。其发生的主要原因是铁的摄入不足或铁丢失过多,引起机体血红蛋白合成障碍,导致一系列病理生理过程。临床上为研究 IDA 的发生及防治,复制了各种动物的 IDA 模型,如大鼠、孙鼠、兔、鸡、猫、犬、猴等,其中以大鼠的 IDA 模型最常用,该模型成型时间短、稳定、可行性及重复性强。

IDA 模型的复制方法通常有 3 种:①给予低铁饮食;②给动物逐次少量放血,造成铁的慢性丢失;③低铁饮食辅以定期少量放血。由于放血通常采用剪尾的方法,一方面放血不但引起铁的丢失,而且还引起其他营养素的丢失,不能排除铁以外因素对贫血的影响;另一方面剪尾常易引起动物感染而死亡。因此目前主要采用低铁饮食的方法。国内外研究表明,饲料含铁量在 50 mg/kg 以上时才能满足大鼠正常情况下的基本需要,一般低铁饲料的铁含量在 10 mg/kg 以下,标准饲料的铁含量在 220～270 mg/kg。有人通过铬合剂 1%EDTA-2Na 除去国产饲料中的铁,使之符合实验要求,取得了满意的实验结果。

缺铁性贫血大鼠外在表现早期(Hb≤100 g/L)以毛发生长差、脱毛、眼球肿胀突出、苍白、兴奋为主,晚期(Hb≤60 g/L)则表现为倦怠、活动减少、易感染为主,血液学及生化检查表现为血红蛋白及骨髓铁(功能池)、血清浓度(交换池)、血清运铁蛋白及肝脏铁含量(贮存池)均显著低于正常对照组,尤以血红蛋白和骨髓铁的变化较敏感。一般认为,以低铁饲料喂养实验用大鼠 5～6 周即可复制出 IDA 大鼠模型,但不同种系的大鼠对低铁饲料的反应性不同。F344 近交系大鼠、Wistar 大鼠的反应性优于 Sprague Dawley 大鼠。

七、神经系统疾病动物模型

(一)癫痫动物模型

癫痫是由先天或后天不同因素所引起的慢性脑疾病。由于癫痫患者的病因、年龄、遗传、文化和社会背景因人而异,所以癫痫是一种相当复杂的多因素临床症候群。癫痫形成和发作的机制,比动物实验所能提供的资料更复杂、更多样化。种种原因,研究人类癫痫的发病机制仍主要依靠动物实验。由于癫痫的遗传及后天因素十分复杂,远非任何一种动物模型所能代表,故在评价实验结果时,务必谨慎。

1. 大鼠部分简单性癫痫模型

该模型相当于急性或慢性部分简单性发作,与外伤性癫痫的发病及病理改变类似。将大鼠麻醉后切开硬膜,直流电泳仪正极接 PE 管(PE 管远端恰好接触脑皮层表面)内的 $FeCl_3$ 液

(100 mmol/L),负极通过针灸针接回侧颞肌,通电电泳。分别在冠状缝单侧中线以及人字缝中线两侧钻骨孔,此三孔分别旋入平头螺丝钉接触硬膜表面,作为脑电记录电极。电泳完毕立即记录 EEG 3 h,为急性期 EEG。电泳完后 15 d 及 30 d 记录 EEG,为慢性期 EEG。

2. 大鼠复杂部分性癫痫模型

目前被公认为研究脑兴奋性、可塑性及长时程增强最实用的模型为点燃效应(kindling effect)模型。麻醉后在大鼠海马 Call 区坐标,冠状缝后 3.8 cm,中线旁 2.0 cm,双侧颅骨钻孔,将尖端裸露的漆包线所制的电极置人双侧海马 CAll 区,用牙科水泥固定,也可选择双侧杏仁核团。术后 7 d,通过所置入的电极每日给予电刺激,刺激数日后可记录到对该刺激反应后的放电,随着刺激天数的增加,后放电逐渐延长并复杂化,直至出现癫痫样放电并伴癫痫发作。刺激 30～50 d,这种痛样放电及癫痫发作开始稳定,说明动物已被点燃,以后不予刺激也有自发性癫痫发作。

Racine 在 1978 年将其分为Ⅴ级,即Ⅰ级:面部阵挛;Ⅱ级:Ⅰ级加节律性点头;Ⅲ级:Ⅱ级加前肢阵挛;Ⅳ级:Ⅲ级加后肢站立;Ⅴ级为Ⅳ级加跌倒。Ⅳ级、Ⅴ级可作为继发性全身性癫痫模型。哺乳类动物均可建立该类模型,广泛用于抗癫痫药物的药效研究,但其发病机制仍未完全阐明。

3. 慢性癫痫动物模型

各种动物的大脑皮质感觉运动区是致病敏感区之一。

(1)钴法　150～300 g 大鼠。在前囟后 3 mm、正中线右侧,以骨钳切除直径约为 8 mm 的颅骨,并切开硬脑膜。将消毒的市售钴粉(200 筛孔)约 30 mg,放在皮层运动区的前侧(面积约为 10 mm^2),安好记录电极,缝合,每日肌内注射卡那霉素 125 mg/只,连续 3 d,以预防感染。在放置钴后 2～3 周,可见置钴对侧肢体发生阵挛,少数动物于局部阵挛后出现全身发作,发作强度于第 4～6 周逐渐减弱或消失。

(2)硫酸亚铁法　健康家兔,体重 2.0～2.5 kg,以冠状缝十字交叉中央为起点,用微骨钻钻一微孔,并在冠状缝前开和右开各 10 mm,左右旁开 3 mm,安好大脑皮层记录电极,2 周后实验。按每千克体重 300 μg 由给药微孔或由给药导管,垂直缓慢注入硫酸亚铁(分析纯)溶液约 1 min。注射铁剂后多数动物自发活动减少,少数动物则表现向一侧旋转或自发活动增加。随后发生典型的阵挛性惊厥。

(二)帕金森病动物模型

帕金森病(parkinson disease,PD)好发于老年人,以严重运动障碍为特征,发病机制直接同黑质一纹状体投射系统的多巴胺神经元退行性变性神经递质多巴胺减少有关,此外,还与其他的神经递质如蓝斑的去甲肾上腺素神经元、迷走神经背核与脑干中缝核 5-羟色胺神经元、下丘脑与无名质的乙酰胆碱纤维的退行性病变等有关。

1. 旋转大鼠模型

基本原理为利用神经毒剂 6-羟基多巴胺破坏黑质的多巴胺神经元。该模型操作简单、成功率较高、观察方便,故应用广泛。与灵长类动物模型相比,旋转大鼠模型还不能比较完整准确地反映 PD 的特征。本模型复制成功率为 60%～70%。

麻醉动物并固定于立体定向仪,确定黑质坐标,以微量注射器向坐标点注入 6-羟基多巴胺 10 μg,注药速度 0 5 μL/min,注药后留针 1～5 min。伤口缝合后抗感染治疗 3 d,2 周后大鼠皮下注射阿扑吗啡 0.25 mg/kg. 诱发大鼠旋转,3～5 min 动物出现旋转,记录 40 min 总的旋转次数及方向，以后每周观察一次。确定旋转鼠模型成功的标准：连续 2 周测试平均转速>7 次/min，持续旋转>40 min。

其技术关键：①黑质靶点的确定，应根据所用的定向图谱及立体定向仪认真调整验证；②选用 Wistar 大鼠体重，150～160 g；③6-羟基多巴胺应新鲜配制，颜色以橙红色为准；④注药速度与留针也很重要。

2. 灵长类动物 PD 模型

1983 年 Buma 等给恒河猴静脉注射 MPTP，成功诱发出 PD 模型。瑞金医院于 1991 年成功采用颈动脉注射法诱导出恒河猴 PD 模型。该模型虽然接近临床，但价格高昂，难以进行广泛的研究。

(三)阿尔茨海默病动物模型

阿尔茨海默病(Alzheimer disease，AD)的发病具有年龄特异性趋势，临床表现为进行性记忆减退，语言和行为障碍。病理特征为神经元缺失，细胞外淀粉样蛋白沉淀和神经原纤维缠结，且主要位于前脑基底区、海马和大脑皮质。大量的研究显示，AD 与中枢神经递质失调、淀粉样蛋白、神经细胞内钙离子与兴奋性氨基酸失调、免疫异常等综合因素有关。建立理想的 AD 模型对研究其病因、病理及治疗药物的筛选至关重要，目前仍缺乏理想的模型。转基因动物模型虽可出现 AD 特有的病理改变，但能否采用转基因技术建立可靠的符合临床的模型还有较大争议。

1. 大鼠侧脑室注入选择性胆碱能毒剂模型

前脑基底区含有大量胆碱能神经元，前端起自膈区，尾端至丘脑底核，且动物与人较为相似，AD 脑内神经元缺失主要位于胆碱能神经元分布区，而且其胆碱能标志(胆碱乙酰化酶、胆碱酯酶、乙酰胆碱合成)也显著减少。神经生理研究证实胆碱能系统在学习与记忆中起重要作用，与 DD 临床有一定共性，支持 AD 的胆碱能神经元损害学说。本模型的基本原理为侧脑室注射选择性胆碱能神经毒剂 AF64A 损伤大鼠前脑基底胆碱能神经元，制备 AD 模型。方法是缓慢从一侧脑室注入 2.5 μL 新鲜配制的 7.5 或 1.5 nmol AF64A(全脑共约 15 或 30 nmol)，注入速度约为 0.5 μL/min，留针 2～5 min 后拔管，骨蜡封闭颅骨孔后缝合切口。该法可致动物的认知功能障碍，但同时对动物运动功能有较明显影响，缺乏 AD 的特征性病理改变。

2. 一侧海马伞切断致老年失智模型

选用老年雌性 SD 大鼠(24 个月龄)。完成左外侧海马伞切断，术后 15 d，损害同侧海马 CHAT 活性下降 70%，隔区下降 35%，损害对侧海马 CHAT 活性没有显著变化。老年失智(Alzheimer 型)最突出的病理变化是基底前脑胆碱能细胞的大量丧失和胆碱能神经功能下降。本法所用一侧海马伞切断，造成膈-海马胆碱能通路损害，是较常用的老年失智动物模型。

3. 慢病毒(朊病毒)诱发仓鼠大脑老年性退行性变模型

实验动物老年仓鼠应用慢病毒以微量接种于仓鼠脑的特定部位如纹状体、黑质等。动物接种后，分别饲养于笼中，给予接种前同样的饮食，每周观察 1 次及记录其体重、运动和觅食等反应，于接种后 30 d 开始处理，每隔 10 d 处死动物，直至临床结束期 110～130 d。该模型特点为病变发展是渐进性的不可逆的。根据接种部位而相对选择性地作用于脑的特定结构，该特点和退行性病变的表现较为相似，而由神经毒、电刺激等所引起的改变出现迅速，但常持续一些时间后即恢复，且常不伴有临床症状。尽管由慢病毒所引起的中枢神经退行性变的机制还不清楚，但它将为进一步开展中枢神经退行性变在神经病理、神经系列化、药理学的研究，提供一种较为理想的动物模型。

八、骨骼系统疾病动物模型

(一)骨折愈合动物模型

1. 长骨干实验性骨折无须固定法

成年健康兔麻醉后暴露桡骨，在桡骨中下 1/3 交界处或旋前圆肌止点以远或腕关节近侧处选点，切除骨膜暴露骨膜下骨质，再用手锯或电锯造成 0.3 cm 标准横断骨折。这种骨折可不做处理，直接闭合切口；也可施加一些处理因素，如植入骨诱导因子(如骨形态发生蛋白 BMP)或其他生长因子的混合物等。本模型操作简便，重复性好，可用兔一侧肢体作为实验组，另一侧作为对照组，其既减少了实验系统误差，又给术后观察和饲养带来了方便。

2. 长骨干实验性骨折内固定法

成年健康羊、兔、犬等在麻醉后暴露股骨中段，用骨凿或线锯做横断截骨，用骨折外固定装置固定或术后用小夹板固定骨折。此外，也可在全麻下徒手将兔、大鼠或小鼠的胫腓骨折断，用小夹板或直接用绷带包扎固定(用于研究闭合性骨折或严重错位下固定不牢固的骨折愈合过程)。本模型适合研究不同固定方法对骨折愈合的影响，包括骨折端的生物力学特性、骨折局部的微环境的改变以及骨折修复的影响等。

3. 微动促进骨折法

选用成年羊，麻醉暴露胫骨，横行截骨造成胫骨中段 0.3 cm 的骨缺损，用安有微动装置的外周定架固定骨折，手术 1 周后将气动活塞与微动装置相连，每天 1 次，每次 15～20 min，以 0.5 Hz(接近生理步频)施加轴向载荷，使骨折端产生 0.1 cm 的微动。

(二)长骨干缺损动物模型

长段骨缺损是现代矫形外科常常遇到而又尚未妥善解决的难题。由创伤、肿瘤、感染等所致的大块骨缺损是骨不连的重要原因，是骨科临床面临的十分棘手的问题。选用成年健康兔，在麻醉后暴露桡骨，在旋前圆肌止点远端用牙科台钻将桡骨准确切除 1.5 cm。在实际操作中切除长度应视实验设计要求而定，但至少应在 0.6 cm。术中操作时勿损伤对侧的尺骨，截除的一段桡骨须连同同等长度的骨膜一并切除，并清除骨折断端间的碎骨屑及骨髓组织，以免其发挥成骨作用而影响实验结果。本模型可用于带血管的腓骨、髂骨及骨膜移植修复骨缺损的研究，还可用于各种促骨形成的生长因子与松质骨载体复合移植治疗长骨缺损的研究。

(三)骨关节炎动物模型

骨关节炎的动物模型达十余种，常用的动物模型有以下几种。

1. 关节固定诱发法

成年健康家兔，将其膝关节直接用绷带捆绑固定于屈曲位或用金属杆捆绑固定使其膝关节处于伸直位，也可用骨外固定器使膝关节处于伸直位并施加外力挤压。该模型可用于研究临床上由截瘫或肢体长期管形石膏固定等造成的关节软骨退行性改变。

2. 关节软骨受异常外力作用诱发法

在麻醉下安装弹簧外力支具，在膝关节内侧方施加横向外压力使之发生膝内翻，并维持膝关节的内翻状态。该模型用于由构成关节各骨骨折发生畸形愈合后引起的关节炎变化研究。

3. 手术造成关节不稳定诱发法

(1)Hulth 模型　选用成年兔，于股骨上段绑扎止血带，麻醉取髌内侧切口，打开关节腔，将髌骨外翻，以特制手术器械显露膝关节，切断上述解剖结构，术中注意保护关节软骨面不受损伤，逐层缝合切口后放松止血带。Hulth 模型诱导成功率高，膝关节周围软组织少，便于重复向关节内注射药物，应用广泛，特别是在研究药物对预防或减轻骨关节炎发生发展的实验中应用较多。

(2)白希壮模型　健康成年雄性豚鼠，体重(460±20)g，取髋部纵向切口，切开深筋膜后，完全切断附着在髂后上的臀大肌及其深部的臀中、小肌，并在上述诸肌的远侧断端切除长约 1 cm 的肌组织以免术后切断的肌肉自行愈合。其可用于观察关节炎不同时期病理改变，研究其发病机制或进行治疗关节炎手术方式的选择。

(四)骨质疏松

视黄酸有损伤雄性或雌性大鼠性腺的作用，使性腺萎缩，功能下降，性激素水平降低而诱发骨质疏松(视黄酸模型)；糖皮质激素可引起机体的钙磷代谢变化而诱发骨质疏松(糖皮质激素模型)。

1. 卵巢切除法

动物切除卵巢后雌激素分泌水平下降，引起的骨质疏松，其病理表现与人类女性绝经后骨丢失相近。3～10 月龄体重 300 g 的雌性大鼠，麻醉后手术。手术入路有 2 种：一是背侧入路：在大鼠髂嵴顶部外上方，腰椎骶棘肌两侧做纵向切口，打开腹膜，用丝线结扎其周围相连组织，将其切除。二是腹侧入路：取下腹部正中切口，打开腹腔，切除卵巢。造成雌激素分泌水平的改变，在早期可诱发明显的骨质疏松改变。随着时间的延长，这一过程将逐渐缓慢，最终稳定。该模型主要用于性腺功能与骨质疏松症发生、发展的相互关系的研究和骨质疏松早期病理病变及防治措施研究以及绝经后骨质疏松发病、治疗及其相关问题研究。

2. 视黄酸法

全部雄性或全部雌性大鼠，取视黄酸灌胃即可。应注意的是：①视黄酸对大鼠有一定的毒副作用，表现为进食减少，体毛枯疏，反应迟钝，口唇炎和结膜充血等；②视黄酸既可增加成骨细胞的数量、活性，又能刺激破骨细胞，使其活性增强，而骨代谢呈现高转换型改变，但总趋势是骨吸收大于骨形成，这与去卵巢大鼠骨质疏松的发病机制不同。该模型可用于研究骨质疏松的病理及发病机制和防治药物效能观察等。

3. 糖皮质激素法

3～10 月龄健康大鼠，在臀肌或后腿部肌内注射地塞米松即可复制出糖皮质激素性骨质疏松模型，表现同去卵巢大鼠模型。本文旨在研究该类疾病的发病机制，病理改变以及预防措施。可由低钙饮食而加速诱发，用维生素 D，可阻止其形成。此外，动物年龄不宜过大(＜24 个月)，以排除年龄因素对骨变化的影响。

九、口腔疾病动物模型

(一)牙周痛动物模型

牙周病的动物模型通常围绕内、外源因素进行复制，主要表现为牙龈炎症出血、牙周袋形成、牙槽骨吸收、牙齿松动等，实验动物主要选择成年大鼠、犬、羊、猪及灵长类动物。

1. 外源性因素法

将动物牙颈部用正畸钢丝结扎，喂养高糖饲料，并可加入自身粪便或隔日局部接种链球菌。为了加速牙周病模型的形成，可采用翻瓣手术，用电钻水平去除部分牙槽骨（如犬动物模型）。内源性因素法主要包括皮质类固醇的注射，并可同时喂养甲状腺素或摘除动物卵巢，导致动物内分泌及代谢失调。

2. Wistar 大鼠

体重 180～200 g，在实验牙的牙颈部用正畸钢丝结扎，肌内注射乙酸泼尼松龙，同时喂养高糖饲料。大鼠表现为牙间乳头糜烂、溃疡，有牙周袋形成，牙齿松动及深部牙槽骨吸收。

牙周病动物模型对探讨牙周病的病因、发病机制、防治等有重要意义。

（二）龋病动物模型

龋病动物模型的种类多，但仅鼠类模型比较成功。复制的方法包括接种变形链球菌于牙面、喂养高糖食物和抑制唾液分泌。

健康 Wistar 大鼠，体重 70 g，先将变形链球菌血清 C 型放入 TSB 增菌液中培养增殖后，用棉签蘸增菌液涂于大鼠的牙面上，每周接种一次。致龋高糖食物每 100 g 所含的主要成分包括：蔗糖 60 g、小麦粉 10 g、酪蛋白 10 g、乳奶粉 10 g、骨粉 3 g、花生油 3 g、酵母 2 g、氯化钠 1 g、各种维生素及微量元素等 1 g。为抑制唾液分泌，每 100 g 致龋食物中加 0.1 mg 的阿托品。每只大鼠保证每天喂养致龋高糖食物 15～20 g。动物 50 d 后开始出现龋坏，随时间推移龋齿加重并涉及邻面，这与人类龋病比较近似。可用该模型进一步研究龋病的发生机制、各致龋因素之间的相互关系和对各种防治方法的评价等。

（三）牙髓病动物模型

牙髓病的动物模型主要采用细菌感染牙髓的方法进行复制。杂种犬：年龄为 12～14 个月，体重为 14～15 kg。在每个实验牙的颊面颈部距牙龈 1 mm 处用涡轮机倒锥钻制洞，使近髓透红，用器械穿髓，要求穿髓孔越小越好，将牙髓暴露于口腔环境中，2～3 d 牙髓病的动物模型复制完成。穿髓孔附近呈现典型的急性牙髓炎症，表层无化脓坏死灶，超过 3 d。露髓表层有不同程度的组织坏死。确认动物发生牙髓病，然后用磷酸锌粘固粉封闭开髓窝洞，防止感染性物质从牙面穿髓洞中引流，促使炎症向根尖周扩散，进而出现龈颊沟变浅肿胀、瘘管形成等。该模型主要利用细菌感染复制，不能代表由一些非感染因素引起的牙髓病和根尖周病。

（四）下颌骨缺损修复动物模型

在动物下颌骨上建立缺损型骨不连接，而缺损型骨不连接决定于骨缺损的基准大小，要求能防止骨膜为自行骨愈合起到连接作用，同时要求创伤所形成的血肿不足以形成血凝块桥，避免成骨活性物质迁入后成骨，造成骨不连接。该模型受动物种类和年龄等因素的影响，用成年动物较好。

（1）兔　成年新西兰兔，用电钻在双侧下颌骨各造成一个非连续性骨缺嵌。一侧为实验组，另一侧为对照组。下颌骨修复材料要相同大小，并与骨断端吻合，行钢丝结扎固定，冲洗缝合伤口。

（2）犬　2 岁成年比格犬，用电钻和电锯在下颌骨形成骨缺损。空白对照组骨缺损 6 个月仍为纤维组织充填。

该模型种类较多。从实验结果的可重复性来看，比格犬较为成熟，其不但可以满足下颌骨缺损修复材料研究的一般内容，而且较适于进行异体骨移植免疫研究，例如，异体骨移植后可进行抗体-补体介导的细胞杀伤等现代免疫学实验。

十、眼科疾病动物模型

(一)白内障动物模型

(1)半乳糖性白内障动物模型　5～6 周龄大鼠,体重为 150～160 g,散瞳后,经裂隙灯检查晶体透明方可用于实验。用含 50%半乳糖的饮食喂实验动物,食量及饮水量不加任何限制。观察白内障逆转者,待白内障成熟后,改为正常饮食。典型的核浑浊从第 14 天开始,以晶体核中心出现致密的乳白色浑浊为主要特点。第 19 天所剩动物全部进入成熟期白内障阶段,肉眼即可见瞳孔区乳白色反光,中心区密度最大。停止半乳糖喂养后约 30 d,逆转开始,肉眼可见赤道部出现一环状半透明区。

该模型成模时间短,效果好,用药易控制,但死亡率高,另选用幼龄大鼠造模较其他动物为好。

(2)外伤性白内障动物模型　健康白色家兔,体重为 3 kg 左右。4 号注射针头于角膜 3 点钟方向、角膜缘内约 1 mm 处刺穿角膜进入眼前房,针尖移行至晶体中央上方,向下刺穿晶体并摆动,“十”字状划破晶体后向后退出针头。实验眼晶状体损伤后,即可出现局部性白色雾状浑浊,24 h 后浑浊范围明显扩大,但浑浊度仍较浅,为淡白色云雾状。6 d 时晶体浑浊范围直径约 3 mm,浑浊度加深变为白色絮状,21 d 左右晶体已大部分浑浊,浑浊度色深,为白色乳块状,此后无明显变化。

(二)角膜瘢痕动物模型

黑色、灰色或棕色雄性兔,体重 2 kg 左右。用血管钳夹紧烧烙钉杆的中央部分,在汽油加压缩空气火焰喷灯上烧 30 s 后,将钉在室温中冷却。用固定镊将家兔第三眼睑拉开,将钉头凹面放在角膜中央,钉杆与角膜表面垂直。轻压 2 s,即形成圆形的角膜烧伤。双眼角膜烧伤操作过程与条件相同。角膜接触性烧伤后,上角膜坏死,角膜基质浅层损伤,形成浅层角膜基质缺损,愈合后即为角膜浅层瘢痕(角膜斑翳)。造模成功者,双侧角膜烧伤面积等大、圆形,位于角膜中央,烧伤愈合后双眼角膜瘢痕等大、厚度相等且角膜浑浊程度相同。双侧角膜基质均同时有或无新生血管浸入。也可用兔的一侧角膜用药,另一侧做对照,用以观察药物对角膜创伤愈合的影响,筛选治疗角膜瘢痕的有效药物。

第三节　免疫缺陷动物

免疫缺陷动物是指由先天性遗传突变或用人工方法造成的一种或多种免疫系统组成成分缺陷的动物。

免疫系统的完整性对于防御感染性病原微生物及毒性产物非常重要。免疫系统中的一种或多种成分的缺陷可以导致严重,甚至致命的疾病。免疫缺陷病大体可以分为 2 类:一类是先天(或原发)性免疫缺陷,比如,遗传性缺陷病可以导致对病原微生物的高度易感性;另一类是获得(或继发)性免疫缺陷,它可继发于营养不良、恶性肿瘤、免疫抑制药物治疗或是免疫活性细胞受到病毒的感染。其中最突出的是人类免疫缺陷病毒,即获得性免疫缺陷综合征的病原体。常用的免疫缺陷动物主要有裸小鼠、裸大鼠、CBA/N 品系小鼠、性连锁免疫缺陷小鼠、Beige(bg)小鼠、重症联合免疫缺陷小鼠等。这些小鼠因与人类在体内免疫系统缺陷的相似性，而广泛应用于免疫学、肿瘤学的研究。

一、裸小鼠

裸小鼠是指先天性无胸腺、无毛的小鼠。其细胞免疫功能丧失，导致这种异常状态的裸基因(*nu*)是一个位于11号染色体上的隐性突变基因。裸基因已经被引入不同的遗传背景，带有裸基因的小鼠品系包括NIH-nu、BALB/c nu、C3H-nu和C57BL/6-nu等。各个品系裸小鼠因其遗传背景不同，所表现的细胞免疫反应和实验检查指标也不尽相同。只有纯合裸基因(*nu*/*nu*)的小鼠，才具有的缺陷：①毛发生长发育异常，表现为全身形似无毛，呈裸体外表；②没有胸腺，仅有胸腺残迹或异常的胸腺上皮，这种上皮不能使T淋巴细胞正常分化，缺乏成熟T淋巴细胞的辅助、抑制及杀伤功能，因而细胞免疫力低下，不能执行正常T淋巴细胞功能。此外，B淋巴细胞功能基本正常，成年裸小鼠(6～8周龄)比普通鼠有较高水平的NK细胞活性，但幼鼠(3～4周龄)的NK细胞活性低下，裸小鼠粒细胞数比普通小鼠低。

(一)裸小鼠的一般特性

(1)寿命　裸小鼠免疫力低下。必须饲养在无菌环境或SPF环境中，所用器具、垫料、饲料及饮水等均需严格消毒，并采用隔离器饲养，裸鼠才能长期生存，一般寿命在9个月以上，最长的寿命可达一年半。

(2)被毛与趾甲　新生裸鼠无触须是鉴别正常新生鼠的要点。小鼠出生后10 d左右在背部、头部和足部有少量短而稀疏的毛，以后都脱落。裸鼠不长毛是由于角化异常和毛囊缺乏游离的硫氢族，不能形成角蛋白前体，使毛的坚硬度减弱，其皮层的毛弯曲不能穿越表皮层所致。裸鼠的趾甲长而蜷缩呈螺旋状畸形。

(3)体重变化　新生裸小鼠与正常小鼠的体重无差异，但出生后第3周比正常小鼠轻，第6周体重为正常小鼠的65%～80%。成年后体重差异又逐渐减少。

(4)生育力　裸小鼠生育力很低，尤其是雌性裸小鼠受孕率低、母性差、动情期不规律，有食仔习惯，解剖见卵巢小，雄性睾丸内精子多数不活动或扭曲。

(5)胸腺缺失　初生裸小鼠在其胸腺相应的解剖部位有一个囊状结构，即胸腺残疾。它由上皮细胞组成，缺少淋巴细胞，T淋巴细胞明显减少或缺失。

(6)抵抗力低下　常规开放环境下，易感染致病，常见病有：消耗病，出现腹泻、体重下降、拱背、脱水、死亡及病毒性肝炎、慢性兼质性肺炎等。

(二)裸鼠在医学科学研究中的应用

(1)人类肿瘤移植研究　裸鼠由于先天无胸腺，缺乏细胞免疫功能，它对异种动物正常组织和恶性肿瘤组织移植不发生排斥反应，并保存人瘤原有的结构和功能，生长稳定，为研究人肿瘤的理想动物模型。

(2)免疫和遗传研究　先天性无胸腺免疫缺陷动物的遗传因素及其大体和组织学变化均与人类所患的免疫性疾病中的原发性细胞免疫病相似，是研究人类各种免疫缺陷性疾病的发病机制和遗传规律的动物模型。

(3)微生物研究　人类麻风病杆菌至今不仅不能在人工培养基上生长，而且没有合适的实验动物感染。裸鼠问世后，将麻风病杆菌接种于裸鼠足掌，麻风杆菌大量繁殖，全身扩散，发生与人的瘤型麻风相似的病变，为研究麻风杆菌生物特性、免疫原性和麻风发病机制与治疗的动物模型。

(4)内分泌和老年学上的应用　在人工摘除胸腺的小鼠,大多数研究可见脑垂体、甲状腺、肾上腺和性腺等出现异常,而用裸鼠则这些器官的功能与正常小鼠无差异。裸鼠没有细胞容易引起自身免疫现象,皮肤的可溶性抗原减少,因此有人认为胸腺、自身免疫和老化三者之间是有关系的。

(5)生物制品和药品的检定　菌苗和疫苗的安全性和免疫原性是制品检定的重要内容,裸鼠是对生物制品或药品潜在致癌性、感染因子或抗癌药物研究的良好动物模型。

二、裸大鼠

裸大鼠是由英国的阿伯丁研究所首先在 1953 年发现,基因符号为 *rnu*;1975 年再次发现了纯合子的裸大鼠(*rnu*/*rnu*),并于 1977 年在英国的 MRC 实验动物中心建立了裸大鼠种群。此后逐步引入美国、日本等。1983 年引入中国。

裸大鼠的一般特征与裸小鼠基本相似,无胸腺,除头部、四肢有稀少被毛,全身几乎无毛。缺乏功能性 T 淋巴细胞,B 淋巴细胞功能基本正常,NK 细胞活力增强;与裸小鼠一样发育相对较缓慢,体重为正常大鼠的 70%左右;裸大鼠与裸小鼠一样乳腺发育缺损,繁育能力差,繁殖方式和裸小鼠一样,都采用纯合子的雄鼠与杂合子的雌鼠交配方式进行繁育;裸大鼠易患呼吸道疾病,由于其无胸腺,免疫力低下,容易感染各种疾病,特别是环境较差容易感染溃疡性气管炎和化脓性支气管炎等,生存时间为 6～7 个月。

裸大鼠的免疫器官的组织学特征与裸小鼠相似,3 周龄裸大鼠的解剖发现,有胸腺残迹,内有未分化的上皮细胞,但未见淋巴细胞。

裸大鼠在生物医学上的应用与裸小鼠相同,主要用于人类正常组织和肿瘤的移植研究,因其个体大,做血清生化分析能提供足够的血样,可为各种研究提供足够的瘤组织。同时易进行外科手术。但缺点是维持经费比裸小鼠更高。

三、性连锁免疫缺陷小鼠

性连锁免疫缺陷小鼠(X-linked immune deficiency mouse;XID)起源于 CBA/N 小鼠,其 B 淋巴细胞功能缺陷,其基因符号为 *xid*,位于 X 性染色体上。纯合子雌鼠(*xid*/*xid*)杂合子雄鼠(*xid*/Y)对非胸腺依赖性Ⅱ型抗原(肺炎球菌脂多糖、葡聚糖等)没有体液免疫反应,血清中 IgG_3 和 IgM 含量降低,对 B 细胞促[有丝]分裂原缺乏反应。如果移植正常鼠的骨髓到 *xid* 宿主,B 细胞缺损可得到恢复。相反,把 *xid* 鼠的骨髓移植给放射线照射的同系正常宿主,受体动物仍然表现为不正常的表型。T 淋巴细胞功能没有缺陷,该模型是研究 B 淋巴细胞的发生、功能与异质性的理想动物模型。其病理与人类 Bruton 丙种球蛋白缺乏症和 Wiskott-Aldrich 综合征相似。

四、Beige(bg)小鼠

Beige 是 NK 细胞活性缺陷的突变系小鼠,隐性突变基因 *bg* 位于第 13 号染色体上是 Oak Ridge 在放射处理的小鼠中发现的。纯合的小鼠(*bg*/*bg*)被毛完整,但毛色变浅耳朵和尾巴色素减少,特别是出生时眼睛颜色很淡。这种小鼠表型特征与人类的白细胞异常色素减退综合征(Chediak Highashi syndrome)相似。其内源性 NK 细胞活力缺乏,是由细胞溶解作用的识别过程(post recognition)受损伤所致。另外,中性粒细胞对细菌的杀伤作用降低,损伤细胞毒

T淋巴细胞功能，延迟巨噬细胞调节的抗肿瘤杀伤作用的发生。该基因还影响溶酶体的发生过程，导致溶酶体膜缺损，使有关细胞中的溶酶体增大，溶酶体功能缺陷。由于溶酶体功能缺陷，bg小鼠对化脓性细菌感染非常敏感，对各种病原因子都较敏感，所以这种小鼠要在无特殊病原体（SPF）环境中才能较好地生存。繁殖采用纯合子之间进行。

五、重症联合免疫缺陷小鼠

重症联合免疫缺陷小鼠（severe combined immuno deficient mice，SCID小鼠）是在1983年由美国的Fox Chase癌症中心的Bosma发现，为自发性突变个体，是由位于第16号染色体的*scid*的单个隐性突变基因所致的。*scid*基因纯合小鼠（*scid*/*scid*）由于基因发生突变，造成了编码免疫球蛋白重链（IgH）和T细胞抗原受体（TcR）的基因重排异常，抑制了B淋巴细胞和T细胞受体的正常分化，所以纯合的SCID小鼠的T淋巴细胞和B淋巴细胞数量大大减少，细胞免疫和体液免疫功能均缺陷，但巨噬细胞和NK细胞功能正常。

SCID小鼠外观与正常小鼠无异，生长发育正常，但胸腺、脾、淋巴结的质量一般为正常小鼠的30%，组织学上表现为淋巴细胞缺失；胸腺没有皮质结构，仅留有残迹，脾脏小无淋巴细胞聚集；淋巴结无明显皮质区，副皮质区缺失，呈淋巴细胞脱空状，由网状细胞占据；所有T淋巴细胞、B淋巴细胞功能测试均为阴性，对外源性抗原无细胞免疫及抗体反应，体内缺乏携带前B淋巴细胞、B淋巴细胞和T淋巴细胞表面标志的细胞；SCID小鼠的巨噬细胞、粒细胞、巨核细胞、红细胞等均呈正常状态，NK细胞及淋巴激活因子（LAK）也呈正常，骨髓结构正常，外周血白细胞减少。淋巴细胞占白细胞总数的10%～20%，而正常小鼠应占约70%。少量的SCID小鼠在青年期可发生免疫功能恢复，这种现象称为渗漏。其渗漏特征不遗传。

由于SCID小鼠在细胞与体液免疫方面的缺陷，SCID小鼠现已被广泛应用于免疫细胞分化和功能的研究，是异种免疫功能重建、人单克隆抗体生产、人类自身免疫性疾病及免疫缺陷性疾病、病毒学及肿瘤等方面的一种十分理想的动物模型。许多人类寄生虫不能感染其他小鼠，而SCID小鼠不但可被人类丝虫病所感染，而且所出现的病变与人类非常相似，因此它是研究人类寄生虫病的新动物模型。SCID小鼠极易死于感染，因此必须饲养在SPF环境中，寿命可达1年以上。SCID小鼠两性均可生育。

六、Motheaten小鼠

这种小鼠出生后2 d内即可出现皮肤脓肿，有重症联合免疫缺陷，突变基因（*me*）位于第6对染色体上，主要表现为对胸腺依赖和不依赖抗原均无反应，对T细胞促[有丝]分裂原、B细胞促[有丝]分裂原的增殖反应严重受损，T淋巴细胞和NK细胞活性减低。纯合型（*me*/*me*）还伴有自身免疫的倾向，免疫复合物可沉积在肾、肺、皮肤。该系小鼠对判别生命早期免疫功能缺陷和某种自身免疫性疾病发生都是有用的模型。

七、人工培育的先天性联合免疫缺陷型小鼠

国外将分布于3种小鼠的3个隐性突变基因，即NK细胞缺陷的*Beige*基因、T淋巴细胞缺陷的*nu*基因以及B淋巴细胞缺陷的*xid*基因经过杂交、筛选及导入，育成了T淋巴细胞、B淋巴细胞、NK细胞三联免疫缺陷的Beige-nude-xid小鼠。中国药品生物制品检定所孙靖等在自行育成单一T淋巴细胞功能缺陷型的PBI/1裸小鼠（615/PBI裸鼠）的基础上，将

C57BL/6J—beige 小鼠的 *bg* 基因，通过反复杂交和回交，导入 PBI/1 裸小鼠中，从而获得 T、NK 细胞双缺陷的 PBI/2-Beige($615B_6$/PBI-belge)裸小鼠，其 NK 细胞活性明显低于 PBI/1 裸小鼠和 BALB/c 裸小鼠。在此基础上，他们用 T、NK 细胞联合缺陷的 PBL/2-beige 裸小鼠作为供体动物，B 淋巴细胞功能低下的 CBA/裸小鼠作为受体动物，采用杂交-回交和回交-互交导入法将具有 PBI/2 遗传背景的"*bg*"和"*nu*"基因导入 CBA/N 小鼠中，培育成功了三联(T 淋巴细胞、B 淋巴细胞、NK 细胞)免疫缺陷的 PB/3-xid. Beige 裸鼠(CB 615/PBI-xid Beige 裸鼠)。该 PBI/3-xid. Beige 裸鼠保持了其双亲各自的特性：表型为裸体，皮肤清淡呈苍白色，虹膜睫状体和脉络膜色素变浅，并形成一个深色颗粒的色素环，以及无肉眼可见胸腺，出血时间长等。其免疫学特性的研究表明，PBL/3-xid. belge 裸鼠是 T 淋巴细胞、B 淋巴细胞、NK 细胞功能低下的一种新型的模型动物。此外，陈桦等将 Beige 小鼠 NK 细胞缺陷基因导入 SCID 小鼠体内，也得到 T 淋巴细胞、B 淋巴细胞、NK 细胞功能三联免疫缺陷小鼠(B. C. B-17SCID-Beige 小鼠)。

八、显性半肢畸形小鼠

显性半肢畸形小鼠是一种具有显性突变基因的动物，其基因符号为 *Dh*，位于 1 号染色体上。纯合子(*Dh*/*Dh*)小鼠由于泌尿生殖系统和骨骼系统的严重畸形，在出生后很快死亡。杂合子(*Dh*/+)缺乏脾脏，其泌尿系统、生殖系统、消化道和骨骼有一定程度畸形。畸形发生于早期胚胎的脏壁中胚层。该小鼠由于缺少脾脏在一定程度上损伤了体液免疫反应。显性半肢畸形小鼠无须特殊饲养条件。如果将 *nu* 基因和 *Dh* 基因结合在一起，即可培育出无胸腺和无脾脏的 Lasat 小鼠。

思考题

1. 什么是疾病动物模型？
2. 使用人类疾病的动物模型的意义是什么？
3. 对自发性及诱发性疾病动物模型进行评价。
4. 免疫缺陷动物的主要应用有哪些方面？

参考文献

程水生，崔保安，陈光华，2012. 兽医实验动物学[M]. 北京：中国农业出版社.

李凤奎，王纯耀，2007. 实验动物与动物实验方法学[M]. 郑州：郑州大学出版社.

李厚达，2003. 实验动物学[M]. 2 版. 北京：中国农业出版社.

刘恩岐，2014. 人类疾病动物模型[M]. 北京：人民卫生出版社.

秦川，魏泓，2015. 实验动物学[M]. 2 版. 北京：人民卫生出版社.

谭燕莲，苏何玲，2019. 乙型肝炎病毒感染动物模型研究进展[J]. 华夏医学，32(2)：166-170.

汤加铭，陈民利，2012. 医学实验动物学[M]. 北京：中国中医药出版社.

汤加铭，陈民利，2012. 医学实验动物学[M]. 北京：中国中医药出版社.

韦武，郭红星，2019. 大鼠肝癌模型建立的研究进展[J]. 中国实验动物学报，27(1)：119-123.
魏泓，2016. 医学动物实验技术[M]. 北京：人民卫生出版社.
温浩，侯月梅，2012. 人类疾病动物模型研究和实验动物管理[M]. 北京：科学出版社.
夏巍，赖永静，杜龙，等，2019. 树鼩在人类肿瘤疾病动物模型中的应用进展[J]. 动物医学进展，40(3)：109-113.
张春花，朱丹，刘华钢，2011. 流感病毒感染实验动物模型建立的研究进展[J]. 广西医科大学学报，28(5)：808-811.

第九章 实验动物规范化管理与技术规范

本章简介

本章主要介绍我国实验动物管理体系、实验动物及动物实验的质量管理、动物实验设计和实施、实验动物许可证制度管理、良好实验室的质量管理规范及影响动物实验因素的控制管理。根据影响动物实验的多种因素科学地进行动物实验的设计和实施，提高动物实验结果的可靠性。

第一节 选择实验动物的依据和内容

一、广泛查阅文献，积极进行交流

查阅相关文献了解本领域使用的实验动物情况，充分理解和运用前人的科学研究成果、研究思路，确定研究计划以避免重复研究。各个学科、研究领域都有常用的动物品种和品系，科研、检验和生产传统应用的实验动物都是科学人员长期以来实践经验的积累。因此，加强与实验动物科学工作者的沟通有助于有效地充分利用实验动物学的研究成果，从而更有效、更准确、更好地选择实验动物为自身课题服务。

二、进行必要的动物预实验

必要的动物预实验有助于选择与本课题相适应的实验动物。通过预实验可以初步观察选择的动物是否适宜于本项目的研究；通过预实验还可以熟悉动物的生物学特性及饲养管理模式；此外，预实验还有助于检查与动物实验配套的实验条件、方法等是否到位。

三、相似性原则

在科研实验设计中要选择与人类某些组织结构、功能代谢及疾病特点最近似的实验动物。其目的是更准确地揭示生命活动的规律，探求人类疾病的病因、病机，寻找防治人类疾病的有效方法。首先，选择在整体上与人类相近似的动物。一般来说，实验动物越高等，进化程度越高、机能、代谢、结构越复杂。从进化的角度来看，与人最近似的动物是灵长类动物，如猴、猩猩、狒狒等。然而这些大型灵长类动物数量少,有些还是珍稀动物,价格昂贵且不易获得,一般科研单位无条件选用。近年来发现了一种亲缘关系与灵长类比较接近(全基因组序列同源性高达93.4%)的动物树鼩,其在组织解剖学、生理学、生物化学、神经系统(脑功能)、代谢系统和免疫系统等方面与人类近似,且体型小、繁殖周期短、易于实验操作、饲养成本低,适宜应用于生物医药研究领域。其次,选择在某些生物学特性上与人相似的动物。虽然有些实验动物在整体上与人类生物学特性并不十分相似,而在某些方面与人类非常近似。例如,猪的皮肤组织结构与人类的相似,其皮下脂肪层结构、上皮再生、烧伤后的内分泌及代谢特性也与人类近似,所以烧伤研究选用小型猪作为实验动物较为理想;小鼠在氢氧化铵雾剂刺激下呈现咳嗽反应,可利用该特性研究镇咳药物。

四、选用解剖、生理特点符合实验目的要求的实验动物

选用解剖生理特点符合实验目的要求的动物做实验是保证实验成功的关键。实验动物的某些解剖生理特点为实验提供了便利条件。因此,应根据不同种系间实验动物机体内存在特殊结构或者特殊的反应特性,选择解剖、生理等符合实验目的和要求的实验动物。例如,大鼠适于做应激反应和内分泌相关实验研究是因为大鼠的垂体-肾上腺系统功能较为发达,应激反应灵敏,各种内分泌腺体如垂体等易于摘除;另外,大鼠还常用于中医药治疗类风湿关节炎模型;由于大鼠无胆囊,其不能用于胆囊功能研究实验。豚鼠易于致敏,其适于过敏性实验研究;同时由于豚鼠体内不能合成维生素C,故适用于维生素C缺乏症的研究。兔和猫属于典型的刺激性排卵动物,通过交配刺激才能排卵,是观察药物和排卵的影响关系、进行避孕药研究的实验动物。兔对体温变化十分敏感,易产生发热反应,适用于发热、解热等方面的研究;家兔颈部的交感神经、迷走神经和主动脉减压神经是分别存在、独立行走,如果要观察减压神经对心脏等的作用,选择家兔。

五、选用患有类似人类疾病的近交系或突变系动物

自发性或诱发性疾病模型能够局部或全部反映人类疾病过程。有的疾病可经过遗传学方法固定于动物品系。例如,青光眼兔、无胸腺裸鼠、肥胖症小鼠等带有免疫缺陷疾病、遗传疾病的动物,在一定程度上能够减少人为因素,更接近于自然的人类疾病,选用适当的动物模型研究相关的人类相关疾病是非常必要的。

六、选用结构功能简单又能反映研究指标的动物

进化程度较高或者结构机能复杂的实验动物有时会给实验条件控制和实验结果获取及分析带来困难,选择结构功能简单且能够反映研究指标的动物。例如,寿命短、繁殖快的果蝇在遗传研究中应用较多。此外,为删除系统作用背景对某器官或某功能进行研究,可用立体方法来进行。蛙的脊髓具有最简单的发射中枢,适宜做神经反射弧实验,简单、直观、明确且容易分析。

七、匹配性原则

在设计动物实验时,所选的动物标准化级别要与实验设计、实验条件、实验技术、实验方法等相匹配。在设计实验时,应该了解实验仪器精度和灵敏性能、试剂品质、性能及试剂与仪器

之间的匹配性，也应了解动物或者动物模型对实验手段的反应能力。例如，避免应用高精度仪器、先进的技术方法、高纯度的试剂与低质量、非标准化、反应性能低的动物相匹配，更应避免利用性能低的测试手段、非标准化的实验设施与高质量、高反应性能的实验动物不相协调的配合。

八、易获性原则

易获性是选择理想实验动物的条件之一。选择实验动物时，要注意选用与实验研究目的相符合的实验动物，还应注意在不影响实验质量的条件下，选用最容易获得、最经济、最容易饲养管理的实验动物来做实验研究，以减少实验研究过程中的困难，增加实验研究的可行性及易行性。灵长类动物进化水平高，在很多方面有不可替代的优越性，具有很大的研究价值，而其生殖周期长，繁殖率或产仔率低等弱点影响其易获性，所以通常不作为首选。

第二节　动物实验的质量管理

动物实验的质量管理直接关系到实验结果的准确性和可靠性。进行动物实验质量管理，首先需要熟悉国家、各部门及地方政府颁布、实施的关于动物实验、实验动物以及涉及具体实验环节的相关法律、法规及质量标准。根据相关规定，在已获得国家或地方实验动物管理机构颁发的实验动物使用许可证的单位进行动物实验，然后根据实验单位的特点及实验目的，制定切合实际、可行性强的质量管理办法，并在生产和实验过程中认真严格执行，以保证动物实验的质量达到标准。根据国际标准，动物实验必须符合良好实验室规范(good laboratory practice, GLP)和标准操作规范(standard operating procedure，SOP)。这些操作规范和标准操作程序对实验动物、实验室条件、工作人员素质、技术水平和操作方法均要求标准化。

一、动物实验质量管理的标准

动物实验质量管理是指在动物实验过程中由第三方，即质量监督人员对动物实验全过程达到标准化所实施的相关职能和活动。在动物实验过程中，质量监督人员应对操作程序、方法、环境条件、受试对象、施加因素和实施途径的标准化实施连续记录和分析。进行动物实验质量管理所参照的标准包括：

(一)国家、行业部门和地方政府已颁布的动物实验标准

化学试剂的标准、药典、实验动物的质量标准、实验环境条件的标准、仪器设备的标准、饲料饮水标准等法规性标准。

(二)动物实验室自行制定的各种标准

灭菌净化标准、灭菌物品的贮存期标准及国家、行业部门和地方政府已颁布的标准或在此基础上本实验室自定的(高于标准)内部标准。

(三)内部质量标准

由动物实验室同有关管理、技术部门专家共同制定，作为动物实验质量管理暂定依据，待批准公布后，按照国家、行业部门或地方颁布的标准一起执行。

二、质量管理的基本内容和职责

①针对动物实验的原始资料、实验方案和总结报告的副本进行收集和保存。

②按照规范要求对实验的软硬件进行管理，实施实验档案管理与检查制度。根据实验动物的法律法规，全面审核动物实验的整个过程，主要内容包括：实验记录、总结报告、项目实施条件、检测方法和实验进度。

③对每项动物实验实施检查与监督，并制订详细检查计划，记录检查的相关内容、存在问题及采取的解决问题方法，并在记录上签名，保存备查。

④定期现场检查动物实验设施、仪器设备和动物实验室管理等情况。

⑤及时向单位负责人和项目负责人报告出现的问题，并提出解决问题的建议和报告。

三、质量管理的组织实施

质量监督方案主要由质量管理负责人主持起草，经过单位批准后，由质量监督机构组织实施，负责收集、整理、核对相关数据，并起草阶段性和最终结论性质量监督管理报告，动物实验质量监督管理报告主要包括以下内容。

①动物实验环境的全面运行管理状况。

②实验动物饲养人员、管理人员的上岗证件情况。

③仪器、设备完好运行的确认记录情况。

④项目计划书、实验方案、标准操作程序与执行情况。

⑤实验报告中的原始资料、标本、样品数据与实验报告的核对。

⑥实验方法、测试、分析、统计方法等与实验报告的核对。

⑦实验过程中的所有动物死亡、剖检记录的核对。

⑧实验过程中的影响实验因素的纠正方法以及实验报告的核对。

⑨实验动物及饲料合格证及项目计划书要求的核对。

⑩国家或地方实验动物管理机构半年或一年对动物实验室最近一次的检测结果。

⑪动物实验质量监督的综合评价。

四、实验动物质量管理具体要求

（一）动物实验中仪器的控制要求

按国家计量部门的相关标准，对仪器、设备进行定期检查和校验。

（二）实验动物的质量管理

按照《实验动物管理条例》，研究生毕业论文以及省部级别科学实验和生物制品必须使用清洁级或以上级别的实验动物。国家级课题和国际合作项目必须使用SPF级或以上级别的实验动物。动物实验设施必须与相应的设施配套，应从具有实验动物生产许可证的单位购买符合相应等级要求的实验动物。

（三）实验动物用饲料、饮水的质量管理

应该根据实验动物种类、级别和不同生理阶段，饲喂不同营养水平的饲料以适应不同阶段的营养需求。生产饲料必须取得实验动物管理机关颁发的实验动物饲料生产许可证。购买饲料必须在具有上述合格证的单位购买。严格控制饮水质量标准。在普通环境饲养的实验动物使用人的饮水标准，在屏障环境、隔离环境，应使用酸化水或灭菌水。

（四）实验动物环境的控制要求

该设施应避开自然疫源地和污染源；避免人流、物流、气流的交叉污染，并需要安装防鼠挡

板、灭蝇灯等设备；此外，还应当设有消防安全设备及通道。

（五）人员管理

从事动物实验的饲养人员必须取得属地或相关部门的实验动物管理委员会或相关部门颁发的饲养技术人员资格认可证。从事动物实验的科技人员必须取得属地或动物管理委员会颁发的实验动物技术人员资格认可证。

五、动物实验室文件、资料的管理

文件资料管理是动物实验结果可靠性验证体系的重要组成部分，其目的是保证洁净动物实验全过程按照文件规定进行。

（一）文件资料管理系统

文件分为标准（技术标准、管理标准和工作标准）和记录（凭证）两部分。

（1）技术标准　是指动物实验过程中由国家、地方实验动物管理部门颁布的技术性规范、细则、标准和规程等书面文件。

（2）管理标准　是指动物实验管理部门为行使其管理职能所制定的标准化、规范化的制度、规定及办法等书面文件。

（3）工作标准　是指对动物实验室各部门的工作范围、职责、权限、工作内容等的标准规定，岗位 SOP 等文字要求。

资料中的记录（凭证）包括记录（实验操作记录，结果记录）凭证（物品、动物、设备、设施等的状态的单、卡牌等）和实验动物设施运行状态的记录。动物实验管理的文件系统见图 9-1。

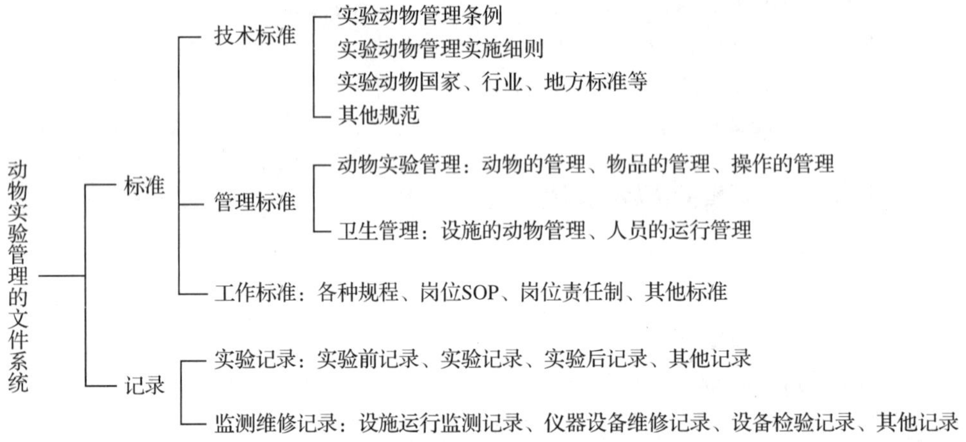

图 9-1　动物实验管理的文件系统

（二）文件系统的管理要求

实验工作结束或终止后，专题负责人应将实验方案、标本、原始资料、文字记录和总结报告的原件及与实验有关的各种书面文件、质量保证部门的检查报告等按照标准操作规范要求进行整理和存档。

①标准文件资料应精心设计和准备以便有效正确地使用。记录（凭证）文件应认真、详细、准确无误地反映实验结果。文件的标题、内容，文字应简练，条理清楚，用专业术语准确表达。

存档文件不应用手抄，实验记录、图表也应尽量保存打印件。动物实验部门应统一文件格式、编号，便于检阅。

②实验记录内容要求真实，记录及时，字迹清楚，不得用铅笔记录，不能任意撕毁或涂改。若更改实验记录（凭证），必须填写改正人姓名、日期，但不能使用涂改液，应划去后在旁边重写。

③各种表格内容应详细填写，不能简化，留有空格。如若无内容填写应用“—”表示。内容与上述项目相同时应重复抄写，不能用“同上”字样表示。

④填写记录（凭证）者应填写姓名，不能简化、潦草填写日期不能简写。

⑤记录（凭证）应由质量监督人员负责复核，并及时纠正不规范的记录。

⑥文件、凭证的保管与归档应有专人负责，并符合国家有关法规要求。

⑦各种文件、资料应保存 3 年以上。

（三）实验结果的报告要求

每项洁净动物实验结束后，都应由项目责任人写出实验报告书，原则上必须记载下述事项。

①标题和实验意义。

②实验设施的名称和所在地以及实验条件的级别等信息。

③实验的起止日期。

④施加实验因素的名称、方法、批号、含量、效价及纯度等。

⑤受试动物的名称、种（品）系、年龄、体重范围、来源、级别、饲养条件和级别等。

⑥给药途径、方法、给予量、次数和时间等。

⑦观察的次数、测定分析的种类和方法等。

⑧各部分工作责任人的姓名。

⑨对实验过程中不可预测和影响实验结果的纠正办法。

⑩数据分析的统计方法。

⑪项目责任人的签名，报告日期。

⑫该报告由法律责任人签名。

⑬质量监督人员的签名。

⑭该报告的去向和份数。

第三节　动物实验设计和实施

进行动物实验之前，必须做好一系列的准备工作，包括基本知识的掌握、实验条件的准备，预备性实验等，然后再组织进行动物实验。首先，了解动物实验的基础理论知识，充分查阅参考文献，明确选题立项，制订详细的研究计划及实施方案，清楚实验方法的制定、试验数据的采集与处理方法；其次，了解仪器设备状况、药品配制、实验动物的购入、实验场所消毒与器具配套等情况。在正式实验开始前，一定要进行预实验，及时发现问题，调整实验设计，以便节约动物资源和研究费用。

一、实验人员的素质要求

第一，动物实验人员要了解国内外实验动物和动物实验的相关法律法规和管理制度，依照法规实施动物实验。第二，从事动物实验的相关人员必须了解实验动物学的基础理论知识，熟悉实验动物的解剖生理学特点和生物学特性，掌握相关动物实验方法学方面的基础知识和基本技能。第三，掌握、领会并能够使用标准的实验动物和规范的技术方法进行实验，研究实验过程中动物反应、表现及其发生、发展规律，解决实验中的问题，获得新的知识，发现新的规律，为生命科学和人类服务。第四，所有参与动物实验的人员必须获得地方省市实验动物管理部门颁发的上岗证书，从事感染实验的人员必须获得相应生物安全级别的特殊培训证书。第五，取得动物实验许可证的单位，不得让未取得动物实验上岗证书的人员进入动物实验室。

二、动物实验设计

依据实验设计和实验方案对整个动物实验进行宏观把握，对研究涉及动物实验的各项基本问题进行合理安排。实验设计是否周密、合理，将直接影响实验结果的可靠性。无论是否有现行操作规范或标准可参照进行的动物实验，都要求研究者在动物实验前认真查阅相关资料，特别是对于没有现行操作规范或标准可参照进行的动物实验，应该查阅最新的国际、国内文献，确定选题，制定切实可行的实验方案。设计优良的实验方案必须考虑人力、物力和时间，使诸多实验因素包括在尽可能少的实验中，最大限度地获得丰富而翔实的实验结果；以科学、规范的数据收集和处理方法，精确地控制和估计误差的大小，得出准确而可靠的实验结果，从而得出科学的结论。

实验设计三要素包括实验因素、实验单位和实验者效应。在实验设计中，应明确以下内容：重点考察实验因素及各因素的水平；控制或避免非实验因素对实验结果干扰的方法；实验单位，即受试对象接受处理的基本单位（如动物个体、动物的某一部位等）；用于考察实验者效应的观测指标；根据指标性质合理收集实验数据的方法；处理实验数据的统计学方法。在进行具体设计时，最好有实验动物学和统计学专家的参与，以确保实验设计的科学、节俭和高效。进行实验设计时，要严格遵从以下五个基本原则。

（一）动物实验设计的一般原则

在开展动物实验之前，应在熟悉有关实验动物理论知识和动物实验技能的基础上，提出创新性课题和符合科学规律的假说。良好的选题和周密的设计应遵守如下原则：

1. “3R”原则

欧美等发达国家的实验动物法规要求科学家从事有关脊椎动物实验时，必须考虑替代方法，动物实验按照 3R 原则进行设计。在满足科研需要的前提下，尽可能少用实验动物、使用低等动物、组织细胞培养物或者数学模型；要尽量减少动物的痛苦，降低对动物的伤害，实验结束后使用安乐死方法结束动物生命。

2. 科学性原则

所设计的实验方案必须有科学依据，根据前人或自己的实验结果，确定明确的研究目标，内容清楚，技术路线、实验方法等科学、严谨，而且可行性强。

3. 创新性原则

实验研究选题对科学发展和经济发展具有重要意义;技术路线,实验方法具有特色,能够用最快的研究进度,消耗最少的人力、物力、财力,达到预期的研究目标。

4. 客观性原则

选择观察指标时,不用或少用带主观成分的指标。判断结果应该客观,绝对不能以主观的意愿对结果或数据做随意地改动和取舍。

5. 对照性原则

在实验中,设立可与试验组比较,用以消除各种无关因素影响的对照组。试验组与对照组具有同等意义,设置对照组是为了消除或减少非实验因素的干扰所造成误差的有效措施。没有对照组的实验结果往往是难以使人信服的。对照设立有两种方式,即自体对照和组间对照。自体对照是同一个体不同部位的对比或者在同一个体身上观察实验处理前后某种指标的变化。自体对照可以减少个体差异对实验处理反应的影响。组间对照是将若干个动物以随机抽样的方法,将其分成若干平行组,随机挑选一组作为实验组,另一组作为对照组,进行实验比较。对照各组除了不施加实验因素外,其他条件均应相同。

6. 重复性原则

同一处理需要设置多个样本个数。重复的主要作用是估计误差、降低试验误差和增强代表性,提高实验结果的精确度。同时为体现结果的真实性,保证实验结果能在同一个体或不同个体中稳定地重复出来。能源分析和资源平衡是确定样本数量大小常用的方法。一般小动物(小鼠、大鼠、鱼)每组 10～30 例;中等动物(豚鼠、家兔)每组 8～20 例;大动物(犬、猫、猪、羊)每组 6～20 例。

7. 一致性原则

实验组与对照组之间除处理因素不同外,非处理因素要保证均衡一致。进行动物实验时,应该选择合理的设计方案,以保证各干扰因素基本一致。实验过程中保证实验组与对照组之间除被研究的实验处理因素不同外,实验对象、实验条件、实验环境、实验时间、药品操作人员等均要保持一致。

8. 随机性原则

按照机遇均等的原则进行分组。其目的在于使一切干扰因素造成的实验误差尽量减少,而不受实验者主观因素或其他误差的影响。随机化方法可采用随机数字表法、编号卡片抽签法或计算器随机数字键法。

(二)动物实验设计的程序

1. 良好的假设

动物实验研究的目的就是验证假说是否正确。假说是实验研究设计的前提,若没有假说,实验和观察就失去了目标。它关系到实验研究的目的性、计划性和预见性。在对假说加以验证的过程中,也应适时地对假说加以抛弃,重新建立新的假说,再加以验证,使正确的假说上升为结论、原理和学说。

2. 实验对象和独立的重复

选择合适的实验动物或动物组织细胞作为实验对象,实验对象就是随机处理中能被复制的单位,原则上不同试验对象需要不同的处理,常常实验对象就是一个动物个体。如果试验涉及比较不同饲料营养水平,实验对象就是试验笼中整体动物。如果一个动物经过不同处理,然后分别取出淋巴细胞，在不同细胞培养板观察淋巴细胞的发育，试验的对象就是单个的细胞培养板。

3. 控制变量

控制变量可以通过选择使用遗传均一性的实验动物，同时保证动物没有亚临床和临床症状。良好饲养环境条件下的动物比饲养环境差的动物均一性更容易实现。试验设计中尽可能考虑动物体重和年龄的均一性。所有动物处理都要达到均一性。

4. 选择处理

保证试验组合理的处理，通常在实验中设置一组或多组未处理，假处理或使用安慰剂处理作为对照组。如果试验需要重复，由于许多无法控制的因素如季节、采食量变化、微生物群体变化和个人测定方法不同，无法保证同一组比较对象都一致，每次实验必须设置对照组来估测时间的变化对实验结果的影响。

5. 选择设计

随机实验设计适用于大多数的动物实验，包括定数量的处理组，不受每组不同数量处理的影响，设计简便，结果容易分析。如果试验材料不同或材料具有本身自然特点，实验设计的结果也会受到影响。随机板块设计或利用多因子设计来增加试验设计的精确性。分离设计和重复设计用于两个不同的试验对象。主要比较对象为动物之间 3 种日粮、或药物处理 A、B、C 的差别。重复测定适用于某些特性在一定时间内反复观察，每次观察结果是独立的。

6. 样本数量

在试验中要求有足够的样本数量来获得较好的组间标准误差估计，但是较多的样本意味着浪费资源和动物。如果处理组较多，每个处理组中动物数量可以适当减少。

7. 统计分析

在实验开始前，研究工作者必须清楚如何进行数据分析。如果没有统计分析意识，整个试验可能意味着不正确、无意义，或实验结果无法分析。

8. 预备性实验

预备性实验也称为预实验、初步实验，是在动物实验前对正式实验进行初步试验。预备性实验可以检验试验设计的可行性，为正式试验提供更多的设计信息和使用动物数量的依据。预实验目的在于检查各项准备工作的完善性，实施方法和步骤的可行性，测试指标的稳定性、可靠性；为正式实验提供补充、修正的意见和经验，是动物实验的一项重要环节。

9. 标准操作程序

一旦实验计划确定，必须与相关参与试验的人员进行讨论和准备试验程序，特别需要向动物饲养室工作人员介绍研究的目的和操作方法。工作日记必须记录任何出现意外的试验现象。

10. 结果分析

统计分析的目的就是在分析不同处理条件下所观察的结果。结果不同不是来源于偶然性，而是通过估计差异的可信区间值获得的重要结论。

11. 论文撰写

动物实验报告是描述动物实验过程，记录动物实验结果的材料，是表达研究成果的一种形式，应具备真实性、可重复性和可操作性。

科学论文一般包括实验目的、实验材料和方法、统计学方法、实验结果和实验结论。如果研究中采用非常规方法，必须列出相应的参考文献。文章的图表和图片必须能够清楚表达实验结果。

第四节　实验动物许可证验收的基本内容

一、组织机构

(一)主管领导

主管领导是指主要负责科研、条件或质量工作的领导，主管本单位的实验动物工作，且对实验动物工作重视，现场验收检查中考试合格。

(二)管理机构

成立实验动物管理委员会或领导小组，有章程或规章制度，有专人负责日常工作，定期召开会议，并认真贯彻实验动物法律、法规以及相关标准，能够很好地发挥内部检查监督作用，以保障实验动物饲养、实验工作的正常进行。

(三)机构设置

有主管部门，有独立或相对独立的建制；内部机构设置合理，人员有明确的责任和分工；有办公场所及办公、通信设备，有档案资料柜。

二、从业人员

全体从业人员要求取得"省实验动物从业人员培训证书"(上岗证)人员达到80%以上；有完善的法制、职业道德和专业技术继续教育培训计划。实验管理人员和质量保证人员应具有相关专业大专以上学历，中级以上技术职务，从事动物实验及管理工作3年以上。动物实验人员要求中专以上学历，经过专业培训，人员结构、专业配置合理，能满足动物实验工作的需要。饲养实验动物人员要求高中以上学历，并经过专业培训。设施管理人员要经过专门培训，考核合格。

三、主要管理制度和操作规程

管理制度和操作规程是动物实验室管理规范化建设的重要的组成部分。对管理制度和操作规程的基本要求如下。

①管理规章制度和操作规程健全，能满足工作需要。

②内容遵循有关政策、法规、标准、通用准则及规范，按科学化规范化要求制作。

③规程编写应尽量全面，尽量涵盖所有重要操作步骤。

④特别强调应具有可操作性，根据本单位实际、动物实验等级和具体实验研究工作的目的和特点，进行试验和记录。

⑤所用语言应尽量简洁、准确。

⑥应有题目、编号、目的、范围、职责、起草或修改人、审查人、日期等。

(一)主要管理制度

①管委会或领导小组章程或规章制度。

②机构设置与组织机构图。

③动物福利和动物实验伦理审查的规定。

④生物安全保障规定和措施。

⑤动物实验室管理使用制度。

⑥各类人员岗位职责，包括动物实验负责人、质量保证人、动物实验技术人员、动物饲养管理人员、分析测量和病理技术人员、设施运行管理人员、洗刷毒品包装人员、档案资料管理人员、仪器管理负责人员、计算机管理人员等。

⑦工作人员健康管理制度和健康标准。

⑧工作人员教育、进修、培训、考核制度。

⑨工作人员的资格认定和考核。

⑩从业人员职工基本守则。

⑪工作人员的着装要求。

⑫实验动物卫生、防疫制度。

⑬仪器设备管理、检定、维护、维修、技术档案等管理制度。

⑭动力与机电控制(水、电、气)管理制度。

⑮安全、消防、保卫管理制度，档案管理制度。

⑯完善危险品管理制度。

⑰实验动物及环境指标定期检测制度。

⑱动物实验设施的管理和维护。

⑲废弃物和动物尸体处理规定和环境保护规定。

⑳记录及修改办法规范。

㉑委托实验室的管理。

㉒加强质量保证监督

㉓档案资料管理制度。

(二)主要标准操作规程

①工作人员进出设施的标准操作规程。

②实验动物进出设施的标准操作规程。

③饲料、笼具、饮水及其他物品进出设施的标准操作规程。

④动物实验申请、动物申购、动物验收的标准操作规程。

⑤饲料申购、饲料验收保管和领取及其他物品申购和验收的标准操作规程。

⑥实验动物采购、运输的标准操作规程。

⑦实验动物检疫、观察、分组和个体标记的标准操作规程。

⑧各种实验动物饲养管理的标准操作规程。

⑨动物实验操作的标准操作规程。

⑩动物异常死亡、患病时处置的标准操作规程。

⑪高压灭菌器、传递窗、药液渡槽、风淋器使用的标准操作规程。

⑫各种动物实验仪器设备使用的标准操作规程。

⑬动物实验室的卫生、清洁、消毒等及他用品的清洗和消毒的标准操作规程。

⑭动物笼盒、盒盖、饲料盒、饮水瓶、笼架、其他用品的清洗和消毒的标准操作规程。

⑮工作服、工作鞋洗涤、消毒的标准操作规程。

⑯废弃物和动物尸体处理的标准操作规程。
⑰实验动物环境指标检测的标准操作规程。
⑱实验动物饲料、饮用水微生物检测的标准操作规程。
⑲实验动物设施异常时处理的标准操作规程。
⑳发生突发事件时采取措施的标准操作规程。

四、环境设施设备条件

(一)外部环境

①设施应避开自然疫源地和污染源,周围环境空气质量及自然环境条件较好。

②宜远离有严重空气污染、振动或噪声干扰的铁路、码头、飞机场、交通要道和工厂。

③与生活区保持大于 50 m 的卫生防护距离,相对的独立场所;若在同一个建筑物内,与周围区域严格隔离。

④远离易燃易爆物品的生产和贮存区,远离高压线路及其设施。

(二)内部环境

①有空调、通风和净化系统。

②有温度、湿度控制设备。

③具有报警系统,例如,火警、故障报警系统。

④具有完善的消防系统,如消防安全通道、灭火器等设备。

⑤有完善的防止外部动物或昆虫进入的设备,如防野鼠挡板、灭蝇灯等。

(三)区域布局

①实验动物实验设施按功能分为动物实验区、辅助实验区和辅助区,合称实验区。

②动物生产区包括育种室、扩大群饲、生产群饲育室;辅助生产区包括隔离观察室、检疫室、更衣室、缓冲间、清洗消毒室、洁物贮存室等。

③辅助区包括办公室、库房、机房、维修室、配电设备室、饲料存储间、卫生间、一般走廊等。

④动物实验区包括实验饲育室、实验操作室、准备间等。

⑤实验动物设施生产区(实验区)的平面布局可根据需要采用单走廊、双走廊或多走廊等方式。

(四)仪器设施设备

①具备温度、湿度、室内气压等传感器。

②具有完善的消毒、灭菌、无菌运输设施,且符合要求。

③配备清洁物品晾晒架、消毒物品存放柜、灭菌消毒柜、拖把挂架等。

④进入通道配备更衣柜、更鞋柜、洗手和手消毒器等设备。

⑤具有与实验项目相符的仪器设备,如实验台、动物手术台、试剂柜等。

⑥配有机械维修设备。

(五)建筑卫生

①建筑围护结构使用气密性好,且对温湿度变化的作用不敏感的材料。

②墙面光滑防水、耐冲击、无反光、耐腐蚀;墙面与地面作半径不小于 30 mm 的圆弧处理。

③地面防水处理,且耐腐蚀、耐磨、防滑、易除尘清洗。

④天花板具有耐水耐腐蚀、良好的气密性,离地净高应考虑节约能源和便于工作。

(六)部分建筑设施

①走廊宽度不小于 1.5 m。

②门窗使用防变形材料,造型简单、平整、不易积尘、易清洗,门框不设门槛;门高度不低于 2.0 m;门应朝空气洁净度高的方向开启,宽度不小于 1.0 m,有良好的气密性。

③传递窗(柜)两边门应连锁,密闭性良好,能进行灭菌,易清洁。

④电源应配备应急电源或双路供电,具有报警装置;通过墙体进入室内或由非洁净区进入洁净区的电器管线应可靠密封。

⑤通信屏障设施内外应安装通话设备。

⑥屏障区配置密闭洁净灯。

⑦送、排风系统合理布置。有正压要求的设施排风机与送风机连锁(送风机先于排风机启动)后于排风机关闭。有负压要求的设施排风机与送风机连锁(排风机先于送风机启动)后于送风机关闭。清洗间、淋浴室、卫生间、高压灭菌器均单独设置局部排风,不能连接在屏障区内的排风管上。

⑧兔、犬、猴等大动物应安装密封式下水管道:内径不小于 200 mm;洗漱间下水管道内径不小于 75 mm;屏障设施内应使用无菌水,上水管和笼头应使用防锈、耐腐蚀材料,下水应安装使用密封式下水口并防锈、防腐蚀。

⑨犬、猴等大动物应配有运动场,围墙高度应能够防止动物逃逸。

⑩配备有废弃物和动物尸体暂存室(设备);有密闭式动物尸体冷藏暂存设备(冷藏柜)等;对废弃物和尸体及时做无害化处理。

⑪取证、抽查和复查的环境参数,检测数据达到国家标准要求,并应有定期的原始检测记录;提供国家认可的、省级实验动物质量检测机构出具的符合(GB/T 14925—2023)《实验动物 环境及设施》标准的检测报告。

五、实验动物及用品

(一)实验动物

实验动物是指经人工饲育,对其携带微生物实行控制,遗传背景明确或来源清楚的用于科学研究、教学、生产、检定以及其他科学实验的动物。使用具有实验动物生产许可证的单位生产供应的,符合相应要求的实验动物,有实验动物质量合格证明,并保存备查。

(二)饲料

①饲料应购自有饲料生产许可证的单位,且每批饲料都应附有质量合格证明,所有的饲料必须按照不同动物的营养需求配制。

②设置饲料贮存室,配备饲料存储专用容器、存放垫板、计量器具等,饲料离地,分类存放,有标签,并保持设施内通风、清洁、干燥、无虫蝇、饲料无异味、无霉变。

(三)垫料

实验动物垫料是用于保温、吸尿、做窝等维持实验动物舒适性和卫生的铺垫物,是实验动物居住、生长、繁殖及进行实验生产的必备物质,也是长期与实验动物接触的环境因子。

①选择不含挥发性、刺激性物质,无毒性,不会干扰动物实验的垫料。

②要经加工处理、消毒灭菌、除虫等后使用。

③配备垫料、存储设施设备、离地存放,并保持其清洁、干燥、无霉变。

(四)饮水

①普通动物饮用水应符合现行(GB 5749—2022)《生活饮用水卫生标准》的要求。

②屏障环境设施的净化区和隔离环境设施的用水应达到无菌要求。

③每日更换两次清洁饮用水,每次加水均应将饮水器(瓶)冲洗干净,每周消毒 2 次饮水器(瓶)。

④每日应检查 1 次自动饮水装置,以防管道阻塞和漏水。

(五)笼具

①新购笼具应符合(GB/T 14925—2023)《实验动物　环境及设施》和动物生态及生理要求,有实验动物生产许可证和产品质量合格证。

②动物饲养室应配备与饲养动物等级、饲养量相匹配的动物饲养笼架具。

③笼架具应使用耐腐蚀、耐高温,易清洗、易消毒灭菌,耐冲击,耐用的材料,且牢固结实,动物不易逃逸,笼具内外边角圆滑无锐口。

④提供足够的活动空间,通风和采光良好;坚固耐用,里面的动物不会逃逸,外面的动物不会闯进;操作方便,适合于消毒、清洗和储运;成本低廉,经济实用。

⑤运输笼要配备空气过滤通风系统和控制温度、湿度的装置,同时运输车辆要配备各种环境指标的控制系统。我国目前仅有小型 SPF 动物(大鼠、小鼠)的运输笼具,SPF 鸡等高级别动物尚未有此类装备。

六、记录与档案管理

记录检查是许可证验收的检查重点之一,在检查中只承认具有可靠文字记录的实验过程及管理过程。动物实验规范化管理的贯彻落实最重要的手段之一是记录档案。要求必须真实的书面记录动物实验和管理的整个过程,并保持和归档保存一切有用的原始记录。要求科学、真实、规范、完整地对原始记录进行检查,主要包括以下内容。

①管理委员会工作及动物实验室管理工作和会议记录。

②人员管理、教育、培训、进修、考核、体检、健康记录。

③人员、动物、物品进出设施记录。

④实验动物、饲料、物品购入、验收、领取记录。

⑤实验操作过程记录。

⑥动物检疫、观察淘汰、死亡、处死记录。

⑦洗刷消毒、灭菌清洁卫生记录。

⑧设施、设备仪器操作运行使用故障异常情况维修,维护记录。

⑨废弃物和动物尸体处理记录。

⑩日常环境指标记录、定期环境设施委托检测和自检记录。

⑪质量保证检查监督记录。

⑫档案管理记录。

七、质量保证工作

质量保证是动物实验室规范化管理的重要保证。质量保证部门主要检查工作计划和实验室检查实施程序,查看记录是否真实、完整、规范,以保证动物实验的质量。检查包括以下内容。

①实验方案和实验计划审查。

②实验过程检查。

③实验报告审查。

④仪器设备使用检查。

⑤动物饲养管理检查。

⑥实验设施运行管理状况和环境指标检查。

⑦动物、饲料、垫料、饮水质量检查。

⑧清洁、卫生、消毒检查。

⑨动物福利执行情况检查。

⑩动物处理情况检查。

⑪记录、归档检查。

八、动物福利

动物福利越来越受到世界的关注，尤其是发达国家对动物福利更加关注。面对动物实验国际化潮流和国内外动物实验交流合作增加的现实，动物实验结果要得到国际上的认可，不但动物实验的硬件和软件要同国际接轨，动物福利也同样重要。因此，在许可证验收中把动物福利作为一项重要内容进行检查考核。

动物福利既要让动物发挥其自然的本性，又要包括动物行为和心理的愉悦。科学家公认动物福利的定义应包括动物的5项基本要素：免于饥渴和营养不良，免于不适应，免于抑郁、伤害和疾病，自由表达正常行为，免于恐惧和郁闷。

①按照减少（reduction）、替代（refinement）、优化（replacement）的“3R”原则和动物福利宗旨，要求做到科学设计实验，减少动物浪费。

②按照国家标准要求，为动物提供舒适的生活环境。

③要善待动物，不能虐待和玩耍动物；提高实验人员技术熟练程度，尽量减少动物痛苦。

④对动物实行安乐死，并要妥善处理尸体。

⑤使动物免于饥渴，免于不适，免于痛苦、伤害与疾病，免于恐惧和紧张，自由表现正常行为，满足动物的生理需要和心理需要。

第五节　良好实验室的质量管理规范

许多发达国家都制定了良好实验室规范（good laboratory practice，GLP）以确保实验数据的质量。GLP是国际上一种通用的简称，是针对实验室实验研究，从实验设计、进行试验、观察并记录到实验报告等一系列管理而制定法规性文件，涉及实验室工作的所有方面，其目的是严格控制可能影响实验结果准确性的各种主客观因素，降低试验误差，确保实验结果的真实性。

一、实验误差

实验误差是实验测量值（包括直接和间接测量值）与真值（客观存在的准确值）之差。生物实验不同于理化实验，受多种因素的影响。

(一)影响生物实验质量的三大因素

1. 绝对变动因素

人类无法控制的动物机体本身以及环境因素，且具有一定的规律性及变动范围，比如季节性周期、24 小时节律、由随营养成长带来的变动等，称之为绝对变动因素。

2. 相对变动因素

由实验处置产生的机体反应，称之为相对变动，如由药物所致的衰竭等各种反应，禁食产生的血糖下降，肝糖原减少等反应。这种变动多数是可预知、可控。

3. 偶然发生的变动因素

由实验动物本身质量或环境因素导致的自然感染以及实验操作误差、药品的调制、实验记录差错等，从而引起的实验数据的变动，称为偶然发生的变动。这种变动没有规律性和重现性，也很难追踪其变动原因，是影响生物实验质量的重要因素。

(二)实验误差的分类

在动物实验中，因操作技术出现的误差称为实验误差，按其性质，分为系统误差、随机误差和过失误差。

1. 系统误差

系统误差，又称可测误差、恒定误差或偏移，是指测量值的总体平均值与真值之间的差别，是由测量过程中某些恒定因素造成的。其多见于分析方法不够完善、仪器未经校准或试剂纯度不够、检测者的感观误差、环境因素改变等。

2. 随机误差

随机误差，又称偶然误差或不可测误差，是由实验过程中各种随机因素的共同作用造成的。其常见于实验过程中的温度波动、电压变化、仪器故障、实验人员的主观判断和操作技术的差别等。

3. 过失误差

过失误差多因工作不负责任，如加错样品，器皿不清洁、算错或写错等造成。

(三)减少实验误差的方法

1. 科学的实验设计

科学的实验设计是保证实验结果质量的首要因素。在实验设计中，遵循随机化、均衡化、交叉化、重复化等原则。根据实验目的确定各项实验方法、条件的质量要求，按标准规范对实验结果进行检验，及时发现问题，采取适当措施来消除误差，保证实验质量。例如，要经常定期进行仪器校准，补充空白实验，进行对照分析；严格控制实验条件，制定操作规范，统一记录格式，完整实验记录，各种实验因素应做到标准化。尽量减少系统误差、尽量避免随机误差，杜绝出现过失误差。

2. 人员素质

实验人员的素质是影响动物实验的最主要的因素，研究人员的专业水平、实践经验和组织管理能力是工作质量最根本的决定因素，尤其是课题负责人尤为重要。所有与动物实验有关的人员都要接受培训，以了解与动物实验有关的基本知识，包括疾病预防的意义和方法，正确的清洁、消毒方法及程序，正确的选择动物方法，正确的动物实验操作方法等。研究人员有责任尽可能地消除非预见性的变化，否则，研究结果将无效或不完善。

3. 注重动物福利

运用于实验的动物必须注重动物福利，满足动物的五项基本要素，遵循3R原则。例如，采用标准的饲养管理，建筑设施，饲养管理，笼器具应舒适安全，同时还要重视动物的社会行为需要。要人道地使用动物，虽然人们的国家不同，文化背景和宗教信仰各异，对待动物的态度千差万别，但是使用动物开展科学研究时都必须遵循这条根本原则，以确保研究结果具有科学性、重复性和可靠性。

二、良好实验室的质量管理规范历史

良好实验室规范(GLP)源于20世纪70年代初，新西兰是第一个建立实验室登记法的国家，于1973年颁布了《实验室注册法》，并成立了实验室注册委员会，负责《实验室注册法》的内容在各实验室执行和实施。该《实验室注册法》包含实验室的工作人员记录、仪器和设备，实验相关步骤等内容。丹麦于1973年3月颁布了《实验室规范》的方案，规定国家技术试验局的责任是监督和协调实验技术的应用，目的是保证安全性评价的质量控制。在这些法规之前，无论是公立还是私立实验室，均没有相关法律法规来规范和约束实验室研究的可信性或质量。新西兰和丹麦制定实验室相关法律法规的意义在于首次把“优良实验室规范”引入实验研究中。

1978年，美国食品药品管理局制定了GLP，并采取强制措施进行推广与执行。FDA管辖范围内的产品如果想在美国注册上市，其非临床安全性研究须在GLP条件下进行，或者所做的安全性研究经详细论证达到GLP要求的水平，该行为引起了包括欧洲各国在内的多个国家的关注。

起初，欧洲各研究机构直接按照美国的GLP进行药品非临床安全性研究。后来，经济合作与发展组织协调其22个成员国的意见，制定出和美国FDA的GLP基本原则一致、管辖产品的范围略有不同的GLP原则，并于1981年5月在经济合作与发展组织理事会通过。欧洲各研究机构按照GLP原则实施GLP，德国颁布了GLP原则的译本。随后，欧洲其他国家相关主管部门陆续以GLP原则为基础和指导，制定符合本国国情的GLP。经过5年多，1986年12月，欧共体统一要求其成员国必须推行GLP。

在推行初期，欧洲各国并没有对研究机构实施GLP的情况进行监督与管理。1982年日本卫生福利部颁布的GLP引起了欧洲各国对GLP监督的普遍重视。日本GLP要求的是使用国外的非临床研究数据必须有该国主管当局颁发的，证明研究确实是在GLP条件下进行的证书。当时除美国外，其他国家没有对实施GLP的研究机构进行监督检查，于是，在非常短的时间，欧洲各国对安全性研究机构进行检查，并对合格的研究机构颁发证书。1988年6月欧共体统一要求其成员国对本国研究机构GLP的实施情况进行强制性监督。至此，拥有符合GLP的非临床研究资料才成为新药在欧洲各国上市的先决条件。

三、我国的GLP现状与GLP精神

为了加强药品研究的监督管理，提高药品研究质量，保证人民用药安全，进一步推动我国药物非临床研究中实施GLP，国家药品监督管理局起草了《药品非临床研究机构资格认证管理办法》，规定国家药品监督管理局负责全国药品的GLP资格认定工作，并负责检查人员的资格认定、培训和考核；负责GLP资格认定的具体工作。

(一)GLP 现状

1991 年,我国开始起草 GLP,经过试行、研究机构试点到 GLP 正式实施,GLP 建设从药品领域拓展到农药、化妆品和化学品等领域。我国是世界上公布实施 GLP 较晚的国家,与发达国家相比存在许多不完善之处。其主要表现在:①实验条件不符合要求,硬件环境仍需要改善;②专业人才缺乏,研究人员不具备相应的专业资格;③严格的监督措施和管理规范难以落到实处,监督检查力度不够;④我国的管理部门没有严格的数据审查;⑤实验数据记录与报告不一致,原始记录未完整保存;⑥实验过程中动物死亡的过程,没有详细的观察记录;⑦不遵守正确的操作程序和方法;⑧缺乏对检测样品,试剂,仪器,检测环境的详细记录;⑨随意挑选或弃用数据;⑩实施动物分组、标记、记录不清楚、不完整。这些问题会影响实验结果的可靠性,产生错误的研究报告,对人类造成危害。

(二)GLP 精神

1. 提高生物实验数据的质量

由生物本身的质量或环境因素所致的自然感染及实验操作误差、药品的调制、实验记录差错等引起的实验数据的变动称之为偶然发生的变动。这种变动没有规律性和重现性,也很难追踪其变动原因是影响生物实验质量的重要因素。因此,最大可能地排除偶发的变动,得到有质量保证的生物实验数据。

2. 保证生物实验报告的质量

生物实验报告的实体是原始数据,只有保证原始数据的准确,才能保证生物实验报告的质量。

3. 提高国际实验数据的相互利用率

GLP 已成为国际新药安全性实验研究共同遵循的法规。凡在国际公认的 GLP 实验室里实施的安全性实验都必须遵守相关规定。采用人用药品技术要求国际协调理事会(International Council for Harmonisation of Technical Requirements for Pharmaceuticals for Human Use,ICH 由欧盟、日本、美国三方共六个单位组成)国际协调一致的指导原则,其数据就具有通用性,这样节省了人力、物力及新药开发时间,同时也降低了新药价格。

实施 CLP 是通过对实验条件的严格要求和实验过程的规范管理,来保证实验结果的真实性和可靠性,最大限度地避免因实验者一时疏忽或其他原因造成的人为偶然误差,或者在发生这种误差时能够找出原因,提高研究结果的可信性。

四、GLP 的主要内容

CLP 包括范围主要包括几个主要部分:组织机构和人员、实验设施、仪器设备和实验材料、标准操作规范(SOP)、研究工作的实施、资料档案及其管理工作、实验室资格认证及监督检查。

(一)组织管理体系

GLP 应建立完善的组织管理体系,配备机构负责人、质量保证部门负责人和相应的工作人员。

1. 工作人员职责

①具备严谨的科学作风和良好的职业道德以及相应的学历,经过专业培训,具备所承担的研究工作需要的知识结构、工作经验和业务能力。

②熟悉本规范的基本内容，严格履行各自职责，熟练掌握并严格执行与所承担工作有关的标准操作规程。

③及时、准确和清楚地进行实验观察记录，对实验中发生的可能影响实验结果的任何情况应及时向专题负责人进行书面报告。

④根据工作岗位的需要着装，遵守健康检查制度，确保供试品，对照品，实验系统不受污染。

⑤定期进行体检，患有影响研究结果的疾病者，不得参加研究工作。

⑥经过培训、考核，并取得上岗资格。

2. 机构负责人职责

①全面负责非临床安全性评价研究机构的建设和组织管理。

②建立工作人员学历、专业培训及专业工作经历的档案材料。

③确保各种设施、设备和实验条件符合要求，确保供试品、对照品的质量和稳定性符合要求。

④确保有足够数量的工作人员，并按规定履行其职责。

⑤聘任质量保证部的负责人，并确保其履行职责。

⑥制定主要计划表，掌握各项研究工作的进展。

⑦组织制定和修改标准操作规程，并确保工作人员掌握相关的标准操作规程。

⑧每项研究工作开始前，聘任专题负责人，有必要更换时，应记录更换的原因和时间。

⑨及时处理质量保证部门的报告，详细记录采取的措施。

⑩与协作或委托单位签订书面合同。

3. 质量保证部门负责人职责

①保存非临床研究机构的计划表、实验方案和总结报告的副本。

②审核实验方案、实验记录和总结报告。

③对每项研究实施检查，并根据其内容和持续时间制定审查和检查计划，详细记录检查发现的问题、所采取的措施等，并在记录上签名，保存备查。

④定期检查动物饲养设施、实验仪器和档案管理。

⑤向机构负责人和(或)专题负责人书面报告检查发现的问题及建议。

⑥参与标准操作规程的制定，保存标准操作规程的副本。

4. 专题负责人职责

①全面负责该项研究工作的运行管理。

②制定实验方案，严格执行实验方案，分析研究结果，撰写总结报告。

③执行标准操作规程的规定，及时提出修订或补充相应的标准操作规程的建议。

④确保参与研究的工作人员明确所承担的工作，并掌握相应的标准操作规程。

⑤掌握研究工作的进展，检查各种实验记录，确保其及时、直接、准确和清楚。

⑥详细记录在实验中出现的意外情况和采取的措施。

⑦实验结束后，应将实验方案、原始资料、各种有关记录文件和总结报告等归档保存。

⑧及时处理质量保证部门提出的问题，确保研究工作符合要求。

(二)实验设施

根据实验研究需要建立相应的实验设施。各种实验设施应保持清洁卫生，运转正常；各类设施布局应合理，防止交叉污染；环境条件及其调控应符合不同设施的要求。

1. 动物饲养设施

①不同种属动物或不同实验系统的饲养和管理设施。

②动物检疫和患病动物的隔离治疗设施。

③收集和处置实验废弃物的设施。

④清洗消毒设施。

⑤供试品和对照品含有挥发性、放射性或生物危害性等物质时，应设置相应的饲养设施。

⑥饲料、垫料、笼具及其他动物用品的存放设施。

2. 供试品和对照品的处置设施

①接收和贮藏供试品和对照品的设施。

②供试品和对照品的配制和贮存设施。

3. 其他设施根据

工作需要配备的环境调控设施。

(三)仪器设备与实验材料

实验室内应备有相应仪器设备保养、校正及使用方法的标准操作规程。对仪器设备的使用、检查、测试、校正及故障修理，应详细记录日期、有关情况及操作人员的姓名等内容。供试品和对照品的管理应符合下列要求。

①实验用的供试品和对照品应有专人保管，有完善的接收、登记和分发的手续；供试品和对照品的批号、稳定性；对照品为市售商品时，可用其标签或其他标示内容。

②供试品和对照品的贮存保管条件应符合要求，贮存的容器应贴有标签，标明品名、编写代号、批号、有效期和贮存条件。

③供试品和对照品在分发过程中应避免污染。

④需要将供试品和对照品与介质混合时，应在给药前测定其混合的均匀性，必要时还应定期测定供试品和对照品的浓度和稳定性。

试剂和溶液等均应贴有标签，标明品名、浓度、贮存条件、配制日期及有效期等。实验中不得使用变质或过期的试剂和溶液。动物的饲料和饮水应定期检验，确保其符合营养和卫生标准。检验结果应作为原始资料保存。动物饲养室内使用的清洁剂、消毒剂及杀虫剂等，不得影响实验结果并应详细记录其名称、浓度、使用方法及使用时间等。

(四)研究工作的实施

专题负责人全面负责研究工作的实施，制定实验方案。研究工作结束后，专题负责人应及时写总结报告，主要内容包括以下几方面。

①研究专题的名称或代号及研究目的。

②非临床安全性评价研究机构和委托单位的名称及地址。

③专题负责人和参加实验的工作人员姓名。

④供试品和对照品的名称、缩写名、代号、批号、有关理化性质及生物特性。

⑤实验系统及选择理由，实验动物的种系、数量、年龄、性别、体重范围、来源和等级，实验动物的识别方法、实验动物饲养管理的环境条件、饲料名称或代号。

⑥实验用的溶媒、乳化剂及其他介质，供试品和对照品的给药途径、方法、剂量、频率和用药期限及选择的理由。

⑦所用毒性研究指导原则的文件及文献。

⑧各种指标的检测方法和频率。

⑨数据统计处理方法。

⑩实验资料的保存地点。

(五)标准操作规范

标准操作规范(SOP)是GLP实验室内部法规性文件,各项工作都必须严格遵守相应的SOP,如遇特殊情况必须偏离SOP时,需经主管领导批准。SOP根据性质分为两类,即通用的SOP和专用性SOP。前者如内部管理的SOP,后者如病理检查的SOP、档案管理的SOP等。SOP应由机构负责人、专题负责人、实验人员以及具备同等业务经验以上的人员完成。内容必须合理可行,具有可操作性,其一般应包括如下内容。

①标准操作规程的编辑和管理。

②质量保证程序。

③供试品和对照品的接收、标识、保存、处理、配制、领用及取样分析。

④动物房和实验室的准备及环境因素的调控。

⑤实验设施和仪器。

⑥计算机系统的操作和管理。

⑦实验动物的运输、检疫。

⑧实验动物的观察记录、编号及饲养管理。

⑨各种实验样品的采集。

⑩濒死或已死亡动物的尸检及病理组织学检查。

⑪实验标本的采集、编号和质检。

⑫工作人员的健康检查制度。

⑬动物尸体及其他废弃物的处理。

⑭需要制定标准操作规程的其他工作。

SOP经质量保证部门签字确认和机构负责人批准后生效。失效的SOP除存档之外应及时销毁。SOP的制定、修改、生效日期及分发、销毁情况应记录并归档。SOP的存放应该方便使用。研究过程中任何偏离SOP的操作,都应经专题负责人批准,并加以记录。SOP的改动,应经质量保证部门负责人确认,机构负责人书面批准。

(六)资料档案的保存

①研究工作结束后,专题负责人应将实验方案标本原始资料、文字记录和总结报告的原件、与实验有关的各种书面文件、质量保证部的检查报告等按标准操作规程的要求整理交资料档案室归档,并按标准操作规程的要求编号。

②研究项目被取消或中止时,专题负责人应书面说明取消或中止的原因,并将上述实验资料整理归档。

③资料档案室应有专人负责,按标准操作规程的要求进行管理。

④实验方案、标本、原始资料、文字记录、总结报告以及其他资料的保存期,应在药物上市后至少5年。

⑤质量容易变化的标本,如组织器官、电镜标本、血液涂片等的保存期,应以能够进行质量评价为时限。

(七)常用术语

①非临床研究系指为评价药物安全性,在实验室条件下,用实验系统进行的各种毒性试验,包括单次给药的毒性试验、反复给药的毒性试验、生殖毒性试验、遗传毒性试验、致癌试验、局部毒性试验、免疫原性试验、依赖性试验、药代动力学试验及与评价药物安全性有关的其他试验。

②非临床安全性评价研究机构系指从事药物非临床研究的实验室。

③实验系统是指用于毒性试验的动物、植物、微生物以及器官组织、细胞基因等。

④质量保证部门系指非临床安全性评价研究机构内履行有关非临床研究工作质量保证职能的部门。

⑤专题负责人系指负责组织实施某项研究工作的人员。

⑥供试品指供非临床研究的药品或拟开发为药品的物质,对照品系指非临床研究中与供试品做比较的物质。

⑦原始资料系指记载研究工作的原始观察记录和有关文书材料,包括工作记录,各种照片,缩微胶片、缩微复制品、计算机打印资料、磁性载体、自动化仪器记录材料等。

⑧标本系指采自实验系统用于分析观察和测定的任何材料。

⑨委托单位系指委托非临床安全性评价研究机构进行非临床研究的单位。

⑩批号系指用于识别"批"的一组数字或字母加数字,以保证供试品或对照品的可追溯性。

第六节 实验动物因素对动物实验的影响

环境因素对实验动物和动物实验具有重要影响,动物实验的主体是实验动物,除环境因素外,实验动物自身因素,如种属、品系、性别、年龄和生理状态等都会直接影响动物实验结果。了解影响动物因素对实验效果的影响,并排除各种影响实验效果的干扰因素,有助于获得正确可靠的动物实验结果。

一、种属

不同种属的哺乳动物个体都是由相同的基本元素构成,不同的细胞、组织、器官,通过各种生理、生化反应的过程,来实现生物的生命过程,虽然有一定的共性,但不同种属的动物,在解剖、生理特征和对各种因素的反应上,又各有不同。

(一)对药物反应的敏感性差异显著

醋酸棉酚对雄性动物生殖功能的影响时,不同动物的反应差异较大,大鼠和地鼠对醋酸棉酚很敏感,而小鼠却很不敏感,不宜选用。家兔和猫是"诱发性排卵动物",即一般情况下只有交配才引起排卵,这一特点可以用来方便地处理抗排卵作用。但这种排卵与人及其他一些哺乳动物的自发性排卵有较大差异,在应用这些实验结果时应注意。

(二)药物代谢动力学不同,获得实验结果不同

大鼠体内的巴比妥在 3 d 内可排出 90%以上,而在鸡 7 d 内仅排出 33%。因此,巴比妥对鸡的毒性大于大鼠。大鼠吸收碘非常快,而兔和豚鼠则吸收得较慢,因而碘在两者中的药效有差异。

(三)药物的毒性反应存在很大差异

不同动物对毒物反应性出现差别的原因较多，其主要是由在组织解剖、生理、生化和遗传等方面的差异而导致毒物的吸收、分布、代谢转化的不同，进而引起对毒物反应性的不同。如降胆固醇药氯苯氧异丁酸乙酯对犬的毒性较大，而对大鼠、猴和人的毒性较小。猫对眼镜蛇毒的抵抗力较其他动物大。

(四)基础代谢率相差很大

各种动物的脉率(次/分)随体重增加而减低：小鼠 600、大鼠 352、豚鼠 290、猫 240、家兔 251、狗 120、羊 43、马 38。小鼠心脏每分钟输出量与总血量之比高于人 20 倍。在常用的实验动物中，小鼠的基础代谢最高，鸽、豚鼠、大鼠次之，猪和牛最低。

二、品系

实验动物在遗传变异和自然的选择作用下，同一种属动物也会有不同品系。经过采用不同遗传育种方法，不同个体之间在基因型上存在千差万别，表现型上参差不齐。因此，同一种属不同品系动物，对同一刺激的反应的差异很大。若使用不当会对动物实验结果造成直接的影响。不同品系的小鼠对同一刺激具有不同反应，并且每品系均有其独特的品系特征。例如，A 系小鼠的促性腺激素含量比 DBA 小鼠低 1.5 倍；C57BL 小鼠对肾上腺皮质激素的敏感性比 DBA 及 BALB/c 小鼠高 12 倍；C57BL 系小鼠属高排卵品系，而 BALB/c 属于低排卵品系；DBA/2 小鼠 100%的可发生听源性癫痫发作，而 C57BL 小鼠不出现这种反应。BALB/cAnN 小鼠对放射线极敏感，C57BR/CdJN 小鼠对放射线却具有抵抗力。C57L/N 小鼠对疟原虫易感，而 C58/LwN、DBA/1JN 小鼠对疟原虫感染有抵抗力。不同品系小鼠对肿瘤的发生率也不相同，C57BL 小鼠发生率最低，A 系繁殖期雌鼠有 80%可发生乳腺癌，AKR 小鼠白血病发病率可达 65%。

三、性别

性别差异会影响实验结果。不同性别动物对同一药物的敏感性差异很大，且对各种刺激的反应也不同。数据表明，149 种毒物与雌雄小鼠、大鼠 LD50 的比值分析，可见雌性动物较雄性敏感。如激肽释放酶能增加雄性大鼠血清中的蛋白结合碘，减少胆固醇，然而对雌性大鼠，它不能使碘增加，而使之减少。给予 5～6 周龄的雄性大鼠麦角新碱，可起到镇痛效果，如给雌性大鼠，则没有镇痛效果。3 月龄的 Wistar 大鼠摄取乙醇量按单位体重计算，雌性比雄性多，排泄量也多。雄性大鼠对肾上腺素的感受性强于雌性，而对巴比妥酸盐类，雌性大鼠的感受性则高于雄性(表 9-1)。雌性动物还常常受性周期不同阶段和妊娠、哺乳而影响实验。因此，科研工作一般优先选雄性动物或雌雄各半做实验。

表 9-1 药物反应的性别差异

药物	动物	感受性强的动物性别	药物	动物	感受性强的动物性别
肾上腺素	大鼠	雄	地高辛	犬	雄
四氧嘧啶	小鼠	雌	二硝基苯酚	猫	雌
苯	家兔	雌			

四、年龄和体重

动物的解剖生理特征和反应性随年龄变化而有明显的变化。一般认为，幼年动物比成年动物敏感，特别是与中枢神经系统、肾功能、血脑屏障作用以及血浆蛋白结合有关的外源性化合物，新生动物与成年动物的毒反应差异更明显。老年动物的代谢功能低，反应不敏感。过于敏感和成年动物的实验结果不同，一般认为，幼年动物不能全部取代成年动物的实验。由于老龄动物的代谢功能低下，反应不灵敏，一般不选用老龄动物用于实验。在一般情况下，动物实验设计应选择成年动物进行。慢性实验的观察时间较长，可选择年幼，体重较小的动物做实验。研究性激素对机体影响的实验，一定要用幼年或新生的动物。制备糖尿病模型和进行一些老年医学的研究应选用老年动物。实验动物年龄与体重一般呈正相关，小鼠和大鼠根据体重推算其年龄。体重和饲养管理有密切关系，动物正确年龄应以其出生日期为准。为了减少个体差异，实验的动物的体重不应超过 10%。常用几种成年实验动物的年龄和体重、寿命可参考表 9-2。

表 9-2　成年动物的年龄、体重和寿命比较

项目	小鼠	大鼠	豚鼠	兔	犬
成年日龄/d	65～90	85～110	90～120	120～180	250～360
成年体重/g	20～28	200～280	350～600	2 000～3 500	8 000～15 000
平均寿命/年	1～2	2～3	＞2	5～6	13～17
最高寿命/年	＞3	＞4	＞6	＞13	＞34

五、生理状态

动物的生理状态如妊娠、哺乳时，对外界环境因素的反应性与非妊娠、非哺乳的动物有较大差异，在一般实验研究中不宜采用这种动物。如果研究药物对妊娠及产后的影响时，就必须选用这类动物：大鼠及小鼠是最适合的实验动物。动物所处的功能状态不同也常影响对药物的反应，如动物在体温升高的情况下对解热药比较敏感，而体温正常时对解热药不敏感。血压高对降压药比较敏感，血压低对降压药敏感性就差。

六、健康状况

在正常情况下，健康动物对药物的耐受量比非健康的动物大。营养条件差的家兔不易成功复制动脉粥样硬化动物模型；犬若采食量不足，体重会减轻 10%～20%，麻醉时，麻醉时间会显著延长；若犬饥饿、创伤等有可能在正式实验开始前，提前出现休克；维生素 C 缺乏的豚鼠对麻醉药很敏感。研究表明，在 15～17 ℃下饥饿 12 h 的成年大鼠肾上腺的维生素 C 含量为 306 mg/100 g；同样动物在 20～22 ℃正常情况下饲养 10 d，肾上腺的维生素 C 含量却为 456 mg/100 g；用植物油给大鼠灌胃后 2 h，可使硫喷妥钠的麻醉时间减少 50%。健康动物对各种刺激的耐受性一般比患病动物大，实验结果稳定，因此一定要选用健康动物进行实验。

第七节　营养因素对动物实验结果的影响

早期的实验动物营养研究主要目的在于保证动物正常的生长和繁殖，即注重营养因素对实验动物自身的影响。人们越来越认识到动物的营养状况对动物实验的结果会产生很大影响。要获得合格的实验动物，理想的动物实验结果，饲料营养必不可少。营养因素对动物实验结果的影响主要表现在以下几个方面。

一、进行非营养研究时的影响

在进行非营养研究时，由于动物的营养状况与其各种生化指标、免疫反应等息息相关，因而会影响动物的实验结果。

（一）对动物采食量的影响

实验动物饲料的原料组成影响饲料的能量获得，影响动物的采食量，而动物采食量的多少又对某些实验的结果产生影响。例如，当饲料的营养素成分配比属高能量时，动物的采食量就减少，如果某些药物实验的药物是掺在饲料中给予的，动物采食量的变化就会影响动物所摄入药量的多少，并最终影响实验结果。在给药时，应该考虑到饲料的情况和动物的采食量，以保证动物摄入所需的药量，达到实验目的。

（二）对动物生长发育及繁殖的影响

饲料中的营养素、饲料中营养素含量、适口性等均对动物的生长有直接影响。另外，动物的生长情况包括体重增长情况、体型和组织器官的发育等，能够直观地反映饲料质量的好坏。母猪妊娠期摄入低蛋白质饲料会导致成熟卵泡中颗粒细胞的数目减少，进而影响其生殖性能。

（三）对动物生理生化指标的影响

饲料中的营养素经过动物的消化、吸收对动物的生理状态产生影响。饲料中的某种营养素含量发生改变必然会导致动物血液、某些脏器及组织中该种营养素含量的改变，并对与之相关的生理生化指标造成影响。例如，饲料中粗蛋白质含量过低导致大鼠血红蛋白、红细胞压积、血清总蛋白、血清白蛋白值降低，同时，降低血清中促甲状腺激素、胰岛素和皮质类固醇的水平；粗蛋白质含量过高则会引起肝脏中谷丙转氨酶和山梨醇脱氢酶的活性增强。在生物医学研究中，采用生化指标作为衡量动物健康的标志越来越多，因此营养对研究结果产生影响也越来越大。

（四）对动物免疫功能的影响

动物的营养状况不仅会影响动物的健康状况，也会对其免疫系统和机能产生影响。饲料中的某些营养素，如维生素 A、维生素 E，微量元素锌、锰、硒等的含量，对动物的免疫系统和机能有着显著的影响。例如，当饲料中的维生素 A 不足时，动物的免疫功能会明显下降。另外，饮用酸化水导致小鼠的网状内皮清除率及脾重均明显降低。因此，在进行与免疫反应有关的研究时，应该注重营养因素的影响。

（五）对动物疾病的发生、发展和转归的影响

某些营养因素与癌症、心血管疾病等非传染性疾病关系密切，营养对这些方面的研究有着直接的影响。例如，在家兔骨折实验中，使用全价营养颗粒料的家兔的骨骼如期愈合，而饲喂大麦青菜的家兔骨骼愈合速度较慢。在用树鼩进行乙型肝炎病毒(hepatitis B virus,HBV)感染动物实验时发现,饲料营养配比不当,树鼩出现消瘦、被毛蓬乱、死亡的现象。

二、进行营养研究时的影响

在进行营养学研究时,饲料中的营养因素及动物的营养状况对研究结果的影响更大、更直接,主要表现在以下几个方面。

(一)营养研究的影响

动物早期的营养对其后期的营养状况有影响。动物妊娠和哺乳阶段的营养不够不仅会影响子代断奶前的生长发育,而且还对其断奶后的生长发育,特别是营养状况有影响;当这种影响较为严重时,即使后期给予充足的营养也无济于事。进行营养研究时,动物早期的营养状况尤为重要,将影响实验结果。

(二)对所研究营养问题的影响

动物体内的各种营养素之间存在着非常复杂的关系,明确各种营养素之间关系对于营养研究至关重要。不仅要控制除研究因素以外的其他因素,使之保持一致,而且特别要重视其中的与所研究因素密切相关的因素。例如,维生素 D 和钙、磷之间密切相关,钙与磷之间也有密切关系。当我们研究维生素 D 的需要量时,不仅要控制除维生素 D、钙及磷以外的其他营养素水平,而且特别要注意钙、磷水平及钙、磷比例。

(三)动物日粮对营养研究的影响

动物日粮的控制问题日益受到重视,特别是营养与免疫、营养与癌症、营养与衰老等问题已成为研究热点。这方面的研究涉及的营养因素是多方面的,如研究维生素 E 与免疫功能的关系时,要注意控制日粮中的维生素 A、微量元素硒、锰等的水平。另外,动物日粮的种类对实验结果也有一定的影响。例如,铅在纯养分日粮中的毒性比在天然组分日粮中表现得更强。即使同为天然养分日粮,因其组分不同,也会得到不同的实验结果。因此,应根据试验目的和性质选择实验动物的同时,正确地选择和配合实验动物日粮,以确保实验取得成功。

第八节 病原微生物感染对动物实验的影响

不同目的的动物实验要选择不同等级微生物控制的实验动物,除无菌动物外,动物体内外存在各种细菌、病毒、寄生虫等,其中一部分是动物生存所必需的,一部分对动物体是有害的。实验动物所带的一些病原体不但影响动物本身,而且影响实验的准确性。病原体感染实验动物的形式多种多样,有的可引起动物发病,表现出临床症状和病理变化,甚至死亡。有的在动物体内呈隐性感染,虽致动物不会死亡,但可影响实验动物自身的稳定性和反应性,改变机体的免疫功能或与其他病原产生协同、继发或拮抗作用,实验受到干扰。

一、病毒感染对动物实验的影响

(一)鼠痘病毒

鼠痘病毒是危害实验小鼠最严重的病毒之一,感染鼠痘病毒的急性病例的小鼠会突然死亡,导致实验中断,造成人力、物力和财力的极大浪费;而对于慢性病例而言,小鼠会出现全身病状，如局部皮肤痘疹，还发生皮肤末端坏死坏疽，甚至发生脱脚、断尾、外耳缺损等病状，使实验结果混乱，且污染环境，使病毒广泛传播，严重影响科研工作。隐性感染的小鼠无明显临床症状，但许多因素可激活鼠痘病毒而使鼠痘流行。

（二）仙台病毒

该病毒可导致仙台病毒性肺炎，能够引起大鼠自发性急性肺炎，食欲减退、精神萎靡、生长迟缓、仔幼鼠感染后致死。还可导致体小鼠免疫系统长期受到影响，包括自发性免疫疾病，发病率明显增高；抑制吞噬能力及在细胞内杀灭、降解被吞噬细菌的能力，对移植免疫研究产生影响，能加速同种异系、甚至同系小鼠间皮肤移植排斥反应。仙台病毒感染后可引起肿瘤的组织学改变，对致瘤具有干扰作用；此外，该病毒还对鼠类生殖繁育有影响，妊娠母鼠感染仙台病毒后会影响胎儿的发育，导致新生鼠的死亡率升高。

（三）小鼠肝炎病毒

小鼠肝炎病毒感染可引发小鼠致死性肝炎、肠炎、脑炎等疾病。此外，改变机体的各种免疫应答参数，如急性感染时，可增加或抑制小鼠的抗体应答反应；慢性感染时，可显著降低小鼠血清免疫球蛋白水平，还会影响巨噬细胞的数目、吞噬细胞和杀伤肿瘤细胞阳性，诱生干扰素，增强自然杀伤细胞活性。另外，也使许多酶系统发生改变，例如肝酶的活性产生变化，干扰动物的正常代谢；此外裸小鼠感染该病毒会出现消耗性疾病，会严重影响肿瘤免疫学研究。

（四）呼肠孤病毒Ⅲ型

小鼠感染呼肠孤病毒Ⅲ型会导致肝炎、脑炎、胰腺炎等症状的发生，影响相关实验研究。使小鼠体内胰淀粉酶、脂肪酶活性降低，胰蛋白酶活性升高；破坏胰岛的 B 细胞，造成胰岛素分泌减少，产生类似糖尿病的代谢和病理改变。另外，在宿主对环境致癌物的应答中也有重要作用，可起免疫刺激作用。

（五）淋巴细胞脉络丛脑膜炎病毒

淋巴细胞脉络丛脑膜炎病毒能在某些品系的小鼠胰腺 E 细胞内长期存在，引起类似糖尿病的代谢病理变化，影响机体免疫系统，抑制体液免疫和细胞免疫应答，影响 B 淋巴、T 淋巴细胞和巨噬细胞大量复制；对肿瘤学研究有影响，污染移植肿瘤，促进移植肿瘤在体内的生长，影响肿瘤学研究。

（六）乳酸脱氢酶病毒

该病毒是可移植的小鼠肿瘤及其他生物材料中的常见污染物。其对肿瘤研究的影响表现为急性感染的小鼠较易形成肿瘤，而慢性感染则抑制或延缓肿瘤的形成。无菌小鼠的脾脏和淋巴结生发中心显著增生，导致免疫球蛋白水平升高，从而抑制细胞免疫应答，增强抗体应答，刺激干扰素产生和激活自然杀伤细胞的活性，延缓同种异体移植的排斥，抑制移植物对宿主的反应。

（七）啮齿类动物细小病毒

包括小鼠细小病毒、大鼠细小病毒，对肝癌、胃癌、肺癌、肉瘤等多种肿瘤均有明显杀伤作用，这些病毒已被认为是迄今所知的唯一抗癌谱广、具有高度抗癌特异性的微生物。

（八）大鼠冠状病毒和涎腺病毒

大鼠冠状病毒和涎腺病毒主要引起呼吸道病变；可增加呼吸道条件性致病菌的敏感性，干扰吸入毒理学研究。所引起的眼部病变可使眼科研究受到影响。

(九)鼠巨细胞病毒

可抑制动物抗体形成,抑制同种异体的移植排斥反应,包括跨越弱的 H-Y 组织相容性屏障和强的 H-Y 组织相容性屏障,使移植皮片的存活期延长。随着感染小鼠的恢复,皮片最终仍将被排斥,抑制干扰素的产生,抑制杀伤性 T 淋巴细胞的功能,抑制脾细胞对非特异性促有丝分裂素的反应能力下降。啮齿动物的病毒对生物材料、细胞系及可移植肿瘤的污染,已是一个不容忽视的问题。

(十)犬细小病毒

犬感染细小病毒后,会造成大批死亡,导致实验中断;肠炎型犬血液中白细胞总数和淋巴细胞总数均有所改变,严重干扰血液学的观察指标;心肌炎型犬表现为谷草转氨酶、乳酸脱氢酶、肌酸磷磷激酶活性增高。另外,它会抑制犬的免疫功能,使犬对其他病毒疫苗产生耐受性。

(十一)传染性犬肝炎病毒

犬感染传染性大肝炎病毒可导致发病和死亡,严重影响实验的正常进行。还可混淆犬病毒性肝炎和中毒性肝炎损伤的系统标志,改变机体的酶系统的免疫反应,影响实验的正常进行。疾病早期,肾和肝损伤导致蛋白质和胆红素尿,肝实质损伤引起谷丙转氨酶、谷草转氨酶、碱性磷酸酶、乳酸脱氢酶等血清酶活性增高,发病初期白细胞数减少。病毒感染期可见弥漫性血管凝血,血小板数量明显减少,凝血酶原时间、凝血酶时间和激活凝血酶时间延长。Ⅷ因子活性降低,纤维蛋白原降解产物增加。

(十二)猴 D 型病毒和猴免疫缺陷病毒

该类病毒可引起猴获得性免疫缺陷综合征,即艾滋病,表现为发热、贫血、下痢、低蛋白病、淋巴细胞减少、中性粒细胞减少、血小板减少,全身淋巴结肿大,体液和细胞免疫功能低下。近年来,其主要用于研究人艾滋病的动物模型。

二、细菌感染对动物实验的影响

实验动物感染不同种类细菌可导致不同的临床症状和病理变化,多数都表现精神沉郁、食欲不振、被毛粗乱、缺乏光泽、体重下降、行动呆滞等全身性症状,对实验动物具有一定影响。人兽共患病病原菌是一级动物必须排除的病原菌;动物致病菌和条件致病菌是二、三级动物要求排除的病原菌。

(一)正常菌群

微生态学研究表明,许多正常菌群成员在内外环境的变化时会发生菌群失调,导致正常菌群的数量变化和位置的改变,使正常菌变成为致病菌。实验证明,在无菌动物体内植入某些正常菌时,可明显改变动物的生理功能和免疫学参数。即使是正常菌,在动物体内的存在都会影响其生理参数和实验的重复性,包括组织病理学改变、免疫学参数和血液生化指标的变化等,所有这些变化又会对动物实验结果产生不同程度的干扰和影响。

(二)人兽共患病原菌和动物致病菌

感染这类细菌可引起实验动物的严重疾病,也是人类的重要致病菌,导致人兽共患,如沙门菌、布鲁氏菌、志贺菌、弯曲杆菌、结核分枝杆菌等。另一些细菌,如鼠巴氏杆菌、泰泽菌、鼠肺炎霉形体等,可引起实验动物的严重疾病,感染后会造成动物实验无法继续进行。

1. 沙门菌病

本病是一种常见的人兽共患的传染病。危害啮齿类实验动物的沙门菌主要是沙门菌乙群的鼠伤寒杆菌和丁群的肠炎杆菌。猕猴对沙门菌的感染率相当高;豚鼠、大鼠和小鼠等常用实验动物均易自然感染。急性发病动物以急性败血症死亡而不表现临床症状,亚急性感染可引起动物腹泻、结膜炎等。

2. 布鲁氏菌病

布鲁氏菌病是由布鲁氏菌引起的人兽共患传染病。牛、羊、猪最常发生,且可传染给人和其他动物。患犬大多为隐性感染,少数表现发热性全身症状,例外情况还有流产以及睾丸炎和附睾炎。犬由布鲁氏菌引起的流产是在妊娠40～50 d,流产后,阴道长期流出分泌液。鉴于犬对布鲁氏菌经常是隐性感染,可成为人的传染来源,传染途径为食入、接触和吸入。病犬流产和分娩是感染机会最多的时期,因此,饲养人员和实验室工作人员应做好自身防护。

3. 巴氏杆菌病

巴氏杆菌病主要指由败血性巴氏杆菌所引起的多种动物,特别是兔和啮齿类实验动物(豚鼠、小鼠、大鼠)的疾病。例如,可导致兔的鼻炎、肺炎、中耳炎、皮下或肺部脓肿、结膜炎,也可引起败血症致死,此外,户外饲养兔时,本病显著减少;此外,该致病菌也可引起猴的肺炎。本病治疗效果不理想,建立无本菌的健康群是根本方法。

(三)条件性致病菌

正常菌群与宿主之间、正常菌群之间,通过营养竞争、代谢产物的相互制约等因素,维持着良好的生存平衡。在一定条件下,这种平衡关系被打破,原来不致病的正常菌群中的细菌可成为致病菌,称这类细菌为条件性致病菌。动物在某些诱因的作用下机体抵抗力下降,就会导致疾病发生,甚至流行,如使用免疫抑制剂、射线照射、营养失调、潮湿、拥挤、氨浓度过高及动物实验处理等所有能使动物处于应激状态的因素均可成为发病诱因。在动物实验过程中,受实验因素的刺激而可能发病,实验期间的动物会发生不规律的死亡,从而导致实验失败。

(四)真菌感染对动物实验结果的影响

真菌感染一般为慢性过程,病原性比其他微生物弱,病理变化没有明显的特征性。当机体的免疫功能正常时,不易发生真菌感染,一旦免疫功能低下,特别是细胞免疫功能低下时,易发生真菌感染;发现实验动物被真菌感染,应立即将饲养单元所有动物一并处死、焚烧,防止隐性感染动物可能造成的对其他动物、饲养人员、实验人员及环境的污染。

三、寄生虫感染对动物实验的影响

实验动物感染寄生虫后,寄生虫在寄生部位生长繁殖,夺取动物机体营养,造成机械性损伤等引起实验动物一系列病理变化;动物机体对虫体产生反应,使动物机体的生理、生化及免疫学指标发生改变,严重影响实验结果。寄生虫对实验动物的影响主要表现在:

(一)掠夺宿主的营养

寄生虫种类、数量、寄生部位的不同对动物的影响也有所不同。寄生虫在动物机体内生长、发育和繁殖所需的物质,主要来源于动物机体,如蛔虫在动物小肠内寄生,以半消化物质为食,掠夺宿主大量营养并致使动物出现体重下降、精神不振、消瘦、发育障碍等一系列营养不良症状,蛔虫多时可扭曲成团,引起肠梗阻,幼虫移动时穿破肠壁毛细血管,引起出血、咳嗽;螨、虱等体外寄生虫从动物皮下组织中吸血;钩虫则有不断移位吸血的习惯,久而久之均可造成动物慢性病贫血。

(二)对宿主机体产生机械性损伤

寄生虫虫体移行过程中可对组织、脏器造成损伤,如犬恶丝虫感染期幼虫,在钻入动物皮肤过程中可引起过敏性皮炎,移行至肺部能引起肺炎;蛔虫有游走干扰习性。特别是在宿主发热、妊娠、饥饿和饲料成分改变等因素激发下,其活动更为频繁,造成机械性损伤;蛔虫幼虫在宿主体内移行时损伤肠壁、肺毛细血管和肺泡壁,引起肠炎和肺炎;在肠道中,成虫虫体有时可与肠内黏液混合形成栓塞堵塞肠道,引起肠道梗阻,严重时造成肠破裂;肝片吸虫引起肝脏机械性损伤和胆管阻塞,姜片吸虫引起小肠机械性损伤和机械性堵塞。

(三)体外寄生虫对动物的骚扰

螨、虱等在吸血时能分泌有毒素的唾液,刺激宿主的神经末梢,产生痒感,使动物骚动不安,影响采食和休息,最终动物消瘦,发育不良,对其他疾病的抵抗力也随之降低。

(四)对宿主产生毒性作用

寄生虫分泌物、排泄物和死亡虫体的分解对实验动物有一定的毒性作用,这是寄生虫危害动物机体最重要的一种类型。例如,溶组织阿米巴浸入犬、猫肠黏膜和肝脏时,分泌蛋白溶解菌,溶解细胞引起宿主肠道溃疡和肝脓肿;血吸虫卵内分泌物引起周围组织发生虫卵肉芽肿;棘球蚴的囊液破裂,囊液进入腹腔,可引发宿主发生过敏性休克,使之产生呼吸困难,体温升高,腹泻等症状;膜壳绦虫分泌毒素,可导致宿主肠黏膜发生局灶性充血和出血,甚至造成溃疡坏死;肝片吸虫虫体进入胆管后,在有毒代谢产物作用下引发胆管发炎,胆管上皮增生和胆管纤维变性,引起胆管堵塞,肝脏萎缩硬化。

(五)对宿主生理、生化和免疫系统的影响

这种影响主要表现为宿主免疫系统对虫体的识别及清除作用,包括细胞免疫和体液免疫,降低宿主对外界的抵抗力。宿主的许多免疫因子,如 IgG、IgM、补体、T 淋巴细胞等均可影响肺孢子虫感染的临床表现。上述任一免疫因子的缺损均可导致临床性疾病。鼠感染鞭虫对可溶性和颗粒性抗原的反应性降低,不宜用作免疫学研究;另外,寄生虫感染常可使血液中嗜酸性粒细胞数量增多,干扰血液学指标的观察。

第九节 实验动物传染病的危害

健康的实验动物是生命科学高质量研究的先决条件,虽然一些体外实验技术应用得越来越广泛,如细胞培养、DNA 重组和单克隆抗体等,但是小鼠、大鼠等仍是最基本、最常用的实验动物。实验动物一旦发生疾病,影响的不仅仅是实验动物自身,更重要的是会对科学研究造成难以预料的损失。尤其是实验动物的传染性疾病对实验动物生产和使用造成的危害性最大。具体表现在以下几个方面。

一、传染病暴发流行直接造成巨大损失

病原体侵入实验动物群,引起动物传染病的暴发流行,不但导致动物繁殖性能下降,还可导致全群覆灭或淘汰,封闭设施,中止教学与科研,以动物器官、组织为原材料的生物制品生产,检定被迫停止,直接造成严重的经济损失。如由鼠痘病毒引起的脱脚病是饲养小鼠的最大威胁,有时一次流行可造成数百万元的经济损失。病毒性疾病感染实验动物群,造成疾病持续发生,难以控制。

二、污染生物制剂

许多动物的脏器或组织作为人兽预访，诊断、治疗用生物制品的原材料。如由潜伏为隐性感染造成的污染可导致整批生物制剂的废弃。例如自然感染SV40病毒、猴疱疹病毒、结核分枝杆菌、肝炎病毒的猴子不能用于麻疹，脊髓灰质炎疫苗的生产与检定；用于麻疹、流感疫苗生产的鸡胚必须是无特定病原体感染的SPF鸡胚。

三、干扰动物实验结果

①由于实验动物受实验环境和处理(麻醉、固定、注射、免疫、攻毒、投药，施术等)的影响产生应激反应，降低了对疾病的抵抗力。诱发隐性感染疾病的临床暴发，可造成动物的发病和死亡，引起统计结果的误差。

②在某些长期动物实验，如药物致癌，致畸、营养学、计划生育，老年病等研究中，隐性感染可使动物生存期缩短，妨碍长期实验观察，使实验中断或宣告失败。

③病原体的单一或相互作用影响了动物的新陈代谢和免疫应答功能。如仙台病毒感染可显著促进豚鼠肺炎链球菌的增殖和传播，仙台病毒、小鼠肝炎病毒、淋巴细胞脉络丛脑膜炎病毒、细小病毒、乳酸脱氢酶病毒、支原体、鞭毛虫、线虫等病原体的隐性感染可增强或抑制肿瘤的发生，或影响新陈代谢和免疫应答。

四、威胁人的健康和安全

实验动物一旦携带人兽共患病病原体，不仅可引起动物发病，而且会直接威胁实验人员的健康，如非洲绿猴的马尔堡病毒曾引起实验室人员发病死亡；携带流行性出血热病毒的大鼠可引起实验人员感染出现典型症状或死亡；接触感染猴疱疹病毒的实验猴或感染衣原体，呼肠孤Ⅲ型病毒、淋巴细胞性脉络丛脑膜炎病毒的实验动物均可引起实验人员感染或发病。

第十节　技术因素对动物实验的影响

除去环境因素及动物因素外，技术因素也对动物实验具有一定的影响。比如，实验人员选择的动物、操作技术的熟练程度等因素等均会不同程度影响实验结果的准确性和可靠性，关系到动物实验是否能够成功。

一、实验动物选择

选择适合研究需要的实验动物是获得准确实验结果和实验成功的重要环节。选择动物时，应按照不同实验的要求选择最合适的动物进行相关动物实验。例如，大鼠的甲状旁腺位置固定，故选用其做甲状旁腺摘除实验；相反，家兔的甲状旁腺分布较分散，不适于做甲状旁腺摘除实验，但宜做甲状腺摘除后研究甲状旁腺功能的实验；进行肿瘤的实验研究时，必须了解何种动物是高癌系，何种是低癌系，每种动物自发性肿瘤的发生率是多少；实验动物的选择需要遵循选择原则，详见本章第一节内容。

二、实验季节

实验季节不同，动物的机体反应性会有一定的改变。例如，家兔的放射敏感性在春、夏两季升高，秋、冬两季降低；犬在春、夏两季照射后的死亡率高于秋、冬两季；小鼠对放射敏感性在冬季和初夏显著升高，而初秋和夏季则降低；大鼠对放射的敏感性则没有明显的季节性波动。因此，在进行跨季度的慢性实验时必须注意动物机体在不同季节的变化。动物机体的许多功能也会随季节不同而呈规律性的变化。研究表明，动物对化学物质作用的反应也受到季节的影响。例如在春、夏、秋、冬季分别给10只大鼠注入一定量的巴比妥钠，发现春季入睡时间最短，秋季最长；睡眠时间则相反，为春季最长，秋季最短。

三、昼夜变化过程

动物机体的某些功能有昼夜规律性变动。例如，小鼠皮下重复注入0.2 mL的40%四氯化碳溶液后，同一天不同的时间将动物处死，结果表明，小鼠肝细胞有丝分裂的昼夜变动十分明显。

动物对照射的敏感性在昼夜间有不同的变化，这种变化见于不同性别、种系和年龄的小鼠和大鼠。白天放射敏感性降低（死亡较少，$LD_{50/30}$ 较高，体重下降较少，肝脏损伤较轻）夜间升高。同时，在小鼠和大鼠实验中，除夜间（21:00～0:00）的损伤高峰外，还发现白天（小鼠9:00～12:00，大鼠15:00）损伤加重情况。下午和后半夜的射敏感性最低。大鼠与小鼠不同，其放射敏感性虽然也有昼夜的明显波动，但不显著，经实验证明实验动物的体温、血糖、基础代谢率、内分泌激素的分泌均随昼夜节律性变化。因此，这类实验的观察必须设有相应的对照，并注意实验中某些处理的时间差别对结果的影响。为了得到可比性的实验结果，所有实验组动物应在同一时间内进行照射或其他实验处理。

四、麻醉

在动物实验中，往往需要将动物麻醉后才能进行各种手术和实验。不同的麻醉剂有不同的药理作用和副作用，应根据实验要求与动物种类而加以选择，使用合适的麻醉剂。根据实验设计和手术特点选择麻醉方法、麻醉药物和麻醉药浓度。

（一）麻醉方法

麻醉方法的选择还应考虑手术时间长短、刺激和损伤的范围与程度，以及麻醉对动物生理的干扰等特点。有时实验外科要连续处理多只动物，宜选择诱导快速、简单和术后不需要长时间监护的麻醉。对动物实验时间长的，要能随时补充给药和便于调节麻醉深度，避免长时间的深麻醉，并避免使用在体内易产生蓄积作用的药物。对出血多、创面广和刺激性强的手术，在选择麻醉方法时应考虑到对血流动力学、水电解质酸碱平衡等问题造成的影响。若手术目的是制作一种病理状态的动物模型供长期观察研究，如小肠造瘘等手术，一般临床常用麻醉方法都可使用。若需要在术中或术后立即观察某些生理病理变化：如肠系膜上动脉钳闭性休克模型制作等，则采用的麻醉方法都会对动物呼吸、循环、肝、肾和内分泌等系统器官有一定影响，所以应尽可能短暂、轻微。在一项动物实验中，每一只动物所用的麻醉方法和麻醉中生理、药理状态，都要保持相对一致，以符合“均衡性原则”。观察并记录麻醉造成的干扰和意外：以便在分析结果或处理数据时予以校正或剔除。因此，在实验设计时，要充分考虑麻醉与实验的特点，采用最佳方法。

(二)麻醉药物

不同的麻醉药物有不同的药理作用和副作用,应根据实验要求与动物种类而加以选择,使用合适麻醉药物有利于获取可靠的实验数据。例如,对需要在术中切取肝组织活检,特别是电镜检查的实验,若使用某些脂溶性强或组织毒性大的麻醉药物如巴比妥类药物,常使组织出现超微结构变化,以致干扰实验结果。

此外,不同品种动物对麻醉药的反应也不相同。兔对阿托品的耐受力极高,术前用药常选用格隆溴铵而不用阿托品,阿法沙龙/阿法多龙对兔产生浅麻醉。加深麻醉时兔易发生呼吸、心搏骤停。吸入麻醉药常引起兔呼吸抑制,乙醚易刺激、诱发兔喉痉挛并引起唾液腺和支气管大量分泌。适用于灵长类的神经安定镇痛麻醉,对犬作用不明显;戊巴比妥麻醉大鼠、豚鼠、仓鼠、兔和猫,常伴有严重的呼吸抑制导致死亡,应尽量避免在这些动物中应用这类麻醉剂。与哺乳类动物不同,鸟类解剖上有许多气囊与肺相连,吸入麻醉诱导迅速而且容易过量。对于两栖类动物而言,麻醉和麻醉苏醒期间最好地保持其皮肤湿润,低温可产生良好的麻醉和制动作用。

(三)麻醉药浓度

麻醉药浓度的控制是顺利完成实验、获得正确实验结果的保证。如果麻醉过深,动物处于浓度抑制,甚至濒死状态,动物的各种正常反应就受到抑制,也无法得到可靠的实验结果。如果麻醉过浅,在动物身上进行手术或实验,将会引起强烈的疼痛刺激,使动物全身,特别是呼吸循环功能发生改变,消化功能也会发生改变,如疼痛刺激会反射性的长时间终止胰腺的分泌,因此麻醉药浓度必须合适。因为麻醉药浓度的变动会使实验结果产生前后不一致的变化,会给实验结果带来难以分析的误差。

五、手术技巧

在动物实验中,除要注意选择合适的实验动物外,用的试剂要纯粹,仪器要灵敏,方法要准确外,还必须注意手术技巧,即操作技术的熟练。手术熟练可以减少对动物的刺激,动物受的创伤、出血等就会减少,从而提高实验成功率和实验结果的正确性。动物手术要达到操作熟练就必须了解各种动物的特征,组织、器官的位置,神经、血管的走行特点,通过在动物身上反复实践,即可达到熟中生巧、操作自如。

六、实验药物

动物实验常常需要给动物体内注入各种药物,以便观察其作用和变化,因此给药的途径、制剂和剂量是实验的关键。如果有的激素在肝脏内被破坏,那么经口给药就会影响其效果。有些中药用粗制静脉注射,因其成分复杂,如含有钾离子,具有降血压的作用,若把这种非特异性降压作用解释为特殊性疗效就不恰当。如果这类实验结果用口服或由十二指肠给药就可鉴别,也有一些中药成分在消化道破坏或不被吸收。如枳实中的升压有效成分,昔奈福林和*N*-甲基酪胺只是在静脉注射时才有疗效。有些中药含有大量鞣质,体外试验有抗菌作用,但在体内不被消化道吸收,则没有抗菌作用。给药的次数对一些药物的效果也有一定关系,如雌三醇与细胞核内物质结合的时间非常短,每天一次给药的效果就比较弱,如将一天剂量分为 8 次给药,则效果将大大加强。药物的浓度和剂量也是一个关键问题,太高的浓度,太大的剂量都会得出错误的结果。如有用 1/2 LD_{50} 腹腔注射某药物后,动物活动减少,则认为该药有镇静作用，实际上 1/2 LD_{50} 的剂量已近中毒量，这时动物活动减少，不能认为是镇静的作用。在动物实验中，常遇到的问题是动物和人的剂量换算。若按体重把人的用量换算给动物则剂量太小，做实验常得出无效的结论，或按动物体重换算给人则剂量太大。动物和人用药剂量的换算以体表面积计算比以体重换算好一些，但仍需要慎重处理。动物和人用药剂量换算方法可参考动物实验基本方法一讲。

七、对照问题

在动物实验中，设置对照的问题也是非常重要的。一般对照的原则是“齐同对比”。对照方法很多，有空白对照、实验对照、有效（或标准）对照、配对对照、组间对照、历史对照以及正常值对照等。

①空白对照是在不给任何措施情况下观察动物自发变化的规律，如兔白细胞数每天上下午有周期性生物钟变化。

②实验对照是采用与实验相同操作条件的对照，如给药实验中的溶媒、手术、注射以及观察抚摸等都可以对动物发生影响。有人报道，针刺犬的人中穴对休克、心脏血流动力学有改变，但采用空白对照（不针刺）是不够的，应该还设有针刺其他部位或穴部的实验对照。

③有效（或标准）对照常用于药物研究。对一新药的疗效可用一已知的有效药或能引起标准反应的药物做对照，这样既可考核实验方法的可靠性，又可通过比较了解新药的疗效和特点。

④配对对照是同一个体在前后不同时间比较对照期和实验期的差异，或同一个体的左右两部分做对照处理和实验处理的差异，这样可大大减少抽样误差。实验也可用一卵双胎或同窝动物来做。

⑤组间对照是将实验对象分成两组或几组比较其差异。这种对照个体差异和抽样误差比较大。组间对照可用交叉对照方法以减少误差。如观察某药物的疗效可用两组犬先分别做一次实验和对照，再互相交换，以原实验作为对照组，原对照组作为实验组重复第一次实验所观察的疗效或影响，而且检查的指标和条件要等同。

⑥历史对照与正常值对照，这种对照要十分慎重，必须要条件、背景、指标、技术方法相同才可进行对比，否则将会得出不恰当的甚至错误的结论。

实验重复和肯定选用动物一方面要数量合适，不造成浪费；另一方面也应做必要的重复实验。这个实验单做一种动物还不够，应当重复做几种动物。这不仅可以比较不同动物的差别，而且可以在不同动物实验中发现新问题，提供使用不同指标的线索。此外，把一种动物的实验结果外推到其他动物，甚至推论到临床是不正确的，有时是十分危险的。如动脉粥样硬化的实验，不同动物在血管的结构、病变、α-脂蛋白和 β-脂蛋白的比例以及胆固醇的水平各有不同，这样不仅可以比较一些不同动物的病理变化，也可以根据这些不同的变化寻找生化指标与病变形成的关系，把实际工作推进一步。由于不同种属动物有不同的功能和代谢特点，所以在肯定一个实验结果时最好采用两种以上的动物进行比较观察，其中一种应该是非啮齿类动物。尤其是动物实验结果要外推到人的实验，所选用的动物品种应不少于 3 种，而且其中之一不应是啮齿类动物。常用的生物序列是小鼠—大鼠—犬（或猴）。

总之，实验动物应进行规范化管理，在动物实验操作过程中的技术问题必须加以对待，以免对动物结果产生影响。我们在进行动物实验操作时必须严格按照良好实验室规范（GLP）

和标准操作规范(SOP)执行。因为这些法规对实验动物、实验室条件、工作人员素质、技术水平和操作方法都有明确要求,所以科研人员必须接受实验动物学的系统、全面培训,持证上岗。同时,在实验的过程中,应充分重视精神因素对实验研究的影响,加强动物保护意识,使实验结果更准确、可靠。

思考题

1. 我国实验动物管理体系包括哪些内容?
2. 动物实验质量管理的基本内容有哪些?如何确保动物实验质量?
3. 动物实验中的动物选择的基本原则有哪些?
4. 影响动物实验的因素有哪些?
5. 为什么要实行GLP?

参考文献

何诚,2013. 实验动物学[M]. 2版. 北京:中国农业大学出版社.
李凤奎,王纯耀,2007. 实验动物与实验方法学[M]. 郑州:郑州大学出版社.
李厚达,2003. 实验动物学[M]. 2版. 北京:中国农业出版社.
罗满林,顾为望,2006. 实验动物学[M]. 武汉:湖北人民出版社.

第十章

实验动物福利与伦理

本章简介

本章从动物保护及福利的概念入手，分别介绍动物保护及福利的历史及现状、实验动物保护的“3R”原则及伦理审查、动物保护立法及实验动物从业人员培训与教育等内容。

对待动物的态度可以体现一个国家、社会或个人的文明程度。动物是大自然的杰作，它们的存在让地球生机勃勃，让人类不感到孤独，它们拥有和人类同等共享地球的权利。对动物实施保护并给予福利就是要减少和避免动物身体损害、疾病折磨和精神痛苦，维护动物种质资源和品种的繁衍，保持生物多样性和环境生态平衡。尤其对于实验动物而言，我们更应该从科学福利的角度评价各种因素对动物身体、精神状态和自然天性的影响，从福利伦理的角度考虑应该如何对待它们，从福利法律的角度要求人们必须如何去保护它们。

第一节　动物保护与福利的概念

作为特殊的动物群体，实验动物是生命科学研究不可缺少的基础和支撑条件，其福利对科学研究具有很大影响。提出实验动物福利问题就是强调通过对各种不良因素的有效控制和条件改善，从而在生产和使用中对实验动物予以保护。实验动物保护不仅只限于常识范围，而且已发展为与生物学、生态学、动物学、动物行为学、兽医学、公共卫生学、伦理学、法学及社会学等学科领域交叉的一门新兴科学。如何看待科学研究中实验动物的使用，存在不同的观点：一些倡导动物福利与保护的组织及个人持极端观点反对任何形式的动物实验，他们认为动物实验是不人道的做法，主张取消一切动物实验；绝大多数人的观点是为了科学的发展和人类的进步，必要的动物实验是不能取消的，但可以给予动物最大范围内的福利和允许范围内的保护。

一、动物福利概念

1976 年，休斯对动物福利的定义是：动物与它所生存的环境相适应，并达到精神和身体上的完全健康，其中涉及精神和身体两个方面的内容。1990 年，夏良宙认为动物福利就是指善待活着的动物，减少动物死亡的痛苦。尽管人们做了大量的尝试去给“动物福利”下定义，但由于不同的个体、社会、文化和宗教，至今也没有一个达成共识的观点。一般把动物福利简单地理解为令人满意的和积极的状态，并经常用“良好”“健康”“安乐”和“幸福”来表达。当前普遍认为，动物保护及福利包括保护除人外的脊椎动物，指家畜、家禽、水产动物和野生动物的个体和种群维持良好的生存。

(一)动物保护

动物的健康和福利，即动物的康乐。有学者认为，动物保护就是保护动物免受或者减轻痛苦、折磨及损伤。也有人认为，动物保护是指避免对动物的残忍行为，改善对动物的处置方式，减少动物的应激和紧张，并对动物实验进行监督。总而言之，动物保护就是保护动物免受身体损伤、疾病折磨和精神痛苦等，减少人为活动对动物造成的直接伤害，这是动物保护的一方面。野生动物在优胜劣汰的自然竞争中，种群数量减少甚至灭绝；人类活动对家养动物的影响，包括畜禽高度集约化生产，高强度的品种选育，使单一畜禽品种大量饲养导致其他地方品种的种群数量减少甚至灭绝，以及选育的专门化品种本性消失和抗病能力减弱，这是动物保护的另一个重要方面。为此，应该考虑保护包括濒危野生动物、种群大幅度下降的家畜、家禽等地方品种，以及以动物康乐为目的的动物保护，其保护对象包括受人们日常控制的动物，如家畜、家禽、家庭动物、实验动物、圈养野生动物及其他受人类活动影响的动物。

(二)动物福利

动物福利反映了动物生活环境的客观条件，福利条件的好坏直接影响动物的康乐。从广义上讲，动物福利是指让动物在舒适的环境中健康快乐地生活；从狭义上讲，动物福利是指满足动物个体的最佳生存条件。从人道的角度看，要使动物获得良好的福利，必须善待动物，减少动物的痛苦。动物福利就是指动物对外界环境的适应状态，具有个体特征。动物一旦对环境适应失败，动物将发病或损伤，甚至死亡。动物的适应机制包括行为、生理、免疫，也包括神经和心理感觉，如疼痛、恐惧、痛苦等，健康也属于福利范畴。动物福利虽然是指动物的状态，但这个状态不是一成不变的，而是一个变化的过程。

不同于动物权利，动物福利不反对动物生产及开发，不反对利用动物资源。因为合理的开发和利用动物资源有利于提高人类的福利，但反对虐待动物。动物福利反映了人类社会道德价值取向的进步，极端的动物福利是不现实的。因此，需要我们科学合理地掌握好动物资源利用与动物福利给予之间的平衡关系。提倡动物福利的目的是人类在利用动物的同时关注和改善动物的生存状况。一是从以人为本的思想出发，改善动物福利可最大限度地发挥动物的作用，让动物更好地为人类服务；二是从人道主义出发，重视动物福利，改善动物的康乐程度，可以使动物免受不必要的痛苦。动物福利观念体现了人与动物的协调发展，是社会进步和经济发展到一定阶段的必然产物，也是人类文明的具体体现。

(三)实验动物福利的概念

实验动物福利是在实验动物整个生命过程中实施保护的具体体现。如前所述，实验动物保护的基本原则也是从动物的康乐角度出发，考虑动物感受的状态。所谓实验动物福利，就是让实验动物在康乐的状态下生存。其标准包括实验动物无任何疾病、无行为异常、无心理紧张压抑及身体和精神上的痛苦等。其基本原则包括让动物享有不受饥渴的自由、生活舒适的自由、不受痛苦伤害的自由、生活无恐惧感和悲伤感的自由以及表达天性的自由。

实验动物同人类一样是血肉之躯，同样有感知、恐惧和情感的需要。当人类在进行实验动物生产活动和动物实验时不可避免地会使其忍受一定程度的恐惧和疼痛等。在进行实验动物科学研究时,应充分考虑到实验动物福利问题。

实验动物福利并不意味着绝对地保护实验动物不受到任何伤害,而是兼顾科学问题探索和最大限度地满足实验动物“五项自由”的原则。实验动物生活的环境条件、“内心感受”、人道的实验技术等都是实验动物福利的主要研究内容,在进行与实验动物相关的活动时,要本着为科学服务的目的尽可能减少给实验动物带来的伤害。

二、动物福利的内涵

(一)动物福利中的身体和精神状态及天性

动物福利包括物质(身体)和精神两个方面。物质方面很简单,一般是指食物和饮水,只要供给及时、量足、营养丰富、清洁卫生就可以了。精神方面包括:适宜的生活环境,免受疼痛之苦,免受惊吓、不安和恐惧等精神上的刺激。当必须处死时,采用安乐死的措施等。他们有各自的特点和表现,但也有共同的内容。例如,患有早期良性肿瘤或感染的犬会表现出能够察觉的身体问题,但不会出现负面的精神状态,如痛苦或恐惧。同样,在处置过程中,犬会选择避免出现恐惧和忧虑等精神状态,而这些精神状态未必与任何身体异常有关系。然而,多数临床疾病和损伤都会导致负面的身体状态(对身体有损害)和负面的精神状态(一定程度的痛苦或不舒服,例如在动物不能运动并且有陌生人或掠食者靠近时会表现出忧虑或恐惧)。“天性”内容则关心的是动物的自然状态或天然属性。例如,把一只小鸡单独关在小笼子中,为其提供食物、饮水、栖木和沙浴等,这只小鸡可能没有任何精神或身体问题(除由社会隔离引起的挫败感,而这种挫败感即使在笼子外或在其他笼子中也会存在)。动物福利包括彼此交叉或不交叉的 3 种身体、精神和天性 3 个方面所体现的观念。

生活在自然环境中的猪大概 70%的时间在进行拱地(口部行为)和从事复杂的其他社会活动。然而,饲养在栏舍中的母猪活动受到严重限制,无法转身。许多母猪开始撕咬栏杆,这是一种刻板行为(没有任何明确目的的重复行为)。由于饥饿,或者没有稻草、泥土可供鼻拱,或者没有足够空间四处走动,或者无法拱土寻找食物时,母猪都可能出现这种行为,这些母猪遭遇了挫败(精神状态)。撕咬栏杆就代替了自然的口部刺激,而口部刺激是进食行为固定的一部分。刻板的栏杆撕咬行为可能使猪口部损伤,进而引起痛苦(精神状态)。这里的身体状态(健康、舒适)属于生物学指标,包括繁殖和生产;精神状态(感觉、情感)属于正面和负面的情感状态;而自由受到限制则属于“天性”。

身体状态、精神状态和“天性”可以解释为 3 种广义的福利定义。从身体的角度来看,福利将动物的状态定义为动物在试图应对其环境时所处的状况,当动物生理系统受到扰乱,以致其生存或繁殖受到损害时,才会认为该动物的福利状况比较差。从精神状态的角度提出:健康、无压力或无不适都不是良好动物福利的充分或必要条件,动物福利取决于动物的感觉,认为精神状态(情感)是关键,不必与健康或舒适相关。就天性而言,满足天性(目的)与福利相关,“目的”是“品种和性情的遗传特征表现”。关于天性也有其他观点:“原则上我们不同意过度限制动物行为,使动物大部分自然行为受到挫败……”。无论如何定义,这 3 种观念之间都有不可否认的联系,其中任何一方重要的妥协都要影响其他两者,因此将身体和精神状态及天性作为整体分析和思考比较合理。

(二)死亡和福利之间的关系

死亡关心的是生命的数量,而福利主要关心生命的质量。虽然死亡本身并不是福利问题,但死亡的方式却与福利相关。例如,动物的屠宰方式可以使动物立即死亡,也可以引起动物死亡之前的疼痛和痛苦。如果饲养条件比较差,动物更容易遭受疾病和死亡的威胁。因此,较高的死亡率可能是动物福利状况的一个标志,死亡率与福利状况相关。

(三)拟人论

拟人论就是把人类的特征或行为与动物的特征或行为进行类比。人类也是一种动物,具有和其他动物非常相似的基本需求。然而,不同种类的动物具有不同的行为需求,需要权宜对待。在尝试对动物福利进行评估时,通常以人类自身的需求出发来考虑动物的需求,也就是将人放在动物的位置,考虑在相同的情况下人类会有什么需求。例如我们发现手术非常痛,特别是不使用麻醉或没有丧失痛觉的情况下更是如此,如果也能够这样替动物着想,就很合理了。但在动物福利的有些领域,拟人论不一定适用,不能假定动物和人类具有相同的需求。因此拟人论要谨慎使用,这种方法被称之为批判的拟人论。例如,许多猫都不善交际,这源自父母的遗传,因为其母亲的行为很不合群。但对大多数人来说,与同伴相处却是愉快的。

(四)动物福利和权利的区别

动物权利是一种哲学信仰系统的观点,是众多信仰中基于动物伦理的信仰系统,用来完成某种政治诉求的手段,更多与信仰、哲学相关。而动物福利更多始于科学相关,是一种对待动物的科学方法,具体体现为:动物福利是一个连续体,“好”与“坏”之间无截然的分界线;动物福利的评价是建立于个体的基础上,而非某种动物种类或品种;福利要求因动物个体差别而异;动物福利评估采取多重手段的手段;动物福利是动物的质量,是人们提供给动物体验良好福利的适当条件。

三、实验动物福利的理解

满足动物需求的五大自由是科技界的普遍共识,但也很容易使人们被错误地导向极端福利理念。对于实验动物福利而言,五大自由并不全面,实验动物福利有其更深刻的内涵。此外,五项自由也有冲突的部分,如为使动物“免受疾病的自由”,在治疗处置过程中则会引起动物的恐惧和痛苦。另外,如果动物享受“表达天性的自由”,在正常的社交活动中也会遭遇恐惧和痛苦,类似的福利问题都是不可协调的。

实验动物福利是在生产和使用中对实验动物的一种保护,强调对各种不良因素的有效控制和条件改善,而非不宰不杀的极端“动物保护”。实验动物福利是在其整个生命过程中实施保护的具体体现,从而保证实验动物的康乐。为了探索科学问题,在使用实验动物的过程中,要尽可能最大限度地满足其维持生命、健康以及提高舒适程度的需求。长期以来,为动物提供维持生命延续的营养和生存条件,利用现代医学手段和其他措施保证动物健康是实验动物学一直关注和研究的重点,而如何改善和提高动物生活的舒适程度,则被忽视。实验动物福利的一个重要方面就是要最大限度地为实验动物提供舒适的环境,确保其身心健康。

探讨实验动物福利需要强调两点:一是实验动物福利的改善有利于科学实验。当环境条件满足动物康乐,可最大限度地发挥实验动物的作用。二是重视实验动物福利,改进动物实验中不利于动物康乐的方式,使实验动物尽可能免受不必要的痛苦。实验动物福利的目的就是在极端的动物福利与极端的“人类利益”之间找到平衡点。总而言之,实验动物福利不是单方面地保护动物，而是在兼顾科学合理的利用实验动物的同时，充分考虑其福利状况，禁止极端的利用手段和方式。

在饲养管理和使用实验动物过程中，要采取有效措施，使实验动物免遭不必要的伤害、饥渴、不适、惊恐、折磨、疾病和疼痛，保证动物能够实现自然行为，并受到良好的管理与照料，为其提供清洁、舒适的生活环境；要提供充足的、保证健康的食物、饮水，避免或减轻疼痛和痛苦，即善待实验动物；同时，倡导"减少、替代、优化"的"3R"原则，科学、合理、人道地使用实验动物。

四、实验动物福利的基本原则

动物康乐的标准是对动物需求的满足。动物的需求分为三个方面：即维持生命需要、维持健康需要及维持舒适需要。这三个方面决定了动物的生活质量。在实践中，生产管理者一般只重视前两个条件，往往忽略第三个条件。动物福利的目的是要最大限度地强调第三个条件的作用。农场动物福利咨询委员会（1979 年改组为农场动物福利委员会）提出动物都会有渴求"转身、弄干身体、起立、躺下和伸展四肢"的自由，其后确立为动物福利的"五大自由"。国际上普遍认可的动物福利为"五大自由"，有的称其为"5 个 F""五大自由"或"满足动物需求的五项标准"。这五项基本福利的具体内容包括。

①为动物提供适当的清洁饮水和保持健康和精力所需要的食物，使动物不受饥渴之苦（免受饥饿的自由）。

②为动物提供适当的房舍或栖息场所，能够舒适地休息和睡眠，使动物不受困顿不适之苦（生活舒适的自由）。

③为动物做好防疫，预防疾病和给患病动物及时诊治，使动物不受疼痛、伤病之苦（免受痛苦伤害和疾病的自由）。

④保证动物拥有良好的条件和处置（包括宰杀过程），使动物不受恐惧和精神上的痛苦（免受恐惧和不安的自由）。

⑤为动物提供足够的空间、适当的设施以及与同类动物伙伴在一起，使动物能够自由表达正常的习性（免受身体热度不适的自由；表达所有自然行为的自由）。

第二节　动物保护与福利的历史与现状

一、动物保护与福利的历史

只有遵循自然生态以及生物链的客观要求，关注动物保护及福利问题，保护动物的生存环境，维持各类动物种群达到一定的规模与数量，才能保持地球的生态平衡。因此，越来越多的人关注动物保护及福利问题。

（一）古代动物福利思想

在学习家养动物的权利与福利起源之前，先回顾一下家养动物的驯化和畜牧业的起源。家养动物的驯化时间为 1 万年前～2 万年前，主要集中于 12 000～14 000 年。驯化地分布在亚洲、非洲、欧洲和南美洲，其中亚洲分布最多。

出于对动物的关心，在畜牧业初具气候的时候，为动物屠宰制定了条例，以减少在人类控制范围内动物的紧张、痛苦和恐惧。最初相关内容的立法主要涉及动物所有权、动物拥有者的义务以及动物的义务、偷盗动物、动物的法律地位以及祭祀用的动物等规定。

中世纪的欧洲,“动物保健与卫生学”的许多内容已经具有现代化的痕迹,但在1696—1861年,由于迷信,思想受到束缚,医学科学技术进展缓慢,动物保健与卫生学研究停滞不前甚至倒退。当时,由于马匹可骑乘、拉车以及作为战争用具,而在家畜饲养中占有特殊位置,所以马的保健规则仍在继续应用和不断完善和发展。

(二)动物福利的提出与发展

英国最早的动物福利法案把动物仅仅看作财产,而没有考虑动物本身应该享有的“权利”。1776年,劳伦斯从法律角度提出:没有人因为残忍地虐待动物而受到处罚,唯一的犯罪行为就是侵犯了另一个人的财产。1800年,英国第一个确保动物免受虐待的立法《牛饵法案》被通过。1809年,英国国会提出一项禁止虐待动物的提案。1822年马丁提出的禁止虐待动物的议案即“马丁法令”获得通过,这是首次以法律条文的形式规定了动物的利益,保护动物免受虐待。1876年英国政府颁布施行的《反虐待动物法》是欧洲第一部有关动物实验法规。1966年,美国颁布了《实验室动物福利法》,从此“动物福利”“实验动物福利”等概念开始流行。经过四次修订,1985年,美国国会通过了《提高实验动物福利标准法》修订案。加拿大、日本也分别于1966年和1973年先后颁布了有关法律规定,要求在实验过程中禁止虐待动物,要正确地使用麻醉、安乐死等以减少动物的痛苦。1986年,欧洲经济共同体议会颁布了《欧洲实验和科研用脊椎动物保护公约》。同年,英国通过了《科学实验动物法》。2000年,澳大利亚通过了《动物福利保护法》。欧美发达国家较早开始注重动物福利立法,并能够因时代变化在法律上做相应的调整。由于动物保护法律法规的出台和实施以及动物保护组织和社会的呼吁、宣传,动物实验领域中的动物保护工作取得了显著成绩。

(三)中国动物保护及福利的历史

我国是世界上最早主张动物保护的国家。早在春秋战国时期,人们就提出保护幼小动物。秦朝规定既要保护幼小动物的生命,精心饲养管理,又要广置园囿,细致饲养牛、马。隋唐时期,佛教在民间逐渐盛行,主张慈悲为怀,修德行善,避免生灵涂炭,包括对动物的爱护,不轻率地杀害生命。北魏时期的贾思勰所著的《齐民要术》,其中总结了我国2 000多年的牲畜饲养管理经验,详细介绍了各种家禽、家畜、鱼、蚕等的饲养方法和疾病防治,特别对役用牛、马的使用予以说明,要求准确估计牲畜的力量,防止发生“五劳”现象,“饲喂要适当,饮水有三时”。明代动物学家李苏的《见物》为动物的生命和尊严疾呼:猛兽吃人的时候,人们非常痛恨;可人常年猎食猛兽,猛兽又做何感想呢?

二、动物保护与福利的现状

动物保护与福利是科学,并非宗教。现在越来越多的人开始关注食物来源,希望餐桌上的食物都是安全健康的,且对环境造成的危害也是最小的。

西方社会推崇肉类应该来自自由放牧动物。一般舍饲(集约化养殖)畜禽肉产品加工成本较低,而放牧饲养的动物则成本较高。此外,由于在运输和屠宰中的应激会造成白肌肉和黑干肉的产生,并因此受到经济损失。在集约化畜禽饲养过程中,保障动物的生理和心理健康以及环境舒适是动物保护及福利的核心内涵。重视动物饲养环境卫生与保健的牧场,畜禽群健康状况好,疾病少,经济效益高。世界卫生组织(WHO)、联合国粮食及农业组织(FAO)和世界动物卫生组织(OIE)对家禽饲养方式联合调查发现,家禽群高密度培养使彼此能够频繁地接触,因而能够使类似禽流感病毒加速传播"。在自然界,病原体毒力增强的条件是在敏感动物体内频繁传代。高致病性禽流感病毒的变异也符合该规律。

自20世纪80年代后期以来,动物源性的人兽共患病流行逐渐频繁,人类受到动物源病原微生物的感染威胁呈现加重趋势。进入21世纪后的短短几年里,非典型性肺炎(SARS)、禽流感(H5N1、H7N9、H9N2等)、猪流感(H1N1)、猪链球菌病、非洲猪瘟和最近暴发的新型冠状病毒感染疫情(COVID-19)的流行,不仅给畜牧业造成了重大的经济损失,而且给人类健康带来了严重威胁。

在现代集约化的动物饲养过程中,动物福利与保护问题是新事物,具有鲜明的时代特征,基于这个科学问题与任务,发展形成了动物福利与卫生学,成为现代动物科学和动物医学研究内容的重要组成部分。在许多兽医学校或农业院校,动物福利与卫生学科应运而生。

(一)我国动物保护及福利的现状

从20世纪70年代开始的畜禽集约化规模化养殖给畜牧业带来巨大的经济效益,但动物生产中潜在的问题也逐渐凸显,经济发展与自然环境之间的矛盾日益突出。人们为了追求经济效益,不断加大畜禽的饲养密度,导致饲养环境条件恶劣,动物饲料品质下降,甚至添加一些对动物和消费者有害的激素、药物、色素、抗生素等,极大地危害了畜禽和人们的健康。在动物运输过程中,空间狭窄、运输设备简陋不能满足各类动物运输要求;屠宰过程不规范,滥宰滥杀现象严重;给待宰猪、牛注水,给鸡喂沙子,不仅伤害了动物,而且蒙骗了消费者;任意摆布、虐待动物,造成动物身体伤害和心灵创伤;随便猎杀动物,无节制地狩猎随处可见的流浪动物等,都是人与自然不和谐、不文明的表现,这些都集中反映了动物保护与福利方面存在的问题。

多年来,我国强调把保障农业发展作为第一国策,把保障全国人民的营养与食品安全,作为"安邦兴国"的基本国策。为了进一步提高经济效益,从业人员必须接受新事物,建立新理念,科学管理,改善饲养方式,使生产持续稳定发展。动物保护及福利问题的提出与实施是对落后经营管理方式的挑战,不仅不会与畜禽养殖业形成对立,反而能够改善和促进畜牧业的发展,带来现代畜牧业的革命。

为了从立法的角度推进我国动物保护与福利的发展进程,全国人民代表大会加强了动物保护立法和畜牧兽医法治建设,制定并颁布了一些法律、法规,如针对野生动物逐渐减少,为保护动物种质资源和生物多样性,明确野生动物保护的法律地位。

总之,动物福利主要是针对畜禽生产存在的问题提出来的,它的科学探讨将改善日前的饲养管理状态,推动畜牧业的长久发展与进步,为畜禽生产带来更大的经济效益。

(二)国外动物保护及福利现状

在近代,欧盟可以说是倡导动物福利的先驱,从组织管理到立法等,均在世界上处于领先地位,如欧盟委员会食品安全署专门为动物设立了福利部门,各加盟国农业食品部也有相应的动物保护与福利的管理机构。《动物运输条约》制定于1968年,于1970年生效。该条约不仅针对家畜、家禽,也包括鸟类。《动物屠宰条约》制定于1972年,于1982年生效,该条约对驱赶动物、圈栏条件、捉拿、制约、击昏、屠宰方式等做出细致要求。欧洲制宪委员会制定的《宠物保护协约》规定,不准将宠物卖给16岁以下的人,饲养者必须为宠物提供良好的食宿环境,保证宠物不会丢失,遗弃宠物将被判虐待罪。

在欧盟法规框架基础上，1997 年 2 月 25 日德国颁布了动物运输保护的法律规定，强调运输过程的动物福利、饲养与护理，减少运输条件给动物造成的负荷、疲劳等，对不同动物和不同运输工具做出具体规定，对运输动物的采食、饮水、占有空间、通风及气候控制、兽医看护等做了明确规定。欧洲大多数国家规定，工作动物的心理不应当受到外来的扭曲和伤害，动物也享有非超负荷工作的权利，工作动物享有每天的工作时间限制；对马、牛、骆驼等工作动物实行退休制度，到了一定年龄丧失了劳动能力，就要让其安享晚年。瑞典政府于 1987 年颁布了取缔蛋鸡笼养和母猪拴养方式，以满足动物的行为需要。为了体现饲养过程中的人道主义精神和以动物为本的原则，照顾动物的自由和情绪，改变多年来的养殖方式，1999 年瑞典就全面禁止了全封闭式猪圈饲养，专门颁发了《猪福利法规》，对养殖企业猪圈环境、喂养方式做出了细致的规定，并且增加了环境富集的内容。英国于 1994 年立法，严禁活畜海上运输，德国宣布到 2008 年彻底禁止笼养家禽。

动物保护及福利的内涵也是不断发展的，针对集约化动物生产食品安全问题，《欧洲有机法案》把善待生命和爱护环境的理念落实到动物繁殖与生产的具体措施中，欧盟有机农业善待动物的法律把爱护动物、关爱地饲养动物作为有机农业区别于其他生产方式的基本特征之一。欧盟有机农业动物生产规程对动物饲养基本规程、动物来源、饲料、疾病防治、饲养方式、饲养条件等均做了详细规定，系统地阐述了有机农业对动物生产管理的要求，其基本精神是善待动物、维护生态、关爱环境。

三、动物保护组织

动物保护与福利方面取得的巨大成就与许多个人和社会组织的努力工作密不可分。现在全球从事动物保护与福利工作的各种组织有几百个，根据主要任务，其可分为三类。

(1)福利主义者　接受当今对动物使用的现实，但寻求各种方法将动物的痛苦降低到最小。如世界动物保护协会，农场动物福利组织。

(2)实用主义者　较为激进，认为有些动物较其他动物更值得关注，如果使用动物的益处大于它们所遭受的痛苦，则有理由使用，主张用法律程序、政治示威和协商等方式来降低动物的使用频率，如 1976 成立的动物权国际。

(3)宗教激进主义者　该类组织较极端，信奉正宗基督教，认为人类绝不可以为了自己的愉悦和利益使用动物，无论有意无意。如动物解放阵线组织，常用非法手段捣毁实验室，损坏仪器设备，反对现存的动物保护法律法规，反对饲养宠物，大多坚持素食主义。

国际性福利主义的动物保护或福利组织有 10 多个，较早的也已经成立有半个世纪。如世界动物保护协会：总部设于伦敦，由动物保护联盟和动物保护国际联合会合并而成。该组织促使欧盟议会通过了一系列保护野生动物的法律法规。现今有 13 个办公室分布在世界各地，440 多位动物保护专家分布在 101 个国家。其主要任务是在全球范围内提高动物福利标准。主要致力于在全球通过法律程序，确保动物享有的福利，让每一个人都理解、尊重和保护动物的福利。世界野生动物基金会：世界上最大、经验最丰富的独立性非政府环境保护机构，成立于 1961 年，总部设于瑞士。其目标是制止并最终扭转地球自然环境的加速恶化，创造一个人与自然和谐共处的美好未来。为达到目标，WWF 期望通过保护基因、物种及生态系统的多样性，确保现在和将来可持续地利用可再生自然资源，减少污染，制止对自然资源和能源的过度开发和消耗，达到保护自然及生态的目的。此外还有国际爱护动物基金会、国际野生生物保护学会等。在国际性组织的带动下，许多国家都成立了动物保护与福利组织，在动物权益的宣传和促进各国动物保护与福利的立法方面做出了积极的贡献。在我国也成立了国家级和省、市级的动物保护相关组织，积极开展动物保护相关活动。例如，针对某些地区因流行狂犬病而打杀犬只现象，2006 年 9 月全国 14 家动物保护组织发出了一封题为“请尊重犬的生命”的公开信。

四、实验动物福利的发展

实验动物作为人们在探索生命科学中最成功的“替代者”，其应用最早可追溯到 1 600 多年前。实验动物在科学研究中的地位日益重要，有关实验动物的法律也陆续诞生，如杜绝在研究过程中对动物造成非实验性的疼痛、损害和损伤，对允许进行的动物实验也做了明确的限定和规定。实验动物保护就是为了提高实验动物管理质量和水平、维护动物福利、促进人与自然和谐发展和适应科学研究、经济建设及对外开放的需要。1954 年动物福利大学联合会制定了一项有关动物试验人道主义技术的科学研究计划，1959 年出版的《人道主义试验技术原理》，第一次全面系统地提出了“3R”理论，之后世界各国兴起的“3R”运动最终使实验动物的使用量逐步减少，质量要求越来越高，实验设计的准确性、可靠性也不断提高。“3R”运动反映了实验动物科学由技术上的严格要求转向人道主义的管理。目前，在欧美等发达国家，动物实验设计方案要经过实验动物管理委员会伦理审查委员会的审批才能实施。提倡实验动物福利与动物保护是国际总趋势。1979 年，由英国反活体解剖协会发起，定于每年的 4 月 24 日为“世界实验动物日”，前后的一周时间则被称为“实验动物周”。

在我国，为加强实验动物工作的管理，提高实验动物和动物实验水平，早在 1988 年就经国务院批准，由国家科委发布实施了《实验动物管理条例》，这是我国首次以立法形式颁布的全面管理我国实验动物的法规性文件。《实验动物管理条例》在推动我国实验动物科学事业发展方面起到了重要作用。在此之后，各地和有关部门相继制定了配套法规和规章，这对加强实验动物工作的依法管理、推动生命科学的发展起到了重要作用。为使实验动物管理工作和学术水平能够适应科技飞速发展的要求，并与国际实验动物整体发展相适应，我国在修订的相关国家标准中，也强调了实验动物的福利。2006 年发布的《关于善待实验动物的指导性意见》是实验动物福利立法进程的风向标，它体现了科技界从科学发展的角度关注实验动物福利与科学发展之间的相互关系；体现了实验动物福利的提高对科学发展所起到的促进作用；同时也是中国人文发展的表现。目前，重视实验动物福利已基本成为科技界的共识，各相关单位也都成立了实验动物使用与管理委员会开展实验动物福利伦理审查。实验动物福利与“3R”研究也成为我国实验动物科学的研究热点，社会上关注实验动物福利的理性声音也逐渐增多。

第三节 “3R”原则在生命科学中的应用

“3R”研究工作得到我国政府科技管理部门的重视，并将其作为科学技术支撑技术平台的一项重要内容，逐步纳入科学研究体系。为促进“3R”研究工作的发展，我国学者积极参加国际学术交流活动，了解“3R”在世界范围内的开展情况和研究水平；加强科技界的科普力度，举办学术活动，宣传和普及“3R”理论和知识；宣传“3R”研究的内涵和意义；搭建科研人员进行

“3R”研究的学术交流平台等，为我国“3R”研究工作奠定了良好基础。

一、“3R”的提出

罗素（动物学家）和伯奇（微生物学家）于1959年发表的《人道主义实验技术原理》首次全面系统地提出了实验动物的“3R”理论，即reduction（减少）、replacement（替代）和refinement（优化）。

二、“3R”原则的应用

（一）替代

1. 国内外动物实验替代方法的兴起

自1981年美国霍普金斯动物实验替代方法研究中心成立以来，欧洲替代方法验证中心、荷兰动物应用替代研究中心等实验动物替代的专门研究机构相继成立。欧美等科学家与化妆品、制药企业合作，也开展了相应领域的研究工作。从20世纪60年代开始，西方许多人道组织和政府开始为替代方法的研究提供基金。1969年，英国建立了医学实验动物替代基金，资助“不需用动物的医学研究”。其他国家也有类似的项目，如德国每年提供一定数量的研究拨款。1992年建立的“欧洲替代方法中心”，欧盟要求每年增加一定数量的经费，以加强替代方法研究和验证工作。

2. 动物实验主要替代方法

（1）体外方法　体外方法是最主要的一类动物实验替代方法。一般来说，分离的细胞和器官与机体其他部位不存在任何关联，这个模型可以在已知条件下生长，不需要应用无痛处理和麻醉，所以体外研究比体内研究更为敏感。近年来，随着现代生物技术和计算机技术的发展和应用，体外方法不仅越来越多地被应用于一般实验，而且一些国家广泛地将其应用于标准化试验，取代动物实验。体外方法不能完全替代实验动物。因为在培养条件下，分散在体外的细胞代谢特性和生理功能以及各种试验因素对生物学功能的影响可能与体内自然状态下的细胞不同，其实验结果并不能完全反映体内情况。

（2）减少脊椎动物的利用　在某些情况下，使用非脊椎类动物有机体，如细菌、真菌、昆虫或软体动物，可以减少对脊椎动物的需要量。如使用细菌以筛选具有诱变特性的新化合物；酵母用于特异性基因表达的载体。还有1968年由莱文创建的鲎试验（limulus amebocyte lysate test），可以用生物试剂取代家兔开展热原测定。

（3）免疫学技术　免疫学技术是许多体外技术的基础，在诊断性检验、疫苗质量鉴定和基础免疫学研究方面应用广泛，如酶免疫测定（enzyme immunoassay，EIA）、放射免疫测定（radioimmunoassay，RIA）等。但在某些情况下，因缺乏特异性相关抗原或抗体的能力，仍需要动物实验。应用单克隆抗体技术，将产生抗体的淋巴细胞和能长期存活的肿瘤细胞进行融合，制备出既能产生抗体又能长期保存的杂交瘤细胞。在生产单克隆抗体时，通常将杂交瘤细胞注入动物（特别是小鼠）的腹腔，杂交瘤细胞增殖形成富含抗体的腹水。这一技术会造成动物腹水增多及压迫内脏器官等痛苦。现在利用体外发酵系统和中空纤维系统培养杂交瘤细胞，可以大量生产单克隆抗体。

（4）物理化学方法　利用物理化学方法，借助图像分析技术可以进行非介入性测定，大量减少动物使用量。如MRI、PET扫描、X射线测定小动物生理学指标；HPLC进行激素质量和效力检测;荧光素酶与细胞、细菌、病毒或特定基因作用后,采用生物光图像技术,观察肿瘤的发生发展情况,探索无临床症状的传染病发病特点;利用遥测技术测定动物在正常生活条件下的各种生理指标,从而解决了必须对动物进行麻醉和固定的问题,使获得的数据更加准确。虽然目前运用这些技术的费用偏高,但具有巨大的发展前景。

(5)计算机技术　利用计算机可以模拟许多动物的生理活动过程和动物疾病模型,通过这些模型可以对各种调节物质的作用和临床治疗做出预测,从而减少动物的使用数量。化合物(药物)的生物学活性和物理化学特性之间存在一定的关系,据此可以预知许多新型化合物的生物学活性和毒性。利用计算机可以设计出新药物,从而减少检验药物所需的动物数量。

(6)研究数据的共享　是否要进行某一项动物试验,取决于以前的动物试验结果,重复性研究无任何科学价值,还会增加无谓的动物使用量。所以,收集、利用、交换和贮存研究数据十分重要。科学期刊是最重要的数据信息来源,因为它们含有最新的研究结果,其他还包括书籍、专题论文集、综述性文章、学术性报告和政府文件等。计算机网络技术的快速发展,使数据信息的贮存、交换和查询发生了很大的变化,电子资料越来越重要。通过互联网可以很容易地获得最新的资料和查询到大量的数据库。在一些专门的数据库里,有关动物实验和替代方法等方面的文献资料都可以查到。

(7)教学中的替代方法　教学实验的目标是学习和培养技能,而不是用于验证科学假说,其基本原则是准确重复出以前所做的试验。在实验中可以根据学习目的模拟动物实验,如应用计算机模拟模型、橡胶标本、录像资料等替代实验。利用网络和多媒体技术,演示和模拟实验过程已逐渐成为应用最广泛的实验替代方法。替代方法也不能完全替代动物实验。特别在操作技术的培训方面,因为任何模型都无法完全模拟动物的复杂性和操作结果的不可预知性。

一种替代方法能否被认可和应用在很大程度上取决于替代方法与经典试验之间的相关程度。一些国际性组织,如世界卫生组织、经济合作与发展组织已经颁布了使替代方法能够用于法定检验中的验证指导原则。预验证阶段是制定标准操作规程,尽可能使预期模型得以完善;正式的验证研究要有多个实验室参与,利用替代方法对编码化合物进行检测,并与经典试验的结果进行比较;最后阶段是对替代方法能否被接受做出评价,并起草实验指南。一般而言,这些替代方法的验证要靠国际协作研究,要求有多个实验室参与。必须强调的是,要对实验室内和实验室间的验证和试验的相关性给予高度重视。

3. 替代方法在其他领域中的拓展

在毒理学部分领域具有应用替代方法的成功经验,其中,重要的是研制人造皮肤。传统的动物试验在检测环境污染时,往往从一个比较狭隘的系统出发,未考虑环境中存在的多种生物(如藻类、甲壳动物、鱼类和植物)。此外,在不同的水域,由于生态环境和生物群落的组分不同,某个地区的试验结果未必对其他地区适用。在过去的几年中,通过细胞培养已经能够对生态毒性做出大致的评估。

4. 替代方法的发展趋势

政府、企业和科研机构共同开展替代方法的研究是重要的趋势之一,这样有利于方法验证和完善相关法律。国际同行也互相认可重复性强、与动物实验结果一致的替代方法。过去,在认可方法时优先考虑其原理,确认能否取代动物实验,然后对方法本身进行评价。现在,人们更多考虑的是动物实验的必要性以及是否充分了解病原体或毒物在体内和离体的致病机理，以便有效地将动物实验结果与替代方法结果进行比较。

（二）减少

减少是指减少实验动物的数量和实验的次数。前者是使用较少的动物获得同样多的试验数据，或使用一定数量的动物获得更多试验数据的方法，包括绝对数量的减少（实验动物用量下降）和相对数量的减少（实验数据获取量上升）；后者是在使用同样动物数量的情况下，尽量减少每个动物的实验次数，以减轻其痛苦。实验设计时，不应盲目增大动物样品数量或重复实验以获得满意的统计结论，应着重提高实验的精确性。动物实验在统计时应权衡统计学满意程度与伦理学及节约之间的关系。用多少动物或者说怎样用最少的动物达到所预计的实验效果，一直是动物实验中长期讨论的话题。首先，必须明确减少不是单纯地减少动物的用量，而是在得到同样实验效果的前提下减少浪费，或是使用同样多的动物获得更多的实验数据，从而避免动物的滥用。要做到真正的"减少"并不容易，例如，在涉及实验动物的教学活动中，就需要从以下两方面入手。

第一，对实验动物用量进行科学统筹。改变过去在实验中随意取用动物的习惯，根据实验人数和分组情况设计动物用量，保证每个人既有实验机会又能够减少实验动物的用量。通过计算机将学生人数、实验动物数量、实验时间进行统筹安排和模拟，得出合适的实验动物数量，以有效地减少实验动物用量。

第二，提前熟悉操作过程，优化实验步骤。实验技术的好坏、实验过程的熟练程度与动物用量是有密切关系的。提前做好这些工作不但能使实验顺利进行，也能减少动物的用量。以"家兔耳缘静脉抽血"为例，如果对实验做好指导工作，从耳尖到耳根抽血就会避免血管渗血等情况发生，可以让学生有充分的练习机会，间接地减少了动物的用量。

（三）优化

优化是指对实验动物和动物实验工作应做到尽善尽美。尽量优化实验设计和操作，以减轻动物的痛苦。动物实验的优化很重要，但大多数实验并没有达到甚至没有考虑到优化的问题。做到实验动物的优化需要多方面努力，在教学活动中，不仅要优化实验程序的设计，还要加强对学生的动物福利教育，若对动物的痛苦和不安视而不见，则优化就无从谈起。

在应用实验动物开展的教学实验中，首先，引导学生树立动物福利意识，杜绝虐待、戏弄动物的现象，并选择最佳实验方案。如足部注射可选择足底或足背进行，为减轻动物的痛苦，应选择足背，而不是对疼痛更敏感的足底。其次，要求学生提前预习实验内容，通过观看教学录像熟悉实验技术、优化实验程序，提高实验成功率，从而减少动物不必要的痛苦。再次，做好实验前动物喂养工作，妥善运输动物，注意动物所处环境的舒适性。选择痛苦较小的方法或安乐死处死动物，禁止使用空气栓塞、棍击、溺死等不人道的方法处死动物。在处死动物时避免其他实验动物在场，以减少动物的紧张不安情绪。最后，应建立标准的实验动物设施，并改善相应系列设备。只有动物的饲养环境和实验环境得到了改善，动物实验的优化才相对容易达到。

总之，优化的过程是减少实验动物不必要痛苦的过程，其本身对实验的科学性和准确性也有帮助，这需要实验者富有同情心和熟练的实验操作技术，并能将这种优化的意识养成习惯运用到以后的实验及工作中去。

三、实验环节中的动物福利

随着人类文明的进步和科学技术的发展，动物保护已经成为动物实验中的核心问题之一。自开展动物实验以来，有关动物保护的研究也在同时开展。自 1980 年以来，西方各发达国家都先后开展动物保护和动物福利的立法活动。WTO 的规则中明确地写进了动物福利条款，医学研究院里建立了“动物伦理委员会”，审核和监督动物实验的计划和实施，保障动物的福利。由科技部、国家卫生健康委颁布的法令、法规也对实验中动物的保护做了明确规定。在进行动物实验时，应从以下几方面关注动物福利。

(一)实验前

1. 岗前培训

在对实验人员培训的过程中，强调实验动物的福利问题，开展实验动物保护与福利要求等内容的培训。

2. 实验必要性论证

在计划动物试验前，必须有大量的科学根据来确定和证明该试验的意义和必要性，并提交申请。对于必须进行的动物试验，则需有明确的目的和合理的程序，避免无科学目的的动物试验。如果其他学科已有相似的试验结果可以借鉴，则没有必要再进行试验。实验中限制使用进化程度较高的动物做实验，尤其要严格控制对非人灵长类动物的使用，从动物福利角度来考虑，灵长类动物更接近于人类，它们更具有思想，感受更敏感。但这并不意味着不能使用，而是要在数量上加以控制。这与极端的动物保护主义有区别。

3. 加强管理

用于试验的各类实验动物，要列入实验动物管理委员会管理，对实验设计方案中涉及实验动物的部分要进行审定和批准。如饲养条件、处置方法、处死方法等是否符合实验动物的相关法规等。复旦大学药学院 2006 年成立了实验动物伦理委员会，依据动物保护、动物福利、动物伦理和综合性科学评估五大原则对动物试验进行审查。《重庆市实验动物管理办法》于 2006 年 7 月 1 日起施行，在管理办法中，除采取种种措施保证动物实验科研安全、结果准确外，第十八条还特别规定：“从事实验动物工作的单位和个人，应当关爱实验动物，维护动物福利，不得戏弄、虐待实验动物。在符合科学原则的前提下，尽量减少实验动物使用量，减轻被处置动物的痛苦。鼓励开展动物实验替代方法的研究和应用”。

4. 做好实验准备

在实验动物饲养过程中，动物应得到很好的待遇。在做实验之前，要使其熟悉环境，不产生应激、焦虑等。只有在良好的环境下，动物的情绪会相对比较稳定，开展的各种科学研究才有意义。这一方面是从动物的福利等角度出发，另一方面也是从科学研究的需要考虑。科学研究要求动物的状态应该是相对稳定的，如果动物处在压抑的状态下，实验的结果很可能会产生偏差，不能保证实验质量。

5. 遵循“3R”原则

以动物实验和实验动物减少、替代和优化为核心的动物实验替代方法理论在世界范围内得到认同，并已得到广泛应用。实验的设计和运作必须采用“3R”原则，如果可以用替代方法，就必须应用替代方法。

(二)实验中

1. 减少疼痛问题

疼痛是指通过神经上传到大脑皮层的神经刺激的感觉。有害刺激激活感觉器和其他神经末梢造成神经刺激,这些刺激主要来源于物理性和化学性的刺激。内源性的化学物质包括氢离子、钾离子、ArrP、复合胺、组胺、缓激肽、前列腺素等,电流也可以称为神经刺激。长时间的疼痛刺激也可以使平时沉默的神经通路激活而引发疼痛。在实验过程中,必须让实验参与者了解动物的疼痛通路和痛觉的复杂性,所有临床动物的疼痛通路都是类似的。疼痛通路有四个部分,分别为以下几个方面。

(1)信号转导　因为组织被损坏,局部炎性物质被释放,这些炎性物质会形成一个化学信号,而周围神经会识别这个化学信号并生成神经冲动。这种神经冲动的影响,可以使用非甾体抗炎药如阿司匹林类药物来减轻疼痛。

(2)冲动传导　神经冲动被传导到脊髓,局部麻醉药(如利多卡因)可以阻止神经冲动的传导。

(3)传输和调节　在脊髓中,信号被修改并传输到大脑。一些药物可以干预这个过程,包括阿片类药物(吗啡类药物)。

(4)痛觉　痛觉可以分为两大类,感官判断疼痛的位置;情绪感知反映刺激引起痛觉的敏感程度。疼痛刺激的感官判断,可能在皮层或皮层下完成,相似于上传的单一判断,如刺激的强度、持续时间、位置、性质。情绪感知则包括了上行网络形成的行为认知和皮层的觉醒,也包括丘脑输入到前脑和边缘系统的感知,如不舒服、害怕和沮丧。

从经验判断,疼痛伴随大脑皮层和皮层下的活动。如果遇有缺氧,或由于药物、电击、冲击造成抑制,是感觉不到疼痛的。因此,安乐死药物和方法的选择并不是严格的,只要使动物麻醉或失去知觉,并且在死亡以前无知觉即可。

在实验中,应给予动物必要的镇静剂、麻醉剂,做好保定工作,减少应激反应。对动物伤害较大的实验应持谨慎态度。禁止使用引起动物严重疼痛的试验方法,通过改变检测方法或选择其他措施,尽量避免或减轻动物在实验过程中所遭受的损害。如果试验中有引起动物疼痛而与试验目的无关的因素,则应在试验前给予防范和采取措施减轻疼痛。如果在试验中不可避免地引起动物疼痛、伤害或恐惧,应采取一切可能的途径或方法予以减轻。对必须接受注射的动物,则尽可能地避免使用引起疼痛的注射针头。在所有引起慢性疼痛的试验中或反复进行此类实验时,应尽可能地减轻动物疼痛或消除恐惧,并在试验结束后继续进行特殊的照料。

2. 落实安全保障措施

在实验外科手术中,应落实实验动物的急救措施。在进行实验外科手术时,往往会出现一些意外的紧急情况,实验动物会因麻醉过量、血管破裂、心脏骤停、呼吸窒息等各种原因死亡。为预防动物的突然死亡,应有安全保障措施,能及时组织抢救,将动物从死亡边缘抢救过来,使实验继续下去。

3. 采取必要的隔离措施

将实验中的实验动物与其他动物隔离,避免将实验动物所接受的手术、灌服药物等实验信息传递给其他动物,造成其他动物应激。

（三）实验后

针对不同情况对接受实验的动物做相应处理，尽量将实验动物恢复到实验前的生活状态。对实验动物造成的可逆创伤应尽可能治疗恢复；对不可逆“实验伤害”的和淘汰的实验动物实施“安乐死”。实验动物为人类的科学事业和人类健康贡献生命，提倡对实验动物实施“安乐死”不仅是实验动物福利的重要组成部分，而且是对实验人员心理的一种抚慰，是人类高度文明的体现。

第四节　安乐死中的福利问题与改善

随着人类对动物保护意识的加强和对动物福利的伦理要求，安乐死的问题受到广泛关注。“安乐死”一词来源英文单词，意思是美好的死亡，快乐的死亡，无痛苦、平安和有意义的死亡。实验动物科学中的安乐死是指对实验动物实施人道的、仅具有微量疼痛和痛苦的处死方式。因为实验动物作为人类的替难者用于各种科学实验，人类有义务给予实验动物足够的尊敬，在动物活着的时候要尽可能保证动物福利，温和地善待它们，结束这些动物生命的时候也要遵循人道主义精神，尽可能缩短濒死时间，以减少动物疼痛和痛苦。

处死动物的技术可以分为几种情况：直接安乐死技术，即单一手段的、公认的用于安乐死的技术和方法；条件安乐死技术，其技术的状态或存在技术风险或存在安全隐患，不能作为常规安乐死使用的技术以及没有完整参考资料的安乐死技术；非安乐死技术，公认的、非人道的、残忍的或对实施动物处死人员有潜在危险的方法。

一、安乐死中存在的福利问题

（一）动物本身的痛苦

在评价是否减少痛苦时，充分理解整个过程对动物产生的应激和痛苦是非常重要的。动物对于应激的反应，表示动物恢复正常精神和生理状态所必需的适应过程。这些反应包括神经内分泌系统、自主神经系统以及精神状态的改变，进而造成行为的改变。动物的反应随着其经验、年龄、种、品种、生理、心理状态而有所不同。应激及其产生的反应分为 3 期：一期为应激，无害刺激产生的适应性反应，通常对动物是有利的；二期为中性应激，对动物产生的反应既无害又无利；三期为痛苦，动物对干扰安康和舒服的刺激产生的反应。

（二）动物行为

为减少动物的痛苦，包括惊恐、焦虑和忧惧，必须考虑动物安乐死的方法。温和的限制动物、轻轻地抓取动物或与动物进行语言、行为交流等，对接受安乐死的动物可以起到安静作用。此外，适当的使用镇静剂和麻醉剂可以达到相同的效果，但镇静剂和麻醉剂对实施安乐死的动物作用时间有延迟。对于陌生动物进行限制和抓取时，可使用视觉、听觉和触觉刺激使动物安静下来。如果抓取动物过程的争斗可能对动物造成受伤、疼痛和焦虑，也可能对人员造成危险，有必要使用镇静剂、止痛剂和麻醉剂。面部表情和身体姿势代表了动物不同的精神状态，在评价安乐死技术中非常有用。动物对有害刺激的行为和生理反应，包括痛苦的叫声、争斗、试图逃跑、反抗、攻击、流涎、撒尿、通便、脱肛、瞳孔放大、心动过速、出汗、由骨骼肌收缩反射造成的颤抖、震颤、痉挛等。有意识和无意识的动物都可能产生这些反应，害怕可以造成动物不动或“假死”现象，兔和鸡表现尤为明显，这种状态不能理解成意识丧失，事实上是有意识的。

动物害怕发出痛苦的叫声、害怕的行为、某些气味或信息素的释放都可以引起其他动物的焦虑和忧惧。因而，对敏感动物实施安乐死时，要避免有其他动物在场。

(三)人员行为

在对动物实施安乐死的过程中，操作人员往往会因动物失去生命而感到伤心。实施实验动物安乐死有3种情况可对操作人员造成心理和情绪的影响。

其一，兽医临床处置。动物所有者决定是否处死以及什么时间处死动物时，通常都是听取兽医意见，选择正确的动物处死方法和药物。在处死动物时，听到动物痛苦的叫声、看到动物痉挛，可能对人产生心理上、道德上、伦理上的伤害。

其二，在饲养过程中看到动物意外受伤或疾病需要大量杀死动物时，痛苦和不安会很快在工作人员中传播。

其三，实验活动中，研究者和技术员对动物已经很熟悉，产生感情，对动物实施安乐死时会感到伤心。

二、安乐死相关福利问题的改善

安乐死技术很难做到完全没有疼痛和痛苦，但通过改善实施安乐死的环境条件和熟练掌握相关技术，可以减少动物的痛苦。安乐死技术包含两个方面的内容：一是减少疼痛；二是减轻痛苦。减少疼痛要求建立无疼痛死亡技术，减轻痛苦要求尽量减少动物感知。

减少动物的痛苦包括减少动物的惊恐、焦虑和忧伤，必须合理选择动物安乐死的方法。面部表情和身体姿势代表动物不同的精神状态，这些在评价安乐死技术中非常有用。动物一旦出现响应有害刺激的行为和生理反应时，操作人员应以温和的声音和行为，使动物安静下来再继续后续操作。

(一)安乐死实施原则

在安乐死实施过程中，尽量减少动物的痛苦，避免动物产生惊恐、挣扎、嚎叫，这也是安乐死最主要的目的。同时要注意实验人员的安全，防止被动物伤害，且在使用相关仪器和药物时也要提高保护意识，特别是在使用挥发性麻醉剂(乙醚、安氟醚、氟烷)时，实验室内一定要杜绝使用任何火源。采用的方法要比较安全且容易操作，不能影响动物的实验结果，尽可能缩短致死时间。判定动物是否被安乐死，不仅要看动物呼吸是否停止，而且要看神经反射、肌肉松弛等状况，防止“假死”现象。

实施安乐死的人员选择也非常重要。一般来说，安乐死应由经过严格训练且富有经验的技术人员实施，以保证在安乐死实施过程中尽量减少动物的疼痛和痛苦。这些经验包括熟悉需要实施安乐死的动物行为、了解安乐死技术让动物丧失意识和死亡的原理、熟悉实施安乐死的环境和条件。

(二)安乐死的方法

1. 药物方法

药物方法，如吸入药物、注射药物。常用安乐死药物包括吸入式麻醉剂(包括CO_2、CO、乙醚、三氯甲烷等)、氯化钾、巴比妥类麻醉剂、DDT等。其原理主要有如下几个方面。

(1)直接或间接缺氧　药物方法进行动物的安乐死对实施地点没有较高要求，并且可以根据注入药物的速率控制动物意识丧失的过程。没有疼痛和痛苦的死亡或仅有少量痛苦的死亡，一定是意识丧失先于动作消失(肌肉活动消失)，而动作消失并不意味着意识丧失或没有痛苦发生。因此，导致肌肉麻痹而不能造成意识丧失的安乐死药物(如去极化或非去极化的肌肉松弛剂——士的宁、烟碱、镁盐等)在安乐死实施中不能单独使用。

(2)生命功能的神经元抑制 某些药物在实施过程中会使动物处于一种所谓的激动躁狂期，动物可能发出叫声或肌肉剧烈收缩。但药物的首要作用是抑制大脑神经元，随后才导致动物死亡。意识丧失的动物会很快死亡，其原因在于心脏停止跳动后，动物缺氧致死。

(3)大脑活动或生命功能神经元的直接破坏 直接冲击破坏大脑或大脑神经元去极化，可以使动物马上丧失意识。中脑控制心脏和呼吸中枢，大脑破坏后可造成动物的死亡。虽然有时会见到动物剧烈的肌肉活动，但这时动物已经感受不到疼痛和痛苦，符合安乐死的原则。

(4)CO_2 安乐死法 对人类没有危害、使用方便、成本较低，各国广泛应用于小型实验动物上。主要方法就是将特定浓度的 CO_2 通入安乐死操作箱中，有研究发现，最理想的流量是每分钟通入容器容积 20%大小的 CO_2。该法的优点：①能很快起到镇静、止痛和麻醉的作用；②CO_2 价廉易得；③不易燃易爆，在通风良好处正确使用更为安全，对人体无毒害作用；④不会改变乙酰胆碱或肾上腺皮质激素浓度。该法也存在一定的不足之处：①由于其密度大于空气，在未充满 CO_2 的安乐死箱中的动物有可能抬起头来避免吸入 CO_2，一些穴居动物对其有耐受性；②CO_2 浓度较低(＜80%)会对肺和上呼吸道组织产生损伤作用；③高浓度的 CO_2 会使某些动物产生痛苦。

(5)吸入药物 任何吸入药物都需要在肺泡中达到一定浓度才能导致死亡，动物死亡需要一定时间。药物的选择原则是动物从开始吸入药物到死亡的这段时间是否感到疼痛和痛苦。使用该方法应注意：①选择能够快速达到较高浓度、快速使动物丧失意识，且比较人道的药物；②选择能够满足快速使药物达到高浓度，并能够保持一定时间不泄漏的设备；③多数药物对人是有害的，如麻醉危险(乙醚)、昏迷(氟烷)、缺氧(氮气和一氧化碳)、上瘾(一氧化氮)、长期危害健康(一氧化氮、一氧化碳)；④肺泡换气缓慢，引起动物激动时应该使用非吸入方式安乐死动物；⑤新生动物对缺氧耐受性强，不宜使用吸入方式安乐死动物；⑥高速气流易产生噪声惊吓动物；⑦一个箱了中只能放置一种动物；⑧爬行动物、两栖动物、潜水性鸟类和潜水性哺乳动物，都不能使用吸入方式实施安乐死。

(6)非吸入药物 注射药物是实施安乐死较为快速和可靠的方法。如果不引起动物害怕和痛苦，推荐使用药物注射方法实施安乐死。但限制和保定会给动物增加额外的恐吓和不安，必要时使用镇静和麻醉的方法辅助进行安乐死。在对有侵略性或比较凶猛的动物实施安乐死前，最好先使用镇静剂，然后静脉注射安乐死药物。当静脉注射安乐死药物有困难时，也可以使用无刺激性药物(非封闭神经肌肉药物)进行腹膜内注射。由于要经过Ⅰ期麻醉和Ⅱ期麻醉才能死亡，动物应放在较小且安静的盒子中，以避免刺激和外伤。深度镇静、麻醉或睡眠状态的动物也可进行心内注射，不能使用肌内注射、胸腔注射、皮下注射、肺内注射、肝内注射、脾内注射、肾内注射、鞘膜内注射等非静脉注射法实施药物安乐死。

2. 物理方法

物理安乐死方法包括刺椎、枪击、脱颈椎、断头、电击、微波刺激、处死陷阱、压胸和放血等。技术熟练人员使用器械实施安乐死比其他的安乐死方法好，动物几乎感受不到害怕和焦虑，因为速度快，动物也不会感受到疼痛。放血、击晕和脑脊髓穿刺不能作为单一方法使用，可作为其他安乐死方法的补充。在某些情况下，物理方法是最合适的安乐死方法，但尽量要求实施安乐死的人员训练有素，并有美学观点。因为所有的物理方法都会产生创伤，对动物和人都存在潜在危险，操作熟练程度至关重要。

（三）几种常用实验动物的安乐死方法

由于实验动物不同，其安乐死方法也不尽相同，以下分别介绍几种主要实验动物的安乐死方法。

1. 蛙类

(1)断头法　迅速地用剪刀剪断蛙类头部即可使其立即死亡。

(2)毁脑法　将蛙抓稳后用食指按压其头部前端使其头部向前倾，右手持金属探针由头前端沿线向尾方刺触以找到枕骨大孔所在的凹陷处。将金属探针垂直刺入枕骨大孔后，将探针前端转向头方，向前深入颅腔，水平方向呈扇形搅动将脑组织破坏掉。之后再退出探针，将针前端转向尾方，刺入椎管破坏脊髓。最后，对蛙进行检查，如果其四肢肌肉紧张性完全消失并且呼吸停止，则表示其已死亡。拔出探针后用棉球将针孔堵住防止出血。对于蟾蜍来说，在操作过程中要注意防止其耳后毒腺分泌物射入操作者眼。

2. 大鼠和小鼠

(1)断头法　一般需要两人操作。一人戴手套，两手分别抓住鼠头与鼠身，拉紧后暴露颈部；另一人持剪刀从颈部剪断鼠头（技术熟练者也可以单人完成），鼠因断头和大出血立即死亡。

(2)颈椎脱臼法　常用于小鼠，左手持镊子或用手的拇指、食指用力向下按住鼠颈部，将鼠头固定，右手抓住鼠尾用力向后上方牵拉，此时造成鼠的颈椎脱位、脊髓断裂，鼠瞬间死亡。

(3)击打法　用手抓住鼠尾并提起，将其头部猛击桌角，或用小木槌用力敲击鼠头部破坏延髓致死。

(4)失血法　剪断颈总动脉放血，可结束生命。

(5)化学致死法

①吸入CO：CO浓度为0.2%～0.5%，即可致死。

②吸入乙醚、氯仿：均可致死。

③注射用氯化钾：处死大鼠剂量为25%溶液0.6 mL/只，静脉注入。

3. 豚鼠、猫、兔、犬

(1)空气栓塞法　将一定量的空气注入动物静脉中，在右心室内随着心脏的跳动而与血液相混合成为泡沫状，随血液循环至全身，一旦进入肺静脉则会梗阻其分支，或者出现心脏冠状动脉的阻塞，发生严重的血液循环障碍，动物很快死亡。空气注射剂量为兔、猫等10～40 mL，犬80～150 mL。

(2)急性失血法　动物处于麻醉状态，如犬可以使用846合剂或与舒泰以1∶1比例配合，按照0.1～0.2 mL/kg，肌内注射麻醉。待动物进入深度麻醉状态后，用手术刀切开颈部，分离出颈总动脉，用止血钳或动脉夹夹闭两端，在其中间剪断血管后，缓慢打开止血钳或动脉夹，轻压胸部可迅速放出大量血液，动物立即死亡或采用手术刀或剪刀直接将颈总动脉和颈总静脉全切断，可见血液大量喷出而致死。血管切口应保持畅通，如可使用自来水冲洗切口，动物在数分钟之内即可死亡，该种方法可以使动物安静死去。犬可以在麻醉状态下横向切开股三角区，切断股动静脉见血液喷出也可以达到使动物死亡的目的。

(3)开放性气胸法　将动物开胸，造成开放性气胸。此时，胸膜腔内的负压消失，胸膜腔内压等于大气压，肺脏因受到大气压缩而萎陷，纵隔摆动，动物因循环、呼吸衰竭而死亡。

(4)药物法　静脉注射 10% KCl 溶液，注射剂量为家兔 5～10 mL；成年犬前肢皮下静脉注射 20～30 mL。

(5)破坏延脑法　如果脑部经过急性实验已暴露，则可用探针直接将延髓破坏导致动物死亡。对家兔也可用木槌用力击打其后脑部，导致延脑损伤而致死。

4. 特殊实验动物的安乐死方法

(1)昆虫的处死方法　一般用烫死法，其速度快，还可避免因昆虫挣扎或人的抓捏而造成虫体的损伤。

(2)狐的处死方法　将人用氯化琥珀胆碱针剂 1 支稀释 100 倍，注入其心脏中，在 10～60 s 内昏迷，4～7 min 内死亡，昏迷后即可用于取皮。

目前来说，实验动物的安乐死技术很难做到完全没有疼痛和痛苦，但相信随着科技发展以及通过改善实施安乐死的环境条件和熟练掌握操作技术，可以最大限度地减少动物的痛苦。

第五节　实验动物伦理审查及动物实验福利伦理审查

实验动物伦理不仅涉及动物自身，还关系到伦理、道德、人的身体和心理健康，且与现代科技和卫生事业发展密切相关。随着社会公众对动物保护意识的不断增强，制定适合我国国情和科学发展水平、满足科学发展需要的实验动物伦理审查机制已经成为必然趋势。

一、实验动物伦理

(一)生物伦理

生物伦理是指在生命科学研究和技术应用中应当遵循的道德标准。进入 21 世纪，生命科学进展神速，人工生殖、产前诊断、基因改良、遗传预测、器官移植、治疗性克隆等技术的发展，使人类不断拥有了控制自身、改变自身的广阔空间。不仅如此，生物技术的发展会使人类获得更多的利益，也可能给人类带来灾难。例如，是否允许人们通过改变基因来选择自己喜欢的性状，甚至为后代选择自己喜欢的性状？当这一代人的利益与子孙后代的利益发生冲突时怎么办？是否允许人们通过在脑内插入芯片来增强记忆和加速处理信息的能力？改造烈性传染病病原体可能会制造出极具杀伤力的生物武器，对人类造成更大的威胁，我们应如何提防生物武器的出现？如何应对生命科学中涌现的种种问题？这些问题成为当今生命科学发展的中心议题之一。

生命科学的发展必须接受生物伦理的规范和制约，否则，生物技术就如脱缰之马，对人类造成极大的伤害。生物伦理应遵循的基本原则为自主、不伤害、善行和公正。自主是指尊重人的尊严和价值，尊重实验对象，任何试验必须取得自愿、自行；不伤害是指研究不能对实验人群、实验者造成伤害；善行是指生命科学要为人类造福，使每一个人都健康和幸福；公正包括资源分配的公正、利益分享的公正和风险承担的公正。

国际医学科学组织理事会(The Council for International Organization of Medical Sciences，CIOMS)与世界卫生组织合作完成了《涉及人的生物医学研究的国际伦理准则》，成为全世界生命科学研究和技术应用中应当遵循的基本道德标准。需要指出的是，生物伦理对生命科学研究有规范作用，但也不能完全限制生命科学研究，人类不仅要懂得应用科学，更应关心人类本身，保证生物技术成果造福人类。

我国相继出台了《人胚胎干细胞研究伦理指导原则》《涉及人的生物医学研究伦理审查办法》《涉及人的生命科学和医学研究伦理审查办法(征求意见稿)》等生命科学领域的伦理治理部门规章，相关伦理规范也逐步被写入《中华人民共和国基本医疗卫生与健康促进法》《中华人民共和国生物安全法》《中华人民共和国刑法》等法律法规，坚持人民至上、生命至上的理念，为保护人的生命和健康，维护人格尊严，尊重和保护研究参与者的合法权益，促进生命科学和医学研究健康发展，2023 年 2 月 28 日发布《涉及人的生命科学和医学研究伦理审查办法》，规范了涉及人的生命科学和医学研究伦理审查工作。

(二)实验动物伦理

在利用实验动物开展生命科学研究中，应遵循伦理的基本原则，尊重人的尊严和价值，尊重实验对象，不伤害实验人群，公正分配资源，生命科学应为人类造福。实验动物伦理的基本原则有如下几项。

(1)尊重生命原则　充分考虑动物的权益，善待动物，防止或减少动物的应激、痛苦、伤害和死亡。制止针对动物的野蛮行为，采取痛苦最少的方法处置动物。

(2)保证人员安全的原则　动物实验项目要确保从业人员和社会公众的安全。

(3)尊重人类道德标准原则　动物实验方法和目的要符合人类的道德和伦理标准和国际惯例。

(4)必要性原则　各类实验动物的饲养和应用或处置必须有充分的理由作为前提，充分考虑“3R”原则为前提，实验动物或动物实验项目必须通过伦理体查。

(5)利益平衡原则　动物实验应遵循当代社会公认的道德伦理价值观，兼顾动物和人类的利益，在全面客观评估动物所受伤害以及由此可能获得的利益基础上，进行动物实验。

(6)与国际接轨　应坚持动物与人的法律地位，坚持分类分步实施的基本原则，反对极端的动物权利保护主义，应遵守我国的法律、法规和规定，应符合国情，反对盲目效法和崇洋媚外的各类激进做法。

(7)为人类造福原则　要坚持科学的动物实验，使每一个人都健康和幸福，为人类造福。

二、动物实验伦理及福利伦理审查

动物实验伦理审查是指参照国际上通行的伦理基本原则，结合我国生命科学发展的现状和趋势，对研究项目中涉及动物的课题进行审查，并做出结论性意见。科技部发布了《关于善待实验动物的指导性意见》，规定实验动物生产及使用单位应设立实验动物管理与使用委员会(IACUC)，从事实验动物工作的单位应当配备科技人员，由实验动物管理机构负责实验动物工作中涉及实验动物项目的管理，并对实验动物进行伦理审查。

(一)动物实验的一般原则

用动物做实验是生命科学研究中保证科学性原则的必然要求，科学性和科学利益是首要因素，但现代动物实验必须将科学和伦理有机统一起来。以当代社会公认的伦理价值观为原则，兼顾实验动物和人类利益，动物实验既要促进科学研究、满足社会发展，又要考虑实验动物福利。

动物实验设计既要符合公认的科学原理，又要符合国内外的伦理常规；各类实验动物的应用或处置必须有充分的理由；如果有可能用替代方法的话，必须应用替代方法；如果已有相似的实验结果可以借鉴，实验则没必要进行；如果没有令人信服的理由，也不允许反复进行相似的动物实验；在计划动物实验前，必须有大量的科学根据，明确和证明该实验的意义和必要性；对计划中的动物实验必须科学安排，使用最少的实验动物原则，获得最多的数据，最大的结果。这就需要精心设计、充分准备和提高操作水平。尽可能减少动物实验，对必须进行的动物实验要有明确的规定和限制，必须有明确的目的，要改善动物的饲养环境及实验条件。如果在特定的实验中不能避免，就必须在时间和程度方面采取措施加以限制和减缓。在试验中，对动物的伤害越严重，就越需要对实验持谨慎态度，导致动物严重疼痛的实验方法应给予禁止，应通过改变检测方法或选择其他措施，避免和减轻动物在实验过程中遭受的损害。如果动物实验要求动物有较长时间的妊娠期，就必须得到特别照料，如果在实验中出现意外流产，则必须立即对流产胎儿进行安乐死。在实验过程中，所有参加动物实验的人员必须自始至终具有责任感，尽量减轻动物负担。全面、客观地评估动物所受的伤害和应用者由此可能获取的利益，倡导“尊重”与“感谢”实验动物的理念。

（二）动物实验的保护原则

实验动物的保护和管理既应当保障动物实验的质量，适应科学研究和社会发展的需要，又应当防止实验动物遭受不必要的痛苦和伤害。同时应对实验目的、预期利益与造成动物的伤害、死亡进行综合评估。实验动物的繁殖、运输、利用和处理措施应当人道，禁止戏弄、骚扰、遗弃、虐待实验动物，禁止开展动物争斗的实验。禁止无意义的滥养、滥用、滥杀实验动物；禁止没有科学意义和社会价值的动物实验；应当通过统计方法的改进，减少动物的使用量；应当优化动物实验方案，减少不必要的动物使用数量；应当在不影响实验结果的科学性、可比性情况下，采取替代方法，使用低等级动物替代高等级动物、用非脊椎动物替代脊椎动物、用组织细胞替代整体动物、用分子生物学、人工合成材料、计算机模拟等非动物实验方法替代动物实验。

（三）动物实验的福利原则

善待活着的实验动物，使其免受饥渴，生活舒适，保证良好的饲养和标准化的生活环境，各类实验动物管理应当符合该类动物的操作技术规程。同时实验动物的生存环境应当合理布局，其空间容量、空间组合、内外环境条件、设备设施等均应当符合科学要求及相关标准，并每天都应当进行检查。对实验动物开展繁殖、运输、利用和处理的单位或组织，应当建立完善的实验动物管理规章和制度。饲喂实验动物应当采用清洁饮水和营养健康的饲料，并根据实验动物的习性确定实验动物饲喂的次数和数量。经常仔细地观察实验动物的生活和健康状况，一旦实验动物生病或出现异常症状，应当立即隔离，并进行全面的医学检查和相应的人道处理。

保定实验动物时，应遵循“温和保定，善良抚慰，减少痛苦和应激反应”的原则。保定器具的结构合理、规格适宜、坚固耐用、环保卫生、便于操作。在不影响实验的前提下，应将对动物身体的强制性限制减少到最低程度。在同一个试验周期内不得重复对同一实验动物进行试验。实验给动物带来剧烈疼痛的，应当使用麻醉剂、无痛方法或者其他免除动物疼痛、痛苦、忧伤或者持续伤害的方法。如基于特殊实验目的不能使用或者实验无法使用麻醉剂的，应当符合动物实验导则或者指南要求，接受动物伦理特别审查。

实验结束后，应当立即检查实验动物的健康状况。如实验动物因失去部分肢体、器官或受伤，继续生存要承受持续的疼痛、痛苦、忧伤或者伤害的，在符合动物实验导则或者指南要求的前提下，可立即采用人道的方式处死。处死现场，不宜有其他动物在场。确认动物死亡后，方可妥善处置尸体。在不影响实验结果判定的情况下，应选择"仁慈终点"，避免延长动物承受痛苦的时间。灵长类实验动物的使用仅限于非用灵长类动物不可的实验。

(四)福利伦理审查监督原则

为确保以上原则的实施，实验动物生产单位和使用单位应设立 IACUC，保证本单位的实验动物设施、环境符合善待实验动物的要求，并对实验动物的研究、饲养、繁殖、生产、运输、管理、使用、处理等活动进行监督；对科研、测试或者教学中使用实验动物的申请方案进行审查，协调实验动物应用者科学、合理、人道地使用动物；开展动物实验福利伦理的宣传教育。审查工作应当保持独立、公正、科学、民主、透明、不泄密、不受政治、商业和自身利益的影响。动物实验开始前须经过 IACUC 审核批准，否则实验结果很难得到国际公认，也可能会引发道德，或者法律风险。

1. IACUC 的设置

IACUC 成员由单位法人、最高管理者或其授权人任命，IACUC 直接对掌握资源的管理层负责并报告。IACUC 组成一般应包括下列四类成员，每类至少一人。

A 类：至少一名兽医学博士，持有学位证书或在实验动物科学、医学、有关动物种类使用方面受过培训或有经验的兽医师。

B 类：至少一名在涉及动物的科研和教学方面具有实践经验的科研人员(通常具有较高学位)。

C 类：至少一名公众代表，要求没有使用动物的经历，且社会团体中的一员，能为委员会提出不同的、独立的看法，以反映社会对于适当使用动物的关注。

D 类：至少一名在提高动物福利方面有明确的经验或知识，不涉及实验动物的管理和使用方面的人员。

2. 福利伦理(道德)审查内容

福利伦理(道德)审查至少包括以下 13 个方面，如有下述行为，福利伦理委员会应判为不通过审查。

①与实验动物有关的项目不接受或逃避福利伦理审查。

②举证材料不足或申报审查的材料不全或不真实。

③项目实施或动物伤害的客观理由或必要性不足。

④从业人员未经过专业培训或存在明显违反实验动物福利伦理原则要求的行为。

⑤实验动物的生产、运输、实验环境及其他条件达不到相应等级。

⑥缺少维护动物福利、规范从业人员道德伦理行为的操作规程，或不按规范的操作规程进行，虐待实验动物，造成实验动物非必要的应激、疾病和死亡。

⑦项目设计或实施不科学，没有利用已有的数据对实验方案和实验指标进行优化，实验动物种类及品系选用不科学，没有充分利用动物组织器官或用较少的动物获得更多的实验数据的方法，没有体现较少和替代实验动物使用的原则。

⑧项目设计或实施中没有体现善待动物、关注动物生命，没有通过改进和完善实验程序、减轻或减少动物疼痛和痛苦、减少动物不必要的处死数量。在动物的处死方法上没有选择更有效的减少或缩短动物痛苦的方法。

⑨活体解剖动物或手术时不采用麻醉方法，对动物生命的处理违反道德伦理，使用一些极端的手段或会引起社会广泛伦理争议的动物实验。

⑩实验方法和目的不符合我国传统的道德伦理标准、国际惯例或属于国家明令禁止的各类动物实验。

⑪对人类或动物均无实际利益并导致实验动物极端痛苦的各种动物实验。

⑫对新技术的使用缺少道德伦理控制，违背人类传统生殖伦理，把动物细胞导入人类胚胎或把人类细胞导入动物胚胎中培育杂交群动物的各类实验以及对人类尊严的亵渎、可能引发社会巨大的伦理冲突的其他动物实验。

⑬福利伦理委员会认定严重违反实验动物福利伦理审查原则的其他行为。

第六节 动物福利立法及实验动物法规简介

动物保护法是指国家制定或认可的有关动物保护、管理以及合理利用的法律规范的总和。传统意义的动物保护法首先是为了人类能够永续利用自然，维持生物多样性，强调动物种群的延续。随着人类人文精神的不断进步，动物保护法开始更多地关注动物活着的状态，即转而以动物的生存质量为关注焦点。无论是对动物现有的生存状态的关注，还是对他们的终极归宿的关照，本质上都是对动物福利的关注。动物保护法的保护对象由早期的可以利用的野生动物，到驯养动物的一部分逐渐扩大到所有受人类影响的动物，内容由单纯禁猎、防止虐待扩大到改善动物的生存环境和减少痛苦等基本福利，甚至动物的精神福利层面。

一、动物的法律地位

动物保护法律法规的核心价值是动物应具有的法律地位及其与人类产生权利义务的关系。动物权利观反对人类利用任何非人类动物。纵观世界动物立法，多数国家的法律没有赋予人类以外的其他动物法律上的权利主体地位，也就是说没有采用动物权利观。传统罗马法持“人物二元论”的观点，即认为人类以外的动物都是物，仅具有权利客体的法律地位。但动物毕竟与一般无生命之物有区别，且人类与某些种类的动物关系非常密切，并予以特别保护的立法，也成为立法的趋势。

20 世纪 60 年代以后，动物福利立法已经国际化了。在对动物的价值和情感认识到了新的高度以后，为了协调私法上的动物所有权和公法上动物保护的要求，一些国家在私法中附加了公法的要求，同时，在公法中对所有权的行使做了限制。比较典型的是《德国民法典》和德国的《动物福利法》。这些要求必须保证动物被当作一个活着的物及具有一定思维和执行能力的伙伴来对待，措施应利于动物物种和感受的保护。动物地位的提升是由特别法到普通法再到宪法层面的一个演进过程。尽管动物未成为法律上的权利主体，也不同于以往仅等同于一般无生命之物的权利客体地位，而是一种特殊地位，即介于权利主体与权利客体之间的“受法律特别保护之地位”。

二、世界动物福利法的创制

动物福利法包括狭义的动物福利法和广义的动物福利法。狭义的动物福利法，其立法标题或者内容必须包含“动物保护”“保护动物”或者“动物福利”的字眼。广义的动物福利法不仅包括严格意义上的动物福利法，还包括客观上有利于动物福利保护的立法。客观上有利于动物福利保护的立法，主要是指人或者组织在行使权利（力）或者履行义务时，使动物得到客观上好处的立法。

国务院发展研究中心在系统性地研究国内外的动物福利立法后，多次指出，无论是从加强公民道德建设的角度来考虑，还是从促进国际贸易的立场来看，均有必要制定我国的《动物福利法》。

三、我国的动物福利立法与基本国情

动物福利立法在动物业发展和社会生活中所扮演的角色取决于经济、科技与社会各项因素之间复杂的互动关系，如民众对动物的态度、动物保护主义者的政治力量、科学研究的需要、科技发展的现状、环境与食物安全的考虑、国家的经济能力以及都市与乡村区域的结构等。这些因素属于基本国情的范畴。

进入市场经济社会后，国内外动物及其产品市场逐步放开，动物饲养、繁殖、屠宰和实验行业的竞争也日益激烈，使得人与动物的关系变得日益紧张。如果立法及时地介入，动物福利保护的问题在经济发展的同时会逐步地得到缓解甚至解决。我国已经初步认识到了这个问题，并在野生动物保护、畜禽屠宰、动物实验、宠物管理等方面制定了大量的保护动物福利，或者具有保护动物福利作用的国家级立法和地方级立法。

我国加强动物福利保护立法必然有一个渐进的过程。在这个过程之中，揭露虐待和残杀动物的社会丑恶现象是必需的。作为立法，它们的关注点不能仅限于此。单纯地替动物“鸣冤诉苦”不应是立法者的思维。立法者应以现实的社会和现实社会中人的价值和利益为基础，综合平衡国内外政治、经济、社会、伦理、文化等方面的矛盾与冲突，寻求动物福利与社会、经济、伦理、文化健康、稳定发展要素相匹配的途径。这要遵循两个原则：一是坚持人与动物在法律地位上不能平等的原则，即人是法律关系的主体，动物只能是客体，是特殊的物；二是坚持分类处理的原则，即出口型的动物、动物产品营销企业以及为这些企业提供饲料、医药、医疗等服务的企业应该让其充分地了解国外的动物福利保护标准，鼓励其参照执行进口国严格的动物福利保护标准；对于我国强势的动物产业和容易受到国际市场冲击的动物产业，国家应该建立“绿箱政策”，给予适当的补贴，以加强其国际竞争能力。与出口无关的其他动物福利保护法律制度可以结合我国的国情，综合地考虑中国现实的文化传统、经济发展的内在需求和外在的改革压力，有选择性地借鉴和吸收国外一些区域化，甚至全球化的立法经验，循序渐进地予以丰富和发展。只有结合我国的基本国情进行动物福利立法，在弱肉强食的国际生态里，才既有利于人民群众经济、就业等基本人权的保护和利益的保障，也有利于动物福利得到全面和全过程的切实保护。

四、实验动物福利法

（一）实验动物福利法的基本概念

我国的动物实验管理立法有“实验动物”“实验动物繁殖设施”“生产设施”和“动物实验设施”的定义。《实验动物管理条例》第十二条将“实验动物”定义为“经人工饲育，对其携带的微生物实行控制，遗传背景明确或者来源清楚的，用于科学研究、教学、生产、检定以及其他科学实验的动物”；《北京市实验动物管理条例》第二条将“实验动物”定义为“经人工饲养、繁育，对其携带的微生物及寄生虫实行控制，遗传背景明确或者来源清楚的。应用于科学研究、教学、生产和检定以及其他科学实验的动物。根据对微生物和寄生虫的控制，实验动物分为普通级、清洁级、无特定病原体级和无菌级”。《实验动物 环境及设施》将“实验动物繁育、生产设施”定义为“用于实验动物繁育、生产的建筑物、设备以及运营管理在内的总和”。将“动物实验设施”定义为“以研究、试验、教学、生物制品、药品生产等为目的进行实验动物饲养、试验的建筑物、设备以及运营管理在内的总和”。

(二)欧盟及其成员国实验动物福利法的渊源

1. 欧洲有关区域性公约和其他法律文件

比利时、芬兰等国家在法国的斯特拉斯堡通过了《用于实验和其他科学目的脊椎动物保护欧洲公约》。该公约的成员包括欧盟成员国和欧盟以外的欧洲国家，如挪威、瑞士、保加利亚、马其顿。1998 年 6 月 22 日，该公约的修正议定书在法国的斯特拉斯堡被通过，2000 年 3 月 15 日生效。

2. 欧盟机构有关文件

欧洲共同体经济理事会通过了《关于使各成员国有关化妆品立法接近的理事会指令》(简称《化妆品指令》)(76/768/EEC)，之后该指令经过了 7 次修正和一些技术性的调整。欧洲共同体经济理事会通过了《关于使各成员国有关用于实验和其他科学目的的动物的保护法律法规和行政规章接近的理事会指令》(86/609/EEC)。欧洲议会和欧盟理事会通过了《关于修正 86/609/EEC〈关于使各成员国有关用于实验和其他科学目的的动物的保护法律法规和行政规章接近的理事会指令〉的理事会指令》。欧盟理事会通过了《关于〈用于实验和其他科学目的的脊椎动物保护欧洲公约〉结论的理事会决定》。欧盟理事会通过了《关于〈用于实验和其他科学目的的脊椎动物保护欧洲公约〉修订议定书结论的理事会决定》。

3. 各成员国的立法

欧盟各成员国的一些具有普遍适用作用的动物福利法律、法规，如德国的《动物福利法》、瑞典的《动物福利法》与《动物福利法令》、丹麦颁布的《动物福利法》、葡萄牙颁布的《保护动物法》、比利时颁布的《1986 年 8 月 14 日关于保护动物福利的法律》和奥地利修订的《联邦动物保护法》，均包含实验动物福利保护的内容。各成员国也根据欧洲公约、欧盟实验动物福利保护指令、决定等法律文件要求颁布了一些专门的实验动物福利保护法律和法令，如 86/609/ECE 指令颁布以后，英国颁布了实施该指令的《动物(科学程序)法》；奥地利颁布了《动物实验法》；比利时颁布了《1939 年 1 月 14 日关于保护实验动物的皇家法令》，1991 年 10 月 18 日颁布了《关于同意 1986 年 3 月 18 日在斯特拉斯堡通过的〈用于实验和其他科学目的的脊椎动物保护欧洲公约〉及其附件 A 和附件 B 的法律》；芬兰颁布 1360/90 号法令，批准了《用于实验和其他科学目的的脊椎动物保护欧洲公约》；荷兰颁布了《动物实验法》；瑞典农业部颁布了《动物实验条例》。另外，这些国家的中央或者联邦政府及其有关部门还颁布了实验动物福利保护的标准。此外，欧盟成员国一些地方或者自治地区的立法机构和政府也结合自己的实际需要和立法权力，颁布了一系列实验动物福利保护的规范性文件。

(三)中国实验动物福利法的渊源

1. 国家层面

在法律层面上，《中华人民共和国进出境动植物检疫法》和《中华人民共和国动物防疫法》涉及实验动物的防疫问题。《中华人民共和国野生动物保护法》涉及因科学研究需要捕捉、捕捞、出售、收购和利用国家重点保护野生动物的内容。这些均与实验动物的福利保护有关。在法规层面上，《中华人民共和国进出境动植物检疫法实施条例》《饲料和饲料添加剂管理条例》

《兽药管理条例》均与实验动物的福利保护有密切的关系。除此之外，还有专门的实验动物保护行政法规——《实验动物管理条例》。在部门规章的层面上，《关于"九五"期间实验动物发展的若干意见》《实验动物许可证管理办法(试行)》《实验动物质量管理办法》《国家啮齿类实验动物种子中心引种、供种实施细则》《国家实验动物种子中心管理办法》《省级实验动物质量检测机构技术审查准则》《省级实验动物质量检测机构技术审查细则》《农业系统实验动物管理办法》和《医学实验动物管理实施细则》。

2. 地方层面

地方性法规、规章等规范性文件除一些地方的动物防疫性规范性文件(如《广东省动物防疫条例》)外，还包括各地方针对实验动物专门发布的规范性文件：《北京市实验动物管理条例》；《湖北省实验动物管理办法》《湖北省实验动物许可证管理实施细则》《关于在科技计划和成果管理工作中加强实验动物管理的通知》《贵州省1996—2000年实验动物工作规划纲要》《河北省实验动物许可证管理办法》《河北省关于对药品检验用实验动物管理意见的函》《四川省实验动物许可证管理实施细则(试行)》和《福建省实验动物许可证管理办法(试行)》等。

五、实验动物福利法的主要规定

(一)欧盟实验动物福利法的主要规定

1.《用于实验和其他科学目的的脊椎动物保护欧洲公约》

1986年通过的《用于实验和其他科学目的的脊椎动物保护欧洲公约》(以下简称公约)分为导言、正文和附录(分为附录A和附录B)三大部分。正文分为综合性规定(第一条至第四条)、一般的照顾和容身(第五条)、程序的操作(第六条至第十二条)、授权(第十三条)、饲养与供应设施(第十四条至第十七条)、使用设施(第十八条至第二十四条)、教育和培训(第二十五条至二十六条)、统计信息(第二十七条至二十八条)、对在其他成员方领土内进行的程序的承认(第二十九条)、多边协商(第三十条)、最后的规定(第三十一条至三十七条)十一个部分。附件A分为物质设施、容纳动物场所的环境及其控制、动物的照顾三部分，其中第一部分包括功能与一般的设计、容纳动物的房间、实验室及一般与特殊目的程序的房间、服务房间；第二部分包括通风、温度、潮湿度、光照、噪声、警报系统；第三部分包括：健康、捕捉、包装与运输条件、接受与打开包装、检疫和隔离与环境适应性、笼子的建造、喂食、喂水、垫料、锻炼和处置、清洁、动物的人道宰杀。附件B是关于实施公约第二十七条和第二十八条规定的信息统计措施的扩大性注释。附件B要求各成员国收集动物实验的特定信息，并把这些信息通报给欧洲理事会的秘书长。为此，附件B设计了五张表格，分别是：实验中使用的动物种类和数量；用于特定目的实验的动物数量；用于人、动物和环境保护目的实验(通过毒物学或者其他安全性评价的方法来进行)的动物数量；用于疾病和生理失调实验的动物数量；法律所要求的实验所需要的动物数量。该公约于1998年进行了修订。

2.《关于使各成员国有关化妆品立法接近的理事会指令》

欧共体各成员国为了统一化妆品的组成成分、标签和包装等规定，于1976年通过了《关于使各成员国有关化妆品立法接近的理事会指令》，其中有关动物福利保护的内容包括对于利用动物测试成分和成分合并物的化妆品，各成员国应当禁止其在市场上流通(以替代技术研究为前提)；利用动物测试化妆品或其成分的，应该清楚地在化妆品标签上做出声明；绵羊、公山羊的脾及其中的化合物不得作为化妆品的组成成分；化妆品使用了动物成分的应该在标签中注明来源的成分或者器官名称。

3.《关于使各成员国有关用于实验和其他科学目的动物保护法律、法规和行政规章接近的理事会指令》

1986 年 11 月 24 日颁布了《关于使各成员国有关用于实验和其他科学目的的动物保护法律、法规和行政规章接近的理事会指令》。指令分为导言、正文和附件三个部分。指令的正文和附件的规定与公约的规定基本一致，其特殊的规定主要包括：开展动物实验的目的条件、应用濒危野生动物的必要条件、动物实验的操作程序、实验动物使用的信息公开、动物实验技术发展等方面。

4. 欧盟成员国的补充或者突破性规定

欧盟各成员国关于实验动物福利保护的国内法律规定，基本上与以上介绍一致或者基本是在以上法律文件的框架内展开的。每个国家的实际情况不同，相关法律法规具有或多或少的特殊性。例如，英国的《动物(科学程序)法》是专门关于动物实验的法律，其中规定了动物实验的许可证问题和实验的公开问题；比利时《1986 年 8 月 14 日关于保护动物福利的法律》规定，采用麻醉剂和无痛手术的实验方法优先于使动物感到疼痛、痛苦、忧伤和伤害的实验方法，2000 年的修正案规定了禁止重复实验，2001 年的修正案规定了动物伦理委员会的职责；葡萄牙的《保护动物法》第一条规定，不得把动物运用于使动物争斗的实验之中。荷兰的《动物实验法》、德国的《动物福利法》、瑞典的《动物福利法》等都有各自关于实验动物突破性的法律规定。

(二)中国实验动物福利法的主要规定

1. 法规

1988 年的《实验动物管理条例》是实验动物管理的基本性法规，其主要内容为在适用范围方面，条例第三条规定，该条例适用于从事实验动物的研究、保种、饲育、供应、应用、管理和监督的单位和个人。在管理体制方面，该条例第五条规定，国家科学技术委员会主管全国实验动物工作；省、自治区、直辖市科学技术委员会主管本地区的实验动物工作；国务院各有关部门负责管理本部门的实验动物工作。在管理原则和基本的管理制度方面，该条例第四条规定，实验动物的管理，应当遵循统一规划、合理分工，有利于促进实验动物科学研究和应用的原则。第六条规定，国家实行实验动物的质量监督和质量合格认证制度。在管理标准方面，该条例第七条规定，实验动物遗传学、微生物学、营养学和饲育环境等方面的国家标准由国家技术监督局制定。在实验动物的饲育管理方面，条例第八条至第十五条规定，从事实验动物饲育工作的单位，必须根据遗传学、微生物学、营养学和饲育环境方面的标准，定期对实验动物进行质量监测。在实验动物的检疫和传染病控制方面，该条例第十六条至第十八条规定，对引入的实验动物，必须进行隔离检疫。在实验动物的应用方面，该条例第十九条至第二十一条规定了如下内容：应用实验动物应当根据不同的实验目的，选用相应合格的实验动物；申报科研课题和鉴定科研成果时，把应用合格实验动物作为基本条件；应用不合格实验动物取得的检定或者安全评价结果无效，所生产的制品不得使用。在实验动物进出口方面，该条例第二条至第二十五条规定，从国外进口作为原种的实验动物，应附有饲育单位负责人签发的品系和亚系名称以及遗传和微生物状况等资料，无上述资料的实验动物不得进口和应用。在人员方面，该条例第二十六条至第二十九条规定，实验动物工作单位应当根据需要，配备科技人员和经过专业培训的饲育人员。在法律责任方面，该条例第三十条至第三十二条规定，对长期从事实验动物饲育管理，取得显著成绩的单位或者个人，由管理实验动物工作的部门给予表彰或奖励。对违反本条例规定的单位，由管理实验动物工作的部门视情节轻重，分别给予警告、限期改进、责令关闭的行政处罚。

在地方性的实验动物福利保护立法之中，《北京市实验动物管理条例》在我国产生了广泛的影响。其主要内容包括总则、从事实验动物工作的单位及人员、实验动物的生产、应用、防疫、监督检查、法律责任和附则共八章。该条例吸收了欧盟实验动物立法的部分成果，且在全国首次明确承认了“动物福利”，因此，受到社会各界的广泛好评。

2. 规章和其他部门规范性文件

1997 年的《实验动物质量管理办法》规定，实验动物生产和使用实行许可证制度，未取得实验动物生产和使用许可证的单位，开展动物实验、生产药品和生物制品所使用的实验动物，均视为不合格。《农业系统实验动物管理办法》在实验动物的适用范围、管理体制、动物饲养、进出口等方面也做了相应要求。1998 年《医学实验动物管理实施细则》的大部分内容与《实验动物管理条例》一致，其补充性的规定要求提出：在进行动物实验前，应当向同级医学实验动物管理委员会提出研究报告，经专家论证后方可进行，开展过程中要善待动物，手术时进行必要的无痛麻醉。2002 年《实验动物许可证管理办法（试行）》在许可证的分类和适用、申请条件、审批和发放、管理和监督、法律责任等方面做了系统规定。

3. 标准

适用于大鼠、小鼠、地鼠、豚鼠、家兔、猴、犬、猫、鸡等实验动物的（GB/T 14924.1—2001）《实验动物　配合饲料通用质量标准》、（GB/T 14924.2—2001）《实验动物　配合饲料卫生标准》、（GB 14924.3—2010）《实验动物　配合饲料营养成分》、（GB/T 14924.9—2001）《实验动物　配合饲料　常规营养成分的测定》、（GB/T 14924.10—2008）《实验动物　配合饲料　氨基酸的测定》、（GB/T 14924.11—2001）《实验动物　配合饲料　维生素的测定》、（GB/T 14924.12—2001）《实验动物　配合饲料　矿物质和微量元素的测定》。

第七节　实验动物从业人员培训与教育

一、国外实验动物从业人员培训与继续教育

实验动物科学作为一门独立的、年轻的交叉学科，人才问题是制约其发展的重要因素之一。对实验动物人才实行分类分级管理是发达国家的惯例，实验动物的培训与教育一般由高等院校和社会团体承担，医学院校大多设有实验动物的相关专业。欧洲实验动物科学学会联合会负责教育、培训和管理实验动物从业人员。从业人员分为以下四类。

A 类为动物饲养管理人员。A 类分为 4 级：1 级，掌握基本的实验动物饲养管理知识；2 级，在 1 级基础上至少有 2 年工作经验；3 级，在 2 级基础上有 3 年以上工作经验；4 级，具备高级管理或专业化知识。

B 类为动物实验人员。

C 类为动物实验指导人员。基本条件：完成生物医学学科课程，并获得学士以上学位或相当的学衔；研修实验动物学的基本课程（80 学时以上）。

D 类为实验动物科学专家。

美国实验动物技术人员的培训要求在美国兽医医学协会所认可的机构学习兽医技术，美国实验动物科学协会可为实验动物技术人员和技师的资格认证提供非学位培训，其认证项目由美

国认证注册局负责，认证分为三个等级：助理实验动物技术员、实验动物技术员（LAT）和实验动物技师，申请考试者可根据自己的实际情况选择机考或者笔试。此外，美国兽医生物学研究所、加拿大圭尔夫大学等还专门通过大学、研究所与专业公司合作的方式，实行市场化的实验动物兽医远程培训。发达国家的实验动物从业人员专业背景多数为兽医学、医学、生物学及工程技术等，在进入实验动物行业之前都要进行相关的职业培训和技术训练，其队伍相对稳定。

二、我国实验动物从业人员培训与继续教育

我国实验动物从业人员培养有 3 种方式：一是从业人员岗前培训；二是从业人员专业技术培训（继续教育）；三是实验动物专业教育培养。岗前培训和专业技术培训已在国内全面展开，对实验动物的规范化和法治化管理及实验动物科学发展起到了极大的推动作用。

（一）岗前培训

岗前培训主要是按照《实验动物管理条例》及相关法律法规的要求，对从事实验动物和动物实验的科技人员、专业管理人员和技术工作者进行有关法律、法规及实验动物专业知识培训。各省、自治区、直辖市都相继建立了实验动物从业人员培训机构，并开展了大量的人员培训工作。分类、分级培训是我国实验动物从业人员岗前培训的重要内容，科技部已立项研究，并制定有关管理办法。

（二）专业技术培训

国家卫生健康委、农业农村部、中国科学院、国家中医药管理局以及各地方实验动物工作主管部门都不定期举办各种实验动物专业人员培训班，从业人员的基本理论、操作技术都得到了提高。通过中国政府与日本政府间的专项技术合作项目，建立了中国实验动物人才培训中心，参加培训的人员都已经成为我国实验动物行业的骨干力量。中国实验动物学会、地方和部队动物管理委员会纷纷举办各种形式的培训班。这一系列培训班对于我国实验动物从业人员素质的提高起到了巨大作用。

（三）实验动物学历教育

实验动物专业教育始于中国农业大学。2001 年和 2002 年，首都医科大学和中国医科大学分别开始招收实验动物专业大专生。首都医科大学培养两届大专生后，于 2004 年开始通过高考招收医学实验学（实验动物专业）4 年制本科生，每届招收 30 人。扬州大学动物医学系自 1999 年开始招收实验动物专业方向本科生，每年招收 30～40 名学生。还有不少单位与教育部门联合开办实验动物科学职业高中班或委托高等院校代培实验动物科学技术人员。

实验动物专业研究生培养也伴随着实验动物科学的发展而逐步兴起，1986 年中国协和医科大学实验动物研究所率先被国家教委批准为动物学（实验动物专业）硕士学位研究生授权点。其他学科，如细胞生物学、遗传学、生理学、病理学、预防兽医学等（实验动物方向）硕士学位研究生授权点。一大批硕士、博士研究生毕业后已加入实验动物科技队伍中来，这对推动我国实验动物科技事业的发展起到了重要作用。

三、我国实验动物从业人员管理

《实验动物管理条例》第二十六条规定，实验动物工作单位应当根据需要，配备科技人员和经过专业培训的饲育人员，各类人员都要遵守实验动物饲育管理的各项制度，熟悉并掌握操作规程；第二十七条规定，地方各级实验动物工作的主管部门，对从事实验动物工作的各类人员，

应当逐步实行资格认可制度。《实验动物质量管理办法》和《实验动物许可证管理办法(试行)》规定,拥有保证正常生产和保证动物质量的专业技术人员、熟练技术工人及检测人员队伍且持证上岗,是取得生产许可证必须具备的基本条件之一;拥有经过专业培训的实验动物饲养和动物实验人员,是取得使用许可证必须具备的基本条件之一。

省、自治区、直辖市实验动物管理办公室统一组织实验动物从业人员的上岗培训、考核(选择机考或者笔试),并对考核合格人员颁发“岗位资格证书”,全国有效。因实验动物行业的特殊性,取得“岗位资格证书”人员须体检符合要求,并且通过用人单位的实验动物规章、工作流程、培训及试岗后方可获得“上岗证书”,进而上岗从事实验动物有关工作。“岗位资格证书”有效期 5 年,持证人在有效期满前须经再培训、考核,合格的换发新的“岗位资格证书”。

具备下列条件之一,考试或考核成绩合格,可以申请领取“岗位资格证书”:经过实验动物培训机构培训,培训课时应不少于 40 学时(其中教学实习课程应不少于 15 学时);自行学习并掌握有关实验动物法律、法规、标准、专业基础知识,在取得许可证的实验动物设施中实习不少于 20 学时,掌握实验动物饲养与实验基本技能;国家承认的中专或职业高中以上实验动物学专业毕业生;相关专业本科及以上学生,学习 40 学时以上的实验动物学课程;在国外进修,学习过实验动物学课程或从事过实验动物工作,具有一定的水平与经验,能够提供有关证明。

实验动物从业人员上岗培训的内容应包括实验动物的基本知识和技能、国内外发展概况及有关法律、法规、标准;实验动物的遗传学、微生物与寄生虫学、营养与饲料学、环境设施学、质量控制;常用实验动物及其饲养管理;设施的管理;影响动物实验的主要因素;实验动物模型的建立和应用;动物实验基本操作技术;实验动物福利伦理;从业人员的职业道德、教育、健康、安全防护;实验动物管理办事流程、突发重大事件应急处置等。培训课时应达到 40 学时(其中教学实习课程应不少于 15 学时)。

实验动物培训机构应通过省、自治区、直辖市实验动物管理办公室组织的考核、认定,并具备以下条件:合格的教学条件;任课教师具备副高级以上专业技术职务,并有实验动物学教学经验;合格的、可供教学实习用的实验动物饲养与动物实验环境条件;无不良教学记录。

与比较医学相比,实验动物科学是应用性非常强的学科,从业人员不仅需要全面扎实的基础理论知识,而且需要过硬的操作技术,更需要了解相关的法律法规政策,并且树立科学的动物实验、爱护实验动物、注重福利、遵守伦理规范的理念。因此,加快人才培训步伐,建立满足法律法规和与国际接轨要求的、全国统一的岗前培训和分级分类培训体系并予以实施,建立符合学科发展需要的专业教育学科体系是我国近期应努力实现的目标。

思考题

1. 动物福利的内容是什么?
2. 实验动物的福利是否有必要考虑,为什么?
3. “3R”原则是指什么? 分别对每一点进行简要表述。
4. 实验动物饲养环境应注意哪些福利问题?
5. 实验过程中应如何做好动物的福利工作?
6. 动物安乐死的概念及常用安乐死方法有哪些?
7. 谈谈你在实验过程中如何贯彻动物福利原则。

参考文献

曹明德,刘明明,2010. 对动物福利立法的思考[J]. 暨南学报(1):41-46.

柴同杰,2008. 动物保护及福利[M]. 2版. 北京:中国农业出版社.

常纪文,2006. 动物福利法:中国与欧盟之比较[M]. 北京:中国环境科学出版社.

陈洪岩,夏长友,韩凌霞,2016. 实验动物学概论[M]. 长春:吉林人民出版社.

陈琰,2010. 我国动物保护现状及其完善[J]. 陕西广播电视大学学报,9(12):93-95.

李文文,2010. 浅析我国动物福利立法的必要性[J]. 法制与社会,1:276.

林利明,吴浩松,郭建红,等,2009. 我国动物福利立法探讨[J]. 中国检验检疫(8):41-42.

林利明,许如苏,纪强,2010. 世界各国动物福利立法探析[J]. 中国动物检疫(5):6-7.

陆承平,2009. 动物保护概论[M]. 3版. 北京:高等教育出版社.

裴文璐,2017. 探析动物的法律地位:从动物福利观与动物权利观的比较出发[J]. 中国动物检疫,34(4):78-79.

邱晓蕾,寇迪,2010. 我国动物福利的现状及问题[J]. 饲料博览(技术版)(9):11-12.

孙江,何力,黄政,2009. 动物保护法概论[M]. 北京:法律出版社.

中国兽医协会组编,贾幼陵,2014. 动物福利概论[M]. 北京:中国农业出版社.

第十一章

动物生物安全实验室设计与管理

本章简介

本章主要介绍动物生物安全实验室的生物安全水平分级、安全设施设备、安全防护设施设计、生物安全管理以及世界顶级欧美高级别动物生物安全实验室概况等内容。

动物生物安全实验室是一种特殊的通过人工或自然感染进行动物实验的实验室。无论在实验设施的规划设计、个人安全防护设备的设置以及操作规程的制定上,应特别注意它们的特点和特殊要求。

生物安全是指避免危险生物因子在实验室或实验室人员中发生暴露、向实验室外扩散并导致危害的综合措施。生物危害主要是指病原微生物和具有潜在危险的重组 DNA 直接或间接地给人和/或其他生物带来的不良影响和损伤。生物危害主要来自各种致病微生物的危害,外来的生物入侵、转基因生物等带来的潜在危害以及生物恐怖事件等。

人类面临生物安全问题由来已久,特别是进入 21 世纪以来,全球面临传统生物恐怖威胁、高等级生物安全实验室事故频发、新发突发传染病疫情肆虐等生物安全大环境的严峻形势,尤其是 2003 年 SARS 疫情的全球大暴发,2011 年发生在美国"9·11"恐怖袭击后的炭疽邮件以及 2019 年年末开始持续暴发的新型冠状病毒感染疫情肆虐全球等标志性事件的发生。世界各国高度重视对烈性传染病的研究,动物生物安全实验室和实验室生物安全越来越受到国际组织、各国政府、社会公众和广大科研工作者的高度关注,发达国家纷纷加速建设研究各类不同危险性病原体的防护设施——不同级别的生物安全实验室。

第一节　动物生物安全实验室分级

《病原微生物实验室生物安全管理条例》第三十条规定:需要在动物体上从事高致病性病原微生物相关实验活动的,应当在符合动物实验室生物安全国家标准的三级以上实验室进行。《兽医实验室生物安全管理规范》将动物生物安全实验室分为四级,即动物生物安全一级实验室(ABSL-1)、动物生物安全二级实验室(ABSL-2)、动物生物安全三级实验室(ABSL-3)和动物生物安全四级实验室(ABSL-4)。

一、动物生物安全一级实验室

动物生物安全一级实验室(ABSL-1)适用于从事已知不会对健康人员造成危害，但对实验室工作人员和环境可能存在微弱危害的病原微生物实验操作工作。该实验室不需要特殊的一级、二级隔离设备和设施。动物实验室与建筑物中的一般通道隔开。实验可在实验台上操作，不要求使用专用的隔离设备。实验人员要通过与该室有关的专业培训，并由有经验的微生物学或有关学科培训的科研人员监督管理。

二、动物生物安全二级实验室

动物生物安全二级实验室(ABSL-2)适用于从事对人及环境有中度危害的病原微生物实验操作工作。该实验室建立在 ABSL-1 的操作规范、安全设施和实验室要求基础上。要求工作人员必须经过病原微生物操作的专门培训，并由专业人员指导和管理；工作时限制人员进出实验室；在生物安全柜或其他物理隔离设备内进行可产生传染性气溶胶或溅出物的实验；对污染的锐器采取高度防护措施，有害污染废弃物应和一般废弃物分开放置。

三、动物生物安全三级实验室

动物生物安全三级实验室(ABSL-3)适用于从事由吸入气溶胶引起的严重致死性疾病的病原体实验的研究工作。该实验室建立在 ABSL-2 的操作规范、安全设施和实验室要求基础上。要求实验人员必须接受处理病原体和可能致死性微生物方面的专门培训，并由专家进行监督管理。传染性材料的所有操作都要在生物安全柜或其他物理防护设备内进行，工作人员要穿适当的防护服，并配备相应的个人防护装备。实验设施需要经过专业的设计和建造。进入实验室要通过前室或气闸。实验室废弃物在处理之前要进行消毒灭菌，为此要在室内配置一台高压灭菌器和自动洗手器。

四、动物生物安全四级实验室

动物生物安全四级实验室(ABSL-4)适用于从事气溶胶传播感染和高度危险致病微生物的研究工作。该实验室建立在 ABSL-3 的标准和特殊操作规程、隔离安全设备和实验室设施要求基础之上。要求实验人员在处理极为有害的感染性致病微生物方面要经过特殊和全面的培训。要了解安全标准和特殊操作规程，要熟悉一级和二级防护隔离设备的功能以及实验室设计的特点。实验要由经过培训，对这些微生物有经验的，具有法定资格的科学家来监督管理。实验室主管要严格控制进入实验室的人员。实验室是独立的建筑物或是建筑物内的隔离区。要制定和执行一整套特殊的实验室安全工作细则。生物性危险的防护主要依靠物理学隔离原理。在气密性结构内采用负压通风达到防止有害气溶胶扩散的目的。负压方式包括负压净化生物安全柜直到整个建筑物的负压净化。

总之，动物生物安全一级实验室、二级实验室和普通动物实验设施相近，但动物生物安全二级实验室把可发生气溶胶扩散部分的实验限定于二级生物安全范围内进行。西方发达国家动物生物安全三级实验室设施标准见表 11-1。

动物生物安全四级实验设施是为最具危害性的生物实验进行有效的生物安全防范设计的。通常一个国家仅建 1 个或少数几个这样的设施。其防护的严密程度，从选址到建筑物构成，工作人员防护，工作管理等诸多方面都有特定要求。

SARS病毒肆虐后，我国高度重视高等级生物安全实验室的建设和发展，2004年经国家发改委批复，经十余年的努力，我国(除台湾)已建成符合世界卫生组织《生物安全手册》和(GB 19489—2008)《实验室 生物安全通用要求》的生物安全四级实验室2家，分别是中国农业科学院哈尔滨兽医研究所国家动物疫病防控高级别生物安全实验室和中国科学院武汉国家生物安全四级实验室。中国农业科学院哈尔滨兽医研究所国家动物疫病防控高级别生物安全实验室为我国首个完全自主设计、建设的大动物生物安全实验室，是目前世界上已建成运行的4个大动物生物安全实验室之一，是我国大动物生物安全实验室建设的里程碑。

表 11-1 不同国家动物生物安全三级实验室标准

项目	美国	德国	法国	英国	日本
建筑物位置要求	有	有	有	未说明	未说明
隔离状态	气闸、双重门和外侧走廊	双重门的前室	气闸、双重门和外侧走廊	气闸、双重门和外侧走廊	未说明
人员限制	有	有	有	有	有
空调	有	有	有	有	有
负压	未说明	报警装置	未说明	68.6 Pa	未说明
定向气流	是	是	是	是	是
排风灭菌	仅限于循环时	不通过细菌的过滤器	高效过滤器	高效过滤器	过滤及其他
实验室灭菌	以表面灭菌为主	封闭灭菌	以表面灭菌为主	封闭灭菌	表面灭菌为主
排水灭菌	未说明	有	未说明	有	未说明
建筑材料	适于表面消毒的材料	未说明	适于表面消毒的材料	未说明	适于表面消毒的材料
设备	未说明	未说明	未说明	未说明	未说明
Ⅱ级安全柜	做气溶胶发生	未说明	做气溶胶发生	安全罩	做气溶胶发生
高压灭菌器	实验室内尽量	未说明	未说明	未说明	未说明
双开门高压灭菌器	有	未说明	有	未说明	有

第二节 动物生物安全实验室设计要求

随着实验环境生物学反应对实验人员、动物健康的影响不断加大，人们对生物安全的重要性的认识日益加深，从而极大地提高了人们对动物生物安全实验室设计更加全面的认识和要求。长期以来，我国在生物安全实验室设计建设方面的标准规范并不完善，过去发布的相关生物安全实验室的标准、规范，多数都是从医学、生物学角度出发，侧重实验工艺、操作方面的规程，对实验室建筑设计、平面规划、空调净化、自控系统等方面的要求和具体规范标准较少。但是，随着生物安全实验室(BSL)建设迫切性的不断凸显，当前这种情况已大有改观：第一，国家发布了(GB 50346—2011)《生物安全实验室建筑技术规范》；第二，我国在生物安全实验室建设方面已取得很多独立自主知识产权的科技成果，并从控制生物危害应用的方法和措施中获得了很多的经验，因而使人们对生物安全实验室的设计标准和技术规范，有了更加清楚的了解。

一、动物生物安全一级（ABSL-1）设计

ABSL-1 实验室的动物饲养间应该与建筑物内的其他区域隔离。设施应做防虫、防鼠、防尘设计，室内表面(墙、地板和顶)做防水、防腐蚀设计，易于保持室内清洁。设施内部附属装置，如灯架、气道、功能管道尽可能整齐，并减少水平表面积。如果有地漏，其管道水封需要始终充满消毒液。照明亮度应适合所有室内活动，不反射耀眼光。动物饲养间的门应做向里开、有可视窗和门锁且可以自动关闭设计。动物饲养间的工作表面应防水和易于消毒灭菌。ABSL-1 实验室不宜安装窗户。如果安装窗户，所有窗户应为密闭窗，并耐撞击和防破碎；需要时，窗户外部应装防护网。围护结构的强度应与所饲养的动物种类相适应。如果有地面液体收集系统，应设防液体回流装置，存水弯应有足够的深度。不应再利用动物饲养间排出的空气。应设置洗手池或手部清洁装置，宜设置在出口处。宜将动物饲养间的室内气压控制为负压。应对动物笼具进行清洗和消毒。人工或冲洗器洗刷动物笼具冲洗的温度应不低于 82 ℃。应设置实验动物饲养笼具或护栏，除考虑安全要求外，还应考虑对动物福利的要求。动物尸体及相关废物的处置设施和设备应符合国家相关规定的要求。

二、动物生物安全二级（ABSL-2）设计

建筑物内动物设施与开放的人员活动区分开。动物饲养间应在出入口处设置缓冲间，进入设施要经过牢固的气闸门，其外门自关自锁。进入动物室的门应做自动关闭设计。应设置非手动洗手池或手部清洁装置，宜设置在出口处。应在临近区域配备高压蒸汽灭菌器。污水(包括污物)应消毒处理，排放之前应进行检测，以确保达到排放标准。如果从事可经空气传播的致病性生物因子的实验活动，应将动物饲养间的室内气压控制为负压，应在出入口处设置缓冲间；应配备生物安全柜或相当的安全隔离装置；应根据风险评估的结果，确定是否需要使用 HEPA 过滤器过滤动物饲养间排出的气体。除符合上述要求外，还应符合 ABSL-1 实验室的其他相关要求。

针对我国农业实验动物系统，特别是兽用生物制药行业的 ABSL-2 实验室，小动物 ABSL-2 实验室内一般均采用隔离器和 IVC 系统饲养动物，动物尸体及粪便均采用高压灭菌处理。大动物 ABSL-2 实验室，由于猪、牛等大动物产生的粪便、尿液较多，粪尿及污物经高压灭菌处理难度比较大，气味较重，粪尿及污物处理一般多采用流通蒸汽灭菌处理。在 ABSL-2 实验室的下方设置地下室，地下室内安装至少 2 台不锈钢储粪罐，与 ABSL-2 实验室的下水道相连，并设自动转换开关。粪尿、污水自动流入不锈钢储粪罐，一个罐流满后自动转换开关，关闭流满的不锈钢储粪罐，并开启另一个不锈钢储粪罐。不锈钢储粪罐内的蒸汽管走向应该是一横一竖，横向的蒸汽管下方开孔，灭菌时，蒸汽通过这些小孔将沉积的粪便打碎，并进行流通蒸汽灭菌；不锈钢储粪罐的上方应安装高效过滤器，以防止灭菌时有毒气体排出，污染环境。动物尸

体应采用高压灭菌方式处理。

三、动物生物安全三级（ABSL-3）设计

动物生物安全三级实验室内的感染动物应尽量在Ⅱ级或Ⅱ级以上生物安全设备中（如负压隔离器）饲养，所有操作均在Ⅱ级或Ⅱ级以上生物安全柜内进行。进入设施的门要安装闭门器，外门由门禁系统控制。进入后为一更室（清洁区），其后是二更室（半污染区），传递窗和双扉高压灭菌器设置在清洁区与半污染区之间，为实验用品、设备和废弃物进出设施提供安全通道。动物饲养间属于核心工作间，从二更室进入动物室（污染区）经过自动互联锁门的缓冲室，进入动物舍的门应向外开。淋浴间应设置在实验室防护区内，需要时，应设置强制淋浴装置。动物饲养间应尽可能设在整个实验室的中心部位，不应直接与其他公共区域相邻。不能有效利用安全隔离装置操作常规量经空气传播致病性生物因子的动物实验室的动物饲养间的缓冲间，应为气锁式并具备对动物饲养间的专用防护服或传递物品的表面进行清洁和消毒的条件；进入防护区的门应为密封型安全门。不能有效利用安全隔离装置操作常规量经空气传播致病性生物因子的动物实验室的动物饲养间，应有严格限制进入动物饲养间的门禁措施。动物饲养间内应安装监控设备和通信设备。

动物饲养间内应配备便携式局部消毒装置，并应备有充足的适用消毒剂，需要时，应有装置和技术对动物笼具、尸体和废物进行可靠消毒。对动物笼具进行清洁和可靠消毒，需要时，应有装置和技术对所有物品或其包装的表面在运出动物饲养间前进行清洁和可靠消毒。不能有效利用安全隔离装置操作常规量经空气传播致病性生物因子的动物实验室的动物饲养间，应根据风险评估的结果，确定其排出的气体是否需要经过2次HEPA过滤的过滤后排出。通常认为，非经空气传播致病性生物因子的动物实验室和可有效利用安全隔离装置、操作常规量经空气传播致病性生物因子的动物实验室的动物饲养间的气压与室外大气压的压差值应大于60 Pa。不能有效利用安全隔离装置操作常规量经空气传播致病性生物因子的动物实验室的动物饲养间的气压与室外大气压的压差值应大于80 Pa，及其缓冲间的气密性，应达到在关闭房间所有门、送排风口及其他通路的条件下，受测房间的温度在设计温度范围内并保持稳定，如果持续维持房间内的空气压力在250 Pa，每小时房间内泄漏的空气不超过10%。对于从事可人际传染的病原微生物活动的、不能有效利用安全隔离装置、操作常规量经空气传播致病性生物因子的动物实验室的动物饲养间而言，其生物安全防护要求应根据进一步的风险评估确定。使用时，应经过相关主管部门的批准。除符合上述要求外，还应符合ABSL-2实验室和ABSL-1实验室的其他相关要求。

四、动物生物安全四级（ABSL-4）设计

淋浴间应设置在实验室防护区内应设置强制淋浴装置。应通过气锁式缓冲间进入防护区和动物饲养间。应有严格限制进入动物饲养间的门禁措施。通常认为，非经空气传播致病性生物因子的动物实验室，可有效利用安全隔离装置操作。常规量经空气传播致病性生物因子的动物实验室以及动物饲养间的气压与室外大气压的压差值应大于100 Pa；与相邻区域气压的压差值应不低于25 Pa。不能有效利用安全隔离装置、操作常规量经空气传播致病性生物因子的动物实验室的动物饲养间的气压与室外大气压的压差值应大于150 Pa，与相邻区域气压的压差值不低于30 Pa。动物饲养间及其缓冲间的气密性应达到在关闭房间所有门、送排

风口及其他通路的条件下，受测房间的温度在设计温度范围内并保持稳定，如果房间内的空气压力上升到 500 Pa，20 min 内自然衰减的压力小于 250 Pa。应有装置和技术对所有物品或其包装的表面在运出动物饲养间前进行清洁和可靠消毒。

第三节　动物生物安全实验室管理要求

动物生物安全实验室的硬件设施至关重要，但软件管理也不容忽视。一个标准化的动物生物安全实验室建成并投入使用后，若要保证生物安全，设施的管理将是最重要的环节之一。例如，日本的动物设施管理，除动物中心主任负责一般管理外，另设一名具有实验动物专业知识、丰富生物安全知识的高级技术职务的专家为设施长，负责执行设施的日常管理。

动物生物安全实验室管理是一项综合性的复杂系统管理工程。现代化的动物生物安全实验室管理应建立在标准化和规范化的基础上。动物生物安全实验室的各项管理应该符合国家、地方以及行业有关实验动物的法规标准和各项管理规定。在此基础上，每个动物生物安全实验室应结合自身的实际情况建立一套适合自身特点的具体的行为规范。

一、设立相应的组织机构

动物生物安全实验室应设立实验动物管理委员会、实验动物福利与伦理委员会和实验动物生物安全专业委员会。实验动物管理委员会应由单位实验动物主管领导、科研人员、实验动物专业人员组成，每届任期 3～4 年。设主任委员 1 名，副主任委员 1～2 名，委员多人。主任委员负责实验动物管理委员会全面工作，一名副主任委员负责日常行政工作。实验动物管理委员会负责对实验动物的使用规范化进行管理、监督与指导；对实验动物的使用规范化提供意见和建议；对实验涉及实验动物的有关人员进行监督、培训和考核。实验动物管理委员会应制定实验动物管理委员会章程，并根据具体工作制定相应管理制度和 SOP，规范实验动物的使用。

设立实验动物福利与伦理委员会的目的是维护实验动物福利、规范实验动物伦理审查和实验动物从业人员的执业行为。各类动物实验必须在获得相应机构的实验动物福利与伦理委员会的批准，并经过相关培训后方可进行。实验动物福利与伦理委员会至少由 5 人组成，设主任委员 1 名，副主任委员和委员若干名。主任委员应由实验动物专业或兽医专业人员担任。每届任期 3～4 年，由单位负责聘任、岗前培训、解聘，并及时更新补充成员。实验动物福利与伦理委员会应由机构管理人员、科研人员和实验动物专业人员组成。所有委员要承诺维护实验动物福利与伦理法规。

实验动物福利伦理委员会具体负责本单位有关实验动物的福利与伦理审查和监督管理工作，包括制定实验动物福利与伦理委员会章程、动物实验方案伦理审查办法以及动物实验伦理审查表等。动物实验方案伦理审查办法应体现动物保护、福利、伦理和综合科学评估四项原则。审查动物实验的必要性，对实验目的、预期利益与造成动物的伤害、死亡进行综合评估。减少没有科学意义和社会价值或不必要的动物实验；优化动物实验方案，减少不必要的动物使用数量，在不影响实验结果的科学性情况下尽可能采取动物替代方法。保证实验动物在生存时，在运输中享有最基本的权利，免受饥渴、生活舒适自由，应有良好的饲养和标准化的生活环境，各类实验动物管理要符合该类实验动物的操作技术规程。

应充分考虑动物的利益，善待动物，防止或减少动物的应激、痛苦和伤害，尊重动物生命，制止针对动物的野蛮行为，采取伦理标准和国际惯例。伦理审查工作应该遵循独立、公正、科学、民主、透明、保密的原则，不受政治、商业和自身利益的影响。同时，各类实验动物应在具备充足理由的前提下进行应用和处置；以当代社会公认的道德伦理价值观，兼顾动物与人类利益，在全面、客观地评估动物所受的伤害和应用者由此可能获取的利益基础上，客观地出具动物实验伦理审查报告。

实验动物生物安全专业委员会的规模和组成取决于动物生物安全实验室的规模和性质，工作内容以及工作单元的分布或面积。委员会成员应尽可能涵盖不同的专业范畴。生物安全专业委员会的基本组成应该包括实验动物生物安全负责人、兽医专家、实验动物专家、医学专家和管理人员以及工业安全或消防专家等。生物安全专业委员会成立后应制定委员会章程及相关制度。其职责主要包括咨询、指导、评估、监督动物生物安全实验室的生物安全相关事宜以及对进入动物生物安全实验室的相关人员进行生物安全知识的培训。生物安全专业委员会应定期或不定期全面检查动物生物安全实验室管理情况，查找、发现问题，及时整顿完善，重点检查监督安全设施和污水、污物、废气处理设施的各项指标及技术参数，及时更换高效滤膜等易损耗材料，保证滤除和无害化处理效果。生物安全专业委员会面对意见分歧的研究方案时，需要听取不同领域的相关专家、地方主管部门以及国家管理部门的意见。

二、制定相应的管理制度

管理制度是维护生物安全的重要规则和基本保证。涉及病原微生物的所有设施机构均应建立动物生物安全实验室管理层职责，动物生物安全实验室管理规定和工作规范，人员培训与准入制度，定期考核制度，工作人员职责，生物安全计划和安全检查制度，动物生物安全实验室人员管理制度，动物实验记录及核准制度，消毒制度，设施管理制度，设施定期检修维护制度，废物处理制度，应急处理制度，事故报告制度和个人防护要求制度等规章制度。动物生物安全实验室设施分区管理，建立良好的动物生物安全实验室秩序，合格的环境条件。从事动物生物安全实验室的所有人员和保障人员都应具备相应的资质，考核上岗。动物生物安全实验室管理应责任落实到人，领导对本单位的生物安全负全责，安全员有权监督、检查、指出存在的问题，纠正不规范的操作程序。不同级别的动物生物安全实验室实施不同的管理。

(一)动物生物安全实验室标识系统

①动物生物安全实验室用于标识危险区、警示、指示、证明等的图文标识是管理体系文件的一部分，包括用于特殊情况下的临时标识，如“污染”“消毒中”“设备检修”等。

②标识应明确、醒目且易于区分。必须使用国际通用、国家规定的标识。

③动物生物安全实验室的危险区应系统而清晰地标示。特殊情况还要同时使用标识和物理屏障标示出危险区。

④应清楚的标示出具体的危险材料、危险性质等信息。必要时还应同时提示防护措施。

⑤动物生物安全实验室主入口处必须有生物危害的标识，明确说明生物防护级别、操作的生物因子、动物生物安全实验室负责人姓名、紧急联络方式和国际通用的生物危险符号。

⑥动物生物安全实验室所有房间的出口和紧急撤离路线应有在无照明条件下也可清楚识别的标识。

⑦动物生物安全实验室的所有管道和线路应有明确、醒目和易于区分的标识。

⑧所有操作开关应有明确的功能指示标识。

⑨动物生物安全实验室管理层应负责定期审查动物生物安全实验室标识系统，及时更新，以确保其适应当前危险。

(二)制订安全计划和进行安全检查

1. 制订安全计划

动物生物安全实验室安全主管应负责制订年度安全计划，并经过管理人员的审核与批准。安全计划主要包括：动物生物安全实验室年度工作安排的说明与介绍；人员健康监督及免疫计划；人员教育、培训及能力评估计划；动物生物安全实验室活动计划；安全和健康管理目标；风险评估计划；演习计划；监督及安全检查计划；工作程序与标准操作规程的制定与定期评审计划；设施设备校准、验证和维护计划；危险物品使用计划；消毒计划；废物处置计划；设备淘汰、购置、更新计划；审核与评审计划；持续改进计划；外部供应与服务计划；行业最新进展跟踪计划；与生物安全委员会相关的活动计划等。

2. 实施安全检查

①动物生物安全实验室管理人员应负责实施安全检查，每年应至少全面系统检查 1 次，对关键控制点可根据风险评估报告适当增加检查频率，以保证设施设备的功能和状态正常。主要包括报警系统、应急装备、消防装备、危险物品的使用及存放、废物处理及处置、人员能力及健康状态、安全计划实施以及所需资源等。

②为保证检查工作的质量，应依据事先制定的适用于不同工作领域的核查表实施检查。

③当发现不符合规定的工作、发生事件或事故时，应立即查找原因并评估后果。

④生物安全委员会应参与安全检查。

⑤外部评审活动不能代替动物生物安全实验室的自我安全检查。

(三)废物处理

①动物生物安全实验室产生的动物尸体、动物排泄物建议采用动物尸体炼制炉炼制处理。

②动物生物安全实验室危险废物处理和处置的管理应符合国家或地方法规和标准的要求，应征询相关主管部门的意见和建议。

③应遵循以下原则处理和处置危险废物：将操作、收集、运输、处理及处置废物的危险减至最小，将其对环境的有害作用减至最小，只可使用被承认的技术和方法处理和处置危险废物，排放符合国家规定和标准要求。

④应有措施和能力安全处理和处置动物生物安全实验室危险废物。

⑤应有对危险废物处理和处置的政策和程序，包括对排放标准及监测的规定。

⑥应评估和避免危险废物处理和处置方法本身的风险。

⑦应根据危险废物的性质和危险性进行分类处理和处置危险废物。

⑧危险废物应弃置于专门设计的、专用的和有标识的用于处置危险废物的密闭容器内，装量不能超过建议的装载容量，装完后加盖，并对外表面进行消毒。

⑨锐器应直接弃置于耐扎的容器内。

⑩应由经过培训的人员处理危险废物，并应穿戴适当的个体防护装备。

⑪不应积存垃圾和动物生物安全实验室废物。在消毒或最终处置之前，应存放在指定的安全位置。

⑫不应从动物生物安全实验室取走或排放不符合相关运输或排放要求的实验室废物。

⑬应在动物生物安全实验室内消毒含活性高致病性生物因子的废物。

⑭在法规许可条件下，符合包装和运输要求的未处理危险废物可以被运送至指定机构处理。

(四)应急措施

①动物生物安全实验室应制定对应急措施的政策和程序，包括生物、化学、物理以及放射性等紧急情况和火灾、水灾、冰冻、地震、人为破坏等任何意外紧急情况，还应包括使留下的空建筑物处于尽可能安全状态的措施，应征询相关主管部门的意见和建议。

②应急程序应至少包括负责人、组织、应急通信、报告内容、个体防护和应对程序、应急设备、撤离计划和路线、污染源隔离和消毒、人员隔离和救治、现场隔离和控制、风险沟通等内容。

③动物生物安全实验室应负责使所有人员(包括来访者)熟悉应急行动计划、撤离路线和紧急撤离的集合地点。

④每年应至少组织所有动物生物安全实验室人员进行一次演习。

(五)事故报告

①动物生物安全实验室应有报告动物生物安全实验室事件、伤害、事故、职业相关疾病以及潜在危险的政策和程序。符合国家和地方对事故报告的规定要求。

②所有事故报告应形成书面文件并存档。报告应包括事实的详细描述、原因分析、影响范围、后果评估，采取的措施、所采取措施有效性的追踪、预防类似事件发生的建议及改进措施等。

③事故报告应提交动物生物安全实验室安全负责人和实验动物生物安全委员会评审，还应提交更高管理层的评审。

④动物生物安全实验室任何人员不应隐瞒与实验室活动相关的事件、伤害、事故、职业相关疾病以及潜在危险，应按国家规定上报。

(六)不同动物生物安全等级实验室工作规范

1. ABSL-1 工作规范

①建立并执行准入制度，非本动物生物安全实验室工作人员未经许可不准入内。

②制定安全手册，工作人员要认真执行。

③ABSL-1 实验室要有适当的医疗监督措施。

④应采取有效的防昆虫和啮齿类动物的措施，如防虫纱网、挡鼠板等。

⑤ABSL-1 实验室工作人员须经专业培训。

⑥工作人员进入时，要穿着工作服、鞋、帽、手套。

⑦ABSL-1 实验室内，不允许饮食、吸烟，戴隐形眼镜、使用化妆品、存放食品等。

⑧动物实验操作时，应十分小心，防止动物咬伤和微生物外溢。意外溢出要及时处理。

⑨从动物室取出的所有废弃物，包括动物组织、尸体、垫料都要放入防漏带盖的容器中，并进行无害处理。

⑩工作人员在操作微生物或动物后要洗手消毒，离开动物设施之前脱去手套、工作服、鞋、帽并洗手。

⑪要严格遵守实验室动物福利与伦理原则，尽量不使用或少使用动物进行动物实验。

2. ABSL-2 工作规范

①制定 ABSL-2 实验室操作程序、规章制度、紧急情况下的安全对策。此外，还应依据实

际情况制定特殊的对策，把特殊危险告知每一位工作人员，并要求他们认真执行安全操作规程。

②建立并执行准入制度，非本动物生物安全实验室工作人员，未经许可严禁入内，尽可能减少非熟练的新成员进入 ABSL-2 实验室。

③ABSL-2 实验室要有适当的医疗监督措施，根据实验微生物的危害程度，决定是否对饲养员、实验人员进行免疫接种或血清监测。

④应采取有效的防蚊虫和啮齿类动物的措施，如防虫纱网、挡鼠板等。

⑤ABSL-2 实验室的饲养员、实验人员应进行与工作有关的专业技术培训，必须避免微生物暴露，了解评价暴露的方法，每年定期培训，保存培训记录，当安全规程和方法变化时要额外培训，应熟知工作中潜在的危险，新成员应由熟练的安全员引导才能进入。

⑥ABSL-2 实验室内，不允许饮食、吸烟、戴隐形眼镜、使用化妆品、存放食品等。

⑦加强对个人日常清洁和消毒的管理，如洗手、淋浴等。

⑧正确使用适当的个人防护装备，如手套、护目镜、防护服、口罩、帽子、鞋等。

⑨养成戴手套工作的良好习惯，当手套被污染、破损或戴一定时间后，应及时更换。操作危险性材料工作结束时，应以正确方式脱掉手套，在处理之前和动物实验室其他废弃物一同高压灭菌，严格遵守洗手的规程，不要清洗或重复使用一次性手套。

⑩工作时穿防护服。在处理生物危险材料时，穿着适用的指定防护服。离开动物生物安全实验室前按程序脱下防护服。用完的防护服要消毒后再洗涤。工作用鞋要防水、防滑、耐扎、舒适。

⑪进行动物实验前，应制定详细的工作方案，并了解动物的习性，咨询动物专家并接受必要的培训。

⑫开始动物实验前，实验人员均要接受足够的操作训练和演练，动物饲养人员和实验操作人员要有实验动物饲养或操作上岗合格证书。

⑬操作动物时，若要限制动物的活动性，应尽可能采用专用的物理装置固定或麻醉动物等措施，不要试图用人力强行制服动物。

⑭限制使用针头、注射器或其他锐器，尽量使用替代方案，如改变动物染毒途径等。

⑮操作灵长类和其他大型实验动物时，需要操作人员具有熟练的工作经验。

⑯时刻注意是否有逃出笼具的动物，对濒临死亡的动物及时妥善处理。

⑰选择适用于所操作动物的设施、设备、实验用具等，配备专用的消毒、清洗设备和工具，培训专业的消毒、清洗人员。

⑱所有实验操作过程均须谨慎，避免发生溢洒或产生气溶胶。

⑲对锐利物进行安全操作。在使用锐器时，不要试图弯曲、截断、破坏针头等锐器，不要试图从一次性注射器上取下针头或套上针头护套。必要时，使用专用的工具操作。使用过的锐器要置于专用的耐扎容器中，不要超过规定的盛放容量。重复利用的锐器要置于专用的耐扎容器中，采用适当的方式消毒和清洁处理。不要试图直接用手处理打破的玻璃器具等，尽量避免使用易碎的器具。

⑳操作传染性微生物以后，所有设备表面和工作表面用有效的消毒剂进行常规消毒。

㉑发生危险材料溢洒后，要及时使用适当的消毒剂对被污染处进行处理。造成明显病原微生物暴露的实验材料外溢事故，必须立刻妥善处理并向设施负责人报告，及时进行医学评

价、监督和治疗,并保留记录。

㉒所有样品收集放在密闭的容器内并粘贴标签,避免外漏。

㉓所有生物危险废物在处置前要进行可靠消毒,需要运出实验室进行消毒的材料,要置于专用的防漏容器中运送。

㉔从动物生物安全实验室内运走的危险材料,要按照国家和地方的有关要求进行包装。

㉕利用双扉高压锅、传递窗、渡槽、气锁等传递不能通过人员通道进入的物品。

㉖ABSL-2 实验室的废弃物,包括动物尸体、组织、污染的垫料、剩余的饲料等都应进行高压蒸汽灭菌,然后建议焚烧。

㉗ABSL-2 实验室入口处须有生物危害的标识。明确说明生物防护级别、操作的生物因子、动物生物安全实验室负责人姓名、紧急联络方式和国际通用的生物危险符号。特别要指出对进入动物室人员的特殊要求。

㉘严格执行菌、毒种保管制度。

㉙只允许用作实验的动物进入动物实验室。

㉚所有实验设备拿出动物室之前必须消毒。

㉛工作人员在操作微生物或动物后要洗手消毒。离开动物设施之前脱去手套、工作服、鞋、帽并洗手。

㉜不要穿个人衣物和佩戴饰物进入 ABSL-2 实验室防护区,所有 ABSL-2 实验室工作人员离开动物实验室前均须淋浴。用过的实验防护服当作污染物处理,先消毒再洗涤。

㉝要严格遵守实验动物福利与伦理原则,尽量不使用或少使用动物进行动物实验。

3. ABSL-3 工作规范

①制定 ABSL-3 实验室安全手册、操作程序、规章制度以及紧急情况下的安全对策。此外,还应依据实际情况制定特殊适用的对策。把特殊危险告知每一位工作人员,并要求他们认真执行安全操作规程。

②ABSL-3 实验室的入口处设置醒目的标识并实行严格的准入制度,包括物理门禁措施。限制对工作不熟悉的人员进入 ABSL-3 实验室。为了工作或服务需要进入者,要告知他们工作中潜在的风险。

③ABSL-3 实验室要有适当的医疗监督措施,根据实验微生物的危害程度,决定是否对饲养员、实验人员进行免疫接种或血清监测。

④应考虑工作人员对动物的过敏性和恐惧心理。

⑤ABSL-3 实验室的饲养员、实验人员应进行与工作有关的专业技术培训,必须避免微生物暴露,了解评价暴露的方法。每年定期培训,保存培训记录,当安全规程和方法变化时要额外培训,应熟知工作中潜在的危险。新成员应由熟练的安全员引导才能进入。

⑥生物安全手册在工作地点应该随时可供工作人员使用。

⑦ABSL-3 实验室内不允许饮食、吸烟、戴隐形眼镜、使用化妆品、存放食品等。

⑧在危害评估确认的基础上正确使用个体防护器具,操作传染性材料和感染动物都要使用个体防护器具,如手套、防护眼镜、防护服、口罩、帽子、鞋等。工作人员进入动物实验室前要按规定穿戴工作服,再穿特殊防护服。离开动物室前必须脱掉工作服,并进行适合的包装,消毒后清洗。

⑨养成戴手套工作的良好习惯,当手套被污染、破损或戴一定时间后,应及时更换。操作

危险性材料工作结束时，应以正确方式脱掉手套，在处理之前和动物实验室其他废弃物一同高压灭菌，严格遵守洗手的规程，不要清洗或重复使用一次性手套。

⑩为了防止生物安全柜的手套和正压服的手套破损，还要另戴手套。

⑪工作用鞋要防水、防滑、耐扎、舒适。

⑫将实验动物饲养在可靠的专用笼具或防护装置内。当进行存在空气传播风险或人兽共患病原微生物动物实验，特别是进行大动物实验时，且动物又不能饲养在Ⅱ级生物安全设备中，人直接接触动物时需要进行呼吸防护，应穿着整体的由生命维持系统供气的正压工作服。工作后脱下所有防护服，强制淋浴后再离去。用于呼吸防护的口罩在使用前要进行适配性试验。

⑬如果正式开展工作，每次进入 ABSL-3 实验室时应检查防护设施、设备及个体防护装备特别是带生命支持系统的正压服等的受控参数并记录结果。

⑭进行动物实验前，应制定详细的工作方案，并了解动物的习性，咨询动物专家并接受必要的培训。

⑮开始动物实验前，实验人员均要接受足够的操作训练和演练，动物饲养人员和实验操作人员要有实验动物饲养或操作上岗合格证书。

⑯操作动物时，若要限制动物的活动性，应尽可能采用专用的物理装置固定或麻醉动物等措施，不要试图用人力强行制服动物。

⑰限制使用针头、注射器或其他锐器，尽量使用替代方案，如改变动物染毒途径等。

⑱操作灵长类和其他大型实验动物时，需要操作人员具有熟练的工作经验。

⑲时刻注意是否有逃出笼具的动物，对濒临死亡的动物及时妥善处理。

⑳选择适用于所操作动物的设施、设备、实验用具等，配备专用的消毒、清洗设备和工具，培训专业的消毒、清洗人员。

㉑所有实验操作过程均须谨慎，避免发生溢洒或产生气溶胶。

㉒对锐利物进行安全操作。在使用锐器时，不要试图弯曲、截断、破坏针头等锐器，不要试图从一次性注射器上取下针头或套上针头护套。必要时，使用专用的工具操作。使用过的锐器要置于专用的耐扎容器中，不要超过规定的盛放容量。重复利用的锐器要置于专用的耐扎容器中，采用适当的方式消毒和清洁处理。不要试图直接用手处理打破的玻璃器具等，尽量避免使用易碎的器具。

㉓定期消毒 ABSL-3 实验室设备。消毒人员要接受专业的消毒培训，使用专用个体防护装备和消毒设备。

㉔实验室发生危险材料外溢，要及时使用适当的消毒剂对被污染处进行处理。如果发生明显病原微生物暴露的实验材料外溢事故，必须立刻妥善处理，按照 ABSL-3 实验室安全管理体系的规定采取适当的措施，并及时进行医学评价、监督和治疗，并保留记录。并向设施负责人报告，向实验动物生物安全委员会报告，同时向实验室生物安全管理委员会报告。最后的处理评估报告，也要及时向实验室生物安全管理委员会报告。

㉕利用双扉高压锅、传递窗、渡槽、气锁等传递不能通过人员通道进入的物品。

㉖所有样品收集应粘贴标签，放在能防止病原微生物传播的传递容器内。

㉗实验人员和饲养管理人员要经过与工作有关的潜在危害防护的针对性培训和专业培训，所有培训记录要归档。

㉘在用过的动物笼具拿出清洗之前，要进行高压蒸汽灭菌或用其他方法消毒。设施内仪器设备在拿出检修打包之前必须消毒。

㉙ABSL-3 实验室的废弃物应进行在位高压蒸汽灭菌，然后建议进行焚烧处理。

㉚ABSL-3 实验室产生的动物尸体、动物排泄物建议采用动物尸体炼制炉炼制。

㉛ABSL-3 实验室入口处须有生物危害的标识。明确说明生物防护级别、操作的生物因子、动物生物安全实验室负责人姓名、紧急联络方式和国际通用的生物危险符号；特别要指出对进入动物室人员的特殊要求。

㉜严格执行菌、毒种保管制度。

㉝与实验无关的物品和生物体不允许带入动物实验室。

㉞操作具有产生气溶胶危害的感染动物实验和胚胎尸体、收取组织和体液，或鼻腔接种动物时，应该使用Ⅱ级以上生物安全柜，戴口罩和面具。

㉟不要穿个人衣物和佩戴饰物进入 ABSL-3 实验室防护区，离开 ABSL-3 实验室之前须强制淋浴。

4. ABSL-4 工作规范

①应该制定动物生物安全四级实验室操作规程、制定特殊的生物安全手册或措施，除了制定紧急情况下的安全对策、程序和草案外，还要制定适当的针对性对策。

②未经培训的人员不得进入 ABSL-4 实验室。设施负责人应告知工作人员工作中潜在的危险，要求熟读生物安全操作规程并遵照执行。

③必须监控人员进出，每天 24 h 监视并记录所有人员进出 ABSL-4 实验室的日期和时间并保留记录。人员进出只能经过更衣室和淋浴间，每一次离开设施都须强制淋浴。

④工作人员正式上岗前，应熟练掌握生物安全实验室操作规程，熟练掌握相关的实验动物和微生物操作规程和操作技术。

⑤所有进入 ABSL-4 实验室的人员必须建立医疗监督，监督项目必须包括适当的免疫接种、血清收集及暴露危险等有效性协议和潜在危险的预防措施。

⑥生物安全手册在工作地点应该随时可供工作人员使用。

⑦ABSL-4 实验室内不允许饮食、吸烟、戴隐形眼镜、使用化妆品、存放食品等。

⑧在危害评估确认的基础上正确使用个体防护器具，操作传染性材料和感染动物都要使用个体防护器具，如手套、防护眼镜、防护服、口罩、帽子、鞋等。工作人员进入动物实验室前要按规定穿戴工作服，再穿特殊防护服。离开动物室前必须脱掉工作服，并进行适合的包装，消毒后清洗。

⑨养成戴手套工作的良好习惯，当手套被污染、破损或戴一定时间后，应及时更换。操作危险性材料工作结束时，应以正确方式脱掉手套，在处理之前和动物实验室其他废弃物一同高压灭菌，严格遵守洗手的规程，不要清洗或重复使用一次性手套。

⑩为了防止生物安全柜的手套和正压服的手套破损，还要另戴手套。

⑪工作用鞋要防水、防滑、耐扎、舒适。

⑫将实验动物饲养在可靠的专用笼具或防护装置内。当进行存在空气传播风险或人兽共患病原微生物动物实验时，特别是进行大动物实验时，且动物又不能饲养在Ⅱ级生物安全设备中，人直接接触动物，需要进行呼吸防护，应穿着整体的由生命维持系统供气的正压工作服。工作后脱下所有防护服，强制淋浴后再离去。用于呼吸防护的口罩在使用前要进行适配性

试验。

⑬如果正式开展工作，每次进入 ABSL-4 实验室时应检查防护设施、设备及个体防护装备特别是带生命支持系统的正压服等的受控参数并记录结果。

⑭进行动物实验前，应制定详细的工作方案，并了解动物的习性，咨询动物专家并接受必要的培训。

⑮开始动物实验前，实验人员均要接受足够的操作训练和演练，动物饲养人员和实验操作人员要有实验动物饲养或操作上岗合格证书。

⑯操作动物时若要限制动物的活动性，应尽可能采用专用的物理装置固定或麻醉动物等措施，不要试图用人力强行制服动物。

⑰限制使用针头、注射器或其他锐器，尽量使用替代方案，如改变动物染毒途径等。

⑱操作灵长类和其他大型实验动物时，要求操作人员具有熟练的工作经验。

⑲时刻注意是否有逃出笼具的动物，濒临死亡的动物应及时妥善处理。

⑳选择适用于所操作动物的设施、设备、实验用具等，配备专用的消毒、清洗设备和工具，培训专业的消毒、清洗人员。

㉑所有实验操作过程均须谨慎，避免发生溢洒或产生气溶胶。

㉒对锐利物进行安全操作。在使用锐器时要注意：不要试图弯曲、截断、破坏针头等锐器，不要试图从一次性注射器上取下针头或套上针头护套。必要时，使用专用的工具操作。使用过的锐器要置于专用的耐扎容器中，不要超过规定的盛放容量。重复利用的锐器要置于专用的耐扎容器中，采用适当的方式消毒和清洁处理。不要试图直接用手处理打破的玻璃器具等，尽量避免使用易碎的器具。

㉓传染性工作完成后，工作台面和仪器表面要用有效的消毒液进行常规消毒，特别是有传染性材料溢出或外溅或其他污染时更要严格消毒。

㉔实验室发生危险材料外溢，要及时使用适当的消毒剂对被污染处进行处理。如果发生明显病原微生物暴露的实验材料外溢事故，必须立刻妥善处理，按照 ABSL-4 实验室安全管理体系的规定采取适当的措施，并及时进行医学评价、监督和治疗，并保留记录，并向设施负责人报告，向实验动物生物安全委员会报告，同时向实验室生物安全管理委员会报告。最后的处理评估报告，也要及时向实验室生物安全管理委员会报告。

㉕利用双扉高压锅或消毒传递室传递实验用品和材料。双扉高压锅应双门互连锁，不排蒸汽，冷凝水自动回收灭菌，避免外门处于开启状态。

㉖所有样品收集应粘贴标签，放在能防止病原微生物传播的传递容器内。

㉗实验人员和饲养管理人员要经过与工作有关的潜在危害防护的针对性培训和专业培训，懂得避免暴露措施和暴露评估的方法。每年定期培训，操作程序发生变化时需要额外培训，所有培训记录要归档。

㉘所有 ABSL-4 实验室的废弃物应进行在位高压蒸汽灭菌，然后建议焚烧。

㉙用过的动物笼具在清洗或拿出动物室之前要进行高压蒸汽灭菌或用其他可靠方法消毒。只将必需的仪器设备运入 ABSL-4 实验室内。设施内仪器设备拿出检修打包之前必须清毒。

㉚ABSL-4 实验室产生的动物尸体、动物排泄物建议采用动物尸体炼制炉炼制。

㉛ABSL-4 实验室入口处须有生物危害的标识。明确说明生物防护级别、操作的生物因

子、动物生物安全实验室负责人姓名、紧急联络方式和国际通用的生物危险符号;特别要指出对进入动物室人员的特殊要求。

㉜严格执行菌、毒种保管制度。

㉝与实验无关的物品和生物体不允许进入动物实验室。

㉞进行传染性实验时要求指派2名以上实验人员。在危害评估的基础上,使用能关紧的笼具,操作大动物时要对动物麻醉,或其他方法,尽可能减少工作中感染因子的暴露。

㉟在安全柜型实验室中,工作人员的衣服在外更衣室全都脱下,穿上全套的实验服装后进入。在离开实验室进入淋浴间之前,要在更衣室内脱下全部实验服装。服装在洗涤前应进行高压灭菌处理。在防护服型实验室中,工作人员必须穿正压防护服方可进入。离开时必须进入消毒淋浴间清毒。

㊱要严格遵守实验动物福利与伦理原则,尽量不使用或少使用动物进行相关实验。

㊲如果需要从动物生物安全实验室内运出具有活性的生物危险物。要按照国家和地方的有关要求进行包装,并对包装进行可靠的消毒。

㊳建立工作人员就医或请假的报告和记录制度,评估是否与动物生物安全实验室工作相关。建立对怀疑或确认发生动物生物安全实验室获得性感染的人员进行隔离和医学处理的方案并保证必要的条件。

㊴制定应急程序,包括可能的紧急事件和急救计划,并对所有相关人员进行培训和进行演习。从事高致病性生物因子感染的动物实验活动,是极为专业和风险高的活动,实验、饲养人员必须参加针对特定活动的专门培训和演练,而且要定期评估实验人员的能力,包括管理层的能力。

㊵不允许试图从事风险不可控的活动。

(七)不同动物生物安全等级实验室的个人防护要求

1. ABSL-1 个人防护要求

①工作人员进入 ABSL-1 应穿工作服,动物实验操作时应戴手套,必要时佩戴防护眼镜。

②离开 ABSL-1 时,工作服必须脱下并留在 ABSL-1 内。使用过的工作服应定期洗涤、消毒。

2. ABSL-2 个人防护要求

①应符合 ABSL-1 个人防护要求。

②工作人员进入 ABSL-2 时,应在工作服外加罩衫或穿防护工作服、戴口罩和一次性帽子及手套,并使用面部防护装置。工作完毕后必须脱下工作服。可再次使用的工作服必须先消毒后清洗。工作人员经淋浴后方可离开动物生物安全实验室。

3. ABSL-3 个人防护要求

①应符合 ABSIL-2 个人防护要求。

②工作人员在进入 ABSL-3 时必须使用个人防护装备。为防动物咬伤,应穿着两层防护服、两层手套、生物安全专用防护口罩、眼罩或面罩。进行人兽共患病原微生物或经气溶胶传播的病原微生物动物实验,其黏膜暴露、空气传播会造成对人的感染时,要戴防护眼镜和面部防护器具。必要时,应穿着整体的由生命维持系统供气的正压工作服。工作后脱下所有防护服,强制淋浴后再离去。

③在 ABSL-3 中必须配备有效的消毒剂、眼部清洗剂和生理盐水,且易于取用。ABSL-3

区域内还应配备应急药品。

4. ARSL-4 个人防护要求

①应符合 ABSL-3 个人防护要求。

②在安全柜型实验室中，工作人员的衣服在外更衣室全部脱下，穿着全套的实验服后进入。在离开实验室进入淋浴间之前，在内更衣室脱下全部实验服装。服装在洗涤前应进行高压灭菌处理。在防护服型实验室中，须穿着整体的由生命维持系统供气的正压工作服。在穿之前应先检查防护服，确认无泄漏后穿好并接上气喉，开始工作，离开实验室时须经化学药物淋浴，然后脱掉防护服，水淋浴后离开实验室。

思考题

1. 动物生物安全实验室的生物安全水平分级包括哪几个级别？
2. 简述生物安全柜在结构设计、排风比例及防护级别方面具有哪些特征和应用。
3. 简述动物生物安全四级实验室的基本设计原则。
4. 简述动物生物安全二级实验室(ABSL-2)的工作规范。

参考文献

程水生，崔保安，陈光华，2012. 兽医实验动物学[M]. 北京：中国农业出版社.

程水生，滕颖，2011. 北美国家大动物生物安全实验室的建设与管理[J]. 中国比较医学杂志，21(10)：170-172.

冯靖涵，王栋，佟海龙，等，2018. 关于国产化生物安全四级实验室设计与建造的研究[J]. 洁净与空调技术，4：55-57.

罗自强，管茶香，陈小平，等，2008. 机能实验学[M]. 长沙：中南大学出版社.

曲连东，张永江，2007. 动物实验的生物安全与防护[M]. 北京：中国农业科学技术出版社.

魏强，2020. 动物生物安全实验室管理和技术要点[J]. 中国比较医学杂志，30(3)：94-97.

张捍东，佘万根，2016. 生物安全实验室安全设计[J]. 安徽建筑，23(5)：251-254.

章欣，2016. 生物安全4级实验室建设关键问题及发展策略研究[D]. 北京：中国人民解放军军事医学科学院.

第十二章

动物实验基本技术

本章简介

本章详细介绍了动物实验前的准备工作，包括实验动物的保定、编号分组和被毛取出；实验动物麻醉方法；实验动物的给药途径和方法；动物实验样本的采集方法、实验动物安乐死、实验动物手术操作基本技术以及实验动物尸体废弃物无害化处理等技术措施，旨在为从事动物实验相关人员提供系统的良好操作规范。

动物实验基本技术是现代实验动物科学技术的基础，是从事生命科学研究和教学工作必备的基本功。熟练掌握动物实验基本技术和技巧，是顺利完成动物实验并取得准确、可靠结果的保证。动物实验是根据研究目的，恰当地选用标准的实验动物品种、品系，进行各种科学实验，观察和记录动物的反应过程或反应结果，以探讨或检验生命科学中未知因素的专门活动。生物医学的每一次重大发展与进步，几乎与动物实验息息相关。现代医学各领域中许多最重要的进步都是以动物实验研究与探索为基础的。对新药进行药效和安全性评价时，需要借助动物实验；对新出现的疾病需要做出对策时，动物实验有时是关键的决定因素。因此动物实验已成为医学、药学、生物学、畜牧学、兽医学等生命科学研究的基本手段之一，尽管在不同领域有不同的目的和应用，但涉及的动物实验基本操作技术和实验方法是相通的，因此研究人员掌握基本的动物实验技能是实验成功的前提与保证。

第一节　动物实验前的准备

一、实验动物的抓取和固定

实验动物抓取和固定是实验动物和动物实验操作中的一项最基本的技术，几乎所有的实验动物生产繁殖与动物实验研究工作都需要限制实验动物的活动，使其保持安静状态，以便进行实验操作或正确记录实验动物的反应情况，同时保证了饲养人员与研究人员的人身安全。

通常而言，同种动物的抓取和固定方法因实验的目的不同而各异，一般有 2～3 种；不同类动物的抓取与固定方法也不尽一致。无论采取哪种方法，都应该遵守“保证人员绝对安全、防止动物损伤、禁止粗暴对待实验动物”的基本原则。

由于实验动物害怕与人的身体发生直接接触，动物对于各种非条件性的刺激通常会进行防御性的反抗。因此，在抓取、固定实验动物前应对其生活习性有所了解。抓取时首先应带着爱护动物的原则，事先给一个暗示，慢慢友好地接近实验动物，并注意观察其反应，让其有一个适应过程，如果动物处于兴奋期，最好等待它安静下来再抓取，抓取动作要力求准确、迅速、熟练，争取在动物感到不安之前抓取到实验动物。

固定实验动物应根据实验目的（给药部位或采血方法）选择最适合该种实验动物的固定方法（如用手还是用固定器来固定，是否需要助手的帮助）。在有手指被咬的危险时应戴上手套，在大腿中间固定有被抓伤的危险时，要穿上工作裤，同时不要胆怯，要告诉助手在有危险的情况下如何防身，并尽早抓取和固定好动物。

（一）小鼠的捉取与固定

小鼠性情比较温顺，一般不会主动咬人，但徒手操作时动作还是要轻缓。在小鼠较安静时打开鼠笼盖，抓取时用右手拇指和食指的指腹抓取尾部中央提起来，放在较粗糙的平面或鼠笼盖上，轻轻地向后拉鼠尾，当其向前爬行时，用右手拇指和食指捏住小鼠颈部皮肤和两耳，其余三指抓到颈背到背部中央皮肤到掌心，捏住的皮肤要适量，太多太紧，小鼠会窒息；太少太松，小鼠会回头咬伤实验人员。捏住后，翻转右手，掌心向上，将鼠体置于右手掌心中，左手拉住小鼠尾部，用左手无名指或小指压紧尾根，使小鼠身体成一条直线（图 12-1）。该种抓取固定方法适用于肌内注射、腹腔注射、灌胃等操作。取尾血或进行尾静脉注射等操作需使用特定的固定装置（图 12-2），即将小鼠的身体固定，而尾部充分暴露出来。如进行外科手术、心脏采血、解剖等操作，需使用固定板进行固定。固定板可以是根据实际情况自制的泡沫板、木质板、蜡板等。

图 12-1　小鼠的抓取固定

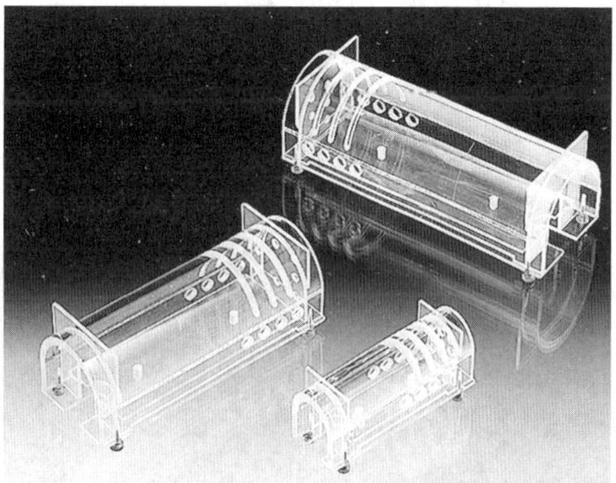

图 12-2　小鼠固定器

（二）大鼠的抓取与固定

大鼠的牙齿较为尖锐锋利，突然袭击，或者粗暴抓取，很容易被咬伤；抓取而不及时固定，也有被咬伤的危险。抓取大鼠时要小心，抓取者可戴帆布手套或专用防护手套作为防护。从鼠笼中取出大鼠时，抓住大鼠尾根部，不能抓尾尖，也不能让大鼠悬在空中的时间过长，否则易导致尾部皮肤脱落，并易使实验人员被大鼠翻转咬伤。将从笼中取出的大鼠放在笼盖上，当大鼠向前爬行时，右手轻拉住其尾巴，用左手拇指和食指迅速从大鼠颈背部环插入大鼠腋下，不要过紧，其余三指及掌心握住大鼠身体中段，将其拿起，翻转为仰卧位，然后调整左手拇指的位置，紧抵在下颌骨上(图 12-3)，右手可进行腹腔注射等操作。进行腹腔注射或肌内注射时，还可借助卵圆钳进行固定的方式，即用有齿卵圆钳夹住大鼠头颈后部皮肤，持钳手同时抓住鼠尾，将鼠尾向钳柄部拉，使钳柄与鼠背平直，将鼠一侧后肢同样用持钳手抓住，即可进行操作。若取尾血或进行尾静脉注射操作时，将大鼠固定在特定的固定器中，固定装置与小鼠相似。进行外科手术或解剖等操作时，须使用固定板，固定板的制作方法同小鼠，但固定板面积应加大。除此之外，根据实验的需要，如进行颅脑部位的实验操作，可用立体定向仪进行固定。

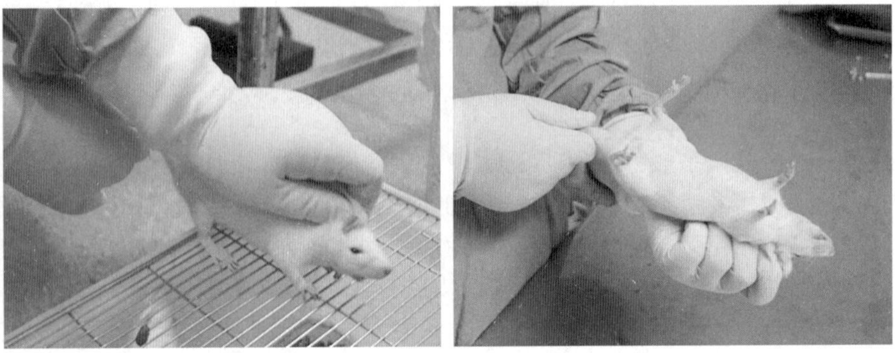

图 12-3　大鼠的抓取和固定

(三)豚鼠的抓取与固定

豚鼠性情温顺，一般不咬人。抓取时，不能粗暴，更不能抓腰腹部，这样易造成肝破裂而引起死亡。抓取幼小的豚鼠时，可用双手捧起。抓取较大的豚鼠时，可将手轻轻地伸进笼子，先用手掌扣住豚鼠的背部(图 12-4)，抓住其肩胛上方，将左手张开，用手指抓住颈部慢慢将其提起。妊娠或体重较大的豚鼠，应用右手托起臀部(图 12-5)。在实验过程中，豚鼠会不停地挣扎，操作者的手会越握越紧，易导致动物呼吸困难，甚至死亡。如果用纱布将豚鼠头部轻轻包起，或把豚鼠置于实验台上，操作人员轻轻扶住豚鼠，让其头钻到实验人员腋下，然后进行实验操作，效果更好。

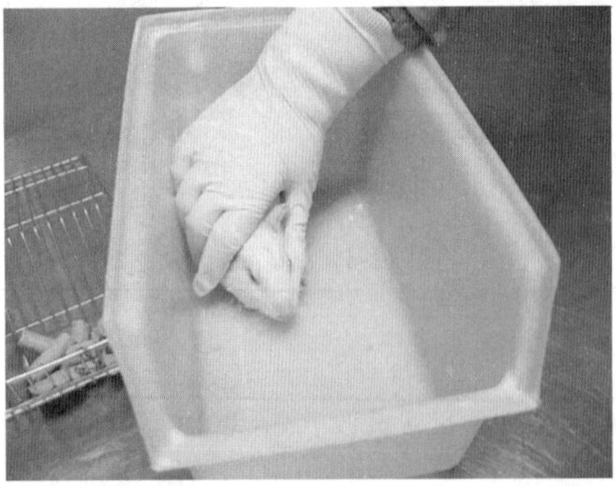

图 12-4　豚鼠的抓取

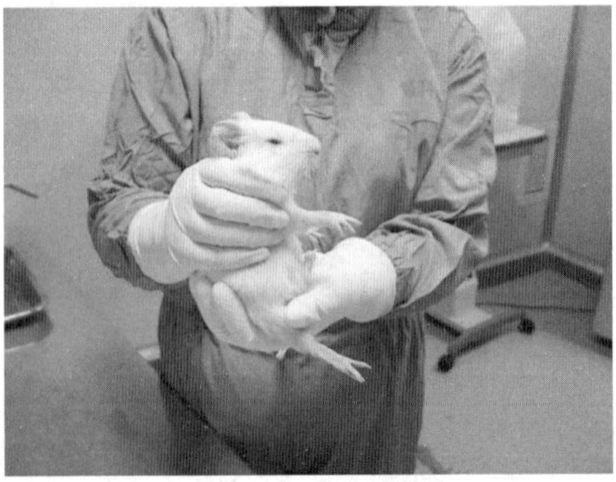

图 12-5　豚鼠的固定

另一种抓取豚鼠的方法是把左手的食指和中指放在颈背部的两侧，拇指和无名指放在肋部，分别用手指夹住左右前肢，抓起来，然后翻转左手，用右手的拇指和食指夹住右后肢，用中指和无名指夹住左后肢，使鼠体伸直成一条直线。也可坐下来，把用右手拿着的豚鼠的后肢夹在大腿处，用大腿代替右手夹住。用固定器固定豚鼠方法与大鼠相同。

（四）地鼠的抓取和固定

地鼠的皮肤很松弛，可以在皮肤内完全翻转一周。因此，假若仅仅抓住少量皮肤，地鼠有时会翻过来咬人。抓取地鼠时可不戴手套，温暖的手使动物平静和放松。接近动物时，不要太突然。一定要使地鼠处于安静正常状态，使其注意到自己的存在。地鼠受到惊吓会猛扑到另外地鼠的背上，并相互发生撕咬造成地鼠受伤。

对已驯养并习惯于抓取固定动作的地鼠，可用手指合在一起呈杯状伸到笼内，把地鼠揪出，再用另一只手围住，并将地鼠围在球形的手掌内，用一只手抓住地鼠的颈背部皮肤提起；对尚不习惯抓取动作的地鼠，抓取时尽可能抓紧地鼠颈部和肩胛部的大部分松软皮肤。用固定器固定地鼠，则和大小鼠基本一样。

（五）家兔的抓取与固定

家兔一般不会咬人，但胆小易惊，趾爪较锐利，抓取不当时，家兔会使劲挣扎，易被其抓伤。抓取家兔时不能突然袭击，操作者轻轻打开兔笼门勿使其受惊，用一只手伸入笼内（图 12-6），用手轻轻地压住两耳并熟练大把抓住家兔颈背部皮肤并提起来，另一只手迅速托住家兔臀部拿出来，使家兔的重量大部分落于手上，家兔呈坐姿（图 12-7）。移动时，也采取同等手法抱着家兔转运。应特别注意不可只抓提兔的双耳、双腿、腰部或背部皮毛，以防造成耳、肾、腰的损伤及皮下出血。

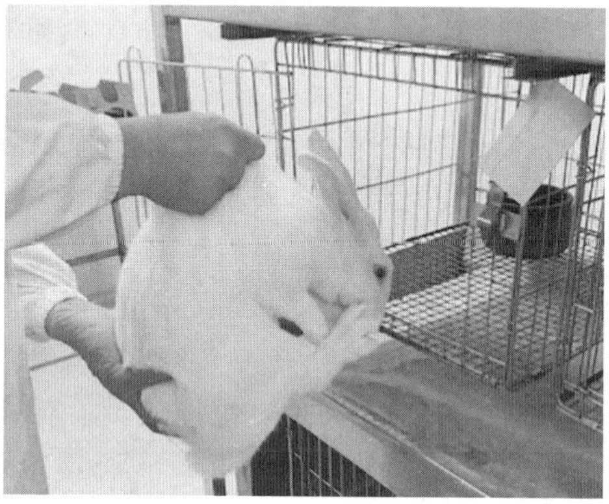

图 12-6　兔抓取

图 12-7　兔保定

图 12-8　家兔首枷固定器

在进行腹腔或肌内注射时，可由助手用一只手抓住兔颈背部皮肤，另一只手抓住兔的两后肢，将兔固定于实验台上，操作者可进行注射操作。若进行兔耳缘静脉给药或采血时使用兔盒式固定器，此种固定器，将兔身体牢牢固定住，而耳朵充分暴露出来，便于操作者操作。若进行心脏采血、测量血压、手术等操作，可使用兔固定板固定，让家兔仰卧，用线绳依次将四肢捆在固定器两侧的金属棒上，把头部放在金属制的首枷和嘴环上固定。家兔热原试验时，使用首枷固定器（图 12-8），家兔在常态姿势下,把颈部放在首枷上固定。

(六)犬的抓取与固定

犬的抓取方法较多。经驯服的犬由一人打开犬笼从侧面靠近并轻轻抚摸颈背部皮毛,用双手将其抱住,由另一人用布带缚其嘴,扎犬嘴的方法是用 1 m 左右的绷带兜住犬的下颌,绕到上颌打一个结,再绕回下颌打第二个结,然后将布带引至后颈顶部打第三个结,并多系一个活结(图 12-9)或用皮革、金属丝或棉麻制成的口网(图 12-10),套在犬口部,并将其缚带结于耳后颈部,防止脱落。对未驯服和调教的圈养犬抓取时,可用特制的长柄铁钳(图 12-11)固定犬的颈部或使用长柄铁钩夹住犬颈部后,由助手将其固定。

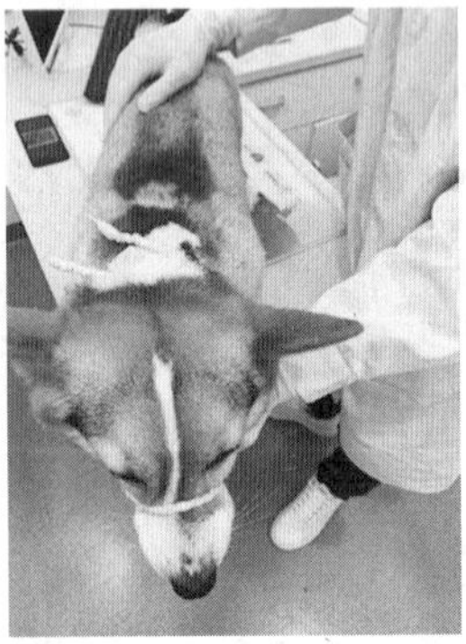

图 12-9　扎犬嘴的方法

图 12-10　犬口网固定

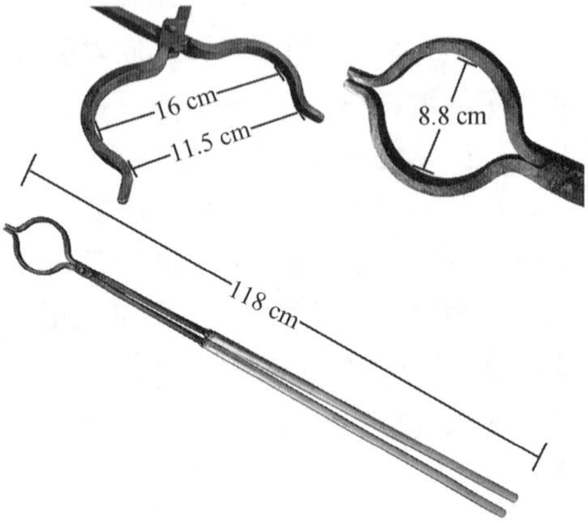

图 12-11　长柄铁钳

犬的保定一般有犬站立、犬蹲位或侧卧位时不同的保定方法。犬站立保定时,保定者将一只胳膊置于犬颈下,以使前臂能安全固定住犬的头部,将另一只胳膊置于犬腹下或胸下,保定时将犬向实验人员胸部拉近(图 12-12)。犬蹲位保定时,保定者同样将一只胳膊置于犬颈下,将另一只胳膊绕在犬的后躯固定(图 12-13)。犬侧卧保定时,当犬站立时,从其背部一手抓住两前肢,另一只手抓住两后肢。将两只手的食指夹住所抓两犬腿之间,慢慢使犬腿离开桌面或地面,并使其身体背对着抓取者本人,而朝侧卧的方向慢慢倾斜。保定者前臂靠近犬头部并用力压犬头部的一侧,以限制犬头部的活动。如可能,在近腕骨和跗骨处抓住犬腿(图 12-14)。

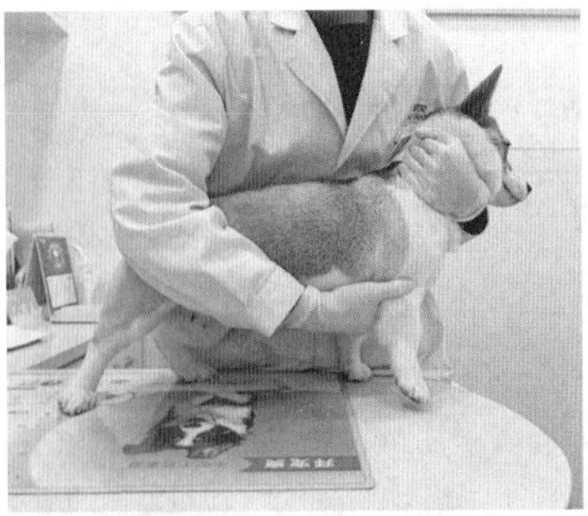

图 12-12　犬的站立保定

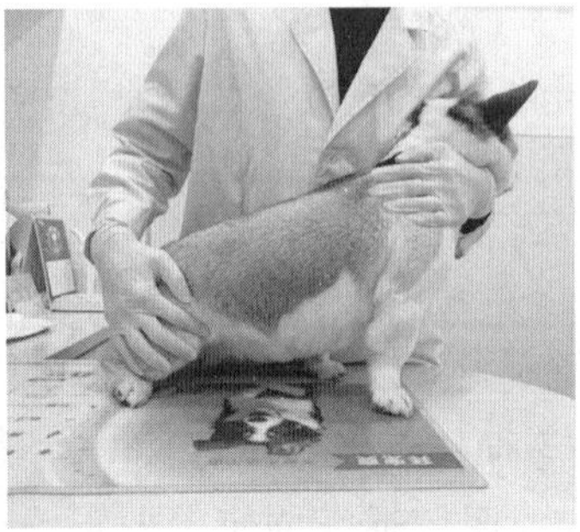

图 12-13　犬的蹲位保定

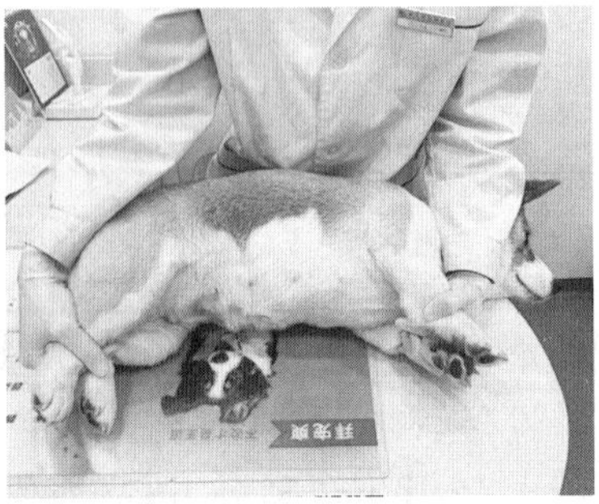

图 12-14　犬的侧位保定

在慢性实验中固定犬时，将已驯服的犬拉上固定架上，将犬头和四肢绑住，再用粗棉带吊起犬的胸部和下腹部，固定在固定架的横梁上，即可进行体检、灌胃、采血、注射等实验操作。

麻醉后用绷带捆住犬的四肢，固定在实验台上。头部用犬头固定器固定好后，就可解去嘴上的绷带，以利犬呼吸和实验人员观察，这时可以进行手术等实验操作。

在急性实验中固定犬时，将已麻醉犬嘴上的绷带解开，把犬放在实验台上，先固定头部后固定四肢；在固定犬头部时，用特制的犬头固定器。犬头固定器为一圆铁圈，圈的中央横有两根铁条，上面的一根略弯曲，与棒螺丝相连，下面一根是平直的；固定时先将犬舌拉出，将犬嘴伸入铁圈，再将平直铁条横贯在上、下颌之间，然后向下旋转棒螺丝，使弯形铁条压在犬的鼻梁上，将铁柄固定在实验台的铁柱上；在固定四肢时，先用粗棉带的一端缚扎于犬腕关节和踝关节以上的部位，如采取仰卧位，可将两后肢左右分开，分别固定于手术台两侧的木钩上；然后，将犬左右前肢的两条棉带从犬背后交叉穿过，分别固定于两侧木钩上。缚扎四肢的结扣方法是在活扣外再打一个活结，便于实验结束后的松绑。

(七)猫的抓取与固定

抓取未经驯服的猫时应谨慎，打开猫笼后，可先用一只手由头至颈部轻轻抚摸，抓住肩背部皮肤，将猫从笼中拖出来，用另一只手抓住腰背部皮肤即可。抓取已驯服的猫时，伸手入笼抓猫肩背部的皮肤将其提出，另一只手抓住其前肢并托住猫，然后将其夹在腋下(图 12-15)。无论是未经驯服的猫，还是已经驯服的猫都可能会伤及操作者。为了防止伤人，可以给猫戴上伊丽莎白圈(图 12-16)。实验操作用固定器固定猫时，基本方法同兔。

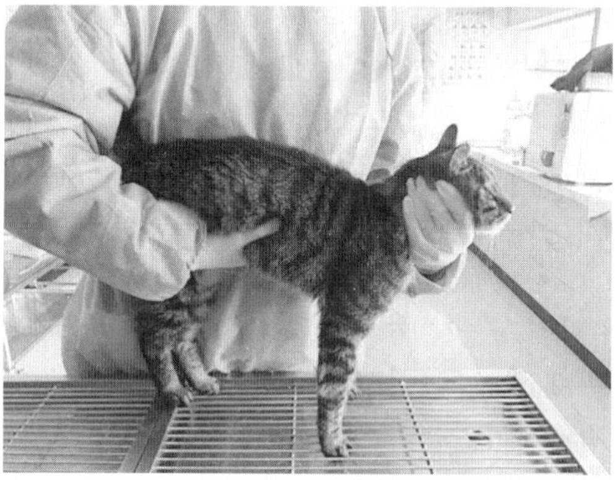

图 12-15　猫的抓取

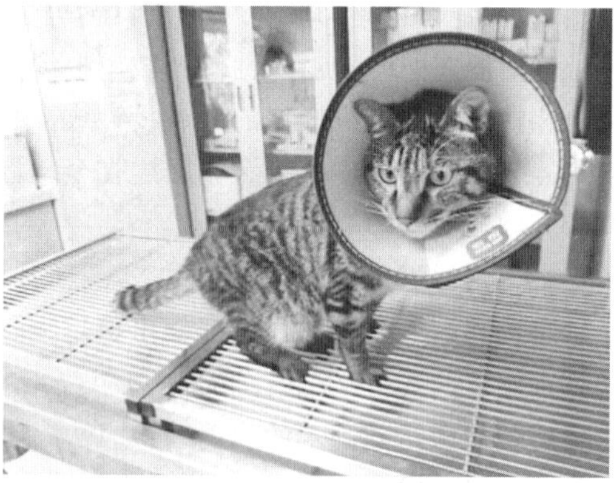

图 12-16　猫的固定

(八)猴的抓取与固定

(1)抓取　从笼内抓取猴时，饲养人员应以右手持短柄网罩，左臂紧靠门侧，以防笼门敞开时猴逃出笼外，由上而下罩捕。当猴被罩住后，应立即将网罩翻转扣住猴取出笼外，然后将网罩反扣在地上，由罩外抓住猴的颈部，轻掀网罩，再反转提取猴的双手臂，此时猴便无法逃脱。在室内或大笼内抓取时，则需要两人操作。用长柄网罩，最好一次罩住，因为猴受惊后，第二次抓取更为困难。网罩可用麻线编成，先用粗为 0.8～1.20 cm 的圆铁杆弯成腰圆形后，长径约为 35 cm，宽径约为 30 cm，木柄长为 40 cm。在室内捉取用的网罩，其木柄可以适当加长。笼养的猴，可利用猴笼的活动推板，将猴推压至一端，抓取、固定。慢性实验用猴可给其带上铁链条，需要抓取时，只需要将铁链条抽紧固定于笼壁，反背其双臂提出即可。

(2)固定　徒手固定时(图 12-17),将猴两前肢反扣在其背后,操作者用一只手握着,用另一只手将猴两后肢捉住,即可将猴固定。固定器固定时,一般是采用"猴限制椅(图 12-18)"或称"猴固定架"进行固定。

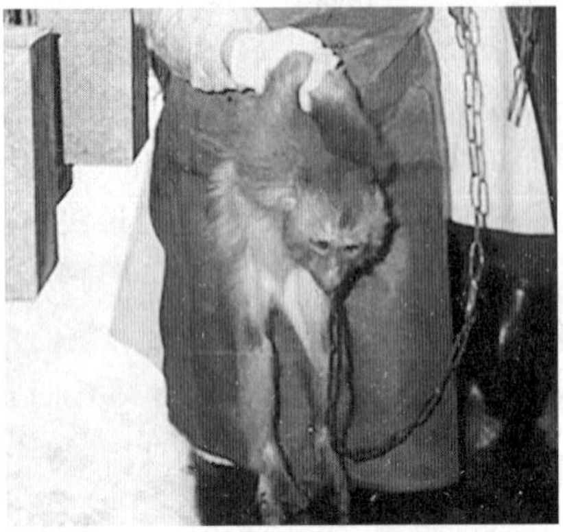
图 12-17　猴的抓取固定

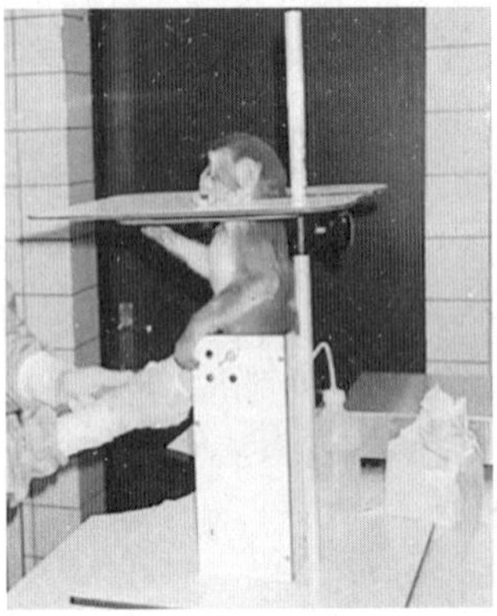
图 12-18　猴限制椅保定

(九)小型猪的抓取与固定

(1)抓取　从背后紧抓猪的两耳,将其提起后,使其臀部着地,此时猪的膝部合拢,将其躯干压在身下即可。

(2)固定　将猪仰放在"V"字形器械内进行固定,也可用木制金属架和帆布吊兜来固定小型猪。用固定架时,使猪背卧,四肢用棉绳固定在三脚架的四角边上。如没有三脚架,也可用犬台。帆布吊兜可根据猪的大小设计成一长方形的布兜,中央 4 层,四周 8 层,中央开 5 个口,以便插入四肢及排便。将布兜固定在金属固定架上,活动板上升到猪可站立的高度,以减轻肢体的压力。

(十)鸡的抓取与固定

实验鸡用手轻轻抓住背部便可保定。保定成年鸡时左手经胸前伸到腹下,拇指、食指和中指分别夹住两脚,手掌贴住胸部,右手经后方伸至背部,保定两翼(图 12-19)。还可用毛巾将动物裹住后即达到固定的目的,将鸡放于实验台上即可进行操作。若由助手一只手握着两翼根部,另一只手握着两爪将动物固定好,操作者可进行注射、采血等操作。

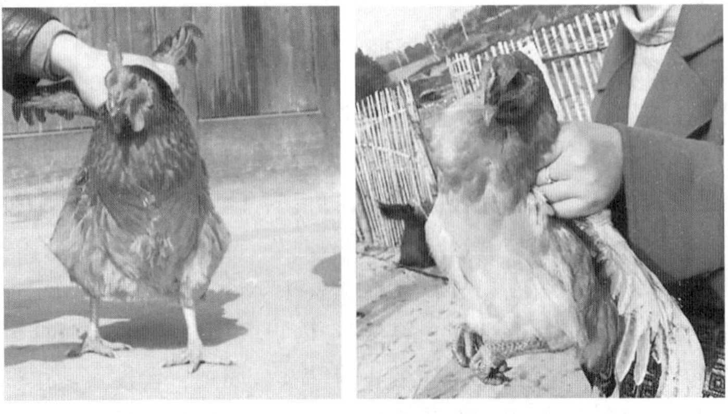
图 12-19　鸡的抓取与固定

(十一)羊的抓取和固定

(1)站立保定　保定时,双手抓住羊两角,骑跨羊身,以大腿内侧夹住胸壁即可保定(图 12-20)。如当羊后退时,可利用堵墙或墙角阻止。

(2)卧位保定　保定者俯身从对侧一只手抓住两前肢系部或抓住一前肢臂部,另一只手抓住腹肋部膝襞处扳倒羊体,然后改抓两后肢系部,前后一起按住,如需要可用粗棉绳捆绑四肢(图 12-21)。

图 12-20　羊站立保定

图 12-21　羊卧位保定

二、实验动物的称量

在固定确实的条件下称量动物的体重是经常用来综合判断动物发育和健康状况的重要指标。

(一)大鼠、小鼠的体重称重

测定小型实验动物时,应使用一个较深的专用容器放在专用的动物电子秤上(小鼠使用称量 50～100 g,精确度为 0.1 g;大鼠使用称量 500～1 000 g,精确度为 1 g),还可以使用接电脑的体重称量计。

①将动物电子秤放平并调好零点。

②放一只较深的专用容器于电子秤上,对电子秤做去皮称重、回零调整。

③取已编号的动物逐一放入专用容器中,读取电子秤显示的动物体重并记录。

(二)豚鼠的体重称量

一般使用称量 100～1 000 g、精确度为 1 g 的电子秤。

①按标准操作规程开启、调试电子秤。

②秤上放置一装动物的专用容器,然后去皮重、回零调整。

③按标准操作规程抓取豚鼠放入秤上容器内,电子秤上立刻显示动物的体重。

④取出动物,用苦味酸在豚鼠身上编号。

⑤在原始记录表上记录每只动物编号及体重。

(三)家兔的体重称量

一般使用称量 200～4 000 g、精确度为 10 g 婴儿电子秤。

①按标准操作规程开启、调试婴儿电子秤称重。

②称重前，先检查电子秤，按上述方法调整零点。

③按相应标准操作规程抓取实验兔，轻放于电子秤盘上，必须使兔四肢均踏于盘上，待实验兔安静后读取并记录其体重数。

(四)犬的体重称量

①将动物天平按相应的标准操作规程放置并调好零点。

②实验人员站在天平上，读取天平显示的体重并记录(精确到 0.05 kg)。

③该实验人员将犬抱着一同站在天平上，读取天平显示的体重总和并记录。

④将体重总和减去该实验人员体重即为犬的体重，并记录。

(五)体重称量计的操作注意事项

体重称量计必须放在干燥、稳定的水平台上，用水平仪将体重称量计调平，打开秤锁，将指针调零并校正其准确性；在连续测定实验动物体重时，中间要调 0，测定完后关掉体重计，特别应将秤盘上的脏物进行清理，并使用 75%的乙醇消毒。

三、 实验动物的标记与编号

在实施动物实验分组时，为使动物个体间或实验组动物之间区别开来，需要对实验动物进行编号和标记。标记的方法很多，可根据不同的动物、不同的实验需要和不同的实验方法来选择合适的标记方法；编号的方法也没有一定的统一规则，但应以各单位共通时不发生混乱为原则。无论哪种动物，都有终身能识别的永久标记个体识别法和短期标记个体识别法。不在动物身上做标记的替代方法之一，是把笼子号作为个体号。

哺乳动物的临时性标记可以使用染色法、涂漆法和贴胶布法。半永久性标记可使用挂耳标签法和戴项圈法；永久性标记可使用烙印法、针刺法、耳缘剪孔法、剪指法、剪尾法、剪毛法和挂牌法。另外，两栖类和爬行类动物的标记可使用剪趾法、除鳞甲法、文身染色法、剪壳法；禽鸟类的标记可使用挂腿圈法、染色法、戴项圈法、穿鼻法等。

不论采用何种标记方法都应遵守“号码清楚、持久、简便、易认和实用”的基本原则，使用对实验动物无毒性、操作简单且能长期识别的方法。

(一)染色法

染色法是用化学药品在动物身体明显部位，如被毛、四肢等处进行涂染成不同颜色来标记区分实验动物，是实验室最常用、最容易掌握的方法。

1. 常用的染色剂

3%～5%的苦味酸溶液，可染成黄色；2%的硝酸银溶液，可染成咖啡色(涂染后需在可见光下暴露 10 min)；0.5%中性红或碱性品红溶液，可染成红色；龙胆紫溶液，可涂染成紫色。在没有上述染色液的情况下，临时性标记也可直接用油性记号笔在动物被毛稀少区域，如兔耳内侧、鼠尾的皮肤上，一般 1 个月以内不会褪色。

2. 染色方法及编号原则

(1)染色方法　染色标记时，用棉签或卷着纱布的玻璃棒或止血钳等蘸取少量上述溶液，在动物体的相应部位逆毛流方向涂上有色斑点。若实验时间较长采取此种编号方法时，可能由于动物之间被毛互相摩擦，尿、水浸湿被毛等原因致有色斑点颜色变浅甚至消失，需在实验进行当中补涂染液，使编号清晰。

(2)编号原则　一种染色法编号的原则是“先左后右，先上后下”。左前腿部记为 1 号，左侧腰部记为 2 号，左后腿部记为 3 号，头部记为 4 号，腰背部记为 5 号，尾部记为 6 号，右前腿部记为 7 号，右侧腰部记为 8 号，右后腿部记为 9 号，不涂色的为 10 号。用单一颜色可标记 1～10 号。如果动物数量超过 10 只，可用两种颜色共同标记，即一种颜色代表十位数，另一种颜色代表个位数，这样可标记到 99 号(图 12-22)。

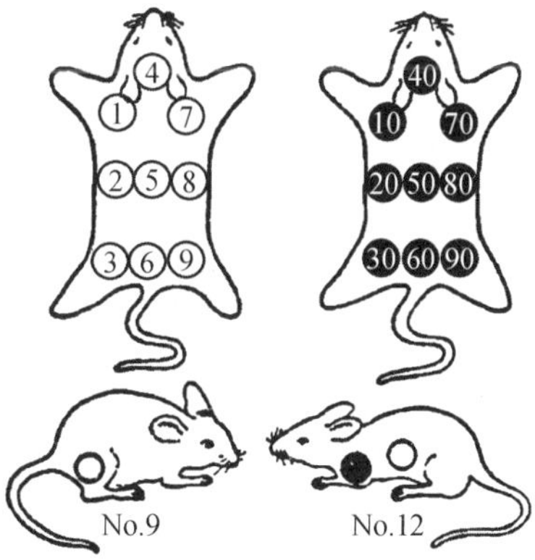

图 12-22　染色法编号

我们在工作中常用另一种染色法进行标记动物。此法的编号原则为编号顺序按顺时针旋转，头顶部记为 1 号，右前肢记为 2 号，右侧腰部记为 3 号，右后肢记为 4 号，尾根部记为 5 号，左后肢记为 6 号，左侧腰部记为 7 号，左前肢记为 8 号，背部记为 9 号，不标号记为 10 号；当标记 10 只以上的动物时要求后面的数字永远大于前面的数字，如有 23 号、46 号、79 号、123 号等，而没有 32 号、64 号、97 号、321 号等。例如，用苦味酸在右后肢涂上斑点，再在左后肢涂上斑点，即代表 46 号。此种编号方法只需一种染液即可标记数量较多的动物。

染色法多用于实验周期较短，动物数量不多的情况。这种方法虽简单，动物无痛无损伤，但由于动物之间互相摩擦、舔毛，尿、水浸渍被毛或脱毛，或因日久颜色自行消退等原因，不适用于长期的实验。此法主要用于大鼠、小鼠、豚鼠和白色家兔。另外，常见染色剂的毒性对实验动物的影响也是一个需要注意的问题。比如，苦味酸，属于易爆品且具有毒性，动物涂抹后可经皮肤迅速吸收，啮齿类动物有舔舐被毛的习惯，长期使用可引起肝、肾的损害，不符合动物福利标准，不建议使用。

(二)涂漆或贴胶布

用油漆在动物脚或体表涂漆进行标记，或用胶布贴在动物腿或翅上进行标记，也都是效果较好的临时性标记方法。

(三)耳缘剪孔法

耳缘剪孔法是用专用耳孔器在动物耳朵的不同部位打一小孔或边缘剪成缺口来表示一定号码的方法。这种编号方法适用于长期实验及体毛颜色较深不易着色的动物。一般在耳内按上、中、下打孔，分别代表 1、2、3，在耳缘相应位置剪一个缺口代表 4、5、6，剪两个缺口代表 7、8、9，无孔或缺口为 10。一般左耳代表十位数、右耳代表个位数(图 12-23)。应用打孔法时常用消毒滑石粉涂抹在打孔或耳缘缺口局部，以防止孔口愈合。

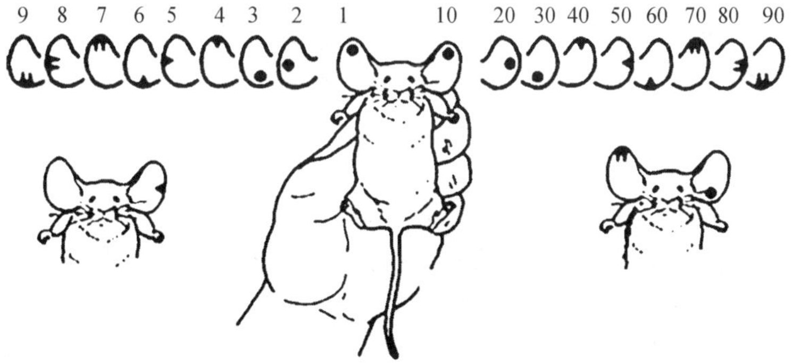

图 12-23　耳缘剪孔法的编号方法

(四)剪趾法

剪趾法是将小鼠左右前肢或左右后肢脚趾按不同排列方式代表不同的数字而进行标记的方法。一般习惯从左向右第一趾为 1 号,第二趾为 2 号,第三趾为 4 号,第四趾为 7 号。若第一趾、第二趾同时剪去则为 3 号;若第一趾、第四趾同时剪去则为 8 号,依此类推。右脚表示个位数,左脚表示十位数,可从 1 号编至 99 号。若再配合穿耳孔法,左耳表示千位数,右耳表示百位数,可编至 9 999 号。剪趾编号方法的优点是各种毛色的小鼠都适用,避免了黑色、棕色等小鼠用染色法标记不易分辨的缺点。但此法的不足之处在于,小鼠脚趾剪去太多,容易因失血过多导致健康状况不良,影响实验结果。一般剪趾后,应用干棉球止血后,再用碘酒消毒即可。

(五)挂牌法

一种挂牌法是指用金属等制作的标牌,写上编号并挂在实验动物的颈部、耳朵等部位。这种编号方法适用于猫、犬、猪、鸡等大动物的标记。但挂牌可能使动物感到不适,会用前爪搔抓号牌而使耳等部位损伤。另一种挂牌法是指将分组编号写在卡片上,挂在动物饲养笼外。挂牌法简单、易识别,标记动物数量不受限制。

(六)挂脚环法

挂脚环法是指先将号码利用激光或其他方法刻在脚环上,脚环一般用无毒塑料做成卡扣式,脚环大小可调节,适应于不同大小禽类的脚(图 12-24),网上购买方便,回来直接扣在禽类实验动物的脚上即可。该法适用于鸡等禽类的编号,简便、实用。

(七)烙印法

烙印法是用烙印钳将号码烙压在大、中型动物无体毛部位或明显部位,如耳、面部、鼻部、四肢等,然后用乙醇为溶剂的染料涂布。需要注意使用此法编号时烙号部位的污染问题,应预防感染。

(八)针刺法

针刺法是采用人工针刺号码打号,然后涂以乙醇黑墨即可。针刺法可用于在家兔、犬等的耳部进行标记。目前有市售动物专用打号器(图 12-25),原理与此相同,带有不同数字和符号的针刺字号可根据需要选择使用。

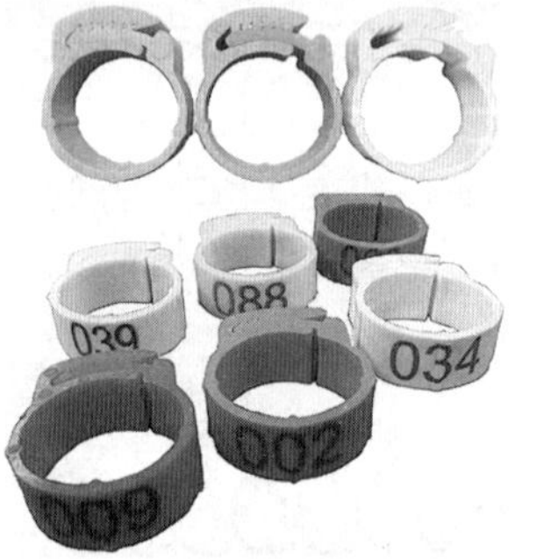

图 12-24　禽类脚环

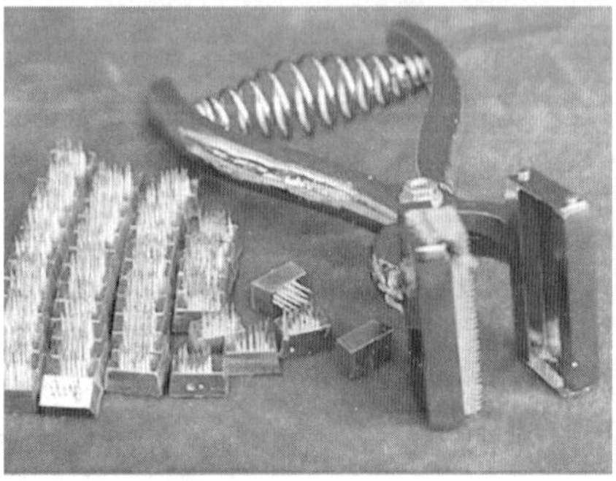

图 12-25　针刺打号器

(九)剪尾法

剪尾法是将动物尾尖部剪去,一般用于大鼠、小鼠的分组,但仅限于将两组动物区分开,无法给每只动物编号。若需进行尾尖取血,该法不适用。

(十)剪毛法

剪毛法是将动物背部的被毛用剪刀剪去,用于标记,此法编号标记清楚、可靠,便于试验人员观察，常用于大中型动物的编号。

动物的编号方法虽然有一定的原则及规范，但在实际工作中需灵活应用，有时常常两种编号方法互相配合使用，如运用染色法对每只动物进行编号后，再用挂牌法标记分组情况，挂在笼子外面，而编号也不仅仅局限于上述9种方法，在确保编号清晰、简便、耐久、适用的前提下，根据具体实验的特点，实验者可因地制宜地给动物编号。

（十一）电子芯片法

国际上比较流行的永久性标记法是向动物的颈背部皮下埋入预先将号码编好的微型集成电路片，用专业扫描仪读取数据，扫描仪中存储的数据可拷贝到电脑中，方便进行分析。这种方法可用在小鼠、大鼠、豚鼠、家兔等多种实验动物上，该方法不仅能识别出实验动物的编号和体温，并且能通过遥测的方法对该动物实施24 h的生理指标监测。

四、实验动物的分组

在动物实验时，常常需要将选择好的实验动物，按研究需要分成若干组。分组前，应根据实验需要设计每组实验动物样本数量。分组时，为了避免人为主观因素的影响，以减少实验误差的发生，以前常用随机数字表或者计算器产生随机数字进行分组，现在电脑使用普遍，各种统计软件如SPSS、SAS、Stata等都可以比较好的实现随机分组，但这些软件需要编程。最简单实用的分组方法利用Excel就可以做到实验动物随机化的分组。

（一）简单随机化分组

在不考虑其他因素影响的情况下，将实验动物分组，只需要简单地随机分组即可，其分组方法如下。

（1）挑选动物并进行编号　按实验需要称取出经检疫合格的动物。

（2）输入动物号　打开Excel软件，在“A1”单元格输入“1”，将鼠标选中“A1”，按Ctrl键在“A列”下拉出所需的动物号。

（3）产生随机数　在“B1”单元格填写“＝RAND( )”，回车后在“B1”格子里会出现一个[0,1]之间的一个随机数字，将鼠标放在“B1”格子下，下拉，就会产生一串0-1之间的随机数据，复制B列数字到对应的C列（只复制数字）。

（4）将随机数排序　选取以C列随机号自动排序（升序或降序都可以），将动物号按其附上的随机号的顺序由小到大重新排列。

（5）分组　在D列建立分组，并填上组名或者组号，再用A列数字进行升序排列，即完成简单随机分组。

（二）随机区组设计分组

如果实验动物在分组时考虑到体重等其他因素的影响，就需要进行随机区组设计分组，具体方法如下。

（1）动物称重及编号　将实验动物进行称重，并按体重由小到大进行编号，并将体重相近的分为小组，这一小组称为区组，区组大小应为组数的倍数，并进行区组编号。

（2）输入动物号并产生随机数字　将动物编号按体重顺序填入Excel表A列，将区组编号填入表格B列，按简单随机分组方法在C列产生随机数字，并将随机数字复制到D列上。

（3）随机数字排序　在全选的情况下，按简单随机分组方法排序，先用D列随机排序，再用B列区组排序，在E列进行分组，每个区组分别填上组号，如果区组个体数是分组数的倍数

n,就在E列分别填上n个A组,n个B组,n个C组,依此类推。

(4)实验动物分组　再用A列数字进行排序就完成分组。在具体应用时,区组因素也可能是其他因素,如窝别、品种、其他干预等,在使用时灵活运用。

(三)分组的注意事项

动物随机分组的目的在于使某实验中的某主要指标平均分配到各个组中,如某减肥茶的减肥效果实验,动物的体重是此实验中主要的观察指标,因此随机分组后,各组的平均体重应趋于一致。

为确保实验结果具有统计学意义,实验分组时应注意各组动物的数量不可太少,一般需进行统计学处理的实验数据,各组动物至少不可少于6只,若再考虑到实验过程中出现意外等情况,动物数量还需适当增加。

实验分组时还应考虑到动物性别的影响。如果条件允许,就可选择雌雄各半进行实验,但应保证雌雄动物的实验数据均应具有统计学意义;如果条件不允许,考虑到雌性动物的生理因素,以选择雄性动物进行实验为好,但必须使用雌性动物进行的实验除外。

五、实验动物被毛的去除

为了方便实验研究的进行和增强动物实验的准确性,有时需要对实验动物的被毛进行处理。例如,接种实验肿瘤细胞于实验动物皮内时,只有将动物被毛剃去才能提高移植成功率;又如,在经皮肤给药的动物实验中,去掉被毛后,不仅能避免给药部位局部感染,而且给药量更准确。常见的实验动物除毛方法有剪毛、拔毛、剃毛、脱毛等4种。

(一)剪毛法

急性动物实验中常使用该法。操作时,用剪毛剪或弯头剪紧贴动物皮肤依次将被毛剪去,一般先粗剪后细剪,剪下的被毛应放于固定的容器内。注意不要用手提着皮毛剪,否则容易剪破皮肤。

家兔通常在背部两侧剪毛,范围约150 cm^2(约为体表面积的10%)。操作时,将家兔放置于试验台上,用左手按住家兔头颈处,右手持弯手术剪(也可用电动推剪操作)自家兔下背部,逆被毛方向从毛根部剪毛。不要剪破皮肤。为避免毛到处乱飞,可将剪下的毛放入盛水的容器中暂存。

(二)剃毛法

大动物做慢性手术时常使用该法。操作时,首先用温肥皂水将需要剃毛部位的被毛充分浸润,然后用弯头剪先剪一道,再用剃毛刀顺实验动物被毛生长方向剃毛(不可逆着动物被毛方向剃毛),这样比较方便。

豚鼠通常在背部两侧剃毛,范围每侧约3 cm×3 cm。操作时,操作者左手将豚鼠固定在瓷盆中,右手用电动推剪从豚鼠下部向头端推动,逆被毛方向剃毛,及时收集剃下的被毛,放入已盛干净自来水的烧杯或塑料盆中,以免毛发飞扬,污染环境。

(三)拔毛法

大小鼠皮下注射、家兔耳缘静脉注射或取血常用此法。操作时,将实验动物固定后,用拇指、食指将所需要部位的被毛拔去,若涂上一层凡士林,可更清楚地显示局部血管。

(四)脱毛法

一般大动物做无菌手术或观察动物局部血液循环及其他各种病理变化时常采用此法。脱毛法主要是采用各种化学脱毛剂将动物所需部位的被毛脱去。常用的化学药品有硫化钡（BaS）、硫化碱、硫化钠（Na_2S）、硫化钙（CaS）、硫化锶（SrS）、三硫化二砷（As_2S_3）等。

1. 常用脱毛剂配方

①硫化钠 3 份、肥皂粉 1 份、淀粉 7 份，加水混合，调成糊状软膏。

②硫化钠 8 g、淀粉 7 g、糖 4 g、甘油 5 g、硼砂 1 g、水 75 g，共 100 g，调成稀糊状。

③硫化钠 8 g 溶于 100 mL 水内，配成 8%硫化钠水溶液。

④硫化钡 50 g、氧化锌 25 g、淀粉 25 g，加水调成糊剂。

⑤硫化钡 35 g、面粉或玉米粉 3 g、滑石粉 35 g、水 100 mL，调成糊剂。

⑥生石灰 6 份、雄黄 1 份、加水调成黄色糊状。

⑦硫化碱 10 g、生石灰（普通的）15 g，加水到 100 mL，溶解后即可使用。

2. 脱毛方法

先用剪刀剪短待脱毛部位的被毛，以节省脱毛剂的用量，然后用棉球或纱布块蘸脱毛剂在脱毛部位涂成薄层，经 2～3 min 后，用温水洗去该脱毛部位的毛，再使用纱布将水擦干，涂上一层油脂。

一般来说，家兔、大鼠、小鼠等小动物使用硫化钠脱毛效果很好，脱一块 15 cm×12 cm 的被毛，只需要 5～7 mL 的脱毛剂，2～3 min 即可用温水洗去脱下的被毛。

在进行家兔脱毛时，将家兔放置实验台上，助手 1～2 人分别将兔固定。取 60 g 脱毛剂备用（相当于 1 只家兔用量，脱毛剂配制按相应的标准操作规程操作），加入少许自来水调成稀糊状，用勺子或纱布将脱毛剂均匀涂抹于背部剪毛区。若室温较低，可用温热毛巾覆盖，2～5 min 后，若毛已脱掉，立刻用清水或温水洗去脱毛剂，用软纸或毛巾拭干。

大小鼠可不剪毛，直接涂上脱毛剂，6～7 min 后，用温水洗去脱下的被毛。脱毛部位的皮肤很少发生充血、炎症现象。

犬等大动物常使用硫化碱配方，其脱毛效果很好。操作时，将犬固定在固定架上，操作者戴上橡胶耐酸手套，用纱布蘸脱毛剂涂抹在需要脱毛的部位，使犬毛湿透，等 2～3 min 后，被毛呈现黏糊状时迅速地用自来水洗干净，此时，被毛脱得十分干净，皮肤表面不充血。

在脱毛前一定不要用水冲洗，以免水洗后，脱毛剂会渗透到毛囊刺激皮肤，造成炎症。

第二节　实验动物的麻醉

实验动物的麻醉是指用物理或化学的方法，使动物全身或局部暂时镇痛或痛觉迟钝，以利于进行实验。对实验动物实施麻醉，既是保护操作者与便于达到实验研究目标的需要，又是对实验动物实施人道主义保护与管理的必要措施。

实验动物种类繁多、体格悬殊，解剖生理各异，实验目的的不同，因此麻醉方法和麻醉剂用药各不相同。

一、麻醉前的准备

对于需要麻醉的动物实验而言，麻醉的成功与否是至关重要的。麻醉前的准备工作是必不可少的一个环节。

(一) 动物的准备

动物应禁食,大动物需禁食 10～12 h。在麻醉之前应准确称量动物体重。

(二) 麻醉剂的准备

检查所选用的麻醉剂的质量、数量、浓度,以及预防麻醉过深所选用的急救器材、药品是否准备齐全。须考虑麻醉剂的纯度问题,同种麻醉剂不同纯度,其麻醉效果往往差别较大。在寒冷冬季,麻醉剂在注射前应加热至动物体温水平。

(三)麻醉剂量和麻醉方法的准备

麻醉的剂量应准确计算。但是由于动物个体之间的差异,对药物的耐受性不同,体重与所需剂量并不成正比,一般来说,衰弱和过胖的动物,其单位体重所需剂量较小。故文献等资料提供的剂量仅供参考,切记不可盲目照搬。有条件最好做预实验,从而确定麻醉剂量。

二、常用的麻醉方法

(一)全身麻醉

全身麻醉简称全麻,是指麻醉药通过呼吸道吸入、静脉和肌内注射等途径,进入实验动物体内,使其产生短时间意识丧失、镇痛、肌肉松弛和反射抑制等中枢神经系统抑制现象。当麻醉药从体内排出或在体内代谢破坏掉后,实验动物逐渐清醒,不留后遗症。全麻有吸入麻醉和注射麻醉两种途径,吸入麻醉用挥发性麻醉药,注射麻醉用非挥发性麻醉药。

1. 吸入麻醉

吸入麻醉就是将挥发性麻醉剂或气体麻醉剂,由动物呼吸道吸入体内而产生麻醉效果。吸入麻醉常用的麻醉药有乙醚、安氟醚、氟烷等,一般多使用乙醚麻醉,该药也可能引起动物窒息,如果发生该现象,则应暂停乙醚吸入。

麻醉容器可以采用密封透明的玻璃容器,也可以采用离心管、试管、小烧杯等自制成辅助麻醉瓶样,麻醉瓶的大小一般根据动物的大小而定。在乙醚麻醉前放入 1 cm 高左右的乙醚,然后投入棉球即可,同时还要准备带有乙醚的棉球,随时待用。

(1)大小鼠的吸入麻醉　麻醉前,准备乙醚、消毒脱脂棉球或纱布、1 000 mL 烧杯或类似大小的玻璃标本缸、培养皿等。

将被乙醚渗湿的消毒脱脂棉球或纱布放入上述容器里,将动物放入,用塑料薄膜和绳封口或烧杯上面加盖、培养皿封口,观察动物的行为。

动物先开始兴奋,继而出现抑制,自行倒下。当动物角膜反射迟钝、肌肉紧张度降低时,可取出动物;如果动物逐渐恢复肌肉紧张,则重复麻醉 1 次,待动物平静后进行实验;若实验时间过长,可将实验动物固定在实验台上,将含有乙醚的棉球或纱布靠近其鼻部,保持吸入状态(最好放在可以通风的环境下,防止操作者被动吸入而影响实验操作)。

(2)家兔吸入麻醉采用开放式乙醚麻醉　麻醉前,准备乙醚、口罩、7 号针头、棉线等材料。操作者按相应的标准操作规程抓取、固定家兔,将被适量乙醚渗湿的口罩按在家兔的鼻和口腔部,观察动物的行为、呼吸等状况。

动物出现兴奋后,肌肉紧张度逐渐降低,1～2 min 后,从动物后腿依次出现麻痹现象,动物肌肉松弛,而后失去运动能力。此时以 7 号针头刺家兔后肢,如无缩腿反应,则皮肤镇痛;再以棉球丝接触角膜,如兔没有眨眼,则角膜反射消失,表示动物已处于麻醉状态,可进行下步实验操作。如果动物逐渐恢复肌肉紧张,则可加适量乙醚维持麻醉状态。

(3)犬的吸入麻醉　麻醉前准备乙醚、口罩、7号针头、绷带、气管插管手术器械等材料。按相应的标准操作规程抓取犬并用绷带将犬口缚住，然后根据犬的大小，选择合适的麻醉口罩，将纱布置入口罩内，加入乙醚，以适量乙醚渗湿口罩，观察动物的行为、呼吸等状况。动物出现兴奋、挣扎、呼吸不规则，而后表现为呼吸平稳，肌肉紧张度逐渐消失、角膜反射迟钝，此时以7号针头刺犬后肢，如无缩腿反应，再以棉球丝接触角膜，如没有眨眼，表示动物已处于麻醉状态，应除去犬嘴绑绳，进行下一步实验操作。

如果动物逐渐恢复肌肉紧张，则可加适量乙醚维持麻醉状态。犬和猫等大动物在做长时间的实验时需要进行气管插管。

2. 注射麻醉

注射麻醉法是使用非挥发性全身麻醉药进行麻醉的方法。注射麻醉方法简便，麻醉时间较长，适用于需长时间麻醉的动物实验。

(1)注射麻醉常用麻醉药

①巴比妥钠麻醉。其在临床上常用。巴比妥钠是巴比妥酸衍生物的钠盐，呈粉状，安全范围大，毒性小，麻醉潜伏期短，维持时间较长，可腹腔及静脉注射，是有效的镇静和麻醉剂。它主要是阻碍冲动传入大脑皮质，从而对中枢神经系统起到抑制作用。麻醉时，应使用催眠剂量，这样对动物的呼吸抑制影响较小，应用过量却影响呼吸。一般应先一次推入总量的2/3，观察动物的行为，若已经达到所需的麻醉深度，则不一定给完所有的药量。

②氯胺酮麻醉。本品为苯环己哌啶的衍生物，其盐酸盐为白色结晶粉末。它易溶于水，微溶于乙醇，pH为3.5～5.5。该麻醉剂注射后很快使实验动物进入浅睡眠状态，但不引起中枢神经系统深度抑制，一些保护性反射仍然存在，所以麻醉的安全性相对较高，是一种镇痛麻醉剂。它主要阻断大脑联络径路和丘脑反射到大脑皮层各部分的路径，一般多用于犬、猫等动物的基础麻醉和啮齿类动物的麻醉。本品能迅速通过胎盘屏障，影响胎儿，所以用于妊娠的动物时必须谨慎。

③水合氯醛麻醉。其作用特点与巴比妥钠类相似，能起到全身麻醉的作用，是一种安全有效的镇静催眠药。其麻醉剂量与中毒量很接近，所以安全范围小，使用时要注意。其副作用是对皮肤和黏膜有较强的刺激作用。另外，常用的非吸入麻醉药物是氨基甲酸乙酯。

不同种类的实验动物及动物的健康状况、体质、年龄、性别的不同，也会直接影响非吸入麻醉药物的给药剂量和麻醉效果(表12-1)。

表12-1　不同种类实验动物与不同麻醉药物及给药途径的关系　mL

实验动物种类	巴比妥钠		水合氯醛		氨基甲酸乙酯		氯胺酮
	静脉注射	腹腔注射	静脉注射	腹腔注射	静脉注射	腹腔注射	肌内注射
小鼠	35	50		400	35	750	22～44
大鼠	25	50		300	25	50	22～44
地鼠		35		200～300		35	
豚鼠	30	40		200～300	30	1 500	22～44
家兔	30	40	30	40	30	1 000	22～44
犬	30		30			1 000	30
猴	35		35		35		15～40
<45 kg猪	20～30		20～30		20～30		10～15
>45 kg猪	15		15		15		10～15

(2)注射麻醉方法　注射麻醉常采用的注射方法有:静脉注射、肌内注射、腹腔注射等。静脉与肌内注射多用于较大的动物,如犬、猫、猪、犬等。静脉注射的部位多是耳缘静脉(家兔、猫、猪)、后肢静脉(犬)及尾静脉(大小鼠);肌内注射的部位多选用臀部。腹腔注射多用于较小的实验动物,如大鼠、小鼠、沙鼠、豚鼠等,注射部位多选在腹部后 1/3 处略靠外侧(避开肝和膀胱)。

注射麻醉剂给予动物麻醉药后,动物几分钟即倒下,全身无力,反应消失,表明动物已经达到适宜的麻醉效果,是手术的最佳时期。接近苏醒时,动物四肢开始抖动。如果手术还没有完成,就要及时将麻醉瓶放在动物口、鼻处,给予辅助吸入麻醉。如果手术过程中发现动物抽搐、排尿,说明麻醉过深,应立即进行急救。做完手术后,要注意保温,促使其清醒。在全身麻醉过程中,要注意以下事项。

①由于各种动物麻醉剂的作用长短以及毒性的差别,注射时一定要控制药物的浓度和注射量。

②麻醉前,动物宜禁食,大动物禁食 10 ～12 h。不能使用泻剂,因为泻剂可降低血液的碱储,从而增加血液和组织的酸度,使动物在麻醉和失血状况下,容易发生酸中毒,从而降低损伤组织的抗感染能力;使用犬做长时间实验前应灌肠,以排出积粪;检查麻醉剂质量、数量是否满足要求,麻醉固定器是否有破损,对过深麻醉的急救器材、药品也要准备完全;应考虑麻醉剂的纯度,麻醉剂的纯度直接影响麻醉效果,应使用同种同剂量的麻醉剂。

③麻醉时,要注意麻醉剂的用量。除参考一般标准外,更要考虑个体差异对麻醉药物的不同耐受性,而且体重与所需剂量有时并不是绝对呈正比的。一般而言,体弱和过胖的实验动物,其单位体重所需要的麻醉剂量相对较小。在麻醉剂的使用过程中,尤其是采用静脉麻醉,要随时注意检查实验动物的反应情况。按照体重算出用量后匆忙进行麻醉的做法是绝对不可取的;同时,静脉注射速度必须缓慢,并要关注动物的肌肉紧张程度、角膜反射和对皮肤疼痛的反应,当这些活动明显减弱或消失时,要立即停止注射,并进行抢救;配制的麻醉药物浓度要适中,浓度过低,注射溶液的体积过大;浓度过高,容易造成麻醉过急,这些都是动物实验中的禁忌。

④麻醉后,要采取保温措施。在麻醉期间,动物的体温调节机制受到抑制,会出现体温下降,影响实验结果;必须保持动物气道的通畅和组织的营养;在出现麻醉过深的情况下,应立即采取抢救措施。

(二)局部麻醉方法

局部麻醉是指局部使用麻醉药,可逆性地阻断感觉神经冲动的发出和传导,使实验动物在意识清醒的状态下出现局部感觉消失的方法。局部麻醉的特点是动物可保持清醒状态,对重要器官功能干扰轻微,麻醉并发症少,是一种比较安全的麻醉方法。

局部麻醉的方法主要有表面麻醉、浸润麻醉、区域阻滞麻醉以及传导麻醉等。实验动物局部麻醉常用的方法是浸润麻醉。

进行局部浸润麻醉时,首先要把动物固定好,在实验操作的局部皮肤,用皮头针先做皮内注射,形成橘皮样丘疹;然后换成局部麻醉长针头,由皮点进针,放射到皮点周围继续注射,直到要求麻醉区域的皮肤都浸润为止。根据实验操作要求的深度按照皮下、筋膜、肌肉、腹膜或骨膜的顺序,依次注射麻药,以达到麻醉神经末梢的目的。

(1)普鲁卡因的浸润麻醉　普鲁卡因的化学名是对氨苯甲酸酯,是一种无刺激性的局部麻醉剂，麻醉速度快，注射后1～3 min可产生麻醉，可维持30～45 min。普鲁卡因对皮肤和黏膜的穿透力较弱，需要注射给药时才能产生局部麻醉作用，它可使血管轻度舒张，容易被吸收入血而失去药效。

为了延长其作用时间，常在溶液中加入少量肾上腺素(100 mL加入0.1%的肾上腺素0.2～0.5 mL)能使麻醉时间延长1～2 h。

常使用1%～2%的盐酸普鲁卡因溶液阻断神经传导，剂量应根据手术范围和麻醉深度而定。其副作用主要是中枢神经系统会先兴奋后抑制。

啮齿类动物通常使用1%～2%的盐酸普鲁卡因注射；猫、犬则通常使用0.5%～1.0%的盐酸普鲁卡因注射。

(2)利多卡因的局部麻醉　常用于表面、浸润、传导麻醉和硬脊膜外腔麻醉，常用浓度为1%～2%。其麻醉效率和穿透力比普鲁卡因强2倍，作用时间也较普鲁卡因长。

(3)丁卡因的局部麻醉　其结构与普鲁卡因相似，但麻醉效应比普鲁卡因要强10倍，吸收后的毒性也相应加强。它能穿透黏膜，作用迅速，1～3 min就发生作用，可持续时间60～90 min。

三、麻醉意外的抢救

在实验进行中，麻醉过量、大失血、过强的创伤、窒息等各种原因导致了动物出现血压急剧下降，甚至测不到；在出现呼吸极慢而且不规则，甚至呼吸停止、角膜反射消失等临床死亡症状时，应立即进行抢救。抢救的方法可根据动物情况而定。一般采用与所用麻醉剂有拮抗作用的苏醒剂。常用的苏醒剂有咖啡因、苯丙胺、印防己毒素、尼可刹米等。

一般而言，麻醉过量时，应根据过量的程度采取不同的处理方法。当动物呼吸慢而不规则，但心搏和血压正常时，可实行人工呼吸，并给予苏醒剂；当动物呼吸停止，但仍可听到心搏时，应迅速进行人工呼吸，同时注射50%温热的葡萄糖溶液5～10 mL，并给予肾上腺素及苏醒剂；当动物呼吸停止、心搏极弱或刚停止时，则要用5%CO_2和60%O_2的混合气体进行人工呼吸，同时注射50%温热葡萄糖溶液、肾上腺素和苏醒剂，必要时打开胸腔按摩心脏。

(一)呼吸停止的抢救

(1)临床症状　动物胸廓呼吸运动停止，黏膜发绀，角膜反射消失或极低，瞳孔散大。呼吸停止的初期表现为呼吸浅表、频率不等而间歇等。

(2)治疗　立即停供麻醉药，先打开动物的口腔，拉出舌头到口腔外，应用5%CO_2和60%O_2的混合气体进行间歇人工呼吸，同时注射热葡萄糖溶液。使用呼吸兴奋药、心脏急救药物。常使用的呼吸兴奋药有：尼可刹米0.25～0.50 g/次；贝美格50 mg/次，静脉缓慢注射；戊四氮0.1 g/次，静脉注射。

(二)心脏跳动停止的抢救

(1)临床症状　呼吸和脉搏消失，黏膜发绀。心脏停止跳动前可能无征兆。

(2)治疗　迅速采取心脏按压，即用掌心在心脏区有节律地敲击胸壁，其频率相当于该动物的正常心脏跳动次数。

常用的心脏抢救药有肾上腺素0.5～1 mg/次；5%碳酸氢钠，首次给药用5%的碳酸氢钠，按照1～2 mL/kg注射。

第三节 实验动物给药途径与方法

在动物实验过程中，为了观察药物对机体功能、代谢及形态引起的变化，常常需要将药物给予到实验动物体内。给药的途径和方法是多种多样的，应根据不同的实验目的、动物种类、药物剂型来决定动物的给药途径与方法。

动物的给药方法主要分为投入法和注射法两种，根据给药途径又分为很多具体的类型。投入法可分为经鼻腔投入、经胃腔内投入、经肠管内投入、经气管内投入和经口腔投入等；注射法分为皮下注射、肌内注射、腹腔注射、脑室内注射、脑内注射、胸腔内注射、静脉注射、关节腔内注射和心内注射等。

一、经口腔投入给药

(一)口服给药

实验动物口服给药法中给予的药物一般是固体药物，该方法可以分为两种方式：一种是直接将药物添加到饲料或饮水中，让动物自由采食食物时将药物食入的方法。这种方法简单易操作，由于动物的状态和嗜好不同，饮水和饲料的摄取量不同，药量难以控制。另一种方法是徒手直接将固体药物投入实验动物口腔，强迫实验动物咽下药物的方法。这种方法适用于猫、犬、兔、猴等较大型的实验动物，小鼠、大鼠一般不采用。给药时，想办法掰开实验动物上下颌，用手指或者长镊子将药物置于实验动物舌根部，合上上下颌，让其自动将药物咽下。徒手给药时，防止实验动物伤人事件的发生。

(二)灌胃给药

实验动物灌胃给药是指借助器械将药物直接灌入动物胃内的方法。这种方法可准确控制给药量，操作时不要损伤动物。

1. 大鼠、小鼠、豚鼠灌胃

大鼠、小鼠、豚鼠的灌胃给药通常使用不锈钢、头端球形的灌胃针操作。大小鼠及豚鼠灌胃针形状相同，不同之处就是长度不一样，大鼠灌胃针一般长6～8 cm，小鼠灌胃针长5～7 cm(图12-26)，选用灌胃针时还要根据不同个体大小选用不同长度的灌胃针。灌胃操作时，左手固定实验动物，使鼠呈垂直体位，腹部朝上，颈部拉直，头部向后略倾斜，测量灌胃针头到胃内的位置(成年小鼠从口腔开始的深度大约3 cm，大鼠、豚鼠从口腔开始的深度大约5 cm)。右手取已抽好受试药的注射器，把灌胃针的前端放进动物口腔，顺着上腭部插入咽部。灌胃针头的前端通过咽喉部后有抵触感，轻轻转动灌胃针头的前端，沿着动物的纵轴平行插入。进入食道后没有抵抗感，然后把灌胃针头插入动物胃部所需要到达的位置。右手拇指推动注射器，将药液徐徐推入胃内(图12-27、图12-28)，注射完毕后轻轻取出灌胃针头。若针头插入时遇到阻力或动物挣扎厉害，应抽出灌胃针重新插入，切记不可强行插入，否则易造成动物损伤；若误插入气管，动物会立刻死亡。

2. 兔、犬、猫、猴灌胃

家兔通常使用软的12～14号橡皮导尿管插管灌胃。为防止家兔在导入胃管时咀嚼和误将导尿管插入气管，在灌胃时需准备一个木制的开口器、一杯清水。操作时，先将待插的导尿管泡在水或生理盐水中，这样容易插入且不容易损伤食道。灌胃时，实验者将开口器放在动物

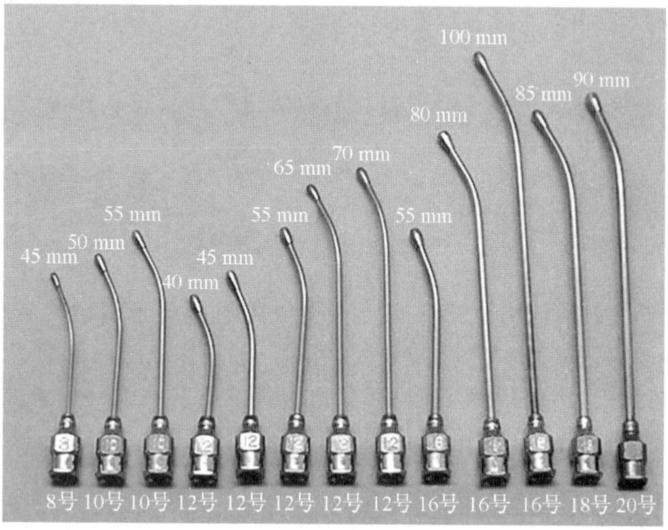

图 12-26　灌胃针头

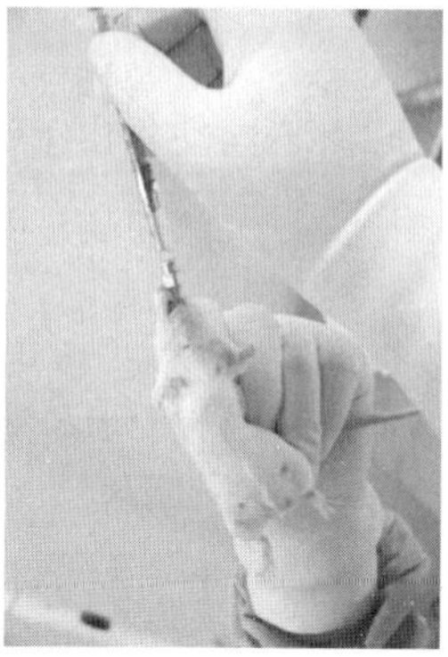

图 12-27　小鼠灌胃

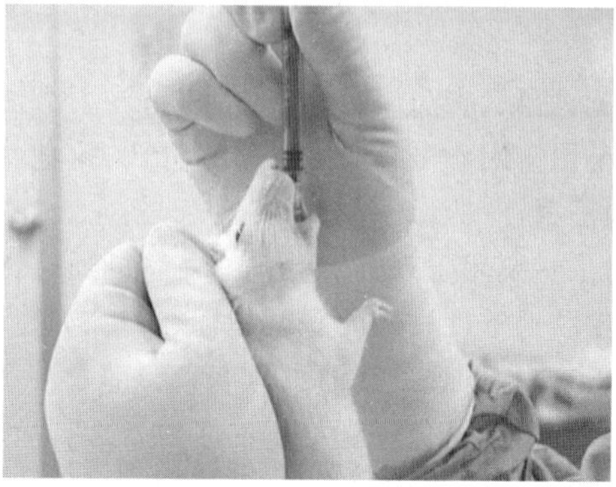

图 12-28　大鼠灌胃

上下门齿之间，固定于舌之上，然后将一端用清水浸湿导尿管经开口器的中央孔，沿上腭慢慢插入食管，自家兔口腔开始深度为 15～20 cm(随家兔大小可适当调整)。插好导尿管后，将导尿管的外端浸入烧杯的水中，等候片刻，若有气泡自管中冒出，则表明插在气管内，应拔出再插；若无气泡自管中冒出，表明插入胃中，可进行给药操作(图 12-29)。为保证管内药液全部

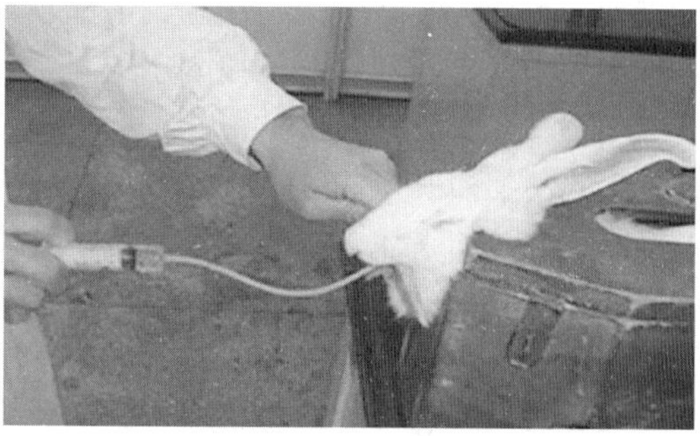

图 12-29　家兔的灌胃

进入胃内，药液注入完后再注入 5 mL 清水，方可抽出导尿管，取出开口器。

3. 犬、猫、猴灌胃

犬、猫、猴类似于兔，也需借助于开口器和灌胃管进行。犬、猫、猴灌胃时强行固定灌胃容易攻击人，因此要做好防护工作。

二、注射法给药

(一)皮下注射

实验动物的皮下注射给药比较简单，注射部位一般选择皮下组织比较疏松的部位，大鼠、小鼠常选用颈背部、左侧下腹部或后腿皮肤处；豚鼠一般采用大腿内侧面、背部、肩部等皮下脂肪少的部位，通常在豚鼠大腿内侧面注射；家兔选用背部皮肤和腿部皮肤注射，犬常用注射部位有颈背、大腿、侧腹和后肢；猴选用颈后、腰背部皮肤松处注射；猪的皮下注射部位为耳根部皮下；鸡的皮下注射部位为翼下部位。

操作时，先用乙醇棉球消毒需注射部位的皮肤，再将皮肤提起；进针时，从头部方向刺入皮下，再沿体轴方向将注射针推进 5～10 mm，若针尖易左右摆动，表明已刺入皮下，然后轻轻抽吸，如无回流物可缓慢注射药液。注射完毕，缓慢拔出注射针，用干棉球压针刺部位，以防止药液外漏。

大鼠、小鼠、豚鼠、家兔、猫、犬、猴等皮下注射方法基本相同。不同动物皮下注射所用的针头号不同，如小鼠需用 4 号针头或 4 号半针头，家兔、猫等需用 6 号针头进行皮下注射。

(二)皮内注射

皮内注射法主要用于观察实验动物血管的通透性变化或观察皮内反应，多用于接种、致敏试验等，这是皮肤通透性试验的观察指标之一。如将一定量的放射性核素溶液、颜料或致炎物质、药液注射于皮内，以观察其消失速度和局部血液循环的变化。

大鼠、小鼠、豚鼠、家兔等动物皮内注射常选择背部脊柱两侧的皮肤。猪的皮内注射一般选取耳壳外面或腹侧皮肤注射。猫、犬等较少进行皮内给药。

操作时，先将实验动物注射部位及周围的被毛剪去，用脱毛剂或者除毛霜脱毛，间隔一天，用 75% 的乙醇棉球消毒局部，然后用左手将皮肤捏成皱襞，右手持 5 号针头的结核菌素注射器，使针头与皮肤呈 10°～15°角刺入皮下，然后将针头向上挑起，并稍刺入皮肤真皮层即可注射。注射后，可见皮肤表面马上鼓起一小丘(白色、橘皮样)，同时注射部位因皮肤缺血而呈苍白色，皮肤上的毛孔极为明显，注射后再拔出针头，否则药液会从针孔漏出，若小泡不是很快消失，则说明药物确实注射在皮内。小鼠皮内一次注射量通常不超过 0.05 mL；大鼠、豚鼠、家兔等其他动物皮内的一次注射量不超过通常 0.1 mL。注意大鼠和小鼠皮内注射通常选择雌性大鼠进行，因雄性大小鼠比雌性大小鼠皮肤更紧密，注射难度较大。

(三)肌内注射

与皮下和腹腔注射相比，实验动物的肌内注射给药应用较少，只有当注射不溶于水而混悬于油或其他溶剂的药物时，才用此法。如果注射的药物量大而有刺激性，由于坐骨神经在股骨的后面，故用股四头肌比股后部肌肉更好；如果将药物注射至股后部肌肉的筋膜面，则可能影响神经的功能，造成后肢瘫痪。

大鼠、小鼠、家兔、犬等肌内注射的部位一般选择肌肉丰满而无大血管通过的臀部或大腿外侧或内侧肌肉。鸡的肌内注射选取胸肌或腓肠肌注射。

肌内注射时，固定好实验动物勿使其活动，注射部位先用乙醇棉球消毒，右手持注射器并与肌肉呈 90°角一次刺入肌肉，回抽无回血方可进行注射，注射完毕后以消毒干棉球按在针眼部位，并用手轻轻按摩，以帮助药物吸收。大鼠、小鼠对大腿肌内注射时一般选用 5 号针头，家兔、猫、犬肌内注射一般选用 6 号针头。家兔、猫、犬在肌内注射时需由助手固定好动物，实验者进行注射。家兔、猫也可由实验者自行操作。

(四)腹腔注射

注射部位一般选择在实验动物腹部左下 1/4，腹中线左右两侧 1 cm 处，因为该区域没有重要的生命器官。注射时，为了防止药物进入肠道，仅针头的尖端穿透腹壁即可。

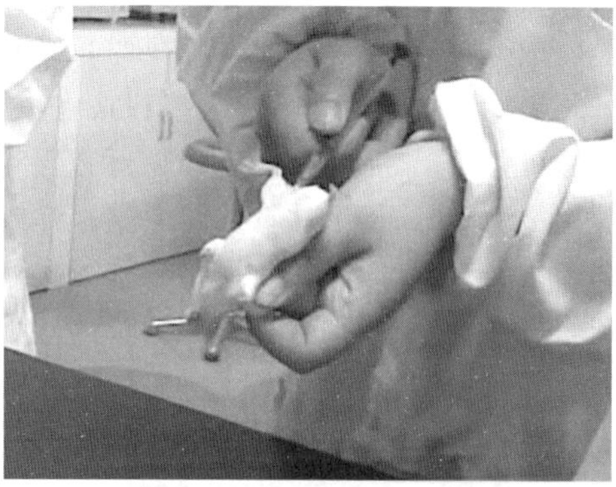

图 12-30　小鼠腹腔注射

操作时，注射部位消毒后，右手持注射器在注射位置将针头刺入皮肤，针头到达皮下后，再稍向前进针，后以约 45°刺入腹腔，针尖通过腹腔后抵抗力消失，固定针尖，回抽注射器，观察有无回血或尿液，如无则可缓慢推注药液(图 12-30)。腹腔注射通常均选取 5 号针头。大小鼠、豚鼠腹腔注射时，一般以左手固定动物，右手注射即可；对体重较大的大鼠或豚鼠，可由一人固定动物，暴露腹部，另一人进行注射操作。家兔、猫、犬等大动物需由助手固定好动物。

针头刺入部位不宜太接近上腹部或太深，以免刺破内脏；针头与腹腔的角度不宜太小，否则容易刺入皮下；所用针头不宜太粗，以防止药液从注射针孔流出；注射后应用无菌棉按一下注射针孔，也可以用不带钩的小镊子轻捏注射针孔。为避免注射后药液从针孔流出，也可以在注射时先把针头在皮下向前推 2/3 距离，然后以一定角度刺入腹腔。

(五)静脉注射

静脉给药的方法较多，不同种类的动物及动物的不同部位，其静脉给药各有其特点。

1. 大鼠、小鼠静脉注射

(1)尾静脉注射　大鼠、小鼠的尾部有 4 根明显的血管，其中腹侧的一根为动脉，背部的一根为静脉，两侧还各有一根静脉。由于两侧的静脉比较容易固定，常作为静脉注射的部位。

操作时，按相应的标准操作规程将大小鼠抓起放进专用鼠筒内，固定鼠身，而尾部充分暴露出来。尾部用 45～50 ℃的温水浸泡半分钟或用 75%乙醇棉球反复擦拭使血管扩张，并可使表皮角质软化，用左手无名指从下面托起尾巴，以拇指和小拇指夹住尾巴的末梢，右手持 4 号注射针或 4 号半注射针，沿与静脉平行方向，从尾下 1/4 处进针，针头刺入后，先缓慢注射少量药液，如无阻力，表示针头已经进入静脉，可继续注射，如推注时有阻力，且局部变白，表明针头未刺入血管，应退出针头，重新操作(图 12-31)。注射完毕后，用干棉球按压止血或把尾巴向注射侧弯曲以止血。如

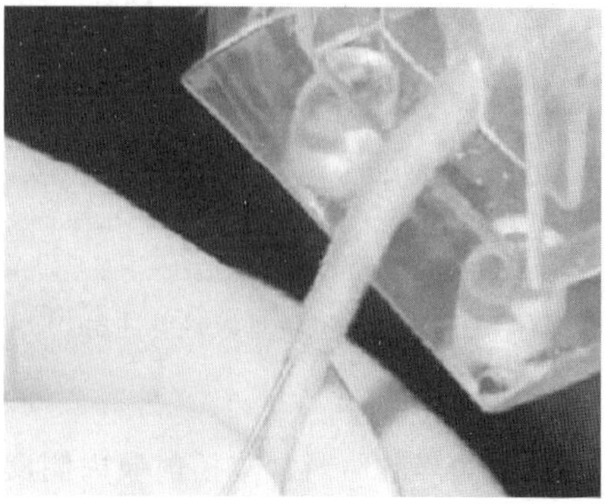

图 12-31　小鼠尾静脉注射

需反复注射，应从尾末端开始进针，逐渐向尾根部方向移动。一般推进速度为 0.05～0.10 mL/s，一次注射量为每 10 g 体重 0.05～0.25 mL。注射时，注意药液排气完全，不能有气泡进入，否则会引起动物死亡。

(2)大鼠的阴茎静脉注射　这是大鼠静脉输液给药的一种常用方法。将雄性大鼠麻醉后仰卧或侧卧，翻开包皮，拉出阴茎，背侧阴茎背静脉非常粗大、明显，沿皮下直接刺入即可。

(3)大鼠的舌下静脉注射　操作时，先麻醉好大鼠，再拉出舌头，找到大鼠的舌下静脉，直接注入药液即可。

2. 豚鼠的静脉注射

(1)豚鼠耳缘静脉注射　豚鼠的耳缘静脉较细而且耳朵较小给注射带来一定的困难。将豚鼠装入特制的盒内或由一人抓住按在桌上固定，露出耳部，然后由助手用拇指和食指夹住其耳翼并压住豚鼠的头部，右手按住豚鼠腰部。操作者拔去注射部位的毛，用 75%乙醇棉球擦拭耳部边缘静脉，用手拍打或用手指轻弹或揉搓耳部，使耳部颈静脉扩张、充血，然后用左手食指和中指夹住静脉近心端，拇指和食指夹住耳边缘部分，以左手无名指、小指放在耳下作垫，待静脉充分暴露，右手持带有 4 号针头的注射器尽量从静脉末端顺血管平行方向刺入 1 cm，刺入静脉后，然后将注射器回抽，见有回血后，放松对耳根处血管的压迫，固定针头缓慢推入药液，如针头在血管内，则药液进入无阻，否则隆起发白出现皮丘，须拔出重新再刺。注射后，用干棉球压迫止血。每只一次注射量不超过 2 mL。因豚鼠耳缘静脉血管较薄，可能因豚鼠固定不好，动物挣扎，针头轻刺血管即会出血，因此注射时要特别注意固定好动物。

(2)豚鼠后肢跖静脉注射　操作者从后膝关节抓住动物肢体，压迫静脉，将腿呈伸展状态。剪去注射部位的毛，乙醇棉球擦拭消毒后，可见粗大的后肢跖静脉，用 4 号针头或者 5 号针头以向心的方向刺入血管，如回抽有回血即可注射，注射后用干棉球压迫以止血。

3. 家兔耳缘静脉注射

由助手按相应的标准操作规程将实验兔放入兔盒内固定好，操作者拔掉耳壳外缘的被毛。用 75%乙醇棉球涂擦耳缘静脉，用左手食指和中指夹住静脉近心端，拇指绷紧耳部边缘静脉远端，无名指及小指垫在下面，再用右手轻弹或揉搓兔耳，使颈静脉充盈充分暴露。用右手持 2～20 mL 一次性注射器(视注射体积而定)，6 号针头，抽取药液，排净空气后备用。尽量从血管远心端将针头刺入皮下，并推进少许，而后刺入血管，如见针头在血管内，推动注射器时无阻力、无皮肤隆起发白，即以左手将针头和兔耳固定，按要求缓慢推入药液；如果注射有阻力，局部发生肿胀，表明针头不在血管内，立即拔出重新刺入。注射完毕，抽出针头，用消毒干棉球按压注射部位针眼并持续数分钟，使血液和药液不致流出，待止血后将动物归笼或做其他观察(图 12-32)。

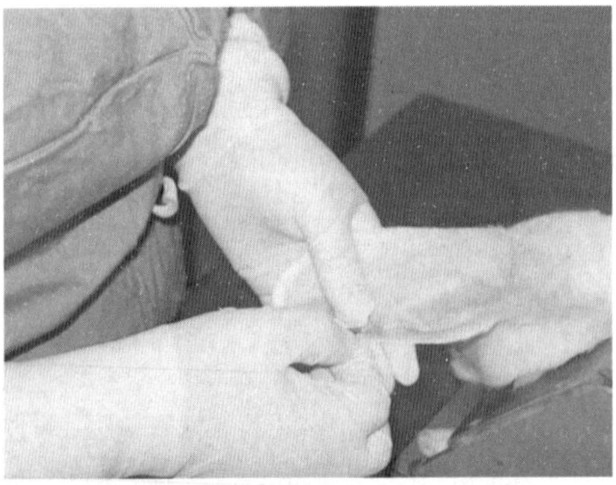

图 12-32　家兔耳缘静脉注射

4. 犬、猫静脉注射

犬、猫的静脉给药常包括前肢内侧皮下静脉、后肢小隐静脉及耳缘静脉注射给药 3 种途径。一般来说，前肢内侧皮下静脉比较容易固定，作静脉注射时常用此静脉。操作时，由助手将动物固定，去除注射部位被毛，显露出血管，分别用医用碘酊棉球和75％乙醇棉球消毒皮肤，然后用消毒干棉球擦干。在静脉的近心端用止血带扎紧，使血管充盈。操作者右手持6号针头的注射器与血管平行刺入静脉，回抽见血后放开压迫，操作者一只手固定针头，另一只手慢慢推注射器注入药液注射(图12-33)。犬、猫后肢小隐静脉在后肢胫部下1/3的外侧浅表的皮下，由前侧方向后行走。注射方法与前肢内侧头静脉注射方法相同。

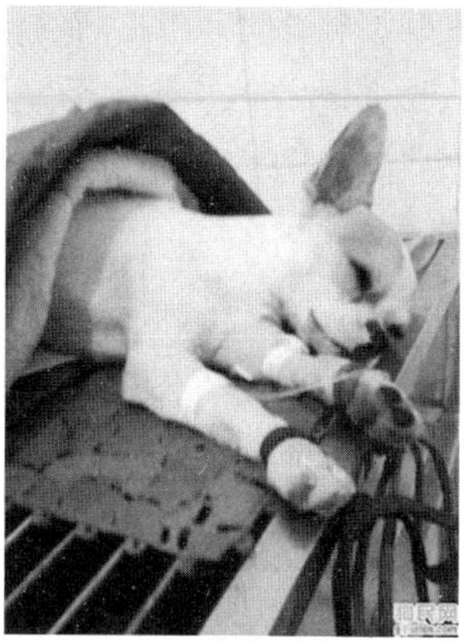

图12-33　犬前肢头静脉注射

该注射法的关键是要很好地固定静脉，因为犬的皮肤非常薄，该处静脉只隔一层皮肤，不仅浅表，而且容易滑动，注射时一定要绷紧皮肤使血管相对固定，针头刺入不可深，方向一定与血管平行。犬前肢内侧皮下静脉比后肢小隐静脉还粗一些，而且比较容易固定，因此，一般作静脉注射或采血时常使用此静脉；前肢内侧正中静脉位于前肢内侧面皮下正中位置，向上延伸至肱静脉，此血管位置较深，注射时有时需要切开皮肤。

5. 猴的静脉注射

猴的静脉注射常选用前肢桡静脉或后肢隐静脉给药，方法与犬相同。

6. 猪的静脉注射

常选用耳大静脉进行，注射方法同家兔。

7. 鸡的静脉注射

选取翼下静脉进行注射。

(六)涂布给药

1. 小鼠的经皮肤涂布

通常采用浸尾方式，经尾皮吸收给药，用以定性地判定药物或毒物经皮肤的吸收作用。

给药前，将小鼠放入特制的固定盒内，露出尾巴，然后将小鼠尾巴穿过小试管软木塞小孔，插入装有药液或受检液体的试管内，浸泡2～6 h，并观察其药物反应。

如果是毒物，实验时要特别注意防止中毒。因此，要将试管的软木塞塞紧，尾巴通过的小孔要绝对严密，还可在通风橱的壁上钻一个相当于尾根部大小的小孔，将受检液体置于通风橱内，动物尾巴通过该小孔进行浸尾实验，整个尾巴长度的3/4浸入药液中，而身体部分仍留在通风橱外。在实验过程中小鼠尾部应用胶布或其他方法予以固定。

2. 大鼠的经皮肤涂布

通常采用浸尾方式经尾皮给药。操作方法同小鼠。

3. 豚鼠的经皮肤涂布

通常选择脊柱两侧的背部皮肤。选定部位后，用脱毛剂脱去动物被毛，然后洗净动物背部皮肤表面。在用脱毛剂进行脱毛的过程中，应特别注意不要损伤皮肤，放回笼内，待24 h后才可使用。翌日，仔细检查处理过的皮肤是否有刀伤或过度腐蚀的伤口、有无炎症、过敏现象。如有，应暂缓使用，待动物完全恢复，动物皮肤合乎实验要求后，将动物固定好，在脱毛区覆盖一面积相仿的钟形玻璃罩，罩底用凡士林、胶布固定封严。用移液管沿罩柄加入一定剂量的药物，塞紧罩柄上口。待受检液与皮肤充分接触并完全吸收后解开，然后将皮肤表面仔细洗净。

观察时间视实验需要而定。如果是一般的药物(如软膏、化妆品)可直接涂在皮肤上，药物与皮肤接触的时间根据药物性质和实验要求而定。

4. 家兔的经皮肤涂布

通常选择脊柱两侧的背部皮肤，居于躯干的中部，面积视实验动物的大小而定，两侧涂布面积通常都为 2～2.5 cm^2。

操作方法与豚鼠的操作基本一致。

三、 实验动物给药量及计算方法

(一)动物用药量的确定原则

在观察一个药物的作用时，应该给多大的剂量是实验开始时应确定的一个重要问题。剂量太小，作用不明显；剂量太大，又可能引起实验动物中毒。

一般应采用的方法：即先用小鼠粗略探索中毒剂量或致死剂量，或取致死剂量的若干分之一(一般取 1/10 ～1/5)为应用剂量；植物药品粗制剂的剂量多按生药折算；化学药品可参考化学结构相似的药物剂量。确定剂量后，如第一次实验的作用不明显，动物也没有中毒的表现(体重下降、精神不振、活动减少等)，可以加大剂量再次实验。如出现中毒症状，药理作用明显，应降低剂量再次实验。在一般情况下，在适宜的剂量范围内，药物的作用常随剂量的加大而增强。在有条件的情况下，最好同时设几个剂量做实验，以便迅速地获得关于药物作用的较完整的资料。如实验结果出现剂量与作用强度之间毫无规律，则应慎重分析。

用大动物进行实验时，开始的剂量可采用小鼠剂量的 1/15～1/2，以后可根据实验动物的反应来调整剂量。

确定实验动物给药剂量时，还要考虑实验动物的年龄大小和体质的强弱。一般来说，确定的给药剂量是指成年动物的，幼小实验动物的给药剂量则应减少。

此外，确定给药剂量时，要考虑给药途径的不同所用剂量也不同。当口服量为 100 时，皮下注射量为 30～50、肌内注射量为 25～30、静脉注射量为 25 左右。

(二)实验动物用药量的计算方法

动物实验所用的药物剂量一般按照每千克体重 1 mg 或每千克体重 1 g 计算。应用时，须从已知药液的浓度换算相当于每千克体重应注射的给药容量。

比如，体重 1.8 kg 的家兔，静脉注射 20％氨基甲酸乙酯，按照每千克体重，1 g 的剂量注射，应注射多少毫升?

计算家兔每千克体重需要注射 1 g，注射液的浓度为 20％，则氨基甲酸乙酯溶液的注射量为 5 mL/kg。家兔体重为 1.8 kg，应注射 20％氨基甲酸乙酯溶液量为 5×1.8 ＝9 mL。

1. 人与实验动物及各类动物间药物剂量的换算方法

(1)人与实验动物间用药量的换算　人类与实验动物对同一药物的耐受性相差很大。通常，动物的耐受性要比人的耐受性强，也就是单位体重的用药量比人的用药量多。但由于一般动物的用药种类远不如人类所使用的多，故一般可按照这些比例来换算：人类用 1，则大小鼠为 25～50，家兔、豚鼠为 15～20，犬、猫为 5～10。

(2)人与实验动物体表面积的计算方法　计算中国人的体表面积公式：

$$体表面积(m^2) = 0.006\,1 \times 身高(cm) + 0.012\,8 \times 体重(kg) - 0.152\,9$$

Meeh-Rubner 计算实验动物的体表面积公式：体表面积(m^2)＝K×($W^{2/3}$/10 000)
式中：K 为常数(大小鼠 9.1、豚鼠 9.8、家兔 10.1、猫 9.8、犬 11.2、猴 11.8 和人 10.6)，体重单位(g)。

比如，计算 1.5 kg 家兔的体表面积，由式中可见：K 常数为 10.1；W ＝ 1 500

$$A=10.1\times(1\,500^{2/3}/10\,000)$$

$$\log A=\log 10.1+2/3\log 1\,500-\log 10\,000=1.121\,8$$

A＝0.132 4 m^2，即 1.5 kg 的家兔的体表面积为 0.132 4 m^2。

(3)人与不同实验动物之间的药物剂量的换算方法　先按 Meeh-Rubner 计算不同动物或人的体表面积，然后直接换算出所选择动物或人的药物剂量。

例如，某利尿药对大鼠灌胃给药的剂量为 250 mg/kg。粗略估算该利尿药对 10 kg 犬的用药剂量。由上述公式，计算 200 g 的大鼠体表面积为 0.031 1 m^2，(250×0.2)/0.031 1 相当于 1 608 mg/m^2。由公式计算 10 kg 犬的体表面积为 0.519 8 m^2。1 608×0.519 8/10 相当于 84 mg/kg 的给药剂量。

(4)按照 mg/kg 折算加 mg/m^2 给药剂量的方法　计算方法：剂量(mg/kg)×甲动物转换因子/乙动物转换因子(表 12-2)。

表 12-2　不同实验动物间剂量换算时的常用数据

动物种类	转换因子				每千克体重占表面积的相对比值
	K 值	体重	体表面积	mg/kg→mg/m^2	
小鼠	9.1	0.018	0.006 3	2.90	1.0(0.02 kg)
		0.020	0.006 7	3.00	
		0.022	0.007 1	3.10	
		0.024	0.007 6	3.20	
大鼠	9.1	0.10	0.019 6	5.10	0.47(0.2 kg)
		0.15	0.025 7	5.80	
		0.20	0.031 1	6.40	
		0.25	0.046 1	6.90	
豚鼠	9.8	0.30	0.043 9	6.80	0.40(0.40 kg)
		0.40	0.053 2	7.50	
		0.50	0.061 7	8.10	
		0.60	0.069 7	8.60	
家兔	10.1	1.50	0.132 3	11.30	0.24(2.0 kg)
		2.00	0.160 8	12.40	
		1.50	0.186 0	13.40	

续表 12-2

动物种类	转换因子				每千克体重占表面积的相对比值
	K 值	体重	体表面积	mg/kg→mg/m²	
猫		2.00	0.157 1	12.70	0.22(2.5 kg)
		2.50	0.132 4	13.70	
		3.00	0.205 9	14.60	
犬	11.2	5.00	0.327 5	15.30	0.16(10.0 kg)
		10.00	0.519 9	19.20	
		15.00	0.681 2	22.0	
猴	11.8	2.00	0.187 3	10.70	0.24(3.0 kg)
		3.00	0.245 5	12.20	
		4.00	0.297 3	13.50	
人	10.5	40.00	1.239 8	42.20	0.08(50.0 kg)
		50.00	1.438 6	34.80	
		60.00	1.624 6	36.90	

(5)按照人与实验动物间体表面积折算的等效剂量比值表的计算方法　由表 12-3 可见，12 kg 的犬的体表面积为 200 g 大鼠的 17.8 倍。该受试药大鼠的剂量为 250 mg/kg，200 g 大鼠需要的给药量为 250×0.2=50(mg)，可知犬的试用剂量为 50×17/12 =74(mg/kg)。

表 12-3　人与实验动物之间按照体表面积折算的等效剂量的比值

动物	小鼠 20 g	大鼠 200 g	豚鼠 400 g	家兔 1.5 kg	猫 2.0 kg	猴 2.0 kg	犬 12 kg	人 70 kg
小鼠	1.0	7.0	12.25	27.8	29.7	64 1	124.2	387.9
大鼠	0.14	1.0	1.74	3.9	4.2	9.2	17.8	56.0
豚鼠	0.08	0.57	1.0	2.25	2.4	5.2	4.2	31.5
家兔	0.04	0.25	0.44	1.0	1.08	2.4	4.5	14.2
猫	0.03	0.23	0.41	0.92	1.0	2.2	4.1	13.0
猴	0.016	0.11	0.19	0.42	0.45	1.0	1.9	6.10
犬	0.008	0.06	0.10	0.22	0.23	0.52	1.0	3.1
人	0.002 6	0.018	0.031	0.07	0.078	0.16	0.32	1.0

(6)按照人与实验动物用药剂量的换算方法　计算公式 B(剂量)=*W*×A(剂量)*W* 为折算系数。从表 12-4 中可见，已知某药物对小鼠的最大耐受量为 20 mg/kg，家兔的折算量为 0.37×20 mg/kg=7.4 mg/kg。如果使用 2 kg 的家兔进行动物实验，就需要 14.8 mg。

表 12-4 实验动物与人体的每千克体重剂量折算系数

折算系数(W)	A 种动物或成人						
	小鼠 0.02 kg	大鼠 0.2 kg	豚鼠 0.4 kg	家兔 1.5 kg	猫 2 kg	犬 12 kg	成人 60 kg
小鼠	1.00	1.40	1.60	2.70	3.2	4.8	9.01
大鼠	0.70	1.0	1.14	1.88	2.3	3.6	6.25
豚鼠	0.61	0.87	1.0	1.65	2.05	3.0	5.55
家兔	0.37	0.52	0.6	1.0	1.23	1.76	2.30
猫	0.30	0.42	0.48	0.81	1.0	1.44	2.70
犬	0.21	0.28	0.34	0.56	0.68	1.0	1.88
人	0.11	0.16	0.18	0.304	0.371	0.531	1.0

动物间的剂量一般可相互换算。一般药理实验的动物每千克体重剂量是规定种属成年动物的剂量。动物种属不同时，每千克体重剂量也不相同。即使是同种动物，若体重相差很大或由成年动物估计幼年、老年动物的体重剂量，其每千克体重剂量也应做相应的调整。

现介绍一种可以用于不同种属实验动物，也可用于不同体重、同种实验动物的剂量换算公式，所得的剂量可供参考使用。若不同种属动物间对该药的代谢方式或敏感程度有很大差别，应取换算剂量的 1/4 开始试用，然后按照 2 倍或 3 倍递增，探索其最佳剂量。

剂量换算公式： $dB = dA \times RB/RA \times (WA/WB)^{1/3}$

式中：dA、dB 是 A、B 两种实验动物的每千克体重剂量；RB、RA 是动物体型系数；R 与表面积/体重(m^2/kg)的 1/3 次方成正比，可由表 12-5 中查到。

表 12-5 不同种类实验动物的体型系数

动物种类	体型系数	动物种类	体型系数	动物种类	体型系数
小鼠	59	家兔	93	犬	104
大鼠	90	猫	82	人	100
豚鼠	99	猴	111		

例如，已知 20 g 小鼠用 2.0 mg，求 250 g 大鼠及 8 kg 家犬的每千克体重剂量。

$dA = 2.0$ mg/0.02 kg $= 100$ mg/kg，$RA = 59$，$RB_1 = 90$，$RB_2 = 104$，$WA = 20$ g $= 0.02$ kg，$WB_1 = 0.25$ kg，$WB_2 = 8$ kg，代入公式，得

$$250\text{ g 大鼠}: dB_1 = 100 \times 90/59 \times (0.02/0.25)^{1/3} = 65.7(\text{mg/kg})$$

$$8\text{ kg 家犬}: dB_2 = 100 \times 104/59 \times (0.02/8)^{1/3} = 23.9(\text{mg/kg})$$

四、实验动物一次给药的耐受量

对于不同种类的实验动物而言，同一种给药方法一次给药能耐受的最大容量是不同的，同种实验动物不同给药方法一次给药能耐受的最大容量也是不同的。对于不同种类实验动物而言，不同给药方法一次给药能耐受的最大容量如表 12-6 所示。

表 12-6　不同种类实验动物用不同给药方法一次给药能耐受的最大容量　mL

动物名称	灌胃给药	皮内注射	皮下注射	肌内注射	腹腔注射	静脉注射
小鼠	0.9	0.05	1.5	0.2	1	0.8
大鼠	5.0	0.1	5.0	0.5	2	4.0
家兔	200	0.1	10	2.0	5	10
猫	250	0.2	10	2.0	5	10
猴	300	0.3	50	3.0	10	20
犬	500	0.3	100	4.0	—	100

根据表 12-6，调整药物浓度，特别注意一次给药物的最大容量不可超过表中数值，否则动物可能发生意外，导致实验失败。

第四节　实验动物的采血和体液的采集

在各种实验研究中，常常需要采集实验动物的血液，以供进行常规检验或生化及化学分析之用，故必须掌握正确的采血技术。

实验动物的采血方法很多，按采血部位不同，可分为：尾部采血（割、剪鼠尾），鼠尾刺血法，眼眶静脉丛采血，断头采血，心脏采血，颈静脉（动脉）采血，腹主动脉采血，股动（静）脉采血，耳缘剪口采血，耳静脉采血，后肢外侧小隐静脉采血，前肢内侧皮下头静脉采血，毛细血管采血，翼下采血等。

采血时，要注意采血场所有充足的光线：室温夏季最好保持在 25～28 ℃，冬季 20～25 ℃为宜，采血用具和采血部位一般需进行消毒；若需抗凝血，应在注射器或试管内预先加入抗凝剂；所需采血量应控制在动物的最大安全采血量范围内（表 12-7）。由于采血量的不同，因而采血的部位也不同（表 12-8）。

表 12-7　常用实验动物的最大安全采血量和最小致死采血量　mL

动物种类	最大安全采血量	最小致死采血量
小鼠	0.1	0.3
大鼠	1	2
豚鼠	5	10
家兔	10	40
犬	50	300
猴	15	60

实验动物采血时，应注意不宜一次采血量过多或采血过于频繁，否则因采血可影响动物健康，造成贫血，甚至死亡。动物重复采血的采血时间应相对固定。有些检查项目需要空腹或禁食一定时间后采血，如肝功能、血糖、血脂等。多次采血测结果时，采血后测定时间、室温、试剂盒批号（或所用主要试剂）等应尽可能一致。

表 12-8 不同动物的采血部位与采血量

采血量	采血部位	动物种类
少量	尾静脉	大鼠、小鼠
	耳缘静脉	兔、犬、猫、猪、羊
	眼底静脉丛	兔、大鼠、小鼠
	舌下静脉	犬
	腹壁下静脉	青蛙、蟾蜍
	冠、脚蹼皮下静脉	鸡、鸭
中量	后肢外侧皮下小隐静脉	犬、猴、猫
	前肢内侧皮下头静脉	犬、猴、猫
	耳中央动脉	兔
	颈静脉	犬、猫、兔
	心脏	豚鼠、大鼠、小鼠
大量	断头	大鼠、小鼠
	翼下静脉	鸡、鸭、鸽、鹅
	颈动脉	鸡、鸭、鸽、鹅
	股动脉、颈动脉	犬、猫、猴、兔
	心脏	犬、猫、猴、兔
	颈动脉、颈静脉	羊、马、牛
	摘眼球眶动脉和静脉	大鼠、小鼠

一、常用实验动物的采血方法

(一)大鼠、小鼠的采血方法

1. 尾部采血

(1)剪尾采血　需血量很少时常用本法,将鼠固定在固定器内,露出尾巴,用乙醇擦拭尾尖,或浸入 45 ℃水中数分钟,也可用二甲苯涂擦鼠尾,使血管扩张,消毒后,然后剪去尾尖 1～2 mm(小鼠)或 3～5 mm(大鼠),血液即可流出。若剪尾后,未见血,可用手沿尾根部至尾尖部捋尾巴,血液即可流出,取血后用干棉球压迫止血。用该法对每只鼠可以采血 10 余次。小鼠每次可以采血 0.1 mL,大鼠约 0.4 mL。

(2)切割尾动脉或尾静脉　用锋利刀片在尾动脉或者尾静脉切开一小口,血液自行流出,几条血管可以从尾尖交替切割。该法主要用于大鼠。

(3)尾静脉穿刺　方法同大小鼠尾静脉注射给药,只是用空注射器往外抽血。该法主要用于大鼠采血。

2. 大鼠、小鼠的眼眶后静脉丛(窦)采血

当需要重复采血时,常使用该法。小鼠为眶静脉窦,大鼠为眶静脉丛。首先用乙醚将动物

浅麻醉，采用侧眼向上固定体位；然后左手拇食两指从背部较紧地握住小鼠或大鼠的颈部（应防止动物窒息）。取血时，左手拇指及食指轻轻压迫动物的颈部两侧，使头部静脉血液回流困难，眼球充分外突，眶静脉丛（窦）充血。右手持带7号针头的1 mL注射器或长颈（3～4 cm）硬质毛细玻璃管（内径为0.5～1.0 mm），将采血管与鼠成45°角，在泪腺区域内，用采血管由眼内角在眼睑和眼球之间向喉头方向刺入。若为针头，其斜面先向眼球，刺入后再转180°角使斜面对着眼眶后界。刺入深度：小鼠2～3 mm，大鼠4～5 mm。当达到蝶骨感到有阻力时，再稍后退0.1～0.2 mm，边退边抽，然后将采血管保持水平位，稍加旋转并后退吸引。由于血压的关系，血液即自动流入玻璃管。得到所需的血量后，即除去加于颈部的压力，同时拔出采血管。为防止术后穿刺孔出血，用消毒纱布压迫眼球30 s。若手法得当，体重为20～30 g的小鼠每次可采血0.2～0.3 mL，体重为200～300 g的大鼠每次可采血0.4～0.6 mL。左右眼交替使用，反复采血。间隔3～7 d采血部位大致可以修复。采血中可使用微量检查用玻璃毛细管，或自制玻璃管（内径4～5 mm的玻璃管加热后拉长至10～20 mm，前端外径为1.4～1.8 mm）。

3. 摘眼球法采血

该法采集的血液为眶静脉和眶动脉的混合血，当需要采集大量血液时常用。该法可避免断头取血时因组织液混入所导致的溶血现象。操作时，首先用左手抓住动物颈部皮肤，并将动物轻压在实验台上，取稍侧卧位，左手拇食指尽量将动物眼周围皮肤往眼后压，使动物眼球突出充血后，用弯头眼科镊迅速夹去眼球，并将鼠倒置，头向下，眼眶内很快流出血液。让血液流入盛器，直至流完。此法由于取血过程中动物未死，心脏还在跳动，因此取血量多于断头法，一般可取约为小鼠体重4%～5%的血液量，是一种较好的取血方法。该方法易导致动物死亡，只能一次采血，如需反复采血样，则不能采用这种方法。大鼠摘眼球取血时，可由一助手固定好动物，操作者直接摘眼球即可。

4. 腹主动脉采血

操作时，先用乙醚等麻醉剂对动物进行深麻醉，然后将动物仰卧位固定在橡胶板上，打开腹腔。开腹时，要尽可能地减少出血。打开腹腔后，将肠管向左或向右推向一侧，然后用手指轻轻分开脊柱前的脂肪，暴露出腹主动脉。在腹主动脉远心端打一结，再用阻断器（或拉线）阻断股主动脉近心端，然后在其间平行刺入，并松开近心端的阻断，立即采血。也可在远心端不打结，只在近心端阻断，然后在髂总动脉分叉处向血管平行刺入，刺入后松开近心端阻断，立即抽血。抽血时，要注意保持动物安静。若动物躁动，要停止抽血，追加麻醉。

5. 颈动静脉或股动静脉或腋下动静脉采血

需采集大量血液时还可选择颈动静脉或股动静脉或腋下动静脉采血方法。在这些部位采血需要麻醉后将动物固定，然后作动静脉分离手术，使血管暴露，用注射器沿大血管平行方向刺入，抽取所需血量。也可在小鼠取血时，操作者一只手固定动物，另一只手持剪刀，直接剪断上述血管取血；大鼠取血时，由助手固定动物，操作者持大剪刀剪断血管，收集血液即可，但应注意防止血液喷溅。而且采血时，最好用剪刀剪去采血部位的被毛，消毒，一是防止污染，二是防止溶血。

6. 心脏采血

(1)穿刺法　将大小鼠乙醚麻醉、仰卧固定在固定板上，并剪去胸前区部位的被毛，用碘酒、乙醇消毒皮肤，在左侧第3～4肋间，用左手食指摸到心搏处，右手持带有4～5号针头的注射器，选择动物心脏跳到最强处穿刺。当针直接穿刺入心脏时，血液由于心脏搏动的力量而自动进入注射器，采血完毕，缓慢抽针，压迫止血。如第一次没有刺准，将针头抽出重刺，以免损伤实验动物心、肺，同时要缓慢而稳定地抽吸，否则太多的真空反而使心脏塌陷而无法抽出血液。

(2)开胸法　打开胸腔，直接从见到的心脏内抽血。也可以剪破心脏，直接用注射器或吸管吸血。

7. 断头采血

操作时，戴上棉纱手套，用左手拇指和食指捉持鼠的头部，以手掌握住动物的身体及双前肢，抓牢动物将鼠颈部朝下。右手持剪刀或者专用断头器快速剪断鼠颈，使血液滴入事先准备好的试管内。

(二)豚鼠的采血方法

1. 耳缘剪口采血

操作时，将豚鼠耳消毒后，用锐器(刀或刀片)割破耳缘，在切口边缘涂抹20%柠檬酸钠溶液，阻止血凝，血液可自切口自动流出，进入盛器。此法能采血0.5 mL左右。

2. 背跖静脉采血

豚鼠的背跖静脉有外侧跖静脉和内侧跖静脉，均适合少量采血。操作时，由助手固定动物，并将其后肢膝关节伸直到操作者面前，操作者将豚鼠脚面消毒，并找出外侧跖静脉或内侧跖静脉后，以左手拇指和食指拉住豚鼠的趾端，右手持注射器刺入静脉采血。拔针后立即出血，并可见刺入部位呈半球隆起，压迫止血。反复取血时，两后肢应交替使用。

3. 心脏采血

操作时，将豚鼠仰卧固定在鼠固定板上，用剪刀剪去左侧胸部心脏部位的被毛，并用碘酊和乙醇棉球常规消毒皮肤。用左手触摸心脏搏动处，一般选择在胸骨左缘第4～6肋间心脏跳动最明显处穿刺。右手持连有6～7号针头的注射器，垂直刺入心脏，当针头正确刺入心脏时，血液随心脏跳动而进入注射器内，将注射器回抽采血。取血时应迅速，以缩短针留在心脏内的时间，防止血液在注射器内凝固。万不得已时也可切开胸部之后，将注射器针头直接刺入心脏抽取血液。采血完毕，拔出针头，干棉球按压针眼后将动物放回笼中，经过6～7 d后，可以进行重复心脏采血。此法一次采血量可达25～30 mL。

4. 摘眼球法采血

当需要大量血液时可采用此法。操作时，左手抓住鼠颈部皮肤，并将豚鼠轻轻压在实验台上，取稍侧部位，左手拇指尽量将动物眼周围的皮肤往眼后压，使豚鼠的眼球突出充血，用弯头眼科镊迅速夹去眼球，并将豚鼠倒立，头向下，眼眶内很快流出血液。让血液流入容器，直到流完。此法采血量多于断头法，但该方法容易导致动物死亡。其他操作程序同大小鼠。

5. 颈总动脉(静脉)采血

操作时，麻醉豚鼠，仰卧位固定，以颈正中线为中心广泛剃毛、消毒。剪开皮肤，将颈部肌肉用无钩镊子推向两侧，暴露气管，可见平行于气管的白色迷走神经和桃红色的颈动脉，颈静脉位于外侧，呈深褐色。分离后，结扎远心端，并在近心端放置缝线，在缝线处用动脉夹阻断动脉，在结扎线和近心端缝线之间使用眼科剪作“T”形切口或“V”形切口，并将尖端呈斜形的塑料导管经切口处向心脏方向插入1 cm，结扎近心端缝线，将血管与塑料管固定好，另一端放入采血容器中，打开动脉夹即可采血。

6. 断头采血

当需要大量血液时，采用此法。操作时操作者用左手握住豚鼠头、颈背部，露出颈部，右手用大(中)号粗剪刀或者断头器将颈部剪断。立即将鼠颈向下,对准已准备好的试管,将血液滴入容器内。

(三)家兔的采血方法

1. 耳缘静脉采血

家兔常采用耳缘静脉采血的方法,此法一次可取血 5～10 mL。操作时将家兔固定在固定盒内或由助手固定,选择静脉较粗、清晰的耳朵,拔去采血部位的被毛,消毒处理。用双手轻弹双耳或使用二甲苯擦血管局部。用 6 号针头沿耳缘静脉远心端刺入血管。采血完毕使用脱脂棉压迫止血。

2. 耳中央动脉采血

家兔耳中央为一条颜色较深、较粗的中央动脉,该法一次采血量可达 10～15 mL。操作时,先固定好家兔,耳部消毒,左手捏住兔耳,在兔耳中部可见一条颜色较鲜红的血管即为中央动脉。在动脉远心段沿着动脉平行方向刺入动脉,回抽注射器进行采血。注意不可在近耳根部进针,取血完毕需立刻止血。

3. 心脏采血

家兔心脏采血较为常用,比大鼠、小鼠心脏采血相对简单易掌握。采血时,将动物仰卧固定,在胸部左侧心脏部位去毛,消毒。用左手触摸左侧第 3～4 肋间,选择心跳最明显处穿刺。右手持连有 6～7 号针头的注射器,垂直刺入心脏,当针头正确刺入心腔时,血液随心脏跳动而进入注射器内,将注射器回抽,进行采血,取血时应迅速,以缩短针头留在心脏内的时间,防止血液在注射器内凝固。采到所需要的血量后,立即拔出针头,这样心肌上的穿孔较易闭合。该法一次可采取家兔全血量的 1/6～1/5,经过 6～7 d 后,可以重复进行心脏采血。心脏穿刺时若一次采血不成功,针头不要在胸腔中乱动,需拔出重新刺入,而且当采血中回血不好或动物躁动挣扎时也应拔出注射器,重新穿刺抽血。

4. 颈动脉采血

家兔等动物大量采血时采用颈动脉采血。操作时,动物麻醉后仰卧位固定,将兔颈部去毛,消毒,解剖暴露颈动脉,先结扎动脉的远心端并在近心端放一缝合线,在缝线处用动脉夹阻断颈动脉,在结扎线和近心端缝线之间剪开血管呈“V”形,将导管向心脏方向插入,用缝线将导管与血管结扎,导管另一端放入采血容器,缓慢松开动脉夹,血液便回流出。颈动脉采血对技术要求较高。1 次采血量可达 80～100 mL。

5. 股动脉采血

操作时将家兔仰卧固定于兔手术台上,剪去腹股沟部位的被毛。先作股动脉分离手术。血管分离后,在动脉下穿一根手术线,备用。提起血管下手术线,用手指垫于血管下面,将注射器与血管平行向心方向将针头刺入血管,稍向前行一点,动脉血即进入注射器内。采到所需要的血量后,立即拔出针头,用干棉球压迫出血口止血或用动脉夹夹住止血 2～3 min。如果是家兔处死前取血,则可用止血钳分别夹住动脉的离、向心两端,用手术剪剪断血管,将离心管口对准向心端,松开止血钳,血液涌入管内,至所需血量为止。

(四)犬、猫的采血方法

1. 犬后肢外侧小隐静脉和前肢内侧皮下头静脉采血

操作时,先剪干净采血部位的被毛,分别用医用碘酊棉球和 75%乙醇棉球消毒皮肤,在静脉的近心端用止血带扎紧,使血管充盈,用真空采血器或注射器从静脉的远心端平行方向刺入血管，松开止血带，缓慢抽取所需要的血量后，拔出针头，并用干棉球压迫针眼处止血。把采集的血液按检测要求收集到准备好的洁净离心管或试管内，待用。每只犬一般采血 10～20 mL。

2. 颈静脉采血

操作时将犬固定，取侧卧位，剪去颈部一侧被毛，消毒。将犬颈部拉直，使头部尽量向后方，左手拇指压住颈静脉入胸部的皮肤，使颈静脉充盈，右手持连有 7 号针头的注射器（亦可使用真空采血管），向头部平行刺入血管。由于该血管不易固定，固定好血管是颈静脉采血的关键，取血后需压迫止血。不需麻醉，本法可以采集大量血液。

3. 股动脉采血

此种方法可采取大量血液。操作时将动物卧位固定，伸展后肢向外拉直，暴露腹股沟，在三角区动脉搏动的部位去除被毛，消毒，左手中指、食指探摸股动脉，在跳动部位固定好血管，右手持注射器，针头直接由跳动处刺入血管，回抽针栓即可抽取血液。取血后压迫止血。

4. 心脏采血

犬、猫采血也可用该法，一般不常用。采血方法基本同家兔。

（五）猴的采血方法

1. 猴指尖采血

猴固定好后，将穿刺器快速刺破指间，挤压后用毛细吸管吸取血液。操作完毕，止血消毒处理。

2. 猴前肢皮下头静脉采血

皮下头静脉是猴前肢皮下浅层的主要静脉。猴固定好后，用止血带阻止血液回流，沿头静脉方向平行刺入，注意不要刺得太深，操作完毕止血消毒处理。

3. 猴后肢皮下静脉采血

先将猴两前臂向背部方向后拉，并使用绷带绑紧两腕部，右手抓住猴头颅及背部皮肤，另一人左手抓住一侧后肢跗关节部位，右手抓住采血侧后肢的股部，使后肢皮下静脉怒张。采血者用左手抓住后肢跗关节将后肢固定好，剪毛、消毒，右手取连有 7 号针头的注射器沿静脉平行方向刺入血管即可。操作完毕，压迫止血并消毒处理。

4. 心脏采血

猴麻醉后，将其物固定，取侧卧位，触摸实验动物心脏，在心脏搏动最强烈的第 2～4 肋间进针穿刺心脏采血。操作完毕，注意压迫止血并消毒处理。

（六）猪的采血方法

1. 耳大静脉采血

该种采血方法可采取较少量的血液。一般固定后，用碘酒、乙醇消毒猪耳。用力揉搓后，可清晰见到耳缘静脉，可使用连有 6 号针头的注射器直接抽取。但需特别注意的是由于猪耳皮肤较厚，应选择较为锐利的针头进行采血。采血后注意压迫止血。

2. 颈静脉采血

将猪仰卧保定，两前肢张开使其和胸骨柄前端的左右侧形成三角形的凹陷部，消毒，针头从三角形底边向正中线斜后方刺入采血。

3. 心脏采血

心脏采血方法基本同家兔心脏采血法。需注意的是，因猪的胸部肌肉较厚，应使用心脏穿刺针方可进行采血。操作时，先将猪仰卧固定，剃毛、消毒，左手探摸，在左侧第 3～4 肋间，右手持连有刺针的注射器穿刺心脏。如第一次没有成功，则拔出来后重新穿刺。完毕后压迫止血，该法可排出大量血液。

4. 眼眶静脉窦采血

采血固定猪时，助手用碘酒、乙醇消毒需采血一侧的眼部，术者手持采血腰穿针，在内眼角侧令针尖沿瞬膜内侧与眼球之间的缝隙刺入。穿刺针位于瞬膜中部，针尖指向咽部，进针深度2～4 cm，进针时应暗暗用力缓慢刺入。当针尖进入眼眶静脉窦时有突破感，此时血液流出。1 min左右即可获得约10 mL血液。有时进针较深抵达眶骨，此时万不可继续进针，而应将针退回0.5 cm左右。若进针部位正确，则血液流出，可获得满意采血效果。采血完毕，速将采血针退出，用消毒棉球压迫内眼角数秒钟止血，然后给猪解除固定，恢复自由。

(七)羊的采血方法

羊常由颈静脉进行采血，可采取较大量的血，一般一次可采取50～100 mL的血液。颈静脉采血时，先将羊蹄捆绑，按倒在地，侧卧位固定，由助手握住羊下颌部，在颈部一侧外缘剪毛，碘酒、乙醇消毒。用胶皮管扎紧颈部近心端，使颈静脉充盈。右手持连有较粗针头的注射器沿静脉一侧以30°倾斜刺入血管，回抽如有回血，放松对近心端的压迫，缓缓抽取血液。若针头刺入血管后，回抽无回血，可将针头向前或向后稍做移动后再回抽针尝试是否有回血。取血完毕，拔出针头，采血部位用干棉球压迫止血。

(八)鸡的采血方法

1. 翼下静脉采血

该种采血方法是鸡常用的采血法。将鸡翅展开，露出腋窝部，将羽毛拔去，可见到明显的翼根静脉，由助手固定鸡，碘酒、乙醇消毒皮肤。抽血时用左手拇指压迫静脉的近心端，使血管充盈。右手持连有6号针头的注射器，针头由翅根向翅膀方向沿静脉平行刺入血管内，回抽即可采血。采血完毕压迫止血。

2. 颈动脉采血

需血量较多时用此法采血。操作时暴露出颈动脉，直接放血或用注射针抽取均可。

3. 鸡冠或鸡脚蹼采血

需血量较少时用此法采血。用针头刺破静脉取出即可。

(九)鱼类采血方法

腹大动脉采血 将活鱼固定于自制木槽中，腹面向上，擦净头腹面，用小解剖剪将头腹面中央从腮盖游离部分开始处到腮盖后缘的皮剪开，再将基舌骨连同附着在舌骨上的一小部分肌肉一同剪去，然后用锐头小镊子顺着清出一沟，仔细清除此处四壁上的结缔组织，直到沟底出现腹大动脉为止。此时，沟扩展成为一个活体组织槽，槽底为腹大动脉。轻轻将采血槽擦干净，便可采血。

二、血液标本保存

(一)血液标本保存注意事项

血液标本应避光保存，保存容器以玻璃、聚氯乙烯和聚四氟乙烯制品为宜。低温下保存的样品不能在室温慢慢溶解，而应放在25～37 ℃水浴中短时间快速溶解，充分混匀，恢复到室温校正总量。血液标本必须避免重复的冻结溶解，这样会使血液成分改变。

血清一般保存于4～6 ℃冰箱或冻结保存数天，多数成分是比较稳定的。全血切勿冰冻，因红细胞在冰点下受到物理作用的改变不可逆，将会溶血，影响测定结果。需用全血或血浆的检验项目必须用抗凝容器盛血液标本，于4～6 ℃冰箱中保存。全血在保存期间如发现界限不清，血浆与红细胞层交界处有松散的红色，表示有轻度溶血，红色增多则是溶血加重，不能再使用。

血液中特别不稳定的成分，如氨、胆红素、酸性磷酸酶、同工酶、CO_2 等在采血后必须立即进行检验。血液中具有生物活性的酶在不同温度下保存，活性时间也不尽相同。多数酶随保存时间越长，活性降低的可能性越大。如磷酸肌酸酶活性在－16 ℃放置25 h，失活6%；4 ℃保存24 h，失活47%；20 ℃保存24 h，失活70%。全血在保存过程中钾、氨、乳酸含量会增加，二氧化碳含量会减少。常见的血清中不稳定成分见表12-9，不同温度下血液化学成分稳定时间见表12-10。

表12-9　不稳定的血清化学成分

成分	室温(20 ℃)	冷藏室(4°)	冰冻(－18 ℃)	原因
酸性磷酸酶	不能存放	1～2 h	90 d	空气中 CO_2 使血清pH升高，失去活性
碱性磷酸酶	24 h	24 h	180 d	pH升高
乳酸脱氢酶	7 d	72 h	不能存放	低温不稳定
胆红素	不能存放	48 h	30 d	光分解
脂蛋白	24 h	72 h	不能存放	冰冻时脂蛋白分解，游离胆固醇酯化
胆固醇酯	不能存放	72 h		测定值偏高
磷脂质	24 h	7 d	60 d	有机磷分解，无机磷产生
肌酸磷酸激酶	24 h	72 h	60 d	SH化合物影响酶的稳定性

表12-10　不同温度下的血液化学成分的稳定时间

成分	室温(20 ℃)	冷藏(4 ℃)	冰冻(－18 ℃)	成分	室温(20 ℃)	冷藏(4 ℃)	冰冻(－18 ℃)
钾	14 d	60 d	1年	肌氨酸酐	3	7	数月
钠	14 d	60 d	1年	尿酸	3	4	数月
钙	1 d	3 d	1周	谷草转氨酶	3	7	1月
镁	7 d	14 d	1月	谷丙转氨酶	1	3	14 d
铁、铜	7 d	14 d	数月	淀粉酶、脂肪酶	2	21	数月
氯化物	7 d	30 d	数月	胆汁素酯酶	1	7	数月
总蛋白质	7 d	30 d	数月	葡萄糖	1	7	1月
白蛋白	7 d	30 d	数月	胆固醇	7	21	数月
尿素、残余氮	1 d	7 d	数月				

(二)影响血液检测结果的因素

1. 采血时间

在动物实验中，检测生化指标时应在禁食(不禁水)4～12 h后采血，如检测血糖、血脂、游离脂肪酸、肝功能及肾功能检查等，进食多可影响血液生化指标。有些重复检查指标需在同一时间采血检查，如 ACTH、血浆皮质醇、血清 Cu、Zn、血清胆红素、白细胞等，因为这些指标在一日之内的不同时间有生理性的高低波动。

2. 采血血管

动物血液可由静脉、毛细血管、动脉等采集。由不同血管采集的血液对多数检查指标影响不大，但也有一些指标会受影响，如血糖、血清乳酸及丙酮酸值静脉血和毛细血管血有一定差异；血氧饱和度、二氧化碳分压动脉血和静脉血之间有明显差异，血糖、血清乳酸也有差异。

3. 密闭方式

血液暴露于空气后，二氧化碳会迅速逸出并吸收氧气提高血氧饱和度，从而引起血液 pH 和细胞内外一系列成分的改变，所以测定 pH 及气体的血液样品要求以密闭方式采血。

三、体液的采集

在动物实验中，除采取血样进行检验分析外，还常常采取体液进行实验相关指标的检测。体液的采集同样是不同动物有不同的采集方法，实验者根据实验要求和自身实际情况选择恰当的采集方法。

(一)尿液的采集

采集的方法较多，一般在实验前需给动物灌服一定量的水。

1. 代谢笼法

该法较常用，适用于大鼠、小鼠尿液的采集。代谢笼是将尿液和粪便分开而达到收集动物尿液目的的一种特殊装置。代谢笼主要包括三角漏斗（大鼠用 21 cm，小鼠用 14 cm）、粪尿分离器、带孔的玻璃板，动物饮水及采食玻璃管等。采尿时将动物放在代谢笼内，动物排便时，通过笼子底部的大小便分离漏斗将尿液与粪便分开，即可收集尿液。

由于大鼠、小鼠尿量较少，操作中损失和蒸发，各鼠膀胱排空不一致等原因，都可造成较大的误差，因此一般需收集 5 h 以上的尿液，最后取平均值。成熟小鼠尿量为 1～3 mL/24 h，大鼠为 55～75 mL/24 h。

2. 膀胱导尿法

该法是直接从动物尿道插管到膀胱的方法来收集尿液，根据动物大小，取适当粗细的塑料管，头端用乙醇灯烧圆滑，尾端用一个粗针头备接尿液。常用于雄性兔、犬等动物的采尿。操作时，先以液体石蜡湿润导尿管头端，然后由尿道口徐徐插入，一般没有阻力感，插入深度视动物大小而定，当导尿管插入膀胱后，尿液立即从管中流出，将导尿管固定好，并把导尿管尾端放入容器中，即可以采到没有污染的尿液。

3. 压迫膀胱法

在实验研究中，有时为了某种实验目的，要求间隔一定的时间，收集 1 次尿液，以观察药物的排泄情况。动物轻度麻醉后，实验人员用手在动物下腹部加压，手要轻柔而有力。当加的压力足以使动物膀胱括约肌松弛时，尿液会自动排出。该法适用于兔、猫、犬等较大动物。

4. 输尿管插管法

在兔、猫、犬等动物急性实验中，可在动物输尿管内插一根塑料套管收集尿液。动物麻醉后，固定于实验台上。剪毛、消毒、在耻骨联合上缘之上正中线做皮肤切口（长为 3～4 cm），沿腹白线切开腹壁及腹膜，找到膀胱。辨认清楚输尿管进入膀胱背侧的部位（即膀胱三角）后，细心地分离出两侧输尿管，分别在靠近膀胱处穿线结扎，在离此结扎点约 2 cm 处的输尿管近肾端下方分别穿1根丝线。用眼科剪在管壁上剪一斜向肾侧的小切口，分别插入充满生理盐水的细塑料管（插入端剪成斜面），用留置线结扎固定。可见到尿滴从插管中流出（头几滴是生理盐水），塑料管的另一端与带刻度的容器相连或接在记滴器上，以便记录尿量。在实验过程中应经常活动一下输尿管插入管，以防阻塞。在切口和膀胱处应盖上温湿的生理盐水纱布。

5. 膀胱插管法

腹部手术同输尿管导管。将膀胱翻出腹外后，用丝线结扎膀胱颈部，阻断尿道，然后在膀胱顶部避开血管剪一小口，插入膀胱漏斗，用丝线做以荷包缝合结扎固定。漏斗最好正对着输尿管膀胱的入口处。注意不要紧贴膀胱后壁而堵塞输尿管。下端接橡皮管插入带刻度的容器内以收集尿液。

6. 膀胱穿刺法

犬、猪、兔的实验中常用此法采集尿液。动物麻醉后固定于实验台上，在耻骨联合之上腹正中线剪毛，消毒后进行穿刺，入皮后针头应稍改变一下角度，以避免穿刺后漏尿。刺入时应慢慢深入，边进边抽吸，以抽出尿液为适度，抽到尿液后左手固定针头，取下针筒，再用5号导胃管经针头管道插入膀胱内，直到尿液从导管流出，然后轻轻拔出针头，留置导管架固定，即可收集尿液。

7. 剖腹采尿法

同穿刺法做术前准备，皮肤准备范围应大一点。剖腹暴露膀胱，操作者的左手用无齿镊夹住一小部分膀胱壁，右手持针在小镊夹住的膀胱部位直接穿刺抽取尿液。可避免针头贴在膀胱壁上而抽不出尿液。

8. 反射排尿法

适用于小鼠，因小鼠被人抓住尾巴提起时排尿反射比较明显。在采集少量尿液时，可提起小鼠，把排出的尿液接到带刻度的容器内。

（二）胸腔积液的采集

收集胸腔积液常采用穿刺法。如果实验不要求动物继续存活，也可用处死动物剖胸取胸腔积液。穿刺部位在动物脊侧腋后线胸壁第11～12肋间隙穿刺较安全。该部位是肺最下界之外侧，既可避免损伤肺组织造成气胸，又易采集在隔肋窦的胸腔积液。此外，也可在腹侧胸壁近胸骨左侧缘第4～5肋间隙穿刺。

动物穿刺部位剪毛、消毒，操作者左手拇、食指绷紧肋间穿刺部位的皮肤，用带夹的橡皮管套上12～14号针头，沿肋骨前缘小心地垂直刺入。当有阻力消失或落空感时，表示已穿入胸腔。再接上针管，除去夹子，缓缓抽取胸腔积液。如果有条件在穿刺针头与注射器之间连一个三通管，但应注意正确运用三通管。穿刺结束迅速拔出针头，轻揉穿刺部位，促进针孔闭合并注意消毒。操作中严防空气进入胸腔，始终保持胸腔负压。穿刺应用手控制针头的深度，以防穿刺过深刺伤肺脏。

（三）腹水的采集

腹水的采集主要利用腹腔穿刺术。动物取立位保定。穿刺点在腹下剑状软骨后方，旁开正中线，小动物在脐稍后正中线侧方1～2 cm。穿刺时，先将穿刺部位剪毛消毒，再将皮肤稍向一侧移动，用注射器或穿刺套管针与腹壁垂直刺入。针尖有落空感后，腹水将自行流出。若腹水量较大，应缓慢间歇地抽出，以免腹内压突然下降而致使动物发生循环功能障碍。采完腹水后用碘酊棉球涂布。

(四)消化液的采集

1. 唾液的采集

(1)刺激法　通过食物的颜色、气味等刺激动物的视觉、嗅觉,导致动物唾液分泌增加,再通过引入导管采集。

(2)直接抽取法　在急性实验中,可用吸管直接插入动物口腔或唾液腺导管抽吸唾液,此法非常简单,但从口腔抽吸唾液会有杂质混入。

(3)制造腮腺瘘法　在慢性实验中,收集犬的唾液,要用外科手术方法将腮腺导管开口移向体外,即以腮腺导管为中心,切成一个直径 2～3 cm 的圆形黏膜片,将此黏膜片,与周围组织分开,穿过皮肤切口引到颊外,将带有导管开口的黏膜片与周围的皮肤缝合,腮腺分泌的唾液就流出颊外。这种方法可以收集到较纯净的唾液。

2. 胃液的采集

(1)直接收集胃液法　急性实验时,先将动物麻醉,将插胃管经口插入胃内,在灌胃管的出口连一个注射器,用该注射器可收集到胃液,此法适用于犬等大型动物。如是大鼠,需手术剖腹,从幽门端向胃内插入一根塑料管,再由口腔经食道将一根塑料管插入前胃,用 pH 7.5, 35 ℃左右的生理盐水,以 12 mL/h 的流速灌胃,收集流出液,进行分析。

(2)制备胃瘘法　在慢性实验中,收集胃液多用胃瘘法,如全胃瘘法、巴氏小胃瘘法、海氏小胃瘘法等。制备小胃是将动物的胃分离出一小部分,缝合起来形成小胃,主胃与小胃互不相通,主胃进行正常消化,从小胃可收集到纯净的胃液。应用该法,可以待动物恢复健康后,在动物清醒状态下反复采集胃液。

3. 胆汁的采集

胆汁的采集需要手术进行。将动物麻醉仰卧于实验台,在剑突下正中线做一个 3～5 cm 的切口,切开腹膜,暴露腹腔,将肝脏向上翻起,找出胆囊,在十二指肠与胃交界处,有一暗绿色的囊(注意大鼠没有胆囊而由几根肝管汇集成肝总管和胰管一起汇成胆总管,开口于十二指肠),并分离出胆囊或胆总管,再用注射器抽取胆汁。

4. 胰液的采集

基本方法同胆汁的采集。在胆总管和十二指肠交界处分离出胆总管,小心操作勿刺激胰腺分泌。分离后在靠肠端结扎,作为牵引线,用眼科剪在管壁上斜开一个小口,插入准备好的胰液收集管(一般用聚乙烯塑料软管,内径 2 mm,长 10 mm,并将其拉成内径 0.05 mm 的细管,剪成一端斜口,在粗细交界处绕 3～4 圈,用 0 号缝合线),收集容器内。

(五)骨髓液的采集

采集骨髓一般选择胸骨、肋骨、髂骨、胫骨和股骨等造血功能活跃的骨组织。猴、犬、羊等大动物骨髓的采集用活体穿刺取骨髓的方法;大小鼠等小动物骨头小难穿刺,只能剖杀后采胸骨、股骨的骨髓。

1. 大鼠、小鼠的骨髓采集法

将大小鼠用颈椎脱臼法处死,解剖取出股骨或胸骨,于第 3 胸骨节处剪断,将其断面的骨髓挤在有稀释液的试管内或玻片上,继而涂片、染色、镜检。

2. 大动物骨髓采集法

实验动物按要求固定,穿刺部位去毛、消毒、麻醉,要求局部麻醉范围直达骨膜,也可做全麻。操作人员戴消毒手套,确定穿刺点,估计从皮肤到骨髓的距离并依此固定骨髓穿刺针长度。左手拇、食指绷紧穿刺点周围皮肤，右手持穿刺针在穿刺点垂直进针，小弧度左右旋转钻入，当有落空感时表示针尖已进入骨髓腔。用左手固定穿刺针，右手抽出针芯，连接注射器缓慢抽吸骨髓组织，当注射器内抽到少许骨髓时立即停止抽吸，取出注射器将骨髓推注到载玻片上，迅速涂片数张，以备染色镜检。左手压住穿刺点周围皮肤，迅速拔出穿刺针，用棉球压迫数分钟。如穿刺的是肋骨，除压迫止血外，还需用胶布封贴穿刺点，防止发生气胸。犬等大动物常用的骨髓穿刺点如下。

(1)胸骨　穿刺部位在胸骨中线，胸骨体与胸骨柄连接处，或选胸骨上 1/3 部。

(2)胫骨　穿刺部位在胫骨内侧，胫骨上端的下方 1 cm 处。

(3)肋骨　穿刺部位在第 5～7 肋骨各自的中点上。

(4)髁骨　穿刺部位在髁前上棘后 2～3 cm 米的嵴部。

(5)股骨　穿刺部位在股骨内侧面，靠下端的凹面处。

(六)脑脊液的采集

1. 犬、兔脑脊液的采集

通常采取脊髓穿刺法，穿刺部位在两髂连线中点稍下方第七腰椎间隙。动物轻度麻醉后，侧卧位固定，使头部及尾部向腰部尽量弯曲，剪去第 7 腰椎周围的被毛。消毒后操作者在动物背部用左手拇、食指固定穿刺部位的皮肤，右手持腰穿刺针垂直刺入，当有落空感及动物的后肢跳动时，表明针已达椎管内(蛛网膜下腔)，抽去针芯，即见脑脊液流出。如果无脑脊液流出，可能是没有刺破蛛网膜。轻轻调节进针方向及角度，如果脑脊液流得太快，插入针芯稍加阻塞，以免导致颅内压突然下降而形成脑疝。

2. 大鼠脑脊液的采集

可采用枕大孔直接穿刺法　在大鼠麻醉后，头部固定于定向仪上。头颈部剪毛、消毒，用手术刀沿纵轴切一个纵向切口(约 2 cm)用剪刀钝性分离颈部背侧肌肉。为避免出血，最深层附着在骨上的肌肉用手术刀背刮开，暴露出枕骨大孔。由枕骨大孔进针直接抽取脑脊液。抽取完毕缝好外层的肌肉、皮肤。刀口处可撒些磺胺药粉，防止感染。采完脑脊液后，应注入等量的消毒生理盐水，以保持原来脑脊髓腔的压力。

(七)动物精液采集

动物精液的采集常用假阴道采精法，适用于家兔、山羊、绵羊、猪、犬等动物。小动物则常在雌雄交配后 24 h 内，在雌性动物生殖道内可收集到透明的阴道栓，可通过阴道涂片染色观察凝固的精液。采集精液是动物生产和科研工作常用的方法。常用的精液采集方法有假阴道法、电刺激法、阴道栓采集法等。

1. 假阴道法

(1)器材　假阴道由内外胎和集精瓶组成。外壳用塑质管制成，内径为 2 cm，管长 6 cm。内胎可选用指套(使用前应消毒)，集精瓶可用青霉素瓶代替。装配时先将指套的前端剪去放入外壳内，并将其在外壳边缘上固定，再将青霉素瓶插入外壳一端。

(2)采精方法　以家兔为例，采精时先装好假阴道，将 45 ℃左右的热水通过外壳旁的小孔灌入假阴道，使内胎膨胀，套内保持一定温度和弹性，假阴道口涂上凡士林做润滑剂。采精时，一手握住假阴道，另一只手伸向雄性兔生殖器，此时应注意假阴道的进口高度，使雄兔阴茎正好插入。一旦雄兔阴茎插入阴道后发出“咕咕”叫声并倒下，证明兔射精完毕。应马上拆下采精瓶，并将精液倒入有刻度的干燥离心管内，迅速做有关检查。

2. 电刺激法

此法使用范围较为广，可用于大鼠、小鼠、豚鼠、家兔等精液采集。此法采精时需借助电刺激采精器进行。采精时，让雄性动物站立或侧卧固定，剪去包皮周围的被毛，用生理盐水冲洗并拭干。将电极棒插入直肠，靠近输精管壶腹部的直肠底壁，插入深度 10～15 cm，家兔约 5 cm，然后调节控制器，选择好频率，开通电源，调节电压由低到高，直至雄性动物伸出阴茎，勃起射精。

3. 阴道栓采集法

大小鼠雌雄交配后，24 h 内可在雌性动物阴道口出现白色透明的阴道栓，这是雄鼠的精液和雌鼠阴道分泌液在阴道内凝固而成的，取阴道栓涂片染色可观察到凝固的精液。

(八)阴道内液的采集

采取阴道内液一般进行涂片检查，检查雌性动物的生理周期等特征，阴道内液的采集一般指大动物而言的。

1. 冲洗法

将装有消毒液的生理盐水点滴管轻轻插入动物阴道内，按压点滴管橡皮头，将生理盐水打入阴道后再吸出，重复 2～3 次，最后将滴管中的阴道冲洗液滴在载玻片上，显微镜下可观察涂片细胞。

2. 蘸取法

将消毒的细棉签用生理盐水湿润，轻轻插入动物阴道，慢慢转动两下取出，把带有阴道内含物的棉签在载玻片上均匀转动，制作成涂片可以进行细胞学检查。

3. 刮取法

用光滑的小勺或小刮片慢慢插入阴道，在阴道壁轻轻刮取一点阴道内含物，进行检查。

(九)乳汁的采集

1. 按摩法

用手抚摸哺乳期的乳头，可使乳汁自动流出。也可朝乳头方向加压按摩动物乳房，可挤出乳汁。

2. 吸乳器法

采用吸乳器吸在动物乳头上，造成负压而使乳汁被动吸出。

(十)粪便的采集

大鼠、小鼠使用代谢笼采集粪便。另外，动物仰卧固定时会排出少量粪便。兔采集少量新鲜粪便时，兔仰卧，用手托住臀部，大拇指压迫肛门部，可采集数个粪球。若大量采集粪便，需使用代谢笼。犬、猴、小型猪采集自然排出的新鲜粪便或用棉签插入肛门采取少量粪便。

第五节　实验动物的处死方法

实验动物的处死必须遵循实验动物的伦理要求和动物福利法，按照人道主义原则处死实验动物，即以安乐死的方法处死动物。安乐死是指实验动物达到没有惊恐或焦虑而安静地、无痛苦地死亡。实验动物安乐死常用的方法有颈椎脱臼法、吸入致死法、注射致死法、空气栓塞法、急性失血法和断头法等。在处死实验动物时，首先，保证实验人员的安全，尽量减少动物的痛苦；其次，确认实验动物是否已经死亡，通过对呼吸、心跳、瞳孔、神经反射等指征的观察，对死亡做出综合判断;最后,注意环保,避免污染环境,妥善处理好尸体。

一、颈椎脱臼法

颈椎脱臼法就是用外力将动物颈椎脱臼,脊髓与脑髓断开,致使实验动物无痛苦死亡。由于其具有使实验动物很快丧失意识、减少痛苦、容易操作、动物内脏不受损害等优点,颈椎脱臼法被认为是很好的实验动物安乐死方法。颈椎脱臼法常用于小鼠、大鼠、豚鼠、家兔等小型实验动物的安乐死操作。

(一)大鼠、小鼠的颈椎脱臼

将小鼠固定在饲养盒盖上,一手抓住鼠的尾巴,稍用力向后拉,另一只手的拇指和食指迅速用力往下按住其头部或使用手术剪刀或镊子快速压住小鼠的颈部,两只手用力,使之颈椎脱臼,从而造成脊髓与脑髓断离;也可以用拇指和食指或木棒或金属置于小鼠颈的背侧并向一坚硬面猛压产生颈椎脱位。颈椎脱位的有效性由颈部组织的分离予以证实。脱位后,心脏继续搏动,利于临终前采取样品。大鼠的颈椎脱臼同小鼠。

(二)豚鼠颈椎脱臼

由于豚鼠颈部肌肉发达、颈肩部皮肤松弛,该法使用困难较大。使用从前方抓住动物的头,再猛拉其身体,致使其颈椎脱臼。

(三)家兔的颈椎脱臼

1 kg 以下的家兔可用一只手在腰部抓住其后肢,另一只手抓住其头颅,并用力拉伸其颈部致使其颈椎脱臼。

(四)鱼纲的颈椎脱臼

将铅笔或拇指或小棍插入鱼嘴中,用另一只手握住鱼身,将头朝背侧用力即可致使其颈椎脱臼移位。

二、 吸入致死法

该法适用于各种动物,其可采用吸入二氧化碳、乙醚、三氯甲烷等致死。乙醚易引起火灾,三氯甲烷对人的肝、肾及心脏有较大毒性,而二氧化碳不燃,无气味,对人较安全并且处死动物效果确切,故最好使用二氧化碳。在用二氧化碳处死动物时,小动物可将其装入鼠盒,然后放入透明塑料袋内,把塑料袋封好,且将输送二氧化碳气用的胶管末端放入塑料袋内,塑料袋内充满气体后,动物很快即会倒下,继续充气十几秒,将胶管拔出,封好袋口,放置一段时间动物即死亡。较大动物可直接放在一个带盖的密闭容器内,将二氧化碳气体直接通入容器,动物即死亡。吸入致死法也可使用固体二氧化碳,其方法基本同气体。

三、注射致死法

(一)化学药物注射

较大的动物,如家兔、猫、犬等可用静脉注射氯化钾溶液致死,使动物心肌失去收缩能力,心脏急性扩张,导致心脏迟缓性停跳而死。家兔和犬的致死量分别为 10%氯化钾 5~10 mL 和 20~30 mL;也可皮下注射的士宁溶液,豚鼠致死量为 3.0~4.4 mg/kg,家兔为 0.5~1.0 mg/kg,犬为 0.3~0.42 mg/kg。

(二)注射过量麻醉剂

还可使用过量的麻醉剂处死动物,如注射过量戊巴比妥钠致死,用药剂量:一般小鼠、大鼠、豚鼠、地鼠使用腹腔注射该药物 150～200 mg/kg;家兔、犬、猴、猪常 100 mg/kg。目前麻醉剂的使用控制比较严格,故该法的广泛应用有一定的困难。

四、空气栓塞法

该法适用于较大动物,家兔处死常用该法。向动物静脉内注入一定量的空气使之发生栓塞而死。家兔和犬栓塞致死的空气剂量分别为 20～40 mL 和 80～150 mL。该法虽被广泛使用,但因动物不会立即死亡,常出现长时间挣扎,从动物保护角度出发,使用时需慎重。

五、急性失血法

该法是一次性放出大量血液,使动物死亡的方法。大小动物都可以采用此法。由于该法处死动物对脏器无损伤,采集组织标本制作病理切片可用该法。大小鼠可采用摘除眼球大量失血致死。豚鼠可用粗针头一次性采取大量心脏血液致死,兔可采用颈总动脉大量失血而致死的方法。犬等大型动物要先麻醉后放血,要使放血的切口保持通畅,一般在股三角区横切约 10 cm 的切口,切断股动、静脉,使其大量失血而死。

六、断头法

虽然断头法残酷,但其过程是一瞬间的,且脏器含血量少。其主要用于哺乳纲啮齿目兔形目两栖纲鸟纲鱼纲等实验动物的安乐死。断头时,通常使用断头器快速切断延髓,使头颅与身体迅速分离。操作时,将断头器固定于实验台上,用左手按住实验动物的脊背部,拇指放在右腋下部,用食指和中指夹住左前腿。将实验动物的颈部放在断头器的开口部,慢慢放下刀柄。但接触到实验动物时,用力按下刀柄切断其颈部即可,防止血液喷出对实验人员产生不利影响。

第六节　动物实验手术基本操作技术

外科手术技术是动物实验中一项基本技术,在畜牧兽医工作中更有着较为广泛的应用。如猪、犬的胃造瘘术,犬、猫的睾丸、卵巢切除术等,猪的小肠移植术,猪、犬的气管插管等都需要进行外科手术才能实现。在动物实验中,外科手术还是实验动物特殊疾病模型建立的一种较为常见的方法,如通过犬手术法造模获得的胰腺炎动物模型等。这里仅介绍一些实验动物中常用的基本外科实验技术。

一、动物实验手术前的准备

(一)常用器械或设备的准备

(1)手术刀　准备不同型号的手术刀和手术刀柄。用于切开皮肤和脏器。

(2)外科剪　准备直剪和弯剪。用于软组织剪断和组织分离。还可以用剪刀的尖端插入组织间隙,撑开分离疏松组织。

(3)手术镊　准备有齿镊和无齿镊。用于挟持皮肤、筋膜、肌腱等较坚硬组织或血管、神经、黏膜等脆弱组织。

(4)止血钳　准备直、弯、蚊3种。用于夹住浅层血管止血或分离组织、牵引缝线等，或者夹住深部组织或内脏的血管出血点或者用于精细的止血和组织分离。

(5)注射器　准备不同容量的注射器。用于补充麻醉或药物注射。

(6)持针钳　用于缝合致密组织或深部组织。

(7)缝合针　准备不同长短、粗细、弯度、针尖圆形或菱形的缝合针。用于缝合不同的组织。

(8)缝合线　准备丝线、肠线、金属线等不同种类缝合线。用于不同组织的缝合。

(9)医用监护仪　准备呼吸、心跳、脉搏、血压及温度等医用监护仪。用于手术的操作监护。

(10)医用气体　准备氧气、压缩空气、二氧化碳等医用气体。用于动物实验手术的应急需要。

(二)动物的准备

对于清洁级动物而言，将运送清洁级动物的外包装进行消毒，方可进入清洁级动物手术间；对于普通级动物(主要指犬、小型猪)而言，经隔离检疫(1周)和洗浴、消毒后方可进入普通级动物手术室。

无论是清洁级动物，还是普通级动物，均应在手术前3天放在单独的饲养笼内饲养，使其适应新环境，并进一步观察其精神状况。

猫、犬、猪等大动物在术前应禁食8～24 h，术前6 h应禁水。大鼠、小鼠和家兔等术前不需禁食、禁水，但若实施胃肠道手术时应禁食24 h。草食动物，特别是反刍动物，手术前应禁食24～36 h，术前6 h禁水。时间较长的手术或创伤较大的手术在禁食后和禁水前可提供一定量的5%葡萄糖和0.3%～0.5%氯化钠溶液饮用，以补充能量。

羊等反刍动物在手术前是否需要禁食有不同的观点。一种观点认为，虽然禁食无助于减少瘤胃内食物，但可能会减少瘤胃臌气的发生。如果发生瘤胃臌气，可以留置胃管。另一种观点认为，禁食会给动物带来不必要的应激，有报道在手术麻醉前1 h给动物喂食喂水后未发生任何问题。

(三)消毒

(1)手术室、手术器械、物品的灭菌及消毒法　根据消毒物品的质地不同采取高压蒸汽法、煮沸法、火烧法、药液浸泡法和甲醛蒸气熏蒸法。

(2)动物手术部位的消毒　实验动物手术部位处理一般包括除毛、皮肤消毒、手术部位隔离三个步骤。消毒顺序为除毛→2%来苏尔洗刷手术部位皮肤及周围皮肤→灭菌纱布擦干→70%乙醇脱脂→5%碘酊擦抹→75%乙醇脱碘→手术部位隔离→手术。

(3)手术人员手臂的消毒　操作流程为温肥皂水清洗→0.1%新洁尔灭或1%来苏尔浸3～5 min→擦干戴无菌手套→穿戴手术衣帽、手术口罩。

(四)手术用实验动物的常规检查

根据实验目的需要选择有关检测指标：体温指标(体温的变化反映了动物机体的健康状况和机体的代谢状况)、呼吸指标(呼吸的频率和呼吸方式表明了实验动物的呼吸功能是否正常，关系到麻醉和手术效果)、心率和心律(该指标的变化直接反映实验动物心脏的供血功能和肌体的供氧情况)、血压指标(血压的变化对指导麻醉和手术有重要意义)、血常规检查。

二、外科手术的基本操作技术

(一)切开

根据实验要求确定手术切口的部位及大小。用手术刀切开皮肤时,先绷紧皮肤,将刀刃与皮肤垂直,用力要得当,一般切开皮肤全层,切口整齐不偏斜。切开皮及皮下组织时,一定要求按解剖层次逐层切开,止血,避免损伤深层的重要组织器官。

(二)止血

止血是手术操作中的重要环节。在手术过程中,止血完美与否不仅直接影响手术部位的显露和手术操作,而且关系到手术后动物的安全、切口愈合的好坏以及是否造成并发症等。术中止血必须准确、迅速、可靠。

1. 预防性止血

术前1～2 h内使用一些能提高血液凝固性的药物,以减少术中出血。常用的预防性止血剂有10%氯化钙溶液、10%氯化钠溶液。局部麻醉时,配合应用肾上腺素,即在1 000 mL普鲁卡因溶液中加入0.1%肾上腺素2 mL,利用其收缩血管的作用,达到减少手术部位出血的目的。在四肢末梢、尾部手术时,为避免出血过多,可在手术部位的上方缠以止血带,待手术部位完全止血后松开。

2. 术中止血

(1)压迫止血　如果是微血管出血,可用无菌纱布或拧干温热盐水(不得超过40 ℃)纱布按压片刻,切勿用纱布擦拭,以减少组织损伤。

(2)钳夹止血　用止血钳与血流方向垂直夹住血管断端,停留一段时间后取下止血钳。

(3)结扎止血　常用于压迫止血无效或较大血管的出血。出血点用纱布压迫蘸吸后,用止血钳夹住血管断端,要夹准,夹牢,应尽量少夹周围组织,再用丝线结扎止血。结扎时,先竖起止血钳,将结扎线绕过钳夹点之下,再将止血钳放平后钳尖稍翘起,打第一个结时,边扎紧边轻轻松开止血钳,再打第二个结。

(4)电凝止血　高频电流可以凝结小血管而止血,实际上是电热作用使血液凝固。电凝止血时,止血钳应准确地夹住出血点或血管口处,然后通电止血。也可用单极或双极电凝镊子直接夹住出血点,这种方法止血效果好。

(5)药物止血　当内脏出血时,可用纱布吸净积血,然后将止血粉、吸收性明胶、海绵、云南白药等涂撒在创面上,稍后压5～10 min即可止血。

(三)组织分离

组织的分离有锐性分离法和钝性分离法。其中锐性分离是使用刀、剪等锐利器械直接切割,主要用于皮肤、黏膜、组织精细解剖和紧密粘连部位的分离;钝性分离主要是使用刀柄、止血钳、玻璃针或手指等分离肌肉、筋膜间隙的疏松结缔组织。

1. 结缔组织分离

在原则上,使用钝性分离。使用止血钳插入组织撑开。其中,薄层筋膜在确认没有血管分布时可使用刀、剪;厚层筋膜应使用止血钳慢慢分层,在避开血管的前提下,由浅入深,逐层分离。

2. 肌肉组织的分离

应在整块肌肉与其他组织之间、肌肉块与另一肌肉块之间的分界处,顺肌肉纤维方向作钝性分离。若肌肉组织内有血管分布,应先使用止血钳作双重钳夹,结扎后才能剪断血管。

3. 血管神经组织的分离

应顺着血管及神经的走行方向，使用玻璃针进行分离。分离组织时一般要求在同一平面上力求一次垂直切开，以保证切口边缘整齐；在切开多层组织时，应按照组织层次分层切开；切开肌肉时，应沿着肌肉纤维方向切开。各种组织的切开均要确保切口创伤分泌物的顺利排出。

(四)缝合

缝合是将已切开、切断的组织或器官进行对合或重建其通道，恢复其功能。缝合是重要的实验外科手术基本操作技术之一。不同部位的组织、器官，需采用不同的方式、方法进行缝合。良好的组织缝合能使创口顺利地愈合。不适当的或错误的缝合常致愈合不良，导致实验失败。缝合需要持针钳、镊子、缝合针、缝合线。

1. 间断缝合法

每缝一针就单独打结，各缝线的距离为 0.2～2.0 cm。优点是组织有感染或缝线脱落、断裂时，不影响邻近缝线，尤其适用于有感染的创口缝合。多用于皮肤、皮下组织、肌肉、腱膜的缝合。

2. 连续缝合法

在第一针缝合后打结，继而用该缝线缝完整个创口，结束前的第一针将重线尾拉长留在对侧，形成双线与重线尾打结。优点是操作省事，缝合迅速，打结少，止血效果较好。缺点是一旦缝线一针不紧，则造成全创口松动，甚至裂开。

3. 连续锁边缝合法

操作省时，止血效果好。缝合过程中，每次将线交错。多用于胃肠道断端的关闭、皮肤移植时的缝合等。

三、动物实验术后的护理

(一)术后护理方法

1. 一般护理

当动物的麻醉期尚未结束时，动物应保暖，术后护理观察室温度与手术室均应恒温和达标，两室的温差不可超过 3 ℃，尤为重要。将未苏醒动物置于干燥而清洁的铺垫物上，被毛如剃去面积较大，要覆盖干燥消过毒的手术巾。注意摆正动物头颈部位置以保持呼吸畅通，及时清除口腔和鼻腔的呕吐物和分泌物，以防误入气管。经常定期地观察记录动物的呼吸、脉搏、体温的变化，并做好护理记录。

2. 创口处理

手术创口一般用纱布或绷带固定在皮肤上，纱布或绷带的内面可涂布软膏，有助于防止细菌感染。有引流管套管或瘘管的地方要定时清洁。一般术后 7～8 d 拆线，有感染可提前清创、更换纱布和绷带并详细记录。

3. 饮食及输液

术后动物未完全清醒时不给任何饮食，清醒后可以先喂水，然后给予食物。若进行消化道手术，手术后要禁食 3 d 并补液。在恢复期内要饲喂高蛋白高能量饲料。若术中出血较多、术后较虚弱的动物也必须给予补液。当动物静脉补液难以进行时，脱水的个体较小的大小鼠也可采用腹腔补液。

4. 并发症的预防和处理

按照国家标准严格控制动物饲养观察室的环境条件，加强消毒防疫。要仔细观察实验动物术后有无并发症的异常表现，进行记录。清洁级以上动物的实验原则上不允许使用其他药物，以防影响实验结果观测。非屏障系统的实验动物术后要加强卫生防疫，尽量不使用抗生素等药物预防感染或治疗，如果使用了药物应详细记录。如清洁级以上动物在实验后发现发烧、腹泻、呕吐或死亡等非正常表现，就应立即请兽医检查诊断，找出原因，处理病死动物，彻底消毒环境并重新进行该项实验。

5. 特殊处理

有些实验需在术后做一些特殊处理，可根据研究设计方案进行。如果进行器官移植实验，受体动物术后要使用必要的免疫抑制剂。在膀胱结石生成实验研究中动物在术后饮水中要加1%乙二醇才能在膀胱的异物上形成草酸钙结石等。

6. 在大动物术后护理中继续强化驯服

术后动物处于虚弱状态，护理人员精心护理，容易与动物建立较为亲近的关系，借此可以强化驯服，以使动物康复后配合实验研究，减少动物的应激反应，也有利于实验操作人员的安全。

(二)动物护理记录和实验档案

动物护理记录是实验研究的原始文字材料的组成部分，与X线片、病理切片、各种实验描记图与录像等共同构成完整的实验记录，最后集中归为实验档案。实验研究人员要做到及时、客观、准确、真实、完整、简明扼要地填写。一般实验要按组分别填写记录。当实验动物数量不多时或用大中型动物进行实验时，应建立单只动物的护理记录。实验记录主要包括3方面：①标准动物、饲料的资料、凭证和试剂、消耗物品、仪器设备购入或维修记录；②设施等动物实验条件的实际运行状态的记录；③完整、真实的实验操作及结果记录。

具体的实验记录分为：①实验计划排表；②实验或手术方案；③动物健康检查单或等级证明资料；④动物体温记录；⑤麻醉、手术、实验操作及结果记录；⑥各种化验或检测原始报告装贴单；⑦尸体剖检记录；⑧动物手术及实验饲养环境的温度、湿度、噪声、落菌数记录；⑨动物实验护理记录。

所有的实验记录都要有记录人及更改人的亲笔签名和签名时间，并对此负责。

第七节 实验动物尸体检查及病料采集

在实验过程中，需要对动物进行病理解剖观察，对死亡原因进行分析，采集脏器标本做进一步检测。剖检动物时需对所见病理状况做客观描述，并进行详细的记录。动物尸检的基本原则是尽可能保持各脏器之间的原有状态，以便对病变部位及其他脏器进行正确分析。动物尸检可按以下顺序进行。

一、尸体的体表检查方法

动物经过安乐死的方法处死后，立即进行尸体的外部检查，包括对动物毛色、营养状态、皮肤、可视黏膜等的观察。

(一) 营养状态

根据肌肉发育和皮下脂肪的蓄积、被毛的光泽和整洁程度来判断。

(二) 皮肤检查

注意被毛的光泽度,皮肤的厚度、硬度和弹性,有无脱毛、褥疮、溃疡、脓肿、创伤、肿瘤、外寄生虫等。此外,还要注意检查有无皮下水肿和气肿。

(三) 可视黏膜及天然孔的检查

检查眼结膜、鼻腔、口腔、肛门和生殖器等黏膜,着重注意有无贫血、瘀血、出血、黄疸、溃疡和外伤等。检查各天然孔的开闭状态、有无分泌物、排泄物及其性状等。

(四)体表淋巴结的检查

要特别注意颌下淋巴结、颈前淋巴结、髂间淋巴结等体表淋巴结,肠系膜淋巴结、肺门淋巴结等内脏器官附属淋巴结;检查其大小、颜色、硬度,与其周围组织的关系及切面的变化。

(五)尸体变化检查

1. *尸僵*

动物死后,从头部开始,各部位的肌肉痉挛性收缩变为僵硬,各关节不能屈伸,尸体固定于一定的形状,此现象称为尸僵。尸僵一般在动物死亡后 1.5～6 h 开始发生,10～24 h 发展完全,24～43 h 按原来顺序开始缓解,肌肉变软。根据尸体的僵硬程度可以推断动物死亡的大致时间。尸僵从头部开始,然后从颈部、前肢、身躯到后肢逐渐地发生,检查尸僵是否发生,可根据下颌骨的可动性和四肢能否屈伸来判断。

2. *尸冷*

动物死亡,体内产热停止,尸体温度逐渐下降。温度下降的快慢,与外界环境的温度有密切关系。尸体的温度降到与周围环境的温度相等,就不再下降。尸冷也是判断动物死亡时间的一个依据。但是患某些传染病时,动物死亡后的一段时间内体温可能会升高。例如,患破伤风的动物在死亡后的尸温可升高到 42 ℃以上。

3. *尸腐*

尸体经过一定时间后,由于肠内腐败菌繁殖,发生腐败分解,产生气体,故尸体的腹部膨大,肠管呈强度膨胀,血液带有泡沫,各组织器官,特别是与肠管接触的器官呈污绿色,放出恶臭气体。动物死后,应尽早地剖检,以免尸体腐败后影响检查结果。防止把死后的腐败变化误认为是生前的病理变化。

(六)皮下检查

实验动物在死亡后的剥皮过程中要检查皮下有无出血、水肿、脱水、炎症和脓肿,并观察皮下脂肪组织的多少、颜色、性状及病理变化性质等。

二、尸体内脏器官检查方法

在实验动物经过外表尸检后,需要采出脏器进行全面系统的检查。剖检实验动物时,通常取背卧位固定动物。对患有传染病的实验动物通常不剥皮。虽然动物品种品系不尽相同,解剖结构也不尽相同,实验要求各异,但剖检顺序需按常规要求进行。一般先切断肩胛骨内侧和髋关节周围肌肉,使四肢摊开(仅以部分皮肤与体躯相连)然后沿腹中线由剑状软骨到肛门切开腹壁,再沿左右最后肋骨切开腹壁到脊柱部。这样腹腔器官全部暴露,此时检查腹腔液的数量和性状,腹膜是否光滑,有无充血、瘀血、出血、破裂、脓肿、粘连、肿瘤和寄生虫,脏器的位置是否正常，肠管有无变化、破裂。膈的紧张程度及有无破裂、大网膜脂肪的含量等。一般先取腹腔脏器，后取胸腔脏器。

（一）胸腹腔的检查

1. 检查腹腔

从剑状软骨后方沿白线由前向后，直至耻骨联合作第一切线，然后从剑状软骨沿左右两侧肋骨后缘至腰椎横突做第二切线、第三切线，使腹壁切成两个大小相等的楔形，将其向两侧翻开，即可露出腹腔。

在腹腔剖开后立即进行腹腔镜检查，检查内容主要包括腹水的数量和性状；腹腔内有无异常物质，如气体、血凝块、胃肠内容物、脓汁、寄生虫、肿瘤等；腹膜的性状，是否光滑，有无充血、出血、纤维化、脓肿、破裂、肿瘤等；腹腔脏器的位置和外形，注意有无变位、扭转、粘连、破裂、肿瘤、寄生虫结节以及淋巴结的性状；横膈膜的紧张程度、有无破裂，然后取出腹腔脏器，包括脾脏、网膜、空肠、回肠、大肠、胃、十二指肠、肝脏、胰腺肾脏、肾上腺。母畜要观察子宫和卵巢的大小和形状。公畜要检查包皮、龟头、睾丸和附睾，要注意其外形、大小、质度和色泽，观察切面有无充血、出血、瘢痕、结节、化脓和坏死等，然后打开胸腔。用刀切断两侧肋骨与肋软骨的接合部，再切离其他软组织，除去胸壁腹面，胸腔即可露出。

2. 胸腔镜检查

胸腔的检查主要包括观察胸膜腔有无液体、液体数量、透明度、色泽、性质、浓度和气味；注意浆膜是否光滑，有无粘连等病变；肺脏的大小、色泽、重量、质度、弹性、有无病灶及表面附着物等。用剪刀将支气管切开，注意检查支气管黏膜的色泽、表面附着物的数量、黏稠度。将整个肺脏纵横切割数刀，观察切面有无病变，切面流出物的数量、色泽变化等；检查心脏时，注意检查心腔内血液的含量及性状。检查心内膜的色泽、光滑度、有无出血，各个瓣膜、腱索是否肥厚，有无血栓形成和组织增生或缺损等病变。在对心肌的检查时，注意各部心肌的厚度、色泽、质度、有无出血、瘢痕、变性和坏死等。

（二）颅腔的剖开和脑的检查

1. 颅腔的剖开

清除头部的皮肤和肌肉，先在两侧眶上突后缘作一横锯线，从此锯线两端经额骨、顶骨侧面至枕骨外缘作两条平行的锯线，再从枕骨大孔两侧作一条“V”形锯线与两条纵锯线相连。此时将头的鼻端向下立起，用力敲击枕嵴，即可揭开颅顶，露出颅腔。颅顶骨除去后，观察骨片的厚度和其内面的形态。

2. 脑的检查

检查硬脑膜沿锯线剪开硬脑膜，检查硬脑膜和蜘蛛膜，注意脑膜下腔液的容量和性状，然后用剪刀或外科刀将颅腔内的神经、血管切断。细心地取出大脑、小脑，再将延脑和垂体取出。

在检查脑时，先观察脑膜的性状，正常脑膜透明、平滑、湿润、有光泽。在病理情况下，可以出现充血、出血和脑膜浑浊等病理变化，然后检查脑回和脑沟的状态，如有脑水肿、积水、肿瘤、脑充血等变化时，脑沟内有渗出物蓄积，脑沟变浅，脑回变平，并用手触检各部分脑实质的质度；脑实质变软是急性非化脓性炎症的表现；脑实质变硬是慢性脑膜炎时神经胶质增多或脑实质萎缩的结果。

在检查脑的内部时，先用脑刀伸入纵沟中，自前而后，由上而下，一刀经过胼胝体、穹隆、松果体、四叠体、小脑蚓突、延脑，将脑切成两半。脑切开后，检查脉络丛的性状及侧脑室有无积水，第三脑室、导水管和第四脑室的状态。再横切脑组织，切线相距 2～3 cm，注意脑质的湿度、白质和灰质的色泽和质度，有无出血、坏死、包囊、脓肿、肿瘤等病变。脑垂体的检查，先检查其重量、大小，然后沿中线纵切，观察切面的色泽、质度、光泽和湿润度等。由于脑组织极易损坏，一般先固定后，再切开检查。脑的病变主要依靠组织学检查。

(三)口腔和颈部器官的采出和检查

口腔和颈部器官采出前，先检查颈部动脉、静脉、甲状腺、唾液腺及其导管，颌下和颈部淋巴结有无病变。采出时，先在第一臼齿前下方锯断下颌支，再将刀插入口腔，由口角向耳根，沿上下臼齿间切断颊部肌肉。将刀尖伸入颌间，切断下颌支内面的肌肉和后缘的腮腺等。最后切断冠状突周围的肌肉与下颌关节的囊状韧带。握住下颌骨断端用力向后上方提举，下颌骨即可分离取出，口腔显露。此时，以左手牵引舌头，切断与其联系的软组织、舌骨支，检查喉囊。分离咽和喉头、气管、食道周围的肌肉和结缔组织，即可将口腔和颈部的器官一并采出。

仰卧的尸体的口腔器官的采出也可由两下颌支内侧切断肌肉，将舌从下颌下间隙拉出，再分离其周围的联系，切断舌骨支，即可将口腔器官整个分离。按上法分离颈部器官。舌黏膜的检查，按需要纵切或横切舌肌，检查其结构，如发现舌的侧缘有创伤或瘢痕时，应对同侧臼齿进行检查。

检查咽喉部分的黏膜和扁桃体时，注意有无发炎、坏死或化脓。剪开食道，检查食道黏膜的状态，食道壁的厚度，有无局部扩张和狭窄，食道周围有无肿瘤、脓肿等病变。剪开喉头和气管，检查喉头软骨、肌肉和声门等有无异常，器官黏膜面有无病变或病理性附着物。

(四)鼻腔的剖开和检查

将头骨于距正中线 0.5 cm 处纵行锯开，把头骨分成两半，其中的一半带有鼻中隔。用刀将鼻中隔沿其附着部切断取下。检查鼻中隔和鼻道黏膜的色泽、外形、有无出血、结节、糜烂、溃疡、穿孔、炎性渗出物等，必要时可在额骨部做横行锯线，以便检查颌窦和鼻甲窦。

(五)脊椎管的剖开和检查

先切除脊柱背侧棘突与椎弓上的软组织，然后用锯在棘突两边将椎弓锯开，用凿子掀起已分离的椎弓部，即露出脊髓硬膜。再切断与脊髓相联系的神经，切断脊髓的上下两端，即可将所需分离的那段脊髓取出。脊髓的检查要注意软脊膜的状态，脊髓液的性状，脊髓的外形、色泽、质度，并将脊髓作多次横切，检查切面上灰质、白质和中央管有无病变。

(六)肌肉和关节的检查

肌肉的检查通常只是对肉眼上有明显变化的部分进行，注意其色泽、硬度、有无出血、水肿、变性、坏死、炎症等病变。对某些以肌肉变化为主要表现形式的疾病，如白肌病、气肿疽、恶性水肿等，检查肌肉就十分重要。关节的检查通常只对有关节炎的关节进行，可以切开关节囊，检查关节液的含量、性质和关节软骨表面的状态。

(七)骨和骨髓的检查

骨的检查主要对骨组织发生疾病的病畜进行，如局部骨组织的炎症、坏死、骨折、骨软症和佝偻病的病畜，放线菌病的受侵骨组织等，先进行肉眼观察，验其硬度，检查其断面的形象。

骨髓的检查对与造血系统有关的各种疾病极为重要。其法可将长骨沿纵轴锯开，注意骨干和骨端的状态，红骨髓、黄骨髓的性质、分布等。或者在股骨中央部做相距 2 cm 的横行锯线，待深达全厚的2/3时，用骨凿除去锯线内的骨质，露出骨髓，挖取骨髓作触片或固定后作切片检查。

三、病料的采集、保存及检查

采取病料要明确目的即根据初步诊断采取相应的材料，对一时不易明确的病可全面采取。一般情况下，应选择临床表现明显、症状典型的病例采取病料，这类典型病例大多出现于流行初中期，流行后期的病例由于治疗、免疫反应等干扰，症状不明显、不典型，病料检验也不易得出正确的结论。应在濒死期采取迫杀或在死亡后立即采取病料，最多不能超过死亡后2～4 h，在炎热季节更应注意，否则容易污染。

（一）病料采取前的准备与采集后的处理

病料采取的全过程都应保持无菌操作，这是保证正确结果的必要条件。全部器械都要经过消毒灭菌，刀、剪、镊子类金属器械可高压或煮沸灭菌；器皿和玻璃容器可高压或煮沸灭菌；胶塞等橡胶制品可用0.5%石炭酸液煮沸消毒10 min，或高压灭菌；载玻片先用1%～2%碳酸氢钠溶液煮沸10～15 min，水洗后用清洁纱布擦干保存在乙醇、乙醚等溶液中备用；注射器、针头可高压或煮沸消毒。未经消毒灭菌的器械不能反复使用，以保证病料不被污染。在凡急性死亡而又天然孔出血或怀疑炭疽时，应先自末梢血管采血涂片检查并否定炭疽后，方能剖检采取病料。

在剖检和采取病料时，应按先采取微生物学检查病料，后进行病理变化检查的程序进行，以保证病料不被污染。在剖检和采取过程中应尽可能不扩大污染，完毕后应按防疫要求消毒处理。

（二）病料的采取和保藏

如果实验动物处死后要立即采取，最好不超过6 h，否则时间过长，肠道中的非病原菌侵入机体后，会妨碍病原菌的检出。剖开腹腔之后，率先取材，因为暴露时间越长，就越容易被空气、肠道、皮毛等物上的微生物污染。对于死亡很急的患畜而言，如果有天然孔出血、尸僵不全等现象，当怀疑是炭疽病时，应先取耳静脉血作涂片或在腹壁上做一个切口，取脾脏组织，立即送检；当确定不是炭疽时，才允许剖检。采样所用刀剪要锐利，切割要迅速准确，采集材料时应无菌，所用的容器和器具要消毒。

怀疑是什么病，就采集有关的材料。如果不能确定是什么病，就尽可能全面采集病料。在实际工作中不能做到时，最好取新鲜的整个器官或大块组织送检。

送检的涂片自然干燥，在玻片之间垫上火柴棍，以免相互摩擦。装在试管、广口瓶或青霉素瓶内的病料，均需盖好盖，塞好棉塞，然后用胶布粘好，再用蜡封固，放入冰瓶中。病料送检时，最好专人运送，并附带说明。当采集活体病料时，如有较多发病数量时，取材时应选择症状和病变典型，有代表性的病例，最好选择未经抗生素治疗的病例。

（三）病料的固定和保存

实质性器官的病料存放在消毒过的容器内。若用于病理组织学检查，存放于10%福尔马林溶液或10%的戊二醛溶液中(如作冷冻切片用，应将组织块放在冷藏容器中，并尽快送实验室检验)；短时间内不能送到的病料，上面加盖灭菌液状石蜡2～3 cm；用蜡封固，置于装有冰块的冰瓶中迅速送检；没有冰块时，可在冰瓶中加冷水，并加入等量硫酸铵，可使水温冷至零下，将装病料的小瓶浸入此液中送检。夏天在运输的途中时间长时，要勤换固定液；也可将病料浸入保存液中，供微生物学检查的液体病料，包扎牢靠，防止外溢污染、变质；供血清学检查的血清装入灭菌小瓶内。细菌性病料可用饱和盐水或30%甘油缓冲液，病毒性材料可浸于50%甘油缓冲液中。进行微生物学检验的病料，若病料不能立即送检时，最佳的保存方法应为冷冻或冷藏。

（四）实验室检查

实验诊断主要是运用物理学、化学和生物学等的实验室技术和方法，对实验动物的血液、体液、分泌物、排泄物及组织细胞等进行检验，以获得反映机体功能状态、病理变化或病因等的客观资料。实验诊断的结果与其他临床资料结合进行综合分析，对确定疾病的诊断、制定防治措施及判断预后均有重要意义。同时，某些实验诊断的结果可从分子水平研究实验动物疾病的发生、发展与转归，阐述疾病的发生机理。实验动物疾病甚多，各种病的实验室检查重点也不一样。

1．血液学检验

作用于有机体的任何刺激都会引起血液成分的改变。血液学检验主要针对血液和造血组织引起的血液病及其他疾病所致的血液学变化。兽医临床上主要进行血液学常规检查，包括红细胞数、白细胞数、血红蛋白含量、血细胞比容、红细胞沉降速率、白细胞分类计数及血细胞形态学检查。必要时，还进行血小板计数、溶血检验和抗凝血功能的检验等。

2．排泄物、分泌物及体液的检验

排泄物、分泌物及体液的检验主要包括尿液的物理、化学及沉渣检查，胃液和粪便的常规检查，渗出液及漏出液的理化检查等。

3．临床化学检验

临床化学检验主要是对组成机体的生理成分、代谢状况、重要器官的功能状态、毒物分析及营养评价等进行的检验。其包括糖、脂肪、蛋白质及其代谢产物的检验，血液和体液中电解质和微量元素的检验，血气和酸碱平衡的检验，临床酶学检验，激素和内分泌腺功能的检验以及毒物和药物浓度的检测等。

4．临床免疫学检验

临床免疫学检验包括免疫功能、临床血清学等的检验。

5．临床病原微生物检验

临床病原微生物检验包括传染病常见的病原检查、细菌耐药性和药敏实验等。

四、尸体剖检记录与剖检报告的书写

尸体剖检记录是尸体剖检报告的重要依据，也是进行综合分析研究时原始科学资料。记录的内容要力求完整详细，如实反映尸体的各种病理性变化，而且要做到重点详细，不漏关键病变。一个完整的尸体剖检记录如表12-11所列，主要包括3项内容。①概况：记录动物品种（品系）、性别、年龄、特征、死亡时间和死亡日期，剖检时间和地点，剖检者姓名和记录者姓名等内容；记录临床病历摘要及临床诊断。②剖检变化：记录外部检查及内部检查肉眼所见到的变化。组织学检查、血液学检查、微生物学和寄生虫学检查写在肉眼观察后面。③结论：根据病理解剖学诊断，结合动物生前临床症状及相关资料，找出各病变之间的内在关系，做出判断，阐明动物发病与致死的原因，最后对疾病提出诊断病名与判定死亡原因。

表 12-11 动物尸体剖检报告

剖检号：

<table>
<tr><td rowspan="2">项目</td><td>品种</td><td>编号</td><td>性别</td><td>年龄</td><td>毛色</td></tr>
<tr><td></td><td></td><td></td><td></td><td></td></tr>
<tr><td>临床摘要</td><td colspan="5"></td></tr>
<tr><td>病理剖检变化</td><td colspan="5"></td></tr>
<tr><td>实验室诊断</td><td colspan="5"></td></tr>
<tr><td>结论</td><td colspan="5"></td></tr>
<tr><td>死亡时间</td><td></td><td>剖检地点</td><td></td><td>剖检者</td><td></td></tr>
</table>

第八节　实验动物废弃物的无害化处理

实验动物在饲养繁育、动物实验过程中不可避免的产生各种废弃物，主要包括有固体、液体和气体废弃物。这些废弃物有些涉及生物安全，如不妥善处理，可能会影响环境，甚至危害工作人员的健康，因此，实验动物废弃物必须进行无害化处理后排放。处理实验动物废弃物必须按照国家有关环保的法律法规和规章制度的规定进行妥善处理，以达到不污染环境、保证人类健康的目的，切记不可同生活垃圾混装。

一、废弃物的危害及种类

(一)废弃物的危害

实验动物在繁殖生产或动物实验过程中会产生大量废弃物，其中有些废弃物对人和动物有微生物性、化学性或放射性的危害，如不妥善处理，这些废弃物既会影响动物实验的准确性，又极易污染环境，直接或间接地影响工作人员或周围群众的生活和健康安全。

(二)废弃物种类

1. 固体废弃物

固体废弃物包括实验动物尸体、垫料、实验动物排泄物、使用过的实验材料及其他在实验动物生产和实验中使用的物品等。

2. 液体废弃物

液体废弃物包括实验动物的尿液、清洗实验动物生产设施、实验器械等所产生的污水、剩余的实验用注射液等。

3. 气体废弃物

气体废弃物主要包括实验动物粪尿排泄物所产生的废气，以氨气为主，还包括粉尘以及动物实验过程中所产生的气体等。

二、废弃物处理的参照依据

目前，我国实验动物尸体管理主要参考的依据是 2017 年国务院修订颁布实施的《实验动物管理条例》;2021 年第十三届全国人大常委会修订发布的《中华人民共和国动物防疫法》;2011 年国务院修订颁布实施的《医疗废物管理条例》;2003 年由卫生部发布实施的《医疗卫生机构医疗废物管理办法》;2003 年国家卫生和计划生育委员会发布实施的《医疗废物分类目录》;2008 年国家环保总局和卫生部发布的(HJ 421—2008)《医疗废物专用包装袋、容器和警示标志标准》和 2013 年由国务院修订发布实施的《危险化学品安全管理条例》。

三、废弃物的贮存

(一)贮存原则

实验动物废弃物应定期清理。实验动物生产区域及动物实验场所应设有专门的废弃物贮存区来贮存暂时无法立即处理的废弃物。废弃物贮存区设置应与其他功能区域分隔,尽量远离动物饲养区、动物实验区域、人员休息区及主要运输线。贮存区内的贮存室必须密闭,避免废气外泄,防止苍蝇、蟑螂、蚊子及啮齿类动物侵入。盛载废弃物容器应选择金属或塑胶材料,坚固耐磨,贮存容器及设施应经常清洗并保持清洁。废弃物贮存时除用专用塑料袋密封外,还应以贮存桶盛载,避免搬运中泄漏、渗出、逸散、飞扬、散发恶臭。

感染性废弃垫料要包装密封于有生物危害标志的专用塑胶袋中,贮存在独立场所不得超过 24 h,最好当日换出的垫料当日灭菌送出。同时注意在清理时要注意避免气溶胶的产生,工作人员要配备防护措施。

放射性废弃垫料要用有黄色放射性物质标志的塑胶袋包装,于特定的容器中暂时贮存,待容器装满后由专人收集处理,在清理过程中避免产生气溶胶,工作人员需穿戴防护装备。生物性废弃物如动物尸体需冷藏以免分解腐败。

(二)防护性存放和分类存放

在贮存实验动物废弃物时要做到分类包装存放,为分类处理提供方便。一般来说,坚固硬质包装物或容器,装尖锐物体。可回收器械被污染后放置在消毒液中或放置于专用存放区。指示性存放,带颜色塑胶袋,并标识专区。建议用黑色包装容器(袋)来装生活垃圾。黄色包装容器(袋),有生物危险标识,装实验或医疗废弃物(已灭活)。红色包装容器(袋)或专用存放处,有生物危险标识,装实验或医疗废弃物(未灭活)、可回收容器、器械。

四、废弃物的处理

(一)固体废弃物的处理方法

1. 垫料的处理

垫料是实验动物生产和动物实验中产生的数量最大的废弃物。减少废弃物的产生量是解决废弃物污染问题的最佳途径,可依据饲养动物的种类、最大动物饲养空间、更换垫料的频率来估算废弃垫料的生产量,以安排贮存空间、运送工具和人力。废弃物清理、搬运、收集、贮存及处理应建立一套工作规范,一切操作按有关法令规定执行。

设置负压式废弃垫料收集装置,避免垫料在清理过程中随空气散布。工作人员穿戴防护装备。不同污染程度的废弃垫料应以不同方式处理。一般性无害废弃垫料是指单纯动物实验清理出来的垫料,可直接进行最终处理,其常用方法包括堆肥和苗圃处理或视作一般废弃物掩埋。掩埋处理时,有传染性或放射性物质污染的垫料、感染性废弃垫料须经灭菌后方可作为无害化废弃垫料予以掩埋。

2. 动物尸体无害化处理

动物尸体是实验动物设施产生的主要废弃物之一。设施中必须设置容量充足的冷藏设备暂时贮存尸体。

①凡是有条件的机构,均应建造实验动物尸体或脏器的焚烧炉。如果没有条件建立,则应委托有焚烧炉的机构处理好动物尸体,这对于保护环境是十分重要的。

②对确诊为人兽共患病、急性或烈性传染病的动物尸体,一方面应立即用棉花堵住尸体的天然孔并消毒尸体表面,另一方面对被污染的场地及器械进行严格消毒。剖检完毕后,应立即对动物尸体、垫料和被污染的物品喷洒消毒液后,将尸体或污染物装入袋中集中焚毁、或高压消毒。附着于器械及衣物的脓汁和血液等要使用消毒液充分消毒,然后用清水洗净,擦干晾晒,乳胶手套经清洗、消毒、擦干后,撒上滑石粉,然后脱下,对剖检场地彻底消毒处理。

③非病原微生物感染实验的动物尸体可置放于冰柜中暂存,然后集中焚毁。

④对做止血、放血、创伤、血压、呼吸等急性实验的猪、犬、绵羊、兔等较大的实验动物,即使在实验过程中没有注射有毒物质,其个体也不能供人类食用,但一般可以供教学训练用或喂药试验用。禁止把实验动物的尸体或脏器组织倒入垃圾箱中随意处理。

(二)液体废弃物的处理

在实验动物场,每天清洗笼舍、器械及地板,有大量污水从动物室、洗笼机、洗涤间经下水道排放。这些废水主要含有动物排泄的粪尿,如符合排放标准,可直接排入废水处理系统,不会造成环保问题。实验动物设施定期清洁消毒所使用的消毒剂一般含有抗菌物质、清洁剂、pH 缓冲剂、去毛剂和除臭剂等,要按指示稀释浓度使用,避免过量使用造成污水增加,使用后要彻底清洗,避免残留物形成不溶性化合物,对动物有害。啮齿类动物设施一般不设排水口,必须有排水口的动物房,其排水口的位置、口径大小、排水沟及地板斜度必须符合标准,避免排水困难造成积水,并能做到有效密封。排水管与主干道间应直接连接,不宜弯曲太多。由感染性动物实验设施所产生的废水或许含有致病微生物,最好能先集中在贮水池中消毒,需经化学处理消毒(如次氯酸钠和臭氧等)或加热高压蒸汽灭菌处理后方可排入市政污水管网。

(三)气体废弃物的处理方法

实验动物所产生的气体废弃物主要是指主要有害气体为氨、甲基硫醇、硫化氢、硫化甲基、甲基丁烷、三甲胺等。这些气体都具有强烈的臭味,对人和动物有直接毒害,妨碍正常的生理过程,影响人和动物的健康。氨是其中浓度最高的一种,常以其浓度作为判断有害气体污染程度的指标之一。氨可刺激动物眼结膜、鼻腔和呼吸道黏膜而引起流泪、咳嗽,严重者甚至产生急性肺水肿而导致动物死亡。如果长期处于高浓度氨的作用下,实验动物的上呼吸道黏膜可出现慢性炎症,易并发细菌、支原体感染。这种病理变化将严重影响呼吸系统的实验研究结果。

为减少废气和粉尘的产生而造成的影响,在规划实验动物设施时就应予以足够的重视,如实验动物设施单独设置,与办公室分开,安装独立的空调系统或脱臭设备,利用压差控制废气的外泄等。啮齿类动物应降低饲养密度、增加垫料更换次数、增加动物室的通风换气次数、使用通风换气的 IVC 饲养盒、使用隔离器及层流架等都可减少废气的产生和扩散。大型动物可通过增加清洗排泄物次数、保持室内干燥、定期药浴控制体外寄生虫感染来减少臭气的产生。废气需经高效过滤方可向大气中排放,各种过滤器应定期清洗、消毒或者更换,排风口不能设置成垂直向上。

粉尘又称气溶胶，是指空气中浮游的固体粒子、液体粒子或固体和液体粒子在气体介质中的悬浮物。动物室的粉尘主要来源于未经过滤的空气以及室内的动物皮毛、排泄物、饲料屑及垫料等。作为变应原，粉尘可引起动物和人的呼吸系统疾病和过敏性皮炎，还是病原微生物的载体，可促使微生物扩散而引起多种疾病。清理废弃垫料时，使用气罩可减少粉尘的产生。粉尘需经高效过滤后方可向大气中排放，各种过滤器应定期清洗、消毒或者更换。

思考题

1. 简述实验动物编号与标记常用的方法。
2. 实验动物麻醉应注意哪些事项？
3. 举例说明 3 种动物实验注射给药方法。
4. 举例说明 3 种动物实验采血方法。
5. 简述实施动物安乐死常用的方法。
6. 简述实验动物外科手术后护理方法。
7. 简述实验动物尸体无害化处理的方法。

参考文献

何诚，2013. 实验动物学[M]. 2 版. 北京：中国农业大学出版社.

秦川，魏泓，2015. 实验动物学[M]. 2 版. 北京：人民卫生出版社.

邵义祥，2018. 实验动物学基础[M]. 南京：东南大学出版社.

汤宏斌，孔利佳，2006. 实验动物学[M]. 武汉：湖北人民出版社.

吴端生，张健，2006. 现代实验动物学技术[M]. 北京：化学工业出版社.

徐国景，唐利军，易工城，2008. 实验动物管理与实用技术手册[M]. 武汉：湖北科学技术出版社.

邹移海，徐志伟，黄韧，2012. 实验动物学[M]. 北京：科学出版社.

第十三章 动物科学和动物医学中的动物实验方法

本章简介

主要介绍实验动物的选择、实验动物的去势及剖宫产技术、主要药效学试验中的动物实验方法、急性毒性试验中的动物实验方法、长期毒性试验中的动物实验方法、免疫学研究中的动物实验方法、微生物学研究中的动物实验方法等。

动物实验是以实验动物为对象的实验室研究，是医学科学研究的重要手段和基本途径之一。动物实验与临床实验相比，动物实验最大的优势之一是在人体无法进行的实验可在动物身上研究，如发现下丘脑释放激素这个经典的案例。20 世纪 70 年代，两组科学家分别从 10 万多头羊和猪下丘脑提取的下丘脑释放激素为神经内分泌调节提供了有力证据，并改变了许多内分泌疾病的诊断和治疗方法。

第一节　动物选择、配种及妊娠判别方法

一、动物的选择

(一)动物选择的前提条件

在生命科学研究中，实验动物的选择必须遵循科学(science)、伦理(ethic)和经济(economy) 3 个准则，简称“实验动物应用的 SEE 准则”。动物实验研究必须在 SEE 准则的指导下，对构成动物实验的一系列研究因素如动物、材料与方法、实验技术、设备与环境等进行正确选择和配置。

1. 科学准则

科学准则是指包括动物实验的方案设计和实施的全过程必须符合科学规律即动物、环境、技术、方法等要素都要求与实验目的匹配，它是确定研究方案有关实验动物方面的最基本准则。科学准则要求选择动物时的标准化原则、相似性原则、特殊性原则，并且还要求考虑动物数量、年龄、体重、性别、生理状态等，对实验的对照、分组、昼夜、周期、节气、观察指标的确定，动物的质量控制、饲养环境、营养供给，以及动物实验中饲养管理、观察方法的选择、实验技术与实践等全面内容。

2. 伦理准则

伦理准则是指人道地使用实验动物，这是对科学研究者基本素质的要求。动物实验研究要遵循“健康、快乐、有益”的实验动物福利3H宗旨，在科学研究和尊重生命的天平上取得最佳平衡。因此，动物在研究中遭受的痛苦和不适，研究者应充分运用各项动物实验知识和技术，尽量避免实验过程中对动物不必要的伤害，如可适当地使用药物免除动物的疼痛和紧张，熟练实施规范的动物操作技术，实验前充分评估对动物身心的伤害程度并确定应对办法，为动物提供合适的环境和护理。在研究许可的情况下，可用低等生物替代高等动物，用非生命研究手段替代活体动物研究，这些都体现了伦理准则。

3. 经济准则

经济准则是指动物实验的设计和实施应体现资源的有效利用和节约。如在药物长期毒性研究中，非啮齿类动物常用猴或犬，但猴的来源少，饲育难度大，所需成本高，而犬来源较广泛，饲育相对容易，在研究允许的条件下，使用犬后不仅减少人力、物力消耗，也有助于猴的保护。

经济准则同样会体现在时间上。由于动物的生长发育快且正常寿命短，缩短研究周期有利于加快研发进程，以避免因研究周期长而出现各种不确定因素，进而干扰研究进程和结果。如避孕药的研究可使用妊娠期较短的动物，可以缩短避孕药研究周期，加快药物研发进程。在确保研究质量的前提下，选择易于饲养及来源充足的动物、选择实验周期较短方案和简单明了的方法、选择能耗低的设备、选择成熟的及对设备依赖性低的技术等，都体现了经济准则。

(二)研究目的与实验动物的匹配要求

不同实验目的，对实验动物选择的匹配要求也不同，这直接关系到研究的成败。如实验可能造成非研究需要的剧烈疼痛，应考虑采用对疼痛敏感性较差的动物；当两种动物都可用于同一研究而不会产生差异很大的结果时，就应使用来源更广泛的那种动物。

1. 种属、品种、品系的匹配原则

(1) 按相似性匹配　相似性是指实验动物和目标动物(如人)在结构、功能、反应特征上相似。大多数研究目的是通过实验动物的反应来预测处理因素对目标动物的作用，实验结果通常需要外推至目标动物，若两者相似程度越高，外推结果准确率也可能越大。因而相似性匹配往往是选择实验动物时优先考虑的原则。相似性匹配以考虑疾病特征、生理反应、代谢过程、解剖和组织结构等方面为主。

由于自然选择导致人类和其他动物的相似度有限，在种的基础上应培育不同品种和品系的实验动物，以满足特定需求。如来源于各种背景品系的突变动物、转基因动物、杂交F1，系统杂交、近交系和封闭群动物，这些动物具有人为创造或保留的和人类相似的特性，从而拓宽了实验动物的选择度。突变动物、转基因动物、杂交F1、系统杂交和近交系动物，很多都是人类疾病的动物模型，可再现某些人类疾病的特征，成为研究这些疾病的理想材料。封闭群动物则具有和人类群体相似的遗传异质性，适合人类遗传研究、药物筛选和毒性试验。

(2)按特殊性匹配　特殊性是指实验动物特有的结构、功能和反应。这些特殊性和目标动物有很大差异，甚至目标动物都不具备这些特殊性，而这些特殊性的运用可以简化实验条件、提高研究结果的准确性等。

基于实验动物特殊身体构造能让实验研究多了许多便利条件，如长爪沙鼠的脑底动脉环后交通支缺损，而不能构成Willis动脉环，因此在脑缺血研究中可方便地用自身作为对照组；

犬的甲状旁腺位于甲状腺表面，且位置固定，适合需要摘除甲状旁腺的相关研究；豚鼠的胸腺易摘除，由于其胸腺全部位于颈部，可用于胸腺功能研究；家兔在需要开胸的研究中不需要使用呼吸机，其原因是兔胸腔中的纵隔将胸腔分为左右不相通的两部分，只要不损坏纵隔可以正常呼吸。

在研究过程中，如果使用的实验动物对实验因子敏感性高，则能更好地达到实验目的，如家兔很适合于发热、解热和热源检查等与体温相关的研究，这是因为家兔易产生发热反应，且发热恒定、典型；大鼠常用于机体应激反应研究，其垂体-肾上腺功能发达，对应激反应很灵敏；大鼠踝关节对致炎因子很敏感，故适合作为研究多发性关节炎的模型动物。

利用动物的特殊反应，使其成为有利的研究条件，如避孕药的研究需要抑制排卵，而兔和猫是典型的刺激性排卵动物；豚鼠自身不能合成维生素 C，必须从食物中摄取，通过控制从饮食中摄取维生素 C，豚鼠是维生素 C 缺乏症研究的最佳实验动物；大鼠适合肝外科的研究，这是因为大鼠肝脏被切除 60%～70%，肝叶仍可再生，其肝脏具有的再生能力很强。

(3)寿命的匹配　要能够观察实验的终点，必需条件是实验动物寿命比研究周期要长，长期实验研究对于这一点尤其重要，如慢性毒性实验。动物所需寿命的估算应大于动物实验所需最小日龄，并加上实验周期。常用实验动物寿命见表 13-1。

表 13-1　常见实验动物寿命　　年

动物	一般寿命	动物	一般寿命
猕猴	20	家兔	7～8
猪	16	豚鼠	6～7
犬	15	大鼠	2～3
猫	10	小鼠	2～3

引自：杨斐，胡樱，2019。

(4) 不同种属的标准化程度　标准化实验动物具有明确的微生物学背景和遗传背景，依赖于成熟饲养环境控制和营养控制技术，健康状况明确。研究中用标准化实验动物，有利于消除来自实验动物本身和环境中各类干扰因素(准确性要求)，也能满足对实验结果的重复性要求。因此在科研过程中，应尽可能选择标准化的实验动物。目前，我国的标准化实验动物有小鼠、大鼠、豚鼠、地鼠、兔、犬和猴，其中，小鼠和大鼠的标准化程度最高，对犬、猴等动物的应用还存在标准化动物和非标动物并存的情况，实验用猪在某些地区已经确立了地方标准，实验用猫目前还没有标准。

2. 性别、年龄、体重的匹配要求

(1)性别匹配　性别一致是性别匹配的基本要求，即选用实验动物和目标动物为同一性别。如肿瘤中的子宫癌、卵巢癌等研究必须采用雌性动物。大多数研究的目标动物为两种性别均有，因此研究者需要根据实验动物的性别所致的实验反应差异和具体情况来决定所需的实验动物的性别。

当处理效应对性别无差异，而研究对性别又没有明确要求时，通常会优先选择雄性，原因是雌性动物的性周期在不同阶段或妊娠、哺乳等特殊生理状态下机体反应产生比较大的变化，导致研究受到干扰而影响对实验最终结果的判断。若实验反应对性别的差异仅体现在量的方面，则使用雄性动物比较好，如骨髓微核试验中雄性小鼠比雌性小鼠对诱导微核更敏感，则优先使用雄性；若不同性别的实验反应有质的差别，则应两种性别都必须采用。且两种性别的实验应该同时进行，以确定实验刺激对两种性别的作用差别，如 LD_{50} 的测定，通常应同时使用两种性别动物且数量必须相等。若某个性别的特殊反应对研究可能存在干扰，应回避该性别，如研究动物神经内分泌，由雌性动物性周期而导致的激素水平变化就可用单一性别动物——雄性动物作为研究的实验动物。

(2)年龄匹配　使用与目标动物一致的年龄阶段，获得的结果才具有可比性。若某项研究的预期外推对象无特定规定年龄时，大多数药物针对各个年龄阶段人群，可使用已达性成熟的青年或壮年动物，如此选择也能满足大多数研究的需求。研究周期较长的实验可适当降低动物年龄，以确保能观察到实验终点。

年龄匹配的依据在于不同年龄个体的生物学差异，表现为解剖生理特征的不同，如外观、解剖结构、腺体重量等，也表现在不同生物学功能等方面，如生长速度、发育水平、成熟度、脏器功能和衰老程度等，并由此出现对同一实验刺激的产生不同反应的现象。一般而言，动物幼龄阶段的解毒系统发育还不完善，如家兔肝脏具备解毒功能必须在 2 周龄以上，达到成年兔水平要在 4 周龄后。约 30 日龄的大鼠的体内葡萄糖醛酸转移酶达到成年大鼠水平，而动物在老龄阶段，其体内的解毒功能会发生退化，动物对毒物敏感性的年龄顺序为幼年＞老年＞成年，大鼠或小鼠对乙烷、汽油、二氯乙烷的敏感性的年龄顺序为幼年＞老年＞成年。不同种属动物，其寿命和发育特点各不相同，不同种属间的“年龄一致”是指两者间的年龄对应，也就是生物学的时间“同步”。如小鼠寿命一般为 2.5 年，人类寿命约 70 年，2 岁多小鼠对实验的反应可能等到人类 70 岁才会发生的。不同种属虽然在生命各个阶段的发育速度各不相同，但也不能简单地将按寿命来进行等距推算年龄，否则，若按 16 岁犬相当于人 80 岁来推，就会推出 1 岁的犬相当于 5 岁人的结论，而实际上 1 岁犬对应的是 15 岁人。除寿命外，还必须考虑各种动物属间不同年龄阶段，实质上是动物在各个年龄阶段的生长发育特点是有对应关系的。图 13-1 显示了人和常用实验动物在年龄及生命周期上的对应关系。

(3) 体重选择　其本质是年龄选择。体重与年龄有一定相关性。确定实验动物的实际年龄，是需要准确记录每个动物的出生日期，这在实验动物规模化生产过程中是不太现实的，尤其是大鼠、小鼠、地鼠等小动物都是批量饲养，数量庞大，通过动物的体重来推算出年龄，简化了年龄匹配。

在确定遗传因素后，年龄和体重的对应关系主要受到营养水平和饲养技术的影响，标准化实验动物有比较均一的遗传背景、标准化的营养水平和饲养环境，其年龄与体重间的对应关系比较恒定，特别在对数生长期具有较好的对应关系，所以通常根据每个品种、品系的生长曲线，可将年龄选择转换为体重选择，这样操作起来就更为简单了。但出生日期和遗传背景均不确定、饲养环境不太一致的动物则不能作体重转换。同一实验研究中使用的动物，其体重应尽量做到一致，通常组内或组间体重差异不能超过 10%。

3. 动物的净化等级和状态匹配要求

(1) 生物学净化等级的匹配　不同的生物学净化等级意味着实验动物具有不同的微生物学和寄生虫学背景，其净化等级越高，则表明相应的背景干扰越小。标准化实验动物一般通过选择生物学净化等级以限定实验动物微生物学、寄生虫学背景，以满足各种实验研究的不同需求。实验动物按生物学净化程度可分为普通级动物、清洁级动物、无特定病原体(SPF)动物、

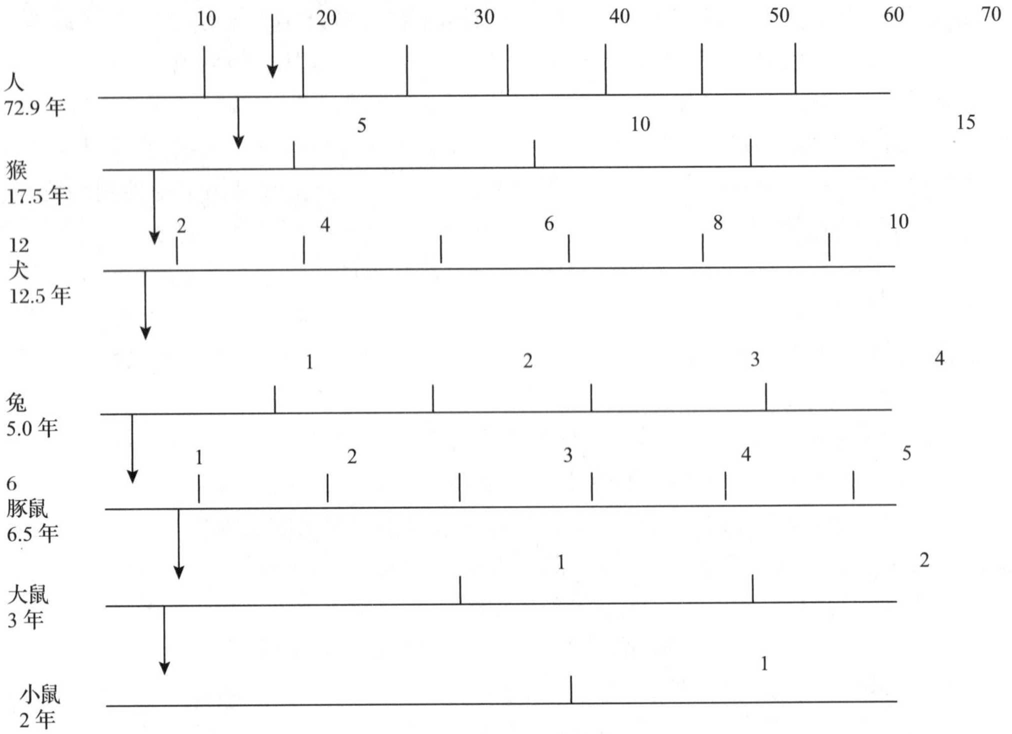

↓表示动物的成年时间。

图 13-1　人和常用实验动物在年龄及生命周期对应关系

（引自　杨斐，胡樱，2019）

无菌动物 4 个级别（表 13-2），其中清洁级动物则是依据我国现有国情而建立的一个级别。在其他国家，则分为普通级动物、SPF 动物、悉生动物和无菌动物 4 个等级，从控制的严格程度来讲，其 SPF 动物必须排除的微生物和寄生虫介于我国的清洁级动物和 SPF 动物之间。

表 13-2　我国实验动物的生物学净化等级

类别	普通级动物	清洁级动物	无特定病原体（SPF）动物	无菌动物
大鼠		√	√	√
小鼠		√	√	√
豚鼠	√	√	√	√
地鼠	√	√	√	√
兔	√	√	√	√
犬	√		√	
猴	√		√	

引自：杨斐，胡樱，2019。

净化等级的选择应当从研究项目的实验目的出发，不一定是越高越好，机体和体内微生物大多是共生关系，对动物机体维持正常功能来说是必需的。目前，我国的无特定病原体（SPF）动物和清洁动物是最常用的两个等级。SPF 动物是排除人兽共患病、动物烈性传染病、隐性感染和潜伏感染、条件致病的病原，是“真正的健康无病模型”，大多数研究都可以应用，特别对于中期或长期研究、免疫学研究、生物制品生产和器官移植，采用 SPF 动物能去除条件致病病原感染、隐性感染和潜伏感染等干扰因素；清洁级动物同样是“无疾病症状模型”，该动物模型可以应用于短期、对动物携带微生物和寄生虫要求不严格的实验；普通级动物主要用于教学示范和预备性实验，不能用于正式的实验研究。无菌动物和悉生动物则是超常生态模型，一些研究确实有必要排除一切微生物才会使用，还有一些研究单一菌种对生物体作用，或两种菌种在体内的相互作用等。

（2）生理状态的匹配　依据研究某一生理状态必须选择的动物，它们具有相同状态为等同原则。处于特殊生理状态中的动物如妊娠、哺乳等，其动物生理功能和反应均表现与常态动物差异很大，所以研究中如果无明确规定，则应使用未交配的性成熟动物，以规避特殊生理状态的造成的干扰。

（3）对健康状况的要求　所有研究中使用动物都必须健康，这是对实验动物最基本的质量要求。常态动物必须是健康无任何疾病症状。疾病模型除特定疾病的临床症状、生命体征外，其他均应正常。

标准化实验动物质量“合格”即健康。标准化的动物可能会成为不合格，如饲育管理操作不当、因突发事件产生各种健康问题，如感染疾病、发育缓慢、肥胖、精神障碍等，标准化实验动物质量下降，这些不健康问题因素会干扰研究背景。非标准化的动物由于不明确其遗传组成和携带病原微生物的状况，在研究之前需要通过外观和一系列检查诊断来判断动物的健康状况才能做出选择。

（4）对机体应激水平的要求　机体应激水平是基于实验动物遗传学质量、环境质量、营养学和饲料质量、微生物和寄生虫学质量基础上的五大实验动物质量要素。应激反应使机体稳态出现变化，稳态受到破坏而失衡则使得动物健康水平降低。不管使用标准化或非标准化动物都会存在应用过程中或高或低的应激水平的干扰。在实验开始之前，要尽可能地降低动物的“应激水平”，充分了解动物在实验前的应激经历，例如，运输、换笼、混群、分组、饲育环境和操作人员的变更等都是非常必要的。评估动物在上述经历中所受到的应激影响，预测并确定动物的恢复时间，从中筛选出机体应激水平过高的个体，或者不容易恢复的实验动物，这样在研究过程中动物表现异常敏感个体数据会减少，而不至于造成不必要的干扰从而影响对研究结果的正确判断。

二、动物配种方法

育种与繁殖目标不同，配种方式与雌雄配比也不同。一般有两种配种方式：长期同居与定期同居；三种配比方式：一雌一雄、多雌一雄和多雌多雄。实验动物扩大繁殖的理想配种比例可参考表 13-3。

表 13-3　实验动物扩大繁殖时理想配比

动物种类	沙鼠	大鼠、小鼠	地鼠	豚鼠	兔	猫	犬	猴
♂∶♀	1∶1	1∶(3～4)	1∶(4～6)	1∶(8～10)	1∶(8～10)	1∶(8～10)	1∶20	1∶10

引自：陈主初，吴端生，2019。

选择最佳时间予以配种交配可提高受精率和受孕率。选择交配时间应考虑到排卵时间、排出的精液和卵子维持受精能力的时间、精卵到达受精部位的时间等。一般雌性个体应在排卵前几小时至十几小时与雄性交配。但兔、猫等是接受交配刺激后才排卵,可在交配后一定时间进行第二次交配。表 13-4 列举了一些实验动物的排卵时间可供参考。通常小鼠、大鼠、仓鼠在发情前期交配,豚鼠、犬、兔在发情期交配(兔交配后 10～12 h 再复配 1 次),容易受孕。

表 13-4 实验动物的排卵时间

动物	排卵时间(自发情开始)	动物	排卵时间(自发情开始)
小鼠	2～3 h	兔	交配后 10.5 h
大鼠	8～11 h	猫	交配后 24～36 h
仓鼠	发情开始前	犬	早于发情
豚鼠	10 h	猕猴	月经开始后 11～15 d

引自:陈主初,吴端生,2011。

识别交配的常用方法是做阴道涂片。检查阴道中是否存在精子,则可判断交配已成功。有无阴道栓是检查大鼠、小鼠交配的简便而准确的方法。大鼠、小鼠交配后 2～4 h,雌鼠阴道口处有一呈圆锥状的栓状物,明显可见。它是由精囊腺的分泌物、雄鼠精液等凝固而成的。阴道栓的残留时间可达 10～24 h 甚至 2 d 以上。检查时,可直接观察或在鼠盒网状底板下放一张白纸来承接。

三、妊娠动物的判别

动物交配成功但不一定都会妊娠。为避免假孕造成育种、繁殖的损失(尤其是浪费时间),必须在动物交配后一定时间内作妊娠诊断。实验动物妊娠诊断常用方法有摸胎法、阴道涂片法、外形观察法、直肠检查法等。

(一)摸胎法

摸胎法是通过触摸雌性个体腹部子宫内胎儿的存在进行妊娠诊断。诊断兔妊娠常用这种方法。一般在母兔交配 10 d 后开始,操作时让兔头朝向操作者,左手保持兔正常的站立姿势,右手张开托住兔腹部,沿腹壁两旁子宫部摸索。若腹部柔软如棉则无妊娠;若摸到腹部后侧两旁均匀排列并能滑动的肉球(胎儿),手指压后可感觉出光滑而有弹性,则为已妊娠。兔交配后第 10 天胎儿大小如黄豆,第 15 天大小如白果,第 20 天大小如胡桃。摸胎时动作要轻,以免挤破胚胎造成流产。

(二)阴道涂片法

阴道涂片法是用显微镜检查阴道冲洗液中的细胞类型。若动物发情期消失,可初步判断为已妊娠但不能做出肯定判断,因为有可能存在假孕或发情周期异常。该方法主要用于啮齿类。

(三)外形观察法

外形观察法是通过雌性个体交配后如体型、体重等外形发生变化来判断是否受孕成功。此方法常用于啮齿类。孕鼠比未孕鼠体重增加,腹部膨大明显,但须分清生长和腹脂过度沉积。

(四)直肠检查法

直肠检查法是将食指,甚至整个手臂从肛门插入直肠触摸子宫胎儿,这种方法用于大型实验动物,如猪、较大的非人灵长类动物等。

除上述方法外,实验动物的妊娠诊断也可采用免疫学诊断法、超声波检测法、血中孕酮水分测定法、尿液激素测定法和试情法等。

第二节 动物的去势及剖宫产技术

去势动物于术前绝食 12～24 h，并要进行清洗、刷拭，同时注意预防破伤风抗毒素。检查去势动物的体温、脉搏、呼吸及黏膜状态。如体温高、贫血，或有严重疾病者，不宜进行去势术。检查阴囊皮肤有无肥厚、粘连、睾丸发育是否正常、精索及腹股沟外口有无异常变化。必要时进行直肠内检查鞘膜管内口，如能进入三个指头，即不宜做去势术，应按腹股沟阴囊疝手术处理。所用器械应按常规进行彻底消毒，并放在消毒的器械盘内备用。大动物去势人员要求术者 1 人，助手 2 人，保定 3 人，并做出简要的手术计划，注意互相配合，防止发生事故。同时术者、助手要进行手臂的消毒。手术场地一般在室外选择避风平坦向阳的地方进行，先将场地扫平除去碎石，洒水和消毒，防止尘土飞扬，污染伤口。

一、动物的去势方法

(一)捻转法

(1)固定睾丸、切开阴囊　需去势的动物先固定睾丸，术者于动物背腰臀部用左手捏住阴囊颈部或用灭菌纱布条在阴囊颈部结扎，并使两侧睾丸平行于阴囊总缝两边，尽力使阴囊紧张；然后切开阴囊，露出睾丸：术者右手执刀，在总缝旁的 1～2 cm 处与总缝平行切开阴囊皮肤、肉膜、总鞘膜，睾丸可自行脱出。切口长度与睾丸长度相等(分层切开或一刀切开阴囊各层组织均可，最好不切破睾丸实质，以免出血多而污染术部)，如有粘连，可钝性剥离。

(2)剪断附睾韧带或鞘膜韧带　术者一手握住睾丸，一手捏住精索及睾丸系膜，助手将鞘膜韧带或附睾韧带剪断或撕开。最后术者将其断端向上剥离，并将阴囊切口推向腹壁，充分暴露精索。

(3)除去睾丸的步骤　助手用固定钳夹住精索进行固定，交给术者把持，再取捻转钳在固定钳下方 2 cm 处钳住精索，向一个方向进行捻转，先慢后快直至捻断精索除去睾丸。断端涂碘酊消毒后，除去固定钳。以同样方法再除去另一侧睾丸(如用结扎式，在暴露精索后，助手用消毒丝线结扎，在结扎外方 2 cm 处剪断精索，除去睾丸，断端涂碘酊后，剪除结扎多余线头)。

(4)创口处理　除掉两侧睾丸后，用消毒纱布块擦去创内血液，并检查有无出血，而后整理创口外缘除去阴囊附近血液，最后向阴囊腔内撒布消炎粉或青霉素粉，解除保定绳使动物站起。

(二)挫切法

除去睾丸步骤：术者左手握睾丸，右手持锉切钳，开张钳嘴使其锉面向腹壁，刃面向睾丸，靠近固定钳处夹住精索，徐徐紧闭钳嘴挫断精索除去睾丸，而后停留 1～2 min，再缓慢地张开钳嘴，断端涂以碘酊，再以同样方法除去另侧睾丸。为了安全，先由助手用固定钳在睾丸上方 4～5 cm 处，夹住精索固定，将固定钳交给术者，靠紧腹壁，再用锉切钳除去睾丸。创口处理同上。

(三)夹板法

除去睾丸的步骤：用长为 12～15 cm，宽为 2～3 cm 的两块木料制成的夹板，外面呈半圆形，一端有相对的斜面，两端做成横沟，内面为平面中间做成纵沟，使用前将带有斜面的一端用绳扎住，纵沟中撒上适量的升汞粉，当睾丸与精索充分显露后，将夹板一端开张顺体轴方向挟住精索，使精索放在夹板的中央，用扁嘴铁钳将两夹板的开张端闭合，用绳扎紧，在距夹板下缘 1～2 cm 处切断精索除去睾丸，断端涂以碘酊。另一侧以同样方法除去睾丸。一般经 24 h 解除夹板，创口处理同上。

(四)无血去势法

动物(一般是大动物，如公牛)保定后，用左手的食指与拇指将精索挤到阴囊的侧固定，右手持无血去势器开张钳嘴，将精索夹住，此时将另一个把柄抵在自己的腿上或放在地上，然后右手用力压紧钳柄，如听到一种断腱声即证明已挫灭精索，静止 1～2 min，然后将无血去势器开张向下移，在第一次挫灭下方 2 cm 处，再进行一次挫灭精索。另一侧精索以同样方法进行，最后涂碘酊，最后解除保定。

(五)有血去势术

(1)固定睾丸切开阴囊　术者用左手握住阴囊颈，使两睾丸位于阴囊底部，尽力下垂使阴囊紧张，右手执刀在阴囊部切开阴囊皮肤、肉膜及总鞘膜，使睾丸露出。切开可采用 3 种方法：纵切法，将睾丸挤向阴囊底，在阴囊的前外方或后外方与阴囊总缝平行切开阴囊，直达阴囊底。适用于成年大动物。横断法用手捏住阴囊底，使用外科剪剪去阴囊底部的皮肤，适用于青年大动物。横切法，在阴囊底部作一横切口，适用于幼龄大动物。

(2)除去睾丸　露出睾丸后由助手剪断鞘膜韧带，充分暴露精索后，由助手进行结扎精索，在结扎线下 2 cm 处，剪断精索，除去睾丸，断端涂碘酊后剪断结扎线头，以同样方法除去另一睾丸(如用锉切法，在暴露精索后，由助手装锉切钳，切断精索，将锉切钳继续挫压精索 3～5 min，再将锉切钳除去)。如用横断法剪去阴囊皮肤，但不能剪开总鞘膜，而后将总鞘膜连同睾丸挤出，用右手将阴囊推至腹壁附近，使睾丸精索充分露出，在鞘膜外面结扎精索，切除睾丸。

(3)伤口处理　检查创口，清拭创内血液，如总鞘膜过长时，可向创外牵引，并将其剪除。

二、动物的剖宫产手术

(一)保定

在进行剖宫产手术前，应先对动物进行保定，在手术台或地面上铺上大块塑料布或油布，然后让动物在手术台或地面上左侧或右侧保定。

(二)麻醉

用二甲苯胺噻唑进行肌内注射，每千克体重 0.2～0.6 mg 或用百会腰组穴电针麻醉。

(三)手术部位消毒和侧腹部切开

手术部位做消毒的常规处理，然后在侧腹部切开，于左髋或右髋结节下角与脐部之间的连线上，切口越靠下越好，但不要切至乳静脉。如羊切开 15～20 cm 的切口，开腹后如腹压较高，助手可用大块纱布或手覆盖压迫切口两侧，防止网膜及肠管脱出。

(四)拉出子宫

双手伸入腹腔，拨开网膜与肠管，摸到孕角，再将手伸入子宫下，隔着子宫壁握住胎儿弯曲的两前肢腕部，缓慢地将子宫角大弯的一部分及胎儿拉至切口外 5～6 cm，然后在子宫和切口之间塞上大块生理盐水纱布或用一块薄塑料布，中央做一切口，套在拉出的子宫角上，而后将切口边缘缝在子宫切口线的周围，以防肠管脱出和羊水流入腹腔。

(五)切开子宫

沿子宫角大弯避开母体子叶切开 10～15 cm，一般活胎儿切口出血较多，要边切边止血，防止失血过多。

(六)娩出胎儿

切开子宫后,助手固定子宫切口两侧,术者撕破胎膜,排出羊水,严防流入腹腔,然后用手握头及前肢慢慢拉出胎儿,扯断脐带,交助手处理。

(七)剥离胎衣

羊的胎儿胎盘和母体胎盘粘连紧密,剥离时要慢慢进行,防止强行拉扯,必要时可注射垂体后叶激素。

(八)缝合子宫

先把子宫内羊水排净,再用青霉素生理盐水洗净切口,而后迅速用螺旋形缝合法缝合子宫切口全层,缝到最后1～2针时,要向子宫内撒布四环素粉2 g或金霉素胶囊2～3个。用伦贝特氏或库欣缝合法,缝合子宫浆膜及肌层,用温生理盐水充分洗净子宫壁,再于切口上涂油剂青霉素,将子宫送回腹腔复位,缝合腹壁。

第三节　主要药效学试验中的动物实验方法

人类疾病在所有动物身上并不都能表现出来,即使表现出来可能临床症状也与人的不尽相同。新药研究使用的实验动物基本上处于同一病期,且需要足够数量,所以必须通过一系列措施才能使得疾病在大多数动物身体表现出来和人体一样的症状,而大多数人类疾病并无现成的模型,只有不断深入地探索和研究,才能成功复制。

一、主要药效学研究方法

药效学研究是研制有效或疗效确切新药的必须进行药效学研究。新药的有效性评价主要包括主要药效学研究(实验)和临床研究。主要药效学必须在体内、体外两种以上的试验中均得到证实,其中一种必须采用正常或病理动物模型进行,并且实验模型的测定指标一定要显著反映药物作用本质。

(一)体外研究分析法

体外研究分析法是采用离体器官,如离体肠管、血管、离体心脏、子宫及离体神经肌肉等,单一地考察药物对某一部分的作用。如新药对离体器官的作用、新药对致病微生物的作用、抗肿瘤药物体外筛选等。这些方法的特点是简便、敏感性高、用药量少(相比体内法)、结果判断更直接和不需要消耗大量动物。

(二)体内研究分析法及动物模型的选择

体内研究分析法是指在实验动物身上进行的,在若干其他因素综合参与下考察药物作用的方法。需要观测药物对疾病的疗效,常用病理模型动物。药效学研究要选择合适的动物模型,既能反映疾病病理生理过程,又可反映药理作用本质。模型动物一般要选择与人体解剖、生理反应和功能类似的动物,不同的动物模型选择不同的动物。

二、动物选择及模型建立

(一)动物的选择

实验动物的选择与质量控制作为药效学研究的重要基础,要使用质量合格并对药效学研究反应敏感的动物。

目前常用的实验动物有小白鼠、大白鼠、豚鼠、猫、兔、犬、蛙、鸡、鸽、鸭、猴、猪等。在这些动物中合理选择适宜的动物用于病理造模，是造模成功与否的关键。选择适宜的实验动物，既要满足实验研究要求，又不造成浪费，最重要的是必须掌握动物的习性、生理、生化、解剖，懂得动物对药物的敏感度及对创伤的耐受力等。还要考虑到动物的种属差异、系别差异和性别差异。

一般实验多选用成年动物，按体重来选，小鼠为 18～25 g，大鼠为 150～240 g，家兔为 2 000～3 000 g，猫为 2 000～3 000 g。在急性实验中，宜采用 100～150 g 的大鼠，在慢性实验中，要选择体重较小的动物，甚至可用体重 90～100 g 的大鼠。研究抗衰老药物需选用老年动物，研究生长发育或内分泌药物需选用幼年动物。一般实验选用雄性动物或雌雄动物各半，但致畸试验及雌性内分泌和生殖系统药物研究必须选择雌性动物，镇痛实验的热板法和足踢刺激法因雄性动物阴囊对热敏感不能选用雄性动物。为了实验结果尽量与人接近，除上述考虑最基本的因素外，还应考虑动物个体对药物反应的差异，包括动物与人的差异，不同种属之间、同种动物不同品系之间的差异，如 I(碘)贮存于甲状腺，大白鼠和小白鼠对 I^{131} 的吸收是非常快的，但家兔和豚鼠却很慢。尽量让实验结果与人接近，但是实验开始之前必须多选择几种动物，采用比较药效学方法，药物用不同动物做定性和定量比较，然后选择最合适的动物模型进行实验。

(二)动物模型建立常见方法

1. 自发性动物模型

自发性动物模型是指未经任何有意识的特殊处置，实验动物在自然状态下发生的疾病，这一模型一般是通过培育近交系或偶然发现突变系来获得，如在其培育过程中，研究人员会有意或无意地把出现自发性疾病模型固定并育种遗传培育子代。利用这些先天遗传性疾病的近交系动物作为实验对象，可作为新药对疾病治疗效果的模型动物。突变系多为偶然发现，后经过一系列育种程序，将只在个别动物身上表现出来的某种疾病特征固定并进行选育，使其在一群动物身上都有所表现。例如，无胸腺裸鼠，高血压大鼠，肥胖症小鼠、青光眼兔等。这些突变型动物疾病模型与人类疾病的发生、发展过程极为相似，利用这类动物模型筛选药物研究意义很大。如抗高血压药物筛选及药效学研究用到了高血压大鼠，从而促进了抗高血压药物的快速及持续发展。

2. 诱发性动物模型

实验动物通过由物理因素、化学因素或生物因素导致的动物组织、器官或全身的一定程度损害，出现了某些与人类疾病类似的特征，即人工诱发的疾病动物模型。这种动物模型在新药的药理研究中应用极为广泛。如由热板法所致的小鼠疼痛是物理因素造成的疾病模型，可用于筛选镇痛药；戊四氮惊厥法用，筛选抗惊厥药；氨基偶氧染料、黄曲霉素 B_1 等用于诱导肿瘤而创建肿瘤动物模型，这些均为化学因素诱发疾病而成为人类疾病动物模型。许多病毒性疾病、细菌性疾病及寄生虫、生物毒素等常被用于动物创建人类疾病模型，尤其是一些人兽共患病，在动物身上复制该疾病的模型是很理想的。

(三)动物模型建立

狭义的动物模型通常指"人类疾病动物模型"，即生物学及医学研究中建立的具有人类疾病模拟表现的整体动物；广义的动物模型还包括生物医学动物模型、抗疾病动物模型、其他种类动物疾病模型等，绝大多数还与人类健康与疾病研究密切相关。当两种动物的生物学特征和疾病表现相似时，这两种动物可以互相成为研究该疾病的生物医学动物模型，如鹿的正常红细胞是镰刀状的，可用于人的镰状细胞贫血的研究；当某种动物具有对特定疾病具有天然抵抗力，即可作为抗该特定疾病的动物模型，如东方田鼠不会感染血吸虫病，可作为血吸虫感染和抗病机制模型；当动物经过人为培养或人为致病措施（如攻毒）而患上与人类表现相似的疾病症状或相似的疾病，且该症状或疾病可控，就是人类疾病动物模型。已经建立的人类疾病动物模型达数万种，仅小鼠就有近万个表型明确的模型。

虽然离体的器官、组织、细胞、细胞株等有时也作为某种研究的模型，但没有完整生命体特征，因而还不属于动物模型范畴，动物模型必须是整体动物；有人提出数学模型最终可能模拟整体生命的全部功能与特性，但该学科本身还是属于非生命研究系统，因此也不能称为动物模型，只能称为动物仿真模型。动物模型还必须具备适用于人类疾病研究的特点，如疾病特征与人类高度相似等。对人类疾病动物模型依据不同研究出发点进行分类，通常采用以下几种分类体系。

1. 设计原则

很多阐明疾病及疗效机制的实验是不能在病人身上进行的，因而生物医学科研专业设计中常要考虑如何建立动物模型。这样动物模型的复制就显得尤其重要了，但一定要进行周密设计，并遵循以下原则。

（1）相似性　在动物身上复制人类疾病模型，其目的是要找出可以推广（外推）应用于病人的有关规律。外推法要冒风险由于动物和人从生物学角度来看，差异很大，在动物身上无效的药物并不意味着临床就一定无效，反之亦然。设计动物疾病模型的首要原则是复制的模型应尽可能接近于人类疾病。

与人类完全相同的动物自发性疾病模型非常有限，经常需要人工复制后才能获得需要的疾病模型。首先，要注意动物种类的选择。例如，小鸡最适宜做高脂血症的模型，因它的血浆甘油三酯、游离脂肪酸水平以及胆固醇与人类似，同时其极低密度脂量和低密度脂蛋白的脂质构成也与人相似。其次，尽可能做到模型与人类相似，需要在实践中不断改进方法。如结扎家兔阑尾血管可使阑尾坏死穿孔并导致腹膜炎，但与人类急性梗阻性阑尾炎合并穿孔和腹膜炎还是有不同，如果给家兔结扎阑尾基部而保留血液供应，这样引发的阑尾穿孔及腹膜炎就与人的情况非常相似，所以这种方法比较理想。

若动物模型与临床情况不相似，在动物身上的有效治疗方案也不一定能用于临床，反之亦然。例如，动物内毒性休克（由单纯给动物静脉输入细菌及其毒素所致的休克）与临床感染性（脓毒性）休克就不完全一样，该种疗法长期以来没有被临床医生采用，而后来有人改向结扎动物胆囊动脉和胆管，并在动物胆囊中注入细菌，复制人类感染性休克的模型，这样模型动物既感染又内毒素中毒，就与临床感染性休克相似。判定所复制的模型是否与人相似，就需要进行一系列的检查。例如，有人检查了动脉压、脉率、静脉压、呼吸频率、动脉血 pH、动脉氧分压和二氧化碳分压、静脉血乳酸盐浓度以及血容量等指标，发现一次定量放血法造成的休克模型与临床出血性休克十分相似，因此此法复制的模型是比较理想的动物模型。

（2）重复性　理想的动物模型必须可重复，甚至可以标准化。如用一次定量放血法造成出血性休克是 100%，死亡率也是 100%，这样才符合可重复性和达到标准化要求。又如用犬做心肌梗死模型理论上来说是很合适的，犬的冠状动脉循环与人相似，且在实验动物中犬最宜做暴露心脏的剖胸手术，但犬结扎冠状动脉的临床症状差异很大，不同个体在同一动脉的同一部位做结扎后，其临床症状很不一致，无法预测，不能标准化。相反，大小白鼠、地鼠和豚鼠结扎冠脉的后果就比较稳定一致，可以预测，因而可以标准化。增强动物模型复制的重复性就必须在动物品种、品系、年龄、体重、性别、健康情况、饲养管理、实验及环境条件、季节、昼夜节律、应激、室温、湿度、气压、消毒灭菌；实验方法步骤、药品生产厂家、批号、纯度规格、给药剂型、剂量、途径、方法；麻醉、镇静、镇痛等用药情况；仪器型号、灵敏度、精确度；实验者操作技术熟练程度等方面保持一致，一致性才能保证重现性。

(3)可靠性　复制的动物模型应力求可靠地反映人类疾病，即可特异地、可靠地反映某种疾病或某种机能、代谢、结构变化，应具备该种疾病的主要症状和体征，经化验或X线片、心电图、病理切片等证实。若易自发地出现某些相应病变的动物，则不应加以选用，易产生与复制疾病相混淆的疾病者则不宜使用。例如，铅中毒可用大白鼠做模型，其缺点在于大白鼠本身容易患地方性肺炎及进行性肾病，后者易与铅中毒所致肾病相混淆，不易确定该肾病是铅中毒所致，还是它本身的疾病所致，而用蒙古沙土鼠就比较容易确定，沙鼠铅中毒才会出现相应的肾病变。

(4) 适用性和可控性　供医学实验研究用的动物模型在复制时应尽量考虑到今后临床应用和利于控制疾病的发展，便于开展研究。如雌激素能终止大鼠和小鼠的早期妊娠，但不能终止人的妊娠。因此，选用雌激素复制大鼠和小鼠终止早期妊娠的模型是不合适的。若已经知道一个化合物具有雌激素的作用，那么利用这个化合物对大鼠或小鼠观察终止妊娠是没有意义的。又如，选用大小鼠做实验性腹膜炎也不适宜，因为大小鼠对革兰氏阴性菌有较高抵抗力，很难造成腹膜炎。同时有的动物对某致病因子特别敏感，极易死亡，也不适用。如犬腹腔注射粪便滤液会引起腹膜炎而很快死亡(80%、24 h内死亡)，导致来不及做实验治疗观察，且粪便剂量及细菌菌株并不好控制，不能准确重复实验结果。

(5)易行性和经济性　复制动物模型时，采用的方法应做到执行容易并合乎经济原则。灵长类动物与人最接近，复制疾病模型相似性好，但昂贵且稀少，即使猕猴也难以得到，更谈不上说猩猩、长臂猿。幸好很多小动物如大鼠、小鼠、地鼠、豚鼠等也可复制与人类十分近似的疾病模型，且更易做到遗传背景明确，体内微生物也可控、模型性显著且稳定，年龄、体重、性别等可任意选择，且价廉易得、便于饲养管理，可尽量采用。除非不得已或一些特殊疾病(如痢疾、脊髓灰质炎等)研究需要外，尽量不要用非人类灵长类动物。除此以外，在选择动物模型复制的方法上，观察指标要考虑易行性和经济性原则。

2. 注意事项

①模型要尽可能再现需研究的人类疾病，复制模型时必须强调从研究目的出发，熟悉诱发所需条件、宿主自身特征、疾病临床表现和发病生理机制，只有充分了解所需动物模型的全部信息，才能得到预期结果。如诱发动脉粥样硬化时，草食类动物兔需要的胆固醇剂量比人高很多，且病变部位并不在主动脉弓，同时病理表现与人类的情况差距较大，以平滑肌和纤维组织增生为主，并伴有大量斑块，而这些斑块是由泡沫样细胞形成。研究者要懂得各种动物所需的诱发剂量、宿主年龄、性别和遗传性状等对实验的影响就显得尤为重要了，同时动物疾病在病理学、组织学、生化与生理学等方面与人类疾病不同的原因所在，这些都是研究者需要预先掌握的。

避免选用与人类对应器官相似度小的动物疾病作为实验模型。提高所复制动物疾病模型与人类疾病的相似度，应尽量优选并不断选育各种敏感动物，其产出的病变与人类疾病相似度高的动物模型（表 13-5）。

表 13-5　各种敏感动物与人类相似的疾病模型

动物模型	动物种类	相应人类的疾病
貂阿留申病	水貂类	多发性骨髓瘤
淀粉样变性	北京鸭	淀粉样变性
动脉粥样硬化	松鼠、猴、鸽、狒狒、黑猩猩、Aoudad	动脉粥样硬化
房间隔缺陷	黑猩猩	房间隔缺损
自身免疫性疾病	新西兰黑色小鼠	散发性红斑狼疮、舍格伦综合征、Waldenstrom 巨球蛋白血症
脱发/雄鼠模型	猕猴肢末	脱发/男性
心血管疾病	旱獭	心血管疾病
白内障	海豹、海狮子、沙鼠	白内障
小脑发育不全	雪貂	新小脑发育不全
脑血管疾病	旱獭	脑血管疾病
染色体畸变	蛙	染色体畸变
先天性红细胞生成性卟啉病	狐、松鼠	先天性红细胞生成性卟啉病
多尿	黑色类人猿	多尿
糖尿病	中国地鼠、沙鼠	糖尿病
二糖（乳糖）利用差	海狮子	二糖利用差
真菌感染	蝙蝠	真菌感染
胃肠道寄生虫和治疗	白鲢、猴	寄生虫病
结肠炎	犬	肠炎
肝炎	黑猩猩	病毒性肝炎
病毒性肝炎	火鸡、北京鸭	病毒性肝炎
肝癌	虹鳟、真鳟	肝癌
遗传性聋	水貂	耳聋
脑白质营养不良	水貂	家族异染性的脑白质营养不良
先天性肌萎缩	北京鸭、火鸡	肌萎缩
遗传性球形红细胞增多症	鹿、小鼠	遗传性球形红细胞增多症
两性畸形	水貂	两性畸形
疱疹	火鸡	疱疹感染
疱疹诱发性淋巴瘤	火鸡	淋巴瘤
脑积水	水貂	脑积水
骨关节炎	乌龟、长尾小鹦鹉	慢性骨关节炎

续表 13-5

动物模型	动物种类	相应人类的疾病
炎症	悉生动物	炎症
流行性感冒	雪貂	流感
脂血症	蒙古沙土鼠	脂血症
淋巴瘤	沙土鼠	淋巴瘤
吸收不良综合征	水貂	吸收不良综合征
疟疾	北京金丝雀	疟疾
母亲和胎儿血液循环	矮山羊	母亲和胎儿血液循环
传染性软疣	黑猩猩	传染性软疣
肌营养不良	火鸡、小鸭	肌营养不良
骨软化	鼯鼠	骨软化
寄生虫感染	蝙蝠	寄生虫感染
肝细胞色素沉着	吼猴	肝细胞色素沉着
浆细胞增多	水貂	浆细胞增多
多尿	中国地鼠	糖尿病
肺腺癌	灰鼠	肺腺癌
狂犬病	吸血蝙蝠(鼠蝠)、蝙蝠	狂犬病
肾上腺肿瘤	蛙	肾上腺肿瘤
性染色体病	水貂、狨猴	性染色体病
镰状细胞	白尾鹿	镰状细胞贫血
弓形体病	地松鼠、鼠猴、猫	弓形体病
溃疡性结肠炎	黑猩猩	溃疡性结肠炎
尿失禁	水貂	尿路结石

引自:中国实验动物信息网。

②所选用动物的实用价值模型应适用于多数研究者,容易复制,实验中便于操作和采集各种标本。首选饲养员最熟悉或比较熟悉且便于饲养的动物作为研究对象,这样,就不需要特殊转运设施和饲养条件,经济和技术方面容易保证到位。此外,动物数量来源必须充足,选用动物为多胎分娩,有利于扩大样本量和重复实验。特别是对于慢性疾病模型而言,动物需要较长时间的生存期,以便长期使用并观察,避免模型完成时动物毙于并发症或濒于死亡。虽然在自然环境中观察野生动物可正确评价死亡率和自然发病率,但记录存在一定的困难性,而人工实验条件下,维持又存在一定的难度,同时对人和家畜存在直接和间接威胁,因此使用时尤其应加以注意。所以说,复制模型时应注意选择动物的种群是非常必要的。要掌握各类动物种群特点以及对模型动物的影响。用于生物医学研究的动物种群,可按其饲养和遗传特性被研究人员控制的程度,可分为 3 种基本类型:①实验室类型,它们可最大限度地提供遗传和环境操

作控制；②家养类型，人类对其干扰的程度不同，且动物与人类的环境可能非常接近；③自然生态类型，几乎无人为的干扰。在选用这3类动物种群复制动物疾病模型时，应该先了解它们各自的优势和缺陷。

③环境因素对模型动物的影响。复制模型的成败往往与环境的改变有密切关系，拥挤、饮食改变、过度光照、噪声屏障系统的破坏等都可能给模型动物带来严重影响。如果复制过程中的固定、出血、麻醉、手术、药物和并发症等措施处理不当，可能产生难以估量的后果。所以要尽可能保证模型动物在实验研究前和实验研究期间的最小变动和最少干扰。

④不要盲目地使用近交系动物。如继发性糖尿病大鼠除具有糖尿病临床特征外，体内还可发现有多种病理变化（外周神经系统严重病变、肌肉萎缩、甲状腺炎、胃溃疡、恶性淋巴瘤等）。需要按特定目的去选择。多年来，近交系的不断提供并持续开发新的动物模型材料，如大小鼠疾病模型在医学中的使用量已高达70％～90％。

利用近交系动物模型时必须清楚认识：动物形成亚系后不应该作为同一品系。事先要充分了解新品系特征和背景材料；即使作为已形成模型的品系，不适当的育种方法和环境发生变化，还可能发生新的基因突变而导致遗传基因发生变化，也就意味着存在着变种甚至断种的风险；国外经常采用两种近交系的杂交一代（F1）作为模型。其个体之间均一性好，对实验的耐受性强，又可克服不少现有的近交系缺点。然而盲目引进F1动物用来复制所要求的模型是无意义的。

⑤动物进化的高级程度并不意味着所有器官和功能都会和人的类似。在复制动物模型时，只要条件允许，应该尽可能考虑选用与人相似、进化程度高的动物做模型，不能认为进化程度越高的动物其体内的器官和功能就越接近人。如在非人灵长类诱发动脉粥样硬化时，病变部位往往在小动脉，偶尔会出现在大动脉，但分布部位也与人类不相同。据报道，在用鸽作这类模型时，胸主动脉出现的黄斑面积可达10％，镜下变化与人也比较相似，因此鸽才广泛被研究者应用于动脉粥样硬化模型。

⑥正确地评估动物疾病模型。应该清楚地认识到没有任何一种动物模型能完全复制人类疾病的真实情况，毕竟动物不是人体的缩影。模型实验是间接性研究，可能在某个或几个方面与人类疾病类似。动物模型实验结论的正确性只能是相对的，最终必须在人体上得到验证。若复制过程出现与人类疾病的情况不同，就要分析其不同的程度和范围，并找出理由，同时尽可能找到相平行的共同点，正确评估是有价值的分析结果。

总之，动物疾病模型是一门新兴的科学，正吸引着各个领域专业人员致力于这项工作。医学家、兽医学家和生物学家都需要复制动物模型，同时必须学习相关知识，并开发新的模型。

第四节　药物临床前安全性评价的意义和局限性

任何药物当剂量足够大或疗程足够长时都会对动物有不可避免的毒害。一方面，药物往往本身固有的药理作用不是单一的，主要体现在常用量短期给药时会出现副作用，长期治疗过程中，因药物在体内蓄积而对靶器官造成毒害；另一方面，由用药个体的遗传学差异、特殊生理状态（年龄、性别、妊娠等）和病理状态的易感性等个体特征所决定。初步的药物毒性信息可通过临床前动物实验获得并应用于临床安全性的预测。

一、临床前安全性评价的意义

新药临床毒理学研究(也称非临床安全性研究)主要包括全身毒性和局部毒性研究,能作为新药临床用药安全性的实验依据,并提供作为临床用药毒副作用监测的重要信息。新药临床前安全性评价的意义有以下几个方面。

(1)发现中毒剂量 了解受试药物单次给药的中毒剂量,应率先测定半数致死量(LD_{50});初步了解在反复给药的情况下,药物毒性反应的剂量范围,为后续毒性研究和(或)临床研究剂量设计提供参考数据。

(2)发现毒性反应 动物对药物产生的毒性反应为临床用药安全性和毒副作用观察提供信息。

(3)确定安全范围 了解单次或反复给药时,确定不产生毒副作用的有效治疗作用的剂量范围。

(4)寻找毒性靶器官 动物出现毒性反应时,药物的主要蓄积器官或组织在器官和组织中可能衍生新的基团或转化成新的结构,为临床用药毒副作用检测及新药开发结构改造提供依据。

(5)判断毒性的可逆性 了解药物对机体的毒性作用是否可恢复、恢复到何种程度、恢复所需时间,为新药是否值得进一步研究提供证据,以便于取舍判断,为指导合理临床用药提供参考。

二、动物毒性试验评价的局限性

动物实验结果必须加以分析才能外推到人,受试药物的毒性反应在动物和人体内存在一定程度的差异。首先,同一受试药物对于不同物种、同物种不同种属的毒性反应不可能完全相同;其次,因长期毒性试验的给药剂量会比较高,受试药物在动物体内可能呈现非线性动力学代谢过程,从而导致产生与人体无关的毒性反应;最后,很难预测在长期毒性试验中一些对人体中发生率较低的毒性反应或只在少数人群或个别人中出现的特异性反应。

第五节　急性毒性试验中的动物实验方法

一、最大给药量测定法

如果某些毒性较小的药物按最大允许浓度和最大允许容量给予动物,仍然测不出 LD_{50},就可测定最大耐受剂量(maximal tolerance dose,MTD)值,即用最大允许浓度和最大允许容量 1 次或 2～3 次/d 给 20 只动物(雌雄各半)用药后,连续观察 7～14 d,如未见任何动物死亡,即为最大给药量。

二、半数致死剂量法

半致死剂量法(LD_{50})的经典标准实验方法是要设置 4～6 个剂量组,动物 10 只/组,共需动物 80 只以上。最常用的方法是概率单位法和平均移动法。在通常情况下,如果采用均衡设计(剂量梯度间距相等,动物数量各组均相等),结果计算方法要精确。概率单位法也是一种精确的方法。至少要求有 2 组动物有部分反应(100%＞死亡率＞0),这种情况要求动物 n(组数)＞3,直至满足此标准为止。死亡率等于 0 或 100%的组作为无效组对待(最常见的修正方法：死亡率小于或等于0.1%认定为0；死亡率大于或等于99.7%认定为100%）。平均移动法最少有3组，动物数量大于或等于5只/组，剂量组连续给药，实验的各步骤被平均移动法规定：一旦观察到毒性，就终止进一步给药。该法要求剂量呈等比递增（如按每千克体重2 mg、4 mg、8 mg），每组动物数均相等。

三、固定剂量法

固定剂量法是指不以死亡作为观察终点，而是以明显的毒性体征作为终点进行评价的方法。

实验一般选择按每千克体重5 mg、50 mg、500 mg和2 000 mg这4个固定剂量进行，特定情况还可增加按每千克体重5 000 mg的剂量。大鼠作为首选动物，要求给药前需禁食6～12 h，给受试药物后，再需禁食3～4 h，实验可采用一次给药方法进行。若无相关资料证实雄性对受试药物更敏感，要优先选用雌性动物进行预备性实验。若有受试药物的相关资料，则从上述4个固定剂量中选择某一个作为实验初始剂量；在没有相关资料时，可以先将按每千克体重500 mg作为初始剂量进行预备性实验，若没有产生毒性反应，进一步可以再用按每千克体重2 000 mg进行预备性实验，若该剂量下没有发现死亡则可结束预备性实验。若初始剂量出现严重的毒性反应，需要降低一个档次剂量进行重新进行预备性实验，若此时动物存活，就在这两个固定剂量之间重选一个中间剂量重新进行预备性实验。每一个剂量只给1只动物，预试采用动物一般不超过5只。每个剂量实验之间至少应间隔24 h。给受试物后的观察期至少为7 d，如动物的毒性反应到第7天仍然存在，则应继续观察7 d。

上述重新进行预备性实验完成后，在该结果的基础上进行正式实验，每个剂量采用动物数量在10只以上，雌雄各半。根据预备性实验的结果，再结合前面所述4种固定剂量中选择一个有明显毒性反应的，但又不能引起死亡的剂量进行正式实验。若通过预备性实验的结果证实按每千克体重500 mg能引起动物死亡，则正式试验的时候需降低一个剂量档次进行。

在给受试药物后，动物至少需要观察14 d。在观察期间，根据动物毒性反应的具体表现来决定是否需要延长观察时间。细心观察每只动物，同时详细记录每只动物各种毒性反应出现和消失的时间。给受试药物当日需观察并记录至少2次，之后可根据需要每日观察记录1次。观察记录的主要内容包括毛色、皮肤、黏膜、眼睛、循环、呼吸、中枢神经系统及其自主活动行为表现等，还需要准确记录动物死亡时间。给受试动物前后各1周、动物死亡及实验开始和结束时均要准确称取动物体重，包括死亡或处死动物在内，所有动物均要进行尸检。尸检时，若发现异常器官则应深入做组织病理性检查。

四、上下法

上下法（又称阶梯法）的特点是节省实验动物，既可以进行毒性表现的观察，又可以估算LD_{50}及可信区间，适用于能引起动物快速死亡的药物。该方法可分为限度实验和主实验。若某受试药物毒性可能较小，从与受试药物相关的化学物或相似的化学物获得相关毒性信息，可以进行限度实验。在受试药物相关毒性信息很少或预测受试物有明显毒性时，可进行主实验。

五、累积剂量设计法

累积剂量设计法，又称金字塔法。常用于针对非啮齿类动物进行的急性毒性试验。试验设计需要 6～8 只动物，分为对照组和给药组，每组 2～4 只动物，雌雄各 1～2 只。给药剂量的设计可以是按每千克体重 1 mg、3 mg、10 mg、30 mg、100 mg、300 mg、1 000 mg、3 000 mg，呈 10 倍递增；也可采用 10 mg、20 mg、40 mg、80 mg、160 mg、320 mg、640 mg、1 280 mg，呈倍比递增。通常隔日给予下一个高剂量，剂量应逐渐加大，直到出现动物死亡或达到剂量上限为止。当未出现动物死亡时，最小致死量(mininal lethal dose，MLD)和 LD_{50} 大于最高剂量或限度剂量。如某一剂量所有动物均出现死亡，MLD 和 LD_{50} 在最后两个剂量之间。如某一剂量部分动物出现死亡，部分死亡出现在后续的下一个高剂量，则 MLD 位于首次出现死亡的剂量之间和前一低剂量之间，LD_{50} 位于首次动物出现死亡的剂量和所有动物均死亡的剂量之间。如果没有动物死亡发生，通常以最高剂量给予动物 5～7 d，以确定后续重复给药实验中高剂量的选择。

六、近似致死剂量法

该方法主要用于非啮齿类的动物实验。实验方法为一般选用 6 只健康的比格犬或猴。犬的年龄一般为 4～6 月龄，猴的年龄一般在 2～3 岁，选用其他动物时应说明理由。首先，根据小动物的毒性实验所得结果、受试药物的化学结构和其他相关资料，估计可能引起毒性和死亡的剂量范围；其次，按 50%递增法，设计包含数个剂量的剂量序列表。从剂量序列表中找出可能的致死剂量范围，在这一范围内，每间隔一个剂量给一只动物，得出最低致死剂量和最高非致死剂量，然后用两者之间的剂量给一只动物。如果在该剂量下没有动物发生死亡，则该剂量与最低致死剂量之间的范围就是近似致死剂量范围；如果在该剂量下有动物死亡，则该剂量与最高非致死剂量之间的范围就是近似致死剂量范围。

第六节　长期毒性试验中的动物实验方法

一、动物实验方法

长期毒性试验持续时间一般较长，而且实验动物的高剂量、中剂量组是给予中毒剂量的药物，如要获得真正的药物毒性作用结果，就必须保证动物的质量和适宜的环境。

(一)实验动物种类

长期毒性试验常需 2 种以上的动物，才能比较正确地预示受试物在临床上的毒性反应，常用的一种是啮齿类，啮齿类首选大鼠，也可用豚鼠或地鼠；另一种是非啮齿类，犬或狒狒，目前基因工程生物制品一般用猴。计划生育用药应选择猴或其他大动物，皮肤的长期毒性试验可选择小型猪。

啮齿类的大鼠常用的是 SD 大鼠或 Wistar 大鼠等封闭群动物，试验期在 3 个月内，宜用 6～8 周龄大鼠，超过 3 个月者宜用 5～6 周龄大鼠。

实验犬首选比格犬是因为这种犬温顺，无须长期训练，可长期给药。且这种犬体型相对较小，可节约药物的用量，特别是一些贵重的受试物，更需用比格犬，且四肢较长，如为静脉给药也较容易。该种的纯种犬，对药物的反应也比较一致。通常根据试验的长短选用 4～12 月龄犬为宜。其次为杂种犬，这种犬体型大小不一，因来源较杂，常带有寄生虫，故若要使用这种犬做长期毒性试验需进行驱虫及消除体外寄生虫，并注射疫苗，以防传染病流行，还需经过一定的隔离才适合于做实验。另外，长期毒性试验要观察每条犬的进食情况，应做到每条犬单笼饲养。

狒狒主要分布于非洲。欧美等地区日常用狒狒进行新药的长期毒性试验。它属灵长类中的旧大陆猴。实验结果对于评价一个药物的毒性来说更有说服力。

每组动物数量应满足对实验结果分析和评价的需要。一般大鼠 20～60 只，比格犬或猴 6～12 只，通常在进行实验时采用两种性别的动物，雌雄各半。若单一性别用药可仅选用相应性别动物进行实验，并阐明其合理性。根据长期毒性试验期限的长短和药物临床应用的患者人群选择适当年龄的动物。一般大鼠要求在 6～8 月龄，实验周期 3 个月以上则选 5～6 月龄，比格犬一般用 4～9 月龄；猴 2～3 岁；小型猪 4～8 月龄。如受试药物用于儿童，则应根据情况采用幼年动物。实验动物的体重差异不应超过平均体重的 20%。雌性动物应选用未产未孕的个体。为避免在实验期间内发生妊娠，而影响检测结果，雌雄动物应分笼饲养。长期毒性试验应选用正常、健康的动物，犬、猴要预先检疫，驱虫。

(二)受试药物

实验用药无论是化学药品、中药，还是生物制品均需注明名称、批号、来源、含量(或规格)、配制方法及保存条件等，并附研制单位的自检报告。受试药物必须符合临床质量标准，注射用药一定要用临床用制剂进行长期毒性试验。

1. 给药途径

根据常规给药途径应与临床用药途径一致，临床口服给药，长期毒性试验在 3 个月以内的，可直接灌胃；超过 3 个月的，为避免长时间反复灌胃对食管黏膜造成损伤，可以将受试药物混在饲料或水中饲喂，并要保证每只动物按规定剂量在一定时间内服入。饲料中混入的药品不能超过总量的 10%。大鼠一般常用灌胃方法，灌胃的剂量为按每 100 g 体重 1～2 mL/d。用静脉注射时，也可用腹内注射替代，各剂量组采用不等浓度等容量原则给药。皮肤给药时将受试药物均匀地涂覆于动物背部脱毛区，每日 1 次，至少 6 h/次，按临床用药疗程的 3 倍时间连续给药。特殊情况下可改变给药途径。

2. 给药剂量

给药剂量一般以每千克体重 mg(mL、U)或 mg(mL、U)/m^2 为单位。长期毒性试验一般设高、中、低 3 个剂量给药组和一个赋形剂对照组，如有必要还需设立正常对照组或阳性对照组。高剂量组原则上要求实验动物产生明显或严重的毒性反应，甚至出现个别动物死亡的情况，但死亡动物数不应超过 20%。中剂量组应使动物产生轻微或中等的毒性反应，一般反应状况会高于药效学实验的高剂量组。低剂量组在原则上应当略高于有效剂量而不出现毒性反应。一般长期毒性试验为 3 个月的受试药物，大鼠的高剂量选择临床剂量的 50～100 倍，中剂量用 30～50 倍，低剂量用 10～20 倍。

3. 给药频率

原则上进行长期毒性试验应在每天固定时间给药。临床用药 3 个月以内的长期毒性试验必须给药 1 次/d，但 3 个月以上的毒性实验应给药 6 次/周。

4. 给药周期

我国规定动物长期毒性试验的周期，应符合不同受试药物的临床用药周期，以一个临床治疗疗程为一个临床用药周期。如临床用药 1～3 d 的药物，长期毒性试验给药周期为 1 个月；临床用药 1 周的药物，长期毒性试验给药周期为 1 个月，临床用药 4 周的药物，长期毒性试验给药周期为 3 个月，临床用药 3 个月的药物，长期毒性试验给药周期为至少半年。

5. 给药期限

长期毒性试验的给药期限通常与临床疗程、临床适应证和用药人群有关，临床疗程不超过2周的药物通常可参考给药期限为1个月的长期毒性研究结果来进行临床研究和生产。临床疗程超过2周的药物，一般1个月的长期毒性研究结果可支持用药时间不超过2周的Ⅰ期临床研究；也可以依据具体情况，以不同给药期限的长期毒性研究来分别支持药物进入Ⅰ期、Ⅱ期或Ⅲ期临床研究或生产。给药期限较长的毒性研究设计所需要的给药剂量、给药频率等方面的资料，可以通过给药期限较短的毒性研究来获得；同时，临床研究中获得的信息有助于给药期限较长的动物毒性研究方案的设计，降低新药开发的风险。

虽然药物进入Ⅰ期临床研究、Ⅱ期临床研究或Ⅲ期临床研究或生产需要不同给药期限的长期毒性研究来分别支持，但不同给药期限的长期毒性研究的内容是相同的。无论采用何种模式，长期毒性研究的内容都应完整、规范、科学、合理地分析评价结果。

6. 恢复期

长期毒性试验应在给药结束后对部分动物进行恢复期观察，了解毒性反应的可逆程度及可能出现的延长毒性反应。一般最后一次给受试药物后，24 h内检测各项指标，每组活杀1/2～2/3动物，剩余的动物在恢复期继续观察2～4周，再活杀检查。

(三)观察记录

1. 观察时间

一般状况和症状的观察应每日观察1次。每周记录饲料消耗和体重1次。周期短于3个月的实验一般在最后一次给药24 h和恢复期结束时各进行1次所有指标的全面检查。必要时，在实验中检测指标1次。周期超过3个月的实验可在实验中期活杀少量动物(高剂量组和对照组)，进行各项指标的全面检测。对濒死或死亡动物应及时检查。应根据实验药物的特点和周期的长短确定检测时间和检测次数。争取做到尽早发现毒性反应，并做出给药时间与观测指标或参数的变化关系图。

2. 观察指标

(1)一般观察　检查动物的外观体征、行为活动、摄食量、体重和粪便性状等，发现有疑似中毒反应的动物应取出单笼饲养，重点观察以避免被其他动物吃掉。发现死亡或濒死动物应及时尸检，以查明原因。一般观察虽然是最简单的毒性观察指标，但却是最重要的基本观察内容之一。动物体重的变化是反映机体总体情况最灵敏的指标，所以必须认真称体重和计算摄食量。

(2)检测指标　长期毒性试验应根据受试药物的特点，设置相应的检测指标。

3. 系统尸解和组织病理学检查

(1)系统尸解　尸体解剖应全面细致，如发现异常器官应重点进行病理组织学检查。剖解后取出脑、心、肝、脾、肺、肾、肾上腺、甲状腺、睾丸、附睾、卵巢、子宫、胸腺，以上这些脏器需要称重并计算脏器系数。

(2)组织病理学检查　啮齿类动物高剂量组和对照组及尸检发现异常反应则进行详细检查，如某一组织发现病理改变，其他剂量组动物也应进行相应的检查。检查内容：心、肝、脾、肺、肾、肾上腺、垂体、甲状腺、甲状旁腺、前列腺、胸腺、睾丸(连附睾)、卵巢、子宫、胃、十二指肠、回肠、胰腺、膀胱、食管、气管、主动脉、乳腺、脑(大脑、小脑、脑干)、脊髓(颈、胸、腰段)、骨髓、坐骨神经、视神经和淋巴结(包括给药局部淋巴结、肠系膜淋巴结)。

非啮齿类动物还需进行唾液腺、胆囊、乳腺等组织病理学检查。病理的检查应分层次进行，先进行宏观的肉眼观察，然后用光镜详细检查。必要时，用电镜观察，结合生理生化指标，进行综合分析，为毒性靶器官的确定奠定基础。非啮齿类动物对照组和各给药组均应做组织病理学检查，除上述指标外，还应进行体温、心电图、眼科检查和尿液分析。

二、结果处理和分析

长期毒性试验中的定量数据均用 $\overline{x}\pm S$ 表示，都要用国际单位注明，进行统计处理。除了给药组与对照组进行比较外，还要进行各组两两之间的比较，以说明量与毒之间的关系。啮齿类动物长期毒性研究中，组均值的意义通常比实验中单个动物数据更有意义。非啮齿类实验动物因数量少、个体差异大，故单个动物的实验数据往往更具有重要的毒理学意义。若数据资料居于正态分布，则可用 t 检验或方差分析；若是非正态分布，应用非参数统计分类法，否则，结果无实际意义。

在分析长期毒性研究结果时需综合考虑数据的统计学意义和生物学意义。要将统计学上 P 值的意义要与临床实际相结合进行考虑，如尿量、RBC、WBC 及血小板计数由于系统误差，即使数值在正常范围内且很可能都有统计学意义（$P<0.05$），但无临床意义。这里的正常范围不是随便指一篇文献资料，而是指具体实验室的档案资料。又如，如果网织红细胞数有增高的趋势，就应注意其对红系的作用或引起溶血的可能性，不能因无统计学意义而忽略其可能的毒性，甚至是毒性靶器官。正确利用统计学假设检验的结果有助于确定检验结果的生物学意义，但具有统计学意义并不一定代表具有生物学意义。

在分析实验结果时，应注意参数变化的剂量与效应关系、组内动物的参数变化幅度和性别差异，综合考虑多项毒理学指标检测结果，分析其中的关联性和作用机制，以便正确判断药物的毒性反应。不能仅凭单个参数的变化来判断药物是否引起毒性反应，需要进一步进行相关研究。

第七节　免疫学研究中的动物实验方法

一、动物免疫血清的制备

免疫血清是机体受抗原物质刺激后产生的血清，含有特异性免疫球蛋白。其可直接用于病原的诊断或感染性疾病的紧急预防和治疗，也可通过纯化血液中的免疫球蛋白来制作多种与免疫相关或不相关疾病的诊断和治疗制剂。免疫血清，又称抗血清或抗体，而从抗血清中纯化的免疫球蛋白则只能称为抗体。在传统的免疫学方法中，尤其是做细菌的血清学鉴定时，抗血清就能满足要求，无须纯化，因为纯化的过程将造成免疫球蛋白的丢失。在现代免疫学方法中，由于免疫标记和反应精确度的需要，抗血清的有效成分必须纯化，即获得免疫球蛋白，甚至某一类或亚类的免疫球蛋白。

抗体的制备大致包括 3 个阶段，即抗原的制备与纯化、动物免疫和血清分离纯化与鉴定。抗原是制备抗体的先决条件，要制备高质量的抗体，必须获得特异性高的抗原性物质。抗体制备的方案视抗原的性质不同而异。

抗原与抗体是一对概念，抗原的纯度和活性影响着其免疫动物后获得的抗体的特异性和滴度。根据抗体产生的一般规律，视抗原的性质选择不同的途径免疫动物，经初次免疫、再次免疫的过程，使动物血清中产生足量的特异性抗体，得到免疫血清或抗体。如制备抗人全血清和伤寒沙门菌 O 抗体，将抗原纯化后配成一定的浓度，将其用弗氏不完全佐剂或弗氏佐剂将抗原乳化，将乳化的抗原对免疫动物进行皮下注射、皮内注射或静脉注射，一般加强注射 2～3 次，但小分子的半抗原先需要耦联成大分子，然后同样用弗氏不完全佐剂和弗氏佐剂后对免疫动物进行皮下注射、皮内注射或静脉注射，但是加强注射次数应增至 5～6 次，加强免疫间隔时间不宜超过 7 d。末次免疫 7 d 后即可试血，耳静脉或心脏采血，分离血清后与抗原作试管凝集反应试验，凝集效价（满度）在 1∶(1 600～3 200)时即可放血，若效价较低可继续加强免疫。免疫动物颈动脉放血（也可心脏采血），但小鼠眼球采血，以最大限度地获得血清。全血置 4 ℃加速血块收缩，经 3 000 r/min 离心去除残留的红细胞。获得的免疫血清需要进行特异性检测、亲和力测定和效价滴定。

针对颗粒性抗原的免疫血清效价，可通过凝集或溶细胞实验（如溶血素效价滴定）检测。可溶性抗原相应抗体的效价和纯度多选用环状沉淀、琼脂扩散和免疫电泳的方法检测。酶免疫分析、放射免疫分析及平衡透析法等可用于抗体的特异性和亲和力测定。抗体的保存以浓度 2.30 mg/mL 为宜，加入万分之一的硫柳汞或千分之一的叠氮钠防腐，并加入等量的中性甘油，分装小瓶，－20 ℃以下保存，数月至数年内抗体效价都无明显改变。免疫血清的制备多选用家兔为免疫对象，若大量制备或二抗种属特异性的需要，也可选用羊或马。选用的动物必须健康，且以雄性为佳。为了避免个体差异，每种抗原最好免疫 3 只以上动物。

免疫程序并非固定不变，一般而言，不与佐剂一同免疫的抗原，免疫间隔时间较短，可每隔 2～3 d 免疫一次。佐剂具有缓释作用，与佐剂一起免疫的抗原可隔 1～2 周免疫一次。无论有无佐剂，应在最后一次免疫一周后，采集血清。加强免疫的剂量一般为首次剂量的 1/5～2/5。如要制备高度特异性的抗血清，可选用低剂量抗原短程免疫；若欲得到高效价的抗血清，则宜采用大剂量抗原长程免疫。由于免疫期限及间隔时间较长，注意脱敏，尤其在进行静脉免疫时。脱敏的原则是少量多次注射抗原。例如，在静脉注入抗原前，先将抗原少量注入腹腔，1 h 后再作缓慢静脉注射。

二、单克隆抗体的制备

单克隆抗体是指由一个 B 细胞分化增殖的子代细胞（浆细胞）产生的针对单一抗原决定簇的抗体。这种抗体的重链、轻链及其 V 区独特型的特异性、亲和力、生物学性状及分子结构均完全相同。采用传统免疫方法是不可能获得这种抗体的。Kohler 和 Milstein 在 1975 年建立了体外淋巴细胞杂交瘤技术，用人工的方法将产生特异性抗体的 B 淋巴细胞与骨髓瘤细胞融合，形成 B 细胞杂交瘤，这种杂交瘤细胞既具有骨髓瘤细胞无限繁殖的特性，又具有 B 淋巴细胞分泌特异性抗体的能力，由克隆化的 B 细胞杂交瘤所产生的抗体即为单克隆抗体（monoclonal antibody，McAb），又称为单抗。单克隆抗体技术的问世，极大地推动了免疫学及其他生物医学科学的发展。

筛选出的阳性杂交瘤细胞株应及早进行单克隆抗体制备，因为融合细胞随培养时间延长发生污染、染色体丢失和细胞死亡的概率会增加。单克隆抗体制备有 2 种方法。

（一）建立 B 细胞杂交瘤

1. B 细胞的制备

可用提纯的抗原免疫 Balb/c 或其他品系的纯系小鼠，一般免疫 2～3 次，间隔 2～4 周，最后一次免疫后 3～4 d，取小鼠脾脏，制成 10^3 个/mL 的脾细胞悬液，即为亲本的 B 细胞。

2. 骨髓瘤细胞的制备

用与免疫相同来源的小鼠的骨髓瘤细胞要求其本身不能分泌免疫球蛋白而且具有某种营养缺陷。可用 SP2/0 或 NS-1，它们缺少次黄嘌呤-鸟嘌呤磷酸核糖基转移酶（HGPRT），不能在 HAT 培养基上生长。事先在含有 10%新生牛血清的 DMEM 培养基中培养，至对数生长期，细胞数可达 10^5～10^6 个/mL，即可用于细胞融合。

3. 细胞融合

将脾细胞与骨髓瘤细胞按一定比例[一般(5∶1)]混合，可以将取脾细胞 10^8 个，骨髓瘤细胞取 2×10^7 个，离心后吸尽上清液，然后缓慢加入融合剂——50%聚乙二醇(PEG 4 000)。静置 90 s，后逐渐加入 HAT 培养基，分别加入有饲养细胞的 96 孔培养板孔中，置 5%～10%的 CO_2 培养箱中培养。两种亲本细胞融合后，可形成多种细胞成分的混合体，包括未融合的游离亲本细胞、骨髓瘤细胞间的融合、免疫 B 细胞间的融合以及骨髓瘤细胞与免疫 B 细胞间融合形成的异核细胞，只有这种异核细胞可形成杂交瘤，应予以筛选出来克隆培养。通常应用 HAT 培养液，其中含有次黄嘌呤、氨基蝶呤、胸腺嘧啶核苷进行选择培养。

通常按半量换液法培养，若发现培养液变黄，应及时换液，特别是后期细胞克隆较大的，一般隔日换液一次。一般经过 3～5 d 培养后，未融合的细胞及自身融合的细胞逐渐死亡，7 d 左右可出现克隆，单个的杂交瘤细胞开始长成几个或十几个细胞的集落，并不断增殖，当集落大于 3 mm 或布满孔底 1/2 时，即可取上清液作抗体活性检测。在一次较好的融合试验中，70%～80%孔有克隆生长。培养 3 周后即可改用普通完全培养液。

4. 阳性杂交瘤细胞的克隆筛选

杂交瘤细胞在 HAT 培养液中生长形成克隆后，其中仅少数是特异性 McAb 细胞，而且多数培养孔中有多个克隆生长，分泌的抗体也可能不同，因此必须进行筛选和克隆化。此外，早期的杂交瘤细胞是很不稳定的，容易丢失染色体而变成非分泌抗体型，阳性株转变为阴性株的阴转率为 50%；强阳性株也可以变成弱阳性株(由于分泌抗体减少，或者其抗体的亲和力转弱)。经长期培养的杂交瘤细胞株也可能出现上述情况，只有通过早期克隆化及不断克隆化来选择稳定细胞株，才能保证杂交瘤细胞长期稳定分泌抗体的功能。克隆化可选择的方法有液相有限稀释法、软琼脂法、显微镜操作法及应用荧光激活细胞分离仪等，其中最常用的是液相有限稀释法及软琼脂平板法。

(二)单克隆抗体的制备

1. 体外培养

在体外培养过程中杂交瘤细胞能产生和分泌 McAb，但是一般产生的抗体量较少，为 10～100 μg/mL。近年来发展了各种新型培养技术和装置，包括用无血清培养液作悬浮培养法、中空纤维培养系统、全自动气升式或深层培养罐以及微囊或粒珠培养系统等。

2. 体内诱生

在小鼠体内接种阳性杂交瘤细胞，制备腹水或血清。

(1)腹水型 McAb 的制备　取同系健康小鼠(即与杂交瘤的骨髓瘤细胞属同一品系)，前处理后，每只小鼠腹腔注射阳性杂交瘤细胞(0.5×10^3)～(5×10^8)个。待小鼠腹部明显膨大到一定程度时，用注射器抽取腹水，每只小鼠可收集 5～10 mL 腹水，可反复收集数次。该法制备的腹水抗体含量高，每毫升可达数毫克，甚至数十毫克水平。此外，腹水中的杂蛋白也较少，便于抗体的纯化。腹水经离心后，取上清液分装，置－20 ℃保存备用。腹水出现的快慢与注射细胞类型及小鼠的质量有关。注射细胞少，腹水出现慢，但抗体效价高；注射细胞过多，腹水出现快，但可出现血性腹水。

(2)血清型 McAb 的制备　可将对数生长期的杂交瘤细胞于小鼠背部皮下多点注射，待肿瘤达到一定大小后(10～20 d)即可采血，血清中 McAb 的含量可达 1～10 mg/mL。

三、移植性肿瘤整体动物模型的制备

移植性肿瘤整体动物模型，简称荷瘤动物模型，是指将体外培养的肿瘤细胞接种于动物体内，肿瘤细胞在动物体内增殖并形成实体瘤或腹水疤。观察肿瘤在体内的生长速度、大小、浸润性、坏死率、荷瘤动物的免疫功能状况、生存时间及死亡率等指标。该模型不仅可用于研究肿瘤的生物学特性及发生、发展规律，而且可用作抗肿瘤药物及治疗方法的研究模型及平台，具有十分重要的应用价值。

在实验时，应根据不同的实验需求选择不同的肿瘤细胞株，实验动物一般选用与所选肿瘤细胞株基因背景相同的近交系小鼠，如将 CT26 小鼠结肠癌细胞株接种于 BALB/c 小鼠建立小鼠荷瘤动物模型；将 B16 黑色素瘤细胞株接种于 C57BL/6 小鼠建立小鼠荷瘤动物模型等。若无与所选肿瘤细胞株基因背景相同的近交系小鼠，则可选用裸鼠。

四、免疫荧光细胞化学染色法

免疫荧光技术是指将抗原抗体反应的特异性和敏感性与显微显示的精确性相结合，用已知的抗体在不影响其免疫学特性的前提下与荧光素相结合，然后将结合了荧光素标记的抗体作为一种标准试剂，对被检细胞进行检测和鉴定，并在荧光显微镜下采用一定波长的荧光，可以直接观察被检测细胞中是否有特异荧光的表达。目前用于标记抗体的荧光素主要有异硫氰酸荧光素(FITC)、四乙基罗丹明(RB200)、四甲基异硫氰酸罗丹明(TRITC)及藻红蛋白(PE)。较为经典的方法有以下 4 种。

(一)直接法

直接法是用荧光素标记抗体直接与被检标本内的抗原反应，依据荧光出现的位置及强弱对被检细胞做出判别。该法的优点为简单特异；其缺点是敏感性较低，需要制备大量特异性的荧光抗体。

(二)间接法

间接法是根据球蛋白抗体试验原理，先制成荧光素标记抗体(即第二抗体)。检测中，先将特异性抗体与被检标本作用一定的时间后，充分洗去未结合的游离特异性抗体，然后添加荧光素标记第二抗体使之形成被检抗原-抗体-荧光素标记第二抗体复合物，由此显示特异荧光。因复合物带有较多荧光标志物，所以其敏感性比直接法要高。

(三)补体法

补体法是在间接法的基础上进行的改良，即在抗原抗体反应时加入补体，然后与荧光素标记的抗补体抗体结合，形成抗原-抗体-抗补体荧光素标记抗体复合物。该法敏感性较高，但容易出现非特异性染色，而且操作过程相对较复杂。

(四)双标记法

双标记法是指运用两种荧光素在不同的激发光下显示不同颜色的特点，将不同荧光素分别标记所需的特异性抗体，可在同一标本上测定不同的抗原。该法既可采用直接法，又可用间接法进行。若分别采用兔源性和鼠源性等不同种属的抗体，甚至可进行三重或多重标记法。在应用免疫荧光细胞化学染色技术时应注意非特异荧光的发生。

与靶抗原-抗体反应无关的荧光统称为非特异性荧光。非特异性荧光的出现原因有：组织细胞成分的自发荧光；结缔组织、衰老细胞的非特异性吸附；蛋白质中带有过多的负电荷，如抗体不纯所出现的交叉反应或由于标记用的荧光素质量差。消除非特异性荧光的方法：①用于标记的抗体应该特异性强并且效价高，标记后通过层析或透析的方法去除游离的荧光素。②载玻片、盖玻片应清洁，无自发荧光。③非免疫血清，如10%牛血清白蛋白先孵育切片，再进行荧光抗体的反应。如条件允许，可采用与二抗同种属的动物血清预先孵育。④将高浓度的抗体稀释至与相应抗原-抗体反应的适合浓度，如1∶1 000和1∶2 000均有免疫阳性，则应采用1∶2 000的浓度。⑤观察标本时，必须用无自发荧光的油镜。

五、活细胞免疫荧光细胞化学染色法

组织病理学检查被认为是疾病诊断的标准，不同类型的正常细胞或病变细胞经过一些特殊染料染色后在显微镜下呈现不同的形态而被识别。利用细胞化学、免疫组织化学染色，提高了识别细胞的能力。随着荧光染料的发现，将抗体，尤其是单克隆抗体与荧光染料结合，形成荧光素标记抗体。荧光素标记抗体与细胞上的抗原结合，在荧光显微镜下可观察到抗体结合部位有荧光，从而形成了显微荧光技术。流式细胞分析与计算机技术结合提高了免疫荧光的检测水平。不同颜色的荧光素标记不同种类的单克隆抗体可以在一个细胞上同时分析多种抗原分子，进一步增强了对细胞种类和功能等特性的认识，并可以对大量活细胞的荧光进行定量分析，从而实现细胞分析的自动化。荧光素分子在流式细胞分析中成了最重要的探针。荧光素分子不仅作为单克隆抗体的标记探针，而且大量不同种类的荧光素可以直接与细胞的某些分子结合（如碘化丙啶可以与核酸特异结合），成为检测细胞中某些成分的探针。在流式细胞分析，尤其是多色免疫荧光分析中，合理选择荧光探针是保证实验成功的关键因素之一。

免疫荧光染色是进行免疫表型分析的关键步骤，主要有间接免疫荧光染色法和直接免疫荧光染色法。间接免疫荧光染色法可应用于多种末标记荧光色素的单克隆抗体，通过第二抗体进行荧光染色，灵敏度较高，但操作复杂，背景染色增加，一般只能进行一种抗原的检测，应用范围有限。直接免疫荧光染色法使用荧光色素标记的单克隆抗体进行染色，操作简便、背景染色低、信噪比大，临床实验室最常用，尤其不同荧光色素标记的单克隆抗体可以进行双色、三色、四色，甚至十色以上的多色分析，流式细胞免疫表型分析的灵敏度和特异性被大大提高，成为当前临床流式细胞分析的发展趋势之一。

（一）间接免疫荧光染色法

1. 未标记抗体染色法

这种方法为最传统的方法，通过未标记的单克隆抗体和同型对照（如纯化的鼠18G）与细胞反应一定时间，洗去未结合的单克隆抗体和同型对照，加入荧光素标记的第二抗体（简称二抗），如异硫氰酸荧光素标记的羊抗鼠IgG F(ab′)$_2$[GAM IgG F(ab′)$_2$FITC]，再洗去未结合的二抗，悬浮细胞，用1%多聚甲醛（终浓度）固定30 min后，2～8 ℃冰箱避光保存，24 h内可进行流式细胞仪检测。

2. 生物素或半抗原标记抗体染色法

其基本方法同未标记抗体染色法，只是用生物素或半抗原标记的单克隆抗体和同型对照代替未标记的单克隆抗体和同型对照与待测细胞反应，然后用荧光素标记的抗生物素或荧光素标记的羊抗半抗原 $F(ab')_2$ 代替 GAM IgG $F(ab')_2$FITC 进行荧光染色。

3. 三层染色法

三层染色法用未标记的单克隆抗体和同型对照与细胞反应后，加入生物素标记的二抗，然后再与荧光素标记的抗生物素进行荧光染色，形成抗原-抗体-生物素标记二抗-荧光素标记的抗生物素的 3 层复合物，荧光信号被放大，可提高检测的灵敏度。

4. 未标记和生物素标记单克隆抗体双色法

该法主要用于在缺乏直接标记抗体时的两种抗原检测，但必须先完成未标记单克隆抗体和荧光素标记二抗的反应，然后用鼠 IgG 阻断未标记的抗体，再标记生物素连接的单克隆抗体和抗生物素连接的另一种荧光色素(如 PE)。

①在待测细胞悬液中加入山羊 IgG。终浓度为 0.18～0.2 mg/mL，反应 10 min。目的是阻断待测细胞上的 Fc 受体(FcR)和非特异性结合位点。

②将适量未标记单克隆抗体和同型对照(鼠 IgG)加入适量待测细胞中，必要时可加空白对照(只有待测细胞)，反应一定时间，经洗涤(若标本为全血，则需要溶解红细胞)后加入适量 IgG [GAM IgG $F(ab')_2$FITC]，反应一定时间后洗涤、悬浮细胞。

③在每一管中加入适量鼠 IgG(例如，加 10 uL 3 mg/mL 的 MIgG)，反应 10 min。

④在测定管和对照管中分别加入生物素标记的单克隆抗体和同型对照，空白管不加，反应一定时间后洗涤、悬浮细胞。

⑤在每一管中加适量抗生物素标记的 PE，反应一定时间后洗涤、固定化细胞，进行流式细胞仪检测。

(二)直接免疫荧光染色法

1. 单色免疫荧光染色法

单色免疫荧光染色法即用一种荧光色素标记的单克隆抗体和同型对照直接染色，省去了加二抗的步骤，其他步骤基本同未标记抗体染色法。该法适用于抗原特异表达细胞的检测，如 CD_3、CD_{19} 仅表达在 T 淋巴细胞和 B 淋巴细胞，而 CD_4、CD_{16} 或 CD_{56} 可表达在多种细胞，一般不用单色法检测。

2. 多色免疫荧光染色法

多色免疫荧光染色法是指用 2 种、3 种、4 种或 4 种以上的不同荧光色素标记的单克隆抗体(如 CD_3-PerCP、CD_4-FITC、CD_8-PE、CD_{45}- APC)和同型对照，同时与待测细胞(如血液淋巴细胞)反应，经溶血、洗涤、固定后即可进行流式细胞仪检测，也可经溶血后直接进行检测而不需洗涤(溶血/免洗技术)，荧光染色步骤更简便。多色免疫荧光染色法用于血液淋巴细胞免疫表型分析，该法优于间接法和单色法，可提供更快、更方便的方法应用于临床实验室。

(三)间接与直接荧光染色法

1. 未标记和荧光素直接标记单克隆抗体双色法

该法适合于某种无荧光素直接标记的单克隆抗体，与另一种荧光素直接标记的单克隆抗体双染色，同时检测两种抗原的情况。例如检测 CD_8^+ 细胞的 CD_{38} 表达水平，CD_{38} 为未标记荧光素单克隆抗体。

①用山羊 IgG 阻断待测细胞上的 Fc 受体和非特异结合位点。

②待测管、同型对照管和空白对照管，各加入一定量的被山羊 IgG 阻断的细胞，分别加入一定量的未标记的单克隆抗体（如 CD_{38}）、鼠 IgG，空白对照不加试剂，反应一定时间后洗涤、悬浮细胞。

③加入适量 GAM IgG $F(ab')_2$- FITC，反应一定时间后洗涤悬浮细胞。

④在每一管中加入适量鼠 IgG，反应 10 min。

⑤在每一管中加入适量荧光素标记的单克隆抗体（如 CD_8-PE），反应一定时间后洗涤、固定化细胞，进行流式细胞仪检测。

2. 生物素标记和荧光素直接标记单克隆抗体双色法

该法适合于某种无荧光素直接标记的单克隆抗体，既有生物素标记，又需用另一种抗原结合分析的情况。

①用鼠 IgG 阻断待测细胞上的 Fc 受体和非特异结合位点。

②生物素标记和荧光素直接标记的单克隆抗体同时染色，包括同型对照和空白对照。洗涤、悬浮细胞。

③荧光素标记的抗生物素进行第二荧光染色，但所用荧光素应与直接标记单克隆抗体的荧光色素不同，可分别为 FITC 或 PE；洗涤、固定化细胞后进行流式细胞仪检测。

第八节　微生物学研究中的动物实验方法

动物实验的用途很广。在临床细菌学检验中，主要用以分离和鉴定病原菌，检测细菌毒力，制备免疫血清以及自身菌苗等生物制品的安全、毒性试验等。微生物通过在易感动物和不易感动物体内传代，其侵袭力、毒性、免疫性等都可能发生变化。常用的实验动物有小白鼠、豚鼠、家兔、绵羊和鸡等。

一、动物感染病毒的接种方法

（一）皮下注射法

把实验动物的腹外侧或腹股沟部位的皮肤消毒，用镊子夹起皮肤，注射针头刺入皮下。如果实验动物是小白鼠，术者一人便可完成此操作。只需左手保定小白鼠，右手持注射器（图 13-2A），用注射针头轻轻挑起皮肤并刺入皮下，注入接种液时见注射部位微微隆起，注射完毕拔出针头后，应以乙醇棉球按压针孔并稍加按摩。小白鼠注射量不超过 0.5 mL，豚鼠、家兔不超过 5 mL。

（二）腹腔注射法

注射部位以左下 1/3 为宜。动物仰卧保定并使之头朝下，内脏倒向横膈。消毒腹部皮肤，把注射针头先刺进皮下，再以与腹部垂直的角度刺入腹腔。操作时，应将针头缓慢刺入，防止刺伤内脏器官。推注接种液时无局部隆起现象即为注入腹腔（图 13-2B）。接种量小白鼠可达 2 mL，豚鼠、家兔可达 5 mL。

（三）肌内注射

注射部位选择动物的腹内侧或腹外侧，鸽子和鸡的胸肌部等肌肉丰满处。经局部消毒后将注射针头刺入肌肉深部并推注接种液。注射量与皮下注射法相同。

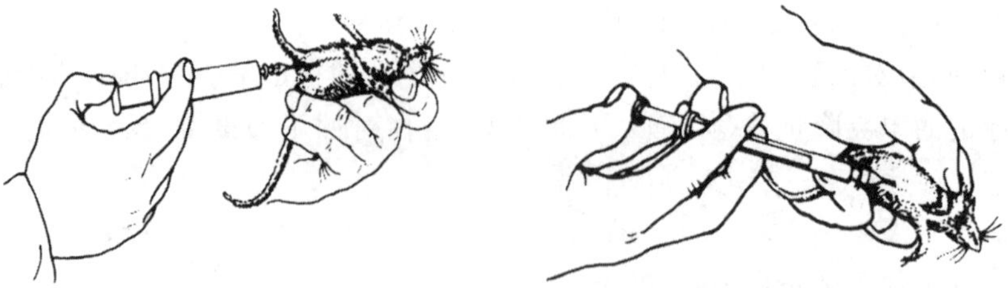

A. 皮下注射　　B. 腹腔注射

图 13-2　小白鼠皮下注射及腹腔注射

（引自　李艳，2006）

（四）静脉注射

注射部位小鼠在尾静脉，兔在耳外侧静脉。小鼠静脉注射时，把小鼠放在固定器内或扣于玻璃漏斗、烧杯等容器内，将尾部拉出外面。先用二甲苯或 60 ℃热水刺激局部，使尾静脉充血。用左手捏住尾尖，食指垫在欲注射的部位，把尾拉直，右手持注射器，以最小号的针头刺入皮下（很浅）并平伸刺入静脉内，缓慢推注接种液。注射时无阻力，皮肤不隆起、不变白，即表示已注入静脉内。小鼠最大注射量可达 0.5 mL。家兔的静脉注射，首先用手指弹压注射一侧的耳朵，使血管怒张，再对注射部消毒。使用 5 号或 5 号半针头，向心脏方向水平刺入静脉内，缓慢地注入接种液，推注时无阻力、皮肤不肿胀，表示已注入静脉内。注射完毕拔出针头时，应以消毒棉球按压针孔，防止血液和接种液从针孔中流出（图 13-3A）。

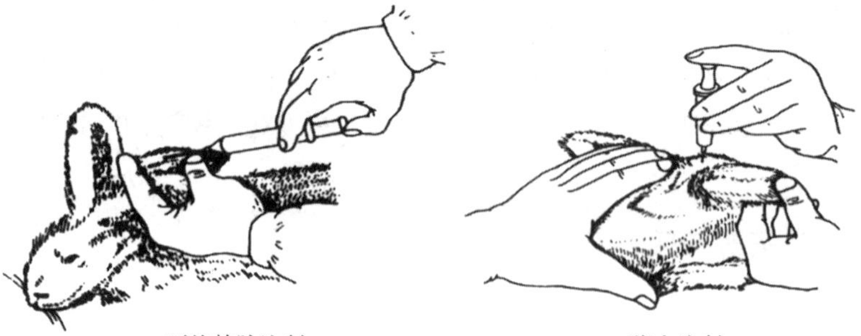

A. 耳缘静脉注射　　B. 脑内注射

图 13-3　家兔耳缘静脉注射和脑内注射

（引自　李艳，2006）

（五）脑内注射法

对病毒的研究有时须用脑内接种法。用于脑内接种的小动物通常是小白鼠，尤其是 1～3 日龄的乳鼠。接种前用碘酊消毒颅部的皮毛，再用乙醇拭去残留的碘酊，用 1 mL 注射器和最小号注射针头，于两耳根连接线的近中点处穿过皮肤、颅骨向后下方刺入少许，进针 2～3 mm，感到阻力突然消失，即已达到脑硬膜腔内，缓慢推注接种液，注射完毕拔出针头后以消毒棉球按压针孔片刻（图 13-3B）。其他实验动物的脑内接种方法也与上述方法相同，若较大的动物颅骨稍硬，可事先用钢锥钻孔，注射针头不宜刺进太深，接种完毕应使用碘仿火棉胶封钻孔。另外，除乳鼠外，其他实验动物在接种前应以乙醚作轻微麻醉，以免骚动。

二、动物感染细菌和真菌的实验方法

动物实验是临床细菌学检验的重要组成部分，有时是其他实验不能取代的。其主要用途：①分离和鉴定病原微生物；②测定细菌的毒力；③制备免疫血清；④建立动物感染模型；⑤动物的血液是配制细菌培养基必需的实验材料；⑥用于生物制品或一些药物的安全、毒性、疗效检验。另外，通过在易感和不易感动物体内的传代，细菌的毒力、免疫原性等会发生变化。因此，与其他临床微生物检验手段一样，动物实验要按规程严格操作，既要了解动物实验的知识，又要掌握动物实验的基本技能。

（一）实验动物的分类

1. 无菌动物

无菌动物是通过剖宫产取出后立即转入到无菌、恒温、恒湿条件下，用无菌饲料饲养的动物。这种动物无论体表或肠道中均无微生物存在。病原体感受性相同，并且体内不含有任何抗体，自身不患感染性疾病，因此不会对实验结果产生干扰。它已广泛用于某些科研中，如可用以研究肠道中正常菌群的作用机制；还可以在排除因微生物隐性感染造成的功能与形态改变的基础上来研究某些药物的慢性毒性、毒理作用等。

2. 悉生动物

悉生动物是给无菌动物引入已知 5～17 种正常肠道菌丛培育而成的动物。此种动物繁殖力和抵抗力皆优于无菌动物，是研究传染病的重要动物模型，也是研究肠道微生态及其他生理功能的动物模型。

3. 无特殊病原体动物

无特殊病原体动物，又称屏障系统动物，是指饲养在严格的机械设施中和严密的操作下，经过科学监测确无任何传染病的病原体存在，并能达到标准要求。

4. 清洁动物或最低限度疾病动物

清洁动物或最低限度疾病动物是饲养在具有设清洁和不清洁走廊的设施中，其种群均来自剖宫产。该种动物在任何时候都不应有明显的可见疾病和异常死亡。

5. 普通动物

普通动物是指一般在自然环境中饲养的带菌动物。该类动物不仅带细菌，而且常带病毒和寄生虫。其仅供教学实验和一般性实验用，不适用于研究性实验。

（二）实验动物的选择

由于实验动物的种类很多，其生理特点各不相同，为了保证实验结果正确可靠，必须选用合适的实验动物。主要包括对测试菌感染的敏感性、动物的遗传种系特征、动物体内和体表微生物群特点，以及实验动物的体重、年龄、性别和数量等。常用的实验动物有小鼠、豚鼠、家兔及绵羊等。根据不同的实验目的，在选择实验动物时应考虑以下几个方面。

1. 易感动物的选择

由于实验动物的种类很多，其生理特点各不相同，在动物实验时不能随意选择一种动物来做科学实验。如果动物选择不当，实验就无法做出正确的结论。在一般情况下，经典微生物实验动物模型有小白鼠腹腔内接种的肺炎链球菌感染，豚鼠的结核分枝杆菌感染，幼猫测定金黄色葡萄球菌肠毒素等。

2. 等级动物的选择

根据实验目的、实验性质和要求不同，选用不同品系的动物，如普通动物、无特殊病原体动物、悉生动物、无菌动物、纯系动物、突变种动物和封闭群动物等。动物的质量直接关系到动物实验结果的可靠性、重复性和可比性。如测定对病原体的感染性，最好选用无菌动物或悉生动物。

3. 动物数量

选用动物的数量必须达到统计学预计所需要的数量，这样在分析结果时才能满足统计学的要求。

4. 动物个体之间的差异

在选择动物时，还应考虑动物的年龄、性别、体重、生理状态及健康情况等。一般选用成年动物进行实验，动物年龄常根据体重来估算。如动物无特殊需要，一般宜选用雌雄各半。实验动物应保证确实健康，除此之外，雌性动物若处于妊娠、哺乳期则不宜采用。

5. 满足实验要求

一般选用小动物，这样不仅经济，易于饲养和管理，而且便于实验操作。

(三)动物的接种途径和方法

1. 皮内注射

常选择动物的背部或腹部皮肤，去毛，以 75%乙醇消毒，用 4 号小针头刺入真皮层内注射，注射局部应有小圆隆起，注射量 0.1～0.2 mL。

2. 皮下注射

常选择动物的背部或腿的部位，去毛消毒后，轻轻捏起皮肤，在皮褶下注射 0.5～1 mL，注射部位应出现扁平隆起，避免注入腹腔。

3. 肌内注射

一般选用臀部和大腿部，局部消毒后将接种物注入肌内；注射量视动物大小而定，一般为 0.2～1.0 mL。

4. 腹腔注射

①家兔：在耻骨上缘约 4 cm 处沿腹中线处去毛消毒后，使头部下垂，肠向横膈聚集，避免刺伤内脏及横膈。局部消毒后用针头刺入腹腔，注入接种物，注入量一般为 5 mL；②小白鼠：将小白鼠固定于左手掌上，头部略向下垂，右手持注射器刺入腹腔，注入接种物。注入量一般为 5 mL；③豚鼠：将豚鼠仰卧固定，头下垂而腹部向上，注射时将腹壁提起，使腹内壁相贴，不要使肠管夹于其间，消毒后用注射针将接种物注入腹腔。

5. 静脉注射

与感染病毒的接种方法相同。

6. 脑内注射

常用小鼠，在外耳道至眼上角连线 1/2 处，刺入颅内，缓慢注入，注射量为 0.1～0.2 mL。

三、动物感染寄生虫的实验方法

动物感染寄生虫的实验方法主要由寄生虫感染动物的方式来决定的。归纳起来，其主要有如下几类。

(一)皮肤感染

如血吸虫感染,挑选体重 20～24 g 的健康小白鼠,用刀片将下腹部毛剔去(或用剪刀剪去),其范围比普通盖玻片稍大些。感染前将小白鼠仰卧于固定板上,以橡皮筋固定四肢。在盖玻片上加水数小滴,以接种环(或大头针)蘸取尾蚴,在立体显微镜下选取活动、完整无损的尾蚴 35～40 条。用清洁水将小鼠剃毛部皮肤涂湿,把已计数好尾蚴的盖玻片贴于小鼠剃毛部,同时计算时间,勿使盖玻片滑下,尾蚴经皮肤进入感染,15 min 后取下盖玻片,将小白鼠放回笼内饲养 28～35 d 后,即可进行实验治疗。例如钩虫感染小白鼠,体重 20～25 g,雌雄不限。剪去小白鼠腹部细毛,自剑突中心做一个直径为 2.5 cm 的标记,将含尾蚴水 0.1 mL,滴于标记范围内,每鼠感染钩蚴 200～300 条,感染 1 h。

(二)注射感染

注射感染包括皮下注射感染、肌内注射感染、腹腔注射感染和静脉注射感染。

(1)皮下注射感染　如钩虫感染大白鼠,动物体重 90～110 g,雄性,将动物仰卧于固定板上,捆绑四肢或手持大白鼠腹部向上;从腹部皮下注入钩蚴,再吸清水 0.2～0.3 mL 从另一部位注入,如此 3～4 次;再吸少许清水洗针筒、针头,将洗液在解剖镜下检查,计算实际注入钩蚴。

(2)肌内注射感染　如日本血吸虫动物感染模型,在猪、牛、羊等动物感染模型中常用。挑取适量的尾蚴,混悬于适量的 2～3 mL Iscove's 培养液或 MDM 培养液中,混匀后,取 0.1 mL 在显微镜下准确计数,用注射器将尾蚴混悬液注入被感染动物的肌肉中(后腿肌肉常用)。

(3)腹腔注射感染　如日本血吸虫动物感染模型在小鼠、兔、犬和猪等实验动物感染模型中常用。挑取适量的尾蚴,混悬于适量的 1.52 mL Iscove's 培养液或 MDM 培养液中,混匀后,取 0.1 mL 在显微镜下准确计数。将动物保定好,用注射器将尾蚴混悬液注入被感染动物的腹腔中。

(4)静脉注射感染　如伊氏锥虫动物感染模型,其感染途径有腹腔注射或静脉注射,感染鼠时,一般经腹腔注射,而兔多经耳缘静脉注射感染,同样,马、牛、羊、骆驼等大动物多经静脉注射感染。鼠和兔的感染剂量一般为 $1\times(10^4\sim10^7)$条/只,牛的感染剂量一般为 1×10^4 条/头。

(三)传血感染

如丝虫感染,从感染丝虫的犬静脉内取一定量的血液,置于加抗凝剂的生理盐水中(血与生理盐水之比为 8∶100),放于三角烧瓶内,充分摇匀,倒入平底指管中,每次取血接种前,反复将指管倒转 10 次,摇匀微丝蚴。取儿科静滴注射针,连接 1 mL 注射器,用生理盐水洗涤尼龙管 3 次,最后 1 次将生理盐水留于管内,并在针头处留 0.01～0.02 mL 空气,抽取含微丝蚴血液 0.1～0.3 mL,连同气泡注入小白鼠尾静脉内,再推入少量生理盐水冲洗管壁,局部止血。

(四)口服感染

口服感染有 3 种方式:插胃管感染、直接口服感染和胶囊感染。如肝片吸虫感染,实验室的大鼠动物模型多用插胃管感染,取 0.5 mL 蒸馏水配制肝片吸虫囊蚴混悬液,将外径为 1 mm、内径为 0.8 mm 的胃管插入到大鼠胃内,用 3 mL 注射器吸取肝片吸虫囊蚴混悬液,经胃管将囊蚴注入大鼠胃内。注入前,应将注射器内的空气排净。在进行插胃管感染时,最好将大鼠先麻醉。大鼠一般感染 10～40 个囊蚴/只,随着感染剂量的增加,感染动物的死亡率上升。感染剂量太低,感染成功率也低。牛、羊和兔感染可采用医用胶囊感染和直接口服感染,其中医用胶囊感染更常用。将感染囊蚴装于医用胶囊内,然后给兔喂服。牛一般感染 200～

400 个囊蚴/头，羊一般感染 150～300 个囊蚴/只，兔一般感染 30 个囊蚴/只。华支睾吸虫动物感染模型的感染途径为经口感染，可选择插胃管感染等。

(五)口腔黏膜感染

如日本血吸虫动物感染模型，在小鼠、猪、兔等实验动物中，将感染动物的口腔打开，用接种环挑取适量尾蚴直接送入动物口腔后咽部，并轻轻涂抹，5 min 内禁水禁食或将适量尾蚴配成少量混悬液，直接灌入口腔。

(六)体表感染

如蜱动物感染模型，将蜱直接置于被感染动物的体表，如兔子，可以将蜱置于兔子耳内，然后用纱网将兔子耳朵封住。

(七)其他感染方法

如日本血吸虫动物感染模型，鼠有浸尾法，即提取适量尾蚴置于适量脱氯水中，取样在显微镜下进行计数，将鼠尾固定后浸泡于尾蚴混悬液中，浸泡时间 20～30 min，浸泡后取样对残留尾蚴进行计数。猪有浸腿法，即把猪前腿浸泡于用脱氯水配制的 200 mL 尾蚴混悬液中，浸泡 30 min。

思考题

1. 什么是“实验动物应用的 SEE 准则”?
2. 在实验过程中，如何选择实验动物？具体要求是什么？
3. 在药效实验中，动物的实验方法有哪些？
4. 如何建立动物模型？有哪些注意事项？
5. 急性毒性试验的方法有哪些？结果如何判定？
6. 长期毒性试验如何开展？如何进行结果处理和分析？
7. 什么是多克隆抗体？什么是单克隆抗体？分别如何制备？
8. 什么叫移植性肿瘤整体动物模型？
9. 动物感染病毒、细菌、真菌和寄生虫的方法有哪些？

参考文献

白慧玲，2009. 实验免疫学技术教程[M]. 郑州：河南大学出版社.

陈金宝，刘强，郝丽英，2016. 药物毒理学[M]. 上海：上海科技出版社.

陈小平，王效山，2012. 新药研究与开发[M]. 北京：化学工业出版社.

陈主初，吴端生，2011. 实验动物学[M]. 长沙：湖南科技出版社.

郭立达，2015. 动物细胞分离培养[M]. 重庆：重庆大学出版社.

郭鑫，2007. 动物免疫学实验教程[M]. 北京：中国农业大学出版社.

李艳，2006. 细菌感染实验诊断与分析[M]. 北京：人民军医出版社.

卢静，2010. 实验动物寄生虫学[M]. 北京：中国农业大学出版社

吴丽娟，2010. 临床流式细胞学检验技术[M]. 北京：人民军医出版社.

杨斐，胡樱，2019. 实验动物学基础与技术[M]. 2 版. 上海：复旦大学出版社.